白话 C++ 之练功

庄 严 编著

北京航空航天大学出版社

内容简介

《白话 C++》分"练功"和"练武"两册。"练功"主讲编程基础知识、C++语言语法(含 C++ 11、14 等)及多种编程范式。具体包括:大白话讲解计算机架构、进程、内存、二进制等编程概念;手把手教复杂编程环境的安装应用;快速感受 C++语言概貌及图形界面、数据库、网络、多线程等功能库;深入浅出地讲解 C++语法、标准库常用组件及面向过程、基于对象、面向对象、泛型等四种编程范式的演化与对比。

本书借助生活概念帮助用户理解编程,巧妙安排知识交叉,让读者不受限于常见的控制台下编程,快速感受 C++编程的乐趣,提升学习动力。本书适合作为零基础 C++编程学习从入门到深造的课程教材。本书也是《白话 C++之练武》的学习基础。"练武"的重点内容有:标准库(STL)、准标库(boost)、图形界面库编程(wxWidgets)、数据库编程、缓存系统编程、网络库编程和多媒体游戏编程等。

图书在版编目(CIP)数据

白话 C++之练功 / 庄严编著. -- 北京 :北京航空航
天大学出版社,2019.5
ISBN 978 - 7 - 5124 - 2930 - 7

Ⅰ. ①白… Ⅱ. ①庄… Ⅲ. ①C++语言—程序设计
Ⅳ. ①TP312.8

中国版本图书馆 CIP 数据核字(2019)第 016948 号

白话 C++之练功

庄 严 编著

责任编辑 剧艳婕

*

北京航空航天大学出版社出版发行

北京市海淀区学院路 37 号(邮编 100191) http://www.BUAApress.com.cn
发行部电话:(010)82317024 传真:(010)82328026
读者信箱:emsbook@buaacm.com.cn 邮购电话:(010)82316936
涿州市新华印刷有限公司印装 各地书店经销

*

开本:710×1 000 1/16 印张:56.75 字数:1 209 千字
2019 年 5 月第 1 版 2019 年 5 月第 1 次印刷 印数:3 000 册
ISBN 978 - 7 - 5124 - 2930 - 7 定价:159.00 元

前　言

（一）

2000 年的时候我开始写《白话 C++》。那时候流行个人主页，就在搜狐网站上申请了一个域名：mywlbcyl，取"没有弯路，编程摇篮"的拼音首字母，主要发表自己写的 C++ 入门课程。

然后，就走了 10 多年的弯路，当年要有摇篮里的宝宝跟我学 C++，现在都该读大学了。现实比这更残酷，跟着我的课程学习的人，当年多数是风华正茂的小鲜肉，现在都成大叔了。就说和我签订出书合同的胡编辑，转眼成了两个娃的爹。

可我的书还一直在"摇篮"里。

所以我肯定是一个"拖延症"加"完美臆想症"的严重综合患者，但我还是想找客观原因：C++ 的教程真的好难写，特别是结合我的想法和目标时。

（二）

十几年写一本书，要说是好事也可以。比如这十几年来，无论是 C++ 还是我，都成熟了好多。

先说 C++。新标准的制定与出台，各家编译器的进化，越来越多的开源 C++ 项目、基于 C++ 新标准的优秀书籍的出现，都是 C++ 长足发展的标志。还有一点，那就是人，当然我想特指中国人，前面提到的标准、编译器的实现、开源项目等，都有越来越多的中国 C++ 程序员参与其中。从人的因素出发很容易又能发现：C++ 编程的氛围也在变好。想当年有一个奇怪的氛围：说到 C++ 就是 VC，说 VC 就是 MFC。2000 年前后我曾在某论坛上发表了有关 MFC 设计不足之处的一些浅见，立刻淹没在一大波网友唾弃的口水中。现在，尽管 C++ 早已不是编程语言上的"一哥"，但受益于多本经典 C++ 书籍的流行，以及发达的网络和时间的沉淀，甚至也受益于更多其他编程语言的流行，使用者对这门语言的认识越趋成熟了（相信对其他语言也是）。

再说说我的成长。从二十多岁到四十多岁；从写几万行 C++ 代码到几十万行代码；从只玩 C/C++ 到在工作中用 PHP、Java、C♯、Delphi 和 Python，还学习了 D 语言、Go 语言和 JavaScript（Node）等；从嵌入式工控程序到 Office 桌面软件；从 C/S 结构到 B/S 结构，甚至偶尔充当"全栈工程师"。大约就是，周一写 JavaScript ＋ HT-ML ＋ CSS，周二写后台分布式服务，周三改数据库结构，周四换了一套相对整洁的衣服去拜访客户、讲 PPT，周五人事和我说："帮忙面试个人吧？"周末？ 就像今天一样,白天补觉,晚上改《白话 C++》书稿。

东忙西忙的日子里,我偶尔也回想起大学毕业刚走上社会的那几年,觉得自己懂人生、懂社会、也懂编程,现在才发现这三样我哪样都没能参透。所以我觉得自己应该是成熟了一些,并且觉得幸亏因为拖延症或者就是懒惰,没有在 10 年或更早前写完本书。《白话 C++》的目的是帮助他人学习 C++,而那时我对目标中的"帮助""他人""学习"和"C++"的理解都流于浅显粗鄙,这样子写出来的书对读者真有帮助吗?

(三)

十数年过去了,中间有近一年的时间,我安排自己到培训机构兼职教 C++ 编程,非常辛苦也没什么钱可赚。学习上,我自己买的以 C++ 为主的编程书籍近百本,阅读网络下载几十个开源 C/C++ 项目源代码;实践上,我在许多软件项目中掉进去、爬出来的坑,大大小小感觉像是青春期永不消停的痘,有一天突然全被填平了。不管怎样,根据一项技能你学习 5000(或者更多点,8000)小时就能成为业界专家的"定律",我觉得自己对程序员、对编程技术以及程序员怎么学习和应用编程技术的认识,都上了新的台阶。我慢慢地将这些认识写进这本书里,一稿、二稿、三稿不断兴奋地写下,又不断沮丧地推翻;大家百度"白话 C++",应该可以找到数个版本。

在反复改写的过程中,最重要的一个认识是:学习 C++ 应该既练功又练武。没错,我把学习 C++ 语言分成"练功"和"练武"两件事。

习武之人说的"武功","功"通常是身体素质、内气外力;而"武"是"招式"(可以外延到"十八般武艺")。关于这二者,有句老话叫"练武不练功,到老一场空",意思是光练把式,不练气力,就容易止于花拳绣腿,一生难成高手。但在另外一个方向上,我记得霍元甲在创建迷踪拳时曾经说(电视里的):"练功不练武,都是白辛苦。"说的是另一个极端:你苦练内功,马步一扎特别稳实,却什么拳法招式都不练,什么兵器也不学,就会变成空有一身力气使不出来,白辛苦。转了个笑话加深大家对这种尴尬局面的理解,说是一个练"铁布衫"的和一个练"金钟罩"的比武,两人都一动不动地呈现"入定"状态,裁判在边上哭着说,"你俩扛得住,我扛不住啊!"

那么编程行业中,什么是"功"呢?广义上讲,计算机原理、网络协议、算法、语言语法、编译原理、设计模式都可以归为"功"。而类似"如何创建一个窗口""如何提交一个网页的表单""网页局部刷新的 AJAX 技术怎么用""某某语言解析 XML 用哪个类""怎么实现 JSON 和对象的互换""如何访问 MySQL 数据库""如何在数据链路上加入缓存""哪家的短信服务器好用又便宜""安卓系统如何实现消息推送"以及"Linux 下的进程挂掉时怎么快速重启"等这些问题的答案,统统是"武"。

再进一步限定范围到"编程新人如何学习 C++",我将"功"限定在 C++ 语言语法和编程范式(面向过程、基于对象、面向对象、泛型编程)等基础知识上,但凡对 C++ 有一定了解的人,都清楚这已经可以写成厚厚的一本书了。以语言为主要教学内容的《C++ Primer》或《C++ 程序设计语言》的厚度便是佐证。"武"的方面则挑选来自标准库 STL 及"准标准库"boost 中的常用工具,桌面 GUI 编程、并发编程、数据库(MySQL)访问、缓存(Redis)访问、网络编程以及仅限于自娱自乐的简单多媒体游戏编程等。

　　"武"强"功"弱的 C++工程师,通常解决实际问题的能力还不弱。项目要用到网络,就找个网络框架照着搭起来;项目要用到视频处理就找些视频代码改改用。C++语言的特点是一方面很复杂很庞大,一方面只需学习一小部分(比如"带类的 C 语言")就可以写程序,甚至可以"一招鲜、走遍天"。这就造成部分人在学习阶段就急于动手出成绩甚至上岗赚钱。如此情况下,当他们面对复杂问题时,往往采用堆砌代码等方式完成,一个人做到底看似很快,想要在团队分工中让别人看懂他的代码就很困难了。并且所写的代码往往缺少合理的设计,在需求变化几次之后,整个代码就膨胀得像生气的河豚。

　　再说说那些"练功不练武,都是白辛苦"的同学。C++语言还有个特点,就是它的标准库仅为有高度共性、高度抽象的逻辑提供功能,许多实际项目经常用到的业务功能统统没有。想象丁小明(本书中的重要人物)捧了一本厚厚的 C++书籍辛苦学了一年,上班时才发现老板是这么要求的:"听说 QQ 是 C++写的,你来写个类似的窗口。""听说 C++写的程序性能好,你写个网络服务端,要求不高,1 秒钟撑 1 万次访问就好。""听说游戏引擎基本是 C++写的,你开发个万人在线游戏吧。""听说 Photoshop 也是 C++写的,你写个程序批量美化下公司年会上的照片吧。"难吗? 不好说,只是丁小明清楚地记得学习所用的那本 C++书籍快 1 000 页了,但从头到尾没出现过网络、窗口创建、游戏和图片处理等。丁小明很郁闷。

　　本书是《白话 C++》上册,重点负责"功"的部分。讲 C++基本语法也讲二进制,讲编程环境如何搭建也讲"面向过程""基于过程"和"面向对象"等编程范式,等等。下册负责"武",讲解如何用 C++写窗口图形界面程序、多线程并发程序、网络通信程序、数据库程序和小游戏程序等具体技能。

(四)

　　关于如何学习 C++,我的第二个认识是:你没办法学一遍就能精通 C++。事实上学习再多遍恐怕也精通不了,但请相信:刚开始学习时,通读一遍,练习一遍,再回头重新学习一遍,会比一节节死抠过去,结果一年时间未能读完一册的效果要好。C++中有许多知识点是交叉的,比如"指针"和"数组",指针可以指向数组,数组的元素可以是指针,数组作为函数入参时会退化成指针。因此二者谁放前谁放后都有合理之处,学习完前面的有利于学习后面的,但学习了后面的同样有利于进一步理解前面的。拉长镜头看《白话 C++》,许多篇章之间,甚至跨越上下册之间,都存在后面内容对前面内容进行验证或补充的安排。另一方面,许多复杂的知识,在靠前的章节就简略提及,这是刻意地对知识点做交叉学习的安排。最典型的如下册中的许多内容,在上册一开始就会有"不求甚解"的快速涉猎,让学习者感受 C++的"能量",避免一直埋头在黑乎乎的控制台窗口,误以为自己只能用 C++写一些"玩具"代码。

　　以 30 天背 30 个英语单词为例,若一天就背 30 个,连续背 30 天;其效果通常要比第一天背第 1 个,第二天背第 2 个,一直背到第 30 个要好。机械记忆尚且如此,更何况是充满有机关联的编程语言呢?

作为一个极端的反例,学习编程语言一定不要过早追求 100％精确,更不要沉迷于当"语言律师"。网上流传一个小视频,说是一位幼儿园老师想教会小朋友关于"小鸟听到枪声会受惊吓飞走"的知识,于是设计了一个问题:"树上停着七只鸟,猎人打了一枪后,树上剩下几只鸟?"没想到所有小朋友都很冷静,第一个问:"有没有耳聋的鸟?"第二个问:"有没有胆子大、神经大条的鸟?"第三个问:"有没有哪只鸟和死去的那只鸟的感情深厚,坚决要留下殉情的?"好嘛,为了回答老师那个看似简单的问题,这一下涉及到生理、心理和鸟类感情等方方面面的知识,这样的教学还如何进行呢?

《白话 C++》第一章为读者圈出学习的最低起点,书的课程以该起点逐步推演。因此,许多知识点会反复出现,而且在不同的出现阶段会有不同的解释。靠后的解释相对全面、规范、简洁、深刻;靠前的解释就难免片面、粗浅、啰嗦甚至牵强——很可能低于您已有的水平,此时请各位一笑而过。

当然,以上有关"不求甚解"的说法,并非鼓励大家蜻蜓点水、囫囵吞枣般地学习。正确的方法应当是:遇上问题,加以思考;一时思考不出答案,应善于上网搜索;勤于编写程序测试或验证结果以及与人交流请教;如果还是不能解疑,也没必要卡在原地,可以做上标记,继续往下学习。

(五)

书中除了普通正文之外,还设置了"课堂作业""小提示""重要""危险"和"轻松一刻"等小段落。各自的作用和学习的要点如下:

"课程作业":一定要"现场"做,所谓"现场"就是不往后看新内容,立马做。出于排版需求,有一些作业并未单独成段,而是直接写在普通段落中。另外,更为重要的是,只要课程中出现示例代码,基本上要求读者亲自动手写程序并编译、测试通过。

"小提示":和当前课程内容有一定的相关性,用于辅助解释当前课程的部分内容。碰上时能看懂最好,但如果个别无法理解也不用放在心上,通常并不影响继续阅读后文。

"重要":长远看都是重要的知识点,虽然现在一时读不懂不会影响继续学习,但长远看会影响关键知识的运用。因此应努力阅读,如果不懂应做标记,以期下一次阅读能理解、掌握。

"危险":如果现在搞不懂,很可能往下(特别是需要写代码时)没多长时间就要出问题的知识点。

"轻松一刻":主要用于调节学习氛围,让大家偶尔放松,但也存在部分内容同时发挥"小提示"的作用,可当成相对有趣的"小提示"来看。当然出于行文的需要,也有大量轻松一刻的内容会以更加一本正经的方式躲在正文中。

(六)

希望《白话 C++》能帮到正在或正要学习 C++的广大读者。感谢购买本书。限于个人能力,加上篇幅大,前后反复修改大,请读者多提宝贵意见,以期持续改进。

感谢一直信任我,也一直在为本书努力的编辑。

感谢我的父母。未能在我的父亲离世之前完稿,是我今生至憾。感谢我的妻女,是你们一直在鞭策和鼓励我。我一直以为《白话 C++》会是我的二女儿,可是书还没面市,家里二宝出生了,都上幼儿园了,这书要屈居老三。

帮助我完成本书的还有我的同事、朋友、同行、老师以及学生,一并感谢。以下是致谢名单:涂祺招、刘弘钊、胡海、王嫣琪、卢淼先、吴宸勖、颜闽辉、肖华、林起柄、揭英杰、陈婷婷、张晓晓、陈晓锋、白伟能、林柏年、卢毅、杨文、罗海翔、庄渊、赖锦波、潘代淦。

请在北京航空航天大学出版社官网的"下载专区"或者在第 2 学堂网下载本书源码。

作　者
2019 年 3 月

目　录

1

9

第 **1** 章

启 蒙

"你愿意成为一名程序员吗?"

"愿意。"

1.1 开 始

学习编程很难。

这行业的技术结构是这样的:相对不变的知识都挺难的。比如计算机原理、操作系统原理、编译原理、网络协议、算法演绎等,再比如逻辑思维、设计模式等。而那些相对容易搞定的知识,则是典型的"知识爆炸",各立山头的编程语言、层出不穷的编程工具和专业术语更是像天上的星星一样,多;初学者想弄清楚重点,难。

因此,可以做这样一个比喻:你今天晚上说要学习编程,次日醒来突然发现自己生活在沙漠里,每一颗沙粒都是知识点,你需要在这当中淘出金子。于是你淘啊淘啊,终于淘到了几颗发光的东西,然而坚韧的你还是淘不下去了,为什么? 因为好渴。那么,水在哪里? 答,在地下 800 m 深处。

看来,开工之前最好能找到前人(也许是先烈)留下的"寻宝图"才好。可是干这一行,挑书不仅是智力活,还是体力活。此类书籍市场上不仅汗牛充栋,而且良莠不齐,就说你现在手上拿着的这本书,是好是坏谁知道呢?

说到买书,在这行想靠一本书就实现"从入门到精通",那真是妄想。肯定是要买好多本书的。这里有一个问题你是想花大钱买本正版,还是要昧着良心看盗版? 前者让自己变穷,后者让别人破产,怎么选? 好一个艰难的决定。

学习编程很难,如果你想要学习的编程语言偏偏又是 C++,那就更难了。你刚大声说要学习 C++,边上就会有人摇头叹气,并且多半下一秒就要打击你。

作为作者,我希望《白话 C++》能够陪伴 C++ 初学者至少 730 天的路途,或者更远一点,直到你找到更合适的伙伴。因此我在努力保留必备知识点的前提下,力求将书写得更加通俗易懂,但也要在此小心翼翼地发问:"你真的要学习 C++ 吗?"

如果你犹豫了,请合上书,把它轻轻地放回书架,就当什么也没有发生。有时放手也是一种选择。

咦? 你居然还在看! 那就是说,你已知学习 C++ 艰难但还是要坚持。接着,寻

1

找盗版书籍的,出门左拐复印店,目送您的背影渐行渐远,我的心情你懂的。

其他的人,啊不,居然就只剩下你一个?请随我右转,进入一小屋,屋内有一魔镜,镜里有一个"人",这是一个具有借助本书学习 C++基础条件的人,一个幻影人,让我们一起看他:

◇ 一桌一椅一 PC,装的是 Windows 7 或更高版本(建议 10),有宽带。(反面:"真的不能用小霸王学习机吗?")

◇ 书中提到网站"第 2 学堂",虽无网址,但他打开火狐等现代浏览器,很快找到第 2 学堂官网。(反面:打开 IE6 搜索作者个人信息。)

◇ 书中又说要下载某开源软件,他上了网站,找到"download"的链接;书中又提到要"Nightly builds"版本,他找到了链接,在下载的过程中,顺手用在线辞典翻译了这个词。(反面:"爷不懂英语!""中国人为什么要用外文软件!")

◇ 又不知什么原因,他打开系统某个文件夹,熟练地将一堆文件移动到另一个地方。"是移动而不是复制……"他自言自语,并认真地做了确认。(反面:"秘书啊,过来一下……")

◇ 他在文件夹中,按下 Ctrl+F 热键,找到某个扩展名为".exe"或".dll"的文件,右击快速地做了些什么操作,他细细地查看文件属性,嘟囔了一句"我明明刚刚修改了它啊?"(反面:"Ctrl+F 是暗号吗?")

◇ 有人问他:你的机器和操作系统是 32 位的,还是 64 位的?他要么知道,要么上网开始查相关信息。(反面:"最讨厌这些满嘴术语的人了。")

◇ 放下电话,他小心翼翼地打开 C 盘,找到 Windows 目录,把书中要求的某个文件复制过去,这时电脑提示他有权限问题,他愉快地做出了决定。(反面:"这么危险的操作,不玩了!")

◇ 他从电脑前站了起来,转头、扭腰、压腿;还打了个简短的电话,电话交流中满是问候,看得出他很关心电话另一头的人。(反面:"我一坐就六小时,没事。")

◇ "请在 Windows 控制台进入该目录……",书中就这么说,可是"控制台"是什么东西?又如何切换目录?他理解一本讲编程的书无法事事从基础讲起,所以默默地去网上搜索了。他有了答案,试着按下"小旗键"同时按 R 键,再输入 cmd……然后他开始学习控制台的常用命令。(反面:"什么破书,一件小事都说不清楚!")

◇ 他正在试"Ctrl+Alt+Delete"组合键的作用。此后他很有兴致地和"任务管理器"打着交道。(反面:"这有意思吗?")

◇ 他用全部的指头熟练地在键盘上输入,用两个甚至一个指头敲字的人,那不是他,那不是他。(反面:"真正的高手不都是只用一个指头操作吗?")

◇ 邻居家的电脑越跑越慢,他过去帮忙了。查看磁盘或内存大小,借助工具杀毒、除木马、优化升级系统……反正看清了,他不是那种碰到问题就眨巴着一双大眼充无辜的人(小眼睛也不行)。(反面："隔壁的女生又不漂亮!")

◇ 他发了封电子邮件。他加入或关注了许多和编程有关的群或圈子。(反面："我什么都不懂,我不好意思去。")

◇ 他为了有更多的时间学编程,就假装不是很爱玩游戏。(反面："写程序 5 分钟,玩游戏 5 小时。")

◇ 他偶尔听到"动态库"这个词,于是上网查了查,到 System32 目录下搜了搜,一堆文件让他若有所思,其实他还是不懂。(反面："我下铺学某语言的兄弟,他也不懂啊!为什么我要懂这么多!")

◇ 他学习书中做屏幕保护的应用例子,终于做出来了,他好兴奋。费了好长时间加入了自己的创意,把程序安装到父母的电脑上。第二天他接到老妈的电话,问他电脑屏幕上显示着"爸妈,我爱你们",是不是电脑中毒了?(反面："我学编程是为赚大钱的!")

◇ 他听说过 Linux,也了解 open source。当看到书中文字："Code::Blocks 是一套跨系统的、开源的、免费的 C++集成开发环境"时,他可能还不知什么是"Code::Blocks",也不懂什么叫"C++集成开发环境",但他会觉得中间那三个"的"确实有些吸引人。(反面："没觉得。")

◇ 他中学英语没有全部还给老师。在学习上遇到不懂的英语单词时,他会去查电子辞典。当我说"In"是输入,"Out"是输出时,他会觉得很自然。(反面："我还是去找找吧,听说有纯汉字编程……")

◇ 他有点数学基础。可以是初中、高中,或大学的……反正在这本书里,高中的数学知识都碰不上。(反面："我数学太差,肯定学不好编程。")

◇ 他在生活中不笨,不是骗子喜爱的对象;也不经常扮演那种自己把自己丢在大街上的角色。还有,或许他并不喜欢多说话,但在别人眼里他却是个讲逻辑的人。(反面："老师,我不笨,快点开始教学吧,我着急写一个计算大奖特码的程序呢。")

◇ 最后,他有信心、恒心、耐心、细心。无论如何,他能坚持做完第二章里面的那些琐碎的"准备工作"。(反面："烦!烦!烦!")

◇ ……(反面："呸!学个编程这么多条件!作者你疯了吧?)"

魔镜的光慢慢暗淡,舞台的追光打在你的头上,你沉默不语,安静得像大卫雕像。过了很久,你开口说话了:

"我长这么大,还真头一回看到这么啰里八嗦的书。"

"那么,你现在还想成为一名 C++程序员吗?"

"书都买了,你还想让我怎么着?"

好,再往下的工作中,就让我们以 C++程序员的全新角度看待眼前这台计算机,会看到什么呢?

3

1.2 什么是计算机

一部《红楼梦》，据说经学家看见"易"，道学家看见"淫"，才子看见"缠绵"，革命者看见"排满"，流言家看见宫闱秘事……我读三年级的时候翻开过《红楼梦》，看到的是一堆繁体字。如果现在我以程序员的眼光去"重逛"大观园，会看到什么样的红楼梦呢？不知道，还是来说一说计算机的事吧。

什么是计算机？

有学员说，"上网的，上 QQ 的，玩游戏的！"不能说完全不对，但这是以计算机普通用户的眼光看待，我们现在是程序员——虽然还没有写过一行代码，但我们必须培养这方面的思维。

计算机，尤其是指 PC（个人计算机），以台式机为例，通常有个显示器，有个主机箱；如果是笔记本或平板的话，那就薄了点……还是不对，这是从外观上描述什么叫计算机。

计算机，人类最新发明的一个伟大的工具，如今已经无处不在，并已深刻地影响着人类的生活。在漫漫的历史长河中，唯有"火、机械、电、电子"工具可以和计算机比肩……这一段好有深度，但怎么听怎么像是历史学家在说话。

1.2.1 "冯·诺依曼"版

不能浪费大家的时间了，让我们先搬出一位计算机界的名人。第一位是有"计算机之父"之称的约翰·冯·诺依曼，如图 1-1 所示。祖师爷提出了两个现代计算机最为关键的理论：一是数字计算机的数制采用二进制；二是计算机应该按照程序顺序执行。人们称之为"冯·诺依曼体系结构"。

冯·诺依曼明确提出此类计算机采用二进制数制，不仅充分发挥电子器件的工作特点，而且简化了机器的逻辑线路设计。如果这个只能算是一种思路的话，那么冯同学把"程序"和"程序所处理的数据"都看成计

图 1-1　冯·诺依曼（John von Neumann，1903－1957）

算机的输入数据，并且可以保存到计算机内部在需要时加载，反复使用。那么，这样的办法，就是一种思想了。

计算机原本只用于科研（包括服务战争），但现在早就"旧时王谢堂前燕，飞入寻常百姓家"，千家万户使用的计算机的架构，都采用冯·诺依曼当初所提出的架构。

符合"冯·诺依曼体系结构"的计算机，基本上拥有以下五大部件：运算器 CA、

逻辑控制器 CC、存储器 M、输入装置 I 和输出装置 O。其中存储器 M 的存在尤为出彩。

1.2.2 "白话 C++"版

结合名家的理论,用我们自己的话,想想什么是计算机。

首先,计算机由硬件和软件组成。什么叫硬件,什么叫软件,下一小节再说明。现在我们先讨论硬件。计算机硬件的组成,冯先知说了,有五个部分:"运算器 CA、逻辑控制器 CC、存储器 M、输入装置 I 和输出装置 O。我们可以进一步归纳成三部分:

- 中央处理器(运算器+控制器);
- 存储设备(内存+外存);
- 输入/输出设备。

学习未知的东西,最好是从已知的知识中获得启发,以汽车(见表 1-1)作比,它有什么中央处理器、存储设备和输入输出设备呢?

表 1-1　汽车的输入、输出、存储设备及"中央处理器"

项　目	汽车的组成
输入设备	方向盘、油门、刹车板……
输出设备	车轮……
处理器	齿轮、轴承……
存储设备	油箱、水箱……

1. 汽车的"输入/输出设备"

通过方向盘的输入,可输出车轮的转向。

通过油门或刹车板,可以输出车轮的转速。

不要混淆"输入/输出设备"和"输入/输出数据"。方向盘是设备,而在转方向盘时的动作时包含的扭矩、速度、力度都是输入数据。

车轮是输出设备,输出数据是车的速度,车的行驶方向。

2. 汽车的"中央处理器"

汽车处理器是引擎。有人说应该是驾驶员的大脑,这似是而非,人不是汽车的一部分,人是汽车的用户。同理,你使用计算机,但你不是计算机的中央处理器。

处理器的典型工作是"吃"进一些数据,然后"吐"出一些数据。吃与吐之间,存在某种既定逻辑的处理,让数据在输入前和输出后发生可预测的变化,这些变化就是处理的成果。我们的胃就是一台强大的处理器——当你还不是程序员时,你应该没有这么思考过你的五脏六腑。

"处理器"的定义明白了,那又为什么要加一个"中央"来修饰呢?一台设备往往有多个处理器,但如果其中一个处理器连接主要或多个输入输出设备时,被称作"中央处理器"。人的中央处理器应该是大脑,它通过神经连接并控制人体。

基于上述解释,对汽车而言,直接或间接接受方向盘、刹车板、油门等输入,并将动力输出给"车轮"和外部各类连杆的引擎,可称为它的中央处理器。在公路上,你踩下油门,同时把方向盘向左打,那些齿轮、轴承等设备,忠实而精确地进行了运算,于是车轮向左一拐,并加速飞驰。处理器必须竭尽全力提供精确可控的计算,你理解吗?

3. 汽车的"存储设备"

计算机的存储设备分为"内存"和"外存"。油箱、水箱、蓄电瓶之类的设备,存储某种材料,必要时供引擎直接或间接使用。注意:引擎对油、水、电按需索取,并集中在汽缸内混合处理。引擎不会蠢到直接在"外存",比如油箱中加电打火,因为只有汽缸是汽车的"内存"。

内存当然也很重要,智能手机内存不够大,《愤怒的小鸟》玩起来就会很卡,汽车的内存不够大,车就跑得不猛。

我们将更多的计算机原理级别的内容,放在后面第 4 章中。本小节的内容就讲到这里。也许你对"什么是计算机"还有些模糊,不过我相信你对于我们满大街跑的汽车,一定有了新的认识。没错,当你习惯用程序员的眼光去看这个世界,你一定会惊奇的发现:原来世间到处都是输入/输出设备,到处都是处理器,到处都是存储设备。站起来走走,重新鉴赏一遍家里的各类电器,或者干脆就是马桶……看出点什么了吗?

不过,如果到处都是带有"处理器、输入/输出、存储"的设备,那计算机的特点又是什么呢?

1.3　什么是硬件、软件

什么是硬件?什么是软件?

我坐在电脑前发呆半个小时,还是没想出如何给两者下定义。

美国有个电脑神童说:"凡是摔到地上会坏的就是硬件"。似乎有点道理,但一旦硬件坏了,硬件所承载的数据,好像也会"消失"。想一想,新买的数码相机没用就摔坏是一种心疼,和女友春游拍了很多照片,回来的路上给摔坏了,又是一种心疼。那些照片数据算硬件还是软件呢?

还有一种说法是:看得见摸得着的是硬件,看不见摸不着的是软件。刚觉得它说得不错,但马上我就发觉了破绽:智能手机的操作系统,它就在屏幕上,我看着它,感觉界面优美,我触摸它,感觉操作方便……

无奈之下,我搬出辞典,它说:

"**硬件**:计算机及其他直接参与数据运算或信息交流的物理设备"。可见,硬件就是设备。平常我们生活中的各种设备,例如,洗衣机、冰箱、电视,还有螺丝刀、钳子等,都是硬件。

"软件:控制计算机硬件功能及其运行的指令、例行程序和符号语言"。指令、程序和符号语言是什么且不说,至少我们得知:软件是用来控制硬件运行的。

这么一说,前面提到的"输入/输出设备"是硬件;方向盘、刹车板、油门是硬件;而"输入/输出数据",即人转动方向盘的力度、速度、扭矩,踩油门或刹车板时脚的行程等这些数据,以及这些数据通过硬件展现出来的汽车的各类性能,属于软件范畴。表面上看是硬件控制车的运行,其实是这些软件数据控制着车的运行。如何掌握好"力度、速度、扭矩、行程"这些数据的输入,以及它们之间的配合度,叫做驾驶技术,也是一种软件。另外,在茫茫大草原、高山峻岭以及周五下班的城市里开车,你所使用的驾驶技术也不相同。因此,因外部环境限制带来的各种"规则",也是软件。

想要成为一名驾驶员,当然要学习和汽车自身紧密相关的驾驶技术,也要学习用以限制你如何开车的交通规则,此外,最好再学习一点汽车的硬件知识。

同样,《白话 C++》当然不能只教"C++"这门语言,它还得讲点编程的规则,还得讲点计算机硬件的知识。

所以,你应该不会太反感一本讲编程的书有一个"启蒙"的章节。为什么不能迅速深入痛快地说说 C++的那些事儿呢?

我才不呢,既然要学习编写程序,那我们就得说说什么叫"程序"。

1.4　什么是程序

什么是计算机程序?

计算机程序是一组指令(及指令参数)的组合,这组指令表述了某种逻辑,并用它控制计算机的运行。

1.4.1　什么是指令

让我们来想像一个游戏。

游戏中有两个人,其中一个人双眼用布蒙上,另一个人是你。你不哑,他不聋。场地中混乱地摆着许多啤酒瓶(称为"雷区")。游戏任务:由你发号施令,指挥被蒙眼者从场地的一端穿行到另一端,而且不能碰倒啤酒瓶。

现在,你就会明白什么叫"指令",指令就是一套符号。这套符号的含义,你懂,他也懂。

你会根据现场情况,向他发出类似这样的指令:"向前 2.5 步,向左 1 步,向后1.5 步,向左 0.5 步,向前 4 步,停!"

"向前",这就是指令。"2.5 步",这就是指令所需要的参数。在不需要具体区分时,我们也往往将"指令和指令的参数"通称为"指令",有时通称为"数据"。

不同的处理器往往会有自己的一套指令(称为指令集)。如果把锤子当作一个处理器,它的指令应该是"敲"。如此,剪刀则是"剪"。换成汽车呢? 如果你是初学者,正好,你的师傅坐在副座上,你就有幸听到相对复杂的指令了:"左转! 右右右! 踩离合! 油门! 减挡! 刹车! 停!! 滚!!!"最后一个指令很明确不属于汽车的指令集。

1.4.2 指令兼容

对于计算机而言,不同的"处理器"类型,不同产家生产的处理器,甚至同一产家生产不同版本的处理器,往往都会有不同的指令集合。为了商业利益,厂家间会进行"联衡",相互之间尽量保持兼容,除了一些特定指令。典型的如 Intel 和 AMD 两家CPU 产商。当然也有因为厂商策略,产品定位等方面的不同,而无法实现兼容的指令集合,比如当前智能手机多数使用的是 ARM-CPU,就和桌面 PC 机的 CPU 指令不兼容。

学习 C++推荐的硬件环境,是桌面 PC(包括笔记本),它们所采用的 CPU 使用Intel 或 AMD 等厂商生产的 CPU,对应的指令集称为"80x86 CPU 汇编指令"。

1.4.3 程序=指令的逻辑组合

我们给出的第一个用于回答"计算机程序是什么"的表达:"计算机程序是一组指令(与其所需的参数),这组指令依据既定的逻辑来控制计算机的运行。"

在这个定义中,有三个重要的概念。其中,我们谈到了程序中的"指令",但是我们还没有谈到"组合"及"逻辑"。

继续前面的"雷区安全穿越"游戏。

理论上,如果场地不变、酒瓶摆放位置不变、参与人不变,那么作为指挥者,你完全可以把第一次的指挥过程记录在案,形成一套"指令的组合",如图 1-2 所示。

看,这就是程序! 一组共六个指令(及其所需数据)的组合。六步之间的组合逻辑又是什么? 就是要帮助玩家成功走出"雷区"的逻辑。这个最终目标,通常称为"业务需求"。

~"雷区"安全穿越程序~
ver 0.01作者:丁小明

step1: 向前2.5步

step2: 向左1步

step3: 向后1.5步

step4: 向左0.5步

step5: 向前4步

step6: 停!

图 1-2 程序=指令的组合

指令组合的结构又是什么呢? 首先,指令和指令之间有次序关系,游戏者必须先执行完第 1 步,再做第 2 步……乱着来这个程序就完全失效了。从本例上看,就是要顺序执行,但有时会碰上更复杂的雷区,就有可能用上更复杂的结构,比如"重复"。发指令者会在某一步这么说"请重复前面两步三次",在计算机程序中叫"循环结构"。

在以后的学习过程中,很多时候我们认为程序就是指令;同样,我们会觉得程序就是逻辑。

1.4.4 程序 vs 软件

很多时候,我们不区分"程序"和"软件"这二者。也许前者更趋于抽象,而后者趋于具体。比如在写那些表达我们思想逻辑的代码时,我们喜欢说"写程序";而当程序完成,可以待价而沽时,我们则称它为软件产品。

1.5 什么是编程语言

程序是按照一定逻辑组合的一组指令。游戏中双方使用自然语言表达指令。如果游戏双方有交流障碍,那么用嘴巴说的那套指令就玩不转了。当要对计算机下达指令,人类这一套得天独厚且历史悠久的自然语言,就玩不转了,怎么办呢?

解决这一问题所要做的第一件事就是:制定"机器语言"——机器有了语言,我们就可以和它亲切地交流……

"等等!"突然有个同学没举手就站起来要求发言:"机器,没有生命的东西!小猫小狗有语言倒可以接受,机器也有语言,还要我们去学习,这亵渎我作为人类的尊严!我要退学!"得解开这个结,不然自尊心强的同学恐怕会心生学习障碍。

首先,语言其实不仅仅代表有声音的内容。英语、汉语等,说出来的是口头语言,写在纸上的是文字语言;也有相对应的哑语,一组用手势来表达的语言符号。

对应到编程,需要一组用来表达计算机指令的符号,有了符号,我们就可以组合它们,以表达人类思维的种种逻辑。当然,组合并不是完全自由的,需要遵循特定的语法。不直接使用人类的语言,不是人类的语言太贫乏,恰是因为人类语言太丰富,符号太多,语法太复杂,导致笨笨的机器无法精确理解。所以,必须通过人类的头脑,为机器制定一套相对简单的语言。

原来机器语言也是人类制定的,并且还比较简单,这样一来自尊心的问题解决了,但新的问题又来了:"既然比较简单,为什么还需要学习呢? 并且听说还挺难学的?"

此处原因有很多,排在第一个的是:这里的"简单"是专门针对机器,它是适合机器阅读理解的语言,对人类来说反倒很难。比如,科学家设计计算机时,曾经按人类的习惯采用"十进制数"来表达数据,但要设计能够理解十进制数的电路逻辑很难,后来有了二进制。让我们来对比一下:十进制数的 789 和大小一致的二进制数 1100010101,想要理解后面那个数,是不是需要好好学习?

再者,学习编程并不是仅仅学习编程语言自身,我们往往希望通过编程让计算机帮助人类解决某些复杂的问题。编程语言再怎么复杂,熟悉它的语法可能一年就够了,相比学习汉语或英语确实还算简单。但是,如何用简单的工具去解决复杂的问题,这个过程本身就是复杂的,是需要学习的。

结论是必须学习计算机语言,下面就来谈谈最原始的机器语言。

1.5.1　机器语言

机器语言要简单到什么程度,才能让计算机"一看"就明白呢?机器又是怎么"看"它的语言呢?

直至今天我们所用的计算机都叫做"电子计算机",因为它们的重要组成部分是电子元器件。以我超级贫乏的电子知识,能讲出常见的电子元器件有:电阻、电容;其中的电阻,我记得中学物理课上学习过:"当电压一定时,通过导体的电流与它的电阻成反比。"

头好大! 又有同学夹起书要走了,别急,学习编程并不需要什么复杂的电子电路知识。不过,同学们今天带算盘了吗?

中国古人发明算盘,算盘分为上下两个区。其中上区的一颗珠表示 5,下区的一颗珠则表示 1。对于算珠来说,基本状态有两种:上和下。因此,当我们使用算盘时,一颗珠子拨上拨下表示 5 或 1,身为中国人,我表示这事很简单。但发明电子计算机的先哲们(包括冯·诺依曼同志),他们找到了更简单的状态表达:"通电"或"断电"。

为了国家荣誉,穿越时空的我大胆地向年轻的"小冯"提出质疑:"这样设计不是浪费电子元件强大的表达能力吗! 为什么不考虑用电阻或电压值来表达呢? 比如,1伏表示数字 1,2 伏表示数字 2,3 伏表示数字 3……"冯同学这么回答:"贵国的老祖宗设计算盘时,为什么不设计一种'不上不下'的状态呢"?

"好吧,看来科学家是有国界的,但科学无国界。各位能从我国老祖宗发明的算盘身上得到启发,并发扬光大,造福全人类,我表示祝福和感谢,好好干! 未来世界每个人都会有一台计算机,你们信吗?"

算盘珠子如果存在"不上不下"的状态,就容易出错。想想你家的灯泡,给它 220 V它亮着,给它 221 V 或 219 V,它也是差不多亮,你认得出来吗? 拿仪表量都会有误差范围。因此,想要让电子元件精确表达状态,"断电"和"通电"是最容易做到的。

就这样愉快地决定了,这一刻冯·诺依曼在笑,发明算盘的无名祖宗也在笑,咦,连发明太极的伏羲老祖也咧着嘴,这是为什么呢!

1.5.2　机器语言的"字母"

科学家用"0"和"1"来表达"通电"或"断电"。不过它们仅仅是计算机语言的"基本符号"。英语中有 26 个字母,单词由 26 个字母组成,然后再由单词组成语句。我们也可以让机器语言有,并且仅有两个字母,那就是"通电"和"断电",为了表达更简捷一点,今后就说成是"0"和"1"(至于 0 是表示通电还是断电,我们不去关心)。

☺【轻松一刻】:用机器语言写份情书吧

哈哈,没想到吧,刚才谁吓唬俺们说机器语言不好学? 我看它至少比英语容易13 倍,让我们现学现用一下。你有男/女朋友吗? 首先你们碰个面,一起约定一些

"机器指令"的表示方法,比如:

0000:你;0001:我;0010:老的;0011:地方、场所;0100:相见;0101:想念;0111:很、非常、那是相当的;1000:今天;1001:晚上;1011:七点钟;1111:亲爱的。

今后,你们可以用自定义的计算机机器语言来交流了。比如,这是一封信:

"1111 0001 0111 0101 0000 1000 1001 1011 0010 0011 0100"

1.5.3　二进制(基础)

因为人类长了 10 个指头,所以采用十进制。因为电子元件有两个稳定状态(通电、断电),所以电子计算机采用二进制。

十进制用 0~9 十个数字以表达所有的数字,二进制使用 0 和 1 就可以表达所有数字。算术老师说"逢十进一",所以我们知道 9+1=10。二进制中"逢二进一",0+1=1,然后再加 1,即 1+1=10。由此可知,十进制中的"2",在二进制中里必须写成"10",并且记得将它读成"壹零"。

【轻松一刻】:世界上只有 10 种人

世界上只有 10 种人,一种懂二进制,一种不懂。

这句话现在你能读懂吗?

用这种方法,就可以用 0 和 1 来表达所有的数字。事实上计算机中所有的数据最终都是由 0 和 1 表达的:一首歌曲,一张相片,一封电子邮件,一个应用程序,全是用 0 和 1 表达的。所以如果有一大串 0 和 1,到底它是表达什么的呢?得看数据的上下文。这和现实世界是一个道理,比如"250610"这串数值,可以解释成"二十五万零六百一十",也可能是山东省某地的邮政编码,甚至可以认为它是一段简谱。

那么,用只有 0 和 1 这两个"字母"的机器语言来编程的话,当然也就是满纸的 0 和 1 了。最早的程序确实是写在纸上的,只不过比我们想象的要有趣:纸是长长的纸带,而 0 或 1 则用画圈表示,一圈两圈三圈……有圈的地方估计是表示 1,然后交给负责打孔的助手,有圈的地方打上一个孔。当程序需要被执行时,就将纸带塞给机器。机器要实现读懂这些孔,确实不复杂,比如可以用光照检测,透光表示 1,不透光表示 0,就这样电子电路读懂了 0 和 1。

1.5.4　汇编语言

还记得我们用二进制写的那份情书吗?"1111 0001 0111 0101 0000 1000 1001 1011 0010 0011 0100"。

我保守地认为用这样的语言写情书,于增进双方爱意方面帮助不大,倒是有利内容保密和提高情侣双方记忆力。

纯粹的机器语言实在太难记识了,先哲们立即想到要为它们制定一些助记符。因为计算机是西方人发明的(并不是唯一原因),所以助记符是一些简短英文字母的组合,这些助记符及相应的语法规则,就称为"汇编语言"。

比如,我们要实现这样一段功能:已知 b 等于 1;c 等于 2;计算"b+c"的值,并将该值赋给 a 。用二进制机器语言来表达,基本内容如下:

```
10001010   01010101   11000100
00000011   01010101   11000000
10001001   01010101   11001000
```

换成某种汇编语言记录,则如下:

```
mov edx,[ebp - 0x3c]
addedx,[ebp - 0x40]
mov [ebp - 0x38],edx
```

汇编语言比机器语言稍稍"人性化"了一点,但仍然不好记忆。二者没有本质的区别,仅是一种简单的翻译。因此很多时候,应把汇编语言与机器语言等同视之。

1.5.5 高级语言

机器语言(或汇编语言,下同)对人来说难读、难写、难记,但对机器来说却易读、易处理,运行效率高,占用内存少。但当时计算机的存储器昂贵,处理器的功能有限,因此,使用机器语言基本是必选项。幸好那时候的程序员,基本就是我们口中的科学家,他们坚持了下来,坚持用机器语言干了好多事,其中很重要的一件事是什么呢?

有了机器语言,加之硬件性能慢慢在前进,先哲们开始正儿八经地考虑人类的感受了。是得有一些"高级"点的语言,让人类写起程序来,不那么累。

这类高级语言当然要在字面语义及语法方面都要比机器语言更符合人类的思维习惯。尽管只是往这个方向走出了一小步,但它们就不再是"机器语言"了,因为机器读不懂。怎么办?方法也简单,先用机器语言写一个"翻译"程序。这个程序负责将高级语言翻译成机器语言,整件事情的过程如图 1-3 所示。

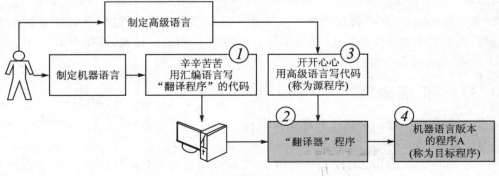

图 1-3   第一个"翻译"程序怎么来和作用

如图 1-3 中的①,程序员辛辛苦苦写出具有"翻译"功能的代码,由于它是用汇编或机器语言写的,所以计算机很容易将它变成②中的"翻译器"程序。接着,程序员改用高级语言,开心地写新的程序代码(见图1-3中的③),但写完后机器看不懂,所以无法执行。翻译器程序是机器能够读懂和执行的,翻译器读入新程序的代码,就能"翻译"出机器可以读懂的版本(见图1-3中的④),现在机器就可以执行它了。

"翻译器"是先哲们用机器语言干的一件相当重要的事,它的正式名称为"编译器"。用机器语言写程序是一件挺难的事,用机器语言写编译器难上加难。有同学担心:某一天先哲驾鹤西去,那编译器不是没人能改进它了?

别担心,有了第一版编译器,新的程序员可以用高级语言写一版新的编译器的代码,然后用旧的编译器编译出新的编译器的目标程序,这个过程可以这样一直继续下去……你有没有一种新的担心?

【轻松一刻】:编译器"自我进化"?

旧的编译器,编译出新的编译器,这让我想到:机器人会不会根据它当前所掌握的智能,自主制造出比当前的它的智能更高的版本,然后新版本机器人学习更多知识,再继续制造一个更智能的下一代?终于有一天机器人"聪明"地意识到,世界应该由它们来统治?

1.5.6 编程思维

最广泛应用的编程思维有:"面向过程"和"面向对象"。

1. 面向过程

日常生活中要完成一件大事,往往得先把它分解成多件小事。即:把一个相对大的办事过程,拆分成存在时序关系的多个小过程。

比如:一位家庭主妇想做道菜,可以将做菜的事分成:备菜、炒菜、上桌等过程。其中备菜过程,又可以细分成买菜、洗菜、切菜等。对应到编程语言,通常用"功能函数/function"代表过程,也有的语言更是直接对应到"过程/procedure",所以面向过程被简称为"PO",即"Procedure Oriented"。

2. 面向对象

面向过程的思路很直观,但是当一件事情更庞大、更复杂时,就很难在一开始就有条理地梳理出到底需要多少过程。比如,你被选为总负责人,规划一届奥运会工作。这时,理智的你要怎么做呢?如果你简单地将这件事从大到小分得很细,然后开始推进,成功概率不大。

"面向对象"的设计思路是,先考虑这件事情中,需要哪些对象,再考虑这些对象如何分类。比如当奥运会负责人,你想到得有负责管钱的,于是要找财务类的人才;得有搞开幕式的,于是要找文艺导演类的人才;得有负责场地的,于是要找建筑类人才;得有负责安全的,于是找安全类的人才;得有管体育的,于是找体育类人才……

每一类人才对外需要提供什么具体功能,你需要去定义,然后再找到符合的人,一个不够找两个或更多。光有人显然也不够，还要有各种物品等，所有这些人和物都称之为"对象"。对象和对象之间当然会有各种关系，谁管理谁？谁配合谁？一切梳理得差不多了（这里的"差不多"没有贬意，因为你可能真的无法完全理清），事情的舞台就交给这些和睦的"对象"运转起来。

抽象归纳一下：面对复杂问题时，我们可以先关注问题可能涉及哪些事物，并对这些事物进行分类，即定义事物应该具有的功能，再梳理这些事物之间的关系。这种解决问题的思路，就叫做"面向对象"，称为"OO"，即"Object Oriented"。

【重要】："面向过程"和"面向对象"关系

"面向过程"和"面向对象"两个思路并不冲突，你在分类或梳理关系的过程中，自然而然地使之成为一个分大类再分小类的过程，而面向对象在执行某个很具体的功能时，必然也是一个由大到小化解事情的过程。

1.5.7 从 C 到 C++

C 语言在人与机器这两极中，往人这一边迈出非常优雅的一小步。这是 C 语言自身的一小步，也是编程语言史上的一大步。因为历史因缘，也因为语言自身优秀，C 是一众"面向过程"语言中的王者，已经成为许多重要基础软件的主要编程语言，比如操作系统，比如编译器，再比如用它来写其他语言。

【轻松一刻】：世界上只有 1 类高级编程语言

这是 C 粉们吹嘘 C 语言地位的话：世界上只有 1 类高级编程语言，一类是 C 语言，还有一类是 C 语言写成的语言。（没有说错，就是 1 类，你懂了吗？）

在符合"人类"思维的这一端，C 语言以"面向过程"为思路，同时提供清晰、简单的语法规则。它的语法规则直接影响到几个重要的后来者，例如：Object C、C++、Java、C# 和 D 语言等。

在接近"机器"特征的这一端，比如，当我们需要写硬件设备的驱动程序时，C 语言甚至被称为"中级"语言。原因在于它非常优秀地反映了机器，尤其是"内部存储器"的特征。因此它能够又快又好地被编译成汇编、机器语言。在此之后它很快地在许多机器上，代替了汇编语言，成为操作系统近乎不二的编程语言。

尽管我们吹过牛，说许多高级语言都是由 C 语言写成的（这当然不全是事实），但这其中与 C 语言之间最有延续、兼容关系的，当数 C++。或许从名字上就可见一斑。最初 C++ 甚至被叫做"C with class"，即"带类的 C 语言"。这里的"类/class"，就是前面介绍面向对象概念时提出的"事物分类"中的"类"。没错，C++ 是一门支持"面向对象"思想的编程语言。

编程语言的发展，从"低级"向"高级"不断地发展。"低级"指的是"机器"这一端；而"高级"指的是"人类"这一端。这中间有两个非常重要的原因。其一当然是机器的硬件性能越来越好,付得起将高级语言转换到机器语言的代价;其二则是人类寄希望于计算机程序帮助解决的问题,越来越复杂了。问题越复杂,解决问题的逻辑就越复杂。尽管我危言耸听地说过"机器人要取代人类",但毕竟那还没有发生,所以解决问题的逻辑还是需要人来写成"指令清单(程序)",所以人类一直改进编程语言向人类自身的思维模式靠近,这就很好理解了。

人类需要计算机帮助解决的问题有什么?上到太空飞翔,下到海底潜伏,中到你手上拿的手机,都离不开计算机程序。更典型的如:财务人士希望用软件管账,人事专员希望用软件管文档,厂长希望用软件管理生产,老师希望用软件管成绩,还有前面提到的开办奥运会……这些事情可能不需要用到很复杂的数学知识,但它们都会涉及许多事物(对象),这些对象被分成许多类型,类型之间、对象之间的关系又很啰嗦。尽管 C 语言是写操作系统、写编译器、写其他语言的首选,但若要处理这些人和事,需要很高级的程序员,这世上没有这么多高级的程序员,所以只能由高级的程序员用 C 语言写一些高级的编程语言以供不是那么高级的程序员来编程。

【重要】:C++语言难学又难用吗

很多人说 C++语言又难学又难用,我只赞同前半部分,其实 C++语言学会以后,至少比 C 语言易用。两者分别是难学易用和易学难用的代表。

如果说 C 语言为 IT 世界地下 100 m 基础设施的奠基者,那么 C++语言就是 IT 世界地面所有高楼、公路、桥梁等的建筑者。全世界用于写电子文档的主要办公软件,比如微软 Office、金山 WPS,或者跨平台的 OpenOffice,都是用 C++写的。写文档如此,播放音乐的软件也基本是 C++写成的。著名的图像处理软件 PhotoShop 是 C++写的。你上网用的许多浏览器也是,你在电脑上聊天用的 QQ 也是;有大量普通用户看不到的网络后台服务,也是 C++写的。

我不知道您为什么要学习编程,更不知道您为什么要学习 C++。不过是时候交待一件事情:选择 C++作为我面向编程初学者的第一教学语言,不是我只懂 C++,而是因为我一直认为,过往 50 年和未来至少 20 年间,编程一直是一件必须在"人"和"机器"间取得平衡的事,所以找一个对应位置的编程语言起步,是明智的。

我们必然通过 C++学习和实践"面向对象"的编程思想。然而,C++是一门集大成者的语言,不仅支持"面向对象",也支持"基于对象""面向过程"和"泛型"的编程思想。和 Java、C♯、Python 相比,C++不算是纯正的"面向对象"的编程语言,但这正是 C++所追求的,也是我所推崇的:"你不可能用一种思想,解决所有问题。"宣称用一种思想方法,就可以解决世间问题的,那不是编程语言,那是旁门左道。

1.6 什么是 IDE

IDE 是"集成开发环境(Integrated development environment)"的简称。既可以

让你写代码、编译程序,又可以调试(找出代码问题)的开发环境,是一种软件。

写程序,先要敲代码(代码工人就这么来的),然后再编译。是人干的事就有可能会出错,比如说,写一个公式计算的程序,一不小心把加号(＋)打成乘号(＊),这时就需要一个"调试"程序的过程,这个过程允许你一步步以慢动作的方式运行程序。C＋＋编程 IDE 就是将"代码编辑器""编译器(包括链接器)""调试器"等集成在一起的软件。由于 C++经常用于写带现代图形界面的桌面程序,所以它的 IDE 往往还会整合"图形界面设计器"。

没有 IDE 当然也能写好程序,但会增加不少学习难度。一些编程高人对我这话嗤之以鼻,他们认为不用 IDE 也能写好程序,最早的程序员不就是在家里喝着咖啡打着孔? 好吧,见仁见智的事不争了,但我特意在启蒙篇介绍 IDE,是因为我准备在本书中安排专门的篇章教你如何使用一款 IDE。这下,连许多 IDE 的支持者也对我不屑了:这也教? 真没技术含量,混字数?

如果 GW BASIC 语言的人机交互界面不算的话,我人生第一次接触的 IDE,叫Turbo C,在当年是 IDE 中的佼佼者,当年我写的程序也简单,让我仍有印象的是,曾经因为 IDE 没用好而"阴沟里翻船"。许多事情有经历的人觉得简单,但刚接触的人确实容易犯低级错误。应避免让初学者浪费大量时间在不重要的事上,这是我认为有必要教 IDE 的原因之一。一个程序员工作时间里打交道最长的就是 IDE,工具用得好和用得一般,确实很影响其工作效率。

【轻松一刻】:用不用 IDE

课讲到这,许多同学都开始问我使用哪一款 IDE 了。但个别处女座的,还在纠结用不用 IDE。大家换一个角度想:我们是谁? 答:程序员。我们的目标是什么? 答:写软件让世界更美好。

既然如此,也是程序员写的让编程过程更美好的软件,干嘛要拒绝呢?

1．Code∷Blocks

使用开源的自由软件 Code∷Blocks 作为学习 C++编程的 IDE。

作为一款 C＋＋编程的 IDE,Code∷Blocks 就是采用 C＋＋语言写成的。软件个头不大,但满足前面提到的 IDE 的必备特征,也支持当前流行的代码编辑辅助功能,包括代码提示、代码完成、代码模板、代码折叠等。支持多种操作系统,如 Windows、Linux 和 Mac OS 等,我们将在 Windows 中使用。

我个人及我所在的工作团队,在 Windows 或 Linux 下使用 Code∷Blocks 有多年的工作经历,用于初学,我认为完全够用。不过,在书的后续内容中我不讳言它所存在的不足。

2．编译器和调试器

C＋＋称得上当前语法规则最复杂的编程语言,故此它的编译器在实现上相当复杂。编译过程如果发现源代码有错误,编译器所报出的错误往往也很复杂。当前主流的 C++编译器有微软的 Visual C++、Intel C++编译器、开源社团的 GNU C++,还有同样开源基于 LLVM 的 Clang。

本书首选开源编译器。尽管 Clang 是 C++编译器的后起之秀,但本书使用与现有资源更广泛兼容,在实际工作有更广泛应用的 GNU C++ 。

GNU C++隶属著名的开源编译器集 GCC(the GNU Compiler Collection)。它对 C++ 2011 及 2014、2017 年等新标准中有不错的支持。

代码编译成程序以后,试运行发现有错,这就需要调试。

要调试程序,需要让编译器生成调试版本的程序。调试版程序将含有额外的调试信息,比如生成程序与源代码行号的对应关系。当程序有问题时,借助这些信息尽可能对应到错误位置上。

调试器同样是一个程序。当我们在调试 A 程序时,其实是在运行调试器,然后由调试器运行 A 程序,并读入 A 程序中的调试信息。调试器再接受我们的指令,控制 A 程序的运行。打个比喻,待调试的程序就像一个 5 岁小孩,医生想检查他的肢体活动是否正常,有两种方法,一是放任他在草地上自由玩耍,从而观察他是否正常;另一种方法是让他爸爸抓着他,然后医生说:“抬左臂、踢右腿……”他的爸爸则小心翼翼地抓着儿子执行这些动作,这位父亲此时就是调试器。

我们采用的调试器是和 GCC 称得上孪生兄弟的,开源的 GDB(the GNU Project Debugger)。

1.7 你是程序员

《启蒙》马上就要结束了,你坚持到现在都没有找店家说:“亲,我要退货。”那么恭喜,再翻过几页纸,你就将开始写代码,成为一个名符其实的 C++程序员了。

但我还想啰嗦几句,在成为程序员之前,你要:

1. 能苦中作乐

噼噼啪啪地在键盘上敲代码也许是很有成就感的,但代码有问题时要调试,要找出隐藏在千行万行代码中的错误,则是痛苦的。不说实际工作中,就单是本书中的例子程序,你自己写一遍然后要调到没问题,也需要花大力气。当你屡调不通,你可能会怀疑 IDE 有毛病(会有不少呢),怀疑编译器有错误(这个可能性较低),怀疑调试器是不是抽风了(偶尔),怀疑本书是不是写错了(会的),甚至开始怀疑人生。但多数时候,还是你自己错的可能性居多(大概在 99%)。面对自己的错误要纠出来却又找不到,没有一点苦中作乐的精神和方法,是很难熬的,特别是夜深人静的时候。

怎么个作乐法呢?需要毅力也需要想像力。比如,夜深人静,在熟睡的家人安宁的呼吸声中,你泡一壶浓茶或点一颗烟,在茶香茵蕴或烟气缭绕中,把查找代码错误的过程当作是你寻道具、斗怪兽或者找定情物的一个过程。

17

这不是传说中的"YY"吗？不，这叫"现实主义"与"浪漫主义"的伟大结合：我们要用现实主义来写代码，用浪漫主义去找错误。

2. 敢自孽自嘲

还是找错误的事。软件界有一名言："不存在没有 BUG 的程序"，其背后意思摆明了就是："没有不犯错误的程序员"，更通用一点："是人就会犯错"。

现代的程序员基本是团队作战。一个系统由许多人写许多模块组成，并且还需要测试人员检测和实施人员部署上线。当系统出错时，好的程序员应该首先推想是不是自己负责的部分出错了，努力重新检查自己的代码。如果你所处的团队每个人都这样做，这个问题往往很容易被发现。反之总是快速断定是别人的错，不想复检自己的工作，或者总等别人检查之后，再来查自己的代码，这样的团队终将效率低下，且人心不齐。

不仅要在发现错误之后总是"枪口对准自己"，在发布自己所写的程序之前，一定要反复地、地毯式地自我检查，而不是看到大致功能已经实现，就直接了当地扔给其他模块使用，或扔给测试人员检测。程序员对自己写的代码要有"洁癖"，而"洁癖"在许多人看来，就是这个人在"自虐"。

接下来说说"自嘲"。哪怕在代码检查上"自虐"，但程序仍然还是有可能在发布之后有错，被人发现，请记住这是最值得开心的事：别人帮你找出错误。所以不能死要面子觉得对方是在找茬儿，或者反过来责难对方是不是"打开方式不对"。学会自嘲就不会那么累，程序员互相找对方的错是一种很好的工作方法。发现某人的代码犯了个错，并且还是个低级错误，于是一群同事围而观之，无恶意地品头论足，呵呵一乐，这是一种健康的程序员文化，在这种文化之下曝光自己或他人的代码错误，是其乐融融的事。当然，我强调的是自嘲，而不是嘲笑他人。

3. 讲理性逻辑

一段程序就是一组指令有逻辑的组合。所以很好理解：做事比较有逻辑的人，写代码也就比较少出错。但我想强调的是：成为程序员之后，长期编写程序反过来会让一个人的逻辑性越来越强。编程真是一件神奇的工作，它一方面让程序员变得富有想像力，另一方面又把程序员锻炼得像机器人一样理智，富有逻辑性。

初学程序的人，最容易犯的逻辑问题之一，就是前面讲到的怀疑一切：当程序出问题先怀疑别人用法不对头，再怀疑机器有问题或者系统中毒，再怀疑标准库有错，再怀疑编译器有问题……最后怀疑是不是今天的黄历上写着不宜编程等。如果用这些来自嘲，相当好，若是慢慢当真了，也就离合格的程序员渐行渐远了。

4. 善表达沟通

有一种见解：程序员是很闷的人(以至于有些女孩子一直在犹豫要不要嫁给程序员)。其实想像一下，一个拥有浪漫主义，乐于自嘲，又理性讲逻辑的人，必然也是一位有良好沟通能力的人。

表达与沟通能力,不仅用于谈恋爱,也用于团队合作。程序员之间,可以通过代码交流,文档交流,但最终还是需要人与人之间的直接交流。一个程序员可以在别的场合非常闷,非常安静,那是他的性格,但当提到程序时,特别是自己写的程序,如果说不出个一二三,别以为你只是当不了团队领导,事实上你也很难在团队中生存。

1.8 出发赠言

最后送上 C++ 之父对程序员的赠言,与已经或即将成为同行的您共勉:

"在 C++设计中有一条指导原则,那就是:无论做什么事情,都必须相信程序员。与可能出现什么样的错误相比,能做出什么好事情更重要。C++程序员总被看作是成年人,只需要最少的看护。"

这就是启蒙的全部,让我们出发。

第2章

准　备

前面两道门槛:不耐烦和粗心大意。

2.1　基础知识

2.1.1　开源协议

本章所讲解的软件及库,多为自由软件(包括代码库),但所采用的开源许可协议不完全一样。请读者在学习的过程中遵守相关协议。本书写的代码或软件,授权给本书读者自由使用,但请声明其出处,并保留代码中的版权说明。

2.1.2　"库"是什么

怎么理解"C++语言"和"C++库"之间的关系呢? 库的作用是什么呢? 这么说吧,普通人学用自然语言十几年或更久,可能还是难以写出什么浪漫优雅的诗篇。我们学习编程语言,通过编程来解决一些特定的问题,这中间无法完全依靠自己写的代码来实现全部,通常会有大量功能需要利用已经存在的、往往是他人写好的模块。

现成库的重要性,怎么拨高都不嫌多。你现在或许还无法理解,但若拿自然语言举个例子,你应该就要倒抽一口气,开始认真挑选一些"库"以备学习。

👀【轻松一刻】:讲解"库"的重要性的一个小故事

故事说的是——你在追求一位善良美丽的姑娘。你苦读惠特曼《草叶集》、莎士比亚《十四行诗集》等。那天你带她清扫养老院院落。夕阳西下时的世界温暖而柔和;她望向安静的老人,眼波柔和,仿佛有故事。你俯身她耳边,轻轻地说:"当我们老了,头发白了,睡思昏沉,炉火旁打盹。请翻开发黄的日记,慢慢地读,回想你过去柔和的眼神,回想我们曾经在这里打扫院落……"她转身看你,眼神温柔,有爱意在闪烁。

第二个周末,你的情敌二狗也带她来这里,也打扫了院子,也夕阳西下,也在她耳边说了一句话……然后她转身盯着他,眼神愤怒、惊讶、渐趋复杂。

那天二狗怀里揣着的书是《男生霸气语录珍藏版》,他说的那句话是,"这么好的地段,拿来盖养老院真是可惜了!"

这个故事最浪漫的结局是她嫁给了他,用他的钱买下了这个养老院。那天她打电话给你,问你周末能不能过来为老人读诗。

选择正确库,就是这么重要。

我们的目的是写程序、编软件,这两者通常都指可以独立运行的功能。"库"是一种无法直接运行的功能集。但你写程序时,可以调用库的功能,让你的软件变得强大。比如,你要上前线作战,得有军火库啊!里面有许多好东西:AK - 47、M9、T34……两者的关系就是:好的战士需要拥有好的兵器,好的兵器需要遇上好的战士。一个自称对 C++语言非常熟悉的程序员,手里没有几套玩得好的"库"就想写程序,就像一身肌肉的 007,手里拧把菜刀,嗷嗷叫着扑向战场一样悲壮。

学习 C++,必须要深入学习 C++的标准库。

由于 C++与 C 的"血缘关系",所以"C++标准库"也包含了"C 标准库"。标准库提供了系统功能、数学函数、字符串、数据结构、算术等高度通用功能。标准库之外还有各领域大量优秀的第三库值得我们学习。假设你是初学者,再假设你的目的不是爱情,所以我为你挑了一些我认为你值得像对待爱情一样去对待的第三方库,作为本书上下两册,尤其是下册重要的学习内容。

那么,什么叫"像对待爱情一样去对待第三方库"? 我只是说说,我也不知道。

2.1.3 "库"长什么样子

"库"包含用于实现特定功能的代码。从提供的形式来区分,可以是一堆源文件(高级语言),也可以是已经编译好的目标文件(机器语言),或者两者兼有。

纯源代码形式的库拿到手之后,有些因为代码不多,可以将它们和我们自己写的代码放在同一个项目中,一起编译即可。多数库文件很多很复杂,所以有必要先编译成目标文件。本章要做的事,就是手把手地教您,而您要做的事就是迈过初当程序员必须面对的两道门槛,请保持足够的耐心和细心。

一些库我们会将它编译成"调试库"和"发行库"两个版本。前者含有调试信息,所以文件会很大,但允许我们借助调试工具,在程序运行期深入库的内部看代码,进一步了解它的运行机制;后者用于在程序发行时使用。

一些库我们还会将它们编译成"静态库"和"动态库"两个版本。它们对应的是程序如何集成这些库的两种方法:"静态链接"和"动态链接"。静态链接会将库完全加入到程序自身的文件中;动态链接库则独立存在,当程序需要时才去库中找必要的功能加以运行。以前面说的诗集为例,如果你把它全部背会,存于脑中,那可称为"静态链接";如果是需要时才拿出书来临时记到脑子里,那叫"动态链接"。

如果写了三个程序 A、B、C 都静态链接库 L,则 A、B、C 体内将各自拥有一份 L的拷贝。这样程序文件体积会比较大,但好处是可以脱离库 L 独立运行。采用动态链接的程序文件虽然体积较小,但发行时,还是要拖家带口把库 L 也一起带上。不过,如果 A、B、C 三个程序安装在同一台机器上,那么它们可以共用一份 L。因此,动态库也被称为"共享库"。

通常写简单的小程序时,可使用静态链接,写复杂的大程序时用动态链接。

2.1.4 学习哪些"库"

《白话 C++》提供如表 2.1 所列的 C++库教程。

表 2-1 待学习的 C++库

库	功　能
STL	C++标准模板库(C++ Standard Template Library)。不解释,学到就知道它能做什么了。只说一句:没有学过并使用 STL,出门别说自己是 C++程序员哦!
boost	C++"准"标准库:一个可移植、以源代码形式提供的 C++库。是标准库的预备和后备库,简单地说,就是许多功能先放在 boost 库使用,条件成熟时正式成为 C++标准库,这在 C++ 11 标准的形成过程发挥巨大作用。没有广泛使用 boost 的 C++程序员,没有资格抱怨 C++难用
wxWidgets	一个跨平台的桌面图形界面(GUI)库。我们在 Windows 或 Linux 图形界面下使用的程序,基本都是 GUI 桌面程序。那些需要用打开浏览器去访问某个网址的,叫 Web 界面应用。当然,浏览器自身还是 GUI 桌面程序。跨平台是指 wxWidgets 可以帮助用户以很小的差异,写同时适用 Windows、Linux、MAC 上的桌面程序
MySQL++	用于访问 MySQL 数据库的 C++库
SDL	Simple Direct-Media Layer,直译就是"简单直接访问媒体的层"的库。为什么要"直接访问媒体"呢? 因为现代操作系统会将屏幕、语音、键盘、游戏杆等硬件的输入输出"封装"起来,不让一般程序直接访问,这样当然安全了,好管理了,但速度也就慢了。写游戏程序对这些输入输出的性能比较在意。SDL 帮助我们简单地处理这个问题

在本章需要完成安装的库有:STL、boost、wxWidgets 和 MySQL++。其中 STL 会在安装 C++编译器工具时自动带上,还有一些小的库我们在碰到时再安装。

可在本书官网"第 2 学堂"学习本章配套的视频课程。

2.1.5 准备安装目录

将各种 C/C++扩展库以及 C++直接相关的一些工具,安装到同一个父文件夹下,比较方便使用。为此可在电脑磁盘上先建立一个名为 cpp 的文件夹,然后在其内建立名为"cpp_ex_libs"的子文件夹作为所有扩展库的父目录。在我的电脑里,cpp 文件夹被建立在 D 盘上,所以未来扩展库完整的安装起始路径就是:"D:\cpp\cpp_ex_libs"。

2.1.6 更多支持

本书官网 www.d2school.com 提供本章相关软件、库的安装视频教程,建议与本书配合学习。

2.2 安装 IDE——Code∶∶Blocks

在安装扩展库和第三方软件之前,先来安装人们天天使用的 IDE,Code∶∶Blocks。

2.2.1 检查 MinGW 环境

Code∶∶Blocks 支持多种编译器,本书例程采用 Windows 下的 mingw32 g++编译器。

mingw32 是 g++环境在 windows 下的一个实现。为了避免版本与路径冲突,最好不要在一台机器上安装两个 mingw32。如果以前使用过其他采用 mingw32 的 IDE,建议先卸载它们。

有一个检测方法就是在 Windows 下按"小旗键＋R",在弹出对话框中输入"cmd"并回车。在随后出现的控制台窗口输入命令"mingw32－make.exe"并回车。如果看到类似"'mingw32－make.exe' 不是内部或外部命令,也不是……"的回应,说明您的机器上没有安装过 mingw32,或者虽有安装但并未在系统路径变量中设置其执行路径——这正是我们想要的——否则的话,建议卸载原有版本的 mingw 环境,或者将它从系统环境变量路径中去除。

2.2.2 安装 Code∶∶Blocks

打开 Code∶∶Blocks 官网(www.codeblocks.org),在首页找到"下载"链接,单击其中的"Download the binary release"链接,发现适合 Windows 系统的六个选项,主要区分为带或不带编译器两个系列。Code∶∶Blocks 官网提供的 GCC 编译器稍旧,无法满足本书教学需要,因此选择不带编译器的"codeblocks－16.01－steup.exe",后续再单独下载安装更新的编译器。

下载得到的文件是∶codeblocks－16.01－steup.exe ,其中的 16.01 表示 CodeBlocks 的正式版本号(2016 年 1 月发布)(通常会有更新的版本)。运行该程序(需要有 Windows 管理员权限),出现典型的安装向导,先别急着一路"下一步",因为有几个步骤,需确保按以下要求设置。

在安装类型步骤中,可选择"Full"安装,即完整安装,如图 2－1 所示。

在选择安装路径时,不要使用默认的路径,可使用前面课程约定的目录,以下假设为"D∶\cpp\CodeBlocks"。

至此,我们要的 IDE 就已经有了,但仍然别着急运行 Code∶∶Blocks,还要对其进行升级。

23

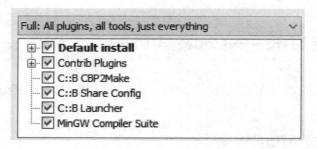

图 2-1　选择 Full 安装类型

2.2.3　升级 Code∷Blocks

Code∷Blocks 每隔一小段时间就会有更新,但不作为正式版发行。不少功能需要更新才会有,同时也会解决旧版的一些问题,因此推荐各位经常更新。请再次进入 Code∷Blocks 官网,在首页左部"QuicLinks"下找到"Nightlies"链接,单击进入位于官方论坛下"Nightly builds"分版,仔细比较前面几个帖子的标题,挑括号中数字最大的链接单击,进入下一级页面。比如我当前找到的是"The 25 September 2016 build（10912）is out",表示这是一个 2016 年 9 月 25 日发布的第 10912 次的构建版本。

进入指定更新版本的帖子,第一步:分别单击带有"wxmsw28u_gcc_cb_wx2812_gcc510 - TDM. 7z"的链接,下载 Code∷Blocks 所依赖的界面库,以及"mingwm10_gcc510 - TDM. 7z",其中的数字"510"是该库编译所使用的 GCC 版本,通常会有更新。解压".7z"文件需要事先安装 7zip 软件。将两个文件解压到前述 Code∷Blocks 的安装目录下,比如"D:\cpp\CodeBlocks",选择替换原有文件。这一步仅在第一次升级时需要,将来再升级,可直接跳至下一步。

第二步:下载真正的升级包。名字的通常形如"CB_YYYYMMDD_revNNNN_win32.7z",比如"CB_20160925_rev10912_win32.7z"。同样解压到 Code∷Blocks 安装目录下以替换原有文件。

2.2.4　安装 MinGW - w64

不带编译器的 Code∷Blocks 只能用来写代码,无法编译。请前往"http://mingw - w64. org"网站,进入该网站下载页面,从表格中选择"Mingw - builds"(注意,不是"Win - Builds"),单击新页面中的"Sourceforge"链接,将触发下载,得到"mingw - w64 - install. exe"程序,该程序将从网上下载并安装指定版本的 GCC 编译环境。尽管多数人的电脑已经是 64 位机器,但考虑到兼容性,本书仍然优先使用 32 位的 GCC 编译环境。

确保电脑可以联上互联网,然后运行"mingw - w64 - install. exe"。安装过程中需要用户指定目标配置,可按表 2－2 所列做出选择。

表 2－2　安装 32 位、i686 架构的 GCC

项	值	说　明
Version	6.2.0	或更高版本
Architecture	i686	表示 32 位架构
Threads	posix	线程实现模式
Exception	dwarf	异常实现机制
Build revision	1	或更高版本

完成配置后,进入下一步,设置安装目标位置,同样将它安装到前述的 cpp 目录下,让它和 Code∷Blocks 成为邻居。选择"D∶\cpp\mingw－w64－32bit",再进行下一步直到安装完成。

"mingw－w64"提供的 Windows 头文件存在一个小问题,会造成下一小节无法正确编译 wxWidgets。以"D∶\cpp\mingw－w64－32bit"作为安装目录为例,在"D∶\cpp\mingw－w64－32bit\mingw32\i686－w64－mingw32\include"下找到"commctrl.h"文件,跳到第 4017 行,将原有内容"＃if _WIN32_IE >0x0600",修改为"＃if _WIN32_IE >＝0x0600"。

使用 64 位版本 Windows 的读者,可再次运行"mingw－w64－install.exe",配置如表 2－3 所列。

表 2－3　安装 64 位,x86_64 架构的 GCC

项	值	说　明
Version	6.2.0	或更高版本
Architecture	X86_64	表示 64 位架构
Threads	posix	线程实现模式
Exception	seh	异常实现机制
Build revision	1	或更高版本

这次将安装目录设置成:"D∶\cpp\mingw－w64－64bit"。安装完成后,建议打开"D∶\cpp\mingw－w64－64bit\mingw64\x86_64－w64－mingw32\include"下的"commctrl.h"文件,做同样的修改。

2.2.5　试运行

现在运行 Code∷Blocks,首先看到漂亮的启动画面,上面带有和前面提到的"NNNN"一致的版本号,表示你确实升级成功了。

接着,通常会弹出如图 2－2 所示的窗口,表示 Code∷Blocks 需要选择一个默认的编译器。

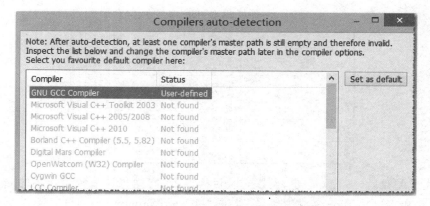

图 2 - 2　选择默认编译器

请选中第一行"GNU GCC Compiler"(哪怕它暂时灰色的),再单击"Set as default"按钮,然后单击底部的"OK"按钮,Code∶Blocks 将以 GCC 作为默认的编译器。紧接着还会问是否将 CPP 等文件扩展名与 Code∶Blocks 绑定,同样单击"OK"按钮。

2.2.6　配置 IDE

1.　编译器全局配置

"编译器"从广义上讲,可将源代码转变成可执行程序,需要一整套的程序,以GCC 为例,编译 C/C++ 程序至少需要以下工具集:

- mingw32 - gcc.exe——C 的编译器;
- mingw32 - g++.exe —— C++ 的编译器及动态库的连接器;
- ar.exe ——静态库的连接器;
- windres.exe —— windows 下资源文件编译器;
- mingw32 - make.exe ——项目"制作"程序。

单击 Code∶Blocks 主菜单项"Settings",选"Compiler"。在弹出的对话框中,左边选"Global Compiler Settings",右边切换到"Toolchain Executables"页,正确的情况下,应该看到如图 2 - 3 所示的内容。

图 2 - 3 列出的所有扩展名为".exe"文件,都应该能在机器上的"D:\cpp\mingw - w64 - 32bit\"中的"bin"子目录下找到。请在 Windows 的控制台进入该目录,然后执行以下粗体所示内容:

```
d:\cpp\mingw - w64 - 32bit\bin > g ++ -- version
```

输出内容的第一行含有编译器的版本号,如:

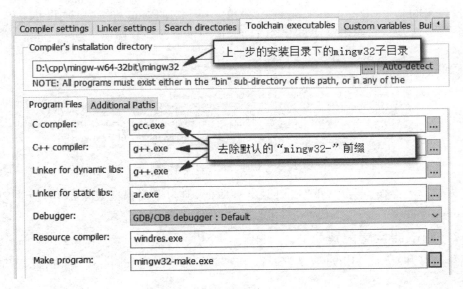

图 2-3　编译器包含的工具链

g++（i686-posix-dwarf-rev1, Built by MinGW-W64 project) 6.2.0

GCC 会检查代码中"已定义,但未被使用的类型"。这条规则很好,但因为用户需要用到的第三方代码大多犯有这个小问题,因此项目编译时,将看到编译器为此报上一堆警告,可以暂时先屏蔽它。

请回到前面打开的对话框,切换到第一页的"Compiler Setting",然后切换其子页面到"Other options";在编辑框中输入:"- Wno - unused - local - typedefs",如图 2.4 所示。

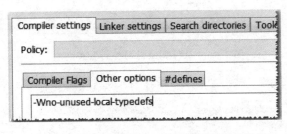

图 2-4　屏蔽"未使用的本地类型定义"

　【危险】:不要随便取消编译器警告项

非常不鼓励取消编译器的警告项。编译警告背后,往往隐藏着严重的问题。这里取消"unused - local - typedefs"为全书特例。

接下来要做的这一点很重要,要让 GCC 支持 C++ 11 的新标准。切换到"Compiler Flags"面板,然后在"Genernal（通用）"组下,找到"Have g++ follow the

C++ 11 ISO C++ language standard(采用 C++ 11 的 ISO 标准)"选项,并选中它,如图 2-5 所示。当使用更高版本 GCC 时,该配置通常是默选项。

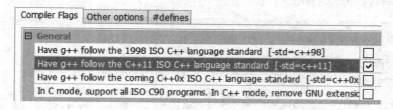

图 2-5 支持 C++ 11 新标准

完成以上操作,单击"OK"按钮退出对话框,但为了确保配置被保存,应立即退出 Code::Blocks(C::B 很任性,不到退出时,许多选项它不保存)。

2. 调试器全局配置

重新打开 Code::Blocks,从"Settings"菜单项下选择"Debugger",由此配置调试器。

图 2-6 中"Executable path"的内容是调试器"gdb.exe"的全路径。如果显示成红色说明不存在,需修改为正确的值;gdb.exe 也在刚刚安装的 GCC 的 bin 子目录下。

"Debugger Type"应如图 2-6 所示选择"GDB"类型。

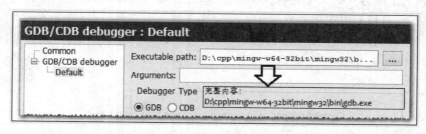

图 2-6 确保调试器可执行程序存在

同一对话框下面是一些默认选项,请保持一致,如图 2-7 所示。

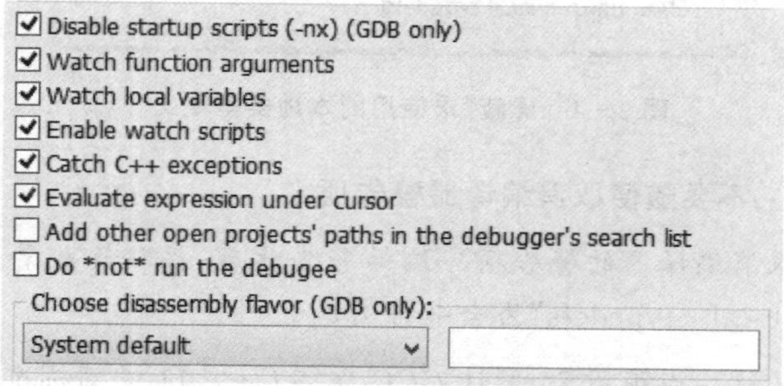

```
☑ Disable startup scripts (-nx) (GDB only)
☑ Watch function arguments
☑ Watch local variables
☑ Enable watch scripts
☑ Catch C++ exceptions
☑ Evaluate expression under cursor
☐ Add other open projects' paths in the debugger's search list
☐ Do *not* run the debugee
Choose disassembly flavor (GDB only):
System default
```

图 2-7 调试默认全局选项

3. 设置编码识别机制

为了让 Code∷Blocks 对中文有更好的支持,需要为它配置编辑器识别字符编码的机制。此时在"Settings"菜单项下选择"Editor"项,弹出的对话框中左边选第一项"General Settings",右边切换到"Other Settings",再依图 2-8 进行配置。

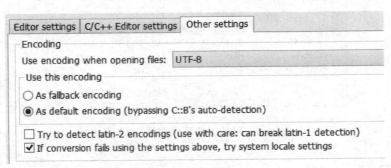

图 2-8　配置编码识别机制

根据这一配置,Code∷Blocks 打开文件时将跳过自动检测,直接以 UTF-8 编码处理,如果失败,则尝试使用操作系统提供的本地编码。

除了本书一开始特意列举如何使用 Windows 本地编码的例子外,一直都使用 UTF-8 编码,因为 UTF-8 编码符合 C++标准要求,可支持跨平台。

2.3　系统编译环境变量

现在可以在 Code∷Blocks 中编译程序了,因为它知道编译器在哪里;但在 Code∷Blocks 之外编译程序,比如要编译的扩展库,却编译不了,因为操作系统还不知道编译器在哪里。

通过电脑桌面、开始菜单或者文件资源浏览器,总能找到"这台电脑"或者"我的电脑"的图标,右击出现快捷菜单,选中"属性"后将弹出一个窗口。Windows 7 或更高版本的话,请再单击"高级系统设置"的链接文字,将弹出"系统属性"对话框。切换到"高级"页,底端有一"环境变量"按钮,单击它将看到同名对话框,如图 2-9 所示。

实际对话框分上下两部分,需要处理的是下部的"系统变量",找到"Path"变量,单击"编辑"按钮,插入 GCC 编译器可执行文件所在的绝对路径,并以英文半角分号字符结束(不含双引号):"D:\cpp\mingw-w64-32bit\mingw32\bin;"。如前所述,用户默认使用 32 位编译器。

一路单击"确定"键退出所有对话框,打开一个新的控制台窗口;随便在某个路径下,比如 C:根目录下再次输入"gcc.exe --version",能看到版本信息,说明设置成功。

图 2-9　修改系统环境变量(PATH)

2.4　安装 wxWidgets

多数应用软件有一个用户界面,当前主流用户界面技术可分为三种:

1. 纯字符界面

纯字符界面也称为"控制台"应用。此类应用通常采取"一问一答"的形式实现人机交互。屏幕上打出提问的文字,必须在用户输入后,程序才继续运行。这类交互形式称不上友好,但实现和使用都比较简单。

2. 图形用户界面

采用"对话框""菜单""按钮"等图形元素所组成的用户界面,即"图形用户界面(Graphical User Interface)",简称 GUI。常用的字处理软件(比如 WPS 或 Word)、QQ 聊天软件以及 Windows 系统,都是典型的 GUI 程序。

3. 浏览器界面

浏览器界面是 GUI 的一种特定形式。程序被分为后台服务和前台展示两部分。前台展现采用浏览器(如 Edge、Firefox 等)软件作为统一的客户端;后台服务实现程序的主要业务逻辑,并负责生成某种界面描述语言(通常是 HTML)交给浏览器展现。当我们上网浏览新闻,或是使用网页版微信时,就是在使用此类应用。

本书前面的一大部分内容,采用"纯字符界面"作为范例程序的主要交互界面,这样安排是为了避免读者一开始就陷入复杂的界面设计泥潭。但与许多纯粹的 C++语言教程止步于纯字符界面不同,下册教程会在后面提供专门的篇章,教你如何编写跨平台的 GUI 程序。

C++用于实现 GUI 的扩展库,有许多选择,我们的要求是:跨平台、开源、成熟、一直在发展,并且要与 Code::Blocks 结合紧密,还不能过于庞大复杂。筛选后得到

wxWidgets。该库还有另外两个优点：一是底层采用操作系统原生控件所开发出来的界面与系统风格一致，不会有"违和感"；二是有许多动态语言的绑定。

2.4.1　下　载

wxWidgets 当前有两个版本在同时发展，一个是最新的 3.x 系列，一个是 2.x 系列，选择当前 Code::Blocks 支持得比较好的 2.x 版本，当在涉及与 3.x 有较大区别时，会做特别说明。

上 wxWidgets 官方网站（www.wxwidgets.org）进入其下载页面，找到"Previous Stable Release 2.8.12"，从其下找"Source Code"栏目中写着"wxAll"的压缩文件包，比如 ZIP 文件。这是我们的第一个 C++扩展库，请将它解压到前述的"d:\cpp\cpp_ex_libs\"目录下，如图 2−10 所示。

图 2−10　第一个扩展库入驻

后面将"d:\cpp\cpp_ex_libs\wxWidgets−2.18.12"称为 wxWidgets 目录。

2.4.2　编　译

wxWidgets 目录中含有源代码文件、说明文件等。下面我们将把它编译成四个版本的库文件：它们分别是：静态链接＋调试、静态＋发行、动态链接＋调试、动态链接＋发行。

1. 静态链接＋调试版

1）进入 wxWidgets 目录下的"build\msw\"子目录，找出"config.gcc"文件，先备份一份，以便改错时恢复。然后用记事本打开，准备修改。

2）请找到以下内容，并确保将值修改为加粗的内容。其他未列出的内容，保持不变。符号"#"及其后内容是我的注释，实际修改时无须输入：

```
SHARED = 0        # 第 41 行
UNICODE = 1       # 第 47 行
BUILD = debug     # 第 53 行
```

（1）SHARED 为 0 表示要编译的是静态库，而不是动态库（共享库）；

（2）UNICODE 为 1，表示要编译成 UNICODE 版本，这一项在本次编译过程中始终为 1；

（3）BUILD 为 debug，表示要编译成含有调试信息的版本。

每次修改完，切记保存后再继续下一步，否则就悲剧了。

3）打开一个控制台窗口，并切换到 wxWidgets 目录下的"build\msw\"子目录，以上操作对应两条控制台命令（每行结束后就按回车键）：

```
D：
cd  d:\cpp\cpp_ex_libs\wxWidgets－2.18.12\build\msw
```

在这个目录下开始编译：

```
mingw32－make.exe－f makefile.gcc
```

编译过程会有许多警告信息,但通常不影响结果。编译结束后在 wxWidgets 文件夹的 lib 子文件夹下,将出现"gcc_lib"子文件夹,内有许多形为"libwxXXXud_XXX.a"的静态库文件。其中的"u"表示是 UNICODE 版本,"d"表示是调试库。

2. 静态链接＋发行版

这次将 BUILD 改为 release,由于 UNICODE 的值不会再变,所以后续将不再列出。现在的配置是：

```
SHARED = 0
BUILD = release
```

请保存文件,然后再次执行：

```
mingw32－make.exe－f makefile.gcc
```

 【小提示】：程序员,起来走走

不用再紧盯着屏幕啦,和前面大同小异。是时候从屏幕前站起来走走了。

编译结束后,gcc_lib 子文件夹下多出形为"libwxXXXu_XXX.a"的文件、名字和调试版本的不同之处在于少了一个"d"。

3. 动态链接＋调试版

这次 SHARED 必须为 1,BUILD 项恢复为调试：

```
SHARED = 1
BUILD = debug
```

编译结束后,和前述 gcc_lib 同级路径下,出现 gcc_dll 子文件夹,并且内有许多扩展名为".dll"的文件生成。

4. 动态链接＋发行版

又到了发行版：

```
SHARED = 1
BUILD = release
```

保存文件,后续编译命令不变。

2.4.3 检 查

恭喜完成 4 个版本 wxWidgets 库的漫长编译,可进入 wxWidgets 的目录检查,今后的编程直接需要用到的是其 include 子目录和 lib 子目录,后者内部又分为 gcc_lib 和 gcc_dll 两个子目录。

其他的 demo 和 samples 目录分别是演示和示例项目,docs 是说明文档,src 是源文件,test 是自带的测试项目,arc 是一些图标文件等,建议保留。编译过程中将产生大量的中间文件,它们是 build\msw 下的 gcc_mswu、gcc_mswud、gcc_mswuddl 和 gcc_mswudl,可将这 4 个文件夹无情地删除。

再看一眼编译成果:

(1) gcc_lib 存放静态链接库;

(2) gcc_dll 存放动态链接库;

gcc_dll 目录下除了扩展名为".dll"的动态链接库以外,还存在大量扩展名为".a"的文件,称为"导入库(Import library)"。导入库负责在编译期为应用程序提供一些必要的信息,也就是说今后编译程序时需要用到它们,但不必随同程序一起发行。

【小提示】:那些被忽略的 wx 库们

为确保大家顺利编译,可在"config.gcc"中的配置,除了基础库以外,其他一些 wxWidgets 功能模块并没有选中,另外在 contrib 下的一些非 wxWidgets 官方的控件也没有编译。读者在需要时,参考上述的方法另行编译。

最后有必要小小地激动一下:一个源于 1992 年,出自爱丁堡大学(University of Edinburgh);支持 Windows、Linux、Mac 三大桌面;全球用户不计其数;开源,允许您将它用于开源或商业目的的图形界面库,已经亲手编译,准备就绪。

2.5　安装 boost

2.5.1　下　载

上 boost 官方网站(www.boost.org)下载 boost 最新版 Windows 平台的源文件。前面要求下特定版本的 wxWidgets,但 boost 库建议使用其官方网站已经发布的最新版本。本教程使用 1.57.0 版本,因此得到一个名为 boost_1_57_0 的压缩文件,先将它解压到一个临时目录,比如 C:\TEMP\boost_1_57_0,后续称作"boost 安装源路径"。如图 2-11 所示为解压后得到的目录结构。

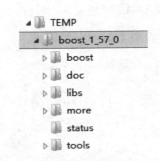

图 2-11　boost 安装源路径目录结构

2.5.2　辅助工具

boost 采用自有的工具进行编译。因此要编译 boost,得先把这个工具编译出来。进入控制台,切换到安装源路径下的 tools 子目录下,逐行执行以下命令:

```
cd C:\TEMP\boost_1_57_0\tools\build\src\engine
dir *.bat
```

应该可以看到"build.bat",接下来就是执行它。注意带一个入参:mingw。

```
build.bat mingw
```

完成编译后在同级目录下将出现"bin.ntx86"目录,继续逐行执行以下命令:

```
cd bin.ntx86
dir *.exe
```

可以看到 bjam.exe 文件,接下来将它复制到安装源路径下:

```
copy bjam.exe c:\TEMP\boost_1_57_0
```

先别关掉这个控制台窗口,下面就要用到。

2.5.3　编　译

wxWidgets 马上就要有邻居了,请先到扩展库目录(D:\cpp\cpp_ex_libs),创建名为 boost_1_57_0 的文件夹,后面称作"boost 安装目标文件夹"。

回到控制台窗口和 boost 安装源文件:

```
cd C:\TEMP\boost_1_57_0
```

boost 库的许多功能模块,不需要编译就可以使用。另外一些模块则必须或推荐编译后才能使用,可以用 bjam 工具列出需要编译的功能模块:

```
bjam --show-libraries
```

将看到类似如下的输出:

```
The following libraries require building:
    - atomic
    - chrono
......
......
    - thread
    - timer
    - wave
```

确保磁盘空间不紧张的前提下,以上模块我们全都要了。请输入以下命令行:

```
bjam install --toolset=gcc --prefix="boost 安装目标文件夹"
```

保留"boost 安装目标文件夹"字样两边的英文双引号,但内容替换为实际路径名称。比如:D:\cpp\cpp_ex_libs\boost_1_57_0。回车! 又一次漫长的编译开始了。编译完成后,就得到了 boost 静态库的发行版和调试版,接下来编译动态版:

```
bjam install -- toolset = gcc -- prefix = "boost 安装目标文件夹" link = shared
```

回车……又要等好久,所以建议您先往下阅读,趁这时间下载 MySQL 软件。

2.5.4　检　查

全部编译过程结束后,请将 boost 安装源目录下的 doc 及一些版权说明文件复制到安装目标路径下。doc 内含 boost 库的说明文档。最终看到的目录结构如图 2-12 所示。

Include 是 boost 库的头文件,lib 下有三种文件:

（1）扩展名为". dll",这是动态库;

（2）扩展名为". dll. a",这是导入库;

（3）其余扩展名为". a"的,这是静态库。

还可以看到所有库文件名都带有"- mt -"的字样,表示这些库都支持"多线程（multi-threads）";而带有"- d"的则为调试库。

图 2-12　boost 安装目标路径目录结构

最后还有必要小小地激动一下:一个由 C++标准委员会发起的,称得上顶尖C++高手提供的,甚至被认为是"... one of the most highly regarded and expertly designed C++ library projects in the world",开源、自由,并且鼓励您在商业或非商业的软件中使用的 C++扩展库,我们已经亲手编译并拥有它了。

2.6　安装 MySQL

绝大多数程序都需要处理一大堆数据。比如,写一个卖女装的软件,估计至少得处理上千种不同款式、型号、价钱的衣物,这些数据之间往往存在着各种关系。同样的道理,如果是卖车,也有车型、油耗、颜色、配置等数据要管理;管理学生的成绩,这回是:年级、班级、成绩……表面上看程序处理的业务各不相同,但在数据存储、数据查询、数据关联等功能上存在共性,这就有了"数据库"软件。

数据库通常也是程序,可以独立运行。安装部署一个数据库程序,可以同时对多个应用程序提供服务。就好比工厂里的仓库,同时向各个生产车间提供存货、取货的服务。当然,也不是随便一个人就可以进出仓库,通常需要凭某种单据,交给仓库管理员才能做入库或出库操作。这个拥有单据的人,如果按计算机行业的习惯,可以称作"仓库客户",意思是他可以访问仓库。

类似的,要访问数据库,需要有"数据库客户"。因此使用数据库,除了要安装数据库软件之外,通常还要安装一个"数据库访问客户端"软件。这也是一个可以独立运行的程序,平常可用它来管理数据库中需要的数据。为什么要强调"我们的"呢?因为数据库也可能有别人的数据,大家凭用户和密码管理自己的数据。当然也有超级管理员,谁的数据都可以处理。通常这个客户端被称为"数据库管理客户端"。

除了数据库管理客户端,用户写的程序也需要访问数据库,因此还需要下载用于访问数据库的扩展库,静态或动态链接到程序,让我们写的程序也成为数据库客户端。

综上所述,需要安装数据库本身(服务端)、数据库管理客户端和数据库访问扩展库三种东西,本章将讲解这三种程序的安装。

服务端软件通常安装在网络中某台独立的服务器上,但一来我们只是为了学习,二来通常家里只有一台机器,所以可以安装在本机上。世界上有许多数据库软件,这里使用的是最为广泛应用的开源数据库:MySQL。

2.6.1 搞清楚"位数"

机器分为 32 位和 64 位机,后者是较新的。MySQL 和许多主流软件一样提供 32 位和 64 位两个版本,加上本文提到的 MySQL 包括了"MySQL 服务端(即数据库自身)和"MySQL 客户端/连接器"两大块,怎么做选择呢,如表 2-4 所列。

表 2-4　MySQL 32 位或 64 位版本选择

模 块	位数选择说明
服务端	选择和你的机器一样位数的版本。因为通常与系统匹配的选择,有利于软件发挥最大性能
客户端	固定选择 32 位。因为客户端(连接器)是真正供开发程序使用的第三方库,它必须和程序编译器保持兼容,而 gcc 默认使用的是 32 位的版本

一句话:根据操作系统来选择数据库服务端位数,根据编译器来选择数据库连接器位数。这里面也潜在说明了一个关系:64 位的数据库服务端支持 32 位的连接器。

那么,您的机器(及操作系统)是几位的呢?请这么操作:右击"我的电脑"(或"这台电脑"),在弹出菜单中选"属性"菜单项,接着在出现的窗口中,查找"系统类型",后面就写着答案了。如图 2-13 所示,我的系统是 64 位的。

接下来的事情也很重要:如果您的系统是 32 位的,那么在系统盘的根目录下,会有"Program Files"文件夹,用于安装同样 32 位的程序,那 64 位的程序呢? 对不起,32 位机不支持。如果您的系统是 64 位的,那么它既支持 64 位软件也支持 32 位软件,所以系统盘的根目录下,会有"Program Files"和"Program Files(x86)"两个文件夹,前者用于安装和系统一致的 64 位软件,后者用于安装 32 位软件(为什么 x86 用

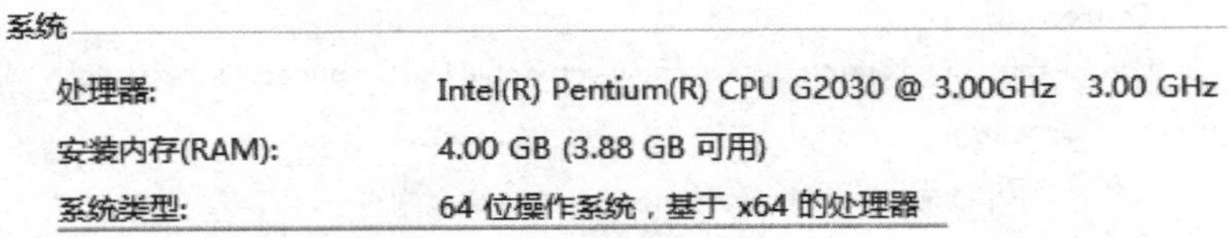

系统
处理器:
Intel(R) Pentium(R) CPU G2030 @ 3.00GHz 3.00 GHz
安装内存(RAM):
4.00 GB (3.88 GB 可用)
系统类型:
64 位操作系统，基于 x64 的处理器

图 2-13 就这样泄露了爱机的“三围”数据

来表示“32”位呢？请自行百度）。

2.6.2 安装 MySQL

上 MySQL 官方网站(www.mysql.com)，进入下载页，再选择“Windows”，单击“MySQL Installer”链接进入 Windows 版 MySQL 下载页面，下载其中的 mysql-installer-community-5.6.22.0.msi 文件。

运行上述 msi 文件，没有“下一步”按钮？单击右上的“Add”按钮，将进入软件选择页面，根据你的机器从左边框中选择 64 位或 32 位，再通过中间的小箭头按钮，将其移至右边，我的机器是 64 位，如图 2-14 所示。

Available Products:
MySql Servers
MySQL Server
MySQL Server 5.6
MySQL Server 5.6.22 - X64
MySQL Server 5.6.22 - X86
Applications
MySQL Connectors
Documentation
Products/Features To Be Installed:

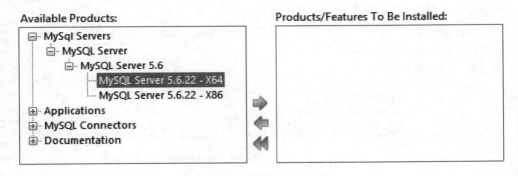

图 2-14 选择待安装软件

安装完成后将直接进入配置页面，其中问到配置类型和网络。正如前面所言，我们这台机器只是用来开发，所以选择“Development Machine”。这个选择会让 MySQL 服务端不用占用太多的资源，如图 2-15 所示。

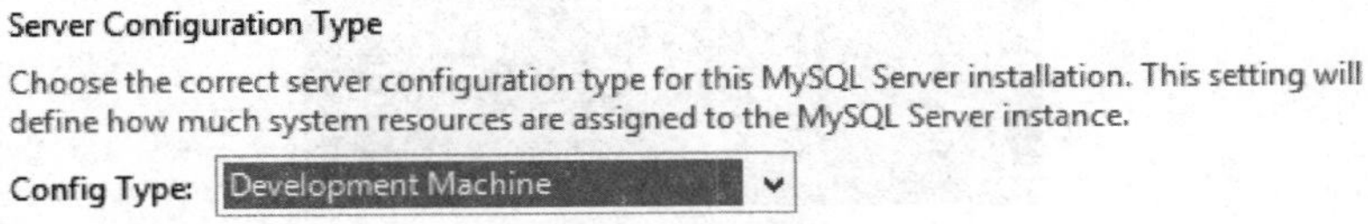

Server Configuration Type
Choose the correct server configuration type for this MySQL Server installation. This setting will define how much system resources are assigned to the MySQL Server instance.
Config Type:
Development Machine

图 2-15 服务器类型

其下则是网络配置，需采用默认的配置，让 MySQL 在 3360 网络端口上提供服务，并且让操作系统的防火墙允许这个端口开放，如图 2-16 所示。

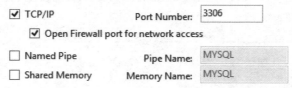

图 2-16　网络配置

再下一步是配置数据库管理员（用户名为 root）的密码,请一定记住您所设置的密码！本教程设置的密码是：mysql_d2school。后面各项配置可一路 Next,到最后一步单击"执行/Execute"。详细安装配置请读者自行了解。这样就安装好了 MySQL 数据库服务端,但千万别删除".msi"文件,因为马上又要用了。

2.6.3　安装 MySQL 管理客户端

再次运行前述的".msi"文件,也是单击 Add,添加 MySQL 官方提供的管理客户端：MySQL Workbench,如图 2-17 所示。

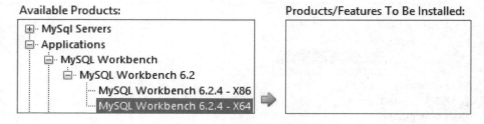

图 2-17　选择 MySQL Workbench

请选择和 MySQL 匹配的版本,我的机器仍然是 X64 版本。

安装后运行 MySQL Workbench。如果 MySQL 安装在本机,那么在 Workbench 主窗口左上角就能看到本机数据库的连接,如图 2-18 所示。

图 2-18　自动识别到的本机 MySQL

单击它的左半部,输入密码,如果 MySQL 连上的话,说明前面的一切安装都成功了。这就安装好了 MySQL 管理客户端,但千万别删除".msi"文件,因为马上又要用到它了。

2.6.4 安装 MySQL 32 位 C 语言客户端库

没错,标题写得就是这么清楚:一、32 位;二、C 语言。为什么是 32 位前面已经解释过,但为什么不选择 C++版本的 MySQL 客户端开发库呢? 答:Oracle 确实提供了 C++版客户端为库,它并不直接支持 MinGW 环境(为什么不支持? 可能是商业原因),因此只能先安装它的 C 语言版本的开发库(为什么 C 语言版本就支持 MinGW 环境? 因为 C 语言接口的兼容性远高于 C++)。

结论:请在 MySQL 官方安装向导界面,将"MySQL Connector/C 6.1.5 - X86"选上并安装,如图 2 - 19 所示。

结合之前提到的 32 位与 64 位的相关背景,请在安装后自行查找"MySQL Connector/C 6.1.5 - X86"最终被安装到哪个目录之下。

图 2 - 19 安装 C 客户端库

2.7 安装 MySQL++

官方(Oracle)版本的 C++扩展库不能在 MinGW 环境下使用,所以应使用非官方版本的 MySQL++。可别因为它的出身而小瞧它,事实上它不仅可以兼容多种环境,而且接口形式更有现代 C++语言的风采。

2.7.1 辅助工具

MySQL++编译同样需要辅助工具,且非自带。所以请先上"http://bakefile.org/"网站进入下载页面,寻找非常老的 0.2.9 版本的安装程序。下载后得到的文件是:bakefile - 0.2.9 - setup.exe,运行,并一路"下一步"直到安装结束。

2.7.2 下 载

进入 MySQL++库下载页面:"http://tangentsoft.net/mysql++/",找到其源码下载链接。本书撰稿时,MySQL++的最新版本是 3.2.1,因此对应下载到的源代码压缩文件名为:mysql++- 3.2.1.tar.gz。

将 gz 文件一层层解压到某个临时目录下,得到"mysql++- 3.2.1"子文件夹,以下称之为 MySQL++安装源路径。

2.7.3 编 译

进入该文件夹,找到文件"mysql++.bkl"。先备份,然后将原文件打开,搜索"MYSQL_WIN_DIR"关键字,应该看到这样一段:

```
< set var = "MYSQL_WIN_DIR" >
C:\Program Files\MySQL\MySQL Connector.C 6.1\
</set>
```

将其中的 C 连接库路径,替换为你之前安装的 MySQL C 客户端的真实位置,比如,我的是:C:\Program Files (x86)\MySQL\MySQL Connector C 6.1。修改后记得保存 mysql++.bkl。接着打开控制台,切换到 MySQL++安装源路径:

```
cd c:\TEMP\mysql ++ \mysql ++ - 3.2.1
```

执行如下命令:

```
bakefile_gen - f mingw
```

此命令在当前目录下重新生成 Makefile.mingw 文件。它是用于编译 MinGW 版本 MySQL++库的制作文件。就在前面的控制台下,我们马上来"制作"MySQL ++库。输入命令:

```
mingw32 - make - f Makefile.mingw
```

2.7.4 安 装

编译完成之后,请继续在前面制作的控制台执行如下命令行:

```
install.hta
```

将弹出一个窗口,接着通过选择"Drives"和"Folders",选中以前创建的扩展库目录。但事情有点搞笑,居然只能选中根目录下的第一级子目录,如图 2 - 20 所示。

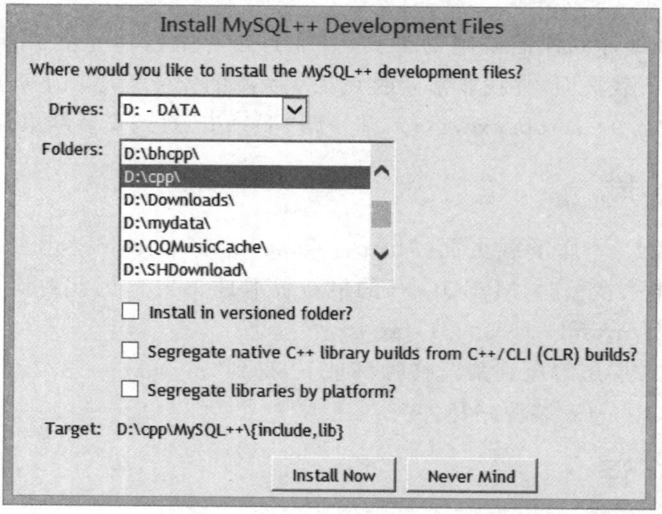

图 2 - 20   选择 MySQL++安装目标

单击"Install Now",先安装到"D：\cpp"目录下。接着到该目录下,鼠标一挪将它移动到 cpp_ex_libs 目录下也就一秒钟的事,现在这里有三个邻居了,如图 2-21 所示。

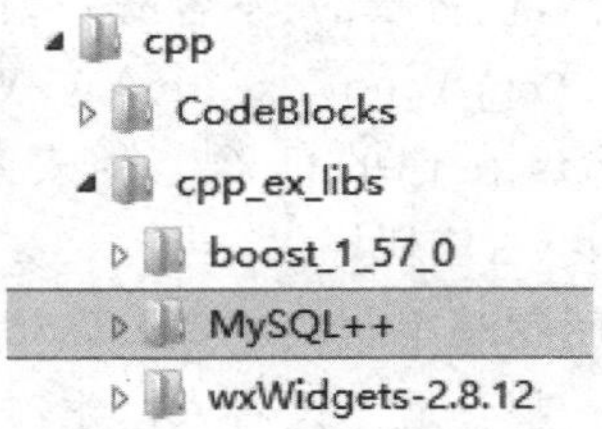

进入 MySQL++,有 include 和 lib 两个目录,lib 目录有两个文件它们分别是"libmysqlpp. a"和"mysqlpp. dll"。

回到安装源目录,建议将 examples(例子)和 doc(文档)两子文件夹,移动到图 2-21 中 MySQL++目录下。

▲ 📁 cpp
　▷ 📁 CodeBlocks
▲ 📁 cpp_ex_libs
　▷ 📁 boost_1_57_0
　▷ 📁 MySQL++
　▷ 📁 wxWidgets-2.8.12

图 2-21　新邻居 MySQL

最后我们又有必要小小地激动一下:用户数以亿计的开源数据库,就这样准备好了。但是一个冷冷的声音不知从何处传来:瞎激动什么? 装这么多库可是一个也不会用吧? 有什么好高兴的! 本书作者来回答这个问题:当然要高兴,因为太多太多看似很聪明的人,就在这些准备过程中折戟沉沙,偃旗息鼓。

2.8　配置 Code：：Blocks 全局变量

安装这么多库,原来库真的就是一堆文件被存放在某些文件夹里。将来写程序,程序中某些功能将由这些库实现,就需要先在电脑上找到这些文件夹,然后再以静态或动态的方式,找到位于这些文件夹下的库文件。如果是静态,就只需要在编译程序时知道库文件的位置,如果是动态,则编译和运行期都需要知道库文件在哪里。

比如若想以静态链接的方式使用 wxWidgets 的库功能,在屏幕上显示一张 JPEG 格式的图片,那么就需要用到 wxWidgets 库里的"libwxjpeg. a"。因此告诉链接器,这个库文件在磁盘上的完整位置(术语上称为"绝对路径")是:

```
"D:\cpp\cpp_ex_libs\wxWidgets-2.8.12\lib\gcc_dll\libexjpeg.a"
```

使用绝对路径配置库的位置,会带来好多问题,例如:

(1) 第一个问题写在路径的脸上:它太长了,每次写着都累。

(2) 第二个问题:不利于多成员合作,总不能要求开发团队每个人都把库安装在相同的目录。

(3) 第三个问题:不利于切换库版本,第三方库也会不断地升级。真实软件开发往往不会直接用新版覆盖旧版,而是在机器上同时安装两个甚至更多个版本的库。如果在项目配置中写绝对路径,更换起来也累。

(4) 第四个问题:不利于跨操作系统研发。"绝对路径"这一术语,在 Windows 下和 Linux 下有好大差别。

Code：：Blocks 在这个问题上下了很大功夫,采用"全局变量"(本书有时候称为"全局路径变量")解决这一问题。方法倒是简单好理解:用一个短的、虚的、容易统一的名称,代替长的、不容易一致的绝对路径。比如我可以配置使用"＄{♯wx}"来代表"D:\cpp\cpp_ex_libs\wxWidgets－2.8.12\lib\";而你可以使用它来代表 wx-Widgets 在你的机器上的安装路径。以后我们提到 wxWidgets 库路径,统统说"＄{♯wx}"就好。

问题基本解决了,但 Code::Blocks 做得更好。我在电脑上写《白话 C++》,需要选择一整套适于读者入门学习的第三库,人们称为"库集合 A";但我也在同一台电脑上写一些其他程序,这些程序所使用的第三库和"库集合 A"有重叠也有很多不同。面对这个需求,Code::Blocks 允许我们为"全局路径变量"分组,称为"全局变量集"。

2.8.1　新建全局变量集:d2school

为了作者和读者彼此都方便,在 Code::Blocks 中创建一个名为 d2school 的变量集,操作说明如下:

Code::Blocks 主菜单中"Settings → Global variables...",出现对话框"Global Variable Editor(全局变量编辑器)",单击第一行的"新建"按钮,如图 2－22 所示。

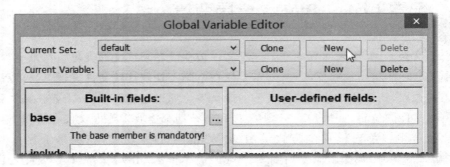

图 2－22　新建全局变量集合

然后在弹出的对话框中,输入"d2school"(不含引号,下同),确认退出。

我们将逐一为前面安装的第三库设置路径,注意全部都配置在"d2school"集合下。

2.8.2　全局路径变量 wx

继续在图 2－22 所示的对话框中,首先确定"Current Set"选中的是"d2school",然后单击第二行的"New"按钮,将弹出一个标题为"New Variable"的对话框,输入"wx",确认退出。现在,"d2school"变量集拥有了第一个全局变量,即"wx",如图 2－23 所示。

需要为变量指定三个路径,分别是"base""include"和"lib"。base 表示 wxWidgets 的安装路径,include 表示 wxWidgets 的头文件所在路径,lib 表示 wxWidgets 的库文件所在路径。在我的机器上,全局变量如表 2－5 所列。

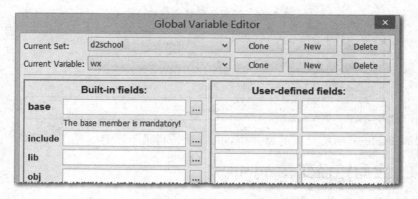

图 2-23 新建 wx 变量

表 2-5 配置全局变量:wx

变量名	wx
base	D:\cpp\cpp_ex_libs\wxWidgets-2.8.12
include	D:\cpp\cpp_ex_libs\wxWidgets-2.8.12\include
lib	D:\cpp\cpp_ex_libs\wxWidgets-2.8.12\lib

　　将以上值填写到对话框中"Built-in fields"下对应的三项。三者应是您磁盘上存在的文件夹,建议通过编辑框中"..."按钮查看验证。

　　wxWidgets 的动态库和静态库被安装到不同的目录下,为方便使用时区分二者,我们再分别定义两个"用户自定义字段(User-defined Fields)",名字为"static"和"share",值为"gcc_lib"和"gcc_dll",最终结果如图 2-24 所示。

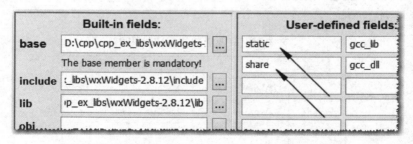

图 2-24 wx 的两个自定义字段,区分静态动态库位置

　　值为什么是"gcc_lib"和"gcc_dll"?请您回忆一下。

2.8.3 全局路径变量 boost

　　在 d2school 集合下新建名为 boost 的变量,在我的机器上各字段设置如表 2-6 所列。

表 2 − 6   配置全局路径变量：boost

名　　称	boost
base	D:\cpp\cpp_ex_libs\boost_1_57_0
include	D:\cpp\cpp_ex_libs\boost_1_57_0\include\boost − 1_57
lib	D:\cpp\cpp_ex_libs\boost_1_57_0\lib

提醒：include 项所对应的路径中，include 子目录下还有一层子目录。

2.8.4　全局路径变量 mysql

在 d2school 集合下新建名为 mysql 的全局变量，在我的机器上各字段设置如表 2 − 7 所列。

表 2 − 7   配置全局变量：mysql

名　　称	mysql
base	C:\Program Files (x86)\MySQL\MySQL Connector. C 6.1
include	C:\Program Files (x86)\MySQL\MySQL Connector. C 6.1\include
lib	C:\Program Files (x86)\MySQL\MySQL Connector. C 6.1\lib

MySQL 提供客户端 C 语言版扩展库不在 cpp_ex_libs 的目录下，之前已经多次谈到它可能安装的地方，请确保三项子路径都确实在你的系统中是存在的。

2.8.5　全局路径变量 mysqlpp

在 d2school 集合下新建名为 mysqlpp 的变量，在我的机器上各字段设置如表 2 − 8 所列。

表 2 − 8   配置全局变量：mysqlpp

名　　称	mysqlpp
base	D:\cpp\cpp_ex_libs\MySQL++
include	D:\cpp\cpp_ex_libs\MySQL++\include
lib	D:\cpp\cpp_ex_libs\MySQL++\lib

现在已完成本章所要求的各项任务，可正常退出 Code::Blocks，以确保前面所做的工作成果得以保存。

第**3**章

感受(一)

Hello world!

3.1 Hello world 经典版

据说,天底下许多程序员都把他们第一次的"感受"献给"Hello world"程序。

著名的 C 语言教程《The C Programming Language》的作者是 C 语言的两位创始人 K&R(Brian W. Kernighian 和 Dennis M. Ritchie),他们把"Hello world"作为第一个范例程序,从此这几乎成为程序员道上的规矩了。"Hello world"的目的之一,是通过简短的代码,让学习者以最小代价认识一个程序的概貌。目的之二,是以此来检查基础编程环境是否配置正确。结合本书的要求,您应当要依据第 2 章教程完成 Code::Blocks 的安装。

🛈 【小提示】:C 之前还有 B

"Hello world"范例因 C 语言而成为编程学习的传统,但据说它并不是最初出现在 C 语言的教程书上。其实 C 语言的作者之一,早先在贝尔实验室写一内部技术文件《Introduction to the Language B》时,就用了此范例。

程序员了解语言的发展史是一件有意义的事,大家何不将这个小例子当成回溯计算机编程语言史的起点呢? B 语言之前是什么语言呢?

3.1.1 向导-控制台项目

Code::Blocks 提供了"控制台项目向导",可方便搭建出一个控制台程序的基本"架子"。实质上刚好就是一个 C++版本的"Hello world"的程序。

🛈 【小提示】:"Project""工程"和"项目"

一个程序,往往由多个源文件组成,为了方便管理这些源文件的编辑、编译、调试等过程,通常会用一个"项目"来管理它。"项目"在英语中称为"Project",在国内有时翻译为"项目",有时翻译为"工程",前者当前用得比较广泛,所以本书主要使用"项目",偶尔使用"工程"。

现在学习如何通过向导创建一个控制台应用,并且直接编译、运行它。

(1) Code::Blocks 主菜单"File→New→Project..."。

(2) 弹出如图 3－1 所示的对话框,选择"Console(控制台)"分类,然后选中"Console Application",再单击"Go"按钮。

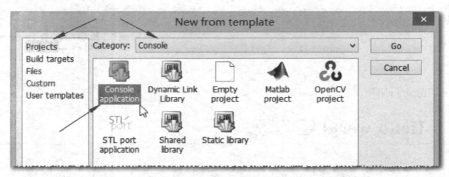

图 3－1　开始"Console Application"向导

(3) 出现向导的"欢迎界面",直接单击下一步。

(4) 出现用于选择语言的对话框,选择"C++",单击下一步。

(5) 出现选择文件夹的对话框,在"项目标题"中输入"HelloWorld"。注意,两单词连写,不包括双引号。本步操作结果将会在"我的文档"中的"CodeBlocks Projects"目录下,新建一个名称为"HelloWorld"的目录。

(6) 出现编译器选项对话框。在"编译器"中选择"GNU GCC Compiler"。其下"Debug"与"Release"两个编译目标都是默认选中的,不必改变。单击"完成"。

(7) 必要时按下"Shift ＋ F2",Code::Blocks 将显示"Management"侧边栏(默认在左边),如图 3－2 所示。

(8) 双击图 3－2 所示的"main.cpp"。暂时不需要修改它。

(9) 单击主菜单"Build→Build"(热键"Ctrl＋F9"),进行编译,如图 3－3所示。

(10) 热键"Ctrl＋F10"运行。(9)和

图 3－2　项目管理器

(10)也可通过工具栏实现,请读者自行熟悉,运行结果如图 3－4所示。

其中"Hello world!"是程序的输出。其下有关进程返回 0,以及显示总体执行时长的信息是 Code::Blocks"附送"的。为什么 Code::Blocks 有能力在我们的程序输出之后加上新的输出内容呢? 因为以(10)的方式运行我们的程序(假设称为 P),事实上是通过 Code::Blocks 来调用 P 程序(实际过程更复杂些,这里简化描述)。这种情况下,称 Code::Blocks 是 P 程序的"父进程"。操作系统允许父进程处理子进程的

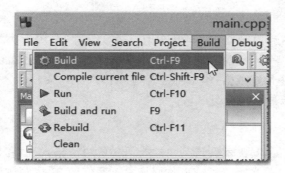

图 3 - 3　"构建"菜单

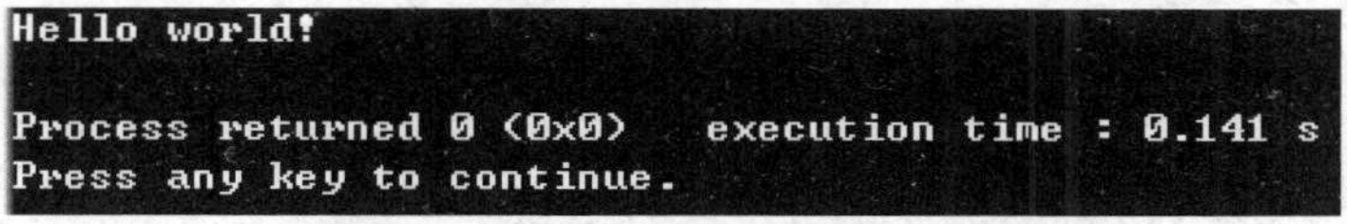

```
Hello world!

Process returned 0 (0x0)   execution time : 0.141 s
Press any key to continue.
```

图 3 - 4　Hello world 运行结果

输出。

　　Code::Blocks 不仅追加了输出内容，而且让控制台没有直接退出。这样做是为了方便程序员看一眼程序的输出结果，然后再"Press any key to continue"。

3.1.2　初识代码

　　参考 3.1.1 中的步骤(7)和(8)，进入代码编辑窗口，可以看到以下内容。为了描述方便，为它加上行号（为排版方便，空白行被略去，具体是 002 和 004 行）。

```
001   # include <iostream>
003   using namespace std;
005   int main()
006   {
007       cout << "Hello world!" << endl;
008       return 0;
009   }
```

1．编译指示

　　001 行代码是一句"编译指示"，具体含意一会儿再说。编译指示总是在新的一行中，以 # 开始，并且行末没有以"分号"结束，比如：

```
# include <iostream>
```

　　编译指示用于告诉编译器在编译过程中所需的一些信息，它们影响一个程序是否能被正确编译。

2．声明语句

C++代码中多数内容是语句,其中有一类语句在作用上类同前述的"编译指示";同样可直接影响编译过程,在编译结果中并不生成对应的指令。它们之所以也被称为"语句",仅是约定成俗,本书称之为"声明语句"。

本例中,003 行是一句声明语句:

```
using namespace std;
```

具体含意再等等,马上就会讲到。这类语句的语法格式上,和普通语句没有明显区别,包括以"分号(英文字符)"结束。回忆一下我们的"雷区穿越游戏",声明语句通常用于描述某种上下文环境。

3．可执行语句

007 和 008 行是两行可执行的语句:

```
007   cout << "Hello world!" << endl;
008   return 0;
```

编译之后,这些语句生成对应的计算机指令,用于执行。

4．函数框架

剩下没提到的代码,是一个"C++函数"的空架子:

```
005   int main()
006   {
007
008
009   }
```

其中的 main 是这个函数的名字,int 的含义一会儿再讲,再剩下的就是一对花括号"{}",这一对花括号及其所包含的内容称之为"函数体"。一个函数体中通常包含一些执行语句,在本例中,就是 007 与 008 两行"可执行语句"。

5．大小写区分

C++是一门区分大小写的编程语言。请特别注意本例中的关键代码都是小写字母。

3.1.3　头文件

扣除两行纯粹为了排版美观的空行,"main.cpp"共七行代码,这七行代码如何做到在控制台上输出一行"Hello world!"呢? 很容易注意到第 007 行代码:

```
cout << "Hello world!" << endl;
```

这一行中用户只认识"Hello world!"这句话,其他"cout"和"endl"以及符号" << "我们都不认识。会不会就是它们合力将"Hello world!"输出到屏幕呢?

以人们的软硬件知识,不知道如何通过显卡实现在电脑屏幕上输出字符,就算学完整本《白话C++》也还是不知道。今天可以确认一个事实是:在上面那个C++程序中,正是"cout"" << "和"endl"这三个乐于助人的"工友",实现了在屏幕上输出对世界的问候。

这几位"工友"都来自哪里? 如何找到它们?

"张速通"身怀绝技,擅长疏通下水道,但如果成天闷在家里,恐怕无人问津。于是他印制名片,上面写明专长及联系方式。有一天丁小明上街时,收到他发的名片。后来又有一天丁小明家中下水道堵塞,这下就可以通过名片找到张速通,一个电话叫来(Call)小张完成疏通下水道的任务。这个过程用C++编程术语来表达就是:丁小明"调用(Call)"张速通提供的疏通下水道的功能。

现实生活中名片有两个作用:一是让你知道某个人拥有某些功能;二是在你需要这些功能时,你知道如何找到这个人。不仅仅是名片,电梯或电线杆上的广告,城市地图、公共交通时刻表等,都具有同样的作用——不是真正的实现功能,而是一些功能的声明或描述。

C++语言有着类似的设计:支持将功能分成"声明(declaration)"和"定义(definition)"两块,在不是很严格的情况下后者也可称为"实现"。当代码需要使用外部功能时,代码中应先拥有这些功能的声明。

😊 【轻松一刻】: 一定要通过声明找到定义吗

不要"声明",直接拥有"定义"行不行? 当然也可以。但是请想像一下:你丢掉所有名片,把水道维修工、电工、医生以及会做烤翅的大厨天天养在家里……得多有钱才能这么任性呀。

书归正传,C++会将相关联的一组功能的声明内容,写在同一个文件里,这些文件就叫做"头文件"。这就像你要装修房子,于是装修公司给了你一张工人花名册,上面有"李粉刷""陈水管""林电工"和"张防盗"等的功能说明和联系方式。方便吧?"cout"" << "和"endl"三位"工友",它们的声明都可以通过同一个头文件来获得。现在请看第一行代码:

```
# include <iostream>
```

(1) <iostream>

iostream就是一个头文件。名字中,i表示input(输入);o表示output(输出),再结合stream(流),我们可以猜出:在这个头文件中声明有大量和"输入输出流"有关的功能,包括前面提到的"cout、<< 、endl"。

前面说过,头文件对应着磁盘中的一个真实文件。iostream是C++标准库的头文件之一,所以属于预定义的目录,正是在当初安装MinGW时就准备好的。在我的机器上是:

```
D:\cpp\mingw-w64-32bit\mingw32\liblgcc\i686-w64-mingw32\6.2.0\include\c++\
```

【课堂作业】：找到 iostream 文件

请大家在你的系统上找出，iostream 文件在哪里，再看一下它有扩展名吗？

C++头文件的扩展名可以是".hxx,.h,.hpp"等，不过 C++标准库的头文件比较特殊：它没有扩展名。

(2) #include

#include 是一个固定格式，当需要引用另外一个头文件，其语法格式就是在代码的新行处，写上：

```
#include <头文件>
```

或者

```
#include "头文件"
```

注意，"＜"之后，"＞"之前，或者双引号内部，因排版原因，看似有空格，但其实不能有任何空格，另外，#也是英文半角字符，否则会带来编译错误。

使用"＜ ＞"或"" ""括住头文件的区别在于，尖括号表示这个头文件位于编译环境预先定义的目录内；而双引号表示该头文件位于当前项目自定义的目录内。

【重要】：include 原则

Include(包含)一个头文件只会给当前源文件增加了功能的"声明"内容。并不会把功能定义直接包含进来。C++的头文件还可以包含其他头文件，但层层包含会让编译速度变慢。建议尽量做到用到什么才包含什么。

3.1.4 标准输出 cout

再看 007 行代码：

```
cout << "Hello world!" << endl;
```

现在我们知道"cout、<< 、endl"都是通过第一行代码 #include <iostream> 引入。下面是三者的具体含义。

(1) cout

读成：C-out，音："西，奥特"（我的英语老师不会来这里学习编程，我确信）。

cout 是 C++库中的一个对象，它代表"标准输出设备"。一台 PC 机的标准输出设备通常指的是它的屏幕。对于控制台程序，标准输出又特指程序的控制台窗口。

(2) <<

" << "是一个操作符号，可以读成"流输出符"，简称"输出符"。

什么叫"操作符"？像"加、减、乘、除"就是四个操作符。在 C++中这四者分别用

"＋、－、＊、/"表示。"＜＜"虽然是两个连续尖括号(不是中文书名号:"《"),但也仅表示一个"操作符"。之所以不是一个尖括号,那是因为"＜"代表"小于号"。

"减号(－)"是一个二元操作符,表示它需要两个操作数。比如:3－2 表示 3 减去 2。"流输出符(＜＜)"也是一个二元操作符,它实现的操作是,将右边的东西输出(打印)到左边的东西上。通常,左边的东西是一个输出"流"。"流"又是什么?像水流、河流一样,"流"是一种可以连续输入或输出某种内容的东西。

cout ＜＜ "Hello world!",表示将 "Hello world!"这句话,输出(打印)到 cout 上。

(3) endl

为了性能,cout 在处理输出内容时,并不是有一个字符就直接往屏幕上输出一个字符,而是会先缓存一些,直到一定量了才成批输出到屏幕。不过如果碰上 endl,就会强制将缓存的内容输出,并且还额外再输出一个换行符。请将 007 行改成:

```
cout << "Hello world!" << endl << " Hello universe!" << endl;
```

然后观察屏幕输出内容的换行效果。

endl 其实是一个函数的名字,它的工作原理较为复杂,暂不详解。

(4) 小　结

基本理解"cout、＜＜、endl"后,您现在应该能看懂 007 行的代码。大家可以试着将"Hello world!"引号中的内容改为"Hello C++",然后重新编译、运行。(请暂时不要改成汉字内容。有关汉字的问题我们在下一节再详谈。)

　【危险】:全角与半角字符

同样是"逗号(,)",大家注意到了吗? 中文输入法输入的逗号要比英文状态下的它的兄弟粗一些。更明显的还有双引号。通常我们中文状态下输入的字符,称为"全角字符",而英文的称为"半角"字符。在上述代码中,包括英文字母、数字、空格(没错,如果您不小心输入一个全角空格,可能会让你抓狂)、标点符号,都是半角字符。比如,代码中 Hello world! 两端的引号。

3.1.5　名字空间

已经知道 cout 和 endl 来自 C++标准库。cout 是一个对象的名字,而 endl 是一个函数(严格说是模板函数)的名字。

对某一物件的命名应尽量避免重名,因为同名会带来指代不清的麻烦。然而重名有时是难免的。想像一个团队合写一个"小区'四害'杀防管理系统"的软件,你负责用户操作界面模块,小丁负责"四害"数据定义模块。写着写着,你需要定义"鼠标",而他需要定义"耗子",因此很可能就重复地叫"mouse"了。

重名怎么办? 假如公司有两个"婷婷",一个在市场部,一个在运营部,那么可以称前者为"市场部的婷婷",后者为"运营部的婷婷"。程序里可以为不同的代码加上不同的"名字空间(namespace)",不同的空间下就允许重名了。名字空间和名字之间使用"：："（称为"作用域操作符"）连接，比如：ShiChangBu：：TingTing 和 YunY-ingBu：：TingTing。

cout 和 endl 同样位于名字空间"std"之内（事实上整个 C++标准库，都位于 std 这个名字空间下）。因此两者的完整名字分别是 std：：cout 和 std：：endl。007 行代码的另一种冗长写法是：

```
std：：cout << "Hello world!" << std：：endl;
```

C++允许我们用"using namespace XXX"这条"声明性指令"，以减少编码时的打字量。这就是 003 行代码的作用：

```
using namespace std;
```

【轻松一刻】：你需要名字空间吗

姓李的同事和其姓奚的老公生了个女儿，取名："奚李哗啦"。这样的名字确实不用名字空间，但会有许多"张强""刘伟"在 13 亿的人中严重需要各种"名字空间"。以"小强"为例，我们可以从不同角度来指定它的名字空间。

籍贯：XX 省 YY 市：：小强；

职务：KK 公司总经理：：小强；

头衔：著名歌手：：小强；

物种：德国小蠊：：小强。

3.1.6 函 数

C++编程中的"函数"概念，和数学里的"函数"不是一回事。

前面已经提到，许多功能已经在标准库或第三方库中实现了。函数是 C++功能实现的一种典型形式。回到"张速通"的例子，A 家的下水道和 B 家的下水道可能略有不同，但作为一名专业人士，张速通的技能具备疏通下水道的通用操作水准。在编程中，可以将实现某功能相对固定的代码组装成"函数"，这样代码中如果多次使用这个功能，就可以直接调用而不必重复编码。

现实生活中人们解决问题时，常常有一个大思路，就是将"大事化小，小事化了"。对应到写程序，就是"大函数化小函数，小函数化代码行"，也可以理解成"动作化解"。函数通常长这个样子：

```
结果类型  函数名称(参数列表)
{
    具体实现过程的代码。
}
```

① "函数名称"——通常就是您要做的动作的名称，一般使用动宾词组；

② "函数参数列表"——是指做这件事时，您需要哪些数据；

③ "结果类型"——做完一件事以后,通常需要告诉调用者一个结果,结果数据需要指定类型。

C++语言使用单词 return,用以在函数做事的过程中随时中断,直接返回结果,通常读作"返回"。

平常生活中,大家天天都要吃饭,如果用"函数"来描述"吃饭"的话,那么它的定义大致如下:

```
表示真假的类型  吃 (饭)
{
    //吃饭的具体实现;
    return 是否吃饱;
}
```

函数名称:吃。

参数列表:饭。

函数返回值:饱或没饱。

接下来,吃饭的过程应该是怎样的呢? 把吃饭分成三个小步骤:张嘴、嚼食、下咽。三个步骤中,我发现"嚼食"又可以继续化解,因此它被列为一个新的函数,其他的就"小事化了"直接实现了。

新函数"嚼食"实现如下(为简化代码,暂且不关心"嚼食"的结果。也就是说,不管嚼得烂不烂,都将下咽):

```
无结果  嚼食 (饭)
{
    我嚼我嚼我嚼嚼嚼嚼嚼……;
}
```

最终"吃饭"函数长这样子:

```
表示真假的类型  吃 (饭)
{
    张嘴;
    嚼食(饭);
    下咽;
    return 是否吃饱;
}
```

归纳函数这个"载体"为编程带来的好处:

1) 调用系统或第三方库功能

标准库和第三库会有许多现成的功能以函数的形式提供。比如 C/C++标准库中有许多常用但实现很复杂的数学函数:正弦、余弦、平方根等。

2) 实现功能复用

在程序中自己写一些函数供自己反复使用。如果是几个人合作写一个软件,那么团队之间也会互相调用函数,复用面更大。

3) 主函数：程序主口

有一个特殊的函数，叫做"主函数（main function）"。它是专门供操作系统"倒过来"调用的 C++程序的函数，也称为"程序的入口函数"。

3.1.7 主函数

请看 005～009 行的代码：

```cpp
005   int main()
006   {
007       cout << "Hello world!" << endl;
008       return 0;
009   }
```

你应该可以认出来这确实是一个函数。

 【课堂作业】：辨认函数定义

请针对上述代码，回答以下问题：

① 函数名称、参数列表、结果类型各是什么？

② 这个函数做了一件什么事？

③ 返回结果是什么？

④ 网络搜索 int 在 C++中表示什么数据类型？

这个函数名为"main"，它就是"主函数"或称之为"入口函数"，是 C++程序专门让操作系统来调用的函数。

"让操作系统来调用……"具体的含意是？如若写了一个程序，安装到用户的硬盘上，并且在其电脑桌面上创建了一个程序的快捷图标。某年某月的某一天，用户把鼠标移动到那个图标上，图标的心扑通扑通地跳；终于，用户双击图标了，图标觉得自己好幸福啊，因为用户的这个举动，其实就是在说："操作系统你好，我对这个图标所代表的程序有兴趣了，请你运行一下这个程序吧！"操作系统接受这一事件的请求，于是它在磁盘上找到那个程序，然后开始启动这个程序。如何启动呢？分成两步：

（1）把这个程序从电脑磁盘上搬到电脑内存里。（我把这个过程叫程序的"投生"，对程序而言，磁盘是死的阴间，内存才是活的人生。）

（2）找到事先约定的程序入口点，然后从这个入口开始执行程序里的一条条指令。（程序＝指令的组合，你还记得吗？）

 【重要】："main 函数"不是程序做的第一件事

初学者容易因此以为 main 函数就是 C++程序运行时所做的第一件事。但别忘了，程序启动时首先做了"投生"操作，"投生"其实是程序进入内存的一个初始化过程。在这个过程中，许多事情就已经发生了……就像人类的活动或许应该从"亚当、夏娃"的出现作为起始点,但其实上帝在造人之前,这个世界已经过去 5 个工作日了。

主函数的"参数列表"形式有两种版本,一种就是这里所使用的空列表,即不需要参数。主函数的返回值是 int。int 在 C++代表整数类型(integer)。本例的主函数只是简单地返回 0,相当于告诉操作系统:"平安无事,本程序寿终正寝"。这当然是操作系统的一种规定:程序正确无误退出时,主函数的返回值应是 0,其他各种数值用于代表五花八门的错误。

3.1.8　注　释

3.1 节即将结束,就这样吗?我们居然一行代码也没写就完成了人生中的第一次编程之旅?不行,一定得写点什么,并且要写一些重要的内容。

当我们写完程序,发起编译,编译器就会读入代码文件,将其编译成可执行的文件。从这个过程讲,程序是写给机器"看"的,不过代码有一些内容,编译器从来都是直接略过,那就是代码中的注释,因为注释纯粹是给人看的。

注释可以让代码的阅读者(包括你自己)更好地理解代码的意图。也许你觉得注释不影响程序的正确性,有什么重要呢?事情正好相反,正因为摆明了写给人看才变得重要。错误的一行注释可能误导阅读者误解一大段代码的作用,然后写出新的错误代码。

C++的注释方式有两种:第一种是双斜杠。从双斜杠之后到当前行尾都是注释内容,例如:

```
//这是一整行注释
return 0; //返回 0,表示程序正常结束
```

第二种采用"/＊"开始,"＊/"结束,中间可以换行。比如:

```
/＊
这是第一行注释
这是第二行注释
＊/
return 0; /＊返回 0,表示程序正常结束。＊/
```

现在的程序,我们加点什么注释好呢?本教程不做规定,此处给出一个示例,在程序最顶部加入:

```
/＊
我的第一个 C++程序
时间:XXXX 年 XX 月 XX 日
作者:XXX
＊/
```

3.2　Hello world 中文版

作为一个中国的程序员，使用魅力十足的方块字向世界问好，你应该会有这个冲动。

3.2.1　"字符集"和"编码"

不装高大上，客观事实：一个西方人编程也许可以不去理会字符集和编码，但一个写方块字的中国程序员，真逃不过这二者。

在 Windows 下想要向控制台输出汉字，将碰到一个重要问题。计算机中一切事物都是二进制数字。计算机是母语为英文的人发明的，其语言通常使用有限的字母组成。以英美为例，很快就可以约定好 A～Z 大小写字符对应的数值，比如字母 A 是十进制的 65。

但计算机要表示汉字，问题就出来了，比如"庄"这个汉字在计算机，是用"55215"表达呢？还是用"15711167"好呢？

一个现实的字符，在计算机中如何用数值表达，这就是字符的"编码"问题。这是一件很重要很严肃的事，想一想如果有一个国家的文字没有对应的计算机编码方案，那就相当于把这个国家硬挤出了信息化队伍。中日韩都使用非字母的文字，所以得各自提出自己国家需要编码的字符有哪些。一整套的字符范围，就称为"字符集"，咱们国家于 2000 年规定的 GB18030 字符集，请上网查询这个字符集包含哪些内容。

一句话：当我们看到一个字符（比如汉字），心里会想：它在计算机是用什么数字来表示的呢？我们这么表达问题："请问，如何编码这个字符？"反过来，当我们看到一个数字，心里想这个数字到底代表哪个字符呢，我们是这么问的："你给我一堆数字，可是你怎么没告诉我它们隶属什么字符集啊？"

3.2.2　问题与解决

中文版的 Windows 操作系统的控制台通常采用"GBK"的编码。但 C++ 标准规定的程序源文件中的字符，需要采用"UTF－8"编码，这就造成了两者互相不理解。举个例子，我在源代码中输入一个"庄"字，采用"UTF－8"编码方式，存储到磁盘文件时是"15711167"这个数字。源文件编译成可执行的程序后，要往 Windows 控制台输出时，控制台却依照另一套编码规则（GBK）来理解这个数字，这就会出错。更简单的例子：想像一下，来了一个老外冲你说了一大堆西班牙语，但你非要当成英语来翻译，结果能不乱吗？

解决这个问题的方法有很多，不过我们今天先采用一种不太标准的方法。GCC 其实留了一手，允许我们采用 GBK 编码在代码中输入汉字。

1. 新建项目

使用 Code::Blocks 向导，新建一个控制台应用，项目名称为"HelloWorldCn"。

如果用户之前没有关闭第一个版本的"HelloWorld"，现在 Code::Blocks 可能同时打开两个项目，此时可以通过双击操作以激活指定的项目。如图 3-5 所示。

图 3-5　激活指定项目

【危险】：确认所修改的文件隶属于活动项目

由于本章中每个项目的源文件都取名为"main.cpp"。因此，在本例及后面例子中一定要确保你修改的"main.cpp"是活动项目的文件；否则就会出现，无论怎样修改源代码，编译后的程序都不受任何影响的"灵异"事件。

2. 修改文件编码

确定"main.cpp"文件当前采用的编码是什么，方法是用 Code::Blocks 打开"main.cpp"文件，此时的 Code::Blocks 的状态栏，如果有"UTF-8"(也就是用户采用的默认编码，详见准备篇中有关 C::B 的安装章节)字样，单击主菜单"Edit → File encoding → System default"将它修改成系统默认编码。此步骤完成后，状态栏显示当前编码应为"WINDOWS-936"，这是汉字编码 GBK 在 Window 系统上的别名，如图 3-6 所示。

3. 修改代码

完成上述步骤后，我们现在可以放心地修改 007 行的代码了：

```
cout << "你好,世界!" << endl;
```

记得保存文件并重新编译：Ctrl+F9。然后运行，结果如图 3-7 所示。

图 3-6　C::B 状态上显示当前文件编码

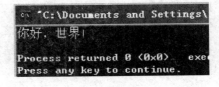

图 3-7　你好,世界！

【小提示】：UTF-8 VS. GBK

同样是这份代码，如果要用 Linux 编译可能需要将编码恢复成"UTF-8"。"UTF-8"编码对应到一个非常大的字符集，这个"大字符集"包括了西方字符、汉字简体、汉字繁体、日语等，而 GBK 则只能表达西方字符以及 2 万多个汉字。如果在同一个源代码文件中，又要用到汉字，又要用到日语，GBK 编码就无法胜任了。就算无此需求也别忘了,使用 GBK 编码只是本例一个临时方案,它不符合 C++ 标准。

3.3 Hello world 函数版

是该到动手写代码的时候了,必须先写个函数。

可使用 Code::Blocks 的向导创建一个控制台应用,命名为"HelloWorldFn"。打开"main.cpp"文件,为了暂时跳过汉字编码的问题,不要在代码中输出汉字(包括中文标点),除了文中特别指出的例外。

本小节中我们的代码将不断"演进"。首先来看熟悉的原始版:

```
001    # include <iostream>
003    using namespace std;
005    int main()
006    {
007        cout << "Hello world!" << endl;
008        return 0;
009
010    }
```

由于这已经不是"第一个程序"了,所以删除了先前加在第一行的注释。

3.3.1 定义函数

首先,在 003~005 行,也就是 main 函数之前,插入以下代码:

```
005    void Hello()
006    {
007        cout << "Hello!" << endl;
008    }
```

现在,定义了一个名为 Hello 的函数,其功能是在屏幕输出"Hello!"。这个函数结果类型是 void,表示不需要返回值,因此在这个函数里也没有找到 return 的值。这个函数也不需要入参,所以函数名之后的"()"内是空的。

编译、运行这个程序,发现输出结果和经典版没有任何区别,屏幕上仍然显示"Hello world!"。

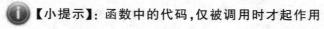【小提示】:函数中的代码,仅被调用时才起作用

定义一个函数但从不调用它,则该函数中的代码不会被执行。这个函数定义对程序执行也就没有什么影响。当编译器做优化后,会把那些闲置不用的函数,从最终编译的结果里剔除。

3.3.2 调用函数

Hello()函数的定义和 main()函数在同一个源文件中,并且出现在 main()函数

之前，所以没有必要为它添加声明即可在 main 函数中直接调用。

　　将 main 函数改写成如下所示，改变部分是 012 行：

```
010    int main()
011    {
012        Hello();
013        return 0;
014    }
```

　　现在编译、运行程序，屏幕上输出"Hello!"。这行话不是在 main 中直接输出的，而是通过 main 函数调用 Hello 函数，由后者输出。

3.3.3　重复调用

　　请在 012 行之后，插入一行"Hello()"，即连续两次调用"Hello()"。代码片段如下：

```
012  Hello();
013  Hello();
```

　　编译、运行……这个例子演示了函数的一个重要功能：方便代码复用。结论是：如果发觉有一段代码会经常被用到，那就可以考虑将这段代码封装成一个函数。

　　😀【轻松一刻】：何时需要一个函数

　　想像某个阳光明媚的清晨，你走进公司的大楼，心情很好，看到同事小 A，你微笑点头："Hello!"看到小 B，你微笑点头："Hello!"看到小 C，你微笑点头："Hello!"……你脖子有些酸了。广告词也正好出现："这时候，您需要一个 Hello 函数！"

　　你从小就是一个节省资源的人，所以也许你在担心，写一份函数然后多处调用，会不会造成程序文件变大呢？

　　答案是：通常不会，不过也有例外……

　　ℹ️【小提示】：函数定义只有一份

　　"张速通"只有一个肉身，上午 A 家下水道堵塞找他，下午 B 家马桶堵塞也找他，并不会造成"张速通"被克隆成两份。同样，普通的函数实现体只有一份，不会造成程序变大。但有一种称为"inline（内联）"的函数，为了提高办事效率，它们会在每次调用时都像孙悟空一样，多出一个化身。所以 inline 函数如果多处调用，会造成程序的体积增大。

3.3.4　带参函数

　　再次想像又是一个阳光明媚的清晨，你走进公司的大楼，心情还是很好，接连看到小 A、小 B、小 C……你"Hello、Hello、Hello"不停地点头微笑。突然，前面出现了一个头上长两只角、肚腩明显发福和表情格外僵硬的人，你一下子就紧张了："Hello，

BOSS……"

对每个人都只是整齐划一地说一声"Hello"确实有些不礼貌呢。现在就改改之前的 Hello 函数,让它带上参数。

```
005    void Hello(string const name)
006    {
007        cout << "Hello! " << name << "." << endl;
008    }
```

参数的类型:string ,在 C++中表示字符串。可以这样理解:在调用 Hello 函数时,需要传入一个字符串。const 在这里表示"常量",具体含义暂不说明。

string 是 C++标准库定义的一个类,需要包含它。在代码第 2 行加入:

```
002    # include <string>
```

 【课堂作业】:观察"函数参数"有关的编译错误

请编译上述代码,然后观察编译出错信息,如果看不到编译信息,可按下 F2 切换出信息窗口,编译出错信息在信息窗口的"构建记录"页中。请(至少在字面上)理解以下编译出错的信息,如图 3-8 所示。重点看以"error"开始的那两行:

File	Line	Message
		=== Build: Debug in HelloWorldFn (compiler: GNU GCC Compiler) ==
D:\bhcpp\proj...		In function 'int main()':
D:\bhcpp\proj...	12	error: too few arguments to function 'void Hello(std::string)'
D:\bhcpp\proj...	5	note: declared here
D:\bhcpp\proj...	13	error: too few arguments to function 'void Hello(std::string)'
D:\bhcpp\proj...	5	note: declared here

图 3-8   编译出错信息(调用函数时,参数个数不足)

以上编译错误原因在于当前版本的 Hello 函数需要入参,但我们没有传递任何参数给它。让加上参数以更正此问题:

```
012    Hello("Xiao A");
013    Hello("BOSS");
```

若分别向小 A 和老板问个好,则编译、运行的程序,如图 3-9 所示。

```
Hello! Xiao A.
Hello! BOSS.
```

图 3-9   带参数 Hello 函数例子运行结果

附上本小节最终代码:

```
# include <iostream>
# include <string>
```

```
using namespace std;
void Hello(string const name)
{
    cout << "Hello! " << name << "." << endl;
}
int main()
{
    Hello("Xiao A");
    Hello("BOSS");
    return 0;
}
```

3.4   Hello world 交互版

在"函数版"中,我向小 A 和老板问好。你呢? 小伙子把自己关在家里苦学 C++编程,精神可嘉! 但我还是要"恶意"揣测,你写的代码是这样的:

```
Hello("志玲");
Hello("小翠");
```

究竟要向谁问好,在于你心里想的人是……在于你传给 Hello()的参数是什么值,比如上例的两个名字。一旦程序编译完成,就无法发生变化,每次运行都是这两个人。如果我想换成向小 B 及小 C 问好,那就要这么操作:一中止程序;二改写程序;三重新编译;四再次运行,太啰嗦了。难道就没有办法,在程序运行时才根据实际需要决定向谁问候吗?

【轻松一刻】:"可变"还是"不可变"

一个程序要有多大的"灵活性",主要在于需求。如果你写这个程序只是给自己使用,并且你对"志玲"情有独钟,那么一个只能打印"Hello 志玲"的程序也很适合。但如果"朝伟"听闻你写了一个问好程序,很开心地花一百万买下它,准备献给"嘉玲"……我们还是改写这个程序吧。

3.4.1   变   量

想要在程序运行时来点变化? 是时候请出"变量"了!

变量:可以改变的量。当程序运行时,活动的数据必须位于内存之中。程序要想修改某一处内存数据的值,最容易理解的一个条件是——你得能找得到这块内存呀。内存就像一间间连续的储物间,每一间都有一个编号,要"访问"一间特定的储物间,必须记得它的编号。我们称内存的编号为"内存地址"。

拥有一个内存的地址;就可以通过地址找到这块内存,这时我们可能想知道这块内存里放着什么东西,或者是往这块内存里放一些东西。内存的数据内容,称之为"值",可以叫"内存的值",也可以叫"变量的值"。在一些代码上下文中,变量就是代表这块内存的值。

此外,内存地址只是一个开始位置。内存是连续的,你正在访问的储物间是多大呢? 储物间的数据内容又该如何解释呢? 这些必须由变量的"类型"来决定。如果你觉得"类型"不重要的话,那么想像一下,你的女友要过生日了,你抱着"取得"一只维尼熊的意愿打开一间储物间,却看到一只活生生的大狗熊……

归纳一下,当我们在说"变量"时,其实我们在说什么? 答:一是内存地址;二是内存的内容(值);三是内存中数据的类型(包括占用内存的大小)。看一段实际代码:

```
001    int a;
002    cout << a << endl;
003    a = 10;
```

001 行定义了一个变量,其实是用户申请到了一块内存门牌,系统会告诉你:拿去吧,第 7892432 号内存房间是你的了。但是这房间号不但不好记忆,而且还是动态分配的,不可能每次都一样,所以编程语言允许使用"a"这个名字,以映射内存地址。

在 C++ 中,临时分配的变量(局部变量)通常不会做初始化,所以当前变量 a 对应的内存中放的是什么内容? 完全是随机的,乱的。002 行强行要输出这个值,这时变量就代表这块内存中的值。但其背后的操作过程仍然需要通过地址找到对应内存,然后读出其中的值。

003 行将 10 赋值给变量 a,这个过程同样是要通过地址先找到 a 所对应的内存,然后将整数 10 扔入这块内存。后面再次读取该内存的值,就是 10 了。

以上过程好像都没有提到"变量类型",但其实每一行都离不开"a 是一个整数类型"的事实。比如,001 行一开始就定义这个数据是一个 int,这就决定了分配得到的内存大小将是 4 个字节(忽略一些特定编译环境);接下来 002 行输出它的内容,尽管当前内容是乱乱的数据(因为没有初始化),但程序仍然懂得从 a 的地址往后读并且只读出 4 个字节,接着又坚持把它当作一个整数来解释;最后 003 行更为明显,我们只能将一个整数或其兼容的类型的数据赋值给 a(把数据放入内存),而不能放入"Hello world!"这个字符串,甚至不能放入 10.0 这个非整数。因为,a 是 int 类型,就算你忘了,编译器也不会忘。

接下来问一个问题:是不是只要知道了内存的地址,程序就可以修改它呢? 答:也不一定。在 C++ 中除了变量还有"不变的量"。C++ 会从语法上规定一些数据程序能访问它的值,却不能修改它。举一个生活中的例子,隔壁家小李姑娘长得如花似玉,可是这一整个夏天她都长着一颗痘痘。你知道这个痘痘的地址吗? 知道,就在姑娘鼻梁往左约 0.3 cm 处! 于是一大早打照面时,你二话不说,直接伸手,精确定位,然后挤它……你爽了,但你也惨了,因为你违法了。

一块内存,可能因为无法得到其地址,或者有地址但语法上不允许修改它,此时可以叫它"常量"。

3.4.2　常　量

C++程序中有两种常量：

（1）字面常量。字面常量是那些你直接将值写在代码里的数据。它们之所以不可变，原因在于无法通过合乎 C++ 伦理的手段来得到这些数据的内存地址。

（2）限定常量。限定常量是指通过 C++ 的一些"关键的词"加以修饰，从而在语法上限定这些数据不可被修改。

例如，用到"字面常量"的地方有：

```
Hello("Xiao A");
Hello("BOSS");
```

其中"Xiao A"和"BOSS"这两个字符串，就是两个"字面常量"。除非改写源代码，否则无论程序怎么运行，两次 Hello 的内容都不会变化。

例子中，在定义 Hello 函数时，其参数被声明为"限定常量"：

```
void Hello(string const name)
```

"const"就是 C++ 中一个"关键的词"，在此处它用来限定 name 的内容不能被修改。(C++ 用这个 keyword 向调用者保证：放心，如果传递过来的是"嘉玲"，那它就不会被修改为"假玲"!)

3.4.3　数据类型

原来，"函数版"Hello world 仅仅使用到"常量"，怪不得运行时一成不变。你一定急着要用"变量"了。

别急！还有件事应事先说好了。想变可以，但也得有个变化程度的限制。有同学说："老师，现在医学发达，男人都可以变成女人了，C++ 怎么还要求变化要有限制啊？"但有一些变化真会有伦理问题：世间万物可以自行改变"物种"吗？一只小老鼠（比如 Jerry）若心情不爽可不可以要求变成一只猫呢？ C++ 语言在这方面观念相对传统，认为一个数据的类型一旦定下来，就不应当发生变化。"物种"对应到 C++ 语法就是"数据类型"，简称"类型(type)"。C++ 中完全不同"物种"的两个数据无法轻易转换。

再看一眼那个 Hello 函数的参数，现在可以这样理解：name 是一个"东西(object)"，它的类型是"字符串(string)"，再严格一点，它有"const"修饰，所以是"常量字符串"，即内容一旦确定就不能被修改的字符串。

🛈【小提示】: C++ 是一门"强类型"语言

C++ 的"强类型"体系，指的就是"类型"对数据的约束很大。这一点和人类思维比较接近，符合高级语言在向"人类思维"方式靠近的说法。不过也有一些"弱类型"

的编程语言,在这一点上超越人类的传统思维方式,比如允许"Jerry"突然变成和"Tom"一样的物种。

在 C++中,要产生一个变量时,需要限定它的类型。语法格式如下:

```
类型 变量名;
```

3.4.4 定义变量

创建一个新的 C++控制台应用,项目名为"HelloWorldInteractive"。

将"函数版"中"main.cpp"的内容完全复制,并替换新版"main.cpp"文件的内容。也就是说"交互版"的代码是在"函数版"的基础上修改的。首先修改 main()函数的内容如下:

```
010    int main()
{
012    string name = "Xiao A";
013    Hello(name);

015    name = "BOSS";
016    Hello(name);
017    return 0;
}
```

012 行中定义了一个 string 类型的变量 name,并且立即通过"=",将变量 name 赋值为"Xiao A";013 行,我们调用了 Hello 函数,但这回传过去的不是字面上的常量,而是一个变量,即刚刚定义的 name;015 行,修改了变量 name 的值,证明了"变量"真的是可变之量;016 行,重复调用 Hello 函数,参数仍然是 name,但这时 name 的值是"BOSS"。

编译、运行 HelloWorldInteractive 项目,运行结果与"函数版"的一致。虽然在代码中看到了变量 name 的值确实可以变化,但还不够直观。下面将它演进成真正的"交互"版本,实现在运行时允许用户输入名字,然后屏幕上打出最新输入的名字。

3.4.5 完成交互

千呼万唤,终于到了"完成交互"这一小节了。之前一直在往控制台上输出内容,但控制台还可以接受用户的键盘输入。和 cout 相对应,cin 是控制台程序中对应到"标准输入设备"的 C++对象。

C++标准库实现从"标准输入设备"读入一行内容的方法不少,这里选择"getline()"函数,该函数就定义在< iostream >头文件中,代码已经包含这一头文件。

"getline()"需要两个参数。第一个参数指定要从哪里读入,本例中当然就是cin;第二个参数指定读完后的内容,要保存在哪个字符串变量里。

```
int main()
{
012    string name;
013    getline(cin, name);
014    Hello(name);
       name = "BOSS";
       Hello(name);
       return 0;
}
```

012 行仍然是定义了一个 string 类型的变量 name,但这次没有直接赋值;013 行调用"getline()"函数;014 行仍然是调用我们自己定义的 Hello 函数,参数也同样是 name。

编译、运行。程序将在启动后,等待输入一行文字,请输入"Xiao B"(不含双引号)并按回车键(以示输入结束)。请认真观察运行结果。

为了让程序的交互过程更直观点,请在 012 和 013 行之间插入一行代码:

```
012    string name;
013    cout << "Please input the name: "; //英语很差,不负责正确
014    getline(cin, name);
```

编译并运行程序,结果如图 3-10 所示。

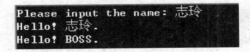

图 3-10　交互版运行结果

【小提示】: 屏幕输入与文件编码无关

本例中,我从控制台屏幕输入了"志玲",然后再通过代码回显到控制台。其间不存在编码不一致的问题。

请读者将第二次获得 name 的代码,也改成交互版。

3.5　Hello world 分支版

上一版的 Hello world 中,实现了"人机交互"。在例子中先输入"志玲",后来又输入"BOSS",于是程序分别打印出对这两人的问好。对女神和对老板的问候是一样的……新的需求产生了! 当遇上志玲时,我想要有个不同的问候方式,可以吗?

用自然语言描述这一需求是这样的:"如果遇上志玲,我想说……;否则,我说Hello! XXX。其中 XXX 代表'志玲'以外的任何人。"

3.5.1　流程控制 if‐else

在 C++ 中,前述的需求可以使用 if/else(如果/否则)语句实现:

```
if(条件)
{
    //如果条件成立时,执行这里
}
else
{
    //否则(条件不成立),执行这里
}
```

3.5.2　修改 Hello 函数——区别对待

创建一个新的 C++ 控制台应用,项目名称为"HelloWorldIfElse"。由于要在代码中直接用到汉字,因此可将"main.cpp"的文件编码改为"System default"。

起始代码为"交互版"的 HelloWorld。因此现有的 Hello 函数代码为:

```
void Hello(string const name)
{
    cout << "Hello! " << name << "." << endl;
}
```

该函数接收到"名字"之后,只会整齐输出:"Hello! XXX.",并没有根据 name 是什么而区别对待。新代码为:

```
void Hello(string const name)
{
007    if(name == "志玲")
008    {
009        cout << "Hi! 志玲你好。你演小乔,好好棒呢～～" << endl;
010    }
011    else
012    {
013        cout << "Hello! " << name << "." << endl;
014    }
}
```

007 行,则使用 C++ 的操作符"=="来判断 name 是不是和"志玲"相等。

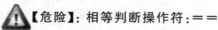【危险】:相等判断操作符:==

注意,"=="是两个连续的"="字符。在 C++ 中,它用于判断左右两个数据是否相等。而单个"="用于赋值,如果在该用到"=="的地方,不小心写成"=",会造成运行时的逻辑错误。

运行结果如图 3 - 11 所示。

Please input the name: 志玲
Hi! 志玲你好。你演小乔，好好棒呢～～
Please input the name: 丁小聪
Hello! 丁小聪.

图 3 - 11　分支版 Hello World 运行结果

3.5.3　多级 if - else

当需多级判断时,可以连续使用 if - else 结构,形成多级 if - else 结构。比如,想在上例中加入对"嘉玲"的判断,那么代码如下:

```
if(name == "志玲") //如果名字等于志玲...
{
    cout << "Hi! 志玲,志玲你好。你演小乔,好好棒呢～～" << endl;
}
else if(name == "嘉玲") //否则,如果名字等于嘉玲...
{
    cout << "Hi! 嘉玲,嘉玲你好。不丹好玩吧!" << endl;
}
else //还不是?...
{
    cout << "Hello! " << name << "." << endl;
}
```

解读:

```
是"志玲"吗?
    是,那么……
不是,那是"嘉玲"吗?
    是,那么……
还不是!
    那么……
```

【课堂作业】:多级 if - else 练习

请在上述代码的基础上,再加上一级 if - else,用以判断 name 是否为"美玲"。

3.5.4　常见关系、逻辑操作符

在表达"条件"时,用得最多的是"关系"与"逻辑"操作符。

1. 关系操作

表 3 - 1　常见关系判断操作符含义

操作符	意　　义
==	相等判断,左右值相等为"真",不等为"假"

操作符	意　义
!=	不等判断,左右值不等为"真",相等为"假"
>	大于判断,左边值大于右边值为"真"、小于或等于为"假"
<	小于判断
>=	大于或等于判断,也称"不小于"
<=	小于或等于判断,也称"不大于"

2. 逻辑操作

表 3 - 2　常见逻辑操作符含义

!	"非"操作符,也可称为"取反操作" 操作结果:真变假,假变真 比如(2>1)为真,则!(2>1)为假;而!(1>2)则为真
&&	"与"操作,也可称为"并且" 当且仅当两边都为真时,"与"操作才为真 比如:(2>1)&&(3>2)为真,而(2>1)&&(2>3)为假
||	"或"操作,即"或者" 当两边至少有一个为真时,结果为真 比如:(2>3)||(3>4)为假,而(2>1)||(2>3)为真

【课堂作业】:条件运行练习

请回答下述两个条件的真假:

条件一:(10>=(9+1)) && (false || true);

条件二:(9!=(10-1) ||!(2==(4-2)) || (false && true)。

3.6　Hello world 循环版

分支程序中,每次运行程序,我们只能"遇"见两个人,如上例运行结果中的"志玲"和"丁小聪"。循环版的任务,就是让程序将之前的过程,不断地重复执行,每次都会要求你重新输入人名。

请创建一个新的 C++控制台应用,项目名称为"HelloWorldWhile"。

3.6.1　流程控制 while

这回我们要用到的关键字是"while",它有个响亮的中文名字:当。

while 在 C++程序中,可以实现某一流程的循环,其语法格式如下:

```
while（条件）
{
    //当条件为真时,反复执行此处代码。
}
```

本例中,可为 while 提供永远为真的条件,比如"2＞1"。起始代码来自上例:
Hello world 分支版。这回我们修改的位置是 main 函数。

3.6.2　修改 main 函数——反复操作

```
int main()
{
    string name;
021    while (2 > 1)
022    {
023        cout << "Please input the name: ";
024        getline(cin, name);
025        Hello(name);
026    }
    return 0;
}
```

023～025 行来自于前一例中的代码。我们所做的是:

(1) 在这些代码之外,"套"上一个 while 循环框架。

```
021    while (2 > 1)
022    {

026    }
```

(2) 删掉原先代码中用于第二次录入姓名的代码。

原因很简单,"2＞1"这个"永真"的条件,会让这个程序永远、永远地运行下去。
你要问永远有多远? 就是到天长地久、海枯石烂、机器关机,或者到你在控制台下按
下"Ctrl＋C"强行中断这个程序。

【危险】:死循环通常很恐怖

Ctrl＋C,中断控制台程序。记住这个热键的作用。否则作为程序的用户,当你
运行本例的程序时,可能会被它不屈不挠的死循环激怒。

别轻易让一个程序在代码某处掉入死循环——除非那是你想要的。

虽然用"2＞1"来表示一个"永真"条件是挺直观的,但在代码中炫耀自己渊博的
数学知识不是一个谦虚的程序员该做的。C++提供了一个关键字表示"真",它就是
英文中的"true"。让我们用"true"替换"2＞1":

```
021    while (true)
022    {

026    }
```

运行结果如图 3-12 所示。

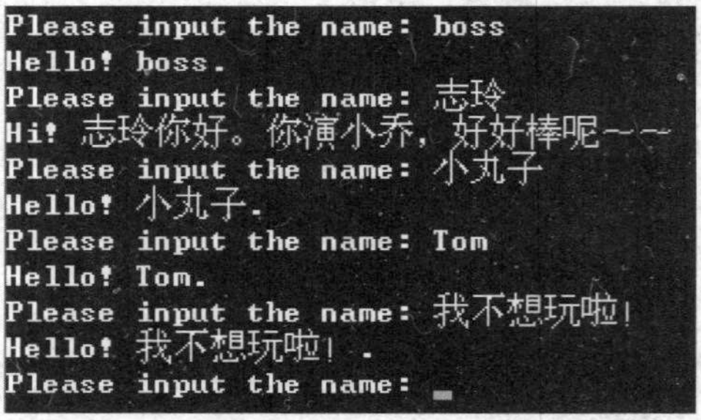

图 3-12　循环版 Hello World 运行结果

用 Ctrl+C 干掉这个反反复复喋喋不休的家伙!

3.7　Hello Object 生死版

初涉编程,许多人都听过"面向对象"这个词,如果你真的没听过,也好办。请往程序员堆里扎,应该能听到他们不时在发出"OO"的声音,它就是"面向对象"英语原文"Object Oriented"的缩写。若按字面翻译,应该叫"以对象为导向"。具体含义是:分析问题时将问题牵涉的种种因素,当成一个个完整的"对象"加以考虑。

"面向对象"思路带来一些新的特性,其中"封装"是最基本的。即将错综复杂的因素分割成两部分,一部分因素被限定仅在"对象"内部捣乱;另一部分则在对象之间捣乱。如此,经过"对象封装"之后,往往就大大地降低了问题的混乱程度。

【重要】: 也许你不需要马上理解"面向对象"

一个坏消息:通常,你不可能仅仅通过"学习"来理解"面向对象"。一个好消息:其实在 C++学习全程中,前面一段很长的过程,我们并不需要完全理解"面向对象"。

人类学习新知,不仅要带上旧知的经验,最好还要带上旧知的疑惑和错误认识来学习,带着对现有知识的不足之处的深刻认识甚至惨痛教训来学习新知,才会对新知"知其然"并"知其所以然"。

一批编程先行者使用"面向过程"的方式解决大问题,结果搞得头破血流,不断探索,得出了"面向对象"这一新概念。带有作者强烈个人经验的结论是:一个新手先以面向过程的方式写小程序,然后程序逐渐复杂,代码量累积超过 5 万行,并且勤于思考……然后他开始学习"面向对象"的编程方式,他会感动得哭出来:"天,这就是我想要的!"当然,等到代码量达到 15 万行时,他往往又会哭"万恶的面向对象!"但那已是另外一层境界的事了。

这里容易产生两种截然不同的思路。第一种是:为什么不直接从更好的开始?这种说法之下,程序员应该直接学习"面向对象"。但问题是:不存在哪个编程模式

"更好"这一说。"面向过程""基于对象""面向对象""泛型编程""函数式编程"模式等各有各的适用面。将程序员"预设"在某个领域,不需要问太多为什么,听话地按照这一领域的标准方式写代码,这是老板喜欢的,但通常都是不听话的那拨人最后成为优秀的程序员,所以这种思路可称为"老板思路"。第二种是"神人思路":哪有那么多模式! 一个程序员就算用汇编甚至机器语言,也应当可以正确编写出大型复杂软件。

《白话 C++》使用第零种思路:先让大家以相对直白的"面向过程"的方式做各种基础练习,后面通过模拟来"制造问题",引导大家慢慢地往"基于对象"和"面向对象"的思路靠拢。做出这个选择有两个原因:一,我不是神人;二,正好 C++语言可以支持多种范式,有这个条件。

"Hello Object"系列仅仅是为了对"面向对象"快速建立起基本的感性认知。

3.7.1　定义对象类型

在"Hello world 交互版"的 3.4.3 小节中我们提到"数据类型",并提出一个对象的类型一旦确定,就不应当被改变。C++有两大数据类型,一是 C++语言自带的,也称内置的基础数据类型;二是用户自定义数据类型。

先看内置的基础数据类型,比如,int 表示整数类型。在 C++中使用以下语句定义一个整型数据:

```
int age;
```

依据名字猜测,这里可能是要使用 age 来表示一个年龄数据。但这只是猜测,因为程序员用 age 表示今晚喝几瓶酒也是常有的事。真正可以确实的是类型:int 说明这个数据只能精确到 1 岁或 1 瓶。常用的基础数据类型如表 3-3 所列。

表 3-3　常用的基础数据类型

类　型	含　义	说　明
int	整型	整数类型,比如:−60、0、2015
bool	布尔类型	表示"真"或"假"。在 C++中分别使用 true 和 false 表达。前面"吃饭"函数返回值就是这个类型
char	字符类型	在 C++中用于表示一个半角字符。一个汉字通常至少需要使用两个字符表示,而一个英文字母或阿拉伯数字字符,对应一个字符。取值需要用单引号括起来,如,'A'或'9'
float	单精度浮点数类型	可精确到小数的数字类型。相比下面的 double 类型,可表达的精度较小。典型的数据如,4.2、−123.4567
double	双精度浮点数类型	比 float 可表达的精度更大的浮点数类型

虽然可以把前面例子中 age 称为一个"对象",但在 C++ 中,像这样的基础类型的数据,我们更多的称呼它是一个"变量"。"对象"这个称呼有什么特殊之处呢?"对象"即"Object",而"Object"的直白翻译是"东西"。在现实生活中,确实习惯称一个"年龄"是一项数据,而不是一个东西。但如果是一条狗或一棵树,就可以称它们为"东西"了。有同学站起来问:"老师,你是一个东西吗?"。这个……在 C++ 中,老师确实是一个 Object。约定成俗吧,通常把用户自定义类型的数据称为"对象"。而用户自定义类型通常是由多种数据组合形成一种新类型。这么一说,程序员在代码世界里其实扮演了上帝的角色,因为可以"造物"。

C++ 可以使用 struct 关键字定义一个数据类型。比如下面的代码定义一个空的数据类型,这个新物种的名字,叫做"DinosaurPig"。我知道你不认识这个单词,因为它是我生造的词,意思是"恐猪",恐龙的一种远亲:

```
struct DinosaurPig
{

};
```

struct 的意思是"结构",这就暗示定义新数据类型的关键方法,是要描述这一类型数据的结构。"恐猪"是什么结构可以有很多想像,但这不是今天的重点,所以我们就将它的内部结构留空(C++ 语法完全允许有这样一个空结构)。然后我们把它的名字也放弃了,改成"Object"。于 OO 的传统,当需要一个"东西",可是又不知它是一个什么样的"东西"时,我们就称呼这类对象的类型为"Object":

```
struct Object
{

};
```

该代码创建了一个新物种,名为"Object"。叫这个名字,表明我们现在还不准备去考虑创建什么具体的类型,随着"Hello OO"系列课程的推展,这个问题终会解决。

 【危险】: 分号很重要

和 if {…} else {…} 等语句中的花括号不同,定义一个 struct,并不是结束于右花括号,而是后面需要跟着一个分号(;),它看似不起眼,但如果一不小心忘了输入,编译器一定会给我们好看! 有胆你就试试。

3.7.2　创建对象

现在已经有一个新类型名为"Object",接着来创建该类型的一个对象。

请新创建一个控制台应用,项目名称为"HelloOO"。在项目的"main.cpp"的"main()"函数之前,添加前面定义的 Object 类型的代码,并在"main()"函数中定义一个 Object 的变量。最后删除由向导生成的用于输出"Hello World"的那行代码,

因为我们已经迈进"面向对象"的势力范围了……"Hello World"？那是童年时的事
了。醒一醒，来看完整代码：

```
# include <iostream>
using namespace std;
005    struct Object
006    {
008    };
int main()
{
012    Object o;
014    return 0;
}
```

　　注意，012 行中，对象的名字是小写字母"o"，而不是数字"0"。C++程序中，不允
许以数字作为变量的开始字符。编译、运行程序，什么也没有看到。012 行代码中，
真的什么事也没有发生吗？

　　看到一个控制台的世界产生，然后按下任意键，这个世界悄然而去，一切是那样
的平静。程序员却知道在这期间曾经有一个叫"o"的对象，来了，又走了；活过，又死
去；似蚍蜉、似朝露，似秋天的草，似夏日的花；甚至让我们想起康桥上曾经驻足的诗
人，感叹它轻轻地来，轻轻地去，不带走一丝云彩……

　　C++规定一个对象有它的生死过程，并且可以约定让某一类型的自定义对象，
可以有它们特定的生和死的行为。具体语法是使用函数来定制。"生"的过程对应的
是"构造函数"，"死"的过程对应的是"析构函数"。

　　如果没有定义这两个函数，像上面的例子，那么将和普罗大众一样，没有特别的
生，也没有特别的死。在 C++程序里，典型特征就是默不做声。例子中的"o"是一个
小对象，但是小人物也可以有它自己的声音。

3.7.3　构造函数

　　先看代码：

```
struct Object
{
007    Object()
008    {
009        std::cout << "Hello world!" << endl;
010    }
};
```

　　（1）在 Object 类型中，加一个函数，函数名也叫 Object；

　　（2）"Object()"这个函数，没有返回值类型，连"void"都不是。

　　结论：构造函数就是在某一类对象中，加入一个和类型同名但没有返回值的
函数。

构造函数的特性是：在这个类型的对象"出生"时，它会被调用。通常在这个调用过程中，对正在形成的新对象进行初始化。我们写的 Object 结构类型没有数据，没什么好初始化的，但是我们又以很文艺的方式让一个新对象在出生时向世界发出一声问候。

"main()"函数代码不需要变化。保存并编译程序，运行……咦，有点小恼怒呀，怎么又退回到童年时的"Hello world"了？或许本小节的标题应该叫做"Hello world 对象篇"？请认真看"main()"函数代码，思考这一行问候是如何被引发的。

3.7.4 析构函数

析构函数的名字是在类型名前面加一波浪字符"～"（该字符位于键盘左上角），同样析构函数也没有返回值类型：

```
struct Object
{
    Object()
    {
        std::cout << "Hello world!" << endl;
    }
012    ~Object()
013    {
014        std::cout << "Bye - bye world!" << endl;
015    }
};
```

在对象"死亡"时，析构函数被自动执行。不过，对象是何时死亡的呢？这一点稍后讲解。编译、运行代码，运行结果如图 3 - 13 所示。

```
Hello world!
Bye-bye world!
```

图 3 - 13　对象 o 的构造与析构

没错，尽管 main()函数代码还是这三行：

```
int main()
{
012    Object o;
014    return 0;
}
```

但程序执行后，屏幕却多出一行和世界告别的内容，它又是如何被引发的呢？

3.7.5 对象生命周期

程序在内存中运行，因此常规意义上程序中的对象也"存活"在内存中。但内存是有限的,所以还得有机制规定对象什么时候从内存撤退。我们需要重点关注对象"生与死"的时机。先说"死",C++有两种常见的让对象"死"的方式。一种是让对象自动死;一种是显式地逼对象去死。用个不太准确的比喻,对象的死不是自杀就是他杀。前面例子中的对象"o"就是死于自杀。你看,我们有将它"生"出来的语句(第012行),却没有写将它干掉的语句,它确实是自动死的,它是在什么条件下,什么时候逝去的呢?这就要说回到"生"。

C++的世界中,新出生的对象主要分为"栈二代"和"堆二代"。"栈二代"出生在一个有确定结束时机的舞台。这有两个意思,一是这个舞台注定被拆;二是一旦这个舞台被拆,栈二代对象就必须退出舞台并"死去"。其中又有命好的栈二代出生在全局舞台,可以先简单地认为,全局舞台和程序的运行周期基本一致,但多数栈二代的舞台转瞬即逝。"堆二代"的命运好多了,它们出生的舞台都和全局舞台一样,要到程序退出时才被(操作系统)拆掉,如果程序没有明确要求它们"死",它们就会一直活到这个舞台结束,也就是程序退出时。

1. 栈对象

前例中小人物 o 就是一个不起眼的"栈二代",来看看它的生存舞台:

如图 3-14 所示,对象 o 所处的语句块在 main()函数的一对"{ }"中,而它的生命周期则从它被创建的位置开始,一直到语句块结束。栈对象所处的语句块就是它的生存舞台。因此当 main()函数结束,o 的生命随之结束。C++会安排它的"析构函数"在死去的时刻被调用。对于本例就是在屏幕上看到的一行"Bye-bye world!"。

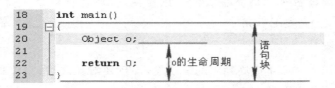

图 3-14　对象 o 所处的语句块,及它的生命周期

像这样在一个临时语句块中创建的对象,被称之为"局部变量"。例子程序只有一个函数,即主函数 main(),主函数的退出意味着整个程序也快要结束了,所以这么一说小人物"o"其实也活到了最后,但它仍然是一个短命的栈对象。

下面以两个连续的栈对象进一步深入分析这类对象的生命周期。可在代码中增加一个 Object 类型的栈对象:

```
int main()
{
    Object o1;
    Object o2;
  return 0;
}
```

编译、运行改动后的程序,运行结果如图 3-15 所示。

o1 比 o2 先出生,所以第一行 Hello world 是 o1 说的这不难理解。那谁先死呢?答:**先生的后死,后生的先死**。第一行 Bye - bye 是 o2

图 3-15 "栈对象"的生死次序

说的。小学暑假时我曾背着一个冰棍壶,往壶里装满冰棍,再出门一根根卖掉,这个经历帮助我瞬间理解 C++ 栈对象的"生死"秩序,如果您不理解,谁让您命这么好呢? 再去卖冰棍是不可能了,您挤过人多的电梯吗?

实验继续,我们刻意为 o1 添加一个新的语句块:

```
018   int main()
019   {
020       {
021           Object o1;
022       }
024       Object o2;
026       return 0;
027   }
```

再次编译、运行程序。

【课堂作业】:对象生死次序与"语句块"的关系

上面代码的输出内容将是什么? 对比前一题,理解代码中新增的一对花括号(020 行和 022 行)所起的作用。

2. 堆对象

"堆对象"属于对象生命周期中的第二类,即创建对象之后,对象将永远"活着",除非代码主动释放该对象。

(1) 创建堆对象

堆对象出生的仪式不同,请对比。

创建栈对象是:

```
Object o;
```

创建堆对象是:

```
Object * o = new Object();
```

声明、并且创建一个"堆对象",需要使用关键字"new",语法格式为:

```
类型名称 * 对象名称 = new 构造函数();
```

如果构造函数本身不需要入参,比如例中的 Object,那么"()"可以省略,简化为:"new Object;"。下面我们让"o1"对象变身为"堆对象",o2 保持不变。

```
int main()
    {
        {
            Object * o1 = new Object; // () 被省略
        }
        Object o2;
        return 0;
    }
```

编译、运行程序,输出结果如图3-16所示。

Hello world!
Hello world!
Bye-bye world!

图3-16　o1 为堆对象的生死

屏幕上有两行 Hello 却只有一行 Bye-bye,这是 o2 说的,它走得从容。但堆对象 o1,尽管特意为它加了临时语句块,但它还是没有死,它似乎长生不老但其实也不是,程序退出时它将被强行杀死,但那时将是这个程序天崩地裂的世界末日,o1 将在灾难中以极不体面的方式死去,来不及说任何遗言。用 C++ 的术语表达为:它将没有机会执行析构函数。合格的 C++ 程序员,应该避免自己的代码发生这样的悲剧,程序员应该负起责任,主动杀死堆对象,好让它走得体面。

(2) 释放堆对象

这件残忍的事所对应的动词不是 kill,而是 C++ 的关键字"delete",中文翻译也不是粗鲁的"杀死",而是"释放"。(难道对象是"囚徒"?)delete 用于释放单个堆对象,语法也简单:

```
delete o;
```

o 必须是一个堆对象,一个用 new 创建出来的堆对象。注意:你不能对一个栈对象执行 delete 操作。下面我们继续前面的实例:

```
int main()
{
    Object * o1 = new Object();
    delete o1;
    Object o2;
    //delete o2;编译不通过
    return 0;
}
```

编译、运行程序,结果如图3-17所示。

前两行是 o1 的输出,后两行是 o2 的输出。我们一手创建了堆对象 o1,然后又一手摧毁了它。堆对象看起来是幸福的,因为它们出生在一个永生的舞台上(直到所

在程序的世界末日),但它们又是不幸的,因为它们
不知道,把它带到这个世界上的人,会在哪一刻直接
干掉它们! 出于这种心情,也许它们真的觉得这种
生存像因犯,因此 delete 翻译成"释放",还挺信达雅
的呢。以上纯属文青的幻想,"释放"一个对象,其实
真实的含义是——干掉这个对象,好释放出这个对
象生前所占用的资源(主要是内存),就这么残忍。

图 3-17　delete 主动释放 o1 对象

　　再说说栈对象,栈对象看起来是不幸的,但也许正因为在出生时就已经知道自己
将会死去的明确时机,所以它们反倒生存得更加从容、淡定、安宁……

　　【重要】:需要再创建,不需要就释放

　　这是 C++编程的一个基本原则。实施到对象,应该有这么几个原则:一,可用栈
对象就用栈对象,因为它们会自动释放,令人放心;二,无论是栈对象还是堆对象,都
应在马上就要用它们时,再创建它们,虽然二者的创建方式略有不同;三,当堆对象不
再被需要时,就要记得及时释放它们。

3.7.6　对象与内存

　　请紧盯以下代码三秒钟:

```
Object * o1 = new Object;
Object o2;
```

　　如果没有看出什么的话,请复习第 3.4 节中提到的"变量"的知识。再盯三
秒……看出来了,o1 和 o2 其实都是变量。既然是变量,那就代表它们都应当对应
一个内存地址,并且那块内存中的值都应该属于某种类型。按照变量的三个重要属性,
即"地址""值"和"类型",应先来分析比较简单的栈对象 o2。当定义 o2 对象时:

```
Object o2;
```

　　这行代码会向栈内存申请一块内存。得申请多大呢? 得看它的类型 Object,于
是我们往前看 Object 的定义:

```
struct Object
{
    /* 构造函数 */
    /* 析构函数 */
};
```

　　结构中有函数,但结构自身没有实际数据。因此这个类型的数据大小理论上是
0,但 0 代表不占用内存,不占用内存意味着不能拥有一个有效的内存地址。所以编
译器不得不做出浪费,让所有空结构类型的对象占用一个字节,包括这里的 o2。虽
然 o2 占用了一个字节,但事实上读取不了,也修改不了它的值。因为这个类型的定

义就是——我代表一个放不了任何东西的储物间。

接下来看堆对象：

```
Object  * o1 = new Object;
```

这行代码定义了 o1 对象,但其实却占用了两块内存,为什么呢？

这一行代码会先执行"new Object",于是在堆内存中申请到一块内存,和前面说的栈内存对象一样,它的大小也是不得不浪费的 1 个字节,于是它得到一个堆内存的地址,假设是 1126540。然后"Object * o1"会在栈内存也申请一块内存,大小为 4 字节(32 位编译环境)。这 4 字节内存当然也有地址,假设是 87630,而这 4 字节内存中放的是什么呢？答：1126540,即 o1 对象的堆内存地址。将以上复杂过程画成图,如图 3 - 18 所示。

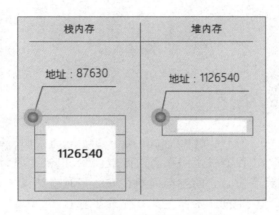

图 3 - 18　堆对象与内存

那么,o1 代表的是栈内存 87630 呢,还是堆内存 1126540 呢？正确答案是栈内存。那谁来代表堆内存中真正的 Object 对象呢？答：* o1。

谈完地址,接下来谈类型。o1 的类型是"Object *",称为"指向 Object 的指针类型",更冗长的表达是"指向 Object 类型数据的指针类型"。所有"指针类型"在 32 位编译环境下,固定占用 4 个字节。一个变量如果是指针类型,不管指向什么,可以统一称为"指针变量"。谈完类型,再谈值。o1 的值是什么？答：o1 所占用的四个字节,用来存放一个地址,也就是实际对象的地址。谈完 o1,接下来谈" * o1"。因为它才是真正的 Object 类型,所以它的地址、大小、值的解释,都和前面的 o2 是一致的,除了它的内存位于堆中而 o2 位于栈中这个区别。

根据上述知识,重新解释一下 delete 的作用：

```
delete o1;
```

o1 本身其实是一个栈变量,并不需要释放,因此 delete 所释放的是该指针变量"指向"的堆内存中的那块内存,本例中它的地址为 1126540。它是 o1 变量的值,是

"＊o1"变量的地址。

【课堂作业】：画堆变量的内存示意

请模拟上述案例,画出以下代码执行后,堆变量 a 的内存示意图,地址自定:

```
int ＊a = new int;
＊a = 101;
```

3.7.7 对象可见区域

下面为 o1 的创建过程加上语句块限定,但将对它的 delete 操作抽出来:

```
int main()
{
020      {
021          Object ＊o1 = new Object;
022      }
024      delete o1;
025      Object o2;
      return 0;
}
```

编译时的错误:"……\HelloOO\main. cpp|24|error：'o1' was not declared in this scope|",意思是"o1 没有被声明在当前区域内"。报错是因为 o1 其实是一个栈变量(只不过它是指针变量),它的生存周期在 022 行时就结束了。因此在 024 行想通过 o1 来释放内存,但 o1 已经不存在。o1 虽然不存在了,但 021 行被执行后,在堆中申请的那一个字节的内存,仍然被占用着,没有释放。事实是没法释放了,除非程序退出。说一个悲剧吧:林老太在 90 岁生日那天,到银行存了 100 万,换回一本折,然而回家路上存折掉进了汹涌的大江中。回到家时林老太才发现存折不见了,一着急,什么话也没来得及说,就走了。那么问题来了:林老太的家人要如何才能得知并取回这 100 万呢?

现实生活中也许有可能拿回这笔钱,但在 C++程序中,由于失去地址,就完全无法访问到它。而对于"堆内存",如果在释放它之前就失去了它存于栈中的地址,就意味着在程序运行过程中 ,那块内存一直被占用着,却无法使用它,这就叫"内存泄漏"。林家人有 100 万,不仅用不了,银行还要暗地里埋怨:"这是谁家的钱啊,长期占用我的钱库啊!"

要把整件事情简化一下,即在特定语句块内定义的变量,仅在这个语句块内可被看到;出了这个语句块,外部的代码就被默认无视它们。注意,语句块可以嵌套多级,例如:

```
int main()
{
```

```
{ //第一层
    Object  * o1 = new Object;
    { //嵌套的一层
        delete o1; //OK
    } //嵌套语句块结束
} //第一层结束
return 0;
}
```

嵌套的内层代码可以看得到外部语句块中的声明或定义的变量。

也可以将堆变量定义和初始化分成两个语句,以便让变量的定义和释放处于同一语句块内,改动如下:

```
int main()
{
003   Object * o1;
005   {
006       o1 = new Object;
007   }
009   delete o1;
       return 0;
}
```

003 行只是在栈内存中申请指针变量固定需要的 4 个字节(32 位编译环境下),而没有在堆中申请任何内存。因此 o1 的值也是一堆没有初始化的、无意义的值。接着 006 行才真正地在堆中申请一块内存,并将地址赋值给 o1。

出了 007 行,o1 会不会自动消失呢? 不会,因为它虽然是在 005~007 行语句块中被初始化的,但它的创建是在外部语句块的 003 行中完成,所以它依然存在。至于"＊o1"所代表的堆内存的生命周期,更是不受语句块影响,它会一直存在,直到 009 行被显式地,手动地释放掉。

3.8　Hello Object 成员版

上例中,定义了一个"不知道是什么东西的"Object 类型。最开始时,它是一个空的结构:

```
struct Object
{

};
```

然后,为它加入了自定义的构造与析构函数:

```
struct Object
{
    Object()
```

```
    {
        std::cout << "Hello world!" << endl;
    }
    ~Object()
    {
        std::cout << "Bye-bye world!" << endl;
    }
};
```

于是,这个类型的对象拥有自定义的"生"和"死"的过程,只讨论对象的生死问题,未免太形而上。下面我们谈一些和类型或对象有关的具体问题。

读者有没有玩过电脑游戏?游戏里面有"怪物",而"怪物"通常:

(1) 内部有"血气值";

(2) 对外有"攻击"能力;

(3) 内部的"血气值"和对外"攻击"能力有某种关系。

把游戏中的怪物视为世间各类对象的代表,就可以知道具体的对象通常应该拥有某些属性和功能,并且属性和功能之间存在某种关系。比如怪物拥有的血气值少到一定程度之后,它的攻击能力会变弱一些。写游戏的程序员在定义"怪兽"的数据类型时,需要将以上的属性、功能以及两者之间的关系,表达出来。

【重要】:定义类型需要表达什么

(1) 这一类型的对象,需要拥有哪些属性数据?

(2) 这一类型的对象,它将拥有哪些功能?

(3) 这一类型的对象,它的各项属性和功能之间,有哪些关联关系?

"怪物"还是不够具体?那说一说汽车吧,对应到三项类型的常见表达内容如表 3-4 所列。

表 3-4 "类型"在表达什么——以"汽车"为例

类型表达的内容	汽车类型
对象拥有属性	汽车拥有"油"的属性
对象拥有功能	汽车拥有行驶的功能
属性和功能拥有某种相互关系	油的质量影响汽车行驶的能力,没油会让汽车跑不了;反过来,汽车越跑,油就越少

在 C++中,类型的属性称为类的"成员数据(member data)",类型的功能称之为类的"成员函数(member function)"或"方法(method)"。

因此让你写 C++程序定义一个类型,你首先要确定的事,就是这个类型需要哪些属性和功能。而功能和属性之间的关系则在功能函数的实现中体现,比如写汽车跑的方法,伪代码如下:

```
void 汽车跑()
{
    if 没油了 {
        ...
    }
    else  {
        ...
        油变少;
    }
}
```

如果这中间你把油与车跑的逻辑关系写错,那你可能就在代码的世界中,制造了一种没油也能跑或者怎么跑都不耗油,再或者有油反倒跑不动的汽车……俄罗斯的一位文豪程序员好像说过:"正确的逻辑只有一种,错误的逻辑却各有各的诡异"。我就不一一列举了。

写程序最重要和最难的事,就是要准确表达好属性与功能之间的逻辑关系吗?当然不!写程序更重要也更难的事,是要先确定需要哪些类型,各个类型需要哪些属性和功能,属性和功能之间有哪些关系;最后才是实现这些功能。前者之所以比后者重要而且难,是因为在工作分工上,前者叫"合理的设计",后者叫"准确的实现"。

一个类型需要设计哪些功能和属性呢? 设想你上班第一天,老板过来扔下一句话:"丁小明,给你两天时间,用 C++ 为公司实现一个'人类'……"你该怎么做呢?

人是一种非常复杂的类型,所以如果老板没有说清楚到底要在什么环境下使用"人",那么最合理的设计及最准确的实现是这样的:

```
struct Person
{

};
```

又是一个空的结构,因为老板没有说这个"人"需要做什么事。为了让例子可以进行下去,下面将以我的要求来逐步完善 Person 的结构。

请在 Code::Blocks 中创建一个控制台应用项目,取名为:"HelloOOMember"。如有需要,请打开向导自动创建的"main.cpp"文件,并将其文件编码修改为"System default",再将 Person 空结构写到"main.cpp"中。接着,为人类添加"生"和"死"的功能,即构造函数和析构函数:

```
struct Person
{
    Person()
    {
        cout << "Wa~Wa~" << endl;
    }
    ~Person()
    {
```

```
        cout << "Wu~Wu~" << endl;
    }
};
```

3.8.1 成员数据

进入本节重点,我们为 Person 添加第一个成员数据——姓名。为了不浪费篇幅,前面已经出现过的内容,我仅标记成注释以示意它们的存在:

```
struct Person
{
    //此处略去:构造与析构函数
    string name;
};
```

新添加的成员数据,类型为"string",变量名为"name"。为了能正确编译 string 类型,请自行在"main.cpp"第 002 行处添加:

```
# include <string>
```

来看看如何使用这个成员数据:

```
021    int main()
{
023    Person xiaoA;
024    xiaoA.name = "Xiao A";
026    Person * xiaoB = new Person;
027    ( * xiaoB).name = "Xiao B";
028    delete xiaoB;
029    return 0;
}
```

本程序中,定义了两个 Person 的对象。其中 xiaoA 是"栈对象",xiaoB 是"堆对象"。024 行演示了如何访问对象的"成员数据",它的作用是将"="右边的值,赋给左边的对象,即让 xiaoA 的 name 属性值,变成"Xiao A":

```
024    xiaoA.name = "Xiao A";
```

由此可见,通过对象访问其成员数据,语法是:

```
对象.成员数据
```

但是,027 行看上去有点不同:

```
027    ( * xiaoB).name = "Xiao B";
```

回忆一下,堆对象其实是"*o1"的事?因此"*xiaoB"才是真正存放在堆内存中的 Person 对象,但如果写成"*xiaoB.name",会被解释成"*(xiaoB.name)",即该上下文中,符号"."的优先级高于"*",所以只能写成:"(* xiaoB).name",让"()"来强制先执行"＊xiaoB",从而得到真正的堆对象,再通过"."操作,访问到成员数据 name。

这样写挺费事的,所以 C++专门提供" ->"操作符供堆对象使用。027 行更直观、更方便的写法是:

```
xiaoB ->name = "Xiao B";
```

接下来,我们马上就把 027 行改成通俗写法,另外,我们再加上打印人名的代码:

```
int main()
{
    Person xiaoA;
    xiaoA.name = "Xiao A";
    Person * xiaoB = new Person;
027 xiaoB ->name = "Xiao B";
029 cout << xiaoA.name << endl;
030 cout << xiaoB ->name << endl;
032 delete xiaoB;
    return 0;
}
```

请编译并运行以上代码,运行结果如图 3-19 所示。

图 3-19　成员数据访问

3.8.2　成员函数

我们为 Person 增加的第一个成员函数,或者说它第一个功能是——自我介绍:

```
struct Person
{
    //此处省略:构造函数和析构函数
018    void Introduce()
019    {
020        cout << "Hi, my name is " << name << "." << endl;
021    }
    std::string name;
};
```

🛈 【小提示】: 成员数据与函数的位置

把构造与析构函数放在类型定义中的最前面,其他成员函数放在中间,而成员数据放在最后,这是 C++界比较流行的风格。

018~021 行定义了一个成员函数。和构造或析构函数不同的是,成员函数必须指定其返回值类型。本例中,"自我介绍"这一行为不需要返回,所以定为"void"。

有了 Introduce 函数,可以用它替换 main 函数中原有的输出代码。

```
int main()
{
    Person xiaoA;
    xiaoA. name = "Xiao A";

    Person * xiaoB = new Person;
    xiaoB -> name = "Xiao B";

034     xiaoA. Introduce();
035     xiaoB -> Introduce();

    delete xiaoB;

    return 0;
}
```

034 和 035 行被替换了,而且也看到了访问成员函数和访问成员数据在语法上并无差别,普通对象使用".",指针对象使用" ->"。

3.9　Hello Object 派生版

写完 3.8 节的例程,依稀听到很多读者在呼喊:"志玲!志玲!"

记得我们遇上志玲时的问候是与众不同的,所以这次志玲出场,我们要求她来一个与众不同的自我介绍,不算过份吧?

3.9.1　使用分支

有了"Hello world 分支版"的经验,读者可以立即操刀了。让新建一个控制台应用程序,取名为"HelloOODerive"。如有需要,请打开向导创建的"main. cpp"文件,并确保将它的文件编码改为"System default"。最初代码来源于 3.8 节,修改起来也不困难:

```
struct Person
{
    //此处省略:构造与析构函数
    void Introduce()
    {
020     if (name == "志玲")
021     {
022         cout << "大家好,我是志玲,请多多关照!" << endl;
023     }
```

```
024     else
025     {
026         cout << "Hi, my name is " << name << "." << endl;
027     }
    }
    std::string name;
};
```

代码的逻辑再简单不过——如果名字是"志玲",就用做特殊的自我介绍(022行),否则照旧(026行)。立即修改 main 函数,将对象 xiaoB 的变量名称,换成 zhiLing,然后将 name 属性的值,修改成"志玲"。我知道有些人很急切,所以特意在代码中为变动行加上行号:

```
int main()
{
    Person xiaoA;
    xiaoA.name = "Xiao A";
038 Person * zhiLing = new Person;
039 zhiLing -> name = "志玲";
    xiaoA.Introduce();
042 zhiLing -> Introduce();
044 delete zhiLing;
    return 0;
}
```

编译并运行,除了声音以外,一切如志玲迷所愿。

 【重要】: 让代码符号和你的思想一致

本例中,变量名称并不影响程序运行的结果。就算变量名 xiaoB 没有替换为zhiLing,只要你将"xiaoB -> name"的值改为"志玲",程序的结果也一样是我们想要的。但是! 代码不仅仅用来编译,代码也供人阅读,因此变量等符号的取名其实相当地重要。好的习惯是让代码符号在字面上所表达意思和程序的逻辑,亦即你的真实思想尽量一致。

3.9.2　为何派生

针对最初的需求,上面的代码已经是很完美的实现。现在我们要站在一个更高的位置重新考虑需求。基本出发点是:"志玲"她不仅仅是一个人,她还是一个美人。以此扩展,只要是一个美人,我们就希望她使用美人专属的自我介绍方法。不管这个美人的名字是志玲、美玲、还是嘉玲……相比前面使用 if 对名字判断的方法,其背后体现的重要思想是:做事不能光看表面,比如是不是美人,不在于名字好不好听,而在于她是不是具备美人的基因。用 C++ 的话来表达——她的类型是不是"美人"。是"美人类型"所产生的对象,名字叫"土豆"她也美,不是美人类型所产生的对象,名字叫"如花"她也不见得就美……

3.9.3 如何派生

"美人类"是一个什么类别呢？"美人类"是"人
类"的一个子类别。人有美的,也有不美的,但不管
美或不美,反正都是人,都符合人类特征。本书作
者就丑,所以你可以指着鼻子说他不是美人,但你
不能说他不是人。用一张图来表示派生关系,如
图 3 − 20 所示。

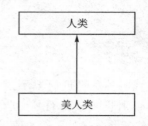

图 3 − 20 "美人类"派生自"人类"

 【小提示】:"派生"关系的图形表达

箭头从"派生"类指向"基类",这是程序设计界中的共识。

在 C++中,通常不说"父类、子类",而是"基类、派生类"。定义派生类的具体语
法是:

```
struct 派生类 : public 基类
{
};
```

对应于美人类,它的基类是人类,即:

```
struct Beauty : public Person
{
};
```

面对这样的代码,你可以读成:"美人类是人类的派生类",或者"人类是美人类的
基类",再或者"美人类派生自人类"。

 【重要】:理解"is a ……"的原则

B 派生自 A,那么,B 的对象在逻辑上就应该同时是一个 A 对象。违反了这一原
则,就说明你在 A、B 的关系设计上有问题。因此在考虑是否让某个类派生自另一个
类时,首先要问的就是这个问题。比如当前的例子,我们可以肯定地说:"人不一定是
美人,但美人一定是人。"让美人派生自人,重点是为了让美人复用人的一些属性和功
能,这样目的的派生称为"复用式派型"。

3.9.4 定义"美人类"

在本设计中,"美人"和"人"的主要区别在于她们的自我介绍方式不同,所以我们
要在美人类中重写一个 Introduce 函数。在原有代码的"Person{……};"的完整定义
之后加入新结构 Beauty 的定义:

```
struct Beauty : public Person
{
```

```
    void Introduce()
    {
        cout << "大家好,我是美女:" << name << ",请多多关照!" << endl;
    }
};
```

基类 Person 的 Introduce 不再需要通过名字来判断一个人是否是美女,因此简单了很多:

```
struct Person
{
    //此处略去构造与析构函数
    void Introduce()
    {
        cout << "Hi, my name is " << name << "." << endl;
    }
    std::string name;
};
```

3.9.5　使用"美人类"

直接看 main 函数的修改结果:

```
int main()
{
        Person xiaoA;
        xiaoA.name = "Xiao A";

039     Beauty *  zhiLing = new Beauty;
        zhiLing -> name = "志玲";
        //新加一个美女,改用栈变量
043     Beauty jiaLing;
        jiaLing.name = "嘉玲";
        xiaoA.Introduce();
        zhiLing -> Introduce();
048     jiaLing.Introduce();
        delete zhiLing;
        return 0;
}
```

039 行,zhiLing 由原来的 Person 类改变为 Beauty 类。043 行,增加了一个栈对象 jiaLing,也是 Beauty 类。048 行,对应增加了嘉玲的自我介绍。请编译、运行该程序,观察"人"与"美人"的输出内容。

3.9.6　变和不变

Beauty 定制了 Person 的自我介绍功能,但美丽的人也是人,其他像吃喝拉撒功能,如果不是特别必要,我们可以让 Beauty 复用 Person 的版本。以唱歌为例:

```
struct Person
{
    //此处略去构造与析构函数
    //此处略去自我介绍函数
    //新增唱歌功能
    void Sing()
    {
        std::cout << "@#$%^&" << std::endl;
    }
}
```

接着,美人要不要定制歌唱能力呢?这得看业务需求,现在我认为长得美和唱得好没有关系。所以不用为 Beauty 定制这个功能。请注意:Beauty 虽然没有自己的Sing 方法,但它从基类继承了这个方法,所以我们大可以这样调用:

```
...
Beauty power;  //一个派生类对象
power.Sing();  //调用继承自基类的功能
```

 【重要】:关于继承的更多内容

(1)派生类不仅继承了基类的方法,同时也继承了基类的数据。在 3.9.7 中我们就要用到这个知识点;

(2)基类也可以控制一些数据或方法不向派生类开放。如何控制不在感受篇讲解。

3.9.7 派生类的生死过程

派生类也是类,所以派生类对象的"生"也会调用构造函数,"死"也会调用析构函数,但万万没有想到的是,派生类居然也爱"拼爹"。怎么个拼法呢?

构造:派生类对象构造时,会先调用基类的构造函数,再调用自身的构造函数。

析构:派生类对象析构时,会先调用自身的析构函数,然后再调用基类的析构。

如果基类还有基类,那上述两个过程都会逐级进行。理解一下,一个派生类的对象身上有派生类自有的数据,也有基类的数据。在产生的过程中,C++会先创建基类的部分,再逐级往下创建派生类的数据;在释放的过程中,则是先清理派生类的数据,再逐级往上清理基类的数据。下面我们临时插一个有趣的例子来演示上述过程:

```
#include < iostream >
using namespace std;
struct ShaFaTie
{
    ShaFaTie()
    {
        cout << "哈哈,抢到沙发,笑抚二楼头。" << std::endl;
    }
```

```cpp
    ~ShaFaTie()
    {
        cout << "我是一楼,结贴。" << std::endl;
    }
};
struct BanDengTie : public ShaFaTie
{
    BanDengTie()
    {
        cout << "\t" << "[回复]抢到板凳。一楼你好舒服啊! 笑看三楼。"
                      << std::endl;
    }
    ~BanDengTie()
    {
        cout << "\t" << "我是二楼,结贴。" << std::endl;
    }
};
struct DibanTie : public BanDengTie
{
    DibanTie()
    {
        cout << "\t\t" << "[回复]三楼怎么啦,席地而坐,凸显不同。"
                       << std::endl;
    }
    ~DibanTie()
    {
        cout <<    "\t\t" << "我是三楼,结贴。" << std::endl;
    }
};
int main()
{
    ShaFaTie l1;
    cout << "=============================" << std::endl;
    BanDengTie l2;
    cout << "=============================" << std::endl;
    DibanTie l3;
    cout << "=============================" << std::endl;
    return 0;
}
```

输出如下,请分析输出过程:

```
哈哈,抢到沙发,笑抚二楼头。
=============================
哈哈,抢到沙发,笑抚二楼头。
        [回复]抢到板凳。一楼你好舒服啊! 笑看三楼。
=============================
哈哈,抢到沙发,笑抚二楼头。
        [回复]抢到板凳。一楼你好舒服啊! 笑看三楼。
                [回复]三楼怎么啦,席地而坐,凸显不同。
```

```
================================
              我是三楼,结贴。
         我是二楼,结贴。
我是一楼,结贴。
         我是二楼,结贴。
我是一楼,结贴。
我是一楼,结贴。
```

3.10　Hello Object 多态版

公元前 209 年 7 月,秦王朝著名的两位民工陈胜和吴广说了一句话:"将相王候,宁有种乎?"

他们在表达一种不满:难道那些有钱人或当官的(富二代和官二代),和我们天生不是同一种人吗? 这个问题体现了他们是爱思考、敢置疑,并且有能力抓出事物本质的人。可惜,喊出这个问题之后,世上多了两个不成功的起义者,少了两个非常优秀的 C++ 程序员。思考一下,我们当前的例子,也有"宁有种乎"的不公平现象:

```
Person xiaoA;
Beauty jiaLing;
```

xiaoA 从出生那一刻起就注定是普通人,而 jiaLing 却天生是美人胚子,因为她们的类型的差异就摆在代码里:前者 Person,后者 Beauty。

C++ 允许一个指针类型的变量定义为基类,却实际初始化成派生类。比如:

```
Person   * someone;
```

someone 的类型是"Person * "。但我们可以将它初始化成派生类 Beauty:

```
Person   * someone;
someone = new Beauty; //"new"出来的是"Beauty"
```

someone 在堆内存中,申请得到的实际类型是 Beauty,尽管它自身被声明为 "Person * "类型。一个被声明为基类指针的对象,实际创建的却是派生类对象,这对我们是一项新鲜的技术,马上动手试试。

新建一个控制台应用。"main.cpp"代码内容来自前面的例子,记得修改其编码为"System default",然后将 main 函数内容修改如下:

```
int main()
{
036   Person * xiaoA = new Beauty;
037   xiaoA ->name = "Xiao A";
039   xiaoA ->Introduce();
040   delete xiaoA;
    //------------------------------------------------
```

```
042   Beauty * zhiLing = new Beauty;
      zhiLing -> name = "志玲";
      zhiLing -> Introduce();
      delete zhiLing;
      return 0;
}
```

　　以前 xiaoA 一直是一个栈对象,但现在在 036 行它被声明为一个 Person 类型的堆对象,但随后就在同一行,它又被实际创建成 Beauty 类型的对象,接着是修改它的名字,然后调用自我介绍的方法。作为对比,zhiLing 声明的类型和实际创建的类型都是 Beauty。后面操作与 xiaoA 一致,除了对 name 的赋值不一样。最重要的是,小A 双眼噙泪激动地喊到:"我也是美女啊!"

　　编译并运行程序,如图 3 - 21 所示。苍天啊,这是为什么?

图 3 - 21　xiaoA 是美女,但是她的问候方式还是……

　　志玲还是美女,可是 xiaoA 对象的屏幕输出还是普通人的方式啊! 为什么呢?

3.10.1　虚函数

　　xiaoA 和 zhiLing 的本质区别在于:zhiLing 是名与实一致,而 xiaoA 却名与实不一,对比二者的创建代码:

```
036   Person * xiaoA = new Beauty ;
042   Beauty *  zhiLing = new Beauty ;
```

　　这里的"名"不是指"名字",名字和一个人是不是美人无关,这一点我们很早前就清楚了。这里的"名"指的是一个对象声明或定义时的类型。虽然 xiaoA 实质上创建的是一个 Beauty 对象,但它在定义时类型是 Person。所以在这一行的程序是:

```
039   xiaoA -> Introduce();
```

　　xiaoA 仍然被当成普通的 Person。C++的世界居然也这么讲究出身。故事大概可以这样编写:xiaoA 的父母都是普通人,所以 xiaoA 在出生的那一瞬的定义,也是普通人(Person),但真正出生时,创建的确实又是 Beauty。那么 xiaoA 到底算美女还是普通人? C++在当前情况下,无情地选择了后者。"出身决定一切"也许有着某种道理,但我们受过的教育让我们无法接受这样的结局。怎么办? 在 C++的世界中,让行为和真实的身份保持一致很简单——只需要在基类 Person 的 Introduce 函数数前加上修饰词:virtual。当一个成员函数加上 virtual 修饰时,我们称这个函数为虚函数。虚函数能够解决"名实不一"的问题。看实例：

```
struct Person
{
//此处略去构造函数与析构函数
018   virtual void Introduce()
      {
          cout << "Hi, my name is " << name << "." << endl;
      }
//……
};
```

全部变化就是 018 行，基类中的 Introduce 函数前面，被加上神秘的 virtual 修饰。编译并运行程序，这一次 xiaoA 确实以美人的方式做自我介绍！

梳理一下整个事件的过程。首先"人（Person）"有一个自我介绍的功能，即 Introduce 成员函数，称为普通版。接着"美人（Beauty）"类觉得既然是美人，自我介绍必须与众不同，于是它为自己写了专用的 Introduce，称为美人版。结合"名"与"实"，共计四种调用情况，如表 3-5 所列。

表 3-5 函数调用版本对比

声明类型	实际类型	调用结果
普通人 Person * p1;	确实普通 p1＝new Person();	p1 ->Introduce(); 普通人的自我介绍
美人 Beauty * p2;	确实美 p2＝new Beauty();	p2 ->Introduce(); 美人的自我介绍
普通人 Person * p3;	其实是美人 p3＝new Person();	p3 ->Introduce(); ?

为什么没有声称是美人，但实际是普通人的情况？想想也知道嘛，这不道德，人家 C++ 不想支持。

表中带问号处的答案是：如果 Introduce() 是虚函数，那么调用实际类型（派生类，Beauty）版本的自我介绍，否则调用声明类型（基类，Person）的版本。

请注意，例中 virtual 只加在基类的 Introduce() 身上，但这就决定了它是虚函数。派生类的 Introduce() 加不加 virtual 修饰都无所谓，反正函数一旦在基类是虚的，那么它在派生类中重写时也是虚的。怎么才叫"重写"呢？在"感受"阶段，我们先简单地认为基类有一个函数，派生类也有一个重名函数，并且函数入参（参数类型、次序、个数一样）和返回值类型也一样，才能称作是派生类重写这个函数（实际判断法则还要复杂一些）。

C++ 编译器会在基类和所有派生类之间细心检查是否存在"重写"的虚函数。为了让阅读派生类代码的人也能够方便地发现："哦！这个方法在基类已经存在了，这里是重写的版本。"C++11 新标准推荐为重写的方法加上关键字"override"，中文

含义就是"重写"。不过和 virtual 不同,它要加在函数声明之后:

```
struct Beauty : public Person
{
    void Introduction()override //c++11 新标
    {
        cout << "大家好,我是美女:" << name << ",请多多关照!" << endl;
    }
};
```

3.10.2 虚"析构函数"

析构函数也是成员函数,因此虚函数的规则对它也起作用。不过析构函数和普通成员函数相比,有以下特殊之处:

(1) 派生类的析构函数名字肯定和基类叫法不一样,但这不影响虚函数的规则对它起作用。

(2) 析构函数的特别之处在于它是对象在死亡之前必定要做的一件事。通常复杂的对象会在析构函数内释放额外占用的内存等资源。

(3) 派生类调用完自己的析构函数之后,会自动调用基类的析构函数,其目的是为了确保基类的资源也能自动释放。

当前的例子中,美人的死和普通人的死没有什么区别,干脆,我们给美人类专门设计一个死亡告别方式:我们准备为美人类提供自定义的析构函数。

```
struct Beauty : public Person
{
    ~Beauty()
    {
        cout << "wu~wu~人生似蚍蜉、似朝露;似秋天的草,似夏日的花……" << endl;
    }
    //此处略去美人类的 Introduce()函数
};
```

按 Ctrl+F9 编译当前程序,我们会看到 Code::Blocks 消息栏会出现几条编译警告:

```
warning: deleting object of polymorphic class type 'Person' which has non-virtual destruc-
tor might cause undefined behaviour [-Wdelete-non-virtual-dtor]
```

字面意思是,有"多态(polymorphic)"特性的 Person 类的析构函数不是虚的(non-virtual),对它的对象执行 delete 操作可能导致未定义的影响……暂不理会这吓人的警告,我们运行程序,观察 xiaoA 在被释放时,屏幕将输出什么内容? delete xiaoA 对象时,会调用它的析构函数,是调用派生类版(然后再调用基类版)的析构函数还是只调用基类版的? 以下是分析其过程:首先,xiaoA 对象的声明类型是 Person;其次 Person 的析构函数不是虚函数,因此调用的是基类版的析构函数。对应的,屏幕上只有"Wu～Wu～"。

【重要】:警告消息同样重要

编译时出现 warning 类型的消息,通常表示程序仍然能完成编译,但是程序运行的结果可能会有问题。比如本例中,程序虽然能正常运行,但结果却不是我们想要的逻辑。

事实上,忽略 warning 是一个极其危险的行为,许许多多的警告,往往都暗含着我们的一些疏忽。比如,本该是 virtual 的析构函数,却忘了加 virtual 修饰。

解决方法一样,从 Person 类开始,就将析构函数改为虚函数。再次编译,警告消息没了,运行,非常文艺范的遗言出现了。

3.10.3　应用虚函数

"这个函数是虚拟的,请注意"。现在你一定能理解这句话的含意,因为我们已经尝试过两次了,事实证明一个函数是不是虚拟,差别挺大的。不是,出身(声明类型)决定一切;是,后天(实际创建)还可以努力。下面我们做一个有关 virtual 函数的实际应用。当然,这一切只发生成指针类型的对象身上,对于栈变量,它们的声明类型和实际类型总是一致的。

那么重点也就来了,为什么要让一个对象的声明类型和实际创建类型不一样呢?前面文档说的理由好像是:我们要反对出身论! 我们要鼓励后天努力! 心灵鸡汤?真正的理由是:有时候在声明一个对象时,无法立即知道它的真实类型。对象的类型有可能在程序运行期才能决定下来。比如,可以在程序运行时,让用户充当造物主决定一个人是不是美人。新例子马上开始,它将用到:对象、虚函数、if、while 等,另外还将学习用于打破循环的关键字 break,用于直接跳到下一次循环的关键字 continue。

通过接受用户的键盘输入,来确定用户想造的是普通人还是美人。之前接触过 getline()函数,用来读取一行字符串,学习同样用于接受输入的操作符" >> "。另外还将学习"cin. fail()""cin. clear()""cin. sync()"等方法。例子中,Person 和 Beauty 的定义都和原来一样,请特别注意 virtual 和 override 两个关键字的使用。变化很大并且复杂的部分都在主函数中:

```
int main()
{
041    while(true)
042    {
043        Person * someone; //还不知道美不美
045        cout << "请选择(1/2/3):" << endl
               << "1----普通人" << endl
               << "2----美人" << endl
048            << "3----退出" << endl;
```

```
050        int sel = 0;
051        cin >> sel; //流输入
053        if (cin.fail ()) //读入失败吗
054        {
055            cin.clear(); //清除失败标志
056        }
058        cin.sync();　//清除所有未读入的内容
060        if (3 == sel)
061        {
062            break;
063        }
065        if (1 == sel)
066        {
067            someone = new Person;
068        }
069        else if (2 == sel)
070        {
071            someone = new Beauty;
072        }
073        else //用户输入的,即不是 1,也不是 2,也不是 3...
074        {
075            cout << "输入有误吧？请重新选择。" << endl;
076            continue;
077        }
           cout << "请输入姓名:";
082        string name;
083        getline(cin, name);
084        someone ->name = name;
           cout << name << "的自我介绍:" << endl;
087        someone ->Introduce();
089        delete someone;
090    }
092    return 0;
}
```

041 行,再次看到 while(true),这似乎又是一个死循环,所以 Ctrl＋C 对这个程序也有效。043 行,定义一个 Person 类别的指针变量 someone。这很关键,因为现在无法知道它是不是美人,必须根据随后用户的输入来决定如何创建它。045～048 行,通过 cout 在屏幕上打印出的一些提示信息,否则用户不知道输入什么。后面的代码还有几处 cout 的作用与此相似。需要特别说明这 4 行代码实际上只对应了一个 C++语句。只使用了一个 cout,并且也只有 048 行的行末有分号。同一语句故意折成几行,只是为了让代码更美观易读。看着屏幕提示,用户现在知道可以输入 1、2、3 作为选择。050 行定义了一个整数类型(int)变量 sel,并将其初始化为 0。然后紧接着下一行:

```
051   cin >> sel;
```

cin 代表标准输入设备,也就是控制台,在 C++中被封装成一个"输入流"。执行本行代码,程序将停下来等待用户通过键盘输入一个整数,程序将读入这个整数并赋值给 sel 变量。如果用户输入的不是数字,比如输入"abcd"并按下回车,程序也会结束等待(因为回车键表示用户已经完成一行输入)。但此时调用 cin 的成员函数 fail(),这将会返回真,表示 cin 现在处于"fail(失败)"状态,因为它无法将"abcd"作为一个整数值赋给变量 sel。cin 一旦处于 fail 状态,就会失去理智而拒绝后续工作,除非调用它的 clear() 成员函数来清除 fail 状态。

依据以上知识,就容易看明白 053~057 行的代码在做什么了:

```
053    if (cin.fail ())
054    {
055        cin.clear();
056    }
```

058 行调用了"cin.sync()",用以清除所有未读取的内容。假设用户输入的是 1,那么用户通常需要按一个回车键以表示输入完成。但"cin >> sel"和 getline 不一样,它不会读入回车键。如果用户真如前面所说的输入"abcd",会造成"cin >> sel"处理不了,所有输入内容会滞留在"流"当中。因此无论如何,必须在此时调用 sync()以清除所有当前遗留的未读内容。

060 行判断用户输入是不是整数 3,如果是,表明用户要退出该程序。063 行的关键字 break 用于完成此任务。break 可以让程序跳出当前所处的循环。在该例中,程序跳出 while 循环之后,就会落在 main 函数的最后一行(092 行)。

065~077 行判断 sel 值是不是 1——是则创建 Person 对象;不是则继续判断 sel 值是不是 2,是 2 则创建 Beauty 对象,还不是则说明用户输入的内容非法。程序将在屏幕上输出提示,并且通过关键字 conitnue,直接继续下一次循环,一切重来一遍,包括要求用户重新输入。

082 行定义了一个变量 name,083 行通过 getline() 读入用户输入的姓名。因此我们还是采用"getline()"来读取用户输入,而不是这样:

```
cin >> name;
```

原因在于" >> "在读到空格时,也会认为本次读取完成,而"getline()"会读入整行,直到回车键。084 行代码将临时变量 name 的值赋给当前的"someone -> name"。087 行代码调用"someone -> Introduce()",用以完成自我介绍。089 行通过释放 someone 所占用的内存。请大声读出来:"虚析构函数保证 delete someone 会调用正确的析构函数"。为了便于理解,我们给出运行过程与结果图,并加以注释。我们先输入 1 用于生成一个对象"普通人(Person)",这位"普通人"的从生到死的过程,如图 3-22 所示。

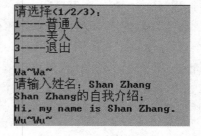

图 3-22 普通人生死过程

接下来输入 2,这回生成一个对象"美人(Beauty)",如图 3-23 所示。

```
2
Wa~Wa~
请输入姓名：Rong Huang
Rong Huang的自我介绍：
大家好，我是美女：Rong Huang，请多多关照！
wu~wu~人生似蚨蝣、似朝露；似秋天的草，似夏日的花……
Wu~Wu~
```

图 3-23 美人生死过程

看,美人的自我介绍有所不同,请注意,最后一行是"Wu~Wu~"。这是因为,美人在死时,先调用自己的析构函数,然后再自动调用基类的析构函数。

3.10.4 多态 vs. 非多态

好像可以回答什么叫"多态"了：

```
Person * someone;
...
if ...
    someone = new Person;
else
    someone = new Beauty;
...
someone ->Introduce(); //这一行体现多态特性
...
delete someone;
```

尽管 someone 被声明为基类,但它的某种行为却根据它的事实类型,做出合乎身份的操作,这就叫"多态"。如果您已经搞定前例的 90 多行代码,现在请考虑,假设该例中不允许采用 virtual 函数,那么实现相同功能的代码,应该如何写? 请大家动手实现,并思考 C++的"多态"特性,给本例带来了哪些方便。

 【危险】：看懂代码 !＝真懂代码

很多"聪明"的初学者不爱写代码,这差不多注定了他们不可能成为合格的程序员。又有些学习者对采用旧技术没有兴趣,他们说:"我都已经学会'多态'的新知识了,何苦用'非多态'的方法再写一遍呢? 那多浪费时间啊?"这差不多也注定了他们将成为对知识一知半解的程序员。

3.11 Hello Object 封装版

3.11.1 什么是封装

小 A 做甲事成功,小 B 做乙事失败,什么原因? 无非是小 A 更牛或甲事更简单,或者两者兼而有之。天底下的编程语言,除了个别世界观有问题的以外,多数都有义务要么让我们(程序员)变得更强,要么让事情变得更简单,或者两者兼而有之。

所以在本节中,我们将变得非常功利。我们先归纳一下,"派生"和"多态"给我们带来什么好处? 这个问题的外交式回答是:"我们注意到,全世界的对象都有各自的特点,但彼此相同的地方也很多。坚持派生和多态,就是求同存异,坚持在变化中寻找不变……"

讲人话,派生有什么用? 答:派生让我们可以复用基类的功能。多态有什么用? 多态可以让我们使用一致的代码,应付各种类型在行为上的差异。

⚠️ **【危险】: 在 OO 的逻辑里,派生的重点不是复用实现**

派生可以复用基类的实现,这其实是"基于对象"的编程方法之一。在"面向对象"的世界里,派生的重点并不是为了复用实现。这些我们将在"面向对象篇"讲解。

那么"封装"又是什么? 它能给程序员带来什么好处? "封装",即封闭、组装、包装。将数据或方法组装成一体,并将一些内部信息封闭起来,再经过一翻"包装"之后,以某种特定的形式供人使用,是为封装。

😊 **【轻松一刻】:"牙膏"是什么**

妈妈:"小明,去买点牙膏回来。"

"好的!"小明进了厨房,拿了空的酱油瓶就往楼下跑。

妈妈还在困惑中,小明已经完成任务了,高兴地向妈妈晃了晃满满当当的酱油瓶说,"妈,您看,散装的牙膏,特便宜。"

从字面意义上讲,牙膏确实就是一种"膏体"而已,将它灌在酱油瓶里,它也应该还是牙膏,但为什么妈妈的脸青了呢? 第一,膏体被污染了。原本洁白的膏体现在染上了残留的酱油,那颜色,那形态,那气味……很像某网络用语。第二,膏体没法正常使用了。平日里说到牙膏想到的动作必然是"挤"。现在一早站在阳台准备刷牙时,隔壁一声"小明妈,做什么呢?"回答,"我在倒牙膏呢!"想到这里,妈妈脸更青了;第三,膏体有可能被误用。爸爸加班夜里回到家自己下了碗面,味道淡淡的,拿起酱油瓶往面汤里一倒,感慨万千"社会进步了,酱油都能做成牙膏状了……就算是用盘子盛,也不怕往外撒呀……"

忘掉酱油瓶里的东西,回到洗手间里铝壳包装可以挤的正常牙膏,通过它来认识什么是"封装"以及"封装"有什么好处。封装首先是一种组装。日常里说的"牙膏"这个对象,它其实是膏体、铝壳、壳帽三件东西的合理组装。(怎么才叫合理呢? 后面讲。)

合理的封装对保护内部数据或维护内部的某些逻辑关系不被破坏起到关键作用。就像牙膏的铝壳保护膏体不被污染。

合理的封装对外提供正确而方便的使用接口。牙膏有一个小口,用户轻轻一挤,

就能得到适量的膏体,小朋友都能轻松学会。一管牙膏近乎是一个有着完美封装的艺术品。它有如下特性:

(1)这个封装中的组件以相当合理的方式组装在一起。这里的合理又包括:一、组件不能多一个也不能少一个。比如,如果在牙膏壳上镶嵌一颗钻,这个封装立刻会变得不合理,如果丢失了牙膏帽,这个封装也立刻让人心里不安起来;二、组件之间的结构让各个组件能够配合良好地工作。挤压牙膏壳体,能够将压力传给膏体,让膏体如人所愿地从头部出口出来,而不是从某个破缝里冒出来,后者令人心烦。

(2)这个封装合理地保护了本就不应当直接面对用户的内部数据。没错,我们需要膏体,但我们只需要挤出来的那一小段,而不是面对一整坨。

(3)这个封装提供了简单好用的接口。你挤它就出来,可多可少,易于掌握。市场上有一种需要用嘴去吸它才能出来的牙膏,你会买吗?

这就是封装。把一些东西合理组装在一起,把内部一堆的东西包装起来,但还提供了舒服的接口让你以正确的方式间接地处理它的内部数据。就现在,你真不想起身到洗手间,认认真真地捧视那天天被你挤捏压迫的牙膏吗? 以一个具有哲学思维的程序员的目光去看待。

有好的封装,当然就有差的封装。一部 iPhone(通常)就是好的封装,一部带着六个扬声器的山寨机(通常)就是坏的封装。但不管怎样它们都是封装。作为一个程序员,你以后一定会设计出好的封装,也一定少不了很多糟糕透顶的封装。封装是一种最基本却最高难度的设计行为。读完整本《白话 C++》,你可以和老板说,建议安排年薪百万的工作给我,但你也要谦虚地说:"我会尽量做出漂亮的封装。"

> **【重要】:没有绝对的好或坏的封装**
>
> 为什么 iPhone 我们只说它"通常"是一个好的封装呢? 因为封装是好是坏,决定于所封装的对象,也决定于用户的需求。在特定的使用需求下,也许 iPhone 是坏的封装,带六个音箱的家伙倒是好的封装。

这就是为什么在感受篇里,当学习了派生,学习了多态,却安排最后才学习封装的原因,派生和多态不过是术,封装才是王道。

那么在 C++程序中,封装到底是什么呢?

3.11.2　类型即封装

其实,当通过 struct 来定义一个新的数据类型时,就是一种"封装"。

```
struct Person
{
    string name;
};
```

想像我们还想关注"人类"的年龄信息,那么我们可以在 Person 类中再添加一个成员数据：

```
struct Person
{
    string name;
    int age;
};
```

看，和"人"有关的数据，被我们统一包装在 Person 这个类型信息中。假设我们要在程序中管理 2 个人，那么使用 Person 这个类型，代码如下：

```
Person xiaoA;
Person zhiLing;
```

两个人，对应定义两个对象，直观，轻松。如果不使用自定义类型来封装人的信息，代码该如何写呢？看下面这个例子：

```
string nameOfXiaoA;
string nameOfZhiLing;
int ageOfXiaoA;
int ageOfZhiLing;
```

是不是有一种所有数据都被"拆散"得"支离破碎"的感觉？是不是有一种膏体被挤在盘面上的画面感？如果有，恭喜你，说明你具备程序员的气质；如果没有，也恭喜你，说明你拥有机器一般的超强思维的大脑。不过，当前 Person 只有两个属性，如果是 10 个属性 20 个人呢？人脑一定会记不过来。因此，将属性组合在一起形成一个新的复合类型，就是封装。现实生活中，无论是牙膏还是手机或者一只麻雀，都是结构化的数据，而非离散型的数据——你把一只麻雀大卸八块之后它就不再被人们认为是"一只麻雀"。人类认识一个"Object(物体/对象/东西)"的天生习惯是将它当作一个完整的"结构(struct)"去对待，而不是一堆离散的数据。

有了结构之后，还得区分内外。

3.11.3 公开、保护、私有

C++允许对自定义类型(struct 和 class)中的成员(数据、函数)及嵌套类型，指定三种基本的访问权限：公开、保护和私有。对应的关键字分别是：public、protected 和 private。语言律师不在场时，我们可以先简单地这样认识一下这仨：

（1）公开/public：允许在该类型及派生类内部访问，也允许在类型外部进行访问。

（2）保护/protected：允许在该类型，以及其派生类内部进行访问。

（3）私有/private：只允许在该类型内部进行访问。

为什么要区分"公开""私有"数据呢？这其实也是对真实社会的一种对应。C++的访问规则是针对"类型"而言的，为了直观，我们暂时先混淆一下"对象"与

"类"的区别。比如,"人类"有一个"胃","胃"数据是典型的"私有"数据。在人的内部,食管直接连着胃,而神经、肌肉控制着胃。但在人的外部,你会允许别人把一只烤鸭直接塞进你的胃里吗？我们需要一个"吃东西"的接口,那么,"吃东西"就是一个 public 的成员函数。

【轻松一刻】: "胃"真的是"私有数据"吗

那时,医生把长长的胃镜导管强行从我的嘴塞到我的胃里,然后医生很兴奋地指着屏幕说:看,这就是你的贲门……我眼泪哗的下来了。就在那时,我突然意识到,胃应该是人类的私有数据,只不过在医生面前,它被暴力破解了。C++也一样。一个程序员图一时方便把本应是 private 的数据设置成 public 时,应该让群众扭送去医院感受一下胃镜。

不谈医学了,还是谈社会学吧。Person 有一个数据:name,我们来考虑一下,对于人类来说,"姓名"应该是"private",还是"public"呢？"当然是公开(public)的!"有些人略作思索,"名字就是要给别人叫的,如果是私有的,那人类取名做何用?"这个回答似是而非。如果"姓名"成为"人类"的公开数据,那就意味着在类型外部就可以直接修改一个人的姓名。没错,我们其实一直在这么做,复习一下曾经的代码:

```
int main()
{
003   Person xiaoA;
004   xiaoA.name = "Xiao A";
      ……
}
```

我们在 main 函数内部(而不是在 Person 类定义内部),通过 004 行代码,直接修改 xiaoA 的名字。认真考虑现实生活中最普遍的情况:名字应该在出生时设定,然后基本一辈子都不会修改。C++是如何实现此类逻辑呢？

除了"私有"与"公开"之外,C++还提供夹在二者之间的"保护"级访问权限。采用"保护"级访问权限的成员,允许在本类和派生类的内部访问,而不允许在其他范围内访问。封装修饰词用法如下:

```
struct Person
{
public:
  /*
此处成员的访问权限为"公开";
  */
protected:
  /*
此处成员的访问权限为"保护"
  */
private:
```

```
    /*
此处成员的访问权限为"私有"
    */
};
```

在类型定义中,加入访问权限关键字,并以":"结束。其后所定义的成员,都采用此访问权限,直到有新的访问权限关键字。

【小提示】:代码排版风格

(1) 本书推荐把 public 等关键字与 struct 及一对花括号的起始列对齐。

(2) 本书推荐以 public、protected、private 的次序安排成员声明次序。

在本章之前,我们从未使用过 public、protected 和 private,但我们的代码一直可以工作。这是因为对于"struct",如果不提供访问权限关键字,则默认采用 public 修饰。也就是说:

```
struct Person
{
    virtual void Introduce();
    string name;
};
```

等同于:

```
struct Person
{
public:
    virtual void Introduce();
    string name;
};
```

3.11.4   class vs struct

一个类型的成员,默认应该是"公开"的,还是"私有"的呢?

这是一个没有标准答案的问题。不过,依据我们的学习过程,并不难做选择:当我们还没有学习"封装"技术时,类型的成员应该默认可以"公开"访问,否则我们怎么玩?所以我们选择 struct。等到本章,我们发现对数据保护挺重要的,于是态度来了个 180 度的转弯,改用 C++语言的 class 关键字。当不写"访问权限"关键字时,class 内成员的访问权限为默认是"私有(private)"。

```
struct  S
{
    int a;
};
S s;
```

```
s.a = 10; //正确,此处 a,访问权限是 public,可以在外部访问
//------------------------
class C
{
    int a;
};
C c;
c.a = 10; //错误,此处 a,访问权限是 private,不可以在外部访问
```

【轻松一刻】: 是什么让人生从 public 转变到 private

从"默认公开"到"默认私有",这是 struct 到 class 的发展……但不知你是否从中回想起曾经的"童言无忌"与"青春无敌"呢? 那时候,我们秉承"人之初、性本善",把一切"属性"默认公开给全世界:童年的我们公开自己的玩具、小人书,被抢走和被破坏过;少年的我们公开内心的喜怒哀乐、爱与恨,被轻视和嘲笑过……我们喜欢 struct 的直来直去,痛恨 class 的迂回曲折……终于有一天,我们伤了别人,也被别人伤了……

结论:学会使用 class 吧,或许只有先懂得如何保护自己,才会懂得如何保护别人。

从现在开始,我们将经常性地出现 class 和 struct 在项目代码中混合使用的情况。

3.11.5　封装应用示例

新建一个控制台应用项目,命名为"HelloOOEncapsulation"。复制 3.11.4 中的"HelloOOVirtual"项目中的"main.cpp"的最后代码取代新项目中的"main.cpp"的内容。如有必要,记得将"main.cpp"的文件编码改为"System default"。首先将 Person 类型改用 class 封装版:

```
class Person
{
008   public:
    Person()
    {
        cout << "Wa~Wa~" << endl;
    }
    virtual ~Person()
    {
        cout << "Wu~Wu~" << endl;
    }
    virtual void Introduce()
    {
        cout << "Hi, my name is " << name << "." << endl;
    }
```

```
023   private:
      std::string name;
};
```

除了 struct 改成 class 以外，最重要的区别就在于 008 行和 023 行分别添加的"公开"和"私有"的访问权限标志符。按 Ctrl＋F9，编译代码……出错了，如图 3-24 所示。

```
=== HelloOOEncapsulation, Debug ===
a...          In member function `virtual void Beauty::Introduction()':
a... 24       error: `std::string Person::name' is private
a... 36       error: within this context
a...          In function `int main()':
a... 24       error: `std::string Person::name' is private
a... 85       error: within this context
=== 已完成构建: 4 个错误, 0 个警告 ===
```

图 3-24　有关访问权限出错的编译信息

C++的编译信息在这方面提示得非常明了：024 行的 name 成员是"私有"的，但是 036 行和 085 行的代码，都试图在 Person 类之外访问。

双击出错信息中具体的某一行，会跳出对应行号的代码。请先查看 024 行，现在，在派生类（Beauty）中访问基类（Person）的 name 成员，是非法的了。因为"私有"成员只允许在当前类中访问，"保护"或"公开"的成员，才允许在派生类中访问。再看 085 行，这回是在 main 函数内访问，现在，只有"公开"的成员才能满足。但是 name 成员已经被我们限定为 Person 的私有成员了。这两行出错的代码，还有一样不同，024 行代码要"读"姓名，而 085 行代码则试图修改姓名。如何解决这两个问题？我们来为 Person 提供一个公开的成员函数，专门用来返回 name：

```
class Person
{
public:
    //此处略去构造函数与析构函数
019   string GetName()
020   {
021       return name;
022   }
    virtual void Introduce()
    ...
    private:
    std::string name;
};
```

019～022 行，我们为 Person 类，定义一个名为 GetName 的成员函数。该函数的返回结果类型为"string"类型，事实上它返回的内容是成员数据 name 的值。接下来我们修改原 036 行、现 041 行处的代码，原来直接访问 name，现在改为通过 GetName()函数访问：

```
class Beauty : public Person
{
    virtual ~Beauty()
    ...
    virtual void Introduce()
    {
041        cout << "大家好,我是美女: " << GetName()
                << ",请多多关照!" << endl;
    }
};
```

再次编译,编译出错的信息少了一半。余下那一个,就是试图在 main 函数中修改一个新生儿的姓名的问题了。关于这个问题,有两种考虑方案。其一是"宽松型",即认为人出生后,可以先不要有名字,并且可以外部修改;其二是"严格型",即认为人出生后,就应及时起名,并且不允许外部修改。为了体现"封装"特性我们采用第二种。所以做法是:将设置名字这个过程,移到 Person 的构造函数中去:

```
class Person
{
public:
    Person()
    {
        cout << "Wa~Wa~" << endl;
        cout << "为这个哇哇哭的人,起个名字吧:";
        getline(cin, name);
    }
    //略去后面代码...
}
```

现在,构造 Person 对象时,就会被要求输入姓名。构造 Beauty 的对象呢? 由于派生类的构造函数会自动调用基类的默认构造函数,所以这个过程也将在美女出生时起作用。如此,在 main 函数中输入姓名的代码就多余了,我们将它删除。另外,在调用自我介绍之前用于提示的那行代码,需要稍做修改。最终完整代码如下:

```
# include <iostream>
# include <string>
using namespace std;
class Person
{
public:
    Person()
    {
        cout << "Wa~Wa~" << endl;
        cout << "为这个哇哇哭的人,起个名字吧:";
        getline(cin, name);
    }
    virtual ~Person()
    {
        cout << "Wu~Wu~" << endl;
```

```
    }
    string GetName()
    {
        return name;
    }
    virtual void Introduce()
    {
        cout << "Hi, my name is " << name << "." << endl;
    }
private:
    std::string name;
};
struct Beauty : public Person
{
    override ~Beauty()
    {
        cout << "wu~wu~人生似蚍蜉、似朝露;似秋天的草,似夏日的花……" << endl;
    }
    override void Introduce()
    {
        cout << "大家好,我是美女:" << GetName() << ",请多多关照!" << endl;
    }
};
int main()
{
    while(true)
    {
        Person * someone;
        cout << "请选择(1/2/3):" << endl
            << "1----普通人" << endl
            << "2----美人" << endl
            << "3----退出" << endl;
        int sel = 0;
        cin >> sel;
        if (cin.fail())
        {
            cin.clear();
        }
        cin.sync();
        if (3 == sel)
        {
            break;
        }
        if (1 == sel)
        {
            someone = new Person;
        }
        else if (2 == sel)
        {
            someone = new Beauty;
        }
```

```
        else //用户输入的,即不是 1,也不是 2,也不是 3...
        {
            cout << "输入有误吧? 请重新选择。" << endl;
            continue;
        }
        cout << someone -> GetName() << "的自我介绍:" << endl;
        someone -> Introduce();
        delete someone; //别忘记啊,对象终有一死
    }
    return 0;
}
```

3.11.6 常量成员函数

封装的目的之一是为了避免外界对类成员进行非必要的"访问"。而"访问数据"又可以分成两个操作:"读取数据"和"修改数据"。有些数据,我们既不希望外部"修改"它,也不希望外部"读取"它。比如,你的私房钱,你既不想让老婆知道,更不想它被没收。有些数据,我们允许外部"读取"它,但不允许外部"修改"它。比如你们的新婚照,老同学来了,你很开心地拿出来让大家"欣赏",但一不靠谱的哥们想拿一张回去作为学习 Photoshop 的素材,你一定要以死相拒啊! 允许外部"修改"它,却不允许外部"读取"它的情况也有,但比较少见,暂不考虑。

比较两件事:"防止被读取"和"防止被修改",显然"防止被修改"这件事更为重要。C++在这方面也提供特性保障,允许我们更加关注"成员数据"是不是被修改。其中之一就是这个叫"常量成员函数"的概念。请看以下修改过的代码:

```
class Person
{
public:
    //……
    string GetName()
    {
        name = "王二麻子";
        return name;
    }
}
    //……
```

天啊! 成员函数"GetName()"的本意是读出成员数据 name 的值,但现在发生了什么? 程序员也许失恋了,也许喝高了,也许兼而有之,总之这哥们在一段本该只读的代码中,修改了 name 属性,它将造成天下人都只有一个名字。

成员函数允许访问成员数据(因为它们在同一个类的内部),但是仍有必要限定某些成员函数只允许"读取"成员数据,而不允许"修改"成员数据。这样的函数,就被称为"常量成员函数",其名字的意思是,在这个成员函数里,好像类的所有成员突然变成"常量"了。只需要在成员函数体开始之前加入 const 关键字,一个成员函数就

会变成常量成员函数：

```
class Person
{
    public:
    //……
    string GetName()const //变化在这里,加了 const
    {
        name = "王二麻子";
        return name;
    }
    //……
}
```

现在编译以上程序,编译器会纠出在常量成员函数中修改类成员的错误。

【课堂作业】: 感受"常量成员函数"

请打开项目,先在"GetName()"函数中添加将名字修改为"王二麻子"的代码,然后编译,你会发现编译成功了。然后再如上将"GetName()"改为常量版本,再次编译,这时编译将失败,请按 F2 查看编译出错信息,理解之。

依据"常量成员函数"的定义推论,一个常量成员数据如果要调用本类的其他成员函数,那么要求被调用的必须同样是"常量成员函数"。请自行写一个例子证明。

3.12 Hello STL 向量篇

"好消息！第 XXX 届国际选美大赛即将在中国举行,届时将有 2999 名来自世界各地的美女参赛。最新消息表明,本次大赛将对所有数据采用专业软件统一进行管理。另据知情人士透露,该软件首席架构师来自第 2 学堂,我国著名的软件设计大师:丁小明先生！丁先生今年 XX 岁,十数年来长期奋斗在……"丁小明正在家里忙着呢！他把选手名单摆在电脑边上,手在键盘上飞快地敲击。"2999 名选手,那就是说,我得定义 2999 个对象……"想到这个,丁小明沉着冷静地给楼下小卖部打了个电话:"请送一箱红牛。"很快上来 12 个送货员,人手一瓶。看到小明一脸不解,异口同声回答:"不好意思,店里没有装红牛的箱子了。"学半截就跑出去混大师称号真是急功近利了,至少得把"容器"篇学完,再去忽悠。

根据我们当前学到的知识,可以这样定义两个美女对象：

```
Beauty  zhiLing;
Beauty  jiaLing;
```

不过今天我们的需求,有了很大的变化。我们需要 2 999 个美女对象,显然要将这 2 999 个美女的信息在编程时就一个一个写好,不仅很累,而且显得很笨:难道我们下次变成 3000 个选手时,我们就又要改写代码吗？是时候感受一下 C++ 的"容器类模板"了!

什么叫"容器"？家里的杯子、碗、碟子都是容器,前面提到的牙膏壳也是。一个容器可以盛放可变数量的东西。C++的容器也是用来存放数据的。通常杯子用来装饮料,碗用来盛饭,碟子用来盛菜。不过这也只是约定成俗,非要拿杯子装菜,拿碗装可乐,拿碟子盛米饭也可以。而 C++的数据容器却有严格的规定。一个普通的容器一旦说好用来装什么类型的数据,这个容器就不能再存放别的东西了。再说说"模板",C++标准库中的容器类,通通采用 C++"泛型技术"写成的"类模板"。类模板顾名思义,就是类的模板,像车间先做一个模具,然后再用这个模具生产出一个个真实的零件一样,我们有一个类模板,就可以产生一堆堆的"类"。由此可见,"类模板"并不是真正的"类",但为了表达简洁,我们暂时将"容器类模板"称作"容器类"。

3.12.1 基 础

"向量(vector)"是常用的 C++容器之一。它的特点是整齐连续地存放对象。假设用一个小格子来表示一个内存单位,再假设待保存的每个元素需要占用 2 个格子,现有一个 vector 需要保存 3 个这种元素,则内存结构大致如图 3-25 所示。

如图,三个元素连续地存放,中间没有留空白格。这样存放的好处是:只要知道第一个元素(元素 0)所在的内存位置,就可以简单快速地计算出后面第 N 个元素的存放位置。比如,假设元素 0 起始位置是 6 号房,然后我们想找元素 2 号,只需掐指一算:6+2*2=10 号,我们

元素0 元素1 元素2

图 3-25 vector 内存结构示意

就可以去敲 10 号房的门了。这种通过算术计算就可以直接找到目标元素地址的访问方式,称为"随机访问",访问效率较高。

但 vector 也有缺点。一来必须占用连续的空间,就像盖楼,一家子非得把所有屋子盖在一起,这当然就需要申请一大片地皮了(假设不是盖楼);二来不好夹塞,比如在元素 0 和元素 1 之间插入一个元素,这回可好,非得让元素 1 和元素 2 全部往后挪动一下。反过来,如果删除中间某个元素,由于要保证内存连续,因此后面的元素得全部往前挪。插入和删除的效率较差。

要使用 vector,需要包括标准库文件:

```
#include < vector >
```

你应该还记得 STL 的头文件没有扩展名,以及 include 的含义。vector 只是一个"类模板",当要它演化成一个真正的"类",必须指定我们准备往里面存放对象的类型:

```
vector < 要存放的对象类型 >
```

比如我们准备往里面存"美女",那么真正的"类"是:

```
vector <Beauty>
```

有了"数据类型",我们就可以定义出该类型的对象:

```
vector <Beauty>   manyBeauties;
```

你可能想把变量取名为"2999Beauties",这不行。第一在语法上 C++ 不允许变量以数字开头(必须以字母或"_"开头,其他位置可以包含数字);第二在语意上一个"vector <Beauty>"的对象,其实可以存放或多或少的美女对象,少到为 0,多到某个上限。

3.12.2　常用接口

(1) 添加元素/push_back()

如何往 manyBeauties 中存入 Beauty 对象呢? vector(严格讲是"vector <Beauty>")提供了"push_back()"成员函数用于实现在后面加入一个对象:

```
vector <Beauty>   manyBeauties; //定义一个容器对象
Beauty zhiLing, meiLing, jiaLing; //定义三个要存入容器的对象
//开始存放:
manyBeauties.push_back(zhiLing);
manyBeauties.push_back(meiLing);
manyBeauties.push_back(jiaLing);
```

通常,我们将存在容器中的一个对象,称为容器的一个"元素"。

【重要】:元素在复制以后才塞入容器

manyBeauties.push_back(zhiLing)这行代码,是将对象 zhiLing 复制了一遍,然后存放到容器中,也就是说,原来的 zhiLing 和容器中的志玲,除了内容暂时一样以外,它们之间没有关系,修改外部的 zhiLing,并不会造成容器中的复制品也发生变化。

(2) 通过操作符"[]"访问元素

现在 manyBeauties 存放了三个美女,那么我们如何访问这三个美女呢? 这就是前面说的"随机访问"了,即通过指定序号(index)来访问 manyBeauties 的元素。序号也可称为"下标","下标"被设计为从 0 开始,也就是说,在 manyBeauties 中,下标为 0 的元素,是 zhiLing,下标为 1 的元素,是 meiLing……请问,jiaLing 的下标是多少? 另外,通过下标访问的操作,在 C++ 中通常被设计成通过"[]"操作符操作,因此"[]"也被称为"下标操作符"。访问 manyBeauties 中第 0 个元素,代码就是:

```
manyBeauties[0]
```

比如,我们要输出 zhiLing 的名字,代码如下:

```
cout << manyBeauties[0].GetName() << endl;
```

【小提示】：有时"操作符"也是一个成员函数

C++提供我们为一个类型定制一个操作符的功能。比如前述的"中括号"操作符：[]，其实就是 vector 的一个特定的成员函数。不过操作符函数的名字，必须有一个固定的前缀：operator。"[]函数"的完整名字就是"operator []"，参数是下标值；因此，前面的代码还有一个又长又丑的写法，虽然可以工作，但相信你不会喜欢：

```
cout << manyBeauties.operator [](0).GetName() << endl;
```

可以将"manyBeauties[0]"看作是"manyBeauties.operator[](0)"的简写。

(3) size 和 empty

size()成员函数返回当前容器中元素的个数。"empty()"则返回当前容器是否为空。虽然判断"size()"返回值是否等于 0 也可以得知当前容器是否为 0，但 empty 函数执行速度更快。因此，如果仅仅想关心容器是否为空，请使用 empty()。下面的代码在屏幕上显示 3：

```
cout << manyBeauties.size() << endl;
```

vector 的"size()"和"empty()"都是"常量成员函数"。

【小提示】：不恰当的函数名字：**empty**

标准库也会犯错，empty 的命名就是一个让人难受的小问题，更好的名字应该是"is_empty()"。

(4) 成员函数"clear()"

vector 的成员函数"clear()"用于清空当前容器中的所有元素。比如：

```
manyBeauties.clear();
cout << manyBeauties.size() << endl;
```

屏幕输出"0"，还有一堆临终遗言，因为所有容器中的美女全析构了。

3.12.3　遍　历

我们可以使用之前学过的 while 来遍历一个 vector 对象中的所有元素：

```
001  int i = 0;
002  while ( i < 3)
003  {
004      cout << manyBeauties[i].GetName() << endl;
005      ++i;
006  }
```

这不再是一个"死循环"，相反，仅当整数 i 的值小于 3 时，循环体中的代码才得以执行。001 行定义时，i 初始值为 0；而 005 行代码，"++"是一种算术运算符，它会将操作数增加 1。因此这个循环将持续执行三遍。"manyBeauties[i]"中 i 的值，依次为 0、1、2。最后 i 的值被增加到 3,于是 while 的条件不成立,循环结束。

for 循环

通过某个自变量的变化(通常是递增或递减),控制一个循环执行的代码,C++中有个更直观的循环控制流程:for。语法格式如下:

```
for (初始化语句; 循环条件; 循环变化语句)
{
    //循环体
}
```

前述的代码可以转变为:

```
for (int i = 0; i < 3; ++i)
{
    cout << manyBeauties[i].GetName() << endl;
}
```

请想办法将前面的 while 循环和这里的 for 循环代码并排查阅,努力找出后者如何代替了前者。

初始化语句"int i=0;"定义了一个整数变量,并且初始值为 0。在循环过程中,初始化语句仅被执行一次。特别地,此处的变量 i 的生命周期和可见区域,都开始于for 循环,结束于 for 循环。while 循环中的 i 变量没有这个限制。循环条件仍然是"i<3"。在每一次新的循环开始前,都要先做这个判断。如果条件成立,则继续执行循环体,否则结束循环。本例更好的写法应该是通过"size()"来获知元素个数:

```
for (int i = 0; i < manyBeauties.size(); ++i)
```

不必担心每次循环都要重复调用"size()"会造成性能损耗,本例编译成 Release版本时,它会被优化,最终仍然只调用一次。

语句"++i"会在每一次循环结束后都执行一次,最终让循环得以结束。

为什么说 for 是更直观的循环控制,这是因为它在结构中明确体现循环控制的三个要求:初始化条件、判断循环结束条件、改变循环条件。特殊情况下这三个环节都可以留空:

```
for(;;)
{
    ...
}
```

这就成为一个死循环,相当于"while(true){}"。也可以部分环节留空,比如初始化可以写在外面:

```
int i = 0;
for ( ; i < 5; ++i)
{
    ...
}
```

还有一些更酷的循环结构可用于标准库容器,但今天的重点是看懂以上的 for 循环。

3.12.4　实例:选美大赛管理系统

匆匆感受了一番 vector,丁小明重新动手了。下面是"选美大赛管理系统"主要功能清单:

(1) 美女信息录入:录入美女姓名、国籍、简介……大量读者打来电话质疑选美怎么可以没有三围数据? 对哦,得加上。

(2) 美女信息查找:输入美女姓名,查出她的详细信息,如有重名则全部输出。

(3) 查询已录入的美女人数。

(4) 全部美女轮流出场介绍。

(5) 清空美女信息:清空已录入的全部美女信息。

新建一个控制台应用项目,命名为"HelloSTLVector"。打开"main. cpp",更改其文件编码为"System default"。我们不从"Hello Object 多态版"复制代码。顺便强调下,本实例主要演示 vector 的用法,和"多态"没有多少关系。在多态版中一个人可能是普通人,也可能是美人,但本例所有选手都是"美女"。不过我们还是定义了 Person 类,希望大家能顺便复习一下"派生"。

(1) include、namespace

我们从第一行代码开始全部重新写起,前五行是:

```
# include <iostream>
# include <string>
# include <vector>

using namespace std;
```

(2) 定义 Person 类

```
006   class Person
{
public:
    Person()
    {
        cout << "请输入姓名:";
        getline(cin, name);
        cout << "请输入年龄:";
        cin >> age;
    }
    virtual ~Person()
    {
    }
    string GetName() const
    {
        return name;
    }
```

```
     int GetAge() const
     {
         return age;
     }
private:
     string name;
     int age;
};
```

Person 增加了一个成员数据:年龄(age)(又有同学在问,怎么没有三围？算啦,普通人关心什么三围嘛)。初始化年龄的操作也被移到 Person 的构造过程中。另外,本选美活动不关心选手的生死问题。所以在构造和析构中分别去除"Wa～Wa～"与"Wu～Wu～"的动静。然后再仔细一看你会发现 Person 类的"自我介绍"函数也被砍掉了。年龄是私有的,为了得以访问,新增了"GetAge()"方法,它和 GetName()一样都是"常量成员函数"。

【重要】:Person 类这样定义合理吗

又有同学举手要发言,我很生气:"三围?"同学说:"不是,我想知道这人如果要修改姓名怎么办？姓名不改,那年龄总要年年增加吧？这个类完全没有提供这样的接口啊!"为师我更生气了:"吃喝拉撒,结婚生子我也没有定义啊,请重温'什么是封装'的章节。"

(3) 定义 Beauty 类

美女类派生自人类:

```
037  class Beauty : public Person
{
public:
     Beauty()
     {
         cout << "请输入国籍:";
043      cin.sync();
044      getline(cin, nationality);
046      cout << "请输入三围数据(胸、腰、臀),数据以空格隔开,回车确认:";
047      cin >> bust >> waist >> hips;
         cout << "请输入自我介绍内容:";
         cin.sync();
         getline(cin, introduction);
     }
     string GetNationality() const
     {
         return nationality;
     }
     int GetBust() const
     {
         return bust;
     }
```

```
    int GetWaist() const
    {
        return waist;
    }
    int GetHips() const
    {
        return hips;
    }
    void Introduce() const
    {
        cout << introduction << endl;
    }
private:
    std::string nationality; //国籍
    int bust;      //胸围
    int waist;     //腰围
    int hips;      //臀围
    std::string introduction; //自我介绍
};
```

增加了国籍(因为我们是国际赛事)、三围等成员数据,以及对应的"GetXXX()"方法。当然,"自我介绍"仍然以动词作方法名,动作内容是直接输出自我介绍的内容到屏幕。另外这些数据都会在构造过程中通过用户输入加以初始化。

043 行的代码调用 sync 函数,这正是因为前面我们输入年龄时,会留下一个换行符,需要 sync 来清除,否则再次调用"getline()"时,会直接读入一个空行。

(4) 定义 BeautiesManager

"美女"类定义好了,接下来必须提供"大赛组委会",其主要功能是管理这些美女,所以我们称之为:BeautiesManager。下面是它的类定义:

```
//美女管理类
class BeautiesManager
{
public:
    void Input();    //输入新的美女
    void Find() const; //按姓名查找美女
    void Count() const //显示当前美女总数
    {
        cout << "当前美女个数:" << beauties.size() << endl;
    }
    void Introduce() const; //所有美女依次自我介绍
    void Clear(); //清空当前所有美女
private:
    vector < Beauty > beauties;
};
```

你应该发现了,BeautiesManager 类中 5 个成员函数中有 4 个光有声明,没有实现。C++允许我们直接在类定义中实现其成员函数,也允许我们在类定义中仅仅声明成员函数的原型,然后在类定义之外实现。实现时,需要在函数名前面加上"类名::"。可能你想到了"名字空间(namespace)"。没错,在某些时候可以认为"类"也是一个名字空间。

(5) 实现"Input()"

```
109  void BeautiesManager::Input()
     {
         Beauty b;
         beauties.push_back(b);
     }
```

为了及时了解当前代码是否正常工作,我们可以在 main 函数中写一些针对单一功能的测试代码,这叫做"单元测试"。相比正规的单元测试它很简陋,但有用。大家在写完之后,应马上编译运行以检查结果。

```
115  int main()
     {
         BeautiesManager bm;
         bm.Input();

         return 0;
     }
```

(6) 实现"Find()"

继续新代码,这次是组委会用来查找选手的 Find 方法的实现,请将以下代码插入"main()"函数上面:

```
115  void BeautiesManager::Find() const
     {
         cout << "请输入要查找的美女姓名:";
         string name;
         getline(cin, name);
122      int found = 0;
         for (unsigned int i = 0; i < beauties.size(); ++i)
         {
             if (beauties[i].GetName() == name)
             {
                 ++found;
                 cout << "找到啦! 该美女的索引是: " << i << endl;
                 cout << "姓名:" << beauties[i].GetName() << endl
                      << "年龄:" << beauties[i].GetAge() << endl
                      << "国籍:" << beauties[i].GetNationality() << endl
                      << "三围:" << beauties[i].GetBust() << ","
                      << beauties[i].GetWaist()
                      << "," << beauties[i].GetHips() << endl;
             }
         }
         cout << "共找到:" << found << "位名为:" << name << "的美女!" << endl;
     }
```

"Find()"是一个常量成员函数,在类外部实现时仍然要记得 const 修饰。

代码通过一个 for 循环遍历整个 beauties,用每一位美女的名字和用户输入的姓名比较,如果相等,就输出当前美女的详细信息(不含自我介绍)。另外在循环之前,我们定义了一个整数变量 found,起始值为 0,循环中当每找到一位同名选手就让它自增 1。循环结束后,我们将输出这个数值。这一次,我们的测试代码是:

```
143  int main()
{
    BeautiesManager bm;
    bm.Input();
    bm.Input();
    bm.Find();
    return 0;
}
```

(7) 实现"Introduce()"

BeautiesManager 中的"Introduce()"方法,是让所有美女轮流自我介绍:

```
143  void BeautiesManager::Introduce() const
{
    for (unsigned int i = 0; i < beauties.size(); ++i)
    {
        cout << "现在出场的是:" << beauties[i].GetName() << endl;
        beauties[i].Introduce();
    }
}
152  int main()
{
    BeautiesManager bm;
    bm.Input();
    bm.Input();
    bm.Introduce();
    return 0;
}
```

(8) 实现"Clear()"

```
152  void BeautiesManager::Clear()
{
    cout << "您确认要清除所有美女数据吗？该操作不可恢复！(y/n):";
156  char c;
157  cin >> c;
159  cin.sync();
161  if (c == 'y')
    {
        beauties.clear();
        cout << "数据已清除!" << endl;
    }
}
```

在清除所有数据前,郑重地询问一下用户,这算是"用户友好设计"的最低要求。156 行定义一个字符变量,157 行通过 cin 读入用户的选择。为了避免给后续的输入造成干扰,我们主动在输入之后就调用 sync 清除掉用户输入 y 或其他字母之后,留下的回车换行符。161 行的代码逻辑也很清晰,如果用户输入的字符是小写字母 y,程序不再犹豫,立即调用 vector 的"clear()"函数,清除所有元素。下面是最新的单元测试代码:

```
168   int main()
{
    BeautiesManager bm;
    bm.Input();
    bm.Input();
    bm.Introduce();
    bm.Clear();
    bm.Introduce();
    return 0;
}
```

(9) 提供主菜单函数

是时候把以上功能"串联"起来了。C++是一门支持多范式编程的语言,前面的代码我们采用了"基于对象"的范式,接下来的代码相对简单,所以它们是典型的"面向过程"的范式。我们需要一个"菜单",让用户可以选择执行哪样功能:

```
168   //显示主菜单:
int ShowMenu()
{
    cout << "请选择:" << endl;
    cout << "1----美女信息录入" << endl
         << "2----美女信息查找" << endl
         << "3----检查美女总数" << endl
         << "4----美女出场自我介绍" << endl
         << "5----清空全部美女数据" << endl
         << endl
         << "6----关于本程序" << endl
         << "7----退出" << endl;
    int sel = 0;
    cin >> sel;
    cin.sync();
    return sel;
}
```

main 方法中原有的单元测试全删除,新的代码用来测试主菜单:

```
188   int main()
{
    int sel = ShowMenu();
    cout << "sel = " << sel << endl;
```

```
        return 0;
}
```

(10) 实现 "About()"

菜单中,第 6 项提供了"关于本程序"的选择,嗯,这可是专业软件必不可少的功能之一(前面的代码真有些累人,也该来个简单的了):

```
188   void About()
{
    cout <<   "《XXX 国际选美大赛信息管理系统 Ver 1.0》" << endl
         << "作者:丁小明 Copyright 2008～???" << endl;
}
```

测试代码略。

(11) 主函数

```
int main()
{
    cout << "XXX 国际选美大赛欢迎您!" << endl;
    BeautiesManager bm;
    while(true)
    {
        int sel = ShowMenu();
        if ( 1 == sel)
        {
            bm.Input();
        }
        else if (2 == sel)
        {
            bm.Find();
        }
        else if (3 == sel)
        {
            bm.Count();
        }
        else if (4 == sel)
        {
            bm.Introduce();
        }
        else if (5 == sel)
        {
            bm.Clear();
        }
        else if (6 == sel)
        {
            About();
        }
        else if (7 == sel)
        {
```

```
                break;
        }
        else //什么也不是?
        {
            if (cin.fail())
            {
                cin.clear(); //清除cin当前可能处于错误状态,需清除
                cin.sync();
            }
            cout << "选择有误,请重选。" << endl;
        }
    }
    return 0;
}
```

看上去挺长的,但逻辑并不复杂:

(1)"while(true)"结构,用来实现程序可以反复接受用户选择。

(2)连续的"if()/else if()"结构,用来确定用户的选择是 1～7 中哪个数字(这个结构有些烦,以后学到 switch 结构再做改进)。

(3)当用户输入非法字符时,落入错误处理。详情请参看"Hello Object 多态版"对"cin. clear()"和"cin. sync()"的介绍。

(12)枚举/enum

程序员有时候应该做一个"完美主义者"。上述代码中,我们将变量 sel 连续地从 1 一直比较到 7。其中 1 代表什么? 2 又代表什么? 这会让代码阅读者感到困惑。为了更直观一些,我们可以采用"枚举法"来代替具体的数字。定义枚举的语法如下:

```
enum 枚举名称 { 枚举项1, 枚举项2, …… };
```

每一个枚举项又可以通过以下形式,直接设定它对应的数值:

```
枚举项1 = 整数值
```

如果枚举项没有设定数值,则第一项被默认设置为 0,后面的项目则是前一项的数值加 1。比如我们可以为"星期"定义一个枚举:

```
//中国版
enum Week { Monday , Tuesday , Wednesday, Thursday, Friday, Saturday , Sunday};
//老外也许更喜欢以下定义
// enum Week { Sunday, Monday , Tuesday , Wednesday, Thursday, Friday, Saturday };
```

中国版中的 Monday 的值为 0,而 Tuesday 的值为 1,直到最后星期天(Sunday)的值为 6。更直观一点地想让 Monday 的值为 1(对应周一),可以这样修改:

```
//中国版
enum Week { Monday = 1 , Tuesday , Wednesday, Thursday, Friday, Saturday , Sunday};
```

有了这个定义,我们就可以在代码中定义一个 Week 的变量:

```
Week today = Friday; //枚举版本
```

其中 Week 表现为类型,today 是一个变量,Firday 是它的初始值,相比这样的定义:

```
int today = 5;   //非枚举版本
```

使用枚举的版本有更好的可读性,比如后者很可能被误读为今天是 5 号。

回到本节实例,我们需要为用户的选择项 1~7 定义枚举项,并且我们不需要枚举名称。C++支持定义一个没有名字的枚举,称为"匿名枚举",语法是:

```
enum { 枚举项 1, 枚举项 2, ……};
```

请在 main 函数中的第一行,加入一个匿名枚举的定义:

```
int main()
{
196   enum {sel_input = 1, sel_find
          , sel_count, sel_introduction
          , sel_clear, sel_about, sel_exit};
      cout << "XXX 国际选美大赛欢迎您!" << endl;
      ...
}
```

然后将后面代码中参加比较的 7 个数字,更改为对应的枚举项:

```
……
while(true)
    {
        int sel = ShowMenu();
        if ( sel_input == sel)
        {
            bm.Input();
        }
        else if (sel_find == sel)
        {
            bm.Find();
        }
……
```

请完成本例。

3.13 Hello STL 链表篇

vector 是一种容器。我们还知道,vector 其实是一个"类模板",具体使用前,必须通过以下语法指定将要存储的元素类型:

```
vector <元素类型>
```

"链表(list)"也是一种容器类模板,使用前也必须指定所要存放的元素类型:

```
list <元素类型>
```

问题来了,list 和 vector 的区别是什么?

3.13.1 基础

同样用一个格子表示一个内存单位,再同样假设每个元素占用 2 个格子,假设有一个 list 保存了 3 个这样的元素,内存结构示意如图 3-26 所示。

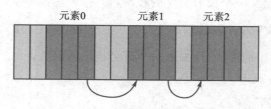

元素0 元素1 元素2

图 3-26　(单向)list 内存结构示意

首先请注意,图中每个元素占用 3 个格子。链表中的元素,还需要额外保存自己下一家元素的内存地址(实际额外占用的内存,往往不止一个格子)。为什么要记住下一家地址呢? 原来链表中各个元素的住址在内存中往往不相邻,第一个住河这边,下一个住山那头。知道元素 0 的地址,并无法计算出元素 2 或元素 3 的地址,因此无法随机访问。怎么办呢? 只好让第一家记住下一家的地址,下一家又记住再下一家的地址,这样如果您想去找第三家,怎么办? 必须先到第一家,问到第二家的地址,然后前往第二家,再前往第三家。简单地说,如果要访问链表中的最后一个元素,我们必须从第一个元素一路遍历过去,这叫单向链表;也可以让每个节点同时记住其前后两个节点的地址,称之为双向链表。允许你从第一个节点往后找,也可以从最后一个节点往前找。

"链表(list)"的缺点太明显了:第一,不能随机访问;第二,每个元素都得额外占用内存。但链表的优点也很明显,一是可以实现高速的中间插入删除。比如插入元素 0.5 以后,结果如图 3-27 所示。原有的元素 0、元素 1、元素 2 全都不用挪地儿,只需要改一改它们的上下家关系即可。请大家看着图 3-27,脑补如果要删除元素 1,那些箭头应该如何指。链表的第二个优点是不需要占用连续的内存。虽然每个节点占用额外的内存,但节点却可以见缝插针地存放。

3.13.2 迭代器/iterator 概念

我们已经知道要访问单向链表中的某个元素,必须从第一个节点往后走。list 提供一种数据类型,称为"迭代器",用来帮助我们这个"走"的过程。简而言之,在特

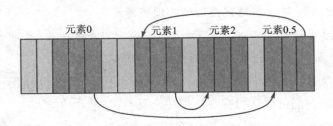

图 3 - 27 往链表中插入元素

定容器内以特定规则"走访"节点的过程,就叫"迭代"。我们可以暂时将迭代器当作是对"裸数据"的一层封装,比如一个"list <Beauty>"容器,它的裸数据就是 Beauty 的对象,那么对应的迭代器类型,可以理解为是这样一个结构:

```
struct iterator
{
    Beauty * ptr; //指向我们保存的"美女"元素
    iterator * next; //后一个美女的位置
    iterator * prior; //前一个美女的位置
};
```

依据这个简单的迭代器结构,假设我们现在拥有一个 iterator 的对象,名为 cur。那么,我们可以这样操作——访问当前"美女"的名字:

```
cur.ptr ->GetName(); //通过 ptr 访问 Beauty 的成员
```

前进到后一个"美女"元素:

```
cur = cur.next; //前进
```

后退到前一个"美女"元素:

```
cur = cur.prior; //后退
```

STL 迭代器的真正实现要比上述代码复杂得多,作为回报,它们的接口用起来更直观,是不错的封装。比如,要访问当前"美女"的成员,用"GetName()"方法:

```
cur ->GetName();
```

用起来好像 cur(迭代器对象)就是 Beauty 的指针自身一样。再比如,如果要前进到下一个"美女"元素:

```
++ cur; //或者:cur ++ ;
```

或者后退到上一个"美女"元素:

```
-- cur; //或者:cur -- ;
```

【小提示】：迭代器特定接口的实现原理

和 vector 提供的"[ ]"一样，"++、——、->、*"也是操作符，同样是通过"操作符重载"的技术让各个操作符以"函数"的方式提供所需功能。

普通迭代器的类型名称为：iterator。不过它总是定义在具体的容器类中。对于 list <Beauty>。我们可以认为存在这样一个类型：

```
struct list <Beauty>
{
    //…
};
```

而它的迭代器类型的定义，总是嵌套其中：

```
struct list <Beauty>
{
    struct iteraotr
    {
        //…
    };
    //…
};
```

回忆一下，我们经常可以把一个类也当作一个名字空间（namespace），因此"list <int>"类型的容器的迭代器类型，完整名称是：list <Beauty>::iterator。还记得"德国小蟑::小强"吗？定义一个"list <Beauty>"的迭代器的变量，代码为：

```
list <Beauty>::iterator  iter;
```

list 的迭代器既可以前进（++操作），又可以后退（——操作），因此它实质上是一个"双向迭代器"。list 的不少常用函数，都会涉及到迭代器，比如返回值是一个迭代器，或者参数是一个迭代器。我们先了解和迭代器无关的常用函数。

3.13.3　常用函数 1

请新建一个控制台应用项目，命名为"HelloSTLList"。打开项目唯一的源文件：main.cpp。如果你觉得必要，请确保修改文件编码为"System default"。

在 002 行加入包含 <list> 头文件的代码：

```
001   # include <iostream>
002   # include <list>
```

在 main 函数最前面加入一行定义，以产生一个"专门用于存储整数的 list"的变量，变量名为"lst"：

```
006   int main()
{
008     list <int> lst;
......
```

请在当前代码的基础上,一边阅读课程,一边在项目中完成对应代码。

(1) push_front(elem)

在 list 头部插入一个元素:

```
lst.push_front(10);
lst.push_front(20);
```

现在,lst 中的元素是:20、10。

(2) push_back(elem)

在 list 尾部插入一个元素:

```
lst.push_back(8);
lst.push_back(9);
```

现在,lst 中的元素是:20、10、8、9。

(3) pop_front()

删除 list 第一个元素:

```
lst.pop_front();
```

现在,lst 中的元素是:10、8、9。没错,第一个元素被丢弃了。pop_front()仅仅是"丢"掉第一个元素,并不是将第一个元素返回给函数的调用者。

(4) pop_back()

删除 list 最后一个元素:

```
lst.pop_back();
```

现在,lst 中的元素是:10、8。

 【课堂作业】: 理解 pop_front 和 pop_back

以下代码片段错在哪里?

```
list <int> lst;
lst.push_back(1);
lst.push_back(2);
int a = lst.pop_front();
int b = lst.pop_back();
```

请对比其后的"front()"与"back()"函数,二者允许我们得到(但不丢弃)第一个元素或最后一个元素。

(5) clear()

删除容器中所有元素:

```
lst.clear();
```

现在 lst 中一个元素也没有。

(6) front() const

返回第一个元素("裸元素",而非迭代器)的复制品:

```
lst. push_back(1);
lst. push_back(2);
int a = lst. front();
cout ≪ a ≪ endl;
```

a 的值是 1。同时 lst 中的元素现在是:1、2。

front()并不影响容器内部的任何数据,因此它是一个"常量成员函数"。

(7) back() const

返回最后一个元素("裸元素",而非迭代器)的复制品:

```
int b = lst. back();
cout ≪ b ≪ endl;
```

b 的值是 2。

和 front()一样,back()同样直接返回容器中的元素,而不是迭代器。本例与前例中 lst 的类型是:list < int > ,所以 a 和 b 都被定义成 int 类型。

(8) size() const

返回容器中元素的个数:

```
int count = lst. size();
cout ≪ count ≪ endl;
```

count 值为 2。

(9) empty() const

判断容器是否为空(元素个数为 0)。

如果仅关心容器是否为空,请调用此函数以获得更好的性能,而不要通过(size()==0)来判断:

```
cout ≪ lst. empty() ≪ endl; lst. clear();
cout ≪ lst. empty() ≪ endl;
```

第一行输出:0;第二行输出:1。

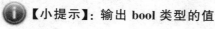 【小提示】: 输出 bool 类型的值

默认状态下,cout 将 bool 视为 int 处理,值 false 输出 0,值 true 输出 1。

3.13.4 常用函数 2

(1) begin()和 end()

begin()和 end()都用返回链表的迭代器。

begin()返回指向 list 第一个元素的迭代器。那么 end()是不是返回 list 的最后一个元素迭代器呢? 不是哦。end()返回链表最后一个元素的再下一个位置的迭代

器。假设 list 当前有 3 个元素,那么"end()"将返回第 3 个元素后面的那一块内存的位置,如图 3 - 28 所示。

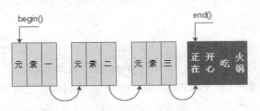

图 3 - 28 end( )返回的位置是别人家的

"end()"所返回的位置,根本就不属于当前 list 的内存,怎么可以霸占别人家地盘呢? 没关系,"end()"只是指了指别人家的位置,表示当前 list 将结束于这个位置而已。这就像小明和小红说:"从这座楼,一直到那边那根电线杆作为结束标志,全是我家地盘! 当然,电线杆不是我家的。"既然如此我们就得小心点,不能真实地去访问"end()"所指向的位置。

得到 lst 的第一个迭代器代码如下:

```
list <int> ::iterator  iter = lst.begin();
```

有了一个迭代器,如果通过它得到对应的元素呢? 方法很简单——操作一个"迭代器"和操作指针对象非常类似,都是采用" * "操作符:

```
int a = * iter;
```

当然前提是 iter 不能是"end()",我们不能去关心别人家里的内容。我们也可以通过迭代器来修改对应的元素:

```
* iter = 1000;
```

当然前提仍然是 iter 不能是"end()",我们更不能去修改别人家里的内容。

以下是相对完整的代码片段,演示如何通过一个迭代器读取与修改对应的元素:

```
list < int > lst;
lst.push_back(1);
lst.push_back(2);
list < int > ::iterator  iter = lst.begin(); //得到第一个指向元素的迭代器
int a = * iter; //通过迭代器访问复制真实元素的值
cout << a << endl; //输出 1
cout << * iter << endl; //同样输出 1
* iter = 1000;
cout << * iter << endl; //输出 1000
cout << a << endl; //输出 1,a 是复制品
int b = * iter;
cout << b << endl; //输出 1000
```

再次强调:"end()"返回的位置是别人家的,以下操作是不礼貌的:

```
lst < int >::iterator iter2 = lst.end();
int a = * iter2; //灾难发生
* iter2 = 100; //灾难发生
```

（2）rbegin()/rend()

字母"r"代表"reverse（逆向）"。"rbegin()"和"rend()"是 list 逆向迭代器的开始和结束。因此 rbegin()其实是 list 的尾，"rend()"是 list 的头。同样，rend()指向的是第一个元素之前的那个别人家的位置。注意"（正向）迭代器"和"逆向迭代器"的类型（class）并不相同，后者的类型是"list < 元素类型 >::reverse_iterator"。

（3）insert（pos，elem）

在指定位置插入一个新元素。pos 并不是一个用来表示位置的整数，而是一个 iterator（并且不能是 reverse_iterator），insert 方法即在这个迭代器前面插入新元素：

```
lst.clear();
lst.push_back(10);
lst.push_back(100);
list <int>::iterator  iter = lst.begin();
++ iter; //iter 前进 1 步,指向第二个元素
lst.insert(iter, 1); //在第二个元素的位置上,插入新元素
```

现在，lst 中的元素是：10、1、100。

（4）erase(pos)

从链表中删除 pos 位置对应的元素。pos 同样是一个迭代器，同样它不能是 reverse_iterator：

```
lst.clear();
lst.push_back(10);
lst.push_back(100);
list <int>::iterator  iter = lst.begin();
++ iter;
lst.erase(iter);
```

现在 lst 中只有一个元素：10。

list 的 erase 还有另外一个版本，此版本带两个参数：

```
erase(first, last);
```

表示删除[first～last)迭代器范围内的元素（不包括 last），如果要删除连续多个元素，请使用该版本。

3.13.5　常量迭代器

迭代器可以访问到容器中的每个元素，"访问"方法可以是"读"也可以是"改"。和"常量成员函数"的思路一样，为了更好的"封装"效果，STL 提供了一种"只读迭代器"，类名分别是：

（1）const_iterator：常量版的正向迭代器；

（2）const_ reverse_iterator：常量版的逆向迭代器。

下面演示常量迭代器的使用：

```
list < int >::const_iterator    iter = lst.begin(); //iter 是 const 版本
int a = * iter; //正确,可以读
* iter = 1000;   //错误,不允许修改常量迭代器所指向的元素
```

【课堂作业】：list 常用函数汇总

请将"常用函数（一）""常用函数（二）""常量迭代器"三小节中的所有示例代码，合并到工程的"main. cpp"源文件中，并确保没有编译错误。

3. 13. 6　遍历 list 容器

list 容器不能随机访问，所以要遍历它的所有元素，没有"［ ］"可用。我们必须得到第一个元素的迭代器，即"begin（）"，然后迭代器不断地前进、前进，直到到达"end（）"时才结束，这就完成了对每一个元素的访问。

1. 正序遍历

下面的代码，实现将 lst 中的每一个整数输出到屏幕上：

```
001  for (list < int >::const_iterator iter = lst.begin()
002     ; iter != lst.end()
003     ; ++ iter)
{
005    cout << * iter << endl;
}
```

for 循环的头部被故意折成三行，因为它看起来有点长，但事实上仍然是这三部分：

（1）001 行是"初始化语句"。定义了一个只读迭代器的变量：iter，它指向 lst 的第一个元素。

（2）002 行是"循环条件判断"语句。"！＝"是 C＋＋中用于实现"不等"判断的操作符。本循环不断进行的条件就是：iter 不等于 lst 的"结束迭代器"。

（3）003 行，iter 通过"＋＋"操作，实现前进到下一元素的位置上。

循环体中的 005 行输出 iter 当前指向的元素的值。

【重要】：能比不同，就不要比大小

初学者很容易将 002 行写成：iter < lst. end（）。"<"用来比较大小，而"！＝"是用来比较是否不同。大家想想，如果有两个美女要求你说说谁更美（比大小），你是不是很为难？通常我们会回答"你们各有各的美（存在不同）"。总之，比较大小对迭代器的要求比较高，也比较慢，特别是应用在"std：：list"身上。

2. 逆序遍历

由于 list 拥有"双向迭代器"，所以这个次序也可以倒过来，改成从最后一个元素开始，"倒着"走向第一个元素。此处强调一点，对一个逆向迭代器进行"++"操作，它会从容器的尾部向头部"前进"一个位置，而对其进行"−−"操作，则是促使它从容器的头部"后退"一个位置：

```
001   for(list < int > ::const_reverse_iterator iter = lst.rbegin()
002     ; iter!= lst.rend()
        ; ++iter)
{
    cout << *iter << endl;
}
```

喜欢玩"找茬儿"游戏吗？仔细找找两段代码之间的不同，并将两个方向遍历功能加入工程。

3.13.7 实例：成绩管理系统 1

雨夜。一老者敲开丁家大门。老者姓李，20 年前是这家主人丁小明的老师。这位老者带着厚厚的一摞试卷……他想要做什么？

需求与基本思路

丁小明完成"选美大赛管理系统"之后，一直想再写一个更有意义的程序。现在要求来了：李老师希望能够按照试卷的次序，录入学生成绩，然后依据学号的次序，输出学生成绩。小丁简单地翻了一下试卷，发现试卷的次序和学号无关。李老师说，录入时需要输入学号与成绩；输出时最好能同时显示学号与姓名。

小丁的思路是：分成两个 struct，一是学生，包含学号、姓名；另一个是成绩，包含学号、成绩。二者通过"学号"构成逻辑关联：

```
//学生
struct Student
{
    unsigned int number; //学号
    string name;
};
//成绩
struct Score
{
    unsigned int number; //学号
    float mark; //分数
};
```

学号采用"无符号整数(0 和正整数)"类型，因为学号不允许为负数，为 0 则有特殊用处。分数采用"float"类型，因为存在像 86.5 分这样有小数的成绩。

【重要】：减少信息过度耦合

小丁的思路是正确的。表面上看，"学生"可以拥有一个或多个"成绩"，但"拥有"并不一定适合在类中加入一个相关的成员数据。"成绩"在很多时候，可以暂时脱离"学生"而独立进行运算，比如本例的"录入成绩"。这种情况下，相关信息独立定义，通过一个"关键值"来维系两者的关系是个好主意。本例中，这个关键值就是"学号"。

再考虑一个更为极端的例子："学生"有"家长"，"家长"有"工作单位"、"工作单位"有"法人代表"。显然，在"学生"结构中含有"法人代表"很不合理，这就称为信息之间的过度耦合，在编程设计中，应该避免。

接着，小丁决定使用 vector 来保存班级里的学生。因为学生数据相对稳定。至于成绩呢？就用 list 试试吧。

类定义

新建一个控制台应用项目，命名为"HelloSTL_ScoreManage_Ver1"。打开该项目下的"main.cpp"文件，再通过菜单单击"编辑 -> 文件编码"设置为"System default"。首先加入 <list>、<vector>、<string> 等头文件，以及前述两个类型的定义。代码如下：

```cpp
#include <iostream>
#include <list>
#include <vector>
#include <string>
using namespace std;
//学生
struct Student
{
    unsigned int number; //学号
    string name;
};
//成绩
struct Score
{
    unsigned int number; //学号
    float mark; //分数
};
//此处是 main() 函数的默认实现
//略
```

接着，需要一个"学生成绩管理(StudentScoreManager)"类型，该类型当前提供以下三样功能：

（1）批量录入学生基本信息(学号、姓名)；

（2）批量录入考试成绩；

（3）以学号为次序，输出考试成绩。

考场上谁先做完谁就先交卷,所以交卷次序与学号无关。那么如何实现第三步要求,以学号为次序输出成绩呢?我们现在想到的办法是:拿到一个学号时,就在无序的 list 中查找这个学号的成绩。请在"main()"函数之前,Score 类定义之后,插入以下代码:

```cpp
//学生成绩管理类
class StudentScoreManager
{
public:
    void InputStudents(); //准备学生数据
    void InputScores();      //输入某次考试的成绩
    void OutputScores() const; //输出某次考试的成绩
private:
    vector < Student > students; //vector 存放学生
    list < Score > scores;  //list 存放成绩
};
```

OutputScores 函数被声明为 const,因为一个用来"秀(show)"成绩的功能,不应该有修改成员数据的要求。想想,老师给你一份学生成绩表,让你将它打印并张贴出来,在这个过程中你的成绩由 56 分变成 65 分,这太可疑了。

学生信息输入函数

"InputStudents()"函数将用来实现录入学生基本信息,模拟按花名册的输入过程:

```cpp
void StudentScoreManager::InputStudents()
{
037     int number = 1; //学号从 1 开始
        while(true)
        {
041         cout << "请输入" << number << "号学生姓名(输入 x 表示结束):";
            string name;
            getline(cin, name);
047         if (name == "x")
            {
                break;
            }
052         Student student;
053         student.number = number;
054         student.name = name;
056         students.push_back(student);
058         ++ number;
        }
}
```

又是一个"死循环",不过这次打破循环的方法比较有趣,041 行提示用户输入小写字母 x 并退出。具体实现由 047 行的 if 语句加以判断选择。

　　程序被设计成按 1 号、2 号、3 号的顺序输入学生姓名,学号从 1 开始,并且在每次录完一个学生之后,学号就自动加 1。这是 037 行与 058 行所完成的重要任务。每次循环都会在 052 行新定义一个 Student 的栈对象,并且在随后的 053 和 054 两行取得必要的值,在 056 行被加入 vector 中。栈对象 student 肯定在每次循环结束后自动析构,但通过"push_back()"加入 vector 的对象是复制品,所以不必担心每次录入的学生对象会人间蒸发,只要所处的容器还在,容器内部的数据就还在。

成绩录入函数

　　接下来是录入成绩的成员函数:InputScores():

```
void StudentScoreManager::InputScores()
{
    while(true)
    {
        unsigned int number;
        cout << "请输入学号(输入 0 表示结束):";
        cin >> number;
        if (number == 0)
        {
            break;
        }
        //简单判断学号是否正确:
078     if (number > students.size())
        {
            cout << "错误:学号必须位于:1~"
                 << students.size() << " 之间。" << endl;
081         continue;
        }
        float mark;
        cout << "请输入该学员成绩:";
        cin >> mark;
        Score score;
        score.number = number;
        score.mark = mark;
092     scores.push_back(score); //直接加在尾部
    }
}
```

　　录入成绩的代码,并不比录入学生信息复杂多少。我们用同样的招术来结束一个循环,只不过这一次用在学号上面:输入 0 表示结束录入,因为 number 要求的是整数。078 行我们对用户输入的学号做一个简单的合法判断。学员的总数已知是"students.size()",如果用户输入大于学员总数的学号将被判定为不合法。092 行通过调用"push_back()"函数,直接将新录入的成绩添加在 list 的尾部,所以 list 内的成绩,暂时没有按学号次序排列。

成绩显示函数

我们将遍历 students 中的每一个学生，输出他的学号和姓名。然后再次通过循环，在 scores 中找到指定学号的成绩，如果没有找到则提示"查无成绩"：

```cpp
void StudentScoreManager::OutputScores() const
{
120    for (unsigned int i = 0; i < students.size(); ++ i)
       {
122        unsigned int number = students[i].number; //学号
           cout << "学号:" << number << endl;
           cout << "姓名:" << students[i].name << endl;
           //查找成绩:
128        bool found = false;
130        for (list < Score >::const_iterator iter = scores.begin()
                               ; iter != scores.end()
                               ; ++ iter)
           {
               if (iter ->number == number)
               {
                   found = true; //找到了
                   cout << "成绩:" << iter ->mark << endl;
                   break;
               }
           }
144        if (found == false) //没找到
           {
               cout << "成绩:" << "查无成绩." << endl;
           }
       }
}
```

这段代码有两层 for 循环。120 行是外层循环，用以遍历学生，因为我们输出每个学生的成绩；120 行用 number 变量记下当前学生的学号，然后通过 130 行的内层循环，到成绩列表中找到这个学号的成绩。对比一下，外层循环使用的是 vector 特别支持的下标访问，而内层循环使用的是 STL 容器都支持的迭代方式。在内层循环开始之前，有个 bool 变量 found 初始化为假。循环中如果找到指定学号才置它为真，并且直接输出成绩，然后中途结束循环（break）。如果循环了一遍也没找到，found 就仍然为假，这样我们才能在循环结束后知道该学号查无成绩。

【危险】：缺少错误处理的程序总是让人提心吊胆

为了简化代码，前述两 InputXXX 函数对用户非法输入的情况仅做最简单的判断。事实上，在要求输入学号或者分数时，如果用户不小心输入一些字母，比如：abc，程序就会陷入真正的死循环，此时必须使用 Ctrl＋C 来强行中断。如果你想预防此类错误，可以每次接受输入之后，立即判断"cin.fail()"是否为真，具体请参看 3.12.4

的实例。

3.14 Hello STL 算法篇

3.13.7 中,输出成绩时,我们从 students 中得到每个学生的学号,然后通过 for
循环,在一个 list 中查找符合"学号等于指定值"的元素。代码如下(行号被重排以方
便说明):

```
001     for (list < Score > ::const_iterator iter = scores.begin()
                        ; iter ! = scores.end()
                        ; ++ iter)
        {
005         if (iter ->number == number)
            {
                found = true; //找到了
                cout << "成绩:" << iter ->mark << endl;
                break;
            }
        }
```

一个容器无序地存储了一些元素,然后我们希望从中找出特定的某个元素,这个
过程称为"查找(find)"。写程序时,"查找(find)"是一个经常用到的算法。比如,假
设李老师要求我们提供一个新功能:输入学生姓名,找出学生学号,这时我们又必须
通过一个 for 循环,取出 students 中的每一个学生对象,姓名比较。

可见,查找过程通常是一个循环结构,迭代每一个元素,再根据特定条件对这个
元素做某种判断。如果判断其成立,就返回这个元素位置上的迭代器,否则继续下一
个元素。不同的查找,通常循环结构是一样的,不一样的是取出当前元素后所做的判
断式。C++称这类判断式为"predicate(谓语)"。

你肯定知道"我吃饭"中的动词"吃"是一个"谓语",但要特别提醒"我是一个男
人"中的"是"也是一个谓语。"谓语"通常是用来做一个"是什么吗"的判断。比如:
"是等于 number 吗"。问题又来了:有没有可能在查找时只提供这个变化的"谓语",
外部的循环框架我们只写一次呢?

函数是我们最早学会的避免重复代码的方法(还记得那个一直点头"Hello"的早
晨吗)。函数之所以可以避免代码重复,是因为它将不变的代码写成一个函数体,将
变化的部分作为入参。所以针对当前的查找工作,我们想要的是这样一个函数:

```
list < Score > ::iterator find (list <Score> scores, XXX)
{
    for (list <Score> ::iterator iter = scores.begin();
        iter ! = scores.end(); ++ iter)
        {
```

```
006        if (XXX( iter ->number))
           {
                 return iter;
           }
     }
     //没找到,返回 end()
     return scores.end();
}
```

首先看函数签名:

(1) 返回值是 list 的迭代器,这没什么,返回值就是找到的迭代器,如果没找到,返回"end()";

(2) 函数名是 find,这更没什么好说的;

(3) 入参 1 是一个 list,就是要在这个 list 里查找的目标元素。这本可以大说特说一番,因为把整个 list 复制一份传入,效率太差……但这不是本节的重点,略过;

(4) 入参 2 是 XXX? 表示我们不知道怎么写,它应是什么呢? 它在 006 行又该如何使用呢?

一段充满问题的代码,但它表达了我们的思路。XXX 处表示我们想传一个"谓语"给这个函数,并且希望在 006 行能用它来实现"判断",只是我们不知道如何传递一个谓语。如果读者在此处想到谓语其实就是一个"动作",那我必须为他的语文水平点赞。如果他又想到程序的函数就是用来表示一个动作的,哇! 我必须为他所具备的编程慧根点赞。此刻我们的学习重点正是:如何让一个函数作为一个参数传递给另一个函数?

每一门语言都必须解决这个问题,因为这里包含了一个重要的思想,即动作也是一种对象。通常我们说的"对象"是指名词,比如"人""美女""学生""成绩""管理者"等,但现在我们认为"动作"也是一种对象,而对象是数据,所以动作也是一种数据。C 语言这样解决问题:首先,得让函数也有内存地址。事实上程序一运行,函数作为一段代码,也在内存中,所以它是有内存地址的。接着,C 语言说,既然函数有地址,那就来一个指针,让指针指向这个地址;而指针是数据,可以传递。这种指针叫"函数指针"。

C++语言对 C 语言有良好的兼容性,所以也存在"函数指针"这类数据。然而函数指针还存在这些缺点:不直观、不安全、不够灵活……C++提供对此类问题的解决方法之一,它的名字叫"函数对象"。

【小提示】:函数指针无罪

我罗列函数指针的几个"不"以后,顿时脸红心跳,像做了一件亏心事。其实,函数指针非常强大,问题是它确实很难学习和使用,除了 C++这个铁哥们还保留之外,后来的 Java 或 C#都从语言中完全移除函数指针的概念了。但不管如何,这不是函数指针的错。

3.14.1 函数对象

函数对象英文为 function object,有时也称为"仿函数(functor)"。综合这两种叫法可以得出它的主要作用,即用一个对象来模拟一个函数。

还记得 vector 中的"[]"操作符吗? 当时我们说过,C++允许把操作符当成一个函数来设计。比如 vecotr 类型中,其实存在了一个名为"operator []"的成员函数。我们还说:

```
manyBeauties[0]
```

其实相当于:

```
manyBeauties.operator [] (0)
```

今天我们要"设计"的操作符是方括号的兄弟圆括号"()"。假设有一个表示狗狗的类型 Dog,它存在一个成员函数 Bark:

```
struct Dog
{
003   void Bark() const
     {
          cout << "Wang~Wang~" << endl; //汪星人
     }
};
```

既然强大的 C++允许我们用"操作符"来作为函数的名字,"()"也是一种操作符,因此我想用它来替换 Bark,于是将上述代码中的"Bark"字样替换成"()":

```
struct Dog
{
003   void ()() const //噢,这是什么? ERROR!
     {
          cout << "Wang~Wang~" << endl;
     }
};
```

003 行看上去像火星文,也编译不了。或许纯粹就是为了让代码看起来正经一点吧,C++语法规定操作符函数的正确语法是函数名称前必须加上"operator":

```
struct Dog
{
003   void operator ()() const //operator () 是一个成员函数
     {
          cout << "Wang~Wang~" << endl;
     }
};
```

这一次正确了,虽然看起来还是很奇怪呢。接下来如何使用这个函数呢? 根据

之前 "operator[]" 的经验,我们很快可以得出,使用方法有两种:

```
001   Dog doggie;
002   doggie.operator();//方法一
003   doggie();//方法二
```

如果你只看出方法二比较简洁那没什么好骄傲的,你真的没有看出点别的什么?真的没有?请盯着 003 行!还是没看出来吗?

```
003   doggie();//方法二
```

应该看出来了吧?天啊,003 行的代码是多么像在调用一个名为 "doggie" 的函数啊!可是你再看 001 行,doggie 它明明是一个变量,明明是一个数据,明明是一个对象啊!这就是 C++ 语言在这里玩的一个语法游戏,一个 "障眼法"。假相:

```
doggie();//调用一个函数,函数名:doggie
```

真相:

```
doggie();//通过 doggie 调用一个成员函数,函数名:operator()
         //doggie 是一个对象,即:doggie.operator()
```

doggie 是 001 行定义的一个类型为 Dog 的对象,而 "()" 是它的一个成员函数。哈哈,C++ 语言真能搞,有点意思,不是吗?作者我写到这里也是醉了,必须赋诗一首。

【轻松一刻】:《咏函数对象》

是一个函数?还是一个对象?我认真地看了。

原来,是一个对象在调用一个函数,一个叫做 "operator ()" 的函数。

"operator()" 既然是函数,那就可以有参数,也可以有返回值,比如:

```
struct Totaliser //累加器
{
    Totaliser()
    {
        base = 0;//初始化 base 为 0
    }
    //第一个版本的 operator () 函数:
    int operator () const //无参,返回 int,常量成员函数
    {
        return base;
    }
    //第二个版本的 operator() 函数:
    void operator()(int n) //有一个参数 n, 无返回值
    {
018     base += n; //相当于 base = base + n
    }
```

```
private:
    int base;
};
```

018 行的"+="称为"自加操作符",假设 base 原来是 0,而 n 是 1,则先计算"base+n"得到 1,然后将 1 赋值给 base,于是 base 的值为 1。

累加器 Totaliser 提供了两个版本的"()"操作符函数,用法如下:

```
001   Totaliser total;
002   total(1);  //有参数本,即版本二
003   total(2);  //同上
004   cout ≪ total() ≪ endl; //调用无参数版本,输出 3
```

解释:

(1) 001 行:定义了一个 Totaliser 对象 total;

(2) 002 行:调用"total.operator()(1)",base 成员将在 0 的基础上自加 1,从而变成 1;

(3) 003 行:再次调用,base 将在 1 的基础上自加 2,变成 3;

(4) 004 行:调用"total.operator()()",返回值 3 被输出到屏幕。

3.14.2 自定义查找算法

有了"函数对象"这种魔幻般的技术,可以完成本节开始时提出的伟大设想了,将"操作"作为一个对象传递给另一个操作。

1. 定义函数对象

```
struct CompareByNumber_Equal
{
    unsigned int number; //学号

005   bool operator () (int current_number) const
    {
        return (current_number == number);
    }
};
```

结构的名称复杂得很。其中"CompareByNumber"暗示它是在比较学号,而"E-qual"暗示具体的比较动作是"这两学号相等吗",对应的操作符是"=="。然后就是 005 行的"operator ()"函数了。它的入参是一个学号,返回这个学号和成员 number 是否相等,即代码行:

```
return (current_number == number);
```

它等效于:

```
if (current_number == number)
{
```

```
        return true; //相等时返回真
    }
else
{
        return false; //不等时返回假
}
```

2. 使用函数对象

下面我们用这个"函数对象"类型,来代替那段未完成的代码中的 XXX:

```
list < Score > ::iterator  find (list < Score > scores
                    ,CompareByNumber_Equal cmp )
{
    for (list < Score > ::iterator iter = scores. begin();
            iter ! = scores. end();
            ++ iter)
    {
006        if (cmp (iter ->number))
        {
            return iter;
        }
    }
    //没找到,返回 end()
    return scores. end();
}
```

CompareByNumber_Equal 是一个结构类型,而 cmp 是这个类型的一个对象,所以完全可以作为函数的入参,代替 XXX。006 行实际调用的是"cmp. operator()()"这个函数,入参是迭代 list 时,当前成绩单的学号。变量名 cmp 再次暗示了它在做比较,但为什么比较操作只有一个入参啊?难道比较不应该是"cmp(a,b)"吗?这就是"函数对象"比普通的函数要厉害的本领之一。"函数对象"是一个对象,而对象可以拥有成员数据。此处和"iter ->number"比较的另外一个当事人,是 cmp 的成员数据 number。它需要在调用 find 时,就事先准备好。假设这次我们想找的是 5 号学员成绩,则代码为:

```
cmp. number = 5;
```

5 号是我们事先指定的学号,通过 find 内部的循环框架,它准备和所有成绩单的学号比较一番,直到找到为止,请看"大屏幕",如图 3 - 29 所示。

有了 CompareByNumber_Equal 和新版 find 函数,输出成绩的方法简化了:

```
void StudentScoreManager::OutputScores() const
{
    for (unsigned int i = 0; i < students. size(); ++ i)
    {
        unsigned int number = students[i]. number; //学号
```

```
//......此处代码略去......
//查找成绩:
CompareByNumber_Equal cmp;
cmp.number = number;  //指定学号
list < Score >::const_iterator iter = find(scores, cmp);
//......此处代码略去......
}
}
```

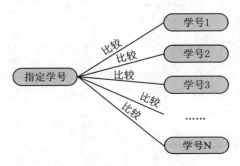

图 3 - 29　"一对多"的比较过程

【课堂作业】: 使用自定义查找函数

　　作业:请新建一个控制台项目,取名为"HelloSTL_ScoreManageVer1_01"。然后,请使用本节实现的查找函数,重新实现成绩管理系统 1 版本中的功能。

3.14.3　泛化查找算法

　　当前自定义的 find 函数声明如下:

```
list < Score >::iterator  find(list < Score > scores
                , CompareByNumber_Equal cmp);
```

　　主要矛盾解决后,次要矛盾就变得不可忍受了。入参 scores 有两项"罪行":罪行一是太费性能。当调用 find 时,需要传递一份"list <Score >"对象给它,传递环节实际是将该链表对象复制一份再交给函数,这一次复制不仅浪费了内存空间,而且浪费时间;罪行二是它明确指定容器必须是 list,万一将来换成 vector 或别的呢? 难道find 要对所有容器类型各写一版? 更严重的是,哪怕都是 list,也只支持存放着 Score对象的 list。

　　看看 find 函数内部是如何使用 scores 入参的:

```
for(list <Score>::iterator iter = scores.begin();
        iter != scores.end();
        ++ iter)
{
```

```
         ……
}
……
```

原来我们只是用它来取得迭代器的开始和结束的位置,可不可以直接传递这两个位置进来呢?新版本的 find 函数是:

```
list < Score >::iterator  find (list < Score >::const_iterator beg
                    , list < Score >::const_iterator end
                    , CompareByNumber_Equal cmp)
{
    for (list < Score >::iterator iter = beg ; iter ! = end ; ++ iter)
    {
        if (cmp (iter -> number))
        {
            return iter;
        }
    }
    //没找到,返回结束位置 end
    return end ;
}
```

for 循环头都变简洁了有没有?另外请注意函数体的最后一行 return 也有变化。

参照前面我们模拟实现的迭代器可知,传递两个迭代器的成本很低,第一个罪恶消除了。但代码仍然到处是 list <Score > 。beg 和 end 仍然必须是链表的迭代器,怎么办?是该跳出语言,回归数学层面说一说"算法"的意义了,所以请读者深吸一口气,在身体和心理上都做好准备。坊间传闻妇孺皆知:编程离不开数学,有时候我们不得不面对数学上的那些艰深的概念、复杂的推演、繁琐的计算……

开始吧:从小我们就知道"1+2=3"这个算法,它代表着 1 颗白菜加 2 颗白菜等于 3 颗白菜,也代表着一只小狗加 2 只小狗等于 3 只小狗,还代表着 1 块钱加 2 块钱等于 3 块钱。可见,只要符合一定的条件,比如单位一致,那么同一个算法是可以套用到不同的数据类型上面的,或者说算法可以和数据类型无关。现在我们对模板的认识已经上升到了一个全新的高度。你可能此时才明白"泛型编程"和"面向对象"确实是可以平起平坐的两大江湖门派。人家 STL 之父 Alexander Stepanov 早就明白了这一切,这才有了 C++的许多算法都支持与类型无关的运算。我们这个 find 也将如此,它的最新声明如下:

```
/ * 这里隐藏了一行代码 * /
T find (T beg, T end, CompareByNumber_Equal cmp);
```

第一眼是不是整个函数声明更加简洁了?第二眼发现,上一版函数声明中原有的三处"list::< Score >::const_iterator",全都被替换成字母"T"。直觉上 T 就是用来代表存放各类元素的各类容器的迭代器。但编译器怎么知道这个 T 是什么,又从哪里而来呢？答案就在隐藏的那一行代码中。新版 find 的完整声明如下：

```
template <typename T>
T find (T beg, T end, CompareByNumber_Equal cmp);
```

这一行的 template 表示后面将是一个模板。本例是一个函数模板。而" < > "
当中的"typename T"表示这个模板需要用到一个可变的类型，我们命名为 T。整个
函数模板的声明表示：我们要写一个 find 算法，这个算法不是很关心入参的类型，只
要你给我一个 beg 和 end，并且二者类型相同，它就能够在 beg 和 end 之间，使用
cmp 比较来查找某个元素。看一眼实现：

```
template < typename T >
T find (T beg, T end, CompareByNumber_Equal cmp)
{
    for (T iter = beg; iter != end; ++ iter)
    {
        if (cmp (iter -> number))
        {
            return iter;
        }
    }
    //没找到,返回 end
    return end;
}
```

请注意 for 循环头中，iter 的类型为 T，我们知道这 T 并不是真实的类型，它只是
我们前面声明的一个"假装的类型"。最后看如何调用最新版的 find 算法。在 Out-
putScores 函数中，调用时不再传 scores，而传入它的"begin()"和"end()"：

```
……
list < Score > ::const_iterator iter = find(scores.begin()
                    , scores.end()
                    , cmp);
……
```

将来如果成绩单改用 vector 存放了，find 仍然可用，调用代码变成如下而已：

```
vector < Score > ::const_iterator iter = find(scores.begin()
                    , scores.end(), cmp);
```

第二项罪行也消除了，但是在完美解决第一个参数带来的问题之后，我们一看第
二个参数 cmp，马上又觉得罪恶深重。这个参数的类型"CompareByNumber_Equal"
明明白白地嘲笑着我们：你这个 find 算法只能用来比较 Number，并且只能做相等判
断，如果你想查找的是学生的姓名，怎么办？如果你想找的是第一个考不及格(小于
60 分)的倒霉蛋，怎么办？真有点小小的沮丧呢。

3.14.4　标准库查找算法

其实标准库(STL)早就为我们准备好了可以完美解决所有我们已经或者尚未解决的 find 算法的问题了。这是标准库的版本,注意,它的名字叫"find_if":

```
001   template <typename InputIterator, typename Predicate>
002   InputIterator find_if (InputIterator first, InputIterator last
                                    , Predicate pred);
```

001 行声明了两个可变类型参数:InputIterator 和 Predicate。它们完全可以改名为 T1 和 T2,但人家实现 STL 的程序员有着良好的命名习惯。前者暗示我们它应该是一个迭代器,后者暗示我们它应该是一个"谓语",即一个判断式。然后看 002 行:

(1) 函数名:find_if;

(2) 参数:前两个类型为"InputIterator",后一个类型为"Predicate";

(3) 返回值:类型为"InputIterator"。

原来,除了判断式也被泛化以外,标准库版本和我们自定义的版本,差别不是很大嘛!这样说来我们亲手写的版本很有保存价值。所以请新建一个控制台应用项目,取名为"HelloSTL_ScoreManageVer1_02"。修改其"main. cpp"文件编码为"System default",然后粘贴原"HelloSTL_ScoreManageVer1_01"项目的同名文件的内容过来,在此基础上做如下改动:

(1) 先删除自定义 find 函数的实现;

(2) 头文件追加一行内容,因为我们所要使用的"find_if"来自该文件,algorithm 的意思是"算法":

```
# include <algorithm>
```

(3) struct CompareByNumber_Equal 修改成如下所示:

```
struct CompareByNumber_Equal
{
    unsigned int number; //学号
    bool operator () (Score current_score) const
    {
        return (current_score. number == number);
    }
};
```

主要变化发生在"operator()"函数的入参。原来是学号(一个整数),现在是成绩对象(一个 Score 类型的数据)。"find_if"算法并不知道我们要依据什么来比较,所以它把完整的成绩对象传过来,然后我们根据业务需求,使用"current_score. number"参与比较。

(4) "OutputScores()"函数查找学号成绩的代码现在是:

```
//......此处代码略去......
//查找成绩
    CompareByNumber_Equal cmp;
    cmp. number = number; //指定学号
    list < Score >::const_iterator iter
        = find_if (scores. begin (), scores. end (), cmp);

//......此处代码略去......
```

此处和我们自定义的版本相比,全部变化竟然就只是一个函数名而已。

【课堂作业】:使用标准库 **find_if** 算法。

请写一段代码,使用"find_if"从"vector <Student> students"中,查找指定姓名的学生。提示:一、你先要有"CompareByName_Equal"的函数对象;二、vector 也有自己的迭代器,比如"students. begin()"和"students. end()"。

3.14.5　标准库排序算法

除了"查找"以外,"排序"也是一个经常用的算法。

【轻松一刻】:李老师又来了

"如果有一个排序算法……"门外的声音老当益壮:"那肯定要排成绩榜啊!"

丁小明急忙迎上去:"老师,教育部反对给学生排成绩名次。"

李老师:"我们就内部使用不公开。你知道,成绩排名有利老师更加了解学生。"

"好吧。"小明心中默语:"学弟学妹们,我对不起你们。"

在 C++ STL 宛如浩瀚星辰的算法中,离"find_if"的不远处,有一颗算法明星格外耀眼。它就是据说性能超过 C 语言排序函数(qsort)的 sort。不过,我们首先要讲的不是 STL 的标准排序算法,而是 list 自己的 sort。前者是快,但它要求所要排序的迭代器支持随机访问,比如 vector,而 list 不支持,因此它提供了一个自己的版本。

下面是 list 版的 sort 函数声明:

```
template < typename Compare >
void list::sort (Compare cmp);
```

还是函数模板,入参还是一个用来比较的函数对象,以下称为"比较器"。事实上直接传递一个符合要求的真正函数也是可行的,但这不是重点。重点是这里的比较不再是"是否相等",而是真的比谁大谁小。Compare 的具体操作大致长这样:

```
bool operator () (T t1, T t2)
{
    return t1 < t2;
}
```

需要两个入参,如果第一个入参比较小,就返回真。按照这个比较方法,sort 将把所有元素从小到大排一番。对于"学生成绩"我们有两种排序需求,其一是按学号从低排到高;其二是按成绩从高排到低。因此我们需要两个比较器。

【重要】:算法学习

很看你就会看到,sort 函数用起来确实很简单。STL 为我们准备了很多算法让我们不用去考虑如何实现它们。书中的丁小明半天时间就学会查找和排序了。但是进一步的要求是我们应该了解、学习排序算法的具体实现,可能需要一两个月的时间。这不是本书的任务,但是要建议你:在基本掌握一门编程语言之后,可以考虑学习一些经典的算法。

按成绩排序的"比较器"

```
struct CompareByMarkBigger
{
    bool operator () (Score s1, Score s2) const
    {
        return (s1.mark > s2.mark);
    }
};
```

复制传递两个成绩对象有些浪费性能,但今天我们暂且接受这一点点的损耗。请注意返回值的逻辑,如果 s1 的成绩比较高,就返回真。因为我们希望成绩是从高到低排序。

使用"比较器"

现在我们可以通过 list 的 sort 成员函数,和前述的两个"比较器",来分别实现学生成绩按分数排序:

```
//按分数高低排
CompareByMarkBigger cmp;
scores.sort(cmp);
```

3.14.6 实例:成绩管理系统 2

成绩管理系统 2 版将实现以下功能:

(1)新增(+)主菜单功能,允许用户反复执行选择的功能。菜单项有:① 录入学生基本信息;② 按学号查找学生;③ 按姓名查找学生;④ 录入学生考试成绩;⑤ 清空学生考试成绩;⑥ 按学号显示成绩;⑦ 按排名显示成绩;⑧ 帮助;⑨ 关于;⑩退出。

(2)保留(.)学生基本信息(姓名、学号)录入功能。其中学号自动按次序产生。该功能已经在成绩管理系统 1 版实现,本版基本不用改动;

(3)新增(+)输入单个学生学号,然后输出其学号、姓名、成绩的功能;

(4)新增(+)输入单个学生姓名,然后输出其学号、姓名、成绩的功能。如果有

学生同名,则全部输出;

(5) 改进(＊)学生考试成绩(分数、学号)录入功能。在用户输入学号后,增加立即输出学生姓名的功能,再提示用户输入成绩,如果对应的学号找不到学生则提示出错;

(6) 保留(.)依据学号从小到大输出学号、姓名、分数的功能,需要考虑找不到成绩的情况;

(7) 新增(＋)在完全录入成绩后立即按成绩高低排序。在此基础上提供按分数由高至低输出成绩的功能;

(8) 新增(＋)各个菜单项的简单帮助;

(9) 保留(.)"About"功能,显示软件版权、作者等信息;

(10) 新增(＋)退出程序的功能;

(11) 改进(＊)用户输入错误的处理,以解决原版本中用户在本该输入数字却输入其他字符会造成程序死循环的问题。

【小提示】:功能清单上的符号

在需求清单中使用的"."、"＋"、"—"和"＊"符号区分表示不同性质的功能改变。对应为:"保留原有功能""新增一个功能""去除某原有功能"和"改进某原有功能"。

新建一个控制台应用项目命名为"HelloSTL_ScoreManage_Ver2"。打开向导自动生成的"main. cpp"文件,并修改其编码为"System default"。注意:不要复制原有的代码到新工程,我们将从头编写版本成绩管理系统 2。

课程将根据在"main. cpp"中的出现次序,完整地给出全部代码,并逐段说明。您此时应该已经正确完成前面的课程。

头文件与名字空间

```
# include <iostream>
# include <list>
# include <vector>
# include <string>
# include <algorithm>
using namespace std;
```

学生、成绩的类型定义

```
//学生
struct Student
{
    unsigned int number; //学号
    string name; //姓名
};
//成绩
struct Score
```

```
{
    unsigned int number; //学号
    float mark; //分数
};
```

成绩管理系统类型定义

```
//学生成绩管理类
class StudentScoreManager
{
public:
    void InputStudents(); //录入学生基本信息(录入前自动清空原有数据)
    void InputScores(); //录入成绩(录入前不清空原有数据)
    void ClearScores(); //清空成绩数据
    void OutputScoresByNumber() const; //以学号次序,输出每个学生信息,包括成绩
    void OutputScoresByMark() const; //以分数排名,输出每个成绩,包括学生基本信息
    void FindStudentByNumber() const; //通过学号,查找学生,显示姓名,学号,成绩
    void FindStudentByName() const; //通过姓名,查找学生,显示姓名,学号,成绩
private:
    //内部调用的函数
    //给定一个学号,在 scores 中查找,并输出其分数
    void FindScoreByNumber(unsigned int number) const;
    vector < Student > students;
    list < Score > scores;
};
```

FindScoreByNumber(unsigned int)是一个私有成员函数,因此它不能被外部调用,请仔细观察后面的代码,哪些地方调用了这个函数。

特定函数:检查控制台输入出错

```
//检查是否输入有误,如有,则清除出错状态,并返回"真"
bool CheckInputFail()
{
    if (cin.fail()) //检查 cin 是不是出错了
    {
        //出错了
        cin.clear(); //清除 cin 当前可能处于错误状态
        cin.sync(); //再清除当前所有未处理的输入
        cout << "输入有误,请重新处理。" << endl;
        return true;
    }
    return false;
}
```

任何可视字符都可以组成字符串,因此如果需要从 cin 中读入字符串,通常不会有什么问题。然而如果是想读入一个整数,比如:

```
int number;
cin >> number;
```

就必须考虑当用户输入类似"abc"字符时，cin 无法将它转换成一个合法的数字，此时 cin 就会被置为出错状态，并因此不再接受任何后续的输入，直到调用"clear()"清除这一状态。"CheckInputFail()"函数就是封装这一过程，它会在多处需要输入数值的代码中用到。

录入学生成绩

```
//输入学生成绩
void StudentScoreManager::InputStudents()
{
    //检查是否已经有数据
    if (students.empty() == false)
    {
        cout << "确信要重新录入学生基本信息吗？（y/n)";
        char c;
        cin >> c;
        if (c != 'y')
        {
            return;
        }
        cin.sync(); //吃掉回车键
    }
    //因为允许用户重新录入,所以现在需要清除原有数据
    students.clear();
    unsigned int number = 1; //学号从 1 开始
    while(true)
    {
        cout << "请输入学生姓名(输入 x 表示结束), " << number << "号:";
        string name;
        getline(cin, name);
        if (name == "x")
        {
            break;
        }
        Student student;
        student.number = number;
        student.name = name;
        students.push_back(student);
        ++ number;
    }
}
```

函数一开始，首先检查 students 是否为空。如果不为空，说明之前已经录入过学生的基本信息，因此提示是否真的重新录入。

用于查找的比较器

```
//比较器:比较姓名是否相等
//用于在 students 中查找指定姓名的学生
```

```
struct CompareByName4Find  // 4 是 for 的读音
{
    bool operator () (Student student) const
    {
        return student.name == name;
    }
    //待查找的姓名
    string name;
};
//比较器:比较成绩中的学号是否相等
//用于在 scores 中查找指定学号的成绩
struct CompareByNumber_Equal4Find
{
    bool operator () (Score s) const
    {
        return (s.number == number);
    }
    unsigned int number;
};
```

两个比较器的名称,都以 4Find 为后缀,暗示这两个比较器都将用于查找。再分别看"operator ()"的参数类型,一个 Student,一个 Score,说明了它们在分别查找什么。

根据学号,查找分数

```
//内部调用的函数
//给定一个学号,在 scores 中查找,并输出其分数
void StudentScoreManager::FindScoreByNumber(unsigned int number) const
{
    CompareByNumber_Equal4Find cbne;
    cbne.number = number;
    list < Score > ::const_iterator itScore = find_if(scores.begin(), scores.end(),
cbne);
    if (itScore == scores.end())
    {
        //找不到成绩
        cout << ",成绩:查无成绩。";
    }
    else
    {
        //查到成绩了,显示
        cout << ",成绩:" << itScore ->mark;
    }
}
```

这里是本项目中第一次调用"find_if"。它在 scores 中查找指定学号的成绩。在输出成绩时,我们首先输出一个"逗号(,)",因为我们准备在它前面输出学生信息。

通过学号查找学生

```cpp
//通过学号查到详细信息
void StudentScoreManager::FindStudentByNumber() const
{
    cout << "请输入要查找的学号:";
    unsigned int number;
    cin >> number;
    //用户输入非数字字符时,此时检查出错误
    if (CheckInputFail())
    {
        return;
    }
    //检查是不是在合法范围内的学号
    unsigned int maxNumber = students.size();
    if (number > maxNumber)
    {
        cout << "学号只允许在 1～" << maxNumber << " 之间!" << endl;
        return;
    }
    cout << "学号:" << number;
    cout << ",姓名:" << students[number - 1].name;
    //继续查:用学号查分数
    FindScoreByNumber(number);
    cout << endl;
}
```

函数一开始的重点是检查用户输入的学号是否合法,如果合法就将学号减 1,换算成 vector 的下标,通过下标访问的方式输出学生的学号和姓名,然后再通过学号查找对应的成绩信息。

 【危险】: 数组越界

如果你不小心将"students[number - 1]"写成"students[number]",那么不仅在逻辑上所有学员的信息都对不上位,而且在输出最后一个学员信息时,程序可能会因为数组越界(比如,students 中只有 0～9 个元素,而你访问[10])而崩溃。

通过姓名查找学生

```cpp
//通过姓名查找到学生基本信息,然后再通过学号找到学生成绩
//逐步显示查到的结果。如果有多个同名学生,则全部输出
void StudentScoreManager::FindStudentByName() const
{
    cout << "请输入待查找的学员姓名:";
    string name;
    getline(cin, name);
    CompareByName4Find cmp;
    cmp.name = name;
    int foundCount = 0; //找到几个人了
```

```
    vector <Student> ::const_iterator beg = students.begin(); //从哪里查起
    while(true)
    {
        //查找学生,注意查找范围为:itStu~students.end()
        beg = find_if(beg, students.end(), cmp);
        if (beg == students.end())
        {
            break; //找不到人了,结束循环
        }
        //查到该学生了
        ++ foundCount; //找到的人数加 1
        //显示学生基本信息:
        cout << "姓名:" << name;
        cout << ",学号:" << beg ->number;
        //继续查:用学号查分数:
        FindScoreByNumber(beg ->number);
        cout << endl;
        //重要:将 beg 前进到下一个位置
        //意思是:下次查找时,将从当前找到的那学生的下一个位置开始找起
        beg ++ ;
    }
    cout << "总共查到" << foundCount << "位学生,名为:" << name << endl;
}
```

学生重名的现象并不少见,这就造成了本函数相对复杂的逻辑。假设学生的姓名列表是:"①张一、②李二、③吴三、④李二、⑤王五、⑥end",而我们查找的是"李二"。那么,连续查找过程为:

(1) 第 1 次查找范围:①~⑥,但查到②时就找到了;

(2) 第 2 次查找范围:③~⑥,这次查到④时找到了;

(3) 第 3 次查找范围:⑤~⑥,找不着了,所以结果是⑥;

(4) 然后 while 循环发现 beg 和 end 相等了,于是结束;

(5) 这个函数,也调用了 FindScoreByNumber 函数。

 【课堂作业】: while 循环转换成 for 循环

请考虑本函数中的 while 循环,如果要换成 for 表达,该如何写代码?

按学号显示成绩

```
//根据学号的次序输出学生成绩,没有成绩的学员,显示"查无成绩"
void StudentScoreManager::OutputScoresByNumber() const
{
    for (unsigned int i = 0; i < students.size(); ++ i)
    {
        unsigned int number = students[i].number; //学号
        cout << "学号:" << number;
```

```
        cout << ",姓名:" << students[i].name;
        //查找成绩
        CompareByNumber_Equal4Find cmp;
        cmp.number = number;
        list < Score > ::const_iterator iter = find_if(scores.begin()
                                , scores.end(), cmp);
        if (iter != scores.end())
        {
            cout << ",成绩:" << iter ->mark << endl;
        }
        else //没找到
        {
            cout << ",成绩:" << "查无成绩。" << endl;
        }
    }
}
```

再次用到"find_if":在 scores 内查找指定学号的成绩。

用于排序的比较器

```
//比较器:比较成绩中的分数高低
//在 InputScores()中,录入成绩之后,会立即使用本比较对成绩进行排序
struct CompareByMarkBigger
{
    bool operator () (Score s1, Score s2) const
    {
        return (s1.mark > s2.mark);
    }
};
```

虽然没有 4Sort 的后缀,但"operator()"函数的两个参数暗示了它的用途。

录入成绩

```
//录入学生成绩,录入完成后即行排序
void StudentScoreManager::InputScores()
{
    while(true)
    {
        unsigned int number;
        cout << "请输入学号(输入 0 表示结束):";
        cin >> number;
        //检查用户输入是不是合法的数字
        if (CheckInputFail())
        {
            continue;
        }
        if (number == 0)
        {
```

```
            break;
        }
        //判断学号大小是否在合法的范围内
        if (number > students.size())
        {
            cout << "错误:学号必须位于: 1~" << students.size() << " 之间。" << endl;
            continue;
        }
        float mark;
        cout << "请输入成绩(" << students[number - 1].name << "):"; //本版新增姓名提示
        cin >> mark;
        //检查用户输入是不是合法的浮点数
        if (CheckInputFail())
        {
            continue;
        }
        Score score;
        score.number = number;
        score.mark = mark;
        scores.push_back(score);
    }
    //本版新增功能:录入成绩后,立即按分数高低排序
    //保证 scores 中的元素永远是有序的
    CompareByMarkBigger cmp;
    scores.sort(cmp);
}
```

除了两次调用 CheckInputFail,该版本的这个函数最大的改进,就是在循环结束后,立即调用排序函数。

清空成绩

```
//清空成绩
void StudentScoreManager::ClearScores()
{
    cout << "您确信要清空全部成绩数据?(y/n)";
    char c;
    cin >> c;
    if (c == 'y')
    {
        scores.clear();
        cout << "成绩数据清除完毕!" << endl;
    }
    cin.sync();
}
```

清除前要求用户输入 y 以确认不是误操作。在要求用户输入单个字符时,不要忘了在最后调用"cin.sync()"以确保清除回车键。

按名次输出成绩

```
//按分数高低,输出每个成绩,包括学生姓名,没有参加考试学员,将不会被输出
void StudentScoreManager::OutputScoresByMark() const
{
    //在每次录入成绩之后,我们都会调用 sort 立即为所有成绩进行排序
    //所以 scores 中的所有成绩,已经是按高低分排序了
    //问题是:分数相同时必须处理"名次并列"的情况
    int index = 1; //当前名次,排名从 1 开始
    int count = 0; //当前名次下分数个数
    double last = -1.0; //上一次分数,一开始时初始化为一个非法分数
    for (list < Score > ::const_iterator it = scores.begin()
        ; it != scores.end()
        ; ++ it)
    {
        if (last != it ->mark) //新的分数出现
        {
            last = it ->mark;
            index += count;
            count = 1;
        }
        else //还是原来的分数(同分)
        {
            ++ count;
        }
        cout << "名次:" << index;
        cout << ",姓名:" << students[it ->number - 1].name;
        cout << ",学号:" << it ->number;
        cout << ",成绩:" << it ->mark << endl;
    }
}
```

关　于

```
void About()
{
    system("cls");
    cout << "学生成绩管理系统 Ver 2.0" << endl;
    cout << "copyright 2008~?" << endl;
    cout << "作者:丁小聪" << endl;
    cout << "来自:www.d2school.com/白话 C++" << endl;
}
```

帮　助

```
void Help()
{
    system("cls");
    cout << "1# 录入学生基本信息:" << endl
        << "请注意,重新录入时,原有数据会清空!" << endl
```

157

```
                << endl;
    cout << "2＃录入成绩:" << endl
        << "请注意,会在原有成绩数据上录入,如果需要清空成绩,请使用:清空成绩。" << endl
        << endl;
    cout << "3＃清空成绩:" << endl
        << "之前录入的成绩将被清除,本操作不可恢复。" << endl
        << endl;
    cout << "4＃按学号次序显示成绩:" << endl
        << "按学号从小到大输出成绩,包括姓名。未参加考试或还录入成绩学员,将显示查无
成绩。" << endl
        << endl;
    cout << "5＃按分数名次显示成绩:" << endl
        << "按分数从高到低输出成绩,包括名次,学号,姓名等。" << endl
        << "忠告:听说教育部禁止学校公布成绩排名。" << endl
        << endl;
    cout << "6＃按学号查找学生:" << endl
        << "输入学号,查找到指定学生的学生信息,包括成绩。" << endl
        << endl;
    cout << "7＃按姓名查找学生:" << endl
        << "输入姓名,查到到该名字的学生,并输出其信息,包括成绩,如有重名,连续输出。"
<< endl
        << endl;
    cout << "8＃关于:关于本软件的一些信息。" << endl << endl;
    cout << "9＃帮助:显示本帮助信息。" << endl << endl;
    cout << "0＃退出:输入 0,退出本程序。" << endl << endl;
}
```

菜 单

```
int Menu()
{
    cout << "----------------------------------" << endl;
    cout << "----学生成绩管理系统 Ver2.0----" << endl;
    cout << "----------------------------------" << endl;
    cout << "请选择:(0～1)" << endl;
    cout << "1--＃录入学生基本信息" << endl;
    cout << "2--＃录入成绩" << endl;
    cout << "3--＃清空成绩" << endl;
    cout << "----------------------------------" << endl;
    cout << "4--＃按学号次序显示成绩" << endl;
    cout << "5--＃按分数名次显示成绩" << endl;
    cout << "----------------------------------" << endl;
    cout << "6--＃按学号查找学生" << endl;
    cout << "7--＃按姓名查找学生" << endl;
    cout << "----------------------------------" << endl;
    cout << "8--＃关于" << endl;
    cout << "9--＃帮助" << endl;
    cout << "----------------------------------" << endl;
    cout << "0--＃退出" << endl;
```

```
    int sel;
    cin >> sel;
    if (CheckInputFail())
    {
        return -1;
    }
    cin.sync();  //清掉输入数字之后的回车键
    return sel;
}
```

主函数/框架

```
int main()
{
    StudentScoreManager ssm;
    while(true)
    {
        int sel = Menu();
        if (sel == 1)
        {
            ssm.InputStudents();
        }
        else if (sel == 2)
        {
            ssm.InputScores();
        }
        else if (sel == 3)
        {
            ssm.ClearScores();
        }
        else if (sel == 4)
        {
            ssm.OutputScoresByNumber();
        }
        else if (sel == 5)
        {
            ssm.OutputScoresByMark();
        }
        else if (sel == 6)
        {
            ssm.FindStudentByNumber();
        }
        else if (sel == 7)
        {
            ssm.FindStudentByName();
        }
        else if (sel == 8)
        {
            About();
        }
```

```
        else if (sel == 9)
        {
            Help();
        }
        else if (sel == 0)
        {
            break;
        }
        else //什么也不是
        {
            cout << "请正确输入选择:范围在 0~9 之内。" << endl;
        }
        system("Pause");
    }
    cout << "bye~bye~" << endl;
    return 0;
}
```

我们用一个来自 C 标准库的函数"system()",来执行当前操作系统的控制台的指定命令,这里是 pause。你可以试着在 Windows 下打开一个控制台,然后输入 pause 再回车,看看屏幕上显示的是什么?

⚠️ **【危险】: Pause 命令的平台依赖性**

不同的操作系统的控制台(或称为终端)命令并不兼容。"pause"在 Linux 下就无法执行。所以很遗憾,由于这一行代码,这套"学生成绩管理系统"居然就无法跨平台了。实际处理此类问题时,通常通过宏定义加以区分不同操作系统用于执行不同命令。

3.15 Hello STL 文件篇

使用"成绩管理系统 2"约一个月,李老师的班级进行了大大小小的考试有十数次。李老师您又搞排名,又搞考海战术,您不累吗?李老师回答:"累!每次录入成绩之前这软件都要我重新录入全班学生的姓名,我太累了!"程序运行时,活动的数据位于内存中,一旦程序退出,所占用的内存会被操作系统收回去,于是寄居于内存的数据自然"灰飞烟灭"。有一个办法可以让数据拥有近乎永久的生命,那就是让它保存到磁盘。程序退出之前将数据保存到磁盘。下次程序又启动后,再主动从磁盘中将这些数据加载到内存。两次程序运行之间数据的状态,很像是在"休眠",严肃一点的说是"数据持久化"。

😊 **【轻松一刻】: 人生即程序?**

这天我去丁小明家。他刚好一觉醒来,看到我时一把抱住我,泪如雨下。我问他,他说是做了个梦,在梦中自己是一段程序。他松开我奔到 101 层的楼顶,迎着风展臂高呼:"你好! 世界!"然后又跑到 100 层。我问他这是为嘛? 他说:"必须换行啊。"

出了丁家门,我近乎神经错乱:"我是一个人,在写一个程序? 或者我是一个对象,生活在一段程序中,然后我在这段程序里负责生成另外一段程序?"一路想着,没有答案。

3.15.1　写文件

丁小明的问题太累人了,对了,李老师的问题是什么来的? 在 STL 中"文件"被设计成"流/stream"的形式。"流/stream"是什么? 就是打开水龙头水流出来,那就是一种"流"。它表示一种连续的状态。好吧,这个比喻其实相当深奥。关于"流",我们其实从第一节课就用上了:

```
cout << "Hello world!" << endl;
```

这一行代码中"<<"就是"流操作符"。cout 我们说它是"标准输出设备",其实它也是一个"流设备"。这一行代码的作用是将"Hello world!"输出到控制台屏幕上。水从水龙头流出来,可以直接流到水池里,也可以拿个脸盆让它流到盆里。"Hello world!"可以"流"到屏幕上,也可以"流"到文件里,前提是屏幕和文件都被STL 设计成一种"输出流"。如果我们有一个文件输出流变量,名为"a_output_file_stream",那么:

```
a_output_file_stream << "Hello world!" << endl;
```

类似这样一行代码,就可以将"Hello world!"及一个换行符(突然又想到小明)输出到流"a_output_file_stream"所绑定的文件里。

新建一个控制台应用项目,命名为"HelloFileStream"。打开"main.cpp"文件,完成以下代码:

```
#include <iostream>
002   #include <fstream>
using namespace std;
int main()
{
008     ofstream ofs;
010     ofs.open("./hello_file_stream.txt");
012     ofs << "Hello world!" << endl;
014     ofs.close();

    return 0;
}
```

编译、运行,然后到工程所在目录下(就是"HelloFileStream.cbp"所在的文件夹)可以找到文件"hello_file_stream.txt",打开它看看已经"流"成文件内容的问候,如图 3 - 30 所示。

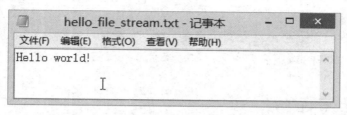

图 3 - 30　输出到文件的内容

代码解释如下：

（1）002 行，加入了包含文件流定义的头文件。文件名中"f"表示"file/文件"；

（2）008 行，定义了一个对象，类型为"ofstream"。类型名中"o"表示"output/输出"，"f"解释同上；控制台区分"标准输出/cout"和"标准输入/cin"，文件也区分"输出文件流"和"输入文件流"。"输出"意味着我们要把数据写入到这个文件，"输入"意味着我们要从这个文件读出内容。本例新建一个文件然后写出一行字符串，所以需要一个输出文件流。

（3）010 行，我们调用 ofstream 的 open 方法，以打开指定名字的文件。程序第一次运行时，你的磁盘上并不存在这个文件。当我们让输出文件流（ofstream）打开一个并不存在的文件时，默认情况下它会自动创建这个文件，此时这个文件的内容是空的。

⚠️ 【危险】：C++中如何表示文件路径

C++中通过字符串表达文件路径的方法，与程序所运行的操作系统保持一致，在 Linux 下类似 "/usr/yourdir/yourfile"。而在 Windows 下，官方的表达方法是 "X:\yourdir\yourfile. ext"。其中"X:\"是 Window 系统下"盘符"的概念。由于"\"在 C++字符串中有特定的用途，所以 C++规定使用"\\"表示"\"。假设你的项目的绝对路径是"D:\bhcpp\project\feeling_1\HelloFileStream"，那么在 C++中用字符表达，必须写成"D:\\bhcpp\\project\\feeling_1\\HelloFileStream"。

还好，windows 倒也从善如流。在多数情况下，也支持采用"/"来表示路径，因此，样例中的 010 行代码，我们使用"/"作为路径分隔符，并且使用相对路径。"./"在 linux 下和 Windows 下都可用来表示当前路径。当我们在 IDE 中运行程序时，当前路径就是工程文件所在的路径。如果是在操作系统中直接运行程序，则当前路径就是程序文件的启动位置。

（4）012 行，完成输出；

（5）014 行关闭文件流，这可以确保输出的内容被真正地写到磁盘上。

ℹ️ 【小提示】：清空缓冲区

读写磁盘文件相比内存操作，性能可能要慢上 100 倍。因此为了保障性能，文件操作通常有缓存。以写文件为例,数据往往先写到内存中,等凑够一定数目了,再一次性写入磁盘。

ofstream 提供函数"flush()"强迫将缓存区数据写入磁盘。另外,当调用 close() 关闭输出文件流,它会保证将当前缓存的数据写到磁盘上,正如前面 014 行的解释。

3.15.2 读文件

继续看前例代码,现在 main 函数内容如下:

```
int main()
{
    ofstream ofs;
    ofs.open("./hello_file_stream.txt");
    ofs << "Hello world!" << endl;
    ofs.close();
016 ifstream ifs;
018 ifs.open("./hello_file_stream.txt");
020 if (! ifs)
    {
        cout << "open file fail!" << endl;
    }
024 else
    {
        string line;
028     getline(ifs, line);
030     cout << line << endl;
    }
    return 0;
}
```

016 行之前是原有代码,所以程序运行时将重新打开原文件,默认情况下,将从文件的起始位置输出内容,新数据将覆盖旧数据,所以文件的内容最终只有一个问候数据,而不是两行。016 行声明一个文件流对象 ifs,这回类型是"ifstream"。"i"代表"输入/input",我们将从这个文件中"得到输入"。018 行,ifs 尝试打开前面输出的文件。注意 ifs 和前面 ofs 身份(类型)不同。如果我们也为 ifs 指定一个事先不存在的文件,ifstream 可不会自动创建文件,因为创建一个空白的文件用来读,那没有意义。所以我们紧接着在 020 行对 ifs 做条件判断:

```
020     if (! ifs)  ...
```

如果输入文件流打开文件失败(比如文件不存在),那么对这个流对象进行"!(逻辑取反)"操作,将被定制为得到"true",表示 ifs 真的有问题。如果发生这种情况,我们将看到屏幕上输出一行提示:"open file fail!"。

028 行位于文件正确打开的分支中。非常熟悉的 getline 函数。getline 用于从输入流中读入一行数据,不管它是我们输入的"cin(标准控制台输入流)"还是当前的文件输入流 ifs。030 行在屏幕上输出前面从文件读出的内容,不用猜了,它肯定是"Hello world!"。

【课堂作业】: 完成文件输入流样例项目

(1)请完整实现本项目,编译、并运行。确保结果正确。

(2)修改 018 行代码中的文件名,使它指向一个不存在的文件,然后重新编译、运行程序,观察输出。

3.15.3 带格式读取

假设我们想把三个整数,比如 9、10、11 写到文件中,依据前面的知识代码好像是:

```
//...
ofs << 9 << 10 << 11 << endl; //连续输出 三个数:9,10,11
//...
```

然后我们用记事本打开文件,看到的内容却是:91011,三个数字粘在一起变成一个大整数了。如果我们再写一段代码,然后输出到屏幕:

```
//...
int number;
ifs >> number;
cout << number; // 91011
//...
```

无法正确还原数据。解决方法是在输出数字之间加一个分隔符,假设使用逗号(半角英文字符):

```
//...
ofs << 9 << ',' << 10 << ',' << 11 << endl;
//...
```

现在输出到文件中的内容是:"9,10,11"。读取的时候,它们再不会被当作一个数字了,但新的任务是我们需要想办法跳过中间的逗号。输入流提供了这样一个函数:ignore(),它可以跳过输入流当前位置上的一个字符,新代码:

```
//...
int n1, n2, n3; //直接定义三个整形变量
ifs >> n1;
ifs.ignore(); //跳过第一个逗号
ifs >> n2;
ifs.ignore(); //跳过第二个逗号
ifs >> n3;
cout << n1 << ", " << n2 << ", " << n3 << endl; //9, 10, 11
//...
```

问题解决了但代码繁琐,有两个改进办法。办法一,保留对",""的偏爱,但必须采用自定义的"流操控函数"来实现,太复杂;办法二,山不转水转,我们改用空格作分隔(单引号中是一个半角空格):

```
//…
ofs << 9 << '' << 10 << '' << 11 << endl;
//…
```

此时输出到文件的内容是:"9 10 11"。将它们读出来,并恢复成三个整数的代码也简单:

```
//…
int n1, n2, n3;
ifs >> n1 >> n2 >> n3; //一行代码读入
cout << n1 << "," << n2 << "," << n3 << endl;
//…
```

逗号换成空格,为什么有这么大的作用? 原因其实在" >> "操作符身上。" >> "在读取字符串或数字时,默认就是会读到空格、制表符(用 '\t' 表示),起缩进对齐作用)、换行符(用 '\n' 表示)等字符时,会自动结束本次读入操作,这种形式叫做"带格式读取(Formatted Input)"。另一种读取行为,比如我们也很常用的"getline()"函数,属于"无格式读取(Unformatted Input)"。

3.15.4　实例:成绩管理系统 3

将新学的文件读写技术用到"成绩管理系统"的升级上,这是必然的。一大波强大的功能:"保存/读取"学生基本信息、"保存/读取"某次考试成绩、"保存/读取"某次考试排名成绩等功能正在等着丁小明实现,至于作者我,为了节省本书篇幅,同时也为了不使问题一下子复杂化,或者我就是不希望大家永远都有完整代码可以抄,下面只演示如何"保存/读取"学生基本信息。实际上用户也只提了这个要求。

新建控制台应用项目,命名为"HelloSTL_ScoreManage_Ver3"。打开项目内"main.cpp"文件,确保它的文件编码为"System default"。接着打开前一版本"HelloSTL_ScoreManage_Ver2"的"main.cpp"文件,复制后者的全部内容到前者,再关闭前者。为验证操作正确,请立即编译运行,现在我们应该得到一个和成绩管理系统2功能完全一样的管理系统。

包含头文件

增加一个对文件流的包含:

```
# include < iostream >
# include < list >
# include < vector >
# include < string >
# include < algorithm >
006   # include < fstream > //增加本行
```

增加成员函数

```
//学生成绩管理类
class StudentScoreManager
{
    public:
    void InputStudents(); //录入学生基本信息(录入前自动清空原有数据)
030 void SaveStudents() const; // 保存学生基本信息到文件
031 void LoadStudents(); //从文件中读入学生基本信息
    //后面代码略......
};
```

请思考为什么 SaveStudents 是一个常量成员，而 LoadStudents 却不是。

SaveStudents

在原有"InputStudents()"函数的代码之后插入 SaveStudents 的实现：

```
//保存学生基本信息到特定的文件中：
void StudentScoreManager::SaveStudents() const
{
    ofstream ofs;
118 ofs.open("./students_base_info.txt");
120 if (ofs)
    {
        cout << "打开成绩输出文件失败!" << endl;
        return;
    }
    //保存学员个数,方便后面的读文件过程
127 unsigned int count = students.size();
    ofs << count << endl;
    for (unsigned int i = 0; i < count; ++i)
    {
        ofs << students[i].number << endl;
        ofs << students[i].name << endl;
    }
    ofs.close();
138 cout << "保存完毕,共保存" << count << "位学生基本信息。" << endl;
}
```

120 行，我们对输出文件也做了是否已经正确打开的判断，比如您把项目创建在一个 U 盘上而 U 盘没有空间了，或者您的 U 盘带有"写"锁，而不凑巧正好锁上了……小心使得万年船，今天不养成这个习惯，三十年后也许您的学生负责一个火箭发射程序可能就出现一个没有任何代码检测的错误。127 行特意将学生总数写到文件中。写完总数再一个个地输出学生基本信息，超级常用的读写数据的技巧，一定记下了！这个总数也正好被作为循环的结束条件。循环中，学号和姓名各占一行。138 行仅用于给出一个友好的提示，告诉用户事情搞定了。

LoadStudents

```
//从特定的文件中,读入学生基本信息
void StudentScoreManager::LoadStudents()
{
    ifstream ifs;
    ifs.open("./students_base_info.txt");
    if (ifs)
    {
        cout << "打开成绩输入文件失败!" << endl;
        return;
    }
153 students.clear(); //清除原来的学生数据
    unsigned int count = 0;
156 ifs >> count; //读入个数
158 for (unsigned int i = 0; i < count; ++i)
    {
        Student stu;
162     ifs >> stu.number;
164     ifs.ignore(); //替后续的 getline 跳过学号之后的换行符
165     getline(ifs, stu.name);   //读入姓名
        students.push_back(stu); //加入
    }
    cout << "加载完毕,共加载:" << count << "位学生的基本信息。" << endl;
}
```

153 行是一项重要的逻辑,如果不清除原有数据,执行两次"LoadStudents",学生的信息就会重复。156 行,我们读入文件中所保存的学生个数,然后在 158 行的 for 循环中,方便地用上这个数目。(这里忽略安全问题:比如文件被恶意篡改等。)前面提到学号和姓名各占一行。因此 162 行采用"Formatted Input"读入学号之后,换行符还在"输入流"里面,此时如果直接使用"getline()"读入姓名,由于"getline()"是一个"Unformatted Input"操作,它不懂得跳过那个换行符,结果一读,就会读出一个空行。因此我们在 164 行调用"ignore()"用以跳过换行符。

ⓘ 【小提示】: 用什么方式来读取人名

如果姓名也采用"Formatted Input",则代码会简单点:

```
ifs >> stu.number;
ifs >> stu.name;
```

然而,这样做却会带来另一个问题:姓名中间不允许带空格。李老师的学校好像有许多老外的孩子就读,所以我们必须使用"getline()"读入整行。

修改 Menu 函数

两个重要函数已实现,接下来是在菜单中增加它们的调用入口。我们将它们安排到 8 和 9。原来的"关于"和"帮助"顺延到 10 和 11。

```
int Menu()
{
    cout << "---------------------------" << endl;
    cout << "----学生成绩管理系统 Ver3.0----" << endl;
    cout << "---------------------------" << endl;
    cout << "请选择:(0~11)" << endl;
    //此处略去 1~7 号原有菜单项
    cout << "---------------------------" << endl;
    cout << "8--♯加载学生基本信息" << endl;
    cout << "9--♯保存学生基本文件" << endl;
    cout << "---------------------------" << endl;
    cout << "10--♯关于" << endl;
    cout << "11--♯帮助" << endl;
    cout << "---------------------------" << endl;
    cout << "0--♯退出" << endl;
    int sel;
    cin >> sel;
    if (CheckInputFail())
    {
        return -1;
    }
    cin.sync(); //清掉输入数字之后的回车键
    return sel;
}
```

修改 main 函数

```
int main()
{
    StudentScoreManager ssm;
    while(true)
    {
        int sel = Menu();
        if (sel == 1)
        {
            ssm.InputStudents();
        }
        //略去部分代码,直接跳到 8 号功能
        else if (sel == 8)
        {
            ssm.LoadStudents();
        }
        else if (sel == 9)
        {
            ssm.SaveStudents();
        }
        else if (sel == 10)
        {
            About();
        }
```

```
    else if (sel == 11)
    {
        Help();
    }
    else if (sel == 0)
    {
        break;
    }
    else //什么也不是
    {
        cout << "请正确输入选择:范围在 0～11 之内." << endl;
    }
    system("Pause");
    }
    cout << "bye～bye～" << endl;
    return 0;
}
```

596

还是没有使用"枚举/enum",借口还是为了节省篇幅。

其他修改

Help、About 函数的修改内容并不影响本程序运行逻辑,请自行实现。

补充一段说明:"成绩管理系统"不是完全虚拟的课程软件。1996 年我大学毕业跑到某小镇的银行上班,天天学习如何打算盘,如何手工点钞,如何肉眼识别假钞。有个同事的老公在当地中学当年级组长,他就是李老师的原型。真实系统功能稍强大一点,比如能够对全年级做排名,并且能够将排名数据输出成一个文件。那是一个在中国乡镇还没有 Windows、Excel 的年代,那时候车马慢,代码也还简单,我觉得很幸福。

第 4 章

感受(二)

我们一头扎入 C++语法的大洋深处，不远的海岸线，水面倒映着一幢幢建筑。每一座建筑的某面墙上，都镌刻着"C++ Inside"。

4.1　Hello GUI 基础篇

回到一个原点，写"Hello world"。这一次我们和"Hello world"相逢在"GUI"的平台，GUI 需要第三方库支持。课程采用跨平台的 wxWidgets C++图形接口库，因此您需要完成第 2 章《准备》中有关 wxWidgets 库的准备工作。

wxWidgets 2.8.x 对 C++ 11 及更新标准支持不佳，所以在编写基于 wxWidgets 的应用时，有一件额外的准备工作，即去除"Code::Blocks"编译器对 C++新标的支持。具体操作请单击"Code::Blocks"主菜单 Setting 下的 Compiler，然后去除全局编译选项中对新标的支持，如图 4-1 所示。

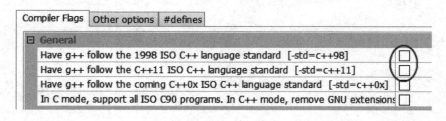

图 4-1　去除对 C++新标支持的全局编译选项

4.1.1　C::B 文件默认编码

之前我们一直都在创建"控制台"应用项目，常常需要不厌其烦地提及将文件编码改为"System default"，现在事情有些改变，我们准备的是 UNICODE 版本的 wxWidgets 库，因此本章所有的 GUI 项目所使用到的源文件，编码都应该改为"UTF-8"(UNICODE 编码格式之一)，对应的菜单项位于"System default"下面一点。

4.1.2　wxWidgets 项目向导

（1）单击"Code：：Blocks 主菜单 File→New→Project..."，在弹出的对话框中，选中"GUI"类型，再选中"wxWidgets project"，然后单击"Go"按钮，如图 4-2 所示。

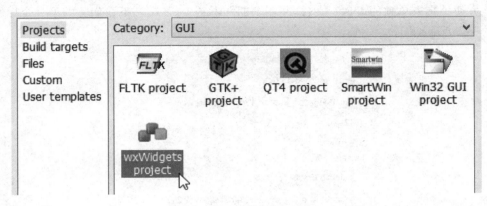

图 4-2　wxWidgets project 项目向导

（2）开始向导后，首先出现的是欢迎页面，直接单击下一步。

（3）选中"wxWidgets 2.8.x"（第二篇讲了为什么使用 2.x 版本）。

（4）该步为本项目输入名称："HelloGUI"。

（5）输入您的姓名、email、网站等信息。

（6）选择 wxWidets 的可视设计器和应用类型。前者我们选择"Code：：Blocks"内置的 wxSmith 设计器，应用类型选择"Dialog Base"，表示我们将创建一个采用"对话框"作为主界面的应用，如图 4-3 所示。

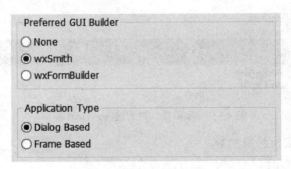

图 4-3　选择可视化设计器及应用类型

（7）这一步要求我们输入 wxWidgets 的安装路径，请保持默认值：$\{\sharp wx\}$。因为我们在《准备篇》配置过 wx 这个全局路径变量。

（8）和编译相关的一些配置，编译器选择"GNU GCC Complier"。编译设置则将"调试/Debug"与"发行/Release"两项都打勾，这是最常用的配置，虽然本次我们并不需要调试该程序。

（9）仅选中"Enable unicode"，如图 4 - 4 所示。再重复一次，我们编译的是 UNICODE 版本的 wxWidgets 库，因此这是我们的固定选择。

不选择"Use wxWidgets DLL"表示我们将使用静态库而非动态库，如此我们才能方便地带着单独的可执行文件，复制到朋友电脑上，炫耀一下我们写的第一个标准的 Windows 程序。

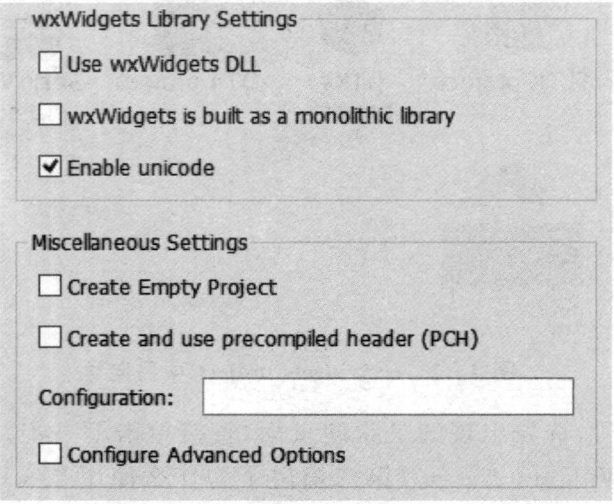

图 4 - 4　使用 UNICODE 版本的 wxWidgets 库

（10）选择额外要用到的 wxWidgets 库。需要选择对 Tiff 和 Jpeg 的支持模块（请按住 Ctrl 键单击选项，以实现多选），如图 4 - 5 所示。想不选也是有办法的，但我们暂时不在这些细节上花时间。

图 4 - 5　需要额外用到的 wxWidgetes 库

单击"完成"按钮结束向导。

4.1.3　界面设计

结束以上向导过程，Code::Blocks 将打开自动生成的对话框资源文件"HelloGUIdialog. wxs"，直接按 F9 键，开始编译并运行程序。如果一切正常，将显示一个写着"Welcome to wxWidgets"的对话框，请单击其中的"Quit"按钮退出。接下来，我们将对前述的界面进行"汉化"：

(1) 按"Shift＋F2"确保出现"Management"面板,选中"Resources"页面。该页面上半部是对话框包含的控件树,下半部是选中控件的属性表。请从控件树中选中"StaticText1",如图 4－6 所示。

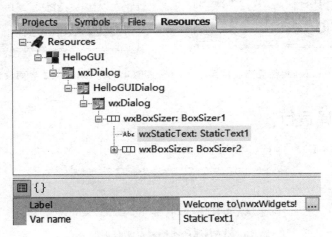

图 4－6　控件树及控件属性表

看到 Lable 值中包含有一个"\n"字符吗? 那就是换行符,下一步可以看到它的作用。

(2) 单击图 4－6 中的 Label 属性值右边的[...]按钮,在弹出的对话框中将编辑内容改为"欢迎使用 wxWidgets"并换行,如图 4－7 所示。

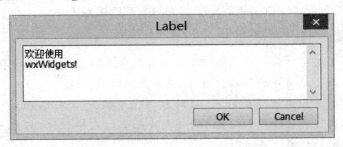

图 4－7　修改 Label 内容

(3) 单击"OK"退出,以上修改得到的设计窗口结果如图 4－8 所示。注意,现在源代码将含有汉字了,请确保源代码的编码为 UTF－8。

(4) 保存以上修改结果。选中"About"按钮,在控件属性面板中修改其 Label 属性值为"关于"。同样的方法,修改"Quit"按钮的 Label 属性值为"退出"。可以直接在属性的右边编辑框中修改,修改之后需要按回车确认。最终结果如图 4－9 所示。

(5) 在控件树上,选中"HelloGUIDialog"之下的"wxDialog"节点,用于选中整个对话框,修改对话框的"Title(标题)"属性值为"Hello GUI"。保存以上设计结果(热键:Ctrl＋S)。

图 4 - 8　Label 属性值修改结果　　　图 4 - 9　Hello GUI 界面设计最后结果

4.1.4　编译运行

编译(Ctrl＋F9)、运行(F9),结果如图 4 - 10 所示。

图 4 - 10　Hello GUI 运行结果

4.1.5　发布程序

所谓的"发布程序",就是将程序安装到"用户"的机器上使用。

😊【轻松一刻】:"用户"是谁

对我们自己而言,"第一个 GUI 程序"具有很重要的意义,不过对于他人,我们的工作成果是一个毫无用处的程序。所以,谁是我们的用户呢?

请找一个彻底和编程无关的人:他的机器上肯定没有装 Code∷Blocks 或 wxWidgets,然后通过软磨硬泡加死缠乱打,再赌上你的人格保证,好让他放心地允许你把程序拷到他的机器上并运行。

前面编译都使用"Debug"配置。为了发布我要改用"Release"版,方法是在如图 4 - 11 所示的工具栏中,修改"构建目标"为"Release"。

图 4 - 11　修改构建目标为 Release

重新编译(图 4 - 11 中的第 1 个按钮,齿轮图标)即可得到 Release 版的可执行文件。一个 wxWidgets 应用项目的 Release 版可执行文件,块头会比 Debug 版小很多,因为后者需要包含太多的调试信息。进入该工程所在的目录,位于其内的 bin 子目录下的 Debug 和 Release,调试版和发行版的可执行文件就对应生成在这两个目录下。

请通过 U 盘或者网络等方式,将你的第一个 GUI 应用程序(Release 版),"发布"到"用户"的机器上,并运行,正确结果是可以运行的;如果不能,很有可能是因为在前述的"wxWidgets project"项目向导过程中你搞错了什么,尤其是 4.1.2 中(9)所提到的。

4.2　Hello GUI 布局篇

"布局(Layout)"是指界面上子控件(如按钮,列表框等)在其父窗口中维护定位及大小的模式。最简单的模式是控件在父窗口上的坐标位置以及自身的尺寸保持不变,称作"绝对定位法"。如果不考虑跨平台,这倒是个好办法,但一旦要跨平台(这里的平台不仅仅指操作系统),通常都是采用"相对定位法"。

假设一个对话框只有两个按钮在同一水平线上摆着,绝对定位法规定了左右两个按钮的 XY 坐标及长宽,相对定位法则可以规定两个按钮各占 50%的宽度,这是一个很典型的区别,但不是全部。wxWidgets 库用于实现相对定位的控件,被称为"Sizer"。通过"Hello GUI 布局篇",我们首先了解了 wxSmith 中各个面板的作用,然后重新认识向导生成的对话框的布局。

4.2.1　wxSmith 基础

和 4.1 小节学习的方法相同,通过"wxWidgets 项目"向导新建一个 wxWidgets 项目,命名为"HelloGUILayout"。向导同样自动进入 wxSmith 提供的可视化设计界面,我们正式介绍该界面所包含的几个子面板。

设计期窗口

居中显示的是默认产生的"Hello wxWidgets"对话框在设计阶段时的界面,如图 4 - 12 所示。

在这个界面中,我们可以选择、删除、拖动,或插入新的控件。其中插入新的控件需要从控件面板中挑选待插入的控件。

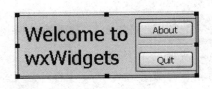

图 4 - 12　设计期窗口

控件面板

底部是一个多页子窗口,每一页都排列着多个表示控件的图标,这就是控件面板,如图 4 - 13 所示。我们可以从上面选择一个控件,然后将它加入到设计期窗口中。

并不是 wxSmith 的控件面板列出的控件我们都可以用,确实是可以选中放上,但编译时可能不成功,因为 wxSmith 自带了一些扩展的控件,它们并不在我们当初

图 4-13　控件面板

准备的 wxWidgets 库中。

控件树面板

Code∷Blocks 默认在左侧边栏显示"控件树面板"。该面板以"树"形结构列出已经被加入设计期窗口中的控件,包括窗口自身,它是父节点。树的父子节点关系对应控件之间的包含关系。

本例中,根节点之下的"HelloGUI-Layout"表示当前项目。再下一层是窗口分类,wxSimth 将窗口按类型划分为"对话框/wxDialog""面板/wxPanel"或"框架窗口/wxFrame"等,本项目中仅有一个对话框,因此在树的第三层节点只显示一个"wxDialog",如图 4-14 所示。

图 4-14　控件树面板

"wxDialog"节点下是"HelloGUILayoutDialog",它表示一个同名的资源文件。一个资源文件可以包含多个对话框,但通常只有一个,正如本例。所以在"HelloGU-ILayoutDialog"之下只有一个"wxDialog",在节点树中它才是表示前述的设计期窗口。所以请注意:外层的 wxDialog 节点表示分类,而底层的 wxDialog 节点则表示某个真正的对话框。

当我们在树中选中一个节点时,设计期窗口中对应的控件将被同步选中,反之亦然。

【课堂作业】:熟悉控件树

请通过单击控件树的不同节点,并观察设计期窗口中选中的控件的变化过程,熟悉控件与设计期窗口控件的对应关系。

控件属性面板

控件树面板下是控件属性面板。此处显示当前选中控件的属性(如前所述,我们可以从控制树上,也可以在设计期窗口上选中控件),控件属性面板让我们观察或修改当前控件的各项属性。选中 About 按钮时,其属性如图 4-15 所示。

控件属性面板的最顶部还有两个图形小按钮。其中长得像一对大花括号"{}"的按钮用于切换到"事件页",用于设置控件的事件。

图 4-15　控件属性面板

快速操作工具栏

在设计期窗口的左侧,有一栏竖着的工具栏,称之为"快速操作工具栏"。该工具栏前四个图标用于决定插入设计期窗口的方式,如表 4-1 所列。

表 4-1　控件插入位置切换

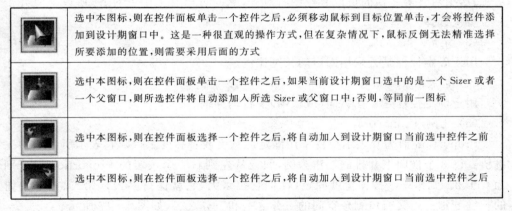

	选中本图标,则在控件面板单击一个控件之后,必须移动鼠标到目标位置单击,才会将控件添加到设计期窗口中。这是一种很直观的操作方式,但在复杂情况下,鼠标反倒无法精准选择所要添加的位置,则需要采用后面的方式
	选中本图标,则在控件面板单击一个控件之后,如果当前设计期窗口选中的是一个 Sizer 或者一个父窗口,则所选控件将自动添加入所选 Sizer 或父窗口中;否则,等同前一图标
	选中本图标,则在控件面板选择一个控件之后,将自动加入到设计期窗口当前选中控件之前
	选中本图标,则在控件面板选择一个控件之后,将自动加入到设计期窗口当前选中控件之后

快速操作工具栏余下的三个工具图标含义如表 4-2 所列。

表 4-2　快速操作其他工具图标含义

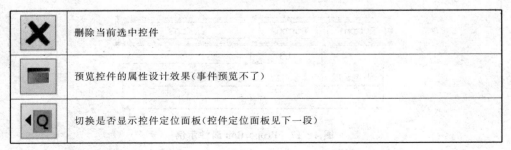

	删除当前选中控件
	预览控件的属性设计效果(事件预览不了)
	切换是否显示控件定位面板(控件定位面板见下一段)

控件定位面板

请保持"About"按钮处于选中的状态,然后单击前述
最后一个工具图标,显示出"控件定位面板",如图 4 - 16
所示。

（1）边界/Border

设置控件四周的留空范围（也称为留白）。如果有
A、B 两个相邻控件,并且他们的 Border 都设置为 5,则
A、B 控件之间将至少相隔 10 个点。除了用于设置留白
大小之外,Border 标签下面有五个复选框分别用于设置
上、下、左、右是否需要留空,中间那个则起"全选"或"全
不选"的作用。而写着"Dialog Units"的复选框则表示留
空大小采用的单位,当前我们暂不采用,所以暂不去考虑
它的作用。

图 4 - 16　控件定位面板

（2）位置/Placement

先是九个单选框用于设置控件的横向和纵向的对齐方位,比如:左上对齐、右下
对齐、居中对齐等。横向可以有左中右对齐,纵向可以有上中下对齐,所以就有九个
方位可供选择。

（3）定形/Shaped

用于确定控件是否采用固定的长宽比例。

（4）扩展/Expand

用于确定控件是否在纵向（或横向）上自动伸缩。

（5）比例/Proportion

Proportion 值为 0 表示控件采用固定的宽度或者高度。否则它表示所占用的比
例值。以 3 个横向上并排的按钮为例,假设从左到右三个按钮的 Proportion 值分别
为 0、1、2。则第一个按钮宽度固定（你把它拉多大,它就保持多大）,第二、三个按钮
的长度分别占用父窗口剩余空间的三分之一和三分之二,如图 4 - 17 所示。

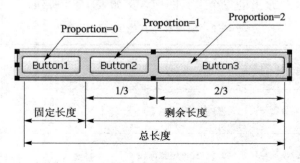

图 4 - 17　**Proportion 属性示例**

采用上述设计,程序运行时,用户拉大父窗口的宽度,Button1 的大小保持设计期指定的大小不变,而 Button2 和 Button3 的宽度将增加,并且二者比例保持 1:2。实际效果如图 4 - 18 所示。

图 4 - 18　总长度增加,Button2、Button3 宽度增加,但二者比例保持 1:2

顺便说一下"留空/Border"。请观察图中三个 Button 之间,是不是存在着固定的间隔,那正是因为"留空/Border"的作用。

【重要】: Border、Placement、Proportion 都只是附加属性

性别、身高、体重……这些算得上一个人的"原生属性"。而当你坐在电影院里,你会临时多出一个附加属性:座位号。座位号是你在电影院里用来"定位"的一个附加属性。Border、Placement、Proportion 这些属性和一个控件的关系与此类似:纯粹的控件并不具备这些属性,仅当控件被摆置在一个 Sizer 内才会临时增加这些附加属性。

"控件定位面板"方便我们快速找到及修改和定位有关的附加属性。这些属性在完整的"控件属性面板"中同样可以找到(但并非一一对应)。后面行文中为了描述统一,只要是涉及修改控件的属性,可能只提到在"控件属性面板"中的操作,但这可不能成为你不去使用"控件定位面板"的借口。

4.2.2　wxBoxSizer 基础

wxWidgets 库提供好多种类的 Sizer,最常用的是 wxBoxSizer。本篇我们也只用到它。wxBoxSizer 的一个重要属性是"Orientation(方向)"。该属性值为"wxHORIZONTAL",其内的子控件将横向排列,值为"wxVERTICAL"则子控件纵向排列。

【课堂作业】: 熟悉 wxBoxSizer 的"Orientation"属性

请在本例的"设计期窗口"中,选中一个 wxBoxSizer,然后在"控件属性面板"中,找到其"Orientation"属性,并观察其属性值。

认识了 wxBoxSizer,让我们重新观察当前的设计期窗口的组成,如图 4 - 19 所示。

无论直接观察当前的设计期窗口,还是从"控件树面板"中检查节点的关系,都可以看到窗口存在两个 wxBoxSizer。外围是一个横向的 Sizer,内部右侧是一个纵向的 Sizer。二者内部子控件的排列情况,请参看图 4 - 19。外围 Sizer 横向包含两个子控件,左边的标签和右边的内围 Sizer。内围 Sizer 则纵向包含三个子控件。

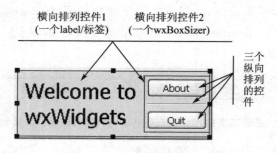

图 4 - 19　设计期窗口的组成

4.2.3　布局修改实例

　　下面我们修改 wxWidgets 应用向导生成的对话框的布局，先看最终设计目标的预览效果，如图 4 - 20 所示。

图 4 - 20　目标效果预览

以下是手把手的修改过程：

（1）先把外围 BoxSizer 的方向属性从水平改为垂直，中间结果如图 4 - 21 所示。

（2）然后将内围的 BoxSizer 方向属性从垂直改为水平，如图 4 - 22 所示。

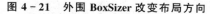

图 4 - 21　外围 BoxSizer 改变布局方向　　　　图 4 - 22　内围 BoxSizer 改变布局方向

　　（3）显然此时两个按钮中间的分隔线有些宽。这个控件是"wxStaticLine"类，就是一条分隔线。分隔线也是区分横向和纵向的，但我们更愿意叫它水平线或垂直线。图 4 - 22 中这条线本来是水平线，现在被扭成看起来像是垂直线，其实仍然是水平线,一条粗短的水平线。请找到它的"Style"属性,然后去掉"wxLI_HORIZONTAL"
而勾选"wxLI_VERTICAL",如图 4-23 所示。

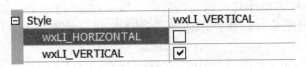

图 4-23　不起眼的分隔线的方向属性

　　改完方向,线条从"粗短"的水平线变成
"胖长"的垂直线。其实外观什么也没变化,你
要做的是找到其"width"属性,将它调小成 2,
直接用鼠标拉细它也行,最终它将如图 4-24
所示。

图 4-24　这才像一条垂直分隔线

　　(4) 接下来我们做一件无用功。在控件树中选中"HelloGUILayerDialog",然后
在设计窗口上用鼠标尝试去拉宽对话框……失败。改为在控件属性面板上,直接修
改对话框的 width 属性,还是失败了。原因在于当采用"相对定位法",即对话框拥有
一个 Sizer 时,对话框会自动维持在可以容纳其内子控件的最小或最佳尺寸。这就
给了我们提示——可以通过拉大其子控件的大小,来倒逼对话框改变大小。

　　(5) 选中 StaticText1,确保它的扩展"比例/Proportion"值为 0,表示我们可以直
接拉宽它。我把它拉宽到 width 值是 335,然后去掉它的标题中的换行,再按如下方
式修改其"Style"属性:去掉"wxALIGN_LEFT",勾上"wxALIGH_CENTRE",这会
让标签文字从左对齐变为居中对齐方式。注意,这个对齐属性是标签控件特有的,指
的是文字在标签控件范围内的对齐,和前面提到的控件在父窗口中的对齐无关。出
于趣味性,我们还勾上其"wxSTATIC_BODER"风格项,最终可怜的 StaticText1 被
我们蹂躏成如图 4-25 所示的模样。

图 4-25　被蹂躏的标签控件

　　而我们也达成目标,对话框变胖了。

　　(6) 对话框变胖以后,底下的两个按钮的布局在我看来,是丑了,我首先想让它
们自动保持和对话框的宽度关联。请先确保两个按钮的"比例/Proportion"值也都
为 1,然后选中包含它们的内围 BoxSizer 设置其扩展定位属性为"Expand"。也就是

说我们希望这个 BoxSizer2 会自动扩展,那是自动拉宽呢,还是自动拉高呢？这儿有个规则:如果外部布局是上下排列子控件,子控件就只能自动拉宽,如果外部布局是左右排列子控件,那子控件就只能自动拉高。BoxSizer2 位于 BoxSizer1 内,而 Box-Sizer1 已经被我们改为纵向排列子控件,因此 BoxSizer2 的 Expand 属性选中后,它会自动变胖,如图 4 - 26 所示。

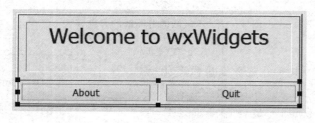

图 4 - 26　按钮所在布局区域,自动拉伸效果

（7）这样拉伸完以后的布局我还是觉得难看,我希望两个按钮的大小固定,并且保持靠右。既然希望大小固定,我们就将二者的 Proportion 都改为 0,效果如图 4 - 27 所示。

图 4 - 27　按钮大小固定了

（8）现在按钮大小固定了,就差如何居右对齐了。注意,这个对齐和之前学习的 Placement 扩展属性还是无关。我们必须用一个填充物塞到两按钮的左边,从而将两按钮挤到右边。这个填充物控件,在控件栏中,如图 4 - 28 所示。

图 4 - 28　"填充物"控件

选中此填充物,然后摆放到"About"按钮的左边。这个 Spacer 的 Proportion 默认为 1,由于同一布局内的两个按钮比例是 0,所以填充物直接发挥填充效果,它膨胀起来后如图 4 - 29 所示。

图 4 - 29　"填充物/Spacer"发挥作用

（9）现在单击快速操作工作栏中的"预览/preview"工具按钮,看到的效果就是我们想要的结果。

4.2.4　挂接事件

继续上例。首先请在设计窗口上,双击"About"或"Quit"按钮,wxSmith 都会将我们带到按钮对应的事件代码。

接着我们在"About"按钮的左边,插入一个新按钮。按钮在控件面板的位置如图 4 - 30 所示。

现在对话框多了一个按钮,将新按钮标题修改为"Hello GUI !",如图 4 - 31 所示。

图 4 - 30　按钮在控件面板上位置

图 4 - 31　新加一个按钮

选中新按钮,然后在控件属性面板中,选择"{}"工具图标,切换到事件面板,新按钮没有挂接任何事件,如图 4 - 32 所示,事件"EVT_BUTTON"的值是 None。

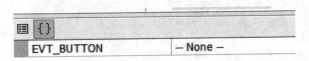

图 4 - 32　新按钮没有挂接事件

接着,单击该事件的下拉框,发现了一些可选项,如图 4 - 33 所示。

当前共四个选项。None 项让这个按钮不再挂接任何事件,这正是现状。而 On-Quit 和 OnAbout,你猜到了吧,它们是另两个按钮的事件。事实上我们经常会有不

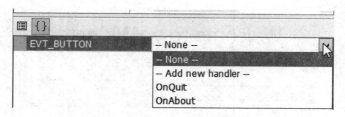

图 4-33   可选择的按钮事件

同的 GUI 控件挂接同一事件的需要,但今天不是。剩下没有提到的"Add new handler"才是我们今天的选择,通过它可以让按钮挂接到一个新产生的事件函数。选中它,会弹出一个对话框,让我们输入事件的名称,如图 4-34 所示。

图 4-34   为新事件取名

wxSmith 会向我们推荐一个名字。基本是 OnXXXXYYY 的格式。其中 XXXX 是控件的名称,YYY 是事件的名称,本例就是非常直观的"当 Button3 被单击",当然,这个"被"字是我出于效果考虑而加上的。我们就使用这个名字,请单击对话框的"OK"按钮,wxSmith 将自动生成并直接跳转到事件的代码处:

```
void HelloGUILayoutDialog::OnButton3Click(wxCommandEvent& event)
{
}
```

事件函数当前是空的,我们为它安排一些工作:

```
void HelloGUILayoutDialog::OnButton3Click(wxCommandEvent& event)
{
    this->StaticText1->SetLabel(wxT("Hello wxSmith !"));
}
```

编译,运行,看看 Button3 会做些什么。

4.3   Hello Internet

本节我们将使用 wxWidgets 库的网络功能,访问"www. d2school. com"提供的网络资源。具体过程是:用户在程序的编辑框内输入姓名,单击按钮,程序将访问"第二学堂"预设的某个网络链接,得到一句来自该互联网站的问候语。请将电脑连上因特网,打开浏览器访问以下 URL:http://www.d2school.com/hello.php?name=Tom。在正确的情况下你将在浏览器中看到:"Hello Tom! welcome to d2school……"这里特意不使用中文人名,是因为 Web 浏览器和 Web 服务器之间的报文交互同样需要做一些数据编码约定,才能正确显示汉字。但"hello.php"这个接口不遵循这些约定,它只是输出一行字符串。

4.3.1　创建项目

首先和 4.1 小节的例程类似,创建一个 wxWidgets 应用的框架,除项目名称是"HelloInternet"外,另外不同的是项目向导中的最后一步,需要选中三个附加库模块,新增的那个模块是 wxNet,如图 4-35 所示。

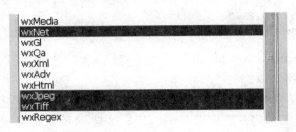

图 4-35　Hello Internet 需要 wxNet 模块

4.3.2　界面设计

完成向导后,Code::Blocks 同样会打开默认生成的对话框设计页面。文件名为:HelloInternetdialog.wxs,我们将对默认的界面进行改造。最终改造的结果如图 4-36 所示。

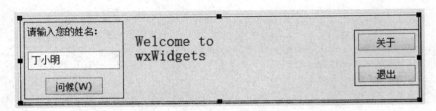

图 4-36　Hello Internet 最终设计效果

请读者根据前面两小节的内容,自行设计出该界面。以下是几点提示:

(1)"Welcome to wxWidgets"标签的"Proportion"值为 1,而左右两个"BoxSizer"的"Proportion"值均为 0;

(2)"Welcome to wxWidgets"标签的字体(Font)属性被修改了("宋体"、字符集为"CHINESE_GB2312"、大小为"四号")。控件的长和宽,都故意拉大一些;

（3）对话框的"Title"属性为"Hello Internet"。

4.3.3　编写代码

双击设计界面上的"问候"按钮，Code：：Blocks 将自动为该按钮产生其"On-Click"的事件函数；并且自动切换到代码位置，"HelloInternetMain. cpp"底部新产生的函数，默认名字为"OnButton3Click"。我们先不处理该函数，请先将光标输入位置移到文件顶部，然后加入对一些头文件的包含。

包含头文件

```
 # include "HelloInternetMain. h"
 # include <wx/msgdlg. h>
013   # include <wx/protocol/http. h>
014   # include <wx/mstream. h>
//( * InternalHeaders(HelloInternetDialog)
```

"<wx/protocol/http. h>"用于引入 wxHTTP 控件，它可以方便地访问一个 HTTP 协议的网络资源。

从上述第二学堂的 URL 所得到的回复内容，采用的也是非 UNICODE 编码的"gb2312"字符集，必须将其转换成 UNICODE 编码，才有可能显示在"UNICODE 版本的"wxWidgets 的图形界面上。在转换过程中，我们需要用到"wxMemoryOutput-Stream"，它来自头文件：<wx/mstream. h>。请自行学习了解 HTTP、URL 等 Web 应用概念。

函数：FromGB2312

请在刚才双击"问候"按钮所产生的"OnButton3Click"函数之前，加入一个用于将编码"gb2312"转换到 UNICODE 的语句：

```
 #117   wxString FromGB2312(wxStreamBuffer const * buf)
{
    return wxString((char const * )buf ->GetBufferStart()
        , wxCSConv(wxT("gb2312"))
        , buf ->GetBufferSize());
}
```

通过 wxWidgets，可以非常方便地转换"gb2312"字符集的字符串至 UNICODE 编码。代码的具体含义，本章从略。

【小提示】：wxWidgets 对汉字的支持

表面上看，wxString 仅支持对"gb2312"的汉字（上述代码，若将"gb2312"写成"gbk"，运行时将出现异常），但事实上本例程可以支持一些"gb2312"所不包含的偏僻汉字。

函数:OnButton3Click

最后我们完成 OnButton3Click 的函数:

```
#124    void HelloInternetDialog::OnButton3Click(wxCommandEvent& event)
{
    wxHTTP http;
    //尝试连接网站:
    if (!http.Connect(_T("www.d2school.com")))
    {
        wxMessageBox(_T("连接不上第二学堂!"));
        return;
    }
    //拼装出 URL:/hello.php?name = 丁小明
    wxString url = _T("/hello.php?name = ");
    url += this ->TextCtrl1 ->GetValue();
    //一个 HTTP 的"输入流",流中"流淌"的是网站返回的内容
    wxInputStream * in = http.GetInputStream(url);
    if (!in)
    {
        wxMessageBox(_T("无法获得指定网址的输入流!"));
        return;
    }
    //将该 HTTP 返回的内容读入到一个"内存流"中
    wxMemoryOutputStream mem;
    in ->Read(mem);
    //读完以后,输入流就可以释放了
    delete in;
    //将内存流中的内容,转换为 UNICODE 编码
    wxString result = FromGB2312(mem.GetOutputStreamBuffer());
    //显示
    StaticText1 ->SetLabel(result);
}
```

请保存项目。然后编译、运行程序,运行结果如图 4 - 37 所示。

图 4 - 37　Hello Internet 运行结果

　　本项目仍然采用静态链接 wxWidgets 库,因此如果有兴趣同样可以编译一个 Release 版,发布到朋友的机器上跑跑看,当然朋友的电脑也得能上网。顺带问一下他要不要跟着第二学堂学编程喽。

4.4 Hello Database

多数程序是直接给人使用的,需要和人之间进行数据交换,这就有了输入输出设备,最简单的如 cout 和 cin。设想一个音乐推荐程序的交互过程:先是程序输出"请选择您此时想听的音乐类型:1 舒缓、2 澎湃、3 随便"。用户想了想,用键盘输入选择,于是程序继续执行。此间数据交互如图 4-38 所示。

图 4-38 用户、输入输出、程序

数一下,你有没有从图 4-38 中看出至少四个重点?

(1) 输入输出数据总是要在某个地方交汇,要么在电脑(程序)中,要么在人脑(思考)中;

(2) 每个环节都可以是数据的输入输出节点。程序的输出数据可能是人脑的输入数据,而人脑的输出数据,可能是程序的输入数据;

(3) 数据的输入输出节点,往往也是数据处理节点,程序是,图 4-38 的老头也是;

(4) 这老头的头发有型,笑容可爱。

接下来说数据库。数据库在程序的另一头,仍然以程序为中心,如图 4-39 所示。

图 4-39 程序、输入输出、数据库

这一次从图 4-39 中你能看出来的只有第一点:数据库也是输入输出设备,程序向数据库输出数据,程序从数据库输入数据。看不出来的是:数据库也是数据持久化的地方;另外,数据库(必要时需算上它的接口层)也有处理数据的计算能力。

程序可以向数据库发指令:"请帮我存放这些数据"或者"请帮我找出所有具备舒缓属性,并且是男歌手唱的曲目"。

现在插播"Hello Internet"程序的说明。在你写完"Hello Internet"程序用它访问 d2school 网站时,说不定丁小明或其他读者也在做同样的事。一个网站就是一个"服务端(Server)",所有访问它程序的都称为"客户端(Client)"。这名字可以看出大家的职责关系:服务端向客户端提供服务,如前所述,服务端可以同时向多个客户端提供服务,这叫做"并发服务"。数据库通常也是一个服务端,因此也具备良好的并发服务能力。普通的单一磁盘文件读写,没有这能力。数据库的作用当然不仅并发访问这一项。简单地说,大量的程序对数据的操作,基本都涉及如何表达数据间的关系、如何存储数据、如何查到数据。数据库也是一种软件,它将这几项功能实现得"炉火纯青",我们开心地用就是了。

一个运行中的数据库会很繁忙,工作压力很大,因此数据库端通常安装在独立的服务器上。不过也许你和我一样没有第二台机器,所以在第二章中,我们已经统一将 MySQL 和"Code::Blocks"安装到同一台机器上了。

4.4.1　基本需求

2008 年第 29 届奥运会我国获得了 51 枚金牌,本程序将按照获金牌的时间次序,在屏幕上打印出每一块金牌的获奖次序、冠军姓名、获奖日、获奖项目、成绩等信息。我们将写一个控制台版的客户端程序,访问本机上的"08 年奥运冠军数据",然后逐条打印到屏幕上。

4.4.2　准备数据

我们需要将奥运冠军数据事先录入到数据库中,为了不让事情在一开始就过于复杂,我已经将这些数据打包成一个文件,请大家按以下步骤操作,将数据导入到你电脑上的 MySQL 数据库。

(1) 从第二学堂下载"backup_d2school_champions_2008.7z"文件,解压得到"backup_d2school_champions_2008.sql";

(2) 运行"MySQL Workbench"。单击其界面"Local instance"区域,输入密码(默认是 mysql_d2school),连接本机的 MySQL 数据库;

(3) 单击主菜单"File"下的子菜单 "Open SQL Script...",找到(1)得到的解压文件并打开它;

(4) 确保不要选中所打开的文件的任何文本内容,然后单击主菜单"Query"下的子菜单 "Execute All or Selection"(意为执行全部语句或选中语句)。执行过程中"MySQL Workbench"的输出栏(Output)将显示运行日志。

数据有没有导入成功呢？请首先查看"MySQL Workbench"左侧边栏（如果没看到，请通过主菜单"View"下的"Panels"子菜单项切换，直到出现）。在该边栏找到"SCHEMAS"段，如图 4 - 40 所示。

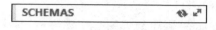

图 4 - 40　SCHEMAS

单击图 4 - 40 右边第一个小按钮，将刷新数据库列表，一切正确的情况下，将出现前面执行的 SQL 语句所创建的 d2school 库，展开其中的部分节点，应该能看到如图 4 - 41 所示的内容。

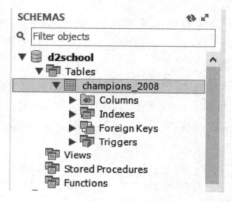

图 4 - 41　d2school 库内有一张表"champions_2008"

选中图 4 - 41 中的"champions_2008"，这是一张表，在其上单击鼠标右键，在弹出的菜单中选择第一项"Select Rows - Limit 1000"。将列出该表的所有数据，共计 51 行，如图 4 - 42 所示。

48	15	孟关良…	浙江／…	1	自从上班以来，盂天良便以无可比拟的
49	15	马琳	辽宁	1	马琳6岁开始打球，1990年进省市队，1
50	16	邹市明	贵州	1	邹市明16岁进入贵州拳击队，2000年成
51	16	张小平	内蒙古	1	北京时间8月24日下午，北京奥运会最后

图 4 - 42　表中的记录

4.4.3　创建工程

在"Code::Blocks"中新建一个控制台应用项目，没错，我们的老朋友"控制台"，项目命名为"HelloDatabase_Console"。打开向导自动生成的"main. cpp"文件，再通过主菜单项"Edit"，修改该文件的编码为"系统默认 System default"。

Code::Blocks 没有 MySQL 客户端程序的专用应用向导，我们只能自行为该项

目配置需要用到哪些 MySQL 库文件,以及需要上哪里找到 MySQL 库文件和头文件。步骤如下:

(1) 主菜单:"Project→Build options",在弹出的对话框中的左边栏,首先确保选中的根节点:"HelloDatabase_Console",如图 4-43 所示。

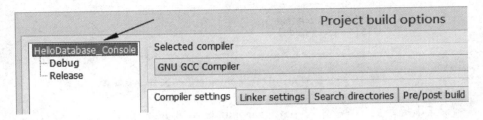

图 4-43　在根节点配置项目公用构建选项

【小提示】:配置项目公用构建选项

本例中,项目可以被编译成两个目标:Debug(调试版)和 Release(发行版),这两个目标可以分别有自己的构建选项,但多个目标也可以有一些"公用的构建选项"——这正是我们选中根节点"HelloDatabase_Console"的目的。

(2) 在右边操作区中,切换到"Linker Setting(链接选项)"Tab 页。再单击"连接库"底下的 "添加"按钮,在弹出的对话框中输入"mysqlpp",然后再添加"mysql",结果如图 4-44 所示。

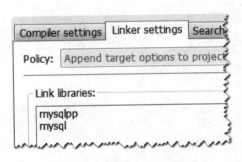

图 4-44　添加本项目需要的链接库:mysqlpp

这两行配置用于告诉项目:本项目需要额外使用到 mysqlpp 和 mysql 两个库。

(3) 切换 Tab 页到"Search directories(搜索路径)",选择其内的"Compiler 编译器"子 Tab 页,通过单击"添加"按钮,先后加入"＄｛＃mysqlpp. include｝"和"＄｛＃mysql. include｝",结果如图 4-45 所示。

这两行配置告诉编译器,在编译过程中,可以到这两个全局路径变量所代表的路径下查找所需要的头文件。

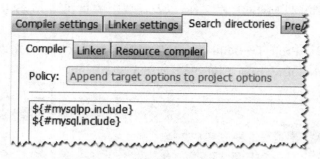

图 4－45　添加 **mysql++** 及 **mysqlp** 的头文件搜索路径

【小提示】：理解 $ { # path_var_name. field_name}

之前我们辛苦配置的 mysqlpp 及 mysql 全局路径变量在这里派上了用场。

"$ { # path_var_name. field_name}"中的"path_var_name"，正是之前我们配置的全局路径变量，而"field_name"则可以是"base、include、lib"或自定义字段等组合。当为 base 时，可以只写"path_var_name"。因此，"$ {mysqlpp. include}"在本例中，相当于"C：\cpp_ex_libs\mysqlpp\include"。

（4）仍然在"Search directories"页下，切换到"Linker（连接器）"子 Tab 页，用类似的方法添加"$ { # mysqlpp. lib}"和"$ { # mysql. lib}"，用以告诉链接器，在链接过程中可以额外上哪里找所需要的库文件。

（5）单击确认按钮退出对话框。最后请单击"Code：：Blocks"主菜单："File→Save Project"，保存所做的配置。

4.4.4　编写代码

头文件与名字空间

```
# include <iostream>
# include <string>
# include <cstdlib> //for system
005    # include <mysql ++ .h>
using namespace std;
```

005 行包含"mysql++. h"头文件，如果一会儿编译器报怨找不到这个文件，应该是前面"Search directories"的配置有误，或者再往前点，你在配置"mysqlpp"全局变量时做错了什么。

连接数据库

```
int main()
{
011    mysqlpp::Connection con(false);
```

```
013  con.set_option(new mysqlpp::SetCharsetNameOption("gbk"));
     cout << "请输入数据库(root用户)连接密码:";
     string pwd;
     getline(cin, pwd);
019  if (!con.connect("d2school", "localhost", "root", pwd.c_str()))
     {
         cout << "无法连接上数据,请检查密码是否正确!" << endl;
         return -1;
     }
}
```

要想从 MySQL 数据库中查询数据,首先需要一个"数据库连接对象",它在我们写的程序(客户端)和数据库(服务器)之间创建一条链接,就好像读大学时你缺钱了,于是掏出手机准备拨通父母亲大人的电话。

011 行定义的 con 就是一个"mysql 连接对象"。构造时有一个布尔类型的入参,可以是"true"或"false",我们选择"假",具体含义一会儿再说。013 行代码本来可以啰嗦一点儿,写成两行语句:

```
mysqlpp::SetCharsetNameOption opt = new mysqlpp::SetCharsetNameOption("gbk");
con.set_option(opt);
```

先在堆中创建一个类型为"SetCharsetNameOption"的对象,再传给 con 对象的"set_option(...)"方法。且慢,既然 opt 是"new"出来的,为什么后面的代码中没有看到对应的"delete con"操作? 答案是当我们把 opt 交给"set_option"方法时,它"承诺"会让 con 对象负责帮我们释放 con 对象,通常是在 con 对象自己要死之前。这个承诺在哪里写着? 估计在"set_option()"方法的文档里写着吧,也许没有,所以这真不是一个好的设计。

💡 【重要】:"接口描述型"契约 VS"文档描述型"契约

此处的"mysqlpp::Connection::set_option(Options * opt)"方法,确实谈不上是一个好的设计。因为除非去查看文档(甚至是源代码),否则很难事先知道 opt 的生杀大权在"set_option()"之后已经转移。

库在使用上有这样那样的规定,很正常,库的使用者必须遵守这些规定,我们称之为"契约式编程"。好的契约通常在接口自身的形式就能充分体现,至少也得在接口名称上有所体现。如果"坏"是一种契约,那我们希望接口就要长得一脸坏相,"这小子一看就不是个好人,我得小心点。"差点的契约只写在文档里,让你在使用时毫无警觉,直到出错了查看文档时才恍然大悟。比这个还要差的,就是连那些文档都不写的家伙。

现实生活也是这样,电视机、洗衣机、汽车,买回来都有厚厚的说明书,但通常我们随便翻翻,甚至不看,就开用了。这样的产品,都可视为具备良好的接口描述型契约。

当然，不能理想化地将所有要求都放在产品身上，也不能理想化地认为好的库就一定有非常完善的接口，多学习各类产品的文档，多实际使用，慢慢就会产生一些经验，熟悉一些"惯用法"，意思是：虽然不太好，但很多人都这么干，就这样吧……我没查看文档就知道"set_option()"会接管其入参的释放权，就是因为我有经验了，但事后我还是会查文档验证的。

对于这种会接管释放大权的方法调用，013 行的写法也是一种惯用法：在传递时直接创建这个反正要给别人的对象，就好像生个孩子直接送人，连名字都不取了。

前面说在客户端和服务端之间创建链接，就像打电话。但你拨通电话时，你说了一堆家乡话，对方半天回了你一句："您能说普通话吗？"就尴尬了。数据库存储数据也是有字符集选择的，所以在创建数据库链接前，需要设置和当前所链接的数据库一致的字符集。013 行所创建的数据库连接配置对象的类型名为"SetCharsetName-eOption"，基本符合"接口描述型"契约，明白地说明这是条件，是用来配置字符集的。选择"gbk"，因为我打包的那个数据文件正是采用 GBK 编码，方便后面在控制台上显示出来。清清喉咙，我们要拨号了。019 行调用 con 对象的"connect()"方法，开始真正地创建链接。这个函数需要以下四个参数：

（1）数据库名称：我们在准备数据时，事先就在 MySQL 数据库中创建好了。

（2）数据库所在主机地址：localhost 或者"127.0.0.1"，是操作系统固定用来表示本机的地址。虽然是本机连本机，但在概念上它确实也是一条网络链接。如果你确实把 MySQL 安装在局域网中另一台电脑上了，那么这里需要填写另一台电脑的 IP 地址。

（3）用户名：MySQL 安装配置时，默认的用户名就是 root。

（4）数据库连接密码：MySQL 安装配置时，你所写的密码，还记得吗？在本例中，密码并没有明文直接写在代码中，密码怎么可以到处乱写！请从 019 行往上看三行代码，你就知道我们从何处可以得到密码。

我们用 pwd 变量存放用户输入的密码，但传递给 connect() 方法时，为什么写的是"pwd.c_str()"呢？这是因为此处的"connect()"方法需要 C 语言风格的裸字符串。要从一个 std::string 的对象得到 C 风格的裸字符串，方法就是调用它的"c_str()"。

019 行同时也是一个 if 语句，用于判断是否成功。如果连接失败，MySQL++ 有两种处理方法：第一种是抛出"异常"，现在我们对"异常"一点概念都没有，因此当然不用它了；第二种是简单地返回"false"以告诉调用者连接失败的事实，就它了。程序如果连接不上 MySQL，将输出一条出错提示，然后直接退出主函数。

查询并获取数据

```
025    mysqlpp::Query query = con.query("SELECT abs_index, day_index, name"
       ", province, sex, item, score FROM champions_2008 ORDER BY abs_index");
028    mysqlpp::StoreQueryResult res = query.store();
```

```
030     if（!res）
        {
            cout << "查无记录？请检查程序中 query 语句是不是写错了！" << endl;
            return - 1;
        }
```

成功和数据库建立了链接,我们就可以开口向数据库要数据了。想象打通了楼下小卖部的电话,你可以来一句:"喂,给我 5 公斤大米!"哈,大米不可能顺着电话线爬过来,但对于数据库连接,只要客户端说对"话"(正确的 SQL),所请求的数据就真的会顺着链接传回来哦。

【轻松一刻】: 什么是 SQL

那么,什么是查询数据库正确的"话"呢？除了字符集或编码必须正确,"话"的语法和逻辑也要正确。你打电话给米店老板时来一句:"你地! 粮食大大地、5 公斤。我地,要!"。你能收获到什么？希望你身子骨够硬朗。

数据库的查询语言称为:SQL[Structured Query Language(结构化查询语言)],如果你完全不懂,那……找本这方面的书学习吧,先学着能看懂本书中出现的 SQL就可以,大概需要 2 天半。

025 行中的 con 对象的"query()"方法,又是一个不太好的设计。query 是一个动词表示"查询",con 是一个连接对象,调用连接对象的查询方法,其实并不是真的向数据库发起查询,而是、只是、居然是创建了一个"查询对象"。我们通过一个"连接对象"去真实的发起连接,然后需要再准备一个"查询对象"来发起真实的查询。

【小提示】: 避免使用名词命名函数

本例中的 query 单词确实也可以当成名词,但以名词作函数名本不直观,更别说这个 query 很容易被当作动词理解。如果改名为"create_a_query()"多少好点。

028 行的"query.store()"方法真正发起查询,并且将查询结果保存到 res 对象,这可能就是这个方法名称的由来。现在,51 块金牌很可能就在 res 对象身上了,怎么读出来呢？030 行先判断是否查无结果。和前面的 fstream 对象一样,可以直接将"!"操作符用到 res 对象上以做判断。

由于数据表可能就是空的,所以查无结果本不算错误,但在本例中如果真的查无结果,当然是你做错了什么,因为我们明明在数据表中准备好 51 块金牌记录了呀。

显示数据

要从 res 身上读出 51 条记录,需要一个循环。直接以 51 作为循环结束判断依据肯定是个笨方法,res 对象有一个"num_rows()"可以得到记录行数:

```
036   for (unsigned int i = 0; i < res.num_rows(); ++i)
      {
```

```
                cout << "第" << res[i]["abs_index"] << "金牌";
                cout << "\t 收获于第" << res[i]["day_index"] << "天" << endl;
                cout << "金牌获得者:" << res[i]["name"];
043             cout << "\t 性别:" << ((res[i]["sex"] == "0")? "女" : "男") << endl;
                cout << "冠军来自:" << res[i]["province"] << endl;
                cout << "获奖项目:" << res[i]["item"] << endl;
                cout << "成绩:";
049             if (res[i]["score"].is_null())
                {
                    cout << "N/A" << endl;
                }
                else
                {
                    cout << res[i]["score"] << endl;
                }
                cout << "------------------------------------------------" << endl;
                system("pause");
        }
        return 0;
}
```

036 行开始一个 for 循环。它将访问每一条记录,一行记录又包含多个字段。其中名为"abs_index"的字段是第几块金牌,"name"是冠军姓名,"province"是冠军所在省籍……代码中的"res[i]["abs_index"]"得到的是第 i 条记录的"abs_index"字段。043 行我们猜到是在输出冠军的性别,不过代码看上去有些奇怪,其实它可以写成相对如下的形式:

```
if (res[i]["sex"] == "0")
{
    cout << "\t 性别:女" << endl;
}
else
{
    cout << "\t 性别:男" << endl;
}
```

缩写方式格式称为"：? 表达式",其语法为:

```
(条件)?   值一 : 值二
```

效果是:当条件为真表达式结果取值一,条件为假表达式结果取值二。

代码中的字符串,存在几个"\t",它表示"制表位符",即对应到键盘上的"Tab"键,如果还是不懂它的作用,打开写字板程序,按一下 Tab 键或许能有启发,或者就运行本程序看屏幕输出结果吧。有些体育项目只分输赢,不计录成绩,因此一些金牌记录就没有成绩这一项。049 行通过"is_null()"函数判断这种区别,没成绩的记录将输出"N/A"。

第 4 章 感受(二)

【课堂作业】:练习使用"? :"表达式

例中,采用"if/else"语句输出成绩,请改为": ?"表达式。

最后,给出一个运行结果的截图如图 4 - 46 所示。

```
D:\bhcpp\project\feeling_2\HelloDatabase_Console\
请输入数据库(root用户)连接密码: mysql_d2school
第1金    收获于第1天
金牌获得者: 陈燮霞        性别: 女
冠军来自: 广 东
获奖项目: 举重-女子48公斤级
成绩: 212公斤(95+117)
_____
请按任意键继续. . .
```

图 4 - 46 "Hello Database 控制台版"运行结果

197

第 **5** 章

基　础

有些花儿,要离得远些,才能嗅得到它的暗香;有些知识,要历经多年,才能感受到它的力量。

5.1　从代码到程序

这是一行代码:

```
cout << "Hello world!" << endl;
```

它是如何变成一段程序并执行,然后在屏幕上打出"Hello world!"呢? 讲台下所有的人都看向我,但其实我也不懂。 不过,从一行文字代码演变到一个硬件动作,其中重要的一步倒是需要各位理解:高级语言写的代码,必须转变成机器语言,才能让机器执行。

将源代码转换成机器语言有两种常见的方法:编译和解释,但还有一个"虚拟机"机制横插一腿。

5.1.1　编译机制

程序员写三个源代码,一堆文本而已,交给编译器和链接器,编译链接成在某个操作系统上可执行的程序。 程序文件的内容一部分是操作系统管理上需要的,还有一部分就是机器语言写成的指令。 运行该程序时,操作系统负责将指令交给机器(CPU)运行。 这个过程中各方关系的描述,必须上大招了,如图 5 - 1 所示。

(1) 编译:编译器将源程序"翻译"成目标文件。 所谓"目标"是指"目标机器"。通常就是我们当前正在写程序的机器,但存在"交叉编译",允许你在 A 型机器上,将源代码翻译成 B 型机器可运行的程序。

(2) 链接:写一个程序往往需要依赖很多外部库,包括 C/C++标准库和第三方库。 人在屋檐下,不得不低头,不管是我们写的代码还是外部库,在操作系统上运行,离不开要调用该系统提供的功能库。 所以链接工具要将我们写的代码、外部库和我们用到的,位于操作系统库的功能,全部链接好(静态或动态),最终形成可执行程序。如果全部采用静态库,则是一个文件。 如果有部分用到动态链接,那可执行程序还得

198

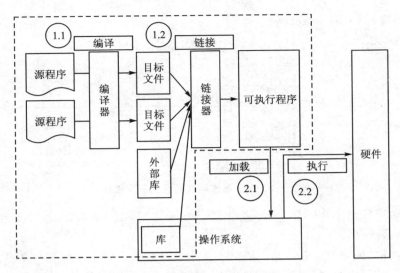

图 5-1　从编译、执过程示意

包括一些动态库。事实上没办法完全的静态链接,因为操作系统提供功能多数以动态库的方式提供,它们往往位于某个系统目录下,比如 Windows/System32 目录下的一堆".dll"文件。

【小提示】:为什么编译生成程序,无法跨平台运行

先是编译:编译是针对某类特定的硬件平台生成的目标文件,造成程序无法跨 CPU 运行。比如为装有 Intel CPU 的 PC 生成的程序,没办法在使用 ARM CPU 的手机上运行。

接着是链接:程序基本都要链接特定操作系统提供的功能。所以在 Windows 上写的程序,无法直接在 Linux 系统上运行。

一旦为某个特定平台生成程序,就可以和前面的编译链接工作说拜拜了。用户双击那个程序,操作系统将它加载到系统中,然后将其中的机器指令交给硬件(CPU)运行。当然你不用担心操作系统会失去对这个程序的控制权。比如这些指令中要是含有"格式化 C 盘,把 Windows 干掉!"的操作怎么办? 放心,这里 CPU 的指令多数是读写内存、寄存器而已,想要格式化某个磁盘,这个功能就在操作系统的库里,所以操作系统仍然有机会对敏感操作做出控制。当然,如果你只是要计算 1 加 1,那就让 CPU 自个儿全力以赴,操作系统才懒得管它,因此同样的功能代码,采用编译机制生成的程序,多数情况下运行性能比较高,因为它是在硬件这一层上直接跑,偶尔需要接受操作系统的监控。

C/C++程序采用编译机制的典型案例。下面是"Hello World"程序源代码和其生成可在目标机器上运行的汇编程序的截图,如图 5-2 所示。

```
 6      int main()
 7    □ {
 8    ▷▌     cout << "Hello world!" << endl;
 9
10           ret
11    └ }
12
```

```
              Disassembly
Function:    main
Frame start: 0028FF30
      0x0040134E    sub     $0x14,%esp
      0x00401351    call    0x417ca0 <__main>
   ▷  0x00401356    movl    $0x474024,0x4(%esp
      0x0040135E    movl    $0x47e860,(%esp)
      0x00401365    call    0x46f330 <std::bas
```

图 5-2   C++源代码被编译成汇编语言

我不负责任地掐指一算，一句简单的 cout 输出"Hello world"，估计要翻译四五百次 CPU 指令的调用。

简单地讲，编译机制就像是"笔译"。一个老外在纸上写了一篇英文文章，被翻译家（编译器）翻译成中文，写到另一张纸上，然后就可以带着这张纸在中国这个操作系统下"执行"了。至于原来那篇英文稿（源代码），扔在抽屉里吧，除非哪天需要改原稿；还有那位翻译家（编译器），关在家里翻译别人的文章去吧，我们也不需要他了，典型的过河拆桥啊……

接下来有个很绕的问题：编译器自身是谁来编译的？C++编译器也是一个程序，并且通常用 C/C++语言写的，那谁来编译编译器的代码？

答：这个版本的编译器，是上一版本的编译器编译出来的。上一版本的编译器是上上个版本的编译器编译出来的。那世界上第一版本的 C++编译器，谁来编译它？答：是 C 语言编译器。那世界上第一版本的 C 语言编译器谁来编译它？哦，它有可能是直接用汇编语言写的，不需要编译。那我们是不是要重点保护第一个版本的编译器，以防万一？完全没必要，纯编译型的语言都具备"自举"能力，就像生物，老祖宗死了几千年了，但生物可以一代代地繁殖下去。那个祖宗级的 C 语言编译器，放到今天的电脑上倒很有可能是运行不了的。

5.1.2 解释机制

"解释"的过程比较像"口译"。老外写了一篇文章，你带着文稿回到中国，然后还要带着一个翻译官，每当有人要了解这篇文章的内容，都得让翻译官费嘴重新翻译一遍。采用解释机制，程序员写的代码通常被叫作"脚本"。解释器也是一个程序——通常它是采用编译型的语言写成的（比如 C/C++）。解释器读入脚本，然后解释脚本，调用对应的机器语言写成的代码。由此可见，代码并没有被一次性翻译、并固化成当前的机器语言，而是每次都进行解释。解释过程会带来较大的性能损耗，所以有的解释器有时会保存一些中间翻译的结果，如果脚本没有发生变化，就直接复用中间的成果。

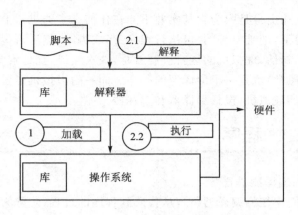

图 5 - 3　解释、执行过程示意

说"解释"是在"执行"之前是很不科学的,因为解释器"解释"脚本的这个过程,本身也是要交给 CPU 执行的。比如,要计算出"1+1"等于多少,编译型的程序是直接用机器语言告诉 CPU:帮我计算一下"1+1";而解释型的过程,需要先让一起帮个忙,破译一下"1+1"这行代码是什么意思,然后再计算。另外,图 5 - 3 中 2.1 步只写了"解释",但脚本也是磁盘上的一文件,需要解释器先将它加载到内存……所有这一切,都让从"脚本指令"到硬件执行的过程变长、变慢了。费大劲写一个解释器,坏处很明显:一是程序运行效率变差了好多,二是每次运行都得带着一个解释器,图啥呢?目的是为了跨平台。

解释器(通常)是一个编译型的程序,所以它自己跨不了平台,但是可以为每类操作系统、硬件平台提供一个专用的解释器。同一份脚本,在 Windows 下由 Windows 版的解释器解释,然后调用 Windows 系统的库功能;在 Linux 下由 Linux 版的解释器解释,然后调用 Linux 系统的库功能。由于没有编译过程,因此看起来脚本在不同的操作系统被"直接运行"了。

解释机制和编译机制还有许多差别,我们再提一个问题,然后借助这个问题谈到编译和解释过程的另一个重要不同。问:编译型的程序,可不可以每次运行时也从源代码开始,让编译器编译出程序,然后再运行程序?这样是不是编译器和解释器没有区别了?Go 语言就支持这么做,但严格地讲这不叫解释。编译和链接是一个处理所有源代码以生成最终程序的过程,而解释是读入一点(可能是一行代码,也可能是一个文件)内容,执行一点的过程。

5.1.3　虚拟机机制

虚拟机也是一种解释器,但在虚拟机机制下,却允许对"源代码"进行编译。"虚拟机"认为自己是一台机器,但它不是,要不怎么叫虚拟机呢。虚拟机有自己的一套机器语言。并且也提供专门的编译器,可以将源代码编译成"虚拟机器语言",得到一个"可执行程序"。加引号是因为它其实并不能在任何真实的机器上运行。接下来的事情就变得很清楚了:把带引号的"可执行程序"当成脚本,然后再把虚拟机程序当成一个解释器……一句话,虚拟机的运行机制就是:一次编译,到处解释。

虚拟机程序(通常)也是一个编译型的程序。同一门虚拟机语言在不同的操作系统下,也需要不同的虚拟机,包括编译器和解释器。

5.2 构建 C++ 程序

C++ 是典型的编译型语言。

出于简便,我们往往将编译型语言从代码到程序的过程,统称为编译。如果要细分起来,这个过程至少还可分为以下三个子过程:

(1) 预编译/pre - compile;

(2) 编译/compile;

(3) 链接/link。

5.2.1 预编译

"预编译"也称"预处理(pre - processing)"。就像烹调大师做菜前,需要先将菜洗好、切好,将佐料备齐,甚至要点着火,很有范。C/C++ 编译器也这样,正式编译程序代码前,需要对代码先做一番准备工作。不是因为编译器有范,是因为 C++ 代码确实够复杂。

比如 C++ 语言采用符号"||"表示逻辑中的"或"操作,但考虑到一些国家的电脑键盘上居然没有"|"字符,所以语言允许采用单词"or"代替该运算符。编译器就会让它的小工,预编译器事先把"or"都重新替换回"||"。更常见的预编译工作来自程序员的要求。C++ 允许程序员写一些"预编译指令"以便更灵活的处理代码。比如打开"HelloGUI"项目,主窗口源文件都会有这样一段代码:

```
030    # if defined(__WXMSW__)
031         wxbuild << _T(" - Windows");
032    # elif defined(__UNIX__)
033         wxbuild << _T(" - Linux");
033    # endif
```

从"#"开头的预编译指令行。这些指令要求预编译器根据判断,最终干掉(忽略)031 或 033 两行中的某一行(当然也有可能两行都被干掉)。等编译器上场时,wxbuild 到底是要读入" - Windows"还是" - Linux"就必须确定下来。

【小提示】:预编译器能够检测当前操作系统吗

预编译器区分不了当前操作系统是 Windows 还是 Linux。是当初做准备工作的时候,我们下载的是适用 Windows 的代码包,所以包中的代码(某个头文件)就会有"__WXMSW__"的定义。至于这个家伙是什么,我们很快会谈到。

预编译器可以做的事情很多,但最主要的是预编译指令,主要和"宏"有关。"宏"英文为"macro",也有人叫它"巨集",不管是"宏"还是"巨"都是在说:虽然一个宏定义就是一个符号,但它却可以代表一大堆内容。比如写一个和圆有关的程序,就需要在代码反复写"Ⅱ"值:3.14159265……,很长又容易写错,真是烦事一件。可以定义一个宏来代替它,代码如下:

```
#define PAI 3.14159265
```

然后以计算周长和面积为例,代码中看不到"3.14……"了:

```
double radius = 16.0; //半径
double circumference = 2 * PAI * radius; //周长
double area = PAI * radius * radius; //面积
```

编译器大哥出手时,它不想看到宏,所以会由预编译器这位小弟出来将宏全部展开为实际内容,本例中就是将 PAI 替换回 3.14159265。

宏的这种"替换"作用,在旧式 C 编程风格中很常用,但在 C++ 中有一些更好的方法,比如使用在感受篇中学习的常量。不过,"宏"有另一种使用场合,此场合下,它不代表任何实质性内容,仅起简单的"记号"作用。比如,在 wxWidgets 的源代码,如果我们下载的是 Windows 的版本,那么代码中会有"__WXMSW__"的宏定义,而如果是 Linux 版本,会有"__UNIX__"的宏定义。我们以前者为例,示意如下:

```
//windows 版本的代码
#define __WXMSW__
```

对比 PAI 的定义,"__WXMSW__"的定义少了它所要替换成的内容,因此它的存在仅用于告知预编译器;如果有定义过"__WXMSW__",就说明这是一份 Windows 版的源代码。"如果有定义 XXX"的预编译指令是:

```
#if defined(XXX)
```

这里的 if 和感受篇我们学习的 if 语句不同,这里是编译器(严格讲是预编译)做的判断,而不是程序运行时做的判断。

那么假设条件成立,就可以让一些代码生效,比如假设我们写一个用于吹捧用户的程序,又分成"基础吹捧版"和"高级吹捧版",好卖给不同的用户(显然后者要贵一些)。假设基础版某段关键代码如下:

```
//基础吹捧
cout << "楼主所说极是!" << endl;
```

高级版包含基础版的功能,再新增一些更肉麻的内容,这种情况下,通常我们不想维护两份源文件。我们可以通过判断某个宏是否有定义,来控制高级版新增的代码是否发挥了作用(参与实际编译):

```
        //基础吹捧
        cout ≪ "楼主所说极是!" ≪ endl;
004     #define _ADV_VERSON_
        #if defined(_ADV_VERSON_)
007     cout ≪ "楼主真乃百年不遇的人才!" ≪ endl;
008     cout ≪ "(备注:此处应有掌声)" ≪ endl;
        #endif
```

仅当"_ADV_VERSON_"被定义成一个宏,在"#if"和"#endif"之间的代码(本例中的 007 和 008 行)才有机会让后面出场的编译器大哥看到,参与编译。简而言之,如果编译基础版只需注释掉 004 行,编译高级版则保留。

有 if 就有 else,如果基础版和高级版差别只在于多少年不遇的话,那么代码可以这样写:

```
//基础吹捧
cout ≪ "楼主所说极是!" ≪ endl;
#define _ADV_VERSON_
#if defined(_ADV_VERSON_)
cout ≪ "楼主真乃百年不遇的人才!" ≪ endl;
#else
cout ≪ "楼主真乃十年不遇的人才!" ≪ endl;
#endif
cout ≪ "(备注:此处应有掌声)" ≪ endl;
```

当然也支持多级判断,这次我们重复一下之前的例子,重温其"先判断是否 Windows 版,若否,再判断是否 Linux 版"的过程,同时学习下这段代码合理的缩进:

```
030     #if defined(__WXMSW__)
031         wxbuild ≪ _T(" - Windows");
032     #elif defined(__UNIX__)
033         wxbuild ≪ _T(" - Linux");
033     #endif
```

其中的 elif 是 else if 的意思。如果想直接判断某个宏没有被定义,方法是在条件前加上"!",比如:

```
#if !defined(_ADV_VERSON_)  //不是高级版,那做下广告
    cout ≪ "推荐您购买我们的高级版哦,更多吹捧等着您!" ≪ endl;
#endif
```

"!"表示"没有"的意思。

预编译判断条件可以有更复杂的结合。假设继续细分市场,由"基础版"和"高级版"之上再加入对主顾性别的区分。男主顾版加入"_MAN_VERSION_"的宏定义,女主顾加入"_WOMAN_VERSION_"的宏定义。请看这样一段示意:

```
#if !defined(_ADV_VERSON_) && defined(_MAN_VERSION_)
    cout ≪ "亲,想要迎娶白富美,为何还在犹豫购买我们的高级版呢?" ≪ endl;
#endif
```

这里的逻辑是：如果不是高级版，并且是男主顾版，就为他输出定制的广告内容。"＆＆"表达"并且"的意思，即左右两边的条件都要成立：不是高级版且是男主顾版。除"＆＆"之外，对应有"｜｜"表示"或者"，不再举例。

假设不需要复合多个条件，那么有以下简写方式，如表 5－1 所列。

表 5－1　宏定义判断改写

简写形式	完整形式	说　明
＃ifdef　XXX	＃if defined(XXX)	如果已定义 XXX
＃ifndef　XXX	＃if !defined(XXX)	如果未定义 XXX

5.2.2　编　译

江湖上关于编译大哥的传说很多很多。当预编译器退下时，他一人出场，但要面临的往往是几十几百几千个文件，他目光如利刃，需要扫描上千上万上百万行代码。传说江湖的许多大单子，最好的编译大哥有时要苦撑数个小时，甚至大半天。当战场硝烟弥漫，程序员往往趁机躲到咖啡厅品一杯黑咖啡，心神不定……终于消息传来，于是他们急奔到电脑前，在电脑前他们将看到的结果有四种可能：

（1）第一种是大功告成，程序编译出来了，屏幕上写满编译器征战各个源文件的历史记录；

（2）第二种是程序也编译出来了，但编译器留下许多警告；

（3）第三种是程序编译失败了，编译器留下他失败前，是在和哪个错误作斗争；

（4）第四种最惨，是你发现你的电脑重启了，究其原因，可能是因为资源不足，也可能是因为邻桌的家伙不小心动了你的电源插座……

哪怕是一个小程序，一个你只花了 5 min 就写成的小程序，一个编译器只花了10秒就宣告编译退出的程序，初学者很可能看着编译器留下的警告或错误信息而百思不得其解，然后苦苦思索 30 min。如果想快速看懂编译器留下的信息，需要大量经验积累，所以本书只能放弃解说，动手做一个简单的编译错误让大家感受一下吧。

【课堂作业】：观察编译错误消息

请使用 Code::Blocks 打开"Hello world"经典版项目，然后注释掉第 4 行代码，效果如下：

```
//using namespace std;
```

重新编译该项目，观察编译器给出的消息，并加以理解，注意区分其中的"error"和"warning"类型。

作业的答案来了。编译信息及相关解释，为方便阅读，我特意去掉文件的路径，同时，我加了翻译哦。我的意思是，你英语再怎么不好，编译器报错信息中常看到的词,你也必须慢慢掌握它们,因为我收的翻译费很贵!

```
|| = = =HelloWorld, Debug = = =|
...\main.cpp||In function 'int main()':|
(main.cpp 文件的中 main 函数中:)
...\main.cpp|8|error: 'cout' was not declared in this scope|
(main.cpp 第 8 行,错误:'cout' 在当前范围内,找不到它的声明)
...\main.cpp|8|error: 'endl' was not declared in this scope|
...\main.cpp|8|warning: unused variable 'cout'|
(main.cpp 第 8 行,警告:cout 这个变量没有被用上)
...\main.cpp|8|warning: unused variable 'endl'|
(main.cpp 第 8 行,警告:endl 这个变量没有被用上)
|| = = =已完成构建: 2 个错误, 2 个警告 = = =|
```

编译器先是报一个错误:“在当前范围内找不到 'cout' 的声明”。明明代码包含“<iostream>”头文件啊,为什么会找不到 cout? 因为它的全称是“std::cout”,但使用 std 这个名字空间的那一行代码,被我们注释了嘛。看,事后诸葛亮就是这么简单! 接下来和 endl 有关的错误,与此同理。再往后,是报怨 cout 和 endl 这两个变量没有被用上的警告。编译大哥就是这样的人,表面冷酷无情,其实有着一颗像奶奶一样慈悲的心。他发现来路不明的 cout 和 endl,就心生疑窦,猜测这也许是用户定义的变量,然后又发现如果是变量,它们也无法正确使用。于是临走前,奶奶给那位还在喝咖啡的年轻人留下提醒:发现闲杂人等 cout 和 endl,你们小心点吧,我走了……

编译器的良苦用心有时会帮到你,有时也会误导你,不管如何,年轻人,既然当了 C++语言的程序员,分析编译器的输出是我们一生的事了。

【重要】:有关编译信息的重要注意事项

(1)警告(warning)消息同样很重要,我们之前已经了解过这一点。

(2)编译器并不“神”,所以它所提示的行号,有时很准确,但有时完全不靠边。如何准确定位出错位置,既要靠你对 C++语言的熟悉程度,还要靠你的经验。

(3)编译通过了,只表示语法都正确了,而不代表这就是一个正确的程序。

5.2.3 链 接

谈到链接,首先会有困惑:“都已经编译成机器语言了,不就完事了吗? 链接干什么?”

原来,C++的编译过程,是单个源文件进行的。假设为了写一个程序,你有一个名为 k 的项目,它包含了两个源文件:“a.cpp”和“b.cpp”,那么编译过程将是:

(1)预编译“a.cpp”,编译“a.cpp”,生成目标文件“a.o”;

(2)预编译“b.cpp”,编译“b.cpp”,生成目标文件“b.o”;

(3)链接“a.o”和“b.o”,出现可执行文件“k.exe”。

其中的“目标”文件,有时也被直观地称为中间文件,原因在于当它们被链接成可执行文件之后,就可以被删除。

【小提示】：目标文件及可执行文件的扩展名

目标文件和可执行文件的扩展名，依赖于操作系统或编译器，".obj"和".exe"是 Windows 操作系统下的默认风格，但对于 mingw32 下的 g++编译器，生成的目标文件扩展名为".o"。

如此，"链接"所做的主要工作之一，就容易理解了。编译时，每一个源文件虽然都被编译成机器语言了，但却是零散的多个目标文件，于是链接器出场，将这些目标文件"拼接""组装"成一个完整的可执行文件。当然，被链接的除了来自我们写的源文件编译后的目标文件，也包括库文件，比如 C 标准库文件，操作系统库文件等。库文件又包括静态库或动态库，其中静态库会被真正"组装"到可执行文件中，称为"静态链接"；"动态库"在链接时，只是记录一些位置，待运行时再将外部库加载到内存，称为"动态链接"。

【轻松一刻】："拼接"工作最害怕什么

我家曾经有一位"熊孩子"，家里一没人就拆爸爸床头的闹钟。第一次拆散再装回去发现多了两个零件，第二次再来，这回发现少三个零件，终于闹钟死无全尸。我是不会告诉你这个孩子就是我，但我要告诉你的是：有时候组装确实比拆解难多了。

相比编译器报各种错，链接器就酷多了，最常丢下的两句是"少了个 XXX！"和"多了个 XXX！"这里的"XXX"通常是某个函数或变量的名字。

前例中的 k 项目，假设在"a.cpp"中需要调用一个名为"ZDJ()"的函数。ZDJ()函数有可能就在"a.cpp"中定义，但也有可能不在，比如在另一个源文件或者干脆是第三方库的实现。后一种情况下，编译器不会满世界去找这个函数，它只要求我们给出函数声明，即告诉它这个函数长什么样子（原型）就可以通过编译。举个例子，你的程序写到：这里调用一个"中大奖"函数，然后我要购豪车一辆，别墅一套……编译器看到这里抬头说了一句，能和我解释一下什么叫"中大奖"吗？于是你补上说明："中大奖"就是一个人参是一张彩票，返回值是 500 万元的函数。于是编译器低下头认可了这段代码，至于"中大奖"这个函数到底在哪里，它不管。那么谁来负责找到程序中所用到的函数、全局变量等呢？链接器。链接器在已经编译好的所有目标文件中，使劲找"ZDJ()"函数，如果一个都没找到，就报"找不到 ZDJ()"，如果找到两个，通常它要报"两个 ZDJ()，你让我用哪个啊？"我承认，链接器报错没有这么萌。请按如下操作，制造并观察真实的链接错误。打开改"Hello world"经典版，"main.cpp"代码改成如下：

```
/*这是我的第一个 C++程序*/
#include <iostream>
004  using namespace std;
006  void foo();
```

```
int main()
{
010  foo();

    cout << "Hello world!" << endl;
    return 0;
}
```

上次我们为了制作编译错误,将 004 行注释掉了,现在请确保恢复正常。006 行添加一行函数声明,请不要纠结它不叫"ZDJ"。010 行的主函数中调用这个并不存在的"foo()"函数——在"main.cpp"中不存在,在别的文件中也不存在,因为这个项目并没有别的源文件或库文件。

重新编译这个项目,链接错误制造成功! 请在消息栏(按 F2 确保显示)切换到"Build log"页,会看到红色文字的错误内容,其中重要信息提示说代码第 10 行有:"undefined reference to 'foo()'",这就是找不到 XXX 的报怨了。

5.2.4 手工构建

在磁盘上准备名为"BuildDemo"的文件夹,然后请各位同学打开记事本,没错就是这家伙(notepad.exe),如图 5-4 所示。

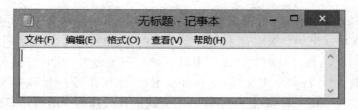

图 5-4 记事本

然后用它编写、保存两个 C++源文件,"a.cpp"和"b.cpp"。注意编码应为 AN-SI,扩展名当然不是".txt"。

(1)"a.cpp"内容如下:

```
/* a.cpp */
void foo();
int main()
{
    foo();
    return 0;
}
```

(2)"b.cpp"内容如下:

```
/* b.cpp */
# include <iostream>
```

```
void foo()
{
    std::cout << "system build!" << std::endl;
}
```

接着打开控制台进入 BuildDemo 目录。我们将学习手工调用编译指令。

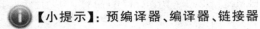【小提示】：预编译器、编译器、链接器

是时候告诉大家一个真相了：对于 gcc 编译器，其实预编译器小弟和编译器、链接器两位大哥，都是童话中的人物。一会儿你就会发现，这三个角色在 gcc 的世界中，都由同一个人出演。

先编译"a.cpp"：

```
g++ -c a.cpp
```

"-c"表示执行编译操作（包括预编译），本指令执行成功后，将生成"a.o"文件。如果报告不认识 g++，请回到第 2 章《准备》查找有关"系统编译环境变量"的配置。然后编译"b.cpp"，生成"b.o"：

```
g++ -c b.cpp
```

最后进行链接，生成名为"build_demo.exe"的可执行文件：

```
g++ a.o b.o -o build_demo.exe
```

使用 dir 查看 BuildDemo 目录，应该可以看到我们的成果，运行"build_demo.exe"，就能看到程序输出了！据说上帝在第七天快过去时，说的就是这句话。

预编译、编译每一个文件，再链接成可执行文件或者库文件，再加上很多我们没提到的事，整个过程称为"制作/Make"或者"构建/Build"。

5.3 项目/Project

5.3.1 项目文件

手工构建包含许多源文件的工程显然是很费时的，因此有"懒惰的"程序员就写了工具，实现自动编译、链接一大堆文件。不过不管工具有多"自动"甚至是"智能"，总还是要人类告诉它几个问题的答案：

（1）这个项目有哪些源文件？［编译过程］

（2）除了你自己写的源文件，还需要用到哪些第三方库？［链接过程］

（3）所用到的第三方库，库文件在哪里？［链接过程］

（4）所用到的第三方库，头文件在哪里？［编译过程］

（5）构建选项是什么，比如是要优化速度还是优化生成文件尺寸？［编译、链接

过程]

（6）要不要带上调试信息？[编译、链接过程]

所有的以上配置，可以写成文件作为自动构建工具的输入，这个文件通常被称为"Makefile/制作文件"，Code∷Blocks 有自行定义的制作文件的标准，称为"项目文件（Project file）"，扩展名为".cbp"，即"Code∷Blocks Project"的简称。以上谈及的各类配置，基本都写在项目文件中。

【小提示】：工作空间：管理多个项目

除了提供项目文件以外，Code∷Blocks 还提供了"工作空间文件"，用于同时管理多个相关的项目，其扩展名为".workspace"。

5.3.2 源文件、头文件

笼统的说法，往往是将程序员所写的一切代码文件，都称为"源文件"。对应到 C++语言主要是头文件和 CPP 文件。C++头文件扩展名可以延用 C 的".h"，也可以是".hpp"或".hxx"，甚至是没有扩展名（C++标准库特例，不推荐日常工程使用）。CPP 文件扩展名是".cpp"或".cxx"等。不过由于向下兼容，因此 C++程序也可以直接使用 C 语言写成的代码，扩展名通常是".c"。为了方便说明，下面提到"源文件"时，如无特别说明，则是指".cpp"".cxx"和".c"这类文件。

我们会将源文件和头文件都加入到工程文件中，比如图 5-5 是"HelloGUI.cbp"的项目文件在项目管理栏中的树形展现内容。

项目树中既有源文件（Sources 节点下），又有头文件（Headers 节点下），但实际编译过程中仅直接处理源文件。比如编译完"HelloGUIApp.cpp"，然后编译"HelloGUIMain.cpp"，就完成编译，准备链接了。再进一步说明：在上述工程上，将两个头文件从工程树中删除，并不影响编译结果。头文件会不会被编

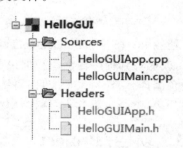

图 5-5　工程文件中包含有头文件和 CPP 源文件

译器处理到，完全依赖于它是否被某个参与编译的源文件所包含（include）。这个包含可以是直接的，比如"HelloGUIApp.cpp"直接包含"HelloGUIApp.h"；也可以是间接的，比如"HelloGUIApp.h"又包含了 wxWidgets 自带的"wx/app.h"。

【重要】：请让人眼看到的和编译器看到的保持一致

虽然不影响编译结果，但强烈提醒您仍然要将为这个项目所写的头文件，加入到 Code∷Blocks 的项目工程树中；反过来，将没有被源文件实际包含的头文件，明确地从工程树中剔除。因为编译器有本事有耐心找出源文件到底包含了哪些头文件，但人类的大脑需要有直观的图形界面作为输入。一旦图形界面展现的内容不对，造成

你所看到的和所认为的与编译器实际所处理的不一致,麻烦就来了。

在第 2 章《准备》篇中我们安装了一些扩展库。好多扩展库都提供名为 include 的目录,通常这个目录下就保存了该扩展库的头文件。比如 MySQL++库的 include 目录是:D:\cpp_ex_libs\MySQL++\3.0.6\include。

 【课堂作业】: 查找 MySQL 的头文件

请找出你电脑上的"mysql++.h"文件在哪里。

5.3.3 使用头文件

头文件查找路径

在我的电脑上,前面作业的答案是:"D:\cpp\cpp_ex_libs\MySQL++\include\mysql++.h"。现在我的一个"main.cpp"要包含"mysql++.h",是不是要这么写呢:

```
# include < D:/cpp/cpp_ex_libs/MySQL++ /include/mysql ++ .h >
```

这太二了,我们想这样写:

```
# include < mysql ++ .h >
```

编译器默认只会在当前目录下找文件,如何让它知道去 D 盘里某个庭院深深的文件夹里找"mysql++.h"呢? 必须在编译命令里指定查找路径,比如:

```
g++  - I"D:/cpp/cpp_ex_libs/MySQL++ /include/" – c main.cpp
```

你应该回想起来了,在第 4 章《感受(二)》的"HelloDatabase_Console"项目中,这件琐事同样是由 Code::Blocks 帮我们处理了,我们所做的只是进行必要的项目配置 。 复习一下,是通过主菜单"Project/Build options...",当时我们做的配置如图 5 - 6 所示。

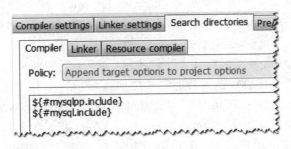

图 5 - 6　重温如何配置项目的头文件查找路径

实际配置采用了"全局路径变量",这是 Code::Blocks 的功能,以便团队合作中第三库安装路径不一致时,项目文件仍然可以通用。

唯一包含

当你整理名片夹时,如果发现手上有某个人两张名片,通常你会丢掉其中一张,因为名片重复是一种累赘。前面提到编译器以源文件为处理单位,而头文件是否处理则依赖于它是否被源文件所包含。那么问题来了:如果有多个源文件包含了同一个头文件,编译器是不是要很辛苦地重复处理这个头文件呢?重复处理头文件会极大地拉低编译速度,甚至有可能造成错误。为了避免这一现象,我们要找出我们刚刚认识的朋友:预编译和宏定义。

"＃define"预编译指令可以定义一个宏,而"＃ifdef"可以判断一个宏是否已经在前面的预编译过程中被定义了:

```
＃define ABCD    //定义一个宏符号:名为 ABCD
＃ifdef ABCD     //判断 ABCD 是否"已定义"
    /＊
    这里的代码,仅当 ABCD 有定义才会接受编译,否则被直接略过。
    ＊/
＃endif
```

我们需要为每一个头文件,都定义一个有独一无二的名字的宏定义,通常做法就是基于文件名做一些简单的变化。比如现在有一个头文件叫"my.h",那么且不管它的实质内容是什么,通常它都会有这样的一个架子:

```
001   ＃ifndef _MY_H_
002   ＃define _MY_H_
003
/＊
    头文件的其他内容
＊/
xxx ＃endif //_MY_H_
```

现在想象你自己是预编译器小弟,然后我们在编译一个名为"main.cpp"的源文件,并且它包含了"my.h",于是我们读入该头文件的内容,碰上的第一行有效内容就是上述的 001 行。请注意是"ifndef",而不是"ifdef",这是因为第一次碰上这个头文件,所以此时宏"_MY_H_"未定义,于是"if not defined"判断成立,于是我们继续开始处理下一行。下一行通常就是马上定义之前被判断为没有定义的宏,正如本例中的 002 行所示。结束"my.h"的处理,我们继续编译"main.cpp",想象我们又碰上了一行头文件包含预编译指令,比如是"＃include your.h"。于是处理它,未料"your.h"也包含了"my.h"。好吧,旧友重逢,再次读入它,然后再次碰上:

```
001   ＃ifndef _MY_H_
...
```

但这次,这第一行的判断已经不成立了,于是我们直接跳到头文件最末一行的"＃endif",就这样无情地忽略了旧友……想到编译器为了抓紧完成任务,对无数的故人绷着一张喜新厌旧的脸,这种精神已经超越了大禹治水三过家门而不入,好吧,不吹牛皮。实际情况是编译器要面对的头文件实在太多了,并且最可怕的是存在递归包含的情况! 比如"my. h"包含"you. h",而"you. h"包含"she. h",而"she. h"又包含"my. h"……你走过迷宫吗? 你知道穿越迷宫重复走同一条路的结果是什么吗? 编译器必须自保!

　　其实也不是编译器自保,是程序员有责任按前述的规定,写好防止头文件重复包含的预编译指令(通常就是开头两行的末尾一行)。如果程序员在这里犯错了,容易引发各类问题,严重情况下编译器会罢工。

 　【危险】:文件会重名,宏会重名

　　文件会重名,那么根据文件名定义的宏,当然也会重名。因此必须指出,尽管基于文件名定义一个宏,以防止头文件重入的做法非常普遍,但它的漏洞也是非常的明显。Microsoft Visual C++编译器用自己的扩展做法来解决这个问题,但无法跨编译器。

　　在"Code::Blocks"使用向导添加一个头文件,会根据文件名自动生成的防重入宏的规则:所有字母变成大写,包括扩展名,"."替换为"_",最后加上"_INCLUD-ED"。比如"abc. h"文件的宏为"ABC_H_INCLUDED"。

使用自定义的头文件

　　#include 接受两种形式的头文件指示:

```
# include <library_header.h> //尖括号
# include "my_header.h" //双引号
```

何时使用尖括号何时使用双引号? 推荐规则是:
　　(1) 对标准库的头文件,使用尖括号形式;
　　(2) 第三方库,如果我们在 Code::Blocks 中为它配置全局路径变量,也使用尖括号形式;
　　(3) 第三方库没有配置路径变量,则采用相对路径引用,并使用双引号形式;
　　(4) 为当前项目所写的头文件使用双引号形式。

　　Code::Blocks 提供有新文件创建向导,可方便地往项目中加入源文件或头文件,但有必要先手工做一次。先用向导创建一个控制台项目(命名为 IncludeDemo1),一开始它只有一个文件:main. cpp。单击主菜单"File/New/Empty file",或者使用热键:Ctrl+Shift+N。提问:是否将加入当前活动的项目(加入之前新文件需要先保存)? 当然回答是,于是为新文件取名为"my_file. hpp"并保存。下一步 Code::Blocks 会问要将文件加入哪一个构建目标,如图 5-7 所示。

　　这个项目可以编译成调试和发行两个目标,通常新文件需要加入所有目标,所以请如图 5-7 所示选中全部,然后单击"OK"按钮退出。

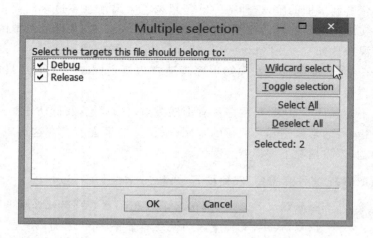

图 5－7　新文件加入到哪些构建目标

头文件加入工程树主要是为了方便管理,现在再新建一个文件保存成源文件"my_file.cpp",同样加入全部构建目标。项目文件树如图 5－8 所示。

图 5－8　添加了 **my_file.cpp/.hpp** 之后的项目树

然后,我们将进行如下操作:

(1) 在"my_file.hpp"中,定义 MyStruct 类,声明"my_function"函数;

(2) 在"my_file.cpp"中,实现 MyStruct 类,实现"my_function"函数;

(3) 在"main.cpp"中,使用 MyStruct 类,使用"my_function"函数。

请逐步完成以下代码。为及时排除输入错误,每完成一个文件的内容就通过 Ctrl＋F9 尝试编译,通过后再进行下一步。

(1) "my_file.hpp"中的代码,声明、定义:

```
#ifndef _MY_FILE_HPP_
#define _MY_FILE_HPP_
//定义一个类
struct MyStruct
{
    MyStruct();
    ~MyStruct();
};
//声明一个函数
void my_function(int year, int month, int day);
#endif //my_file.hpp
```

（2）"my_file.cpp"中的代码，实现：

```cpp
#include "my_file.hpp" //包含自定义的头文件
#include <iostream> //包含标准库文件
using namespace std;
MyStruct::MyStruct()
{
    cout << "MyStruct Construct." << endl;
}
MyStruct::~MyStruct()
{
    cout << "MyStruct Destruct." << endl;
}
void my_function(int year, int month, int day)
{
    cout << year << '-' << month << '-' << day << endl;
}
```

（3）"main.cpp"中的代码，使用以上定义：

```cpp
#include <iostream>
#include "my_file.hpp" //引入 MyStruct 和 my_function
using namespace std;
int main()
{
    MyStruct myStruct;
    my_function(1974, 4, 20);
    return 0;
}
```

5.3.4 库文件

库分为静态库和动态库，之前在《准备》章节对二者已经做了基本介绍。

静态链接库

静态链接库的文件扩展名，通常是".lib"或".a"。静态库在构建过程中完成全部链接工作，静态库的内容会成为可执行文件的一部分。

动态链接库

动态链接库的扩展名在 Windows 下通常是".dll"，在 Linux/Unix 下通常是".so"或".o"。在 mingw32 环境下，二者都有可能，因为 mingw32 是在 Windows 下模拟的一个最小的 Linux 编译工具集。

动态库在程序运行时，将库中功能提供给主程序使用（类似飞机空中加油）。主程序"k.exe"需要用到动态库"m.dll"中名为"void foo()"的函数，"k.exe"就必须知道"foo()"函数在"m.dll"中的位置，由于此时程序和动态库都已经在内存中，所以这个位置其实就是"foo()"函数在内存中的地址。而如何定位函数（或其他内存对象，

215

下面仅以函数为例)在动态库中的地址,又分为两种方法:

(1)自动导入

写一个复杂的程序往往会将程序分成一个主项目(用于生成可执行文件)和好多子项目(用于生成动态库)。二者配合的常用方法是由可执行程序在启动时自动加载所需要的动态库,并完成定址。那么程序如何知道需要加载哪些函数呢?又如何知道这些函数的地址?这就需要第三种库出现:"导入库/import library(全称符号导入库)"。

"导入库"保存了某一动态库中全部需要导出的函数等符号的偏移地址。偏移地址不是"内存地址",它记录各个函数在 DLL 文件中的地址,而当动态库被加载到内存时,整个动态库会有一个起始地址。粗暴的理解可以认为:函数内存地址=DLL起始地址+函数偏移地址。

通常我们在编译一个动态库项目时,除了生成动态库文件以外,在 Windows 下还会同时产生"导入库"。而当我们需要在一个执行文件中使用这个动态库并且想采用"自动导入"的方法时,则需要将"导入库"以"静态链接"的方式,加入项目。对于 g++,导入库通常以". a"为扩展名。

C++对动态库自动导入实现方法没有统一标准,因此,这项技术通常无法在不同编译器之间使用。比如 g++ 编译出来的可执行文件,无法自动导入到 Visual C++编译的动态库。在 Linux 下,甚至就不需要显示的导入库。

(2)手工导入

手工导入动态库中函数等数据,其实是 C 语言的一项标准。C++继承这项标准,使用这项技术,要求以 C 语言的相关标准来导出一个函数或数据,通常被称为"C语言接口"。C 语言接口是操作系统暴露其编程接口时的事实标准。

程序运行后,仅在需要时才通过一些特定的语句,将指定的动态库加载到内存,再查找到所需的函数,然后调用这个函数。用完之后,还可以从内存中卸载掉这个动态库。这是手工导入动态库这项技术的最大特色。

直接使用代码

本书涉及的第三库,多数是开源软件。无论是动态库还是静态库,都是编译源代码所得,避免每次使用都需要编译。不过也有像 STL 或 boost,多数功能基于泛型技术,并且直接在头文件中实现。这种情况下,库不需要编译,只需包含相应的头文件即可使用。

5.4　进程与内存

前面讲库文件时提到"函数地址",其实不仅函数有地址,程序中各种数据都有地址。

5.4.1　什么叫进程

当程序安静地躺在硬盘上时，它是一个"文件"，非要给点区别的话，它是一个"可执行文件"；而当程序运行起来，它将从硬盘上"爬起来"进入内存，摇身一变，成为一个"进程/process"。

🎮【课堂作业】：学习通过"任务管理器"观察进程

请同时按下 Ctrl＋Alt＋Del 键，或者在任务栏空白处右击，弹出菜单中选"任务管理器"，并切换到"进程"页，我们可以看到各个进程的一些指标。提示：通过菜单"查看→选择列"，可以配置更多观察选项，如图 5 − 9 所示。

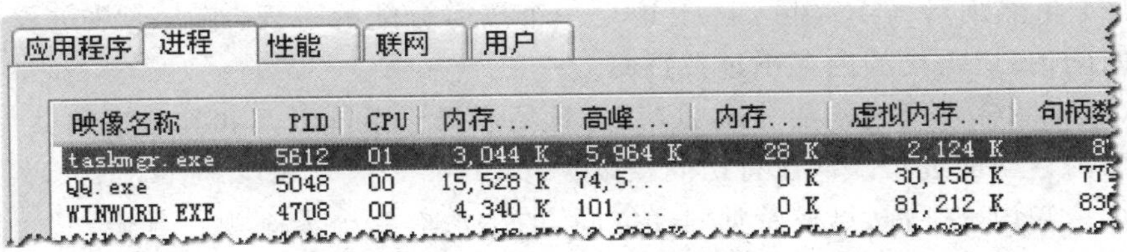

应用程序	进程	性能	联网	用户			
映像名称	PID	CPU	内存...	高峰...	内存...	虚拟内存...	句柄数
taskmgr.exe	5612	01	3,044 K	5,964 K	28 K	2,124 K	8?
QQ.exe	5048	00	15,528 K	74,5...	0 K	30,156 K	77?
WINWORD.EXE	4708	00	4,340 K	101,...	0 K	81,212 K	83?

图 5 − 9　通过"任务管理器"，观察进程

5.4.2　进程的内存空间

硬盘上的文件是"死"的，内存的进程是"活"的。内存就是程序表演的舞台。CCTV 说"心有多大，舞台就有多大"，但那是广告，单个进程拥有的最大舞台的理论值是 4G 字节。4G 又是多大？通常程序员习惯用十六进制表达内存大小，可是我们还没有学习十六进制，用熟悉的 10 进制来说：4G 的大小是 4 294 967 295。有读者想打开自家的机箱看看，因为明明记得当年缺钱，只配了 1G 内存啊，这操作系统是如何给每个进程分配 4G 内存的呢？由于程序需要通过操作系统才能访问真实内存，因此操作系统可以玩一把欺骗游戏。假设有一个进程向它要了 0 号内存，它给了，接着同一个进程向它要虚拟地址为 4 294 967 295 的内存，它可以直接给出物理地址为 1 的内存，然后说：这就是你要的。这时又一个进程说，我也要 0 号内存，操作系统可能给出的是物理地址为 2 的内存……事实上，进程只允许申请要多大的内存，不允许自行指定要哪一块。那如果进程狮子大张口，一口气要求 2G 内存，或者贪得无厌地反复要内存，会怎样呢？答：操作系统会开始作假，把磁盘空间，虚拟成内存空间分配给进程，而由于磁盘读写速度远慢于内存读写速度，于是程序就会变得很卡。

🎮【课堂作业】：观察本机的虚拟内存配置

右击"这台电脑"或"我的电脑"，在弹出菜单选"属性"，在"系统属性"对话框中切换到"高级"页；找到"性能"分组框，单击其内"设置"按钮，出现"性能选项"对话框，同样切换到"高级"页。请在上面查找有关"虚拟内存"的配置。

　　既然有"虚拟内存"这样的高大上的东西,一个进程拥有 4G 内存应该不仅仅是口号吧? 很快我们就将用代码赤裸裸地揭露真相,您只需再等一点点的理论学习时间:

　　(1)"内存不够,硬盘来凑"。但请注意:访问真实内存的速度,是"纳秒"级,访问硬盘的速度,却是"毫秒"级。

【重要】:程序设计原则:去除不必要读写文件的操作

　　程序需要读写(物理)文件很正常,但如果一个程序必须非常频繁地读写文件,就值得考虑其设计思路是否有问题。比如读取配置文件,一般被设计成在程序启动期间,读入内存,之后一直使用内存数据。

　　(2)虽然承诺是 4G,但实际上这是一个按需分配的过程,绝大多数进程的绝大多数时间内,所需要的内存不过数百兆。

　　(3)在 4G 空间还需要分出 2G 用来预留和操作系统以及和其他进程共享使用,这部分内存当前进程默认没有访问权限。

　　理论知识一掌握,迅速感觉"4G 空间"的提法有些令人鄙视。且慢,其实进程真实能够使用多大空间并不重要,重要的是进程不能直接访问物理内存,这样的设计会让系统稳定很多。采用"模拟地址访问内存的模式,称为"保护模式";而允许程序直接访问物理内存的模式,称为"实模式"。实模式下,随便一个程序对物理内存胡写乱读,很容易宕机。就算是把读写很慢的磁盘空间"假装"成内存空间,这项工作也有它的意义。在远古石器时代的实模下,程序一旦感觉内存不足,就必须自行看看有哪些数据是暂时不用的,将它们转存到硬盘上,烦不胜烦,现在这类逻辑,多数情况下都交由操作系统完成即可。

5.4.3　内存分配测试程序

　　下面我们写一个程序观察一个 C++程序大致能向操作系统要到多少内存。方法很赤裸,但不能说 100% 准确,仅供粗略测试。请打开"Code::Blocks"新建控制台项目,项目命名为"MemoryAllocTest",再打开项目默认创建的"main.cpp"文件,完成以下代码:

```
#include <iostream>
using namespace std;
int main()
{
007   unsigned int bytes = 0;
009   while(true)
      {
011       try
          {
013           new char[1024 * 4]; //每次分配 4K 内存
014           bytes += 1024 * 4;
```

```
016       catch(std::bad_alloc const & e)
          {
018           std::cout << e.what() << std::endl;
019           break;
          }
      }
023   std::cout << bytes << "bytes" << std::endl;
      return 0;
}
```

⚠ **【危险】：一个对内存无比贪婪的程序**

切莫着急地编译运行它！

这个程序会持续蚕食你的内存（物理的，或者虚拟的），直到操作系统忍无可忍地拒绝它。在此过程中，你的电脑会变得反应迟钝，很多其他进程变得不能及时响应，甚至有些进程会出错。所以，请在执行本程序之前，先关闭一些不需要的程序。

内存的最小单位是"字节（byte）"。007 行定义一个"正整数（unsigned int）"的变量，名为 bytes。一会儿用它记录程序将分配多少字节内存。一开始当然为 0。009行是熟悉的"死循环"，019 行是死循环的出口：一个 break 用于跳出循环。但是break 在什么情况下才发挥作用呢？向各位介绍一个新朋友：异常。首先从生活概念区分一下"错误"和"异常"。女朋友生日你忘送礼物，那是你的错误，但你从某网买了礼物，物流小哥抱着礼物在楼下走丢了，你可以向生气的女友解释一下，站在你俩的角度上看，这真的是一种异常。011 行和 016 行是一对陌生的语句结构：

```
011   try
      {
          //代码块 1
      }
016   catch(std::bad_alloc const & e)
      {
              //代码块 2
      }
```

try 的意思是"尝试"，而 catch 的意思是"捕获"。因此在"try {}"范围内的代码块中，就是努力尝试的内容，如果中间发现什么异常，就会跳到后续对应的"catch(...){}"代码块去。在本例我们只写了一个 catch，用以捕获"std::bad_alloc"这类异常。"bad_alloc"从字面直译是"坏_分配"。异常是 C++支持的一种特定的程序流程跳转结构，详情不在本篇学习。本例中将要发生的事情是：013 行代码在循环内一次又一次地向系统申请内存，并且只索取不归还，终有一次，这个贪婪的行为会失败。C++规定 new 分配内存失败时的默认行为是抛出一个类型为"std::bad_alloc"的数据，然后中止当前语句块中其后代码。如果后面有捕获对应类型数据的 catch 语句，就直接跳入该代码块，即本例中的代码块二，018 和 019 行。

018 行输出所捕获异常的简单说明,019 行是"break"。内存耗尽,此时不 break,更待何时?下面是该程序在我的电脑上的运行结果,成功分配了近 2G 字节,费时 6 min 左右,如图 5 - 10 所示。

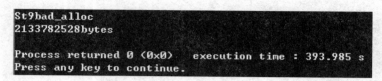

图 5 - 10   C++程序内存分配试验结果

读者可能对上述代码中有关申请内存的语句有兴趣,下面做简单解释。C++主要用"new"指令向系统提出分配内存的申请,并且它根据其后所接的"数据类型"来决定要申请内存的大小。"char(字符)"类型在 C++中的大小正好是 1 个字节,因此,如果 013 行代码写的是:

```
013      new char;
```

那么每一次循环只分配 1 个字节,这会让测试结果更准确,但代价是超长的运行时间。本例每次申请 4K 个字节(1K 是 1024 字节)。要一次性分配连续的多个字符的内存,方法是使用中括号(其中 N 是所要分配的字节数):

```
new char [N];
```

【小提示】:内存个数单位

内存最小单位为:字节/byte;

1K:1024 个字节;

1M(兆):1024 * 1024 个字节;

1G:1024 * 1024 * 1024 个字节。前面描述内存地址时的 4G,即 2 的 32 次方(1024 * 1024 * 1024 * 4)。

5.5   内存分段

程序从磁盘被加载到内存,就成了进程。本节我们讲解程序中不同种类的数据,在内存中的位置区分。

我们简单地将一个进程所占用的内存分为"代码段""全局数据段""堆内存段"和"栈内存段"等,这是本书为了简化问题而使用的一种不太严谨的说法,与一些标准说法也略有出入。这好像是本书的某种罪过,但我们的原则是先理解其意,以后再去追求学术上的精确。

5.5.1　代码段

很突然,我们需要上一堂和程序安全有关的课。

都说"程序=指令+数据",但指令其实也是一种数据,平常需要在磁盘上占着空间睡觉,运行时需要在内存中占着空间表演。如果有病毒要篡改程序,从篡改目标上区分,一是可以篡改程序的指令,二是可以篡改程序的数据;从篡改的时机上区分,一是可以在磁盘永久地篡改程序,二是可在内存上临时篡改程序的某一次演出。安全的操作系统,应该从指令、数据、磁盘、运行来综合保证程序不被篡改。

程序在运行时,内存中的指令不被篡改,这是系统(CPU 和 OS)必须做到的最基本的安全保障。这个容易做到,因为一个懂法守法的程序在运行时,数据总是会随着处理过程而不断变化,但指令极少在运行过程中发生变化。比如这一段示意代码:

```
a=1; //赋值指令
b=0; //赋值指令
c=a+b; //先加法指令,再赋值指令
```

这里面的数据 a、b、c 一直在变化,非常直观。不太直观的是:这中间三个"="和一个"+"指令,也是在内存中存在的数据;这些指令数据在当初写完代码编译之后,就是固定的了,不应该被修改,想想如果执行完 b 的赋值操作之后,下面一行代码中的加法指令神奇地变成除法操作,你知道会发生什么吗? 总之一句话,程序加载到内存后,其所有指令应该被重点隔离,专门放到一个禁区,一有"人"(程序自身或外部程序)想修改这块区域,操作系统就可以很肯定地叫上一句:碰上大事了。这个区域就叫做程序的代码段。

【小提示】:代码段真的不可读写吗?

有的系统会提供特殊操作以读取代码段数据。写操作通常是禁止的,但一些CPU 架构下也允许动态修改代码段。那是计算机界的神话世界,我等凡人很少接触。

5.5.2　数据段和"全局数据"

程序除了指令就是数据,指令放在代码段了,那是不是所有其他数据都放在另外的某个段里,比如叫做"数据段"? 不不不,还得往下细分。如果要写一个程序来描述某人的一生,你是否想起我们之前在《感受(二)》的某个"小提示"里说过:"性别、身高、体重……这些可算得上一个人的'原生属性';而当你坐在电影院里,你会临时多出一个附加属性:座号……"

没错,人生中有些东西是与生俱来的,比如父母对你的爱,而更多的东西不过过眼云烟,比如钱财……那些看盗版《白话 C++》的人啊……程序世界也这样,一些数据用过就扔,一些数据却必须从程序启动一直到结束都持续存在。后面这类数据通俗称为"全局数据",它们有独立的存储区域,称为"数据段"。

【小提示】：BSS 段

严格讲，全局数据又细分为已经初始化和未初始化两类，其中未初始化的部分，存放在 BSS(Block Started by Symbol)段，已初始化的数据才存放在数据段内，我们笼统地选择忽略掉 BSS。

程序加载时会自动申请到数据段所需的内存，用于放置所有全局数据，并且按照一定规则初始化各个全局数据。程序退出时将自动归还数据段的内存。

【危险】：注意：全局数据出场次序"排名不分前后"

一个程序会有多个全局数据对象。程序启动时，它们都要进入"数据段"区域各自入座，但 C++不为它们的出场规定前后次序，因此，全局数据之间最好不要有互相依赖的关系。比如有 A、B 两个全局数据，如果你希望 B 被初始化成和 A 一样的值，那你就要小心了，因为很可能 B 先出场。

还好，如果全局变量被定义在同一源文件，严格讲叫"同一链接单元"，那么次序还是有保障的，所以写出以下代码片段，它们的执行结果是可以放心的：

```
int a = 0;
int b = a;
int c = b;
```

接下来重点强调前面提到的程序启动(或称程序初始化)，不是指程序的"main()"函数执行这一阶段(尽管我们已经知道，main 函数被称为程序入口函数)。程序启动的阶段要早于 main 函数被调用。不信，请看以下示例。

在"Code::Blocks"中通过向导，创建一个控制台项目，命名为"GlobalVarTest"。项目中的"main.cpp"代码修改后内容应如下：

```
#include <iostream>
using namespace std;
005   struct Object
{
    Object()
    {
        std::cout << "Hello world!" << endl;
    }
    ~Object()
    {
        std::cout << "Bye - bye world!" << endl;
    }
};
018   Object oa,ob,oc; //这里定义了三个全局变量
int main()
{
022   std::cout << "main()" << std::endl;
    return 0;
}
```

005 行定义 Object 结构,很眼熟,有构造和析构函数。018 行定义三个全局变量:oa、ob、oc。由于它们处于同一个链接单元(同一源文件),因此它们的生(分配内存并调用构造)的过程就是 oa、ob、oc,而析构和释放内存的过程刚好倒过来。运行结果如图 5 - 11 所示。

图 5 - 11　全局变量测试程序运行结果

可见在"main()"函数被调用前,全局变量就已经被生成(放入内存)并初始化,在本例表现为调用构造函数。而在"main()"之后(图上看不出,但事实上是"main()"函数退出之后)三个对象被释放,在本例表现为对象的析构函数被调用。

如果 018 行定义的是三个内置的简单类型变量:

```
int ia, ib, ic;
```

没有可供定制生死过程的构造和析构函数,但记住它们的生死时机同上。

5.5.3　栈内存

扣除代码段和数据段,接下来的数据就只能是那些居无定所,忽生忽死的临时数据了。其中有一类数据的生命周期严格绑定它所出生时的代码块范围,代码块就是这类数据的世界,代码块一结束,它们就全完了。这类数据叫栈数据或栈对象,所生存的内存区域称作栈内存。

《感受(一)》我们已经实测过栈对象的生存周期,这里给出更进一步的演示代码。请新建一个控制台项目命名为"StackVarTest"。"main. cpp"代码定义 Object 结构略有变化,多了"name_"成员数据等:

```
#include <iostream>
using namespace std;
struct Object
{
007   Object(std::string const & name)
      {
009       name_ = name;
010       std::cout << name_ << ": Hello world!" << endl;
      }
      ~Object()
      {
015       std::cout << name_ << ": Bye - bye world!" << endl;
      }
private:
019   std::string name_;
};
```

接下来的主函数很有意思,通过花括号,我们制造出三层语句块,层层嵌套,并且在各个出入环节打印信息：

```
int main()
{
    {//----------- 第一层开始 -----------------------
        std::cout << "enter 1" << std::endl;
        Object o("a");
        {//---------- 第二层开始 ----------------------
            std::cout << "enter 2" << std::endl;
            Object o("b");
            {//---------- 第三层开始 --------------------
                std::cout << "enter 3" << std::endl;
                Object o("c");
            }//---------- 第三层结束 -------------------
            std::cout << "exit 3" << std::endl;
        }//---------- 第二层结束 --------------------
        std::cout << "exit 2" << std::endl;
    }//---------- 第三层结束 -----------------------
    std::cout << "exit 1" << std::endl;
    return 0;
}
```

请大家思考，当每退出一层时，是"Bye - bye"，还是"exit N"先被输出呢？答案如图 5 - 12 所示。

图 5 - 12　栈变量测试程序运行结果

5.5.4　堆内存

堆数据（或堆对象）也称为"临时数据"，可能它会不服气："谁说我是临时的？程序员要是忘记释放我，我也能一直呆到程序结束呢！"重温一下，C++使用关键字 new 申请内存，关键字 delete 释放内存。比如：

```
int * p = new int;
```

该行代码将在堆内存中分配一块内存，这块内存大小至少能放下一个整数。随后如果有代码：

```
delete p;
```

则由 delete 操作释放（归还）p 所指向的堆内存。由此可见，想要释放内存，必须有一个用于表征那块内存的"存根"，这就是示例代码中的 p 变量。没有这个存根，当然也能分配内存，正是我们刚刚做过的，请看下面代码：

```
while(true)
{
    new char [1024 * 4]; //每次分配 4K 内存
}
```

224

这是由之前的"内存分配测试程序"代码去除"异常结构"得到的简化版。在死循环中一次又一次地申请 4K 内存,再不归还! 从代码中可以看出我们是恶意不释放所借内存的,因为此时 new 出来的内存,根本没有变量(也就是存根,或者:"借条")指向它,怎么释放呢? 除非现借现还:

```
while(true)
{
    delete  (new char [1024 * 4]);//每次分配 4K 内存
}
```

朋友,借我 500 元吧。好的,拿走。谢谢,还给你……非要为这样的行为赋予某种意义,那就是证明你的朋友身上确实有 500 元。

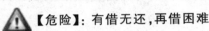 【危险】: 有借无还,再借困难

当我们还不是一个程序员(特别地,当我们还不是一个 C/C++ 程序员)时,或许和很多人一样经常痛骂 Windows 蓝屏。但从今天开始,开骂前要三思了。操作系统虽然是个有钱的主,但也经不住许多无赖程序七七八八的折腾。譬如有个只借钱不还钱的家伙……

一个程序无节制地吞噬内存,别说操作系统,连 C++ 语言自身都看不下去。C++ 标准规定,如果使用 new 申请内存失败,默认行为是抛出一个"异常"。此时,程序必须负起责任,处理异常,如果就是不处理——算你狠! 那会如何呢?

【课堂作业】: 不处理异常的堆内存分配测试

请将本章"进程与内存"小节中的"内存分配测试"代码中的 while 循环,内容改为如前所述的去除"异常结构"的版本。然后重新运行程序,看看会得到什么结果。

5.6 CPU、寄存器

现在我们知道,如果将整个程序都看成数据的话,程序运行时指令在代码段,其他数据有的在数据段,有的在栈内存中,有的在堆内存……但指令的执行经常需要操作数据。指令和数据分开好几处放,那指令要访问数据必然很不方便啊? 想想,你准备吃一口饭,结果作为数据的"你"坐在"数据屋"里,作为数据的"饭"装在"栈房间"里,作为指令的"吃"被隔离在"代码屋"里……还能不能好好吃口饭嘛。

别急,以上的比喻是错的。因为"指令"不过像写在纸上的命令,它也是呆在内存中的数据,指令自己访问不了数据,只有处理器(简单认为就是 CPU)才能执行指令。处理器从代码段读入"吃"这个指令,然后发现"吃"后面跟着两个地址,一个是"吃货(人)"的地址,一个是"将被吃的货(饭)"的地址,于是 CPU 从内存中将这两数据取过来……等一下,有新问题了:"将数据从内存中取过来"这个说法透露了一个我们之前可能不知道的重要事实,是什么呢? 欲知后事如何,不等下回分解。现在就请小文

和小理分别回答。

【轻松一刻】: 数据在哪里

小文:CPU 把数据从内存中取过来,这说明 CPU 是长手的。

小理:CPU 把数据从内存中取过来,这说明数据除了可以在磁盘和内存中存在之外,还可以在一个新的地方存在,只是我们现在还不知道这个地方是什么。

小文:鄙视理科男,这有什么好不知道的,数据就在 CPU 的手里。

CPU 的"手"叫做"寄存器"。CPU 不只有两只手,当然也不可能有千手,因为它不是观音。到底它有几只手呢?有个怕老婆的学员挽起裤子细数膝盖上的针眼。别费劲了,扎伤你的那是 CPU 用于插在主板上的针脚,和我们这里打比方的 CPU 的"手"没什么关系。

CPU 的"手"大(寄存器同样分位数,比如 64 位比 32 位大,32 位比 16 位或 8 位大)或者"手"多(寄存器数目),则 CPU 执行一次指令可以处理的数据就多。并且 CPU 读或写寄存器上数据的速度,又要高于从内存中读写的速度。看起来为了提高性能,CPU 是应该被设计成"千手观音"才对啊! 其实不然。寄存器多,说明这一类型的 CPU 指令复杂。因为简单的指令一次只处理几个数据,不需要多少寄存器。另外,"将数据从内存中取过来"这个说法其实有误,数据是复制一份到寄存器,而不是真的移过去。寄存器越多,就代表有越多的数据需要在内存和寄存器间保持同步。还有,寄存器越多,CPU 设计也就越复杂,甚至连编译器都不得不变得复杂。

【小提示】: CISP 和 RISC 之争

和寄存器是多是少设计有关,并且更加全面反应 CPU 设计思路不同的是 CISP 和 RISC,即复杂指令集和精简指令集之争。

打住,有关寄存器的个数问题不是学习重点。关键是我们知道,CPU 要处理数据,有时需要将数据从内存复制一份,临时放到寄存器处理,处理结束后再更新回内存。

下面给出一段 C++代码和由其所编译的汇编代码之间的对比,如下表所列。

C++代码	对应汇编
int a = 1, b = 2;	movl $ 0x1,0xc(% esp) movl $ 0x2,0x8(% esp)
int c = a + b;	mov 0x8(% esp), % eax mov 0xc(% esp), % edx add % edx, % eax mov % eax,0x4(% esp)

汇编代码中的"％esp"或"％eax"等,就是 CPU 的寄存器。第二行 C++代码所执行的相加两数给第三数的操作,对应了后四条汇编语句,解释如下:

```
mov    0x8(％esp),％eax       //把 b 值放到寄存器 eax 中
mov    0xc(％esp),％edx       //把 a 值放到寄存器 edx 中
add    ％edx,％eax            //相加寄存器 edx 和 eax 中的值,结果留在 eax 中
mov    ％eax,0x4(％esp)       //把寄存器 eax 的值,放到变量 c 所占用的内存去
```

5.7 线 程

现代电脑、手机,拥有多核或多颗 CPU 已经很常见了(以下简称多 CPU),但内存不会一分为二,而是作为一个整体,允许所有 CPU 同时访问。假设进程的内存中有一个整数变量 i,值为 0,然后进程有两段代码刚好都要修改它,如以下代码片段一、二所示,并列执行。

代码片段一	代码片段二
a = 1;	a = 2;

如果只是单核单 CPU,那么代码一和代码二谁先执行谁后执行,就要事先决定下来。反正又不是先救老妈还是先救老婆的问题,但现在有两颗 CPU,C++允许代码提出要求:两 CPU 都别闲着,一个执行片段一,一个执行片段二。通常我们称代码同时执行为"并发",赋值操作无需让变量到寄存器"过夜",于是两个 CPU 同时向同一地址的内存写数据,如图 5-13 所示。

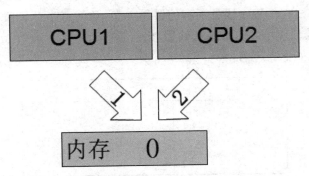

图 5-13　CPU 同时操作同一处内存

最终结果是 1 还是 2? 答案是不确定。这就是并发第一个需要注意的地方:代码并行,我们不应该也无法去要求哪一个执行先结束。注意,和我们提出请求的次序也无关。举个例子,如果 CPU 是两个跑腿的,你先向甲提出:去帮我买包烟,后向乙提出:去帮我买瓶酒,结果你能先抽上还是先喝上,仍然不确定。更进一步,如果并发执行的代码很多,两边各自在一句一句地执行机器语句,二者的速度也是没有关系

的,比如这次又多了一个变量 b,一开始它也是 0,然后如以下代码片段三、四所示,并列执行。

代码片段三	代码片段四

a = b;	b = 1;
	b = 2;
	b = 3;

并行执行两个代码片段之后,请问 a 的值是多少? 答:可能是 0,可能是 1,可能是 2,还可能是 3。负责执行代码片段一的 CPU,可能发呆千万分之一秒,这时候代码片段二执行到哪一条语句,也许有概率高低之分,但肯定是一个无法确定的结果。看起来,并发是一件没有确定性的事。其实不然,请注意:上面两个例子,都是并发访问同一资源。片段一、二同时修改变量 a,片段三、四一个要修改 b,另一个要读取 b。

在一个进程中,并发的能力主要来自线程。一个进程至少拥有一个线程,称为主线程,用以调用"main()"函数。单一线程的情况下,程序执行过程中一条线直接到底,中间无非有 if、for/while、switch 等流程变化,再复杂一点是加上函数间的递归调用。一旦有了并发,两段、三段、N 段代码同时进行,流程复杂度就上升了。但我们又不能因噎废食,因为并发的这种"同时做多件事情"的能力让人想想就激动。正确的方式是尽量避免多线程之间同时操作(特别是修改)相同的资源。多个线程同时都只是读取某一资源(不对资源做任何修改),当然没有问题。但如果有一个线程在修改(包括初始化)某一资源,那其他线程要读取这一资源时,就要小心地处理,而最好的处理就是修改设计,避开这种情况。

再看一个多线程编程中屡见不鲜的错误类型:访问野指针。假设有一个指针变量 p,它在两个线程使用之前已经初始化,比如说:int * p = new int。接着两个线程执行的代码分别如下表所列。

	线程一		线程二
001	delete p;	101	if (p != 0)
002	p = 0;	102	{
		103	cout ≪ * p;
		104	}

线程一干掉 p,并且将它赋值为 0;线程二看起来已经做了很好的保护防范措施——判断完 p 不是 0,才输出"* p"的值,但这样做是徒劳无功的,因为一行 C++ 代码编译后往往对应多行机器语言("delete p"这一句就是如此,杀死一个变量不容易)。当线程二试图判断 p 是否为空指针(0)时,线程一的代码很可能"delete p"这行语句刚好执行到一半,甚至有可能就在 001 行和 002 行之间卡着——这时候 p 已经被删除了,但它还没有被清 0。让我们用一张图精确模拟案发前的瞬间状态,如

图 5 - 14 所示。

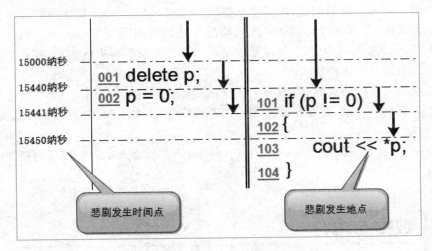

图 5 - 14　平行时空"杀人案"现场分解

　　墙上挂着这幅图,重案刑侦组大门紧闭的会议室,丁小明正在进行讲解,话说,当时情况是这样的:"15 000 纳秒,嫌疑犯到达案发第一现场(线程一代码片段),约过去 440 纳秒,他完成对第一受害人 p 的杀害。紧接着,根据现场监控视频回放显示,应该只需要 1 纳秒,嫌疑人就可以完成毁尸行为,以制造受害人 p 从来就没有在这个世界上存活过的假象。然而,也就是在这短如电光石火的 1 纳秒过去之前……"

　　队长:"小明,少用文学修辞。"

　　丁小明:"好的,队长。然而,嫌疑犯没有意料到正是在这 1 纳秒间,在另一个平行时空里,第二受害人对 p 进行了活体检测,判断结果是 p 存在。不知情的第二受害人尝试使用视频电话,显示 p 的长相……"

　　队长:"但在这个电光石火的瞬间,啊,我是说在这 1 纳秒间,其实 p 已经受害,应该是没有任何生命迹象的?"

　　法医:"是。"

　　队长:"那么,第二受害人从视频中会看到什么?"

　　全场安静,看着丁小明带上白手套,从架上取下厚厚的《C/C++刑侦行为分析标准大全》,翻了好一阵。"根据标准,访问一个已经被释放的对象后,对可能发生的行为未作定义。因此,第二受害者可能看到活生生的 p 的幻影,也可能看到的是可怕的数据骷髅,也可能,整个平行世界就此坍塌。"

　　"唉!"队长表情凝重,"根据现场死伤无数的情况来看,本起案件的最终结果正是毁灭性的坍塌。我真糊涂,之前一直怀疑是附近化工厂爆炸。"

　　全场再次陷入寂静。好一会儿,队长继续问了一个关键问题:"坍塌平行世界,是凶手的作案目的,抑或无心之失?"

丁小明:"这个……李莉在这方面有一些补充调查结果,应该有利于判断。"

李莉:"好的。根据调查,凶手是一家软件公司的 C++程序员。我们阅读了他所写的全部代码,发现其代码存有多线程胡乱并发访问相同资源的恶劣习惯。另外据今日头条最新报道,今天上午我市某程序员因调试并发线程失败,心急猝死。我们对比照片发现就是本案嫌疑人。"

全场第三次陷入沉默,都在心中感叹:搞不定指针和并发的 C/C++程序员所造成的害人害己的悲剧,实在是太多了……音乐响起,出现广告:"拒绝悲剧,远离惨案,我用《白话 C++》。"

终于,队长抬头问了最后一个问题:"对了,第二受害人临死前使用的视频电话是什么牌子?"

丁小明:"西-奥特。"

5.8　数据与内存

我们已经知道,程序正是因为被加载到内存,才被称为"进程",我们又知道,内存被分成几段,典型的有:"代码段""数据段""栈内存"和"堆内存"等。本节我们将学习与内存中的数据有关的更多内存知识。

5.8.1　地址、尺寸、值、类型

如果我向你借钱,你给我三张崭新的百元大钞,过后我将三百元如数还你,但钞票旧了点,我想你对此不会有太大的意见。但如果我向你借的是北京二环内一块三百平方米的地皮,还的却是昌平地段的三百平方米,你一定不乐意! 还有,如果我屋子还给你了,可你打开一看,呀! 屋里值钱的东西全没了! 你还是不乐意,总之你就是个很计较的人。

看在叫我老师的份上,你和我发誓,只要我不改地址,不改房屋面积、不拿走房屋内值钱的东西,你就一定不生气。

地址、尺寸、值还有类型。想成长为优秀的 C++程序员,听好了,任何时刻说到数据,请立即在脑海里产生巴甫洛夫所提到的条件反射:哦,数据有地址、尺寸、值和类型。

(1) 地　址

说到"地址"还需要想起(据说是)李嘉诚的一句话"地段、地段、还是地段。"C++程序世界没有几环路,但区分数据段、栈、堆、代码段。别忘了,地段名称不重要,重要的是这些地段是如何决定了数据的生与死。程序员可以决定一个数据出生和栖身的地段,但无法精确指定(也可以表达为"无需费心")数据在内存中的具体地址。这个地址就是一个整数。

【小提示】：语言让程序员离内存地址有多远

世界有无数种编程语言,先竖着看看,再横着比比,我不负责任地提出:语言间很大的一个区别——就是它打算让程序员离内存有多远。

汇编语言中你一直都在面对着内存地址或近似的东西。

C 语言中,你不再直接和地址打交道,但它的数据就是地址——一种是不能拿来运算的地址,叫做普通变量;另一种是可以运算的地址,叫做"指针"。不仅数据有指针,动作也有指针,称为"函数指针"。作为一名纯粹的 C 程序员,如果玩不好函数指针,那只能是一名"玩具程序员"。

C++兼容 C,但它不希望程序员用太多的"函数指针",因此有各种新技术:"成员函数""函数重载/overload""函数重写(虚函数)/override(virtual function)"及"函数对象""泛型函数"等,说到底就是为了在多种场合下帮助它的程序员绕开"函数指针"。

数据方面,C++通过 STL 提供了大量的数据结构,其中一个重要目的同样是要帮助它的程序员站在更高抽象层去思考问题,避免在解决逻辑的同时还需要处理大量的内存管理。

Java、C#等声称更为纯粹的"面向对象"的语言,其实它们离纯粹的面向对象还有一个海市蜃楼的距离,它们给你一个对象,这个对象在底层绑定一个地址。只是,语言不允许程序员对这个内存地址进行任何再运算。你不需要关心地址、尺寸,你只需要关心值和类型。

(2) 尺 寸

有人单身住 450 平米的房子,有人一家 5 口挤 19 平米的屋子。程序世界里没有贫富分化,却非常讲究出身,这回的出身指的是数据的类型。不同静态类型,决定了这个数据一开始所占用的内存尺寸,比如,"字符/char"占用 1 个字节,而一个 int 类型则占 4 个字节。内存的最小单位是"字节"。内存并不是事先建设好"一房一厅"或"三房二厅"的结构等着不同类型的数据入住,而是根据不同类型的数据需要,划分出连续的一片空间,供数据存储。前面提到的字符与整数的例子:

```
{
    char c;
    int i;
}
```

c 和 i 都是栈变量。对应的内存分配结果,如图 5-15 所示(点状填充的格子表示已占用的空间)。

图 5-15 说明:

(1) 字符类型栈变量 c,占用了一个字节,它的起始地址是:2686703;

(2) 整数类型栈变量 i,占用了四个字节。它的起始地址是:2686696;

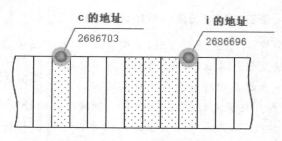

图 5-15　栈变量分配内存示意

(3) 栈中,先出现的数据的地址比较大,后出现的数据地址比较小(c 的地址比 i 大)。但是,数据所占用的内存,仍然是从小到大的(i 所占用的最后一个字节的地址,是 2686696+3)。

图 5-15 带给我们的疑惑也不少:

(1) 程序如何知道 c 的大小是 1 字节,而 i 的大小是 4 字节呢?

(2) c 和 i 在程序中可是一前一后定义的两个栈变量,为何它们在实际内存中,却不是邻居(中间还隔着若干个空白内存)?

答:为什么 c(char 类型)占用一个字节,而 i(int 类型)占用 4 个字节?因为语言就是这么规定的。数据是有类型的,数据类型决定了数据的各种属性和行为,包括它至少需要占用多大尺寸的内存。

具体到本例,C++规定一个 char 类型的数据,只需占用一个字节。规定一个 int 类型的数据,在 16 位机器上编译,占用 2 个字节;在 32 位机器上编译,占用 4 个字节。

【课堂作业】: 一个字节多少位

根据"一个 int 类型的数据,在 16 位机器上编译,占用 2 个字节;在 32 位机器上编译,占用 4 个字节"的说法,请推算出上述情况下一个字节(byte)由几位(bit)组成?

数据所占用的内存,除了根据出身类型所决定的静态尺寸外,也可以通过后天努力来改变,当然并不是要让数据去"变型",而是可以使用 new 等方法,向系统动态申请内存。

(2)的答案:一是因为 C++程序员无法,也不需要精确控制数据的地址。二是因为大多数硬件平台都"希望"数据在内存中的分布最好能尽量均匀对齐,这样 CPU 访问各数据的地址,性能会高一些。但数据大小不一,像胖子和瘦子交叉着排队,想要尽量均匀分布,方法之一就是便宜瘦子,让它们"多占用"一些字节,这种妥协人类到处在用,比如没有哪家公司会抠门到在给员工分配座位时,是完全按他们的身材决定的,更别说电影院、飞机上的座位,钱花多点可以坐更宽敞的雅座或头等舱,但非要根据客人胖瘦安排座位大小,这是歧视。虽然我们可以不去关心内存的具体地址,数据对齐的事我们通常也不需要关心,比如为什么上面两个数据之间是 6 个空白字节很让人费解啊,但没关系,我们只会在非常特殊的情况下,才需要去详细关注数据对齐的事情。

5.8.2 取址、取尺寸、取值、取类型

孔明想摸一把自己的胡子,他首先得知道自己的胡子长在哪里。想访问或修改内存中某个数据的值,首先必须有该数据的地址。但程序员不想天天面对代表地址的一堆数字,因此编程语言允许我们通过定义具备可读名称的变量来指征某块内存数据。以定义一个整数类型的"栈变量"为例:

```
int a;
```

纯粹从语法上理解,这就是定义了一个名字为 a 的整数类型的变量。但套用"地址、类型、尺寸、值"这四要素,这一行代码前后更完整的信息:

(1)地址:a 将在运行期实际对应到一个内存地址,位于栈内存中;

(2)类型:a 是整数类型;

(3)尺寸:a 占用了连续四个字节;

(4)值:栈变量不做初始化,因此值是这块内存以前遗留下来的内容,通常称为"不确定的值"。

不过这四要素都是书里说的,能不能拿代码验证一番呢? a 的地址是多少? 程序真的知道它是一个 integer? 它真的占用四个字节? 它的值你说不确定就真的不确定?

(1) 取址操作

"&"是取址操作符,a 是一个变量,那么"&a"就能得到它的内存地址。比如:

```
int a;
cout ≪ &a; //将在屏幕上输出 a 的地址(默认以十六进制显示)
```

注:mingw 自带的 C++库,当以 16 进制显示地址时会自动在地址前加上前缀"0x"。

(2) 取数据占用尺寸

C++使用 sizeof 操作符可以实现取指定数据所占用的字节数,比如:

```
int a;
cout ≪ sizeof(a); //将在屏幕上输出 4,即 a 占用的字节数
```

sizeof 也可以用在数据类型上,用于表示这一类型的数据将会占用多少字节数,比如:

```
cout ≪ sizeof(char);
```

将输出 1。

(3) 赋值/取值

访问栈变量名称,就是访问这个变量的值,因此可以直接修改或读取变量数据

233

的值:

```
int i = 100;  //赋值
cout << i << endl;  //取值
```

(4) 取"运行期信息"操作

C++使用"typeid"操作符,可以获得一个变量的运行期类型信息结构体,其name()成员返回类型名称。比如:

```
int a;
cout << typeid(a).name(); //输出 a 的类型名称
```

C++标准没有规定各种类型的名称应该是什么。因此哪怕同一类型,不同编译器为其所取的名称不一定一致。以 int 类型为例,有些编译器中规中矩地输出"int",但 g++则只用一个字母 i 来表示 int 类型。

请在 Code::Blocks 中通过向导新建一个控制台项目,命名为"VarDemo1"。打开默认生成的"main.cpp",并修改其文件编码为"System default",然后在其内完成以下代码:

```
# include <iostream>
# include <typeinfo>
using namespace std;
int main()
{
    int a;
    cout << "----代码: int a;----\r\n";
    cout << "变量 a 的值为: " << a << endl;
    cout << "变量 a 的内存地址为: " << &a << endl;
    cout << "变量 a 占用的内存尺寸为: " << sizeof(a) << "个字节\r\n";
    cout << "变量 a 的运行期类型信息名称为: " << typeid(a).name() << endl;
    a = 1;
    cout << "----代码: a = 1;之后----\r\n";
    cout << "变量 a 的值为: " << a << endl;
    cout << "变量 a 的内存地址为: " << &a << endl;
    cout << "变量 a 占用的内存尺寸为: " << sizeof(a) << "个字节\r\n";
    cout << "变量 a 的运行期类型信息名称为: " << typeid(a).name() << endl;
    return 0;
}
```

其中 <typeinfo> 是使用"typeid"操作符所必须引用的头文件。请编译、运行,再仔细观察运行结果。我的运行结果中,未初始化的 a 的值是 1964392762。

ⓘ 【小提示】: 看不懂"0x23ff74"之类的数值吗

cout 在输出一个内存地址时,默认将以十六进制表达。如果您现在有兴趣知道类似"23ff74"这样的十六进制数值换算成十进制到底是多大,Windows 附件菜单中的"计算器"可以帮您的忙,或者您也可以用以下代码来强制让它以十进制输出:

```
cout << "变量 a 的内存地址为："<< (int)&a << endl;
```

5.8.3 指针——装着地址的变量

再重复一下,数据有"地址、尺寸、值、类型"四要素 。有一类数据,它的值是别的数据的地址,这类数据害苦了不少 C/C++程序员、它们就是传说中的"指针"数据。

以"指向一个整数的指针"为例,其实它也是一个数据,有地址,有尺寸,有值,有类型。只不过它的值用来存储别的数据的地址。代码示例:

```
int * pa;
```

这就定义了一个将要用来指向另外一个整数的指针数据 pa。相应的四要素分析:

(1) 地址:"&pa"是这个指针变量自己的地址。

(2) 尺寸:32 位机上,普通数据指针的尺寸固定是 4 字节;因为指针变量是固定用来存储内存地址的,在 32 位机的内存地址是 4 字节。如果是 64 位则为 8 字节。

(3) 值:当前 pa 没有初始化,所以它所装的值同样是不确定的、无意义的值。

(4) 类型:"int *"是它的类型,称为"整数指针",或者叫"指向整数的指针"。

对应的测试代码为:

```
# include <iostream>
# include <typeinfo>
using namespace std;
int main()
{
    int * pa;
    cout << "----代码：int * pa;----\r\n";
    cout << "指针 pa 的值为："<< pa << endl;
    cout << "指针 pa 的内存地址为："<< &pa << endl;
    cout << "指针 pa 占用的内存尺寸为："<< sizeof(pa) << "个字节\r\n";
    cout << "指针 pa 的运行期类型信息名称为："<< typeid(pa).name() << endl;
    return 0;
}
```

这次给出全部输出:

```
----代码：int * pa;----
指针 pa 的值为：0x7516413a
指针 pa 的内存地址为：0x28feec
指针 pa 占用的内存尺寸为：4 个字节
指针 pa 的运行期类型信息名称为：Pi
```

一个指针数据也是内存中的一块数据,因此也有地址,即"&pa",本例为0x28feec,但这个数据正好又要用来记一个地址,当前未初始化,是无意义的0x7516413a。虽然它们都用来表示内存地址,但二者没有什么实际关系。我们把钱存入银行，为了访问这笔钱，必须通过带有账号的银行卡，银行卡可以当成是钱在银行里的"地址"。银行卡拿回家后，又必须藏在某个抽屉里，家里抽屉太多，因此抽屉也得有个编号。请问抽屉的编号和银行卡号是什么关系？一个抽屉如果存放的是直接的物品，比如直接放两万元，那这个抽屉就是普通数据；如果抽屉里放着的是另一个抽屉的地址，那么第一个抽屉就是一个指针类型的数据。

接下来我们为 pa 赋值，为了给它赋值，我们定义一个普通的 a 变量，然后将 a 的地址作为 pa 的值：

```
……/ * 略 * /
int main()
{
    int * pa;
    ……/ * 略 * /
    int a;
    pa = &a; //将 a 的地址作为 pa 的值
    cout << "变量 a 的内存地址为:" << &a << endl;
    cout << "----代码： pa = &a; 之后----\r\n";
    cout << "指针 pa 的值为: " << pa << endl;
    cout << "指针 pa 的内存地址为:" << &pa << endl;
    return 0;
}
```

pa 的尺寸和类型肯定不会发生变化，因为栈中新增了一个变量 a，因此 pa 自身的地址理论上有可能发生变化。而为 pa 赋值后，它的值肯定发生变化，并且值是 a 的地址，因此新增部分的输出内容是：

```
----代码：pa = &a; 之后----
变量 a 的内存地址为：0x28fee8
指针 pa 的值为：0x28fee8
指针 pa 的内存地址为：0x28feec
```

再次、再次强调：本质上，所谓的指针，就是用来存储另一个数据的地址的数据。如果一个指针的值，刚好是数据 a 的内存地址，就称这个指针指向 a。像 pa 这样一开始没有被初始化，随便存着一个无意义的数的情况，就称 pa 是一个"野指针"。访问一个野指针是很危险的，因此指针应该尽量初始化。但如果在某一时段内，这个指针就是不想指向任何数据，该如何初始化呢？如果 C++ 11 的编译选项打开着，那么最应该的做法，就是将指针赋值为 nullptr。在 C++ 新标准中，它就代表不指向任何实际数据的空指针，如：

```
int * pa = nullptr;
```

不过在输出 pa 时，显示的是：

```
指针 pa 的值为：0
```

在 C++ 11 标准之前，C++ 语言中，通常使用 0 表示空指针。许多时候也用

NULL 这个宏来表示。

5.8.4 堆数据与内存

很久很久以前,我们就写过这样的代码(我们在《Hello Object XX 版》系列中多次使用):

```
Object * o = new Object();
```

我们之前称 o 是一个"堆对象",没错,这一行代码通过 new 在堆内存中申请到了一块用于存放一个 Object 类型对象的内存数据。今天我们明确地知道,o 也是一个指针变量。指针不一定指向堆数据,比如前面的 pa 指针,它指向栈变量 a,但堆变量通常需要一个指针来表达。下面我们让 pa 指向一个同样通过 new 操作在堆内存分配的内存数据:

```
int *  pa = new int;
```

为方便展开讲解,我们将以上代码拆成两行实现:

```
001   int *  pa;
002   pa = new int;
```

001 行"int * a;"定义了一个将指向整数的指针变量,名字为 pa,类型为"int * "。执行完 001 行,对应的内存状态如图 5 - 16 所示。

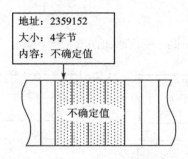

地址:2359152
大小:4字节
内容:不确定值

不确定值

图 5 - 16 "int ＊ a;"内存效果示意

接着,执行 002 行代码:

```
002   pa = new int;
```

"new int"在堆内存中分配到可以放下一个 int 数据的空间,然后将这块空间的地址,作为 pa 的值。现在的内存状态如图 5 - 17 所示。

本例中,pa 本身位于栈内存中(图 5 - 17 左边),地址是 2359152,它的值是211944,这个值是某一块堆内存的地址。这几句话简化的表述就是:指针 a 指向211944 处的内存数据。注意,现在 211944 处的堆内存的值,是不确定的值。该如何为这块内存的数据赋值呢?如果我们直接对 pa 操作,那么修改的将是图 5 - 17 左边

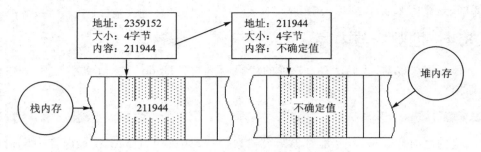

图 5 - 17 "pa＝new int;"内存效果示意

栈内存的值,相当于改变了 pa 的指向(类似之前的"pa＝&a"代码所起的作用)。另外,由于 pa 的类型是"int＊"而非"int",所以若尝试将一个整数直接赋值给 pa,编译过程将报错:

```
pa = 123; //ERROR
```

如果坚持将指针变量当成普通变量一样对待,那我们说对一个指针变量取值赋值,应该就是指取得或修改这个指针所存储的地址。但大多时候,我们更关心指针所指向的数据的值,所以慢慢地我们就把"取得一个指针所指向的数据的值",简称为"指针取值操作"了。C++中,要访问一个指针所指向的数据,确实称为"指针取值"操作,对应操作符为"＊"。因此要修改图中堆内存的数据,代码如下:

```
* pa = 123; //OK
```

现在,对应的栈内存和堆内存状态如图 5 - 18 所示。

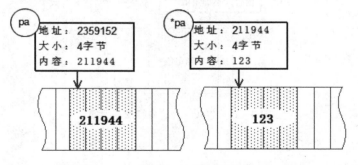

图 5 - 18 "＊a＝123;"内存效果示意

想要输出 pa 指向的数据的值,当然也是通过"＊pa"操作:

```
cout << * pa; //输出 123
```

"取址"和"取值"是一对互反的操作。当然,任何变量,包括指针变量自身也是有地址的,因此我们对 pa 也可以取址:&pa,得到图 5 - 18 中的 2359152。但通过"＊"操作符来取值,只能用在指针变量上。别告诉我你忽然忘了普通变量如何取值。

【课堂作业】：如何取得指针所指向的数据的尺寸

如果要输出指针 pa 所指向的数据占用的字节数。代码该如何写？

5.8.5　数组数据

无论是栈数据还是堆数据，它所占用的原始尺寸，确实就是由它的类型直接决定的，复习一下我们在前面了解到的：

（1）char 是字符类型，其数据占用 1 个字节；

（2）int 是整数类型，其数据占用 4 个字节；

（3）"int *"是指向整数的指针，占用 4 个字节（32 位机）；

（4）"char *"是指向字符的指针，因为也是指针，所以与"int *"相同；

有意思的是，数据可以组团存在。下面是 8 个字符的数据，组团形成一个大数据的示例代码：

```
char  c_array[8];
```

"c_array"所占用的内存情况如图 5 - 19 所示。

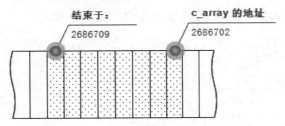

图 5 - 19　"抱团"存在的八个字符

八个字符抱团组成一个变量（例中的变量"c_array"），这个八字符将紧密、连续地排在内存中，元素间不存在空白。在 C/C++中这种数据结构称为"数组（array）"。"c_array"的数据类型不再是"字符/char"，而是"字符数组（array of char）"。严格地讲，是"元素个数为 8 的字符数组"。要访问单独的元素需要通过下标，元素个数为 N 的数据，下标为：0～N－1，通常表达为[0，N）。下面代码让"c_array"的所有元素值都为 a：

```
for (int i = 0; i < 8; ++ i)
{
    c_array[i] = 'a';
}
```

除非有特殊原因，否则各类数据都可以有对应的数组类型，比如下面是 2 个整数"抱团"的示意代码：

```
int  i_pair[2];
```

对应的内存分布如图 5－20 所示。

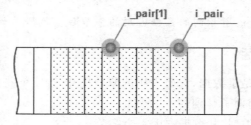

图 5－20　int i_pair[2] 内存示意

"i_pair"拥有两个元素,每个元素占用 4 个字节,因此合计占用 8 个字节。当我们访问"i_pair[1]"时并不需要人工计算它的偏移。从图 5－20 中还可以发现,作为变量(数组变量)的"i_pair",其实它的地址和"i_pair[0]"是重叠的。

【课堂作业】:访问整数数组的元素

定义元素个数为 100 的一个整数数组变量,再使用 for 循环为其每个元素赋值,要求从第 1 到第 100 个的值正好是倒过来的 100 到 1。

给出答案。但明确告诉你,这答案中有很严重的错误:

```
int data[100];
for (int i = 1; i <= 100; ++i)
{
    data[i] = 100 - i + 1;
}
```

访问 data 元素的下标,应该是 0～99。前述 for 循环忽略第 0 个元素(平常生活中我们习惯上的第 1 个),最后又访问了并不属于该数组的 data[100],越出数组所占用的内存的下界,称为数据访问越界。

【危险】:小心数组越界

运行数组越界的代码,程序可能立即挂掉,也可能是先埋下一个隐患,然后在一段时间后出现各种让人摸不着头脑的故障。

5.8.6　堆数组与内存

在栈中组团的数据,符合"栈数据"的特点,即出了当前代码块之后,就会被自动回收。如果要跨代码块使用数组,就必须在堆中动态申请。看一眼我们曾经做过的坏事:

```
new char [1024 * 4]; //每次分配 4K 内存
```

想起来了吗?上述代码写在一个循环中,每执行一次,就会新分配 4K 字节的内存,当时我们的目的是要搞垮程序,因此根本没有使用变量作为将来释放内存所需要的"存根"。现在我们使用一个指针变量记录绑定所分配的内存：

```
char * p_c4k = new char [ 1024 * 4 ];
```

首先将它和在堆中申请一个字符的代码对比：

```
char * p_c = new char;
```

"p_c4k"和"p_c"都是指向字符的指针变量。但"p_c4k"指向的是堆中组团的 4K 个连续的字符（实际指向位置是最前面的那个字符），而"p_c"则指向堆中存放单一的字符的内存。这就透露出 C/C++指针一个任性的地方：同一类型的指针，既可以指向单一数据，也可以指向数组数据。

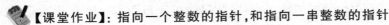 【课堂作业】：指向一个整数的指针，和指向一串整数的指针

请定义并初始化"int * p1"和"int * p2"。让前者指向堆中新分配的 1 个整数，后者指向堆分配出来的 100 个整数。

为什么要说这是指针"任性"的地方呢？因为一个指针到底是指向一个数据，还是指向一个数组，语言没有便捷的方法让我们做出判断，多数只是靠程序员无力的记忆力。想用"sizeof(p_c4k)"和"sizeof(p_c)"：区分一下？别天真了，所有指针大小都一样（4 啦）。指针大小一样，但指针所指向的数据大小不一样，而操作符" * "不是正好用以得到所指向的数据？好像有办法了：

```
cout << sizeof( * p_c4k) << "," << sizeof( * p_c) << endl;
```

非常遗憾，这个方法也失败了。因为" * p_c4k"得到的是该指针所指向的堆数组中的第 1 个数据，一个 char，所以上述代码屏幕输出："1,1"。一个指针自己并不知道自己指向的是单一数据还是一大片数据，如果是后者，那这一片数据有几个元素，它也不知道。接着拿栈中的数组和堆中的数组做对比：

```
char c_4k[ 1024 * 4 ];
char * p_c4k = new char [ 1024 * 4 ];
```

栈数据"c_4k"是一个真正的数组，而不是一个指针，用"sizeof()"检验它：

```
cout << sizeof(c_4k) << endl;
```

果然打印出 4096！"'c_4k'同志，您是真正的数组！"我健步向前紧握"c_4k"的手，热泪盈眶……

【重要】：栈数组的尺寸如何计算

"sizeof(c_4k)"得到的 4096 是怎么来的呢？有人说，这不明摆着嘛！"c_4k"的元素个数是"1024 * 4"，得 4096 呀？错，数组变量所占用的尺寸大小＝元素个数 * 单个元素大小。所以"sizeof(c_4k)"的尺寸计算公式应该是：4096 * sizeof(char)。不信你拿一个栈中的 int 类型数组测试一下。

放下"c_4k"的双手，我转身看"p_c4k"的脸，它满脸通红，激动地辩解："同志！数据有类型之分，但是没有高低贵贱之分啊！"我听到了，但没说话。"p_c4k"更激动了："我从来就没有说过自己是数组！我是指向一个数组的指针，所以我是指针，一直都是。"现场的人还是不说话。"p_c4k"开始伤心地呜咽："我知道，社会上有很多流言蜚语，说我们是 C/C++语言中最难搞的数据类型……"它的哭声又夹杂了一些怨气："可是你们也都知道，如果没有指针，那整个 C/C++ 语言只能是一个死字。再说！""p_c4k"看向"c_4k"，"在代码里，你们数组也很容易退变成指针，不是吗？你说术语里这一个'退'字，真是让所有指针听着心酸。"打住，加深了解指向堆中数组的指针，是消除歧视与误解的最好方法。但马上我们又发现指向数组的指针在用法上的另一个任性之处：在访问其元素的方法上，指向数组的指针和真实的栈数组毫无二致，如下表所列。

栈数组	指向堆数组的指针
/* char c_4k[1024 * 4]; */	/* p_c4k = new char [1024 * 4] */
c_4k[0] = 'a'; c_4k[1] = 'b'; c_4k[2] = 'c'; c_4k[3] = '\0';	p_c4k[0] = 'a'; p_c4k[1] = 'b'; p_c4k[2] = 'c'; p_c4k[3] = '\0';

同样使用"[]"操作符，同样通过下标（当然下标同样从 0 开始）。普通栈数据和堆数据可不是这样的，比如栈中的一个 char 和指向堆中的一个 char 的赋值操作如下表所列。

栈数据－char	堆数据－char *
/* char c; */ c = 'a';	/* char * pc = new char */ * pc = 'a';

非抱团的堆数据取值时，必须通过"＊"操作。时刻提醒程序员，这是一个指针，你可能需要手动释放它。而"p_c4k"除了名字有个 p 前缀外，用起来就像是一个不需要手动释放的栈数组，这就很过分了，明摆着想让程序员混淆吗？

"p_c4k"已经气得脸色发紫了："我这样做，还不是为了让程序员用着方便？难道一直写"（＊p_c4k)[0]"你们不觉得累吗？再说，程序员忘了释放内存，是他们自己的错，为什么要把屎盘子扣在我们指针的头上！"确实，一个合格的 C/C++程序员应该始终记得什么时候该释放内存，特别是堆中抱团的数据啊。然后程序员这么写了：

```
delete p_c4k; //删除堆中数组数据的错误用法
```

只听一声惨叫，"p_c4k"的头被割落在地上，脸色还是紫的，死不瞑目地最后骂了一句"都是些什么程序员啊!"然后脖子以下的身体还在堆中扭动着!释放一个指向堆中的数组的指针,必须使用"delete []"而不是"delete":

```
delete[] p_c4k; //正确删除堆中数组数据的用法
```

对一个指向堆中数组数据的指针,错误地采用 delete 方法,可能造成只是删除数组中第一个元素所占用的空间的后果。因此前面提到的血腥场面不完全是因为作者想象力太丰富。

【危险】:不匹配的释放操作——难以发现的问题

对一个堆数组数据使用 delete 释放,以及对一个堆中非数组数据用"delete[]"都是错误的,但这个错误不是编译错误。代码都可以编译通过,等到运行期才会产生错误。而且这个错误通常也不会让程序直接挂掉,但却可能造成一些莫明其妙的现象。关于编译器为什么不能帮助我们在第一时间拦下这个错误的原因,在前面已经提过了。

这是指向堆中数组数据的指针又一个任性的地方,它必须使用专有的"delete[]"进行释放,但如果你不小心用错了,编译器也检查不出来,因为编译器也不知道一个指针指向的数据到底是不是数组。

【危险】:那些抹平 delete 和"delete[]"区别的编译器

有一家 C++编译器支持让 delete 正确地释放"new[]"出来的内存,这真让人爱恨交加。但听我的,如果你正在使用这家的 C++编译器,请不要简单地用 delete 应付原本应使用"delete[]"的场合。因为一旦养成这习惯,你也许一辈子都只能在这个编译环境下写 C++程序了。

一个题外话:本节标题是"堆数组",但别忘了,指针也可以指向栈数据。此时这个指针根本不应该被释放。如果我们释放一个指向栈数据(无论是不是抱团数据),这同样是编译器所不能检测出来的错误,程序也会进入带病运行状态。

本期望通过加深对指向堆中数组数据的指针的了解,以换回程序员对它们的好感,结果却适得其反。我们能不能抛弃堆数组,只用栈数组呢?不能,和其他堆数据一样,堆数组能做到代码块结束后,所申请的内存仍然被保留着。而栈数组不能。那能不能使用全局的数组呢?全局数组在数据段中,生命周期够长,可以跨代码块使用,但这也是它的问题。它不能在不被需要的时候让出内存。堆数组还有独门技术,它可以在运行时申请动态大小的空间,比如下面的代码:

```
double *  scores = nullptr;
cout << "请输入成绩个数:";
int count = 0;
cin >> count;
```

```
if (count < = 0)
{
    cout << "别逗啦,至少 1 个啦." << endl;
}
else if (count > 10)
{
    cout << "夸张哦,学生一次考试超过 10 科? 最多 10 啦." << endl;
}
else
{
    scores = new double [ count ] ; //动态分配
}
......
```

count 是程序运行时用户的输入,在一番检查之后,最终通过"new double [count]"在堆中获得了指定元素个数的数组。

 【重要】: 栈数组不支持变长吗

如果栈数组的元素个数支持在运行期才确定,那么下面代码可以编译通过并正常工作:

```
int n = 10;
int via [n];
for (int i = 0; i < n; ++ i)
{
    via[i] = n – i;
}
```

C99 标准支持栈数组的元素个数在运行期才确定。C++语言没有跟随 C 语言的这一新标准,所以以上代码使用 C 编译器可以通过,使用 C++编译器则不可通过,只是 g++默认对 C99 这个标准做了扩展支持。

没错,g++支持动态确定元素个数的栈数组,这是一个不合 C++标准的扩展行为。所以我们明确要求禁用这个特性。就算不是为了遵循标准,也要知道栈能支持的内存空间远远小于堆,直接定义一个超大的栈数组,会在编译时报错:

```
int ia[1234567890];
```

得到编译错误是"error: size of array 'ia' is too large"。但如果你使用前述非标准的扩展功能(动态大小栈数组):

```
int n = 1234567890;
int ia[n];
```

编译时不会报错,程序运行时却可能挂掉,而且不会抛出 std::bad_alloc 异常。

【小提示】：让 g++严格遵循 C++标准

可以通过设置全局编译器的选项,让 g++在面对类似"支持变长栈数据组"的这类使用到非标准的扩展功能的代码时,至少也报个警告。主菜单"Settings→Compiler",在"Compiler Flags"选项页,找到"Warnings"组,勾上"Enable warnings demanded by strict ISO C and ISO C++",它相当于启用"- pedantic - errors"编译选项。

数一数"组团"的数据(重点讲栈数组)到本节的"堆数组与内存",出现几个"小提示",几个"重要",几个"危险"? 总而言之,原生的数组,特别是在堆中分配的数组,想要用得对用得好,真是很费心的。这让我们回忆起一个老朋友,还记得感受篇学习的名为"向量"的 C++标准库的数据结构 std::vector 吗?

(1) vector 和数组相似点

① 内部数据元素都是占用连续的内存空间;

② 访问元素时都使用下标和"[]"操作符,下标也都从 0 开始。

(2) vector 优点

① vector 完全支持动态大小。这里的"动态"不仅是在定义变量时可以指定大小,而且可以在运行期按需增加元素个数;

② vector 不需要我们关心如何分配和释放内存,也就是说"new[]"和"delete []"所带来的烦恼都不见了;

③ vector 也支持使用"[]"加下标访问元素,如果出现访问越界,可怕的现象和原生数组是一样的。这好像不算优点,不过 vector 还提供了一个效率稍微差点的"at (i)"成员函数,其中 i 是下标,如果越界,它会抛出异常,这是优点。

(3) vector 缺点

① 需额外占用一点点内存;

② 某些操作性能低于原生数组。

和所有正常的数据一样,vector 产生的变量,可以是自生自灭的栈变量,也可以是借助 new 再产生的堆变量,而且它同样可以支持跨代码块使用。除了 vector,最新的 STL 中还包含了更轻量,更类似栈数组的"std::array",所以新时代的 C++程序员,基本很少使用 C/C++的原生数组。

5.8.7 常量与内存

常量就是不能改变的数据。至少有两个原因造成程序不能修改某个数据,一是没有能力改变,二是语法不允许改变。

字面常量

先看没有能力改变的情况：

```
cout << "Hello world!";
```

白话 C++ 之练功

除非改写程序,否则,这段程序无论如何都会执行这一行,往 cout 送出的数据,就是"Hello world!"这一行话。再如:

```
int a = 1 + 3;
```

这一行代码有三个数据:a、1、3。其后两者我们改变不了它们的值,除非代码重写。

为什么没办法改变这类数据?因为没有变量绑定它们,我们没办法取得它们的地址,虽然可以肯定它们必然也需要内存存储,因此必然有地址,这类数据称为"字面常量"。你有一张存折,你可以存钱或取钱以改变存折的金额;你手上有一张写着五十元的钞票,你非要用手在空中一抓,然后再往钱上吹一口气,就希望将它变成一百元……大神教教我吧!

限定常量

const 关键字用于限定一个数据为常量:

```
int const a = 10;
```

也可以将 const 放在类型关键字之前:

```
const int a = 10;
```

限定常量只能(也必须)在定义时完成初始化,而后对它再做修改就不合法了(无法通过编译),例如:

```
int const a = 10;
int b = a;   //可读
a = b; //ERROR! a 是常量,不可写
```

 【课堂作业】: 有关语法常量的测试

以下两行代码有两处错误,请编写一实际项目进行测试,观察 g++ 编译器所给出的消息,最后改正错误直到编译成功。

```
int const a;
a = 10;
```

因为一经初始化,就不可再修改,常量整数可作为全局数组或栈数组变量定义时的尺寸:

```
int const N = 100;
char str[N];
```

除了初值不可写,作为内存中的数据,常量也有它的地址、尺寸和类型信息:

246

```
int const N = 100;
cout << "address : " << &N
     << ", size : " << sizeof(N)
     << ", type name : " << typeid(N).name() << endl;
```

int const 和 int 的类型内部名称一样,为什么呢? 不想做语法律师般的解释,可以这样理解:因为程序其实不试图在运行期阻止你修改常量,它只是在编译期阻止你写出试图修改常量的代码。

5.8.8 二维数组与内存

C++支持多维数组,但通常我们只会用到二维的栈数据;堆数组更少用到多维。本小节仅讲解二维栈数组与内存的关系。

如果说一维数组是"一排"数据的话,那二维数组就是一个数据"方阵",比如:

```
int ii[2][3];
```

逻辑上对应着一个两行三列的方阵,如下所列:

ii[0][0]	ii[0][1]	ii[0][2]
ii[1][0]	ii[1][1]	ii[1][2]

每个单元格是一个元素,对应 4 个字节的内存(因为元素类型是 int)。

有人打开机箱说:"老师,我的主板上插着两排内存,我家的电脑是不是最多只支持二维数据啊?"胡扯嘛,不管插几排内存条,内存地址都是一条龙似的从 0 排到 4G。所以上述方阵的第一排最后一列的 ii[0][2] 和第二排第一列的 ii[1][0] 所占用的内存地址仍然是连续的。

假设数组 ii[0][0] 的地址是 310000,那么地址为 310004 的元素是谁? ii[0][1] 还是 ii[1][0]? 答案是前者。若把每个地址填入上述两行三列的方阵,结果如下所列:

310000	310004	310008
310012	310016	310020

有点类似数字,比如,从 11 到 20,过程是个位数从 1 进到 9,然后十位数进一。C++中的多维数组,也是靠前面的权值比较大,比如 ii[M][N],M 是高维,N 是低维,因此,ii[0][0] 的下一个元素是 ii[0][1],而不是 ii[1][0](某些语言可能正好相反)。

再次强调,无论是几维的数组,内存地址总是线性的,ii 对应的内存分布示意如图 5 - 21 所示。

二维数组相当于"数组的数组",即:

① 有一个数组;

② 这个数组里的每个元素又都是一个数组。

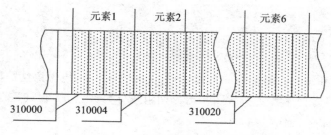

图 5-21　多维数组元素内存示意

当我们需要访问第 N 个数组中的第 M 个元素，代码就是：数组[N][M]，比如：

```
ii[1][2] = 100;
```

显然，下标仍然从 0 开始，无论是高维还是低维。

5.8.9　数组综合练习

新建一个控制台项目，打开"main.cpp"，通过主菜单"编辑"下的"文件编码"菜单项，设置其编码为"系统默认"，然后完成以下代码：

```cpp
#include <iostream>
using namespace std;
//堆数组,重点演示申请动态元素个数以及手工释放,顺带演示手工求最大值
void demo_1()
{
    cout << "说明:录入若干个成绩,程序将找出其中第一个最高分" << endl;
    cout << "请输入成绩个数:";
    int score_count;
    cin >> score_count;
    if (score_count <= 0)
    {
        return;
    }
    unsigned int * scores = new unsigned int[score_count];
    cout << "请录入" << score_count << "个成绩(正整数)," << endl;
    unsigned int top_score = 0;
    for (int i = 0; i < score_count; ++i)
    {
        cout << "请录入第" << i + 1 << "个成绩:";
        cin >> scores[i];
        if (scores[i] > top_score)
        {
            top_score = scores[i]; //取到当前最大的成绩
        }
    }
    //显示
    cout << "您录入的成绩是:";
```

```
    for (int i = 0; i < score_count; ++i)
    {
        cout << *(scores + i) << ", ";
    }
    cout << "其中最高分是:" << top_score << endl;
    cout << "下面,程序将输出" << score_count
              << "个元素的地址:" << endl;
    system("pause");
    for (int i = 0; i < score_count; ++i)
    {
        cout << "第" << i << "个元素的地址:" << scores + i << endl;
    }
    delete [] scores; //别忘了
}
//栈数组,重点突显栈数组无需手工释放内存的傲骄个性,顺带宣扬勤俭持家的传统美德
void demo_2()
{
    int cost[7];
    cout << "说明:请输入您最近 7 天来的每日花销(单位:元,不要录入小数)\r\n"
              << "程序将计算出您一周来的每日平均花销是多少。" << endl;
    int total = 0;
    for (int i = 0; i < 7; ++i)
    {
        cout << "第" << i + 1 << "天:";
        cin >> cost[i];
        total += cost[i];
    }
    //显示:
    cout << "您最近 7 天的每日花销是:";
    for (int i = 0; i < 7; ++i)
    {
        cout << cost[i] << "元,";
    }
    int average_cost = total/7;
    cout << "平均:" << average_cost << "元。" << endl;
    if (average_cost > = 1000)
    {
        cout << "你丫的也太奢侈了吧 :}" << endl;
    }
    cout << "下面,程序输出 7 个元素的地址:" << endl;
    system("pause");
    for (int i = 0; i < 7; ++i)
    {
        cout << "元素" << i << ",地址。方法一:" << &(cost[i])
              << "\t 方法二:" << cost + i << endl;
    }
}
//二维栈数组,重点演示如何访问二维数组元素,顺带展现作者在健康饮食领域的研究成果
void demo_3()
{
```

```cpp
    int cost[7][3];
    cout << "说明:请输入您最近 7 天来,每天三餐的花销" << endl
        << "程序将给出评价(仅供参考)" << endl;
105 char * titles[3] =
    {
        "早餐", "午餐", "晚餐",
    };
    for (int i = 0; i < 7; ++i)
    {
        cout << "第" << i + 1 << "天:" << endl;
        for (int j = 0; j < 3; ++j)
        {
            cout << titles[j] << "花销:";
            cin >> cost[i][j]; //cin >> *( *(cost + i) + j);
        }
    }

    int total[3]; //三餐分开小计
    int total_all = 0; //全部餐次累加
    //外层循环改为餐次
    for (int j = 0; j < 3; ++j)
    {
        total[j] = 0;
        for (int i = 0; i < 7; ++i) //内层则是循环 7 天
        {
            total[j] += cost[i][j]; //i,j 位置别反了
        }
        total_all += total[j];
    }
137 if (total[0] < ((total_all * 15/100) * 80/100)
        || total[0] > ((total_all * 15/100) * 120/100)
        || total[2] < ((total_all * 30/100) * 80/100)
        || total[2] > ((total_all * 30/100) * 120/100)
        )
    {
        cout << "您三餐花费安排得有点不合理噢。" << endl;
    }
    else
    {
        cout << "您三餐安排得很合理!" << endl;
    }
    cout << "下面,程序输出 21 个元素的地址:" << endl;
    system("pause");
    for (int i = 0; i < 7; ++i)
    {
        for (int j = 0; j < 3; ++j)
        {
            cout << "第" << i * 7 + j << "个元素地址:" << &(cost[i][j])
                << "\t 方法二:" << *(cost + i) + j << endl;
        }
    }
```

```
}
int main()
{
    cout << "示例 1:一维堆数组示例" << endl;
    cout << "---------------- 传说中的分隔线 ----------------" << endl;
    demo_1();
    cout << "示例 2:一维栈数组示例" << endl;
    cout << "---------------- 传说中的分隔线 ----------------" << endl;
    demo_2();
    cout << "示例 3:二维栈数组示例" << endl;
    cout << "---------------- 传说中的分隔线 ----------------" << endl;
    demo_3();
    return 0;
}
```

每个 demo 函数在最后,都会输出某个数组中各元素的地址。其中"demo_2"和"demo_3"演示了两种取元素地址的方法。

"demo_3"中的 105 行,用到了"字符串指针"数组,不太好理解的话可以先跳过去。137 行那个条件判断没有任何科学依据,只不过是作者的某种自以为是,早餐花销最好占一天总花销的 15%左右,而晚餐则占花销的 30%左右。为了写好这本书,我真的是毫无保留呀。

5.8.10 声明、定义、实现

我们曾说 C++中的函数就像一位工友,而函数声明就像他的名片,函数定义才是他的真身。不仅函数,C++中的"数据""类"等语言对象也同样存在声明、定义、实现的概念。本节将从内存的角度,简单谈谈三者的区别。

数据的声明与定义

存在"数据声明"和"数据定义"的概念,不存在"实现"的概念。声明一个数据不会占用内存。数据声明只是用来告诉编译器"会有这么一个数据",至于该数据具体在哪里,则由链接器负责查找。一个数据只能定义一次,但能多次声明。典型的数据声明语句如下:

```
extern int i;
```

这句话的全部作用就是告诉编译器,应该会有一个名为 i 的 int 类型的数据。之所以需要有这样的声明,是因为有时候数据定义在别的 CPP 文件里,比如,"a.cpp"中需要用到 i 变量,但这个变量已经定义在"b.cpp"文件中。C++是以单一 CPP 文件作为编译单位,因此在编译"a.cpp"时,它根本不去读"b.cpp"的内容。就算是同一 CPP 文件,如果有些代码在 i 定义之前,就需要先用到 i,那也只好加上声明。仅当(事实上多数情况如此)要使用的数据已经在当前 CPP 文件之前做了定义,那就不需要额外写该数据的声明了。反过来也可以这样理解,数据定义本身同时具备数据声明的效果。数据声明允许我们在当前编译器暂时看不到数据定义的时候，能先"假装"有这个数据存在（比如先给它一个假地址），然后等链接过程找到真实数据位置时，再替换为真实地址。但是，数据声明并不能改变数据的存活周期。比如，以下是正常人类写的代码：

```
void foo()
{
    int i; //定义,同时也声明 i 这个整数
    cin >> i; //然后在后面使用 ii
}
```

先有 i 的定义（同时也是声明），然后使用 i，再正常不过的事。但你不能企图使用数据声明来实现使用一个还没有"出生"的数据，比如：

```
void foo()
{
    extern int i;   //声明会有一个 i 的……
    cin >> i;        //ERROR：企图使用,但此时根本就没有 i
    int i;           //i 在这里定义
}
```

例中的 i 是栈变量，它的生命周期之始在定义处产生，在它定义之前的 cin 语句要用到它，必然失败。一个正确的例子是这样子的：

```
void foo()
{
    extern int i;   //声明会有一个 i 的……
    cin >> i;        //大胆使用
}
int i;
```

这时 i 是一个全局数据，尽管它在代码中出现的位置是在整个 foo 函数之后，但由于它是全局数据，所以它会在程序一启动时就存在，等到 foo 函数被调用时，它自然也还存在（因为人家生存在数据段中）。

😀【轻松一刻】：只认"声明"不认"定义"？

检票员："你为什么买的是半票?"

乘客："我是残疾人。"

检票员："请出示残疾证明。"

乘客："您看我只有一条腿。"

检票员："对不起,我只认残疾证明。"

乘客："定义本身就是一种声明。"

函数的声明与定义

函数有"声明""定义"和"实现"的概念。函数声明例子：

```
extern int foo(int i, char c);
```

其中 extern 可以省略，甚至参数的名字也可以省略：

```
int foo(int, char);
```

这也是一个函数的声明。函数声明不占用代码段内存。

对于普通函数，"定义"就是"实现"：

```
int foo(int i, char c)
{
    return i + c;
}
```

函数的定义（或称实现）占用代码段内存，因此我们可以得到函数的地址，以下是完整示例：

```
#include <iostream>
using namespace std;
int foo(int i, char c)
{
    return i + c;
}
int main()
{
    cout << (int)&foo << endl; //输出函数地址
    return 0;
}
```

和普通数据一样，通过取址操作符"&"取得函数的地址，不过 C++规定，函数名本身就代表它的地址，因此将代码中的"&foo"改为 foo 的效果一致。但无论有没有取址符，记得 foo 之后不能有圆括号，否则就是在调用该函数。当然，你不能试图对一个函数地址通过"*"操作符进行取址，sizeof 操作倒是可以，函数地址的大小，也是 4（32 位机）。眼尖的同学或许注意到，cout 在输出"&foo"之前，代码将它先转换成 int 类型了，为什么要这样？后面再说。

类定义

下面是一个类"定义"的例子，为了方便，我们用 struct：

```
struct Person
{
    int age;
    std::string name;
};
```

如果纯站在程序员而不是编译器的角度，类定义并不占用内存。

许多新学习 C++的朋友不理解这一点，说："怎么会不占用内存，你看这个结构明明包含了两个成员数据呀，而有数据就肯定要占用内存不是？"注意，定义一个类型,只是在描述一种事实:我认为某某类型应该有某某数据。一个小姑娘说:"我认为天使应该长着一对翅膀,还有……"一个小男孩说:"我认为小鬼应该长着一对犄角,还有……"不管他们说什么,他们只是在描述自己心中的某个种类生物的类型定义而已,这些定义实际不占用地球世界的资源。

之前的例子中,定义了一个"人类",并且认定"人类"应该拥有两样属性:年纪和姓名。它们不占用内存(严格讲编译器会为类定义产生"运行时的信息",但那基本不在程序员的考虑范畴内),要一直等到这个类产生对象数据了,数据本身才占用内存。

【轻松一刻】:"肉夹馍"类型

一个美国人和一个中国人一起挨饿,中国人说:"要是现在有一个肉夹馍那该多好啊!"老美问什么叫"RouJiaMo"? 中国人在地上开始写代码:

```
class RouJiaMo
{
    很多肉;
    两层面粉馍;
    //……
};
```

中国人用这个类定义告诉了国际友人肉夹馅的"定义"。但这个"定义"并不代表他俩现在就有一个香喷喷的肉夹馍可以吃。

具体类型的定义不占用内存,我们自然不可能使用"&"取一个类的地址。sizeof 表面上看倒是可以取得一个类的尺寸,但其实 sizeof 在这种环节下,所要表达的是,如果这个类产生对象,那么应该是这么大的。

一旦定义了 RouJiaMo 的对象,就可以取得真正的肉夹馍地址。地址很重要。如果只有一个馍,那它是在你的手上,还是在美国人的手上? 如果有两个,你们人手一个,美国人咬了一口自个儿的肉夹馍,绝不可能造成你手上的馍少掉一块。同一类所产生的不同对象,物理上是相互独立的。

类(或结构)可以有成员数据和成员函数,比如:

```
struct Person
{
    int age;
    std::string name;
    void Introduce()
    {
        cout << "My name is " << name << endl;
    }
};
```

我要说一句看起来非常矛盾但我保证它是正确的话:"类定义中的成员函数会占用内存(代码段),但类定义本身仍然不占用内存。"这听着就矛盾,B 占用内存,但包含着 B 的 A,却不占用内存？这是因为"类定义包含有成员函数",这里的包含完全只是 C++语法上规定成员函数的声明代码,必须写在类定义之内。甚至也允许成员函数的实现,直接写在类定义内,比如上例中的"Introduce()"。但具体编译的结果,成员函数其实会变成一个普通的自由函数,同样以 Person 的"Introduce()"成员函数为例,编译之后得到的应该类似：

```
struct Person
{
    int age;
    std::string name;
};

void Introduce(Person * this)
{
    cout << "My name is " << this->name << endl;
}
```

这结果很像是纯 C 写的代码(C 语言没有成员函数的概念),即编译之后,Person 类定义和其内的 Introduce 函数定义没有什么包含关系,因此 Person 类定义不占用内存地址的结论得到维护。"透视"所看到的成员函数的编译结果,还说明了另一个事实,即将来类产生的所有对象,都共享同一份成员函数。比如 Person 有两个对象：

```
Person p1;
Person p2;
```

p1 和 p2 同时存在,p1 和 p2 内存地址肯定不一样,p1 有自己的 age 和 name,p2 有自己的 age 和 name。以 age 为例,"p1.age"的地址,肯定和"p2.age"的地址不相同。测试如下：

```
cout << &p1.age << endl;
cout << &p2.age << endl;
```

取得一个对象的成员数据的地址,仍然是通过"&""&p1.age"写法,相当于"&(p1.age)"。

问题是"p1.Introduce()"和"p2.Introduce()"的地址是相同的还是不同的？可以回答：相同。因为从编译结果看,它们无异于"Introduce(&p1)"和"Introduce(&p2)"只是入参不同,函数相同。相比 C 语言数据是数据、动作是动作,C++认为,这世间的"对象",应该既有数据,又有动作。于是类定义有了成员数据和成员函数,但没想到就在刚才,我们看透了 C++的成员函数,原来只不过是在语法上玩玩把戏,最终编译结果还是数据是数据,函数是函数。既然 p1 和 p2 的 Introduce 其实是同一个,那么以下代码应该输出两个相同的内存地址：

```
cout << &p1.Introduce << endl;
cout << &p2.Introduce << endl;
```

被众人看穿的 C++ 同学陷入了沉思："从编译结果来看,确实应该输出两个相同的地址。但是从面向对象的角度来看,'p1 的 Introduce'和'p2 的 Introduce'至少在语义上不是同一个东西呀……"有关对 C++ 此处的沉思内容的另一个揣测的版本是:"这么快就被看穿了?生气!我就要输出不同的地址……可是,老师说做语言要诚实,这要怎么办呀……"最终 C++ 同学一不做二休,定下一条语法规则:不允许对成员函数取地址!不信?这就试试:

```
cout << &p1.Introduce << endl; //编译不过
cout << &p2.Introduce << endl; //编译不过
```

结论是:如果你想看某个对象的某个成员函数的地址,C++ 编译器会脸色一青,拂袖而去……那我们能不能不区分对象,也就是说咱不再去管是 p1 还是 p2 了,只求类 Person 中的 Introduce 的地址,行不?这里提前说一下表达"XXX 类中的 Foo 成员函数"的 C++ 语法是"XXX::Foo",因此 Person 类的 Introduce 成员函数的地址这么写:&Person::Introduce。这又是一个两难。Introduce 是一个函数,肯定占用代码段内存,因此肯定要有地址。但从语义上正如前面所说,"类型定义"只是在描述一个类型,哪来的地址呢?C++ 同学再次要赖,它说:"类的成员函数的地址是存在的,但我不告诉你。"测试代码如下:

```
cout << &Person::Introduce << endl; //可以编译通过
```

代码编译通过了,但输出的值是 1,但这倒不能再次归罪于成员函数。事实上 cout 输出任何函数(成员函数或普通函数)的地址都是 1。回忆一下我们是如何输出 foo 的地址的:

```
cout << (int)&foo << endl; //输出函数地址
```

由于一系列复杂的因果关系,流输出 (<<) 操作符在输出函数地址时,会通通将它们当作"布尔值/boolean"处理,所有非零的数都是 true,默认情况下 true 输出值就是数字 1。为了避免这其间的信息损失,我们需要在函数地址前加上"(int)"以便将其强制转换成整数,但这当然是在 C++ 愿意告诉我们普通函数(也称自由函数)地址的前提下,轮到成员函数,C++ 不让我们转换:

```
cout << (int)&Person::Introduce << endl; //编译失败
```

就这么任性,查看一个对象的成员函数的地址,违法!查看一个类的成员函数的地址,合法,但不让你看到其真正的值。人世间的很多方便和美好,正是源于对真相的掩盖。所以,倒也不是 C++ 纯粹的任性,事实上任性是有底气的:C++ 有大量的其他功能可让我们避开"函数地址",特别是"成员函数地址"这样的实现细节。

静态成员数据的定义

前面提到 Person 时,我们大致说了,对象张三的年纪数据和对象李四的年纪数据,拥有不同的内存地址,是完全独立的两个数据。

　　类能不能有一种数据,是在其所有对象之间共享的? 比如我们定义 Chinese,然后有一个成员数据是"祖国"。这时候张三和李四的"祖国"其实都一样,又假设我们都承诺一生不背叛亲爱的祖国,这时就可以将"祖国"这个数据,设置成所有中国人都共用并唯一的一份数据,这种数据就叫做"静态成员数据(static member)"。示例代码:

```
struct Chinese
{
    int age;
    std::string name;
    static std::string motherland; //静态数据,祖国
};
```

　　非静态的成员数据是在具体对象构造时才初始化,但静态成员数据是所有对象共有的,因此必须事先就完成初始化。想一想,等张三或李四出生时,才确定咱们伟大祖国的名称是"中国",这也太儿戏了! C++规定静态成员数据在代码中单独定义,上述的 motherland 静态数据的单独定义方法为:

```
//某个代码文件中
std::string  Chinese::motherland = "China";
```

　　注意,motherland 必须加上"Chinese::"的限制,表示这里定义的是 Chinese 类的静态成员 motherland,而不是某个普通的全局数据。顺便说下,类的静态数据也是一种全局数据,其生命周期和初始化的无序性,和普通全局数据一致。这一次,Chinese 类的所有对象,它们的 motherland 都拥有相同的内存地址,以下是完整的测试代码:

```
#include <iostream>
#include <string>
using namespace std;
struct Chinese
{
    int age;
    string name;
    static std::string motherland;
};
std::string Chinese::motherland = "China";
int main()
{
    Chinese zs;
    Chinese ls;
    cout << zs.motherland << endl;
    cout << ls.motherland << endl;
    cout << &zs.motherland << endl;
    cout << &ls.motherland << endl;
```

```
        return 0;
}
```

类的声明

类的声明倒是很简单。下面代码就是 Person 类的一个声明：

```
struct Person; //Person 的一处声明
```

类的声明是在告诉编译器："相信我,会有一个名字叫 Person 的类定义存在的,只是不在这里。"

5.9　进制(一)

5.9.1　初识二进制

女儿读幼儿园,我就开始关心她的算术能力了。读小班的她已经会个位数的加法了,然后一晃两年过去,幼儿园快毕业时,她拿着算盘在那里炫耀百位数以内的加减能力。

上面这段描述中,提到了"个位"和"百位",您懂吧? 如果不懂那我太高兴了,因为我的《白话 C++》居然有幼儿读者呀! 不管如何,我还是要普及一下幼儿园的算术知识:日常生活中我们使用的进制叫"十进制",即逢十进一。十进制数的最低位,称为"个位",而后是"十位""百位""千位"……

今天我们学习二进制数。按十进制数的习惯,称二进制数的最低位为"1 位",然后是"2 位""8 位""16 位""32 位""64 位""128 位"……

十进制数上百位上的 1 表示 100,十位上的 1 表示 10,个位的 1 表示 1。所以我们知道十进数的 123 代表一百二十三,那是因为……请看大屏幕:$123=1\times100+2\times10+3\times1$。

👀 【轻松一刻】:二进制其实很简单

我知道性急的读者读到此处,已经直接打电话到出版社咆哮了:"我要的是一本计算机专业编程教材,而不是一本幼儿算术启蒙读物!"别急别急,"十进制"知识确实简单得像幼儿教学,比十进制还要简单五倍的当然就是二进制了。但我保证,真的有很多很多的程序员一提到二进制就晕,这说明,在看似简单的知识背后,也有可能隐藏着某些复杂的难点。大家耐心一点,初中读物很快来了,你懂什么是"次方"吧?

如果我们把一个数从右到左依次称为"第 0 位""第 1 位""第 2 位"……那么十进制数各位的权值,都是以 10 为基数,以位数为指数。请看大屏幕:

$123=1\times(10$ 的 2 次方$)+2\times(10$ 的 1 次方$)+3\times(10$ 的 0 次方$)$

其中,10 的 0 次方为 1,因为初一的代数课本说:"除 0 以外,任何数的 0 次方为 1。"

套用到二进制数据,仍然是"第 0 位""第 1 位",各位的权值是以 2 为基础,以位数为指数。现在我写一个有三位的二进制数,比如 101,如果你初中代数还过关的话,应该很容易将它转换成十进制数的值了吧?

如果你已经正确将二进制数 101 成功换算成十进制的 5,恭喜你成为第 10 种人!

5.9.2　正整数和零

既然二进制数各个位的权值是以 2 为基,因此二进制数 123……且慢!二进制数不可能出现 2,3……因为它逢 2 就进 1,所以只有 0 和 1。这和十进制数中只有 0~9 是一个道理。那我们以二进制数"110"为例进行计算。啰嗦一下,不能把二进制数 110 读成"一百一十",为避免混淆,我们用"110(2)"明确表示它是一个二进制数。

$$110(2) = 1 \times (2 \text{ 的 } 2 \text{ 次方}) + 1 \times (2 \text{ 的 } 1 \text{ 次方}) + 0 \times (2 \text{ 的 } 0 \text{ 次方})$$
$$= 1 \times 4 + 1 \times 2 + 0 \times 1$$
$$= 4 + 2 + 0$$
$$= 6$$

可见二进制的 110 看起来是很大的三位数,用二进制表示却只不过是 6。如果我女儿读幼儿园时学的是二进制数的话,那么她在小班时就已经掌握三位数的加减了。

【课堂作业】:练习二进制数换算成十进制数

(1) 写以下二进制数的十进制值:0000、0001、0010、0110、0011、1000、1010、0111、1111、1001。

(2) 请将以上二进制数从小到大排列,然后补充出同样处于 0000~1111 范围的其他二进制整数,并将新增的二进制数换算成十进制数。

二进制"耗位置"。一个小小的十进制数 6 用二进制来表达,就得用到 3 位数。之前我们说过机型,16 位机、32 位机、64 位机等,这里的"位(bit)"指的就是二进制数。以 32 位电脑为例,一个最大的二进制整数是多大呢?拍拍脑袋就知道了:

11111111 11111111 11111111 11111111

这就是最大的 32 位无符号正整数,换算成十进制是多大呢?答:4 294 967 295,读作:"四十二亿九千四百九十六万七千两百九十五"。如果问的是:32 位的二进制,最多可以表达几个整数?则回答:可以表达 4 294 967 296 个(0~4 294 967 295)。

至此我们说的是 0 和正整数,负整数用二进制如何表达呢?比如 −1 的二进制数形式是什么呢?

5.9.3　负整数(原码、反码、补码)

如果让你来设计,二进制的负整数该如何表达呢?丁小明同学站起来:"前面加个负号就行了呗！比如十进制数－6，就是－110(2)。"

☺**【轻松一刻】：通知：丁小明同学洗校厕三天**

早就说过，在计算机中，一切都是用数字表达的。虽然电脑键盘是有负号和正号的，电脑显示屏上也能打出负号和正号，但这都是给人看的，一切符号对于机器来说，最终都需要用二进制数表达。

既然计算机中一切都是 0 和 1，那么负号肯定也得用 0 或 1 来表达。最容易想到的方法就是 0 表示正号，1 表示负号(或者反过来)。用 32 位的二进制数"＋1"和"－1"为例：

"＋1"是：00000000 00000000 00000000 00000001

"－1"是：10000000 00000000 00000000 00000001

看起来真的很直观啊，然而数学家很不满意。他们说："＋1"加"－1"应该等于0！你把那两个数加加！"加就加，啊？二进制数中的"＋1"加上"－1"，结果居然是"－2"。

求救的目光转向计算机学家……更惨！计算机学家通常是一位懂数学的计算机专家，只听到他们冷冷地发问："请问，0 这个数你准备怎么表达？"我们怯怯地回答：

"＋0"是：00000000 00000000 00000000 00000000

"－0"是：10000000 00000000 00000000 00000000

计算机学家怒了："咱们搞计算机，第一要求就是准确无二义！同一个 0，怎么允许在计算机的世界中有两种表达？"数学家又来补刀："正零必须等于负零！"

怎么办呢？我抓耳挠腮，终于得出结论：干嘛呢！我就是来打个酱油，你们凭什么让我回答这个问题！快点直接告诉我们先哲是如何解决这些问题的？先哲说："年轻人别灰心！用二进制数中最左边的一位 0 或 1 表示正号或负号，完全是正确的思路！只不过，对于负数，你需要用补码……补码……码……"先哲的声音越来越远。"等等啊，什么叫补码啊？""要懂补码，先懂反码……""唉，什么叫反码？""要懂反码，先懂原码……"

原　码

前面一直在说的正整数和 0 的表示法，就叫做原码。例如，以 32 位的 0 和 1 为例：

0：00000000 00000000 00000000 00000000

1：00000000 00000000 00000000 00000001

我们仅用原码来表达正整数和 0，而不用来表达负整数，因为，假设用原码表示"－0"和"－1"的话：

"－0"：10000000 00000000 00000000 00000000

"－1"：10000000 00000000 00000000 00000001

咦？这不就是我们刚才失败的创意吗？但它却是后面变换过程的开始。

反 码

将原码中除最前面的符号位以外的 0,全变成 1,1 全变成 0,就叫反码。即:符号位不变,其他位全取反。

0 和正整数用原码表达,因此我们只关心负数,试试用反码表达一下"-0"和"-1"。

先看原码:

"-0"的原码:10000000 00000000 00000000 00000000

"-1"的原码:10000000 00000000 00000000 00000001

然后分别取反:

"-0"的反码:11111111 11111111 11111111 11111111

"-1"的反码:11111111 11111111 11111111 11111110

根据计算机学家的要求,"-0"和"+0"必须长得一样,以避免二义性。如果用反码表示的话,"-0"的二进制数和"+0"的二进制数长得南辕北辙,失败。

根据数学家的要求,"+1"加"-1"必须等于 0。我们试试反码版的"-1"加上原码版的"+1":

```
      00000000 00000000 00000000 00000001    #这是"+1"
+   11111111 11111111 11111111 11111110    #这是"-1"(反码)
—————————————————————————————
      11111111 11111111 11111111 11111111
```

结果成了那个最大的无符号整数:4294967295! 看来反码只是一个中间状态,不能用它来表达负整数或带负号的 0。

补 码

将反码加 1 得到的数,就叫做补码。

这么简单? 不过,也得注意一点小事情:溢出。

【轻松一刻】: 世界上最大的数是多少

小学一二年级的学生最爱抬杠的事,恐怕就是比谁的数大。

甲说自家养了 5 只鹅,乙就说他家有 6 只。甲一生气:10 只! 乙:100 只! 后面就更了不得了,千只,万只,十万只,最后有一方嘴累了,就来一句:"反正无论你有多少只,我就比你多 1 只。"

一方垂死挣扎:"我家鹅的只数,是世界上最大的数!"

一方厚颜无耻:"那我家的是世界上最大的数再加 1 的那个数。"

如果这世界上真有一个最大数,那么,这个最大数再加 1 得到的数是什么呢? 这听着怎么也不像是个算术问题,倒像是无解的哲学问题。在计算机的世界里,这个问题有解了! 32 位机里,最大的数,不就是"四十二亿九千四百九十六万又七千两百九十五",那么,这个数加上 1,是什么呢?

```
    11111111 11111111 11111111 11111111
+   00000000 00000000 00000000 00000001
    ————————————————————————————————
    00000000 00000000 00000000 00000000
```

二进制数中全是 1 的数,再加上 1 以后,根据逢二进一的法则,像多米诺骨牌一样,每一位都进位上去,最后全变成 0 了。原来计算机世界里的最大数加上 1 以后,居然得到 0。等等,一直进位的话,进到最高位那个 1 上哪去了? 你是说 33 位吗? 停! 32 位机哪来的 33 位。那个超出长度的 1,就这样"人间消失",啊不,就这样"机间消失"了。专业术语称为"溢出(overflow)"。言归正传。来看看补码如何表达"一0"和"一1"。先看反码:

"一0"的反码:11111111 11111111 11111111 11111111

"一1"的反码:11111111 11111111 11111111 11111110

然后分别取补(加 1):

"一0"的补码:00000000 00000000 00000000 00000000

"一1"的补码:11111111 11111111 11111111 11111111

惊喜地发现,"一0"的补码全是 0(由于溢出),这和原码中的 0 是一致的。计算机学家所要求的无二义性满足了。

再计算一下(1)+(-1):

```
    00000000 00000000 00000000 00000001
+   11111111 11111111 11111111 11111111
    ————————————————————————————————
    00000000 00000000 00000000 00000000
```

溢出再一次发生,而结果却正是我们想要的:正 1 加负 1,终于完美地等于 0 了!

5.9.4　无符号数 vs 有符号数

一个 32 位全是 1 的二进制数:11111111 11111111 11111111 11111111,我们一开始说它是一个很大的十进制数:4294967295。但后来学习了补码,结果它成"一1"了。不是说不能有二义性吗? 这全是 1 的数到底是什么呢?

最高位(最左端)的 1 如果代表负号,那么就应该是"一1",但如果最高位不用作符号,那就是 4294967295。

考虑到现实生活中许多数据不存在负值的可能,比如问内存地址是多大,天上星星有几颗,或者房地产商的利润是多少等,这些数据只需要 0 和正整数。因此 C++语言决定区分"有符号"和"无符号"两种数量类型。比如之前用到 int 类型,严格讲是有符号整数类型。对应的无符号整数的类型是"unsigned int",只能表达 0 和正整数。常见的有:

(1) int/unsigned int:整数,32 位。

（2）short int/unsigned short int：短整数，16 位。

（3）char/unsigned char：字符，通常是 8 位。unsigned char 也常被称为"byte"，因为它最接近内存中的一个字节。

（4）long/unsigned long：长整型，在 32 位机器上，也只是 32 位，在 64 位机上通常是 64 位。

如果一个整数是有符号的，那么可表达大小的位数就变成了 31 位。其最大的正整数是：01111111 11111111 11111111 11111111，换算成十进制数，是：2 147 483 647，一下子缩水不少。不过，如果问的是 32 位的二进制，最多可以表达几个整数？答案还是：可以表达 4 294 967 296 个（−2 147 483 648～2 147 483 647）。

🛈 【小提示】：16 位整数的表达范围

20 世纪我学习 C++时，那时个人电脑是 16 位的，所以一个整数的表达范围，就是：−32 768～32 767；真是一个令人捉襟见肘的可用范围啊。

5.10　进制（二）

5.10.1　十六进制

十六进制即"逢十六进一"，可我们只有 0 到 9 共 10 个阿拉伯数字，因此得把 A～F 都用上来表达 10～15（不区分大小写）。A 是 10，F 是 15。

一个字节是 8 位，半个字节是 4 位，全部为 1 时是 1111，换算成十进制是 8+4+2+1=15。正好是一个十六进制的 F，当然这是半个字节，一个字节用十六进制表达范围：00～FF。代码中写十六进制数时，需要在前面加"0x"（数字 0 和字母 x）：

```
int a = 0x17FCA0；
```

32 位全是 1 的无符号二进制数用十六进制表达就是：0xFFFFFFFF。

🛈 【小提示】：生活中的各种进制

时间是 60 进制，角度也是 60 进制。说到"一打东西"时，用的是 12 进制。请各位课后想想还有什么进制。

二进制数→十六进制数

继续以半个字节为例，看看 4 位的二进制数如何转换成十六进制（刚开始我们特意保留转换到十进制的中间步骤）。

首先我们看到一个 4 位的二进制数（半个字节），比如：1010(2)。

接下来我们口里一定要念一个咒语，刚好也是四位："8421、8421、8421……"

然后将半个字节的 4 位数，在心里拆成这样一个表：

1	0	1	0

接着把咒语中的 4 个数字,加在表的第二行,为了完善,左边再加下列说明:

二进制位	1	0	1	0
对应权值	8	4	2	1

(咒语为什么是 8421 也解密了:就是 2 的 3 次方到 2 的 0 次方的值。)

然后逐列将第一行和第二行相乘,得到第三行,如下所列:

二进制位	1	0	1	0
对应权值	8	4	2	1
十进制值	8	0	2	0

最后把十进制值的各列相加:8+0+2+0=10。因此二进制数 1010 就是十进制数 10。等等,我们要的是十六进制数啊!别急,十进制的 10 就是十六进制的 A,这是张口就来的事。似乎很简单,但还有个问题!这只是半个字节的转换,如果是一个、两个、四个字节,得到一个十进制数比如 3456,我们可就张口说不出它对应的十六进制数是多少了!别急,我们永远可以将二进制数拆成一个个四位数,然后一个个转换过去就可以了。比如有一个字节是:1010 1010,不用算了,换成十六进制肯定是 0xAA。

再来:0101 1110,念着咒语盯着它,心里很快可以得到答案:高位半个字节是 5,低位字节是 14,所以十六进制是 0x5E。

如果你不爱用这个方法,那你可以坚持直接将一个完整的二进制数换算成十进制,再从十进制换算成十六进制。其中第一步我们学习过了,还是这个数:0101 1110。

先换算成十进制:0101 1110＝2 的 6 次方(64)+2 的 4 次方(16)+2 的 3 次方(8)+2 的 2 次方(4)+2 的 1 次方(2)＝94。

第二步,如何将十进制的 94 换算成十六进制?还没学呢,虽然我们已经知道答案。

【课堂作业】:体验二进制数换算至十进制的"笨方法"

请拿起笔,立即用以上方法中的步骤一,将以下二进制数换算成十进制数:

8 位数:11011100、01110110、10010101、11011101;

16 位数:1101101000110101。

还是回到聪明的方法来吧。为了显摆这次我们上一个难的,16 位的二进制数:1101101000110101。用聪明的方法如何换算成十六进制呢?

首先还是按每 4 位拆组:1101 1010 0011 0101,然后:

1101(2)→13→0xE

1010(2)→10→0xA

0011(2)→3→0x3

0101(2)→6→0x6

结果出来了：二进制数 1101101000110101 换成十六进制是 0xEA36。

十六进制数→二进制数

十六进制换算成二进制，我们直接学习"聪明"的方法。

同样需要"8421"这个咒语，但你必须具备将一个 16 以内的数通过心算得到 4 位的二进制数的能力，比如 0xA，十进制数是 10，接着从咒语里凑两个数相加为 10，显然就是"8+2"。然后知道 8 是 2 的 3 次方，2 是 2 的 1 次，再然后知道在半个字节的二进制位上 3 位和 1 位是 1，其他位（2 位和 0 位）是 0，得到 1010(2)。整个过程如下：

0xA→10＝8＋2→1010(2)

再给一些例子：

0xD→13＝8＋4＋1→1101(2)

0xF→15＝8＋4＋2＋1→1111(2)

复杂一点的，0xC9D5 要换算成二进制，类似：

0xC→12＝8＋4→1100(2)

0x9→9＝8＋1→1001(2)

0xD→13＝8＋4＋1→1101(2)

0x5→5＝4＋1→0101(2)

请特别注意最后的 0x5 的转换结果不足 4 位，需在前面补 0。

最终结果是：十六进制 0xC9D5 换算成二进制数是：11001001 11010101。

5.10.2　八进制

相比十六进制，编程中用到八进制的时候并不多。关于八进制你需要了解的第一个细节就是——在 C++代码中的八进制数以数字 0 开始：

```
int a = 010;
```

非常不直观，非常容易混淆，非常容易在喝了点小酒的时候，将它当成二进制的 2，或者在失恋的夜晚里将它当成十进制数的 10，因为从小算术老师就告诉我们，整数前面的 0 没有意义。但 C++语言就这么规定的，唉！

八进制只需使用 0～7 这 8 个阿拉伯数字，逢八进一。所以看到八进制的 10，你应该可以换算出它其实是一个十进制的 8。八进制各位权值以 8 为基数。下述的算式演示八进制 0173 如何换算成十进制的 123。

0173→1×（8 的 2 次方）＋7×（8 的 1 次方）＋3→64＋56＋3→123。

再看看一个二进数如何换成到八进制,随便写一个"11101111",这次我们需要每三位分一组(想一想为什么?)得到:11、101、111。第一组只有 2 位,因为分组次序是从低位开始(想一想又是为什么?)。

然后各组转换成十进制:

11(2)→3

101(2)→5

111(2)→7

结果是:357(8),就这么简单。小时候背过九九口诀表,现在请熟记"八进转二进制表":

7→111(2)	3→011(2)
6→110(2)	2→010(2)
5→101(2)	1→001(2)
4→100(2)	0→000(2)

【课堂作业】:八进制、十六进制互换表

请给出八进制数(0~7)和十六进制数(0~F)之间的互换表。

5.10.3 进制换算

我们已经学会的换算过程有:

◇ 二进制↔八进制、十六进制

◇ 十六进制、八进制↔二进制

◇ 二进制、八进制、十六进制↔十进制

接下来重点学习十进制数如何换算到其他进制,这儿有个统一的方法称为"连除法"。

十进制数→二进制数

第一步:将十进制数除以 2,得到商和余数;再将商除以 2,得到新的商和余数。如此重复直到商为 0 为止。

第二步:将上述过程中得到的余数(因为除数是 2,所以余数不是 0 就是 1)从后往前排名列,就是转换后的二进制数了。

例如将 6 换算成二进制数,如表 5-2 所列。

将余数按得到的先后次序,倒序排列,得到 110,这就是 6 的二进制数。

以上过程在草稿纸上通常如图 5-22 所示来演算。

十进制数→八进制数

方法类似换算成二进制数,只不过除数变成 8。

例如将 289 换算成八进制数,如表 5-3 所列。

表 5-2 十进制数 6 换算成二进制过程表

表达式	商	余 数
6÷2	3	0
3÷2	1	1
1÷2	0	1

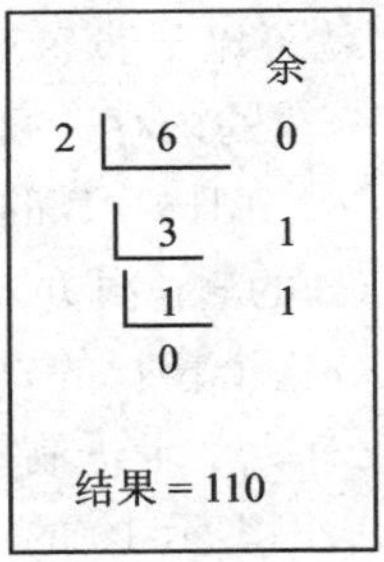

将余数按得到的先后次序,倒序排列,得到 441,正是 289 的八进制表达。

十进制数→十六进制数

方法类似换算成二进制数,只不过除数变成 16。

例如将 872 换算成十六进制数,如表 5-4 所列。

图 5-22 连除法演算过程草图

结果 = 110

表 5-3 十进制转八进制示例

表达式	商	余 数
289÷8	36	1
36÷8	4	4
4÷8	0	4

表 5-4 十进制转十六进制示例

表达式	商	余 数
874÷16	54	A
54÷16	3	6
3÷16	0	3

将余数按得到的先后次序,倒序排列,得到 0x36A,正是 874 的十六进制表达。

5.10.4 浮点数

"浮点数/floating point numbers"是计算机用来近似表达实数的一种方法。和中学学习的科学计数法有点类似,其小数点位置可以改变,此为"浮点"之意。浮点可以让既定字节数下拥有比"定点数"大的表达范围。概念上,"浮点数"和"N 进制数"不是并列关系。存在十进制的浮点数,也存在二进制的浮点数。看这就是一个十进制数的浮点表示法:$9.57×10^2$ 这个数是什么? 其实它就是数"957"的浮点表示法(没错,浮点数当然也可以表达整数)。一个规范的"浮点数"表达方式,需要满足如此特征:d.dd…d×(B 的 e 次方)。

其中,"d.dd…d"称为"尾数"(更通俗的说法是"有效数字")请注意不要混淆了小数点和后面的省略号。B 称为"基数",e 称为"指数"。

不同进制浮点数在表达上有不同 B 值。二进制表达浮点数时 B 是 2,十进制表达浮点数时 B 是 10。另外,不同进制表达浮点数,其尾数中每一位 d 的取值范围,也随进制变化而变。十进制数,d 就是 0~9;二进制数,d 就只能是 0~1。如果明确使用二进制表达的话,则是:d.dd×(2 的 e 次方)。其中每一位 d 都只能是 0 或 1。另外,尾数"d.dd"中的整数部分如果是 0,那我们总是可以通过调整 e 的大小,将尾数中的整数部分变成非零(用十进制来说明:0.123×10 的 2 次方,可以改用 1.23×10

的 1 次方）。这样做就保证了二进制的尾数的第一位数肯定是 1,既最前面的数固定是 1,那就可以干脆忽略不记它,大家约定好在内存之外还有一位 1 就好了,于是节省了一个位的内存。每一个规范的浮点数,都可以通过以下表达式计算得到:

$$\pm(d0+d1\times(B\text{ 的}-1\text{ 次方})+d2\times(B\text{ 的}-2\text{ 次方})+d3\times(B\text{ 的}-3\text{ 次方})+\cdots$$
$$+dn\times(B\text{ 的}-n\text{ 次方}))\times(B\text{ 的 e 次方})$$

别被这个长长的式子吓倒！它其实可以勾起我们小学时的许多美好时光。比如,假设有一个十进制的浮点数:3.456×(10 的 3 次方)

用 0.1 表示 10 的"−1"次方,用 0.01 表示 10 的"−2"次方……则有:

3.456＝3+4×0.1+5×0.01+6×0.001

因此:

3.456×(10 的 3 次方)＝(3+4×0.1+5×0.01+6×0.001)×(10 的 3 次方)

小学时我们就了解:"小数点之后的第一位,表示 0.1;第二位,表示 0.01;第三位,表示 0.001……"现在是二进制,假设也用最直观的方式表示一个带小数的二进制:

1111.1111

那么,小数点往左,各位的权值依次是:

2 的 0 次方(＝1),1 次方(＝2),2 次方(＝4),3 次方(＝8)……

小数点往右,则是:

2 的"−1"次方(＝0.5),"−2"次方(＝0.25),"−3"次方(0.125)、"−4"次方(＝0.062 5)……

现在清楚些了。在计算机中,任何一个数的整数部分都是用 1、2、4、8、16……还有 0 拼凑出来的。小数部分则是用 0.5、0.25、0.125、0.062 5……还有 0 拼凑出来的。如果现在有一个实数是 9 876 543 210.625。可以先将它调整为 987 654 321.062 5 ×10 的−1 次方。因为要拼出".625",需要用"1×2 的−1 次方(0.5)""0×2 的−2 次方(0)"以及"1×2 的−3 次方(0.125)"这三位来表达。但将小数部分调整成 0.062 5 后,却只需要"1×2 的−4 次方(0.062 5)"一位来表达。(以上举例用于说明浮点的作用,实际调节比此复杂。)

【课堂作业】:0.1 如何表达

十进制数 0.1,如果用 2 的负次方数组合,应该如何拼凑出来:0. ＿＿＿＿。我给个不太有用的提示:前三位肯定是 000。

小数部分的前三位肯定都是 0,因为 0.5、0.25、0.125 此时都太大了。再往后大概可以这样拼凑:首先让 2 的"−4"次方,加上 2 的"−5"次方:0.062 5+0.031 25＝0.093 75。很接近,但后面不能再加上 2 的"−6"次方(0.015 625),加上就超出 0.1 了,加 2 的"−7"次方(0.007 812 5)也不行,加上 2 的"−8"次方(0.003 906 25)得到 0.097 656 25,越发逼近,但它终究还不是 0.1。没关系,这样一直拼凑下去,或许就能刚好凑出一个 0.1。如果一直凑不出来呢？也没关系嘛，让我们用上高中时的数学知识，假如允许我们这样无限地（注意，是无限地）凑下去，那么什么数都可以逼近，直到在数学上被认为相等。

 【小提示】：0. 999 999 9…… 等于 1 吗

高中在学习"极限"时，数学老师一定告诉过你，当 0.999 9……后面有无穷尽个 9 时，那么 0.999 999 9……就等于 1。

可惜，"无限"这样的设想只能存在于纯粹的数学世界。现实的计算机的内存容量总是有一个容量限制的。0.1 也许就永远无法用二进制数精确表达了，此处再说一次："浮点数是计算机用来近似表达实数的一种方法。"如果以四个字节来存储，那么总共才 32 位。当然，幸好也并不是所有数字，都无法精确地用浮点数来表达，比如，0.5 就是 2 的"−1"次方，非常精确。但这也只是说我们直接在代码里写一个 0.5 时，它会在编译时被精确地表达，如果 0.5 是通过一个程序运行计算而得到的，而该算式中又存在一些无法精确表达的浮点数，比如：0.01×10.0 ÷ 0.2，谁也不好保证它能在计算机中得到一个精确的 0.5。因此在 C++ 代码如果需要比较两个必须采用浮点数表达的计算结果时，必须注意其精度问题。例如：

```cpp
if (0.01f * 10/0.2f == 0.5f)
{
    cout << "yes!" << endl;
}
else
{
    cout << "no." << endl;
}
```

C++程序用"＊"代表乘号，"/"代表除号。而"0.01f"末尾的 f，表示这是一个单精度的浮点数。单精度的浮点数占用字节较少，但其精度很有问题。小学生都知道 0.01 乘以 10 得到 0.1，而 0.1 除以 0.2 理应得到 0.5！但是，上述程序运行时，屏幕输出的是 no。把代码再改一改，让矛盾更加冲突一些：

```cpp
int main()
{
    float f = 0.01f * 10 / 0.2f;
    if (f == 0.5f)
    {
        cout << "yes" << endl;
    }
    else
    {
        cout << f << endl;
    }
    return 0;
}
```

屏幕输出 0.5！但它却是在"else"语句块里输出的。"眼见为实"在这里失灵了。f 其实是 0.499 999 99……,cout 认为它是 0.5,但"＝＝"判断不这样认为。

怎么解决精度问题我们以后再说,今天只需要记住一点:计算机只能近似表达实数。

 【小提示】:计算机不可信了吗

有学生说:我一直以为计算机的计算比人类精确多了,可是今天看起来计算机很不可信那,水平比小学生都差啊。以下是我作为 C++ 教学处的发言人给出的回答:请各位放心！尽管浮点数不精确,但我们也要欣喜地看到,它的这种不精确,其实是一种"非常精确的不精确"！人类的不精确是今天可能多 0.1,明天可能少 0.1。大家要相信计算机,这类问题完全是可以回溯的,可以检查并且可以解决的。另外,我们也注意到网上有人说,计算机可能连"if（0.1＝＝0.1）..."这样的判断也不精准！这完全是谣言！字面上两个相同的数的相等判断,如果也让程序员担心,那计算机早就在历史的长河中被无情的淘汰了。

单精度浮点数

C++ 用 float 类型表示单精度浮点数。它占用 4 个字节,合 32 位。其中符号、指数、尾数各自占用的位域如图 5-23 所示。

如果代码中写一个字面常量的浮点数,需要在数字尾部加上字母 f,比如 0.1f 或 10f。字面上只有小数没有 f 的情况下,C++ 默认其为双精度浮点数。

双精度浮点数

C++ 用 double 类型表示双精度浮点数。它占用 8 个字节,合 64 位。其中符号、指数、尾数各自占用的位域如图 5-24 所示。

符号	指数	尾数
1 位	8 位	23 位

符号	指数	尾数
1 位	11 位	52 位

图 5-23　单精度浮点数位域　　　　　图 5-24　双精度浮点数位域

当在代码中写一个数字时,如果不带小数,则默认为整型数,比如 10;如果加上小数点,比如 10.0,并且没有尾随字母 f,则 C++ 将之当成 double 类型。

以上并不是有关浮点数表达的全部知识,要表达一个浮点数,还需要很多约定。考虑到编写 C++ 程序时,我们只需要也只允许对整数类型（包括 int,long,char 等）的数据进行按位操作,浮点数的基础知识讲解,就到这里啦。

 【课堂作业】:浮点数精度练习

请将前述有关代码"0.01×10.0÷0.2"是否等于 0.5 的判断,写成一个控制台测试项目。并且分别针对 float 类型和 double 类型进行测试,看看结果是否有区别。

第 **6** 章

IDE——Code::Blocks

工欲善其事,必先利其器。

6.1　窗口布局

运行 Code::Blocks,一个 Windows 下中规中矩的窗口界面,如图 6-1 所示。

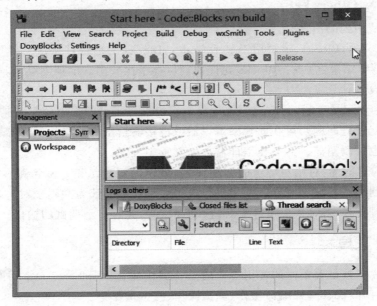

图 6-1　Code::Blocks 主界面

菜单栏、工具栏、状态栏、编辑窗口、对话框……因为安装时选中了所有插件,所以此刻有用没用的工具栏好多呀,这个整理工作我们会在后续的"工具栏"一节中讲解。

6.1.1　边　栏

单击主菜单"View",选中子菜单项"Manager""Log"两项。窗口布局中的侧边将出现"Management"栏;下侧出现"Log & Others"栏,这是我们最常用到的两个边栏,可使用热键切换显隐,分别是"Shift＋F2"和"F2"。

Management 侧边栏

默认配置下,"Management"侧栏又分成三页:

(1) 工程/Projects:根节点为"Workspace"。一个工作空间下,可以存在多个项目。每一个项目可包含多个文件。又分为"源文件/Source"和"头文件/Header"等几个子节点(由控制台应用向导产生的项目,一开始只有一个"main. cpp"文件)。

(2) 符号/Symbols:"代码"由什么组成? 无非是函数、类、变量等,这些统统可以称为"符号"。该窗口以树的形式,列出各类符号,有助于我们快速定位到特定代码行。

(3) 资源文件/Resource Files:当项目采用 wxWidgets 作为界面库,并且启用了Code∷Blocks 内置的 wxSmith 可视化界面设计工具时,则此页内以树的形式展示界面上的图形元素。

Log & Others 底栏

最常使用到的消息有:

(1) Code∷Blocks:该页用于显示 Code∷Blocks 的运行日志;

(2) 搜索结果:Code∷Blocks 允许我们保存单次或多次的搜索结果,需要在搜索对话框中设置;

(3) 构建记录:当代码构建时此处显示编译器等工具的输出信息。 构建失败(代码或项目配置有问题),可在此观察编译器或链接器给出的消息。 编译器输出的信息可以详细也可以精简。需要在编译器环境配置中设置。

(4) 构建信息:对构建记录的归纳,得出最终的汇总结论。双击某一条信息,通常会跳转到编译器认为有问题的代码行(当然,编译器的认为并不全对)。

(5) 调试器:当对一个项目按 F8 启动调试时,此时显示调试的输出。

6.1.2　工具栏

工具栏多数是菜单栏的常用指令的另一种快捷、直观的入口。 常用的有文件操作(新建、打开、保存等)、编译操作、调试操作、搜索操作等。

可以将子工具栏拖成独立的小窗口,此时可看到工具栏的标题,也可以将工具栏重新嵌入到 Code∷Blocks 的主框架窗口。 主菜单栏"View"下的"Toolbars"用于切换指定子工具栏是否显示,推荐选中以下工具栏:

(1) 浏览位置跟踪/Browse Tracker:记住浏览代码时的跳转过程,包括书签位置,方便按位置浏览代码;

(2) 代码完成/Code completions:将当前类方法以下拉列表展现,方便按名字空间、类、方法浏览代码;

(3) 编译/Compiler:编译工具条;

（4）主工具栏/Main：文件操作和剪贴板操作；

（5）调试/Debugger：单步跟踪等；

（6）增量查询/Incremental Search，按下热键：Ctrl＋I，该工具栏上的编辑框自动获得焦点，然后逐字母输入所要查询的内容，会自动在源代码中匹配当前输入内容。

6.1.3　布局保存

可以根据个人喜好，将边栏拖出，再拉到其他位置。然后可以通过主菜单"View→Perspectives"，将当前布局保存成指定名称的布局方案，还可以在多套方案之间切换。调试程序时，Code∷Blocks 将自动切换至"GDB/CDB debug"布局。如果用户对当前布局做了一些调整，在当前布局被关闭之前（包括程序退出之前），Code∷Blocks 会询问是否保存布局。

6.2　环境设置

"环境"在这里指 Code∷Blocks 的自身运行所需的重要配置，包括和外部（比如操作系统或其他程序）的交互选项。

在主菜单"Setting"下，单击"Environment"进入环境配置。以下是部分环境选项的设置说明。

6.2.1　常规设置/General Settings

建议在以下选项前打勾：

（1）Show splash screen on start－up/过程显示启动画面；

（2）Check & set file associations/检查、设置文件关联；

（3）Check for externally modified files/检查所打开的文件是否在外部有改动；

（4）Ignore invalid targets/忽略无效目标。

Code∷Blocks 支持同时打开多个工程，因此通常不需要同时运行好多个实例，以下三项建议选中：

（1）Allow only one running instance/只运行一个实例；

（2）Use an already running instance/使用已经运行中的实例；

（3）Bring it on top afterwards/将 Code∷Blocks 显示到屏幕窗口顶层。

👀【轻松一刻】：修改 Code∷Blocks 启动画面

在 Code∷Blocks 的安装路径下：share\CodeBlocks\images，找到"splash_new.png"，通过图像编辑器，即可为 Code∷Blocks 的启动画面添加您的个人喜好（但请保留版权信息，以示对软件作者的基本尊重）。

6.2.2 视图/View

建议选中：

（1）Show"Start here" page/显示"开始"页面；

（2）Auto show/hide message panel/自动显示或隐藏消息边栏，同时选中三个子项；

（3）Save selected tab in message panel on prespective chanage/保存布局，顺带保存所选中的消息面板。

Code::Blocks 软件界面文字提供国际化支持，"d2school.com"网站也提供汉字包下载，但本课程采用其原有英文界面，因此并不建议选中本页的 Internationaliza-tion 项。

 【危险】：消息边栏关闭，并不代表代码编译无错误

"自动显示或隐藏消息边栏"这一选项看起来很智能。编译程序时，它会自动打开底边栏（Log & Other）；编译结束之后，如果没有任何错误（包括警告），它会自动关闭。真挺人性化的。不过经过实测，或许因为中文环境的原因，个别编译错误 IDE 无法（从格式上）识别，因此在编译结束后，如果你看到底部的消息边栏关闭，别太相信它，还是请按 F2 键，人工确认编译结果是否完全无错。

默认的编译信息"Log & Others"字体是 8，太小了。请在本页将其调大为 10 或 11。如果正在使用宽屏显示器，还可以考虑将工具栏图标改为 22，如图 6-2 所示。注意这项改动需要重启 Code::Blocks 才生效。

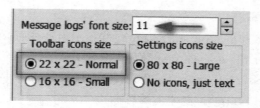

图 6-2 调大消息栏大字体和工具图标尺寸

6.2.3 多页面板/Notebooks appearance

Code::Blocks 界面中的多页面板基本都是使用 wxWidgets 中的 wxAUI 相关组件来实现的，支持多种展现风格和一些特性，我推荐的设置是：

（1）"Tab Style"：使用默认的 Default 或 Firefox 2 等风格，个人比较中意后者；

（2）"Show close button on"：选"current tab"，仅当前使用的面板带关闭按钮；

（3）"Use drop-down tab list"：多面板右边显示各面板的下拉列表，方便快速定位某一面板。

以代码编辑窗口为例,以上有关多页面板的设置实效展现如图 6 - 3 所示。

图 6 - 3　**tab - style** 等设置实效

6.2.4　禁用的对话框/Disabled dialogs

Code::Blocks 中一些功能执行时,会弹出一个带有问题的对话框,问我们一些问题,然后对话框底下有一选项,翻译成中文的意思大致是"老板,是不是以后碰上这类问题,都像这次这样办了? 如果是,以后这个问题我就不来打扰您了……"

比如重新编译整个项目空间,Code::Blocks 默认会提醒我们:"呀,这个操作可能会很费时哦,您真的要这样做吗?"看似好心,但每次都问好烦,这时就可以勾上刚才说的那个"以后这个问题我不来打扰您了……"的选项。以后就再也看不到这类提示了。万一你后悔了怎么办? 就请来本处的"禁用的对话框"中,找到你想要恢复的,勾中它,某个勤快的、天天过来问您同一问题的管家就又复工了。

6.2.5　内置游戏/C::B Games

只有程序员才了解程序员啊! Code::Blocks 内置有两个小游戏:"俄罗斯方块"和"贪吃蛇",并且还有以下贴心的三个和时间有关的设置:

(1) 连续游戏至多(s):代码写累了可以玩会儿,也不能因此玩太长时间啊(对视力无益嘛)。建议设定为 600 s。

(2) 连续工作至少(s):这让"C::B"看起来挺像老板安排的监工,呵呵。工作时间不够长,还不让你玩这内置游戏呢。建议设定为 3 600 s。

(3) 设定过度工作时长(s):这回"C::B"是工会派来的。程序员多为工作狂,一头扎入代码海洋,往往一下子就过去数个小时呢,腰酸背痛。因此请选中本项并输入一个工作最长的时间,建议是 7 200 s。2 小时一过去,"C::B"会弹出一个消息框友情提醒:该起来走动走动啦。

6.2.6　自动保存/Autosave

"AutoSave"更准确的翻译或许应该叫"定时保存",它帮助我们在设定的时间中自动保存源文件及项目文件。不过这里的建议是不要启用自动保存,应该在日常写代码的过程中养成及时按"Ctrl+S"保存变动的习惯。

6.2.7 环境变量/Environment variables

操作系统会有自身的环境变量设置（典型的如 PATH 变量），通常是在当前用户，甚至是当前机器上的所有程序中起作用。Code::Blocks 允许我们通过本处设置，得到一份仅在 Code::Blocks 内部起作用的环境变量。

6.2.8 头文件自动引入/Header‑Fixup configuration

C++语言采用"#include"作为指示语句来引入一些类、函数的声明，因此我们通常在代码中用到某个外部的类或对象时，需要手工在代码顶部加上该类或对象的头文件，比如：

```
#include <iostream>
using namespace std;
int main()
{
    ofstream os ("test.txt");
    os << "Hello world!" << endl;
    return 0;
}
```

这段代码编译出错，因为编译器不认识 ofstream 是什么符号，此时可以单击主菜单中的"插件"，再选择"Header Fixup"，弹出的对话框如图 6-4 所示。

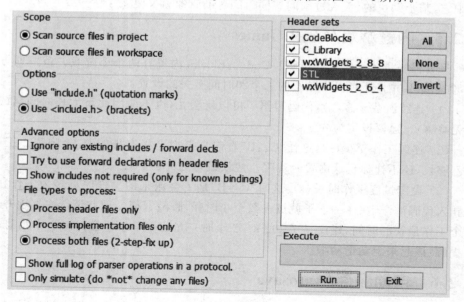

图 6-4 "Header Fixup"设置框

单击"Run"按钮，插件自动在源文件顶部加"#include <fstream>"等内容，它包含了前述 ofstream 的类定义。

　　这个功能对 C++初学者确实挺友好的,但过份依赖它可不行,另外它所能支持的范围其实也很有限。

　【小提示】:**Header Fixup** 有这么神奇吗

　　Header Fixup 的工作原理并不神奇。注意必须事先配置好某个"符号"与"头文件"的匹配关系,当前该插件并不支持用户扩展配置这类关系。由图 6-4 可知,当前仅支持 C 标准库、C++标准模板库(STL)、wxWidgets(支持两个 2.x 的版本)以及 Code∷Blocks 自身源文件中定义的符号。

　　初学者常困惑一个问题:我要怎么才能知道哪些函数或类可用,它们的声明又都落在哪个头文件里呢? 这个问题只有自己多动手,多看别人的程序,多阅读各类教程才能解决。

6.2.9　帮助文件/Help files

　　通过本功能可为 Code∷Blocks 的"Help"主菜单挂接快速打开常用文档,或打开常用网址的子菜单项。下面我们以挂接 wxWidgets 2.8 版本的网址链接为例。

　　(1) 单击"Add"按钮,然后输入标题"wxWidgets 2.8 Online Document",确认后退出。紧接着会出现一项询问:"是否在本地找出对应的帮助文档",选择否(因为我们要配置的目标地址是 wxWidgets 的官方网页)。

　　(2) 对话框顶部列表框中,确认选中刚刚新增的"wxWidgets 2.8 Online Document",然后在其下的编辑框内输入 wxWidgets 2.8 版本网上参考文档的网址:http://docs.wxwidgets.org/2.8/,如图 6-5 所示。

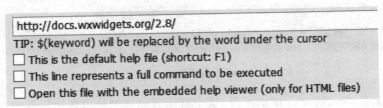

图 6-5　设置 wxWidgets 在线文档位置

　　(3) 单击确认退出"环境设置"对话框。

　　现在,Code∷Blocks 主菜单"帮助"项将出现"wxWidgets 2.8 Online Document"子菜单项。在电脑联上互联网的前提下,单击将打开 wxWidgets 2.8 版本的在线文档页面。中文版 C++语言在线文档网址:http://zh.cppreference.com/w/cpp。请读者自行完成"Help"菜单项挂接。国内有人将 wxWidgets 和 C++的一些在线文档制作成文件,如果你手头有这些文件,并且没有版权问题,也可以使用本功能将本地文档挂接为帮助菜单项。

6.2.10 待办事件/Todo list

一个程序员奋战到深夜,渐觉头昏脑涨,有几处代码写得不是那么自信,于是他的代码中出现了几条特殊的注释:

```
void C::foo(int index)
{
    //TODO：这里应该检查一下入参的合法性
    if (this -> idx[index] == 0)
    {
        //FIXME：data[0]的值偶尔会为 0! 应该有错
        assert(this -> data[0] != 0);
        ...
    }
}
……
//NOTE:对了,明天,啊不,就今天,好像是结婚纪念日? 得买花!
}
```

第二天上午 10 点,醒来的他单击 Code::Blocks 主菜单"View"下的"Todo list",出现的对话框内容如图 6-6 所示。

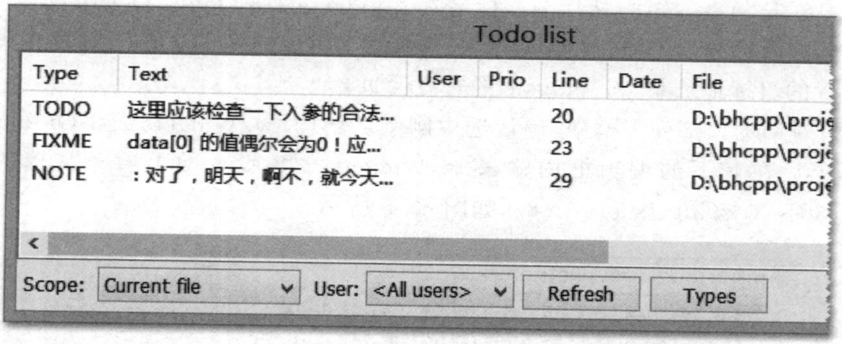

Todo list						
Type	Text	User	Prio	Line	Date	File
TODO	这里应该检查一下入参的合法…			20		D:\bhcpp\proje
FIXME	data[0] 的值偶尔会为0！应…			23		D:\bhcpp\proje
NOTE	：对了，明天，啊不，就今天…			29		D:\bhcpp\proje

Scope: Current file　User: \<All users\>　Refresh　Types

图 6-6　Todo list

根据在 Code::Blocks 中的配置,这个对话框也可能是以侧边栏或底部消息栏的某一子面板出现。内容有"类型/Type""内容/Text""用户/User""优先级/Prio""日期/Date""所在文件/File"和"所在行/Line"等列。其中类型主要有:

(1) 待办/TODO:通常已经明确知道需要做什么,但现在暂时还没有做的任务。比如一个待实现的函数,或者一个当前用了整数但后续需要改为使用枚举的地方;

(2) 待修正/FIXME:通常用于标示已经判断存在问题、后面得尽快解决它的代码。

(3) 注意/NOTE:没错,就是注意。想向读代码的人强调什么,用它就是了。

这些特殊的注释还可以和代码自动生成的文档结合起来,单击对话框上的

"Type"按钮,你将看到更多。

　　例中的各类 todo 事项都没有提到"用户""日期"和"优先级"等,我们给个完整的例子:

`//NOTE（老婆♯1♯2015－04－26）: 对了,明天,啊不,就今天,好像是结婚纪念日? 得买花!`

　　Todo list 还可以按范围(当前文件/当前项目/整个空间)以及归属用户进行过滤。默认情况下,Todo list 自动在指定范围内进行同步,也可以手动按"Refresh"按钮刷新。回到环境设置中的 Todo list 配置项,其一就是设置是否进行自动刷新,推荐在中小项目中使用,超大项目(一个项目有数百个文件)不推荐。最后 Todo list 的展现方式,可以设置成底层消息框边栏的单独一页,也可以作为独立的窗口存在(需重启 Code∷Blocks 才生效)。

6.3　编辑器设置

　　要想得心应手地写代码,配置好 IDE 的代码编辑器相当重要。

　　在主菜单"Setting"下,单击"Editor"菜单项进入编辑器配置。以下是部分编辑器选项的设置说明。

6.3.1　常规设置/General Settings

　　常规设置中又分为三个面板页面:

　　(1) Editor settings:通用编辑选项;

　　(2) C++ Editor settings:和 C++相关的特定编辑选项;

　　(3) Other Setting:一些杂项,但其实很重要。

　　在通用编辑选项中,首先大家可根据自身喜好,配置代码编辑的字体,但通常写代码需要使用"等宽字体"。

智能缩进

　　"Tab options"指的是代码缩进选项,请选中"Tab indents",表示按下键盘上的 Tab 或 Shift＋Tab 键时将用于前后缩进,并且设置使用 4 个空格缩进("TAB size in spaces"项)。

　　和缩进有关的还有"Indent options",通常称之为"智能缩进",请选中其下所有子项:

　　(1) Auto indent:自动缩进,在"{"之后回车,会自动缩进;

　　(2) Smart indent: 智能缩进;

　　(3) Brace completions:输入左括号自动出现右括号,支持"{、[、("及单、双引号;

　　(4) Backspace unindents: 前删键可自动去除缩进;

　　(5) Show indentation guides: 显示缩进线,让缩进对齐一目了然;

（6）Brace Smart Indent：括号智能缩进；

（7）Selection brace completions：选中内容括号自动完成。

有两项用到"智能/Smart"，但正好我就是不知道它们是如何智能的，反正勾上就对了。重点说明一下其中带有"completions"的两项配置。

Brace completons：输入"[、(、{"以及英文的单、双引号时，会自动产生匹配的另一半（放心，不会对"<"做匹配，因为那是小于号）。特别是"{"结合智能缩进，效果如下：

我们输入以下内容：

```
if (a > b)
```

接着按回车键换行，再输入"{"代码会立即变成：

```
if (a > b)
{
    //< -- 光标在这里闪烁，等待输入
}
```

Selection brace completons：选中一段内容，然后在一端输入括号，另一端会自动键入匹配的括号。比如输入 Hello world，然后选中它，在一端输入英文状态下的"""，会立即变成"Hello world"。

代码完成

括号匹配就是一种"代码完成"：让编辑器根据我们当前的输入，聪明地帮我们完成一些代码。不过 Code::Blocks 还有一些比括号匹配更"神奇"的代码完成功能。请首先按图 6-7 所示配置。

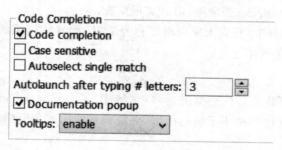

图 6-7　代码完成基本配置

选中第一项用于启用代码完成功能。"Auto launch after typing lettes："后面的数字 3，表示只要我们输入前 3 个字符，智能的"代码完成"就会启动，来个例子：

```
void foo(int index)
{

}
```

我们有一个函数,这个函数有一个入参叫 index,接着我们要在函数体用到这个入参,比如:

```
void foo(int index)
{
    int di = ind
}
```

这一瞬间,我们输入了 index 的前三个字"ind",触发"代码完成"功能,于是……如图 6 - 8 所示。

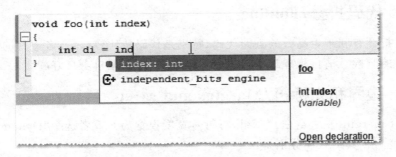

图 6 - 8　智能"代码完成"触发示例

第一项就是我们想要的,因此直接回车即可在光标处将"ind"补全为"index"。有点失望? 就为了少输入 2 个字母? 才不是呢,"代码补齐"能发挥作用的地方可多了。就以本例来看,我们还可以从右边看到弹出的"文档说明",因为我们在配置时选上了"Documentation popup"。请试试单击其中的两处链接。

其他通用的编辑选项

本页底下的"Other options"选项组下,还有许多选项可供选择,推荐选中以下几项:

(1) Home/end to wrap point (line other wise):如果有选中内容,则 Home 键和 END 键用于将当前光标位置切换至选中内容两端;

(2) Show line numbers:显示行号;

(3) Highlight line under caret:高亮当前正在编辑的代码行。

编码配置

切换到"Other settings"面板页,这里有重要的代码编码设置、请确认已经按《准备》篇的要求进行配置。当我们在代码中写了汉字等宽字符并保存文件时,我们需要指定文件要以什么编码存储到磁盘上,本页所要解决的是另一个方向的问题:当 Code::Blocks 的编辑器打开,读入磁盘上的某个文件时,谁来告诉它这个文件当初存储时使用的编码是什么呢? 没认真想,可能会觉得这不是一个问题,但其实这还真是一个不简单的历史难题,甚至可能是无解的问题。很多情况下编辑器只能去"猜"。

当前版本的 Code：：Blocks"猜"编码的本事不是太过关，《准备》篇中提到的设置其实是告诉 Code：：Blocks 不要猜了（"bypassing C：：B's auto－detection"），就一直使用 UTF－8 编码吧。

【重要】：打开文件后发现编码出错了怎么办

要么 Code：：Blcoks 猜错，要么是我们强制让它使用"UTF－8"错了，如果看到一个原本好好地文件中的汉字都成了乱码，别编辑它，请通过主菜单"Edit"下的"File encoding"，尝试人工指定编码。

6.3.2　代码折叠/Folding

代码折叠有利于更高效的查阅代码，特别是代码块比较长，或者嵌套的代码块级别比较多的时候。请自行理解本组各配置项含义，再根据自身喜好配置。

6.3.3　边界和光标符/Margins and caret

"Left margin(左边空白)"一组，将行号宽度设置为 6 或者选中"Dynamic setting (动态宽度)"。其余三项分别是：

（1）Add/remove breakpoints by left－clicking：单击代码编辑框左边条，用于切换断点；

（2）Use image for breakpoing：使用图形指示断点行；

（3）Use changebar：启用变化标志条，当前已经修改但未保存的行，将在左边条使用差别颜色指示。

"Right margin(右边空白)"一组设置如下：

（1）Right margin hint：右边界提示，请选中"Visible line(可视线)"；

（2）Colour：通常颜色设置为深灰；

（3）Hint column：代码长度提示，根据你的屏幕宽度通常设置在 80～120。

写代码时，尽量不要让一行超过 100 列，否则应在合适的位置换行。

6.3.4　语法高亮/Syntax highlighting

Code：：Blocks 可以配置多种编程语言的高亮方案。本书采用默认选项。

6.3.5　简写词/Abbreviations

在编辑器中，输入"struct"，并保持光标紧随其后，然后按下热键"Ctrl＋J"，编辑器会自动生成如下代码：

```
struct |
{

};
```

其中的"|"并非真的字符,而是指光标闪烁的位置,输入该结构名称,就完成一个空结构定义了。在代码中输入:tday,按下热键"Ctrl+J",将在代码中插入当前日期。Code::Blocks 提供不少预定义的简写词,同时允许用户自行配置更多的简写方案。预置方案中常用的简写词包括 : if、ifb、for、forb、while、whileb、ifei、class 等,请自行了解各简写词可生成的代码。

ⓘ【小提示】: 快速生成头文件保护宏

创建一个空的头文件,并保存为"myheader. hpp",然后在文件起始位置处输入 guard,再按"Ctrl+J",在弹出的对话框中输入"_MY_HEADER_HPP_",确认后即可为该头文件生成保护宏。

预置方案中没有为 C++的名字空间 namespace 配置简写词,请按如下方法添加。

(1) 确保在"Language"框选中"--default--"项;

(2) 注意,在 "Keywords" 列表框底下,单击 "Add"按钮,如图 6-9 所示;

(3) 在弹出标题为"Add keyword"的对话框内输入"namespace"(不含引号);

(4) 在"Code"编辑框内,输入以下内容,注意,第二行首字符是一个"|"字符:

图 6-9　添加新的简写词

```
namespace $ (namespace) {
|
} // $ (namespace)
```

确认退出编辑选项配置对话框后,试着在空白代码中输入 namespace(事实上只需输入前三字符,你懂的),然后按快捷键"Ctrl+J"。下面是我测试生成的名字空间框架代码:

```
namespace Abc {

} //Abc
```

6.3.6　代码格式化工具/Source formatter

你可能看到以 C++之父名字命名的风格……不过向各位初学者推荐的代码格式,是最朴素的"Allman (ANSI)"风格。在写代码时发现代码格式有点乱,可以在编辑器里使用右键菜单,然后选中"Format use AStyle"。

▣【重要】: 随时随地保持良好的代码格式

其一,代码格式的风格可以有个人癖好,但保持统一最重要,如果有团队,需要在团队间做一约定；其二，每输入一个字符时，都要维护良好的格式，把代码搞得乱七八糟，过于依赖源代码格式美化工具，是错的。

6.3.7 代码完成/Code completion

前面编辑器通用选项中的"代码完成"配置，仅用于指示如何触发，这里是代码完成的完整配置。建设保持默认配置即可。

6.3.8 快捷键/Keyboard shortcuts

写代码时，来回在鼠标和键盘上切换，对初学者来说，影响速度，对代码高手来说，影响心情。Code::Blocks 自带了不少快捷键，常用的……其实是我自己会用的如表 6-1 所列。

表 6-1　Code::Blocks 常用快捷键

快捷键	命　令	说　明	要　求
Ctrl+O	Open	打开文件	
Ctrl+S	Save	保存文件	必须掌握
Ctrl+Shift+S	Save all	保存所有文件	
Ctrl+W	Close	关闭当前文件	
Ctrl+Z	Undo/撤消	撤消最后一次编辑	必须掌握
Ctrl+Shift+Z	Redo/恢复	恢复最后一次编辑	必须掌握
Ctrl+E	Select next occrrence	跳到当前选中内容的下一处 选中一些文本，然后按下该热键，将跳转到下一处含有这些文本的位置，并且选中；更神奇的是，选中多处相同的内容之后，你在一处修改内容，所有被选中的文本会同步修改	推荐掌握
Ctrl+T	Line/Transpose	交换当前行和上一行的位置	
Ctrl+L	Line/Cut	将当前行剪贴到剪贴板	推荐掌握
F11	Swap header/source	在源文件和头文件之间切换	必须掌握
Ctrl+B	Toggle bookmark	切换当前行的书签状态	必须掌握
Alt+PageUp	Goto previous bookmark	跳到前一书签位置	必须掌握
Alt+PageDown	Goto next bookmark	跳到下一书签位置	必须掌握
F12	Toggle current block	折叠或展开当前代码	推荐掌握
Ctrl+A	Select All	选中全部	

快捷键	命　令	说　明	要　求
Ctrl＋Shift＋C	Comment	将选中内容变成注释	推荐掌握
Ctrl＋Shift＋X	Uncomment	将当前选中的内容变成非注释	推荐掌握
Ctrl＋Shift＋B	Goto matching brace	光标先移动某个括号,按下该热键,跳转至匹配的括号处	推荐掌握
Alt＋N	Rename symbols	重命名符号 选中某一符号,比如变量名称,然后按本热键,然后会问要在什么范围内对所有同名的符号进行改名	推荐掌握
Ctrl＋Shift＋Space	Show call tip	在代码中调用函数的括号内,按下 Ctrl＋Shift＋空格,将出现该函数需要哪些入参的提示	必须掌握
Alt＋Shift＋Space	Show tooltip	显示当前输入光标所在符号的定义提示	推荐掌握
Ctrl＋J	Auto－complete	简写词触发	必须掌握
Shift＋F2	Manager	切换显示或关闭管理边栏	必须掌握
F2	Logs	切换显示或关闭底部边栏	必须掌握
Shift＋F11	Full screen	切换或关闭全屏显示	推荐掌握
Ctrl＋F	Find	弹出查找框	必须掌握
Ctrl＋Shift＋F	Find in files	在多个文件中查找	推荐掌握
F3	Find next	查找下一个	必须掌握
Shift＋F3	Find previous	查找前一个	必须掌握
Ctrl＋R	Replace	替换	必须掌握
Ctrl＋G	Goto line	跳到指行	推荐掌握
Ctrl＋F3	Goto next changed line	跳到下一行有改动(但还未保存)的行	
Alt＋G	Goto file	弹出本项目的文件列表,快速打开指定文件(带诱导输入框)	推荐掌握
Ctrl＋Shift＋G	Goto function	列出当前文件的所有函数,快速定位到指定函数(带诱导输入框)	必须掌握
Ctrl＋PageUp	Goto previous function	跳到前一函数	必须掌握
Ctrl＋PageDown	Goto next function	跳到下一函数	必须掌握
Ctrl＋Shift＋.	Goto Declaration	跳到当前符号(通常用于函数)的声明处。通常会转到头文件,并且选中该符号出现的位置	必须掌握
Ctlr＋.	Goto implementation	跳到当前符号(通常用于函数)的实现处	必须掌握

续表 6－1

快捷键	命　　令	说　　明	要　求
Atl＋.	Find references	跳到所有使用当前符号（通常用于函数）的代码处	推荐掌握
Ctrl＋F9	Build	构建当前项目	必须掌握
Ctrl＋Shift＋F9	Compile current file	编译当前文件 通常用于快速检查当前写的代码是否有语法问题	必须掌握
Ctrl＋F10	Run	运行当前程序	推荐掌握
F9	Build and run	编译并运行	必须掌握
Atl＋F1	Previous error	跳到前一编译出错的代码处	推荐掌握
Atl＋F2	Next error	跳到下一编译出错的代码处	推荐掌握
F8	Start/Continue	开始调试或继续调试	必须掌握
F4	Run to cursor	从当前断点直接运行到当前输入光标所在行	必须掌握
F7	Next line	运行到下一行	必须掌握
Shift＋F7	Step into	运行下一句，如果当前行是调用函数，则进入该函数	必须掌握
Ctrl＋F7	Step out	运行，直至结束当前函数，跳到调用当前函数代码的下一行	必须掌握
F5	Toggle breakpoint	切换当前行为断点	必须掌握

　　多数热键都可以定制修改。请在左边的命令树中，找到"Edit"下的"Complete code"，它的作用是……默认的快捷键是"Shift＋Space"，这个热键和输入法功能热键冲突了，因此在 Code∷Blocks 中失效。我们可以单击"Remove"按钮删除它，然后在"New shortcut∶"下的编辑框，按住"Shift"键不放，再按下"/"键，效果如图 6－10 所示。

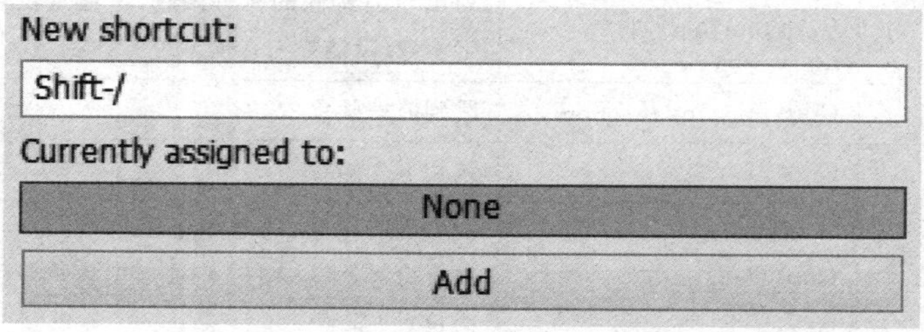

图 6－10　修改热键

看到"None"表示这个热键在 Code∷Blocks 中还没有被使用,因此可以单击"Add"按钮绑定前述的"Complete code"功能。单击 OK 退出编辑器设置对话框,立刻试试新热键。

打开某个工程,然后在代码中合理的位置输入以下代码:

```
void foo_abc(int index)
{
}
void caller()
{
    fo
}
```

在 caller 函数中,我们只输入"fo"两个字符,没到三个,但这时我们按下 Shift 键和"/",马上会出现含有"foo_abc"函数的提示和文档说明。再进入快捷键配置页面,我们配置一个单纯删除当前行的快捷键:

(1) 在左边菜单命令树中,逐级选中"Edit→Special command→Line→Delete";

(2) 在左边"New shortcut"编辑框内按下"Ctrl＋Y"(先按住 Ctrl 键不放,再按下 Y 键,不区分大小写);

(3) 单击"Add"按钮,将它加到"Current shortcuts"列表。

为什么是"Ctrl＋Y"? 我也不知道,不过 20 年前我使用"Turbo‐C"时,就是这个配置了。

6.3.9　拼写检查/Spell Checker

对代码做自然语言的拼写检查,基本是来捣乱的。因此关闭这个功能的全部选项。

6.3.10　wxSmith 配置

wxSmith 是 Code∷Blocks 内置的 wxWidgets 图形用户界面快速设计工具,通常称为"RAD"。默认配置下,当我们将控件(比如按钮)添加到面板时,该控件尺寸将自动按照某种比例伸缩变形。这会造成初学者或者是有其他 RAD 设计工具使用经验的用户感到不太自然,解决方法是:将本页配置中的"Default sizer settings"组下的"Proportion∶"之后的 1 改为 0。其他采用默认配置。

6.4　编译器全局设置

在主菜单"Setting"中,单击"Compiler"菜单项进入编译器配置。

设置界面左边选中"Global compiler(全局编译器选项)"。"全局"的意思是:在这里所做的设置,会应用到后续所有新建工程的编译选项。单击界面中右边的复合框,可以看到 Code::Blocks 支持 C/C++/D 等多门语言、多个平台的多家编译器。默认项正是我们一直在使用的跨平台的 GNU GCC Compiler。这也是"Code::Blocks"支持得最好的编译器。

在《准备篇》的基础上,我们新增以下编译器全局设置的说明。

6.4.1　编译器选项/Compiler settings

请在本页的编译选项配置中,确认一下选项是否启用:

(1) Have g++ follow the C++ 11 ISO C++ language standard,(注意不是 c++0x);

(2) Enable warnings demanded by strict ISO C and ISO C++。

6.4.2　其他设置/Other settings

默认的 Code::Blocks 配置下,仅显示 GNU g++在编译过程中的概要信息,为有利于初学者在代码编译出错时能更好地理解原因,也方便在请教别人时手上有齐全的信息,可以将本页中的 "Compiler logging(编译日志)"设置成"Full command line"。

编译过程中输出完整信息不好的地方就是错误的信息一大串,有时会埋没了关键信息。因此本书建议采用另一方法:保留"Compiler logging(编译日志)"选项为默认的"Task description(仅显示任务描述)",然后请切换到"Build options(构建选项)"面板(就在 Other settings 左边),然后请看下一小节。

6.4.3　构建配置/Build options

请选中 "Save build bog to HTML file when build is finished ."和其子项"Always output the full command line in the generated HTML file."。前者会在项目构建结束后,将构建信息存为一个网页文件,后者会保证所存储的编译信息中总是使用完整命令行的输出。

"Number of processes for parallel builds"是本页的一个重要选项。由于 C/C++的编译单位是文件,所以它天生支持"并行"编译。编译项目时 Code::Blocks 支持启动多个 gcc 进程,分头编译不同文件,最后再统一链接。如果你的机器不是太烂,建议将此项设置为 2(但也别设置太多)。

本页中还有两个值得启用的选项:"Display build progress bar"和"Display build progress percentage in log"。二者可以让 Code::Blocks 在编译时显示进度。

6.5　调试器全局设置

在主菜单"Setting"中,单击"Compiler"菜单项进入编译器配置。

在《准备篇》的基础上，我们新增以下调试器全局设置的说明。左边树控件选中"Common（通用）"节点，然后在配置页选中以下几项：

（1）Auto - build project if it is not up - to - data：调试程序前如果发现存在未编译的新代码，自动编译它；

（2）When stopping，auto - switch to the first frame with valid source info：结合其他选项，可以让调试器在代码抛出异常的地方自动设置断点（后续会讲到）；

（3）Require Control key to show the'Evaluate expression' tool tips：要求按下Ctrl 键时，才显示对鼠标下的变量值浮动提示（后续会讲到）。

接着切换到"GDB/CDB debugger"下的"Defualt"节点，在"Debugger initialization commands（调试器初始化命令）"编辑框内输入："handle SIGTRAP noprint"（不含引号），用以避免调试 Windows 窗口程序时，收到大量的内部信号中断信息。本页需要启用的选项：

（1）Disable startup scripts/不运行启动脚本；

（2）Watch function arguments/自动监视函数入参；

（3）Watch local variables/自动监视本地变量；

（4）Enable watch scripts/允许为 GDB 写的 python 脚本，方便观察 C++ STL等特定类型的值（比如 std::string）；

（5）Evaluate express under cursor/计算光标位置下的表达式的值；前面我们为此行为增加了必须按下 Ctrl 键的条件。

配置中还有"Catch C++ exceptions（捕获 C++异常）"项。如果选中它，结合前面提到的"……auto - switch to the first frame……"项，会造成在调试时，当程序运行到抛出异常时，程序会自动加上一行断点停下。（那意思是：哇，居然有异常，我要停下来，主人快来看啊！）暂时我们不需要这个特性。最后，有时一个程序，需要分成好几个项目（Project），此时可以选中"Add other open projects paths in the debugger's search list。"

6.6 全局路径变量

Code::Blocks 中的"Global Variable"配置，直译会和程序中的全局变量混淆，因此通常称之为"全局路径变量"，这是 Code::Blocks 做得非常好的功能。我们在《准备》篇中已经基本了解了它的作用。以 boost 为例，这时我们的配置如表 6 - 2 所列。

通过这些配置，就可以在 Code::Blocks 的项目配置中，使用以下全局路径变量：

（1）${#boost}相当于"D:\cpp\cpp_ex_libs\boost_1_57_0"；

（2）${#boost.include}相当于"D:\cpp\cpp_ex_libs\boost_1_57_0\include\boost - 1_57"；

（3）${#boost.lib}相当于"D:\cpp\cpp_ex_libs\boost_1_57_0\lib"。

表 6 - 2　boost 库路径变量配置

名　称	boost
base	D:\cpp\cpp_ex_libs\boost_1_57_0
include	D:\cpp\cpp_ex_libs\boost_1_57_0\include\boost－1_57
lib	D:\cpp\cpp_ex_libs\boost_1_57_0\lib

如果我在代码中需要使用 boost 的"any. hpp"文件,它在我的电脑上的绝对路径是:

```
D:\cpp\cpp_ex_libs\boost_1_57_0\include\boost－1_57\boost\any.hpp
```

但实际上我在代码中只需要写最后一层目录,以及文件名:

```
# include < boost \any.hpp >
```

光看这行代码,别说编译器,连你也不知道在我的电脑上去哪找"boost\any. hpp"文件,所以必须通过 gcc 的"－I"指令,告诉编译器上哪查找头文件。这时候我们可以在 Code::Blocks 中使用前面配置的全局路径变量,比如在项目的编译搜索路径中,加上"＄{＃boost. include}"即可。有没有可能让代码更短一点,比如:

```
# include < any.hpp > // 原为　# include < boost/any.hpp >
```

把 ＄{＃boost. include}配置成:

```
"D:\cpp\cpp_ex_libs\boost_1_57_0\include\boost－1_57\boost "
```

可以达到目的,编译器无非是将搜索路径和代码中的包含语句串起来形成完整的文件路径而已,但省事过头也会带来问题:假设项目还用到了另外一个文件也叫"any. hpp",编译器该使用哪一个呢? 所以,通常我们会保留库本身的名字,比如此例中的 boost。

6.7　项目管理

虽然 Code::Blocks 支持单一的 cpp 文件的编译,但多数软件开发,需要包含多个源文件、头文件、资源文件和库文件;还需要进行一些多种配置,所以就算只是一个"Hello world"的项目,我们也建议使用"项目/Project"进行管理。

6.7.1　项目组织

Code::Blocks 对项目的基本组织是:一个"工作空间/Workspace"可以包含多个"项目",而一个项目可以存在多个"构建目标/build targets"。

项目工作空间

复杂的软件往往需要分为多个相对独立的模块,但又存在相互依赖的关系。在开发时,每个模块通常组织为一个项目,多个项目则组成一个项目工作空间。

就算只有一个项目,Code∷Blocks 也会自动将它归入到默认的项目工作空间。之后我们新建或打开项目时,都默认加入到该临时工作空间之内。今后我们开发复杂的软件,建议明确地新建或另存一个工作空间。工作空间磁盘文件的扩展名为".workspace"。比如 Code∷Blocks 官方提供的第三方插件系统工作空间标题为"All contrib plugins",项目树如图 6－11 所示。

图 6－11　Code∷Blocks 第三方
插件工作空间

在项目树上选中某个项目,并在右键菜单中选择"激活项目",或者直接双击某个项目,则该项目节点名称字体变粗,后面所有对项目的操作,都将作用在该项目之上。从菜单"File"下选择"Close project(关闭项目)",则该项目将从当前工作空间里移除。

假设工作空间中存在三个项目:ProjectA、ProjectB 和 ProjectC。其中 A 和 B 是两个库工程,而 C 是一个可执行文件项目,它依赖前两个库。因此在构建 C 之前,通常需要保证 A 和 B 都已经正确构建,这种情况下,A、B 工程在工作空间中应该位于 C 之前(构建整个空间时,Code∷Blocks 从上往下一个个项目构建过去)。项目间更高级的依赖关系设置,本章将在项目配置一节中讲解。

调整项目在空间中次序的方法为:在右键菜单中选择某个项目,然后再选择"上移"或"下移"即可。但更方便的是在选中后使用快捷键,分别是"Ctrl＋Shift＋Up"和"Ctrl＋Shift＋Down"。

项目构建目标

项目有多个"构建目标",其作用:同一套代码集,可以编译出不同的目标。比如我们编译 wxWidgets 库时,就是下载了一套代码,但编译出了调试版 wxWidgets 库和发行版 wxWidgets 库两套目标库。在 Code∷Blocks 通过向导创建项目,默认也会生成"Debug"和"Release"这两个目标。前者用于调试程序,后者用于最终发布。

构建目标也可以区分为"可执行文件"和"库文件"。同一个项目,包含 a、b、c 三个源文件,我们可以通过设置不同的构建目标,让目标 1 使用其中的 a 和 b 生成一个可执行文件,而让另一个目标使用其中的 b 和 c 生成库文件。库又可以区分为动态库目标和静态库目标。以动态为例,它又可以分为"调试版动态库"和"发行版动态库"。当源代码组成基本一致的前提下,采用一个项目多个构建目标,要比为每一个目标创建一个项目管理,更好管理。

6. 7. 2　项目向导

菜单"文件→新建→项目",可以看到"Code::Blocks"预置的各种项目向导。

Console 分类

将"Category(分类)"设置为"Console(控制台)",该类别下可以创建"空白工程(Empty project)""控制台应用(Console application)""动态链接库(Dynamic Link Library)""共享库(Shared library)"和"静态库(Static library)"等。

"控制台"我们比较熟悉,它会创建一个带有在 main 函数中打印"Hello world"的 cpp 源文件。"空白工程"则只是创建工程文件,不产生其他内容。"Shared library"直译是"共享库",但更多时候称它为"动态链接库"。这里的"Shared(共享)"指的是一个实体文件,可供其他多个模块在支持运行时调用,要实现这个目标必须采用"动态链接"。与之对应的是"Static library(静态链接库)",直接嵌入目标程序,但我们总不好叫人家"不共享库"吧……"Dynamic Link Library"直译是"动态链接库",它是 Windows 平台对"共享库"的一种实现方式。这类共享库在加载时,也有一个统一的入口函数,名为"DllMain"。

共享库的扩展名是".so"或".dll",静态库是".a"或".lib",Windows 动态链接库的扩展名则为".dll"。

2D/3D Graphics 分类

绝大多数 2D 或 3D 的图形库,都是基于 C 或 C++实现的。"Code::Blocks"提供了专用 Windows 的 Direct X 项目向导、跨平台的 OpenGL 项目向导,二者都相对庞大。我们将在《游戏》篇中提及 SDL project。SDL 全称为"Simple DirectMedia Layer",直译为"简单的媒体直接访问层"。通过相对简化的接口,实现直接访问媒体文件、设备的 2D 图形、语音库等。

GUI 分类

"图形用户界面"用于日常用户使用电脑中带有窗口、菜单等界面,和前述主要用于图形处理、游戏开发的 2D 或 3D 图形界面是两条路上的东西。

Win32 GUI project：将生成 Windows 图形界面程序原生代码,带有 WinMain 入口函数。如果您不想使用任何第三方的封装,想使用 Windows 自带的开发包写 GUI 程序,可以使用该向导。

wxWidgets project:本书主要讲解的 GUI 库,支持多个平台。"Code::Blocks"自身也采用该库实现。wx 库多数控件是在底层最终通过调用操作系统原生的图形接口来实现的,因此无论是界面操作还是用户交互,和本地操作系统都有更好的一致风格。

6.7.3　项目文件

新文件向导

使用项目向导往往会创建一些默认的源文件,比如创建一个控制台应用,会自动加上"main.cpp"。复杂项目不可能将所有代码挤在同一个文件里,这就需要为项目创建新文件。C++项目最常创建的新文件类型是 CPP 文件和头文件。

打开项目,通过主菜单"File→New→Files..."打开新文件向导,如图 6-12 所示。

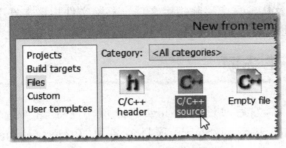

图 6-12　新文件向导

如图 6-12 选中"C/C++ source",单击"Go"按钮开始向导。在询问生成 C 语言或 C++语言源代码时,选择 C++。接下来需要填写新文件的完整路径和文件名,通常是通过"..."按钮打开文件选择框,进入正确的文件夹,再输入新文件名。同一步骤还要求将新建的文件加入到哪些构建目标,通常选择全部,如图 6-13 所示。

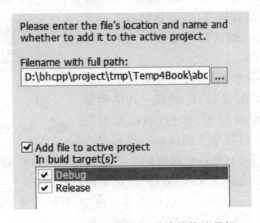

图 6-13　新文件名称,并选择构建目标

本步骤单击"Finish",新文件(比如"abc.cpp")即已加入项目,并将出现在向导管理的文件树中。完成添加新的源文件之后,通常需要添加对应的头文件。同样可以使用新文件向导,只不过向导的第一步应选择"C/C++ header"。但更简便的方法

是在 Code::Blocks 中打开新添加的源文件(比如"abc. cpp"),然后按 F11 切换到对应的头文件,这时"Code::Blocks"会发现不存在对应的头文件(比如"abc. hpp"),于是询问我们是否创建该文件。选择新文件自动创建并打开,接下来 Code::Blocks 会询问是否加入项目以及加入哪些构建目标,同样选择全部即可。

添加/移除现有文件

在主菜单"Project"或者在项目管理栏中,右击项目节点,将出现和项目相关的下拉菜单,其中有"Add files..."、"Add files recursively..."和"Remove files...",分别用于添加选中的现有文件到项目,添加选中的目录(并包含其下所有子目录)所包含的文件到项目以及从项目中移除指定文件。移除文件指该文件不再参加本项目的编译,并不是真正地从磁盘上删除。

6.8　项目构建选项

先关闭所有项目,然后通过 wxWidgets project 向导,生成一个 wxWidgets 项目,使用对话框风格,基于 wxSmith,项目命名为"ProjectSettingDemo"。其中在"wxWidgets Library Setting"设置步骤时,选中"Enable Unicode",不选"Use wxWidgets DLL"。

6.8.1　公共配置和目标配置

主菜单"Project→Build options...",打开该项目的构建选项对话框,其中左边树形控件展现了"项目"和"构建目标"的包含关系,如图 6-14 所示。

根节点使用项目名做标题,底下是默认生成的两个构建目标,"Debug(调试版构建目标)"和"Release(发行版构建目标)"。

选中"项目节点(根节点)",可设置对所有构建目标都起作用的"公共配置"。选中某一具体构建目标,则仅对该目标进行设置,称为"目标配置"。公共配置加目标配置,共同形成编译某一目标时的

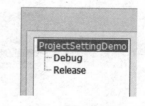

图 6-14　构建选项-构建目标树

构建配置。通常情况下,如果一个选项的公共配置和当前目标配置起冲突时,则以目标配置为准,但也可以通过"Policy/策略"下拉框进行修改:

(1) Use project options only/仅使用项目选项:目标配置不起作用,仅用项目公共配置;

(2) Use target options only/仅使用目标选项:仅使用当前目标配置;

(3) Prepend target options to project options/置目标配置于项目公共配置之前(默认项);

（4）Append target options to project options/置目标配置于项目公共配置之后。

不管是项目公共配置还是目标配置，都有"Compiler Settings""Linker settings""Search directories""Pre/post build steps"以及"Custom variables"等配置页。部分配置页和"编译器全局设置"非常接近，但在这里的各项配置，都只作用于当前项目。

6.8.2　项目编译器设置/Compiler Settings

（1）CompilerFlags & Other compiler options

通常只需使用默认值。建议有时间自学 g++ 的编译选项以便了解更多。"Compiler Flags"中列出常用编译选项并做了分组，虽然内容是英文，但都不难理解。未列出的编译选项，需在"Other compiler options"中手工加入。

【小提示】："– mthread"选项

wxWidgets 项目向导自动在"Other compiler options"中添加了不少内容，其中"– mthread"是 Windows/mingw32 环境下编写多线程的 C++ 应用所需的选项。

请对比"Debug"目标和"Release"目标配置在"Compiler Flags"上的不同。前者在"Debugger"组中的"Produce debugger symbols [–g]（产生调试符号）"处于选中状态。切换到"Release"目标，在"Optimization（优化）"组中，选中的项有"Optimize even more（for speed）[–O2]（为目标程序的执行速度进行更多优化）"，O2 表示二级优化。还有一项是"Strip all symbols from binary（minimizes size）[–s]（从二进制文件里去除所有附加符号）"，这一项会让发行版程序体积不再臃肿。

【课堂作业】：查找 Debug 目标与 Release 目标设置的更多不同

请继续查看编译器设置下的"Other compiler options"和"#define"，基本设置与"Debug 目标设置""Release 目标设置"之间还有什么不同。

（2）项目预定义宏

标题为"#define"的面板，可用于填写作用于整个项目的所有源文件的宏定义。gcc 在编译每一个源文件前，这里的宏定义都会起作用。样例的 wxWidgets 项目定义了以下几个宏：

（1）__GNUWIN32__：区别于普通的"__WIN32__"定义，表示这是开源社区提供的 Windows 32 开发库。在 mingw32 下编译 GUI 程序时需要此定义。

（2）__WXMSW__：表示使用到运行在微软 Windows 之上的 wxWidgets 库。

（3）wxUSE_UNICODE：表示这是 UNICODE 版本的 wxWidgets 库。

切换到"Debug"版本的配置，还可以看到一条新的宏：__WXDEBUG__，表示对于该构建目标，项目将使用带调试信息的 wxWidgets 库。

6.8.3 项目链接器设置/Linker settings

我们说过 wxWidgets 会尽量使用操作系统原生的 GUI 库。在样例项目的公共配置下,可以看到许多来自 GNUWIN32 的库,如图 6-15 所示。

因为在 wxWidgets 项目向导配置过程中,我们没有选中"Use wxWidgets DLL",所以用的都是静态库。向导把 mingw32 提供的各种 GNUWIN32 库都加上了,但如果项目实际没用到,并不会真实链接。比如本项目没用到 ODBC 访问数据库的功能,因此不会实际链接"libodbc32.a";没有用到网络功能,所以不会实际链接"libwsock32.a"。

图 6-15　项目公共配置中的链接库

【小提示】: GNU 风格的库命名

GNU 风格的静态库或链接,经常以"lib"开始,以".a"结束。g++有个小小的魔法,它允许添加库时去掉这一头一尾,比如 kernel32、user32、gdi32……

切换到 Debug 目标或 Release 目标,看到如图 6-16 所示的内容。

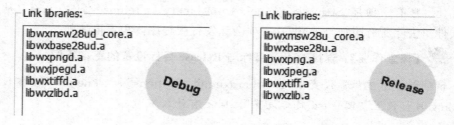

图 6-16　不同链接目标,配置不同链接库

Debug 版的库的名称比发行版库多了一个字母 d。用到调试版的 wxWidgets 库,再加上我们拥有其源代码,因此这将允许我们直接调试 wxWidgets,它有利于我们深入了解 wxWidgets,甚至也许会帮助它找出什么错误。但不管怎样,使用第三库的调试版库并不是必须的。比如被设置为项目公共选项的 GNUWIN32 库。阅读 wxWidgets 官方文档,可了解 wxWidgets 各项功能与库之间的对应关系。

在库列表框右边有一对小按钮,如图 6-17 所示。

这对按钮用于调整列表框中选中行的上下位置,从而影响在链接过程中各个库的出场次序。假设一个工程需要链接两个外部库:libA 和 libB。其中 libA 自身也需要用到 libB,那么称 libA 依赖 libB,那么二者的出场次序,必须是先 libA 再 libB,表

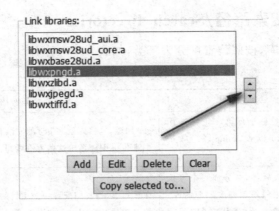

图 6-17　调整库上下位置的按钮

现在列表框上,就是先添加 libA,再添加 libB。

【重要】: gcc 链接过程的查找方向——向后找

以前述的 libA 和 libB 为例。libA 依赖 libB,说明 libA 可能用到 libB 中的某些功能,比如调用了 libB 中的函数"foo()"。因此当链接 libA 时,就会发现暂时找不到"foo()"函数,于是 gcc 将先搁置这个问题,留等后面所有库(包括 libB)都链接完成后,再在新链接进来的库中查找是不是有"foo()"函数。

以本例看:"libwxmsw28ud_aui"是用来提供 wxWidgets 中 AUI(Advanced User Interface)组件的库;"libwxmsw28ud_core"是 wxWidgets 的图形界面实现的"核心(core)"库,而 libwxbase28ud 是与界面系统无关的"基础(base)"库,最后三个则是 png 图形、jpeg、tiff 等图形库和 zlib 压缩库等,各库之间的依赖关系大致如图 6-18 所示。

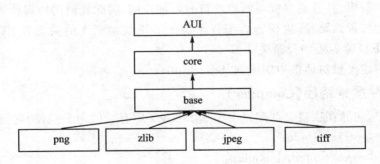

图 6-18　库与库之间的依赖关系

总之,越基础的库放在列表框中的越底下就对了,这个原则与之前提到的"项目公共配置"和"目标特定配置"的配合策略同样发挥作用。

6.8.4　项目搜索路径/Search directories

项目需要用到库,按照位置可分为三类,如表 6-3 所列。

表 6-3　项目中常见的三种库分类及搜索方法

库分类	说　明	编译系统如何找到它
编译系统 自带库	包括 C 标准库,C++标准库(STL)以及 mingw32 自带的库。	gcc 知道,这些库就在 gcc 的安装目录下,所以不需要我们来告诉编译系统这些库在哪里。
项目自身库	一个大软件,被分成一个可执行的主程序和许多配合的库。对应成一个"工作空间"下的多个项目,或者一个"项目"的多个"构建目标"。	IDE 知道,当我们配置一个项目的多个构建目标或者将多个项目归为同一个工作空间时,"C::B"就会知道这些库的位置,然后告诉 gcc。
第三方扩展库	例如我们安装在"cpp_ex_lib"下的各式各样的库,包括 wx-Widgets。	我们知道,这些库安装在哪里,我们在"C::B"配置全局路径变量,然后我们还需要在项目中配置搜索路径。

由表 6-3 可见,我们需要在项目配置中直接、明确地指定该项目需要用到的库路径(包括头文件和库)是第三方库。比如,我们知道 wxWidgets 静态库全都位于我们的 D 盘的某个地方,比如"D:\cpp\cpp_ex_libs\wxWidgets-2.8.12\lib\gcc_lib",但编译器不知道。

不过,我们不是配置过"#{#wx}"这个全局路径变量吗?就算 gcc 不知道,那Code::Blocks 应该知道吧?Code::Blocks 确实知道 wx 库的路径,并且这个例程还是"C::B"的向导生成的,所以"C::B"也知道这个项目要用到 wx 库,于是"C::B"也为这个项目配置了所需要用到的 wx 库的搜索路径。这正是向导帮我们做的事,但向导的种类有限,并且它只能在新建项目时发挥作用,因此我们仍然需要知道如何为一个项目配置搜索路径,以便告诉编译系统上哪里找第三库的头文件、库文件以及Windows 下可能需要的资源文件。

请在构建配置对话框中切换到"Search directories"面板。

头文件搜索路径(Compiler)

例程中,向导在项目公共配置中添加了和 wx 库有关的两个路径,它们分别是:

① $\{#wx}\include;

② $\{#wx}\contrib\include。

"$\{#wx}\include"表示先取出全局路径变量 wx 的值(D:\...),后面再接上"\include",得到的正是"D:\...\include"。这样做的好处是,只需要用到"wx"变量。但我们仍然推荐使用"$\{#wx.include}",当然前提是你严格按照《准备篇》的要求,完成 wx 路径及其子域的配置。

"＄{＃wx}\contrib\include"是 wxWidgets 的非官方组件库。如果你愿意，也可以配置名为"contrib. include"的子域，然后将它改为"＄{＃wx. contrib. include}"。本书的 wxWidgets 例程都不会用到非官方组件(事实上我们也没有在准备过程中编译它们)。

 【小提示】：查看变量代表的实际路径

如果想看到"＄{＃wx}\contrib\include"实际代表的路径，可以双击该行以便弹出编辑对话框，然后单击"..."按钮，将弹出文件夹选择框，并自动定位到前述变量代表的实际路径(如果这个相关路径变量确实已经正确配置)。

切换到"Debug"和"Release"两个构建目标，可以看到各自有一个特定的头文件搜索路径，分别是：

① ＄{＃wx}\lib\gcc_lib\mswud；

② ＄{＃wx}\lib\gcc_lib\mswu。

看上去好像是"库(lib)"的路径，但如果你在操作系统中打开指定位置会发现里面确实有一些头文件，比如我的机器就有这个文件："D:\...\lib\gcc_lib\mswud\wx\setup. h"。

综合项目公共配置和目标特定配置，加上二者之间所采用的默认配合"策略"，我们可以脑补我们所配置的当前项目"Debug"构建目标的头文件搜索位置是：

＄{＃wx}\include

＄{＃wx}\contrib\include

＄{＃wx}\lib\gcc_lib\mswud

库文件搜索路径(Linker)

"Debug"和"Release"构建目标中，所配置的库文件搜索路径都是"＄{＃wx}\lib\gcc_lib"。因为 wxWidgets 库的调试版和发行版在我们的机器上位于相同位置。wxWidgets 项目向导为了更好的兼容，刻意为不同构建目标产生了独立的配置。

【课堂作业】：在项目配置或不同目标配置中复制或移动配置内容

看到搜索路径列表框底下的一排按钮了吗？有"Add(添加)""Edit(修改)""Delete(删除)""Clear(清空)"和"Copy to...(复制到)..."。请利用其中的"Copy to..."和"Delete"操作，将两个构建目标相同的"＄{＃wx\lib\gcc_lib}"提升为项目公共配置。

"gcc_lib"表示本项目使用的是 wxWidgets 的静态库，如果你想将它改为动态库，这里需要改成"gcc_dll"。

资源文件搜索路径(Resource compiler)

Windows 系统允许将程序需要用到的外部数据资源，也"链接"到可执行文件

299

中。常见的资源文件,通常是 GUI 程序所需要的图片、声音等数据。典型的如 Windows 应用程序的窗口在标题栏上的图标等。

6.8.5 项目构建附加步骤/Pre - post build steps

Code::Blocks 允许在构建一个项目的前后,添加额外的操作步骤,用于调用外部的工具程序做事前准备或事后处理。举一个简单的例子:希望在构建之后显示今天的日期。请将以下内容输入到"Post build steps"编辑框内:

```
cmd /C date /T
```

cmd 是 Windows 控制台程序。date 是该控制台用于显示当前日期的内部命令。参数"/T"的作用,请在控制台运行指令"date/H"以便查看说明。勾选底下的"Always execute, even if target is up - to - date",表示哪怕程序根本不需要构建,我们也要执行这个命令。确认退出配置,然后构建项目,在构建记录窗口的最后可以看到以上命令的执行结果。构建前后附加步骤最常用到的场景就是复制文件,比如在构建完成之后,将生成的文件(动态库或可执行文件)复制到特定的某个目录下。

6.8.6 项目定制变量/Custom variables

在 Code::Blocks 中配置的全局路径变量可以用于各个项目,如果希望只为当前项目配置特定的路径变量,可在此配置项上添加,称为项目变量。事实上变量的值可以是任意内容,不一定是路径。在使用中引用到项目变量时,名字不需加"#"前缀,比如:"$(myvar)"或"${myvar}"。

6.9　项目属性

以上我们设置的都是一个项目的"构建(build)"条件,在"Code::Blocks"中项目完整属性称为"Project properties(项目属性)"。从主菜单 "Project→Properties..." 可以调出"Project 项目/目标选项"对话框。项目的主要属性包括:"Project settings" "Build targets" "Build scripts" "C/C++ parser options" "Debugger"以及 "EnvVars options"等。

6.9.1 项目设置/Project settings

标题/Title:用于设置该项目在工作空间中显示的标题文字。

平台/Platform:说明该项目文件在哪些平台范围内有效,默认是 ALL(全平台)。此配置仅用于说明,和实际跨平台编译,特别是交叉编译的关系不大。

　　ⓘ 【小提示】: 实现真正的交叉平台编译

此处的"平台"选项,并不是代表你可以直接编译出支持多个平台的可执行文件。

要实现在交叉平台编译,比如在 Windows 下编译出可在 Linux 下运行的文件,需要交叉平台的编译器支持。

制作文件/Makefile:不少开源项目对外仅提供一个 Makefile(制作文件)用于构建。Code∷Blocks 默认是采用自有格式的项目文件,如果要编译外来的项目,可以指定该项目的制作文件(相当于将 Makefile 当成项目文件)。

预编译头文件/Precompiled headers:通过与编译器 g++配合,支持指定头文件进行预编译,即将一些不变的头文件事先编译好后陆续复用,可极大减少大型项目的编译时间。

检查外部修改/Check for externally modified files:一个文件在"Code∷Blocks"中打开时,是否检查它在外部被其他软件修改,多数情况我们需选中本项,以避免看到的文件内容和实际的不一致。

项目依赖配置/Project's dependencies:单击本配置页面上的"Project's dependencies…(项目间依赖…)",弹出项目间依赖关系配置对话框。当同一工作空间下存在多个项目,并且项目间存在依赖关系时,可选中某一项目,然后指定它所依赖的其他项目。比如设定 A 项目依赖 B 项目和 C 项目,则在构建 A 项目之前,IDE会检查 B 或 C 项目是否存在变动,如果有,则自动先编译后两者。

6.9.2　构建目标/Build targets

用于添加、复制、修改或删除一个项目的不同构建目标。左边列表框是可供处理的构建目标,如图 6-19 所示。

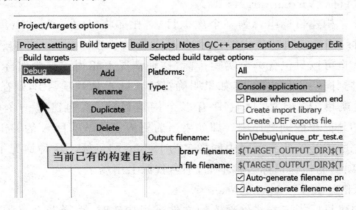

图 6-19　项目构建目标配置页面

Selected build target options

在左边列表框中选中一个构建目标,右边可设置以下内容:

平台/Platforms:指定当前构建目标的有效目标平台,只能是前面项目的配置平台的子集。

类型/Type：指定当前构建目标的构建类型，通常是 GUI 应用、Console（控制台）应用或者动态、静态库等。如果是控制台应用可指定在 Code：：Blocks 中运行时，是否在退出前暂停（Pause when execution end）；如果是动态库，通常需附带选中"Create import library"和"Create . DEF exports file"（此项仅 Windows 平台有效）。

输出文件的位置和名称/Output filename：建议同时选中"Auto - generate filename prefix（自动产生文件前缀）"和"Auto - generate filename extension（自动产生文件扩展名）"，以产生相对规范的文件名。

程序运行目录/Execution working dir：操作系统允许指定程序启动的起始路径，默认程序可执行文件的位置，通常采用相对路径来表达，比如"."。

目标文件输出目录/Objects output dir：这里的目标文件是指单一源文件编译的目标文件，在 Windows 下通常是扩展名". obj"文件，在 mingw32 或 Linux 环境下也可以是". o"。

Build target files

一个项目通常包含多个文件（头文件、源文件、资源文件等），但该项目下不同构建目标可能所需要包含的文件略有不同（如果是大有不同，那还不如创建一个新项目）。本配置项用于选定当前构建目标所需的文件子集。

构建目标常用操作

在构建目标列表框右侧提供一列按钮，包含针对构建目标的常用操作。最基础的如添加新目标、重命名、复制和删除等。

（1）虚拟目标/Virtual targets

可以将多个构建目标组合为一个虚拟目标，比如将"Debug"和"Release"合并成为"All"的目标，当后续构建该虚拟目标时，所包含的子目标会被一并构建。

虚拟目标也可以只包含一个实际目标，这种情况下相当于是为实际目标取一个别名。前面讲到同一工作空间下，如果明确指定项目 A 依赖项目 B，则在构建项目 A 前，会先构建项目 B。但是，项目 B 有多个构建目标，该构建哪一个呢？ Code：：Blocks 采用的是简单的同名原则。即如果当前要构建的是项目 A 的 Debug 目标，那么就会构建它所依赖的所有项目中同样名为 Debug 的目标。这种情况下，万一存在依赖关系，跨项目的构建目标名称不同，别名就派上用场了。

（2）外部依赖关系/Dependencies

允许为构建目标指定一些外部依赖文件。当构建时，编译器会首先检查这些外部文件的最后修改时间，如果它们比目标内文件新，则会被重新编译。

（3）排序/Reorder

调整构建目标的显示次序。

（4）构建配置/Build options

进入该目标的构建配置对话框。

（5）从目标创建项目/Create project from target

将一个构建目标"提拔"为一个独立项目。

6.10　项目实践

我们将创建一个工程，包含三个构建目标。请先在 Code::Blocks 中关闭当前工作空间（主菜单："File→Close Workspace"）。

（1）通过项目向导新建一个"控制台应用（Console application）"项目，命名为"AppDemo"；

（2）通过项目向导新建一个"共享库（Shared library）"项目，命名为"ShareLibDemo"；

（3）通过项目向导，新建一个"静态库（Static library）"项目，命名为"StaticLibDemo"。

（注：三个项目的向导都在"Console"分类下。）

此时，这三个项目均位于 Code::Blocks 默认提供的文件名为"default.workspace"的工作空间之下。请通过主菜单"File→Save workspace as..."，将工作空间另存为"WorkspaceDemo.workspace"。注意选好存盘的位置，建议保存在三个项目共同的父目录或者和 AppDemo 项目相同的目录。

保存之后，右击工作空间的根节点，在弹出的菜单中选"Rename Workspace"，将工作空间改名为汉字的"工作空间示例"。现在项目树看起来是这个样子，如图 6-20 所示。

图 6-20　一个工作空间三个项目

AppDemo 项目节点文字处于加粗状态，表示它是当前的活动项目。

6.10.1　构建动态库

双击"ShareLibDemo"项目，它将变成当前活动项目。接下来打开其下的"Sources"节点，会看到共享库向导默认生成的源文件扩展名是".c"。右击该项目的"main.c"节点，在弹出的菜单中选"Rename file..."（如果找不到，说明该文件在

Code::Blocks 中打开着,请先关闭),并将其改名为"main. cpp",然后打开它,删除原有全部内容,改为如下:

```
#include <iostream>
using namespace std;
int from_share_lib (int n1, int n2)
{
    cout << __func__ << endl;
    int r = n1 + n2;
    return r;
}
```

"__func__"是 C++ 11 标准加入的新标示符(前后都是连续的下划线),会被自动替换为当前函数的名称,即"from_shared_lib"。该函数将传入的两个整数相加,并返回"和"。编译……但不能运行,因为人家是个动态库。调试版的话,项目目录下的"...\bin\Debug\"生成的三个文件及各自作用说明如下:

(1) libShareLibDemo. a:导入库,应用程序自行加载同名动态库(共享库)中各种符号(数据或函数)时所需要的位置说明文件;

(2) libShareLibDemo. def:编译器为 Windows 下的动态库(共享库)自动生成的导出符号表,我们暂时不需要,更多知识请自学 Windows 下动态库编程;

(3) libShareLibDemo. dll:动态库(共享库)。

6.10.2　构建静态库

类似方法,切换活动项目至 StaticLibDemo,修改文件扩展名,最后打开"main. cpp"编辑其内容如下:

```
#include <iostream>
using namespace std;
double from_static_lib (int n1, int n2)
{
    cout << __func__ << endl;
    int r = n1/n2;
    return r;
}
```

编译生成的文件是项目目录下的"...\StaticLibDemo\libStaticLibDemo. a"。请注意:静态库向导写得有点偷懒,它将最终文件配置为直接产生在项目目录下,后续如果编译 Release 版,就会直接覆盖。请修改项目属性,首先是修改 Debug 构建目标的输出文件名,如图 6-21 所示。

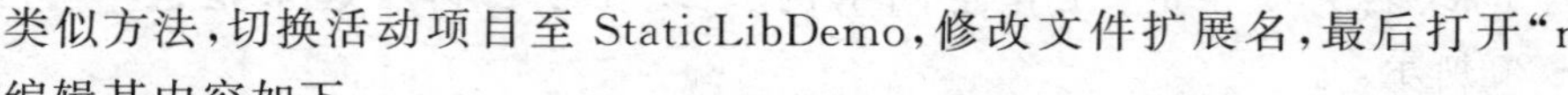

Output filename: | bin\Debug\libStaticLibDemo.a | ...

图 6-21　修改项目输出文件位置实例

bin\Debug 两级目录现在都还不存在,没关系,Code::Blocks 会在需要时创建它们。接着切换到 Release 目标,修改该项值为:bin\Release\libStaticLibDemo.a。删除原来的产物,重新编译(主菜单:"Build→Rebuild",或者按"Ctrl+F11")。

6.10.3　主项目-可执行程序

切换到 AppDemo 项目,然后打开其"main.cpp",修改为:

```
#include <iostream>
using namespace std;
005   extern int from_share_lib (int n1, int n2);
006   extern double from_static_lib (int n1, int n2);
int main()
{
010   int n1,n2;
012   cout << "please input n1, n2 : ";
013   cin >> n1 >> n2;
016   int tmp = from_share_lib(n1, n2);
017   double result = from_static_lib(n1, tmp);
019   cout << "result is " << result << endl;
      return 0;
}
```

005 和 006 行声明的两个外部函数。"extern"在此处虽然可有可无,但它或许可以提醒所有人:"这两个函数还真的是外部的呢!"主函数做的事也简单,让用户输入两个整数 n1 和 n2。然后用二者作为入参,调用来自共享库的函数,结果存在 tmp,然后用 n1 和 tmp 作为入参,调用来自静态库的函数。最后输出调用静态库函数的结果。

6.10.4　配置依赖库

编译……好像通过了,但在链接环节报了两个错,肯定是说找不到那两个函数嘛,摘一条看看:

```
undefined reference to 'from_share_lib(int, int)'
```

我们得为应用程序项目配置外部链接库,进入"Build options(构建配置)"对话框中的"Linker"页。然后,注意在左边选中项目公共配置(根节点 AppDemo),再为链接库加入前面编译成的静态库和动态库,如图 6-22 所示。

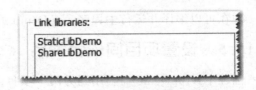

图 6-22　添加项目所需的链接库实例

这里有三个问题需要解答。

第一个问题:生成的文件名明明是"libStaticLibDemo(静态库)"或"libShareLib-

Demo(导入库)",这里为什么只写"StaticLibDemo"和"ShareLibDemo"呢？前面说过这是 GCC 编译系统玩的一个小障眼法,在处理链接库的指令(比如:-lStaticLib-Demo)时,会尝试为该库加上 lib 前缀。

第二个问题:文件名对了,但编译 AppDemo 时,GCC 是如何知道去另外两个项目的目录下找库文件呢?

第三个问题:就算懂得去找了,它又是怎么区分调试版和发行版的呢?

后俩问题可以一块解决。方法是为"Debug"构建目标配置"Debug"版的库搜索路径,为"Release"构建目标配置"Relase"版的库搜索路径。请在配置页左边列表框选中"Debug"构建目标,然后在右边切换到"Search directories(搜索路径)"面板,下一级子面板切换到"Linker"页,添加上面调试版的静态库和动态库各自的所在位置,使用相对路径,如图 6-23 所示。

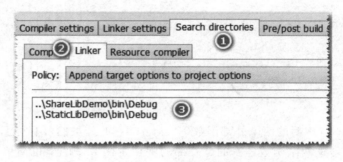

图 6-23　为 Debug 构建设定库搜索路径

切换为"Release"构建目标,请为发行版应用配置发行版的库路径。

归纳一下思路:在项目公共构建配置中,指定所需要的外部库文件,但不具体指定库的位置;然后在不同的构建目标下,配置不同的库搜索路径。

【课堂作业】:项目定制路径变量

在确保前述配置正确的前提下,请在"Custom variables(定制变量)"中添加"ShareLib"和"StaticLib"两个变量,分别对应值为"..\ShareLibDemo"和"..\StaticLibDemo";然后在 Search directories/Linker 下使用变量替换搜索路径的部分内容。

现在可以编译并运行主程序 AppDemo 了。

6.10.5　设置项目间依赖关系

例程中,AppDemo 需要用到另两个项目的构建成果,打开该项目的"Properties(属性)"配置对话框,再找到按钮"Project's dependencies...",做如图 6-24 所示的设置。

尝试修改某个库的源文件,然后编译 AppDemo,Code::Blocks 会自动完成已经

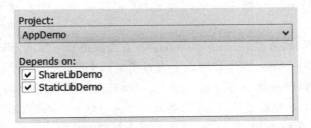

图 6-24　配置 AppDemo 依赖另俩项目

修改的项目的编译。

6.11　调　试

6.11.1　启动调试

在 Code::Blocks 中有以下几种方式启动一个项目，如表 6-4 所列。

表 6-4　运行项目可执行文件

命　令	热　键	主菜单	作　用
Run	Ctrl+F10	构建/Build	直接运行之前已经编译好的可执行程序。无视最新的代码修改。
Build and run	F9	构建/Build	先构建，再运行，确保所运行的是由最新的代码构建的新程序。
Start/Continue	F8	调试/Debug	以调试模式运行程序。如代码有变动，会先构建。

之前书中常提到的"编译、运行"指的就是其中的"Build and run"。

请打开"WorkspaceDemo.workspace"工作空间，激活主项目"AppDemo"，打开"main.cpp"，然后深吸一口气，按下 F8……美俄的核弹发射程序并没有因此启动，倒是看到 Code::Blocks 一阵扭动和抽搐，开始变形……单击主菜单"View"查看其子菜单"Perspectives"下的选中项，原来是窗口布局自动切换为调试视图了。这个期间程序也运行起来了。许多调试工具可以派上用场。请单击主菜单"Debug"，先看"Debugging windows"，可以调出以下调试工具：

（1）断点列表/Breakpoints：列出当前项目代码已经设置的各个断点位置；

（2）CPU 寄存器/CPU Registers：查看程序在某个运行断点时，CPU 各寄存器的值；

（3）调用栈/Call stack：查看程序在某个运行断点时，一层层的函数调用关系；

（4）反汇编/Disassembly：看看代码编译后的汇编语言，可以在汇编代码中逐步运行；

（5）内存/Memory：指定一个内存地址，它就显示给你看这块内存里有什么数据；

（6）运行中的线程/Running threads：查看当前进程有哪些运行中的线程；

（7）观察/Watches：在当前断点上查看指定数据的值。

没错，C++程序员就是可以这么任性。在调试过程中，连 CPU 都可以"打开"来瞧瞧，看看它各个寄存器的值，也可以输入一个内存地址，直接看看那块内存的内容。极端情况下甚至可以直接"篡改"寄存器上或内存里的数据……以上调试工具都采用"非模态"窗口，我们可让它们处于浮动状态，或者嵌入主窗口的某一侧，结束调试时，会自动保存到调试布局。

还没完，同样是"Debug"菜单，其下还有"Information（信息）"，可以在断点期间打开以下信息窗口：

（1）当前栈框架/Current stack frame：以数据的方式展现当前调用栈信息；

（2）已经加载的共享库/Loaded libraries：显示程序当前已经动态加载的库（静态库因为已经直接成为程序组成的一部分，所以不存在"加载"或"卸载"的操作）；当我们怀疑某个动态库是否被正确加载时，本信息窗口非常有用；

（3）文件和目标/Files and targets：进程文件及其所加载的外部库文件的信息；

（4）浮点处理器状态/FPU status；

（5）各类信号的处理状态/Signal handing。

6.11.2 设置断点

在某一代码行上按"F5"或者单击行号栏，就可以在该行上取消断点。当程序运行到被设置为断点的代码行时，程序会临时中断，程序员就可以利用前面提到的各个工具查看，哦不，是"诊断"当前程序的运行状态，从而找出问题。

【小提示】：断点与代码行的关系

并不是源文件里所有行都可以设置为断点，许多代码仅仅是声明性的语句，并不产生实际可运行的机器代码。反过来，一行 C++代码往往产生许多行机器代码，所以表面上程序停在某一断点上，但行断点后面往往还对应着非常多的 CPU 操作步骤。

结束之前的运行程序，然后在第 10 行设置一个断点，如图 6 - 25 所示。

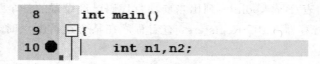

图 6 - 25　设置断点代码行

然后再次按下"F8"，程序却在第 12 行停了下来，这是因为仅仅定义两个栈变

量,并不对应实际的 CPU 操作。行号栏的黄色小三角用于指示当前运行的代码行,
如图 6 - 26 所示。

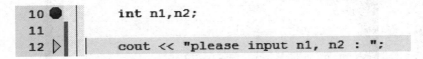

图 6 - 26　运行期间,程序停在有效断点上

　　然后观察程序的控制台窗口,发现这时候还没有输出任何内容,因为当前断点的
内容还没有被执行。

6.11.3　单步运行

　　如果此时按下"F8",程序将继续全速运行,但这次我们按下"F7",程序将运行到
代码中的下一个有效行,本例是第 14 行。
　　在第 14 行再按一次"F7",程序没有往下走? 小三角也消失了? 这是因为程序
正等着我们输入呢,切换到程序控制台输入两个数,比如 1 和 2,回车后程序停在第
16 行,准备调用来自共享库的函数。

6.11.4　观察数据

　　先别急继续前进!
　　让我们快速看看 n1 和 n2 此时的值。请将鼠标光标称动到第 14 行的 n1 变量之
上,同时在键盘上按着 Ctrl 不放,如果你之前严格按本书内容进行全局调试器的配
置,那么此时将浮现一个小窗口,显示变量 n1 的值和类型,如图 6 - 27 所示。

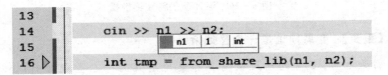

图 6 - 27　快速查看数据

　　如果需要在一段时间内持续查看某些数据的值,那么上面的浮动窗口就不方便
了,请调出前面提到的"观察/Watches"窗口,如图 6 - 28 所示。
　　默认的全局调试配置,会自动在断点时,将可见的局部变量自动加入观察窗口。
看到 tmp 和 result 那两家伙了吗? 重要问题来了:之前我们说过栈数据的生存起始
于其定义之处,结束于所处的代码块结束之处,为什么现在程序执行到第 16 行,为什
么该行甚至第 17 行的 result 都已经出现了?

　　ⓘ 【小提示】:栈数据生于何时
　　严谨的答案是:程序一旦进行某一层级的代码块,该层级代码块内的所有栈数

Watches (new)			✕
Function arguments			
⊟ Locals			
n1	1		
n2	2		
tmp	1959018810		
result	-355.23033597113863		

图 6-28　观察窗口

据,就会被分配好空间,但不做初始化(哪怕定义数据的语句中带有初始化操作,比如"int tmp＝0;")。当初我们使用的是"Object"对象数据,对象的构造函数并不被调用,同时在语义上这个变量也仍然不可见,不可用,因此认定其未"出生"是一种直观可行的说法。

可以往观察窗口添加新变量,也可以修改其现有变量,甚至是一些简单的表达式,比如若想看看 n1 的内存地址,我们可以添加"&n2",如图 6-29 所示。

⊟ Locals		
n1	1	
n2	2	
tmp	1959018810	
result	-355.23033597113863	
&n2	(int *) 0x28fed8	int *

图 6-29　添加新的待观察数据

【重要】: 变量地址是一个整数指针吗

程序编译之后,变量的地址被简单粗暴地解释为一个整数指针(int ＊),这在C++语法里并不严谨。因为 C++语法更多地是用来约束程序员写出正确的代码,而向机器解释可以简单一些。

6.11.5　单步进入

程序当前还停留在第 16 行的调用"from_share_lib"函数的代码行上,现在我们面临一个选择:是继续单步运行到第 17 行,还是进入"from_share_lib"函数看看? 我们选择后者,请按下"单步进入(Step into)"的快捷键"Shift＋F7"。神奇,我们居然进入位于另一个项目的另一个函数体了,如图 6-30 所示。

此时观察窗口自动列出的该函数的入参:n1 和 n2。

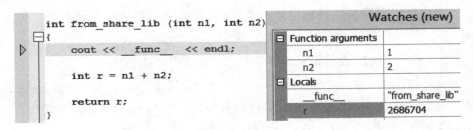

图 6 – 30　单步跟踪进入函数体

6.11.6　单步跳出

我们又面临两个选择：一个是单步跟踪完当前函数，另一个是直接跳出该函数。我们选择后者，请按下"单步跳出（Step out）"的快捷键"Ctrl＋F7"。程序又回到了 main 函数的第 16 行。请观察 tmp 此时的变量，仍然是未初始化的值。这是因为虽然"from_share_lib(1，2)"已经执行完毕，返回值也准备好了，但 CPU 此时还没有执行将它赋值给 tmp 的操作。再按"F7"，tmp 值这时才为 3。

按"F8"，全速运行余下的代码，结束本次调试。

6.11.7　其他步进指令

（1）Next instruction/单步下一指令：以汇编代码（而不是 C++的代码行）为最小步骤，往下运行一步；

（2）Step into instruction/单步进入的指令版；

（3）Run to cursor/运行到光标所在行：直接运行到光标所在行。快捷键为"F4"；

（4）Set next statement/强行将当前行设置为要运行的下一行：可以实现"时光倒流"，比如强行再次运行前面的语句。

【课堂作业】：熟悉调试指令的常用快捷键和工具栏

先在 Debug 菜单项下找到记忆单步、单步进入、单步跳出、运行到光标行等操作，然后熟悉其快捷键及对应的工具栏按钮。

6.11.8　定位错误

全速运行程序，然后输入 1 和"－1"，接着程序就挂掉了……聪明的你可能一下子就猜到了问题所在，但我们现在要大智若愚，通过辛苦的调试程序来找到问题所在。

我们先在 main 函数中的第一行有效代码上设置断点，接着按"F8"来启动本次调试，再一步步运行。输入 1 和"－1"之后，直接执行"from_share_lib(…)"的调用，不要进入函数……没有问题。再直接执行"from_static_lib(…)"的调用……出错了。原来错误就在静态库提供的该函数之内,下面该如何进一步定位呢? 你一定懂了。

 【课堂作业】: 定位错误练习

解决前述 BUG 后,请解决下一个问题。还是"from_static_lib"函数,虽然此函数声明为返回 double 数值,但总是不准,比如入参是 5 和 2,返回的却不是"2.5",请通过设置断点,观察其返回值的计算过程,并加以解决。

6.11.9 中止调试

通过断点观察,已经定位到问题,可以临时中断调试,菜单项为"Debug"下的 "Stop debugger(中断调试)",快捷键为"Shift+F8"。

某些情况下,在调试过程中,程序会出现僵死或失控状态,既不能继续调试,也无法正常运行,甚至按正常方式中止调试或退出程序都不能执行。此时在 Windows 下可以打开任务管理器,然后找到并通过任务管理器强行杀死调试器"gdb.exe"的进程,以确保调试过程结束。

第 **7** 章
语　言

每个人都有青春期。青春好像很重要,也好像不重要。

7.1 字面量

HelloWorld 的代码:

```
cout << "Hello world!" << endl;
```

"Hello world!"好像是我们在 C++ 世界中遇上的第一份数据? 它是一个字符串,它在字面上直接写着数据的量值,因此称为"字面量(literal)"。

注意,屏幕上并没有打印出双引号,因为双引号只是 C++ 的语法规定的一种格式(并且正好这个格式和我们日常生活中的习惯比较接近),用于表示这是字符串,而不是数字或者其他什么。说到数字,我们就来一个输出字面数字的例子:

```
cout << 100 << endl;
```

现在不仅屏幕输出时没有,在代码中的 100 前后也没有引号,它在 C++ 中代表一个整数。如果你要为 100 加上双引号,屏幕输出内容倒是不变,但这个数据将不再是一个整数:

```
cout << "100" << endl;
```

我们也可以很无聊地在屏幕上打出一个字母:

```
cout << 'A' << endl;
```

你可能已经想到了:字面上表达一个字母,它的格式是使用一对单引号。

【课堂作业】:字面量和类型格式

请尝试编译以下代码,并说出各行的错误:

```
cout << Hello! << endl;
cout << @1009 << endl;
cout << 'ABC' << endl;
```

7.1.1 整数字面量

100 和 100.00 这两个数,在生活中经常被无差别对待,但是小时候学数学,一到小数部分,感觉自己的计算能力就下降了。计算机也一样,更善于计算整数,因此在大范围上 C++把数字先一刀划分成整数和浮点数两类。

整数字面量不仅可以指定大小,还可以指定使用什么进制,以下几个字面量,都可以表示十进制的 13,如表 7-1 所列。

表 7-1   整数字面量进制后缀

字面量	使用的进制与格式说明
13	十进制
015	八进制,以 0 开始的整数
0xD	十六进制数以 0x 或 0X 开始的数,可能带有 A~F/a~f 字母
0B1101	二进制数据以 0b 或 0B 开始

在整数里面,爱偷懒的计算机又觉得小整数比大整数算起来要快,存储起来也节省内存。比如"2 + 3"或"9 876 ÷ 19",而像"18 446 744 073 709 551 600 - 9 806 170 407 374 410"这样的计算量,数值好大、算起来好累、并且好费内存。我非常理解计算机的难处,因为打小我就坚定地认为,世界上只有两种数,一种是十以内的,另一种是十以上的。C++也是这个思路,根据可表达的范围的大小,将整数又细分为普通整数(int)、长整数(long int),还有"长长"整数(long long int)等等,在字面表达上,也需要做出区分,如表 7-2 所列。

表 7-2   整数字面量长度后缀

字面量	类型和格式说明
12340	普通整数(int)
12340L	"长整数",在字面量后加字母 L 或 l。(long int)
12340LL	"长长整数",在字面量后加 LL 或 ll。(long long int)

尽管以上字面量都是生活中的"12340",但在计算机中,预备存储它们的内存大小可能是不一样的。我上了初中以后学习了"负数",于是计算能力再次下降。基于我"阴暗"的心理,我认为计算机可能也不喜欢有正负数,其真实的原因是为了更好地利用内存。整数又被区分为"有符号数"和"无符号数",前者可以表达正负数,后者全部用于表达 0 和正数。计算机默认为有符号数,字面上如果要表达无符号数,必须加上字母 U 或 u,它们可以和 L 或 LL 结合,如表 7-3 所列。

表 7 - 3 整数字面量无符后缀

字面量	无符号格式说明
12340U	无符号整数（unsigned int）
12340UL	无符长整数，在字面量后加字母 UL 或 ul。（unsigned long）
12340ULL	无符长长整数，在字面量后加 ULL 或 ull。（unsigned long long）

7.1.2 浮点数字面量

终于，带小数点的数还是来了。

带小数点的数，最讲究的是它的表达精度。去小卖部买东西，精确到小数点后两位，甚至一位就够了。但要想表达圆周率，就得认真约定精确到几位，否则你家电脑再大内存也经不起它折腾。简单地说，C++根据对实数精度表达的范围大小，区分为单精度（float）、双精度（double）和长双精度（long double）。对应到字面量表达如表 7 - 4 所列。

表 7 - 4 浮点数字面量精度后缀

字面量	类型和格式说明
12340.012	双精度（double），默认类型
12340.012F	单精度，在字面量后加 F 或 f(float)
12340.012L	长双精度，在字面量后加 L 或 l(long double)

其中 long double 的字面量后缀和 long int 一样采用"L"。

浮点数的字面表达，除了后缀以外，还有一些小花样可以玩，例如：

（1）128.：同样是一个 double，等于 128.0；

（2）.128：同样是一个 double，等于 0.128。

还可以使用科学计数法表达浮点数。格式是先写基数，再写字母"E"或"e"，最后是指数大小：

（1）1.234e2：等于 123.4；

（2）5E - 3：等于 0.005；

（3）100e - 1F：等于 10.0F。

7.1.3 空指针字面量

C++ 11 新增 nullptr，用于表示一个空指针。在此之前，C++语言其实没有一个真正的空指针字面量，因此基本都是使用整数 0 来代替。可能你看到的是 NULL，但 NULL 其实是一个宏定义，通常还是整数 0。并不能因此责怪之前的 C++标准委员会成员粗心，当我们在类型的角度提到"指针"时，实际上它不是完整的类型，完整的类型是整数指针、字符指针等。若要严格遵循语法,那么定义空指针的字面量,就得为这个空指针设定一个类型,请问"你是什么类型的空指针"?

C++ 11 标准规定,nullptr 这个字面量拥有自己的类型,类型为 nullptr_t。这一类型和任何有具体指向类型的指针都不是同一类型。C++ 11 甚至没有为 nullptr_t 类型的数据准备好如何输出,因此下面代码编译不通过:

```
std::cout << nullptr << std::endl;
```

这倒是直观地证明了 nullptr 有自己特定的类型,而不是整数,作为对比试着输出 NULL。

C++ 11 在这里玩了一次循环论证的小把戏:nullptr 的类型是什么? 是 nullptr_t,那 nullptr_t 是什么类型? 就是 nullptr 的类型……详情后面再解释。尽管 nullptr 的类型(nullptr_t)不是任何有具体指向的类型的指针类型,但 C++ 规定它可以赋值给其他指针,比如:

```
int * pint = nullptr;
char * pchar = nullptr;
Object * pobj = nullptr;
```

此时若输出 pint、pchar、pobj,就又会看到 0 了。有明确指向类型的空指针仍然会输出 0。空指针代表什么都没有指向,释放一个空指针没有作用,但也不会引发错误:

```
delete nullptr;
```

7.1.4 布尔值字面量

"布尔"是 boolean 的音译,用来表示"非白即黑、非真即假、非 0 即 1"的类型体系。布尔类型的字面常量只有两个:true 和 false。

```
cout << true << endl;
cout << false << endl;
```

屏幕输出是 1 和 0。因为编译之后,C++ 使用 1 代表 true,用 0 代表 false。更早之前,C++ 为兼容当时的 C,甚至不存在 bool 类型(以及它的两个字面量),使用 0 表示"假",使用所有非 0 的数表示"真"。如果想在屏幕上看到 true 或 false,其实 C++ 标准库也为我们提供了一个方法:

```
cout << std::boolalpha << true << endl;
cout << false << endl;
cout << std::noboolalpha;
```

现在屏幕输出:true 和 false。暂时可以将 std::boolalpha 和 std::noboolalpha 看成两个特定的指令,cout 接收到二者时,会调整其后所有碰上布尔值的输出形式。

由于字节是计算机所能直接处理的最小单位,因此 bool 值虽然只有两样,但也占用一个字节。

7.1.5　字符字面量

字符类型区分为"窄字符"和"宽字符"两类。默认说的"字符"指的是前者,它占用一个字节,带符号,因此取值范围:-128~127。其 0 和正数部分(十六进制表达为 0x0~0x7F)的每一个值表示一个字符,有的可视,有的不可视,比如:

```
char c = 'a';
cout << c;
```

屏幕将输出字符:a,那它对应的数值是多大呢? 我掐指一算是 97,不信你看:

```
char c = 97;
cout << c;
```

屏幕仍将输出:a。但这样的游戏也没什么意思,字符在 C++中的字面量表达方式我们已经熟悉:一对英文半角单引号中的一个字符。

```
cout << 'A' << '~' << 'Z'
     << ',' << 'a' << '-' << 'z'
     << ',' << '0' << '_' << '9'
     << endl;
```

屏幕输出:"A~Z,a-z,0_9"。

转义符

在 0~127 内,有些字符可以被看到,也方便书写,比如英文字母、阿拉伯数字等。低头看看键盘上还有很多:"!""@""＊""&""％"等。还有一些可以被看到但不是太方便在代码中直接书写的字符,典型的如换行符,假设输出内容是:

```
A
9
```

在 A 和 9 之间,夹着一个换行符。看不到具体的字符,必须靠强大的智商去推理。但要在代码中写一个换行符,总不能真的敲一下回车符吧,类似的还有缩进符(也称为制表位符,即键盘上的"TAB"键)。还有一些字符,干脆不能看,比如 7 这个数值,对应的是被称为"响铃符"的字符,输出它的效果需要用到你的耳朵,据说会让主板上的小喇叭"哔"一声。最最典型的是"空字符",它只是逻辑意义上的字符,一个"什么都不是"的字符,对应的是数值 0。

C++语言使用"转义符"来表达这些特殊字符,并且方案和 C、PHP、C♯、JAVA 等其他语言基本通用。转义符以反斜杠 '\' 为前缀。比如换行符为 '\n'。'\' 自身则使用 '\\' 表示。另外,单引号是 '\'',双引号是 '\"'。常用转义符及其含义如表 7-5 所列。

表 7-5　常用转义符及其含义

含　义	换行符	回车符	tab 符	退格符
转义符	'\n'	'\r'	'\t'	'\b'
含　义	反斜杠	单引号	双引号	响铃
转义符	'\\'	'\''	'\"'	'\a'

【小提示】：什么叫"回车符"

针式或喷墨打印机有一个机械打印头或喷嘴，形似"小车"。打印一行文字时，"小车"从行首一直移动至行末。换新行时，打印机需要做两个动作：一是让"小车"回到行首，二是让打印纸前进一行。两个动作合一起称呼就叫"回车、换行"。

现在的应用程序很少需要直接控制打印机。但在电脑中的普通文本文件的格式控制上，Windows 操作系统仍以"回车、换行"两个字符来表达换行，Linux 系统仅用"换行"符表示。

也可以使用转义符加数字表达一个字符。比如空字符表达为 '\0'，响铃符在计算机中使用 7 表示，所以也可以写成 '\7'。

放松一下。新建控制台工程，命名为"beep_char_literal"。"main. cpp"为：

```cpp
#include <iostream>
#include <thread>
using namespace std;
int main()
{
    for (int i = 0; i < 7; ++i)
    {
        cout << '\7' << endl;
        std::this_thread::sleep_for(std::chrono::seconds(1));
    }
}
```

Windows 欺骗了我们，那明明是声卡发出来的声音！用它在早上七点叫醒程序员，倒蛮有成就感的。

ASCII 码表

0～127 的各个数字分别对应哪一个字符有个标准，即"American Standard Code for Information Interchange"。对应的字符表，简称"ASCII"码表。下面写一个小程序输出 ASCII 中的数值与字符的映射。请新建一控制台项目，命名"ASCIIDemo"。在"main. cpp"文件代码为：

```cpp
#include <iostream>
using namespace std;
```

```
int main()
{
    for ( int i = 0; i < = 127; ++ i)
    {
        char c = static_cast < char > (i);
        cout << i << '\t' << c << endl;
    }
    return 0;
}
```

我在上述代码的基础上做一些调整,对部分特殊字符做处理,最终得到一张 ASCII 字符码表,如图 7 - 1 所示。

```
0 =\0      1 =☺      2 =☻      3 =♥      4 =♦      5 =♣      6 =♠
7 =\a      8 =\b      9 =\t      10 =\n     11 =♂      12 =♀      13 =\r
14 =♫      15 =☼      16 =►      17 =◄      18 =↕      19 =‼      20 =¶
21 =§      22 =▬      23 =↨      24 =↑      25 =↓      26 =→      27 =←
28 =∟      29 =↔      30 =▲      31 =▼      32 =       33 =!      34 ="
35 =#      36 =$      37 =%      38 =&      39 ='      40 =(      41 =)
42 =*      43 =+      44 =,      45 =-      46 =.      47 =/      48 =0
49 =1      50 =2      51 =3      52 =4      53 =5      54 =6      55 =7
56 =8      57 =9      58 =:      59 =;      60 =<      61 ==      62 =>
63 =?      64 =@      65 =A      66 =B      67 =C      68 =D      69 =E
70 =F      71 =G      72 =H      73 =I      74 =J      75 =K      76 =L
77 =M      78 =N      79 =O      80 =P      81 =Q      82 =R      83 =S
84 =T      85 =U      86 =V      87 =W      88 =X      89 =Y      90 =Z
91 =[      92 =\      93 =]      94 =^      95 =_      96 =`      97 =a
98 =b      99 =c      100 =d     101 =e     102 =f     103 =g     104 =h
105 =i     106 =j     107 =k     108 =l     109 =m     110 =n     111 =o
112 =p     113 =q     114 =r     115 =s     116 =t     117 =u     118 =v
119 =w     120 =x     121 =y     122 =z     123 ={     124 =|     125 =}
126 =~     127 =⌂
```

图 7 - 1 ASCII 字符表

我最喜欢的 1 和 2 对应的是小白和小黑,你呢?

【课堂作业】: 熟悉 ASCII 表中的常用字符

(1) 字符 'A' 和 'a' 的数值分别是多少? 谁大谁小?

(2) 在字符 'Z' 和 'a' 之间,夹杂了哪些字符?

(3) ('z'-'a' + 1) 得到的数是什么?

(4) 'X' + _____ = 'x',请填空。

(5) 空格的数值是多少?

宽字符

英文字母算上大小写,合计共 52 个,加上 10 个阿拉伯数字,共 62 个。所以连半字节(0~127)都用不完。但我堂堂大中华上下五千年,光现代常用汉字就三千多,因此得有"宽字符"这个概念,它(至少)使用两个字节(0x0~0xFFFF)表达一个汉字。

全世界不仅中国人存在文字多的问题，还有日本和朝韩等。为了能够同时解决全世界众多语言（当然包括英文字符）在电脑中可以统一表达，20 世纪 90 年代，ISO 和 Unicode 两个组织制定出可涵盖全球所有字符的集合，称为 Unicode 字符集。取值范围：0～0x10FFFF（约一百多万），其中多数只落在 0～0xFFFF，因此宽字符也可以称之为"Unicode 字符"。

Unicode 字符最直接的表示法就是用 0x0000 表示第一个字符（宽版的空字符），用 0xFFFF 表示其最后一个字符。并且为了转换方便，可以约定在原来的窄字符（ASCII 码）前面直接加一个 0x00 字节，变成宽字符。比如字母 'A' 的窄字符版是 0x61，则其宽字符为 0x0061。而更多字符则两个字节都会用到，比如 '汉' 字编码为 0x6C49。这个编码方案非常正确，因为采用 16 位表示，因此称为 Unicode 字符集的 UTF－16 编码（UTF 是"Unicode Transformation Format"的简称）。另有一个土豪版使用的是 4 个字节表示的，称为 UTF－32 编码，此时的 'A' 是 0x00000061，'汉' 是 0x00006C49。

然而，万万没有想到的是，C++语言是穷孩子出身，在源代码编码这件事上，不仅反感高配版（UTF－32），连标配版（UTF－16）也舍不得买。当然还有一个原因：无论是双字节还是四字节宽字符，都无法兼容原来的单字节窄字符。以前者为例，字符 'A' 由 0x00 和 0x61 两个字节表达，但在窄字符表达法中，前者是一个空字符。

有没有既能够完整表达 Unicode 中的百万字符的同时又兼容窄字符的编码呢？我肯定 C++标准委员会没有上某宝淘去，但他们真的找到了符合这种变态要求的编码方案，称为 UTF－8。表面上看它采用单字节（8 位）表达，但其实它采用不定长的编码方式。ASCII 中的字符仍然使用 8 位，比如 'A' 还是 0x61，而其他字符则采用 2 或 3 甚至更多个字节来表示。

【小提示】：UTF－8 是怎么做到的

有关 UTF－8 的神奇之处，请读者自行了解，建议同时了解一下采用类似思路，用于信息无损压缩的"霍夫曼编码（Huffman Coding）"。

结论是，UTF－8 成为 g++默认采用的源代码的编码格式。如果一个源文件从头到尾都没有出现 ASCII 以外的字符，则它的编码可以认为是 ASCII，也可以认为是 UTF－8，这就是兼容。宽字符在 C++代码中需要使用前缀字母 L。强调一下前缀，并且必须大写：

```
std::cout << L'汉' << std::endl;
```

这里的 L 起什么作用呢？第一，L 在形式上指明后面是宽字符，否则根据语法，'汉' 字非窄字符，不能放在单引号内；第二，L 要求编译器在编译此源文件时，此处的汉字在编译结果文件（比如可执行程序）中，使用宽字符表达。注意第二点中提到的，L 是让 '汉' 字在编译结果中，变成真正的宽字符（UTF－16 或 UTF－32）。L 并不管其后字符在源文件中采用编码存储,源文件这个'汉'字可以是 UTF - 16 或 UTF - 32,甚至是可以具有中国特色的 GB2312……现在我们采用的是 g++最喜欢(默认)的 UTF - 8。

g++为什么会喜欢 UTF - 8 编码呢? 前面提到的结论现在成为原因:一是 UTF - 8 兼容单字节编码,二是 UTF - 8 是 Unicode 字符集的编码方式之一。第二点的意思是,UTF - 8 可以非常方便地转换成 UTF - 16 或 UTF - 32,而这正是前面提到的 L 字符要求 g++去做的事。作为对比,GB2312 其实也兼容单字节编码,但作为中国的国标,要将它转换到 Unicode 字符集,对 g++来说是比较啰嗦的。

【小提示】: g++ 和 "Guo Biao"

ASCII 只用到半个字节(0~127),还有(−1~−128)没有用上,中国的 GB2312 或日本的特定编码,就是利用了这些剩下的范围,两两组合获得额外约"128 * 128"个表达范围,将自己假装成 ASCII 编码的窄字符。所以如果只是用到汉字,那么 g++ 也可以直接处理 GB2312 的编码。这就是之前我们要求将源文件编码设置为"System default"的原因。另外,哪怕是采用宽字符的方案,源文件中 L 之后的字符仍然可以采用 GB2312 编码存储,但这时必须为 g++编译器明确指明附加编译参数:"- finput - charset=gb2312"。

说了半天,当下要你做的事好像就一件:请在 Code::Blocks 的 Edit 菜单下,将当前源文件的编码改为 UTF - 8。为了保险起见,还可以将以下代码中的汉字删掉重输:

```
cout << L'汉' << endl;
```

重新编译,运行……啊? 屏幕居然输出的是 27721 这样一个数? 我都用宽字符了,我都存储为 UTF - 8 了,你就让我看这个? 原来,有专门的流对象用于输出宽字符,名为 wcout(对应有 wcin 对象),所以让我们再改改:

```
std::wcout << L'汉' << std::endl;
```

这回更过份了,输出一片空白!

原来,C/C++语言程序内部也有一个用于处理本地化的配置,比如处理输出时的日期格式、数字格式、钞票的符号等,也包括所能支持的字符集,默认是采用最简陋的配置(locale),称为"C"配置。为此,需要再做一些事情,下面是可以在 mingw 编译环境下正常工作的完整代码:

```
/*切记,本源代码编码设置为 UTF - 8 */
# include <iostream>
# include <clocale>
int main()
{
```

```
std::ios::sync_with_stdio(false); //为解决 mingw 编译环境可能的 BUG
std::setlocale(LC_CTYPE, "");
std::wcout << L'汉' << std::endl;
}
```

终于，控制台正确地输出了在源代码文件中以 UTF - 8 编码的'汉'字了！

7.1.6　字符串字面量

还是来看这行代码：

```
cout << "Hello world!" << endl;
```

"Hello world!"就是一个窄版的字符串字面量。"Hello world!"含 12 个字符，所以它是不是占用 12 个字节呢？代码如下：

```
cout << sizeof("Hello world!"); //13
```

输出 13。这是因为字符串字面量必须以空字符 '\0' 结束（称为 C 风格字符串），这 13 个字符在内存中长这个样，如图 7 - 2 所示。

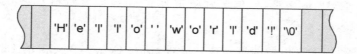

'H' 'e' 'l' 'l' 'o' ' ' 'w' 'o' 'r' 'l' 'd' '!' '\0'

图 7 - 2　字符串内存存储示意

内存很大，但字符串总得有个结束的位置。如果没有空字符，就无法确定字符串结束于何处。"宽字符"版的字符串字面常量，同样使用 L 作为前缀：

```
std::wcout << L"12345,上山打老虎。" << std::endl;
```

字符串字面量如果很长，在代码中就不好直接成一行了。C++中可以将字符串折成多行，只需在每一行使用"双引号"，届时编译器会将自动拼接各行：

```
cout << "《无题二首之一》\n"
        "\t\t 作者:李商隐\n"
        "来是空言去绝踪,月斜楼上五更钟。\n"
        "梦为远别啼难唤,书被催成墨未浓。\n"
        "蜡照半笼金翡翠,麝熏微度绣芙蓉。\n"
        "刘郎已恨蓬山远,更隔蓬山一万重。\n";
```

尽管字符串在代码中折成多行，但输出时的换行仍然依赖转义符 '\n'。有个办法可以让代码中的换行就可作为输出时的换行，代码中的缩进就是输出时的缩进。这样敲写代码时无需添加 '\n'、'\t' 等各种转义符。像本例，诗是从网页上复制而来的，将纯文本在代码中粘贴，基本就可用了。这种方法在 C++ 11 加入，称作："Raw String Literal(原始字符串字面量)"。

```
cout << R"(《无题二首之一》
        作者:李商隐
来是空言去绝踪,月斜楼上五更钟。
梦为远别啼难唤,书被催成墨未浓。
蜡照半笼金翡翠,麝熏微度绣芙蓉。
刘郎已恨蓬山远,更隔蓬山一万重。)";
```

输入内容变化如下:

(1) 字符串包含于 R"()",而非常见的"";

(2) '\n' 都不见了,全改为字面上真实的换行;

(3) 不再需要使用 '\t' 缩进,同样直接使用制表符。即 TAB 键(也可以使用多个空格);

(4) 折行不再需要每行加双引号;

(5) 请特别注意,每行诗都顶着行首开始,要是觉得这样会打乱代码排版,想在前面加缩进,很抱歉,所有添加内容都会被真实地输出。

再来看"Raw"单词的意思:"生的,未加工的"。我的理解就是"原汁原味"的,你在代码中输入什么,编译器就认它是什么,包括双引号以及各种转义符,比如:

```
cout << R"(
What did you say?
I said "Hello!"
 \n \t \b \\ \a
)" << endl;
```

屏幕将原样输出该字符串,包括双引号和最后一行的内容,如图 7-3 所示。

原始字符串字面常量以"R"("作为字符串的开始标志串,以")""为结束标志串。字符串中不能正好含有")""(但是可以含有

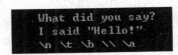

图 7-3　原始字符串输出内容

开始标志串)。如果就是那么地不巧,所要输出的字符串中含有结束标志,C++ 11 允许临时修改 Raw String Literal 的开始与结束标志。方法是在双引号和括弧之间添加自定义标志串,如:R"delim(...)delim"。其中"..."为原始字符串,delim 为自定义标志,可含最多 16 个,不是反斜线('\')、空格或小括号的基础字符:

```
cout << R"d2school(这里有)",可正常显示。)d2school";
```

屏幕输出:

```
这里有)",可正常显示。
```

Raw String 结束标志得以正确显示。

7.1.7　枚举字面量

比如程序需要表达周一到周日的字面量,有两个很直观的方法。一是使用整数

字面量，比如 1 代表星期一，7 代表周日等；二是使用字符串字面量，比如 "Monday、"Tuseday" 等。

方法一的缺点是不太直观，没有突出"星期"的这一特定类型，比如以下代码：

```
if (day == 4)
{
    ...
}
```

这里的 4 是四号还是周四？

方法二问题更多。根源来自其字符串类型。首先容易写错，其次写错编译器也不会帮你指出。比如你把周二写成"Tuseday"，可能程序要运行好长时间后，你才感觉哪里不太对劲。最后字符串太耗费内存了，比如一个"Wednesday"需要用 10 个字节，用数字 3，才四个字节，用字符 '3'，才 1 字节。这就有了常用方法三，使用宏定义，比如：

```
#define MONDAY 1
#define TUESDAY 2
......
```

也有人推荐方法四，使用常量，这样更显 C++ 的风格。但这里推荐的是方法五：自定义"枚举值"。"枚举"英文为"enumeration"，也称为"列举"。即某人问你 XX 是什么？你的一种回答的方法是将这一概念范围内的所有可能的情况（值），都列出来，于是对方恍然大悟。本例的"星期"就特别适用于枚举法来解释。类似的情况还有：月份、酒店星级、饭店的卫生等级、彩虹的颜色、电池的尺寸等。C/C++ 的枚举值，可以并且也只可以对应到某个整数值，继续以星期为例，可以定义出七天的枚举值：

```
enum
{
    Monday = 1
    , Tuesday
    , Wednesday
    , Thursday
    , Friday
    , Saturday
    , Sunday
}; //结束于分号
```

使用 enum 定义。其中 Monday 被定义为 1，其后的枚举值将自动递增 1，比如 Tuesday 为 2，Sunday 为 7。枚举嘛，天生拥有"以此类推"的能力，平常生活中我们也是这么做的。如果都不指定整数值，则第一个枚举字面量默认是 0。请根据西方人的习惯，重新定义上例有关星期的枚举值。

如果有需要，枚举值也可以是不连续的，比如民用电池的常见尺寸：

```
enum
{
    BATTERY_D = 1, BATTERY_C = 2
    , BATTERY_AA = 5, BATTERY_AAA = 7
};
```

字面含义不解释,但枚举值命名规则必须清楚:合法字符为英文字母、下划线或数字,并且只能以前二者为开始值。定义好枚举值,就可以在代码中直接使用:

```
if (day == Wednesday) //判断 day 是不是 Wednesday
{
    ...
}
```

明显达成两个效果:一是表意直观,二是不怕写错。事实上还有第三个效果:节省内存。通常枚举值在编译后使用整数保存,占用 4 字节。将来还将学习到如何让枚举值只占用一个字节。

【课堂作业】: 输出枚举值

请根据以上对枚举值的说明,推测以下代码的输出内容是什么:

```
std::cout << "Today is " << Sunday << endl;
```

7.1.8　宏替换

前面提到使用宏来产生"新"字面量的方法:

```
#define MONDAY 1
```

宏本身不会参与到实际的编译过程中。比如上例,代码中所有独立的 MON-DAY 字样,会在编译之前的预编译过程中,就被粗暴地全部替换回 1(所以宏定义没有以分号结束,因为它不是真正的语句)。这里的"粗暴"是指:不作语义分析。试看对比,如表 7-6 所列。

表 7-6　宏与枚举对比

宏	枚举值

#define SUNDAY 7
void foo1()
{
　std::string SUNDAY = "Sun-day";
}
	enum {　Sunday = 7 };
	void foo2()
	{
	　std::string Sunday = "Sun-day";
	}

foo1 编译失败,foo2 编译通过。原因在于宏 SUNDAY 在预编译阶段(不关心语义)就已替换成数字 7。宏还有很多更严重的问题,但本书作者不建议矫枉过正,将

宏定义一棍子打死。这里简单说说宏在"伪装"产生新字面量的能力,它可以用于替换各种类型的字面量,如:

```
＃define SUNDAY 7
＃define HELLO "你好"
＃define WIDTH_HAN  L'汉 '
＃define PAI 3.1415926
```

再次强调,一是宏定义后产生的替换行为是全局性的,所以一定要慎用、少用甚至不用(因为大多数情况下会有更好的方案);二是宏不是真正的语义上的字面量,前面的枚举值才是。

7.1.9 自定义字面量

如果有人对你说:C++语言只允许我们通过 enum 定义一些本质上是整数的字面量,那他就落伍了。C++ 11 新标准允许用户自定义某种形式的字面量,但是这一功能的实现,需要有后续的"类型""操作符重载"等知识作为支撑,这里仅作简例示意。比如说,有一笔业务主要使用美元结算,并且只精确到 1 美元,但是在进入公司的帐户时,仍然需要统一转换成人民币(单位:元)。那么我们可能希望能有一种特定的整数字面量格式,让我们所写的数字,单位是美元:

```
int price = 5_ $ ;
```

假设汇率为 6.197 6,那么运行之后,price 应该是 30.988。请注意字面上使用"_ $"作为后缀。其中前导下划线,当前只是建议而非必须,但未来更新的 C++ 标准可能将它提升为强制要求。要实现"_ $"的功能,必须为其提供专门的字面量后缀操作符重载(重新定义指定操作符的功能,称为操作符重载):

```
double operator "" _ $  (unsigned long long us_doller)
{
    double lv = 6.1976;     //实际实现时,也许你需要动态更新汇率
    return us_doller * lv;
}
```

测试如下:

```
void foo()
{
    cout << "￥" << 5_ $ << endl;
}
```

请注意:原生的数值字面量后缀在编译期间直接起作用,但用户自定义的字面量格式的换算,必然是在运行期通过调用重载操作进行,因此需要付出一些性能代价。

7.2 类 型

7.2.1 基本概念

我们曾经说过,"类型即封装……"等等,隔壁又在吵架,这书写不下去啊!

【轻松一刻】:"粗暴母"训子

隔壁那位粗暴的妈妈又在训斥她5岁的儿子:"你最不懂事了! 在幼儿园不听老师的话,在家不听爸妈的话,吃饭不懂得乖乖坐在一处,洗澡把水弄得到处都是……"

我终于忍不住冲了过去:"这位妈妈,他还只是孩子……"

"是啊,他是孩子,并且是我的孩子,和你有什么关系吗?"声音高冷,似乎还带点嘲弄的语气? 我不是很肯定。

"当然没关系!"我脸都红了,"我这里说的'孩子',是指一种类型。你看,不管是您生的,还是我生的,他们都属于'孩子'这个类型产生的对象。因此就必然都拥有淘气、不听话等属性,所以呢……"

"停。"粗暴妈打断我的话,看都不看我说道:"成天挎着笔记本包进门出门,搞电脑的?"

"嗯。专业一点地说,叫'信息科技','Information Technology'。"

"听到没有!"咆哮声再次响彻左邻右舍:"你要再不乖! 长大以后就只能跟他是一个类型:IT 男!"她转身盯着我,吐字清晰、冷静、理智:"我对'类型'的理解没错吧?"

这一次我听出来了,她真的没有在嘲弄我。

刚才说到哪了? "类型即封装"。对,现实生活中,一说公鸡,大家就知道它们会打鸣,一提小猫,就知道它们会抓老鼠,一提到鸭子,就知道它们……

【课堂作业】:"鸭子类型"

请上网搜索什么叫"鸭子类型"。

世界上本没有"鸭子"这种类型,只是远古时人们看多了那些走路一摇一摆,还爱嘎嘎叫的东西,终于有一个人指出,这一类东西就叫"鸭子"。在浩瀚漫长的国际史上,曾经有一只天鹅混进了鸭子的队伍,鸭子们就是靠这个分类方法,将它踢走的。人类具备从具体事物归纳并抽象地提出某个"类型"的能力,在我看来是人类文明得以传承的基础。我女儿在四岁前没有见过"蚯蚓"这种东西,但在四岁的那一天她在草地上,指着自己挖出来的土堆,抬头对我说:"爸爸,这里定义了一个蚯蚓类型的对象,它被分配在堆中。"

"蚯蚓类型"和具体的一只"蚯蚓",这二者一定要区分清楚,前者是抽象的"概念",后者是具体的"事物"。中国战国时期著名的程序员公孙龙为了普及"概念"不是"事物"这一逻辑,说了一件事:那天他骑白马欲入城,无视城门公示之"马不可过关"而被拦下。公孙龙怒问:"你写着马不可过关,但我骑的是白马,白马和马是一个东西吗?"关吏小兵想了想,诚实回答:"不是。"公孙龙说:"既然我骑的不是你禁令上的东西,那快放行吧!"如果关吏不放行,我估计狡猾的公孙龙肯定要问:"如果白马是马,那我公孙龙就是龙哦?"

当人们提到"马"时,有可能是在说一种类型(概念),也有可能是在说一匹具体的马(事物)。同样,在 C++程序中,类型是"虚"的概念,但它对属于它的事物,提出一个公约范围内的某种约束。其中"颜色"只作为一种属性,即马肯定是有颜色的(因为没听说过有透明的马),然后可以就此结束,也可以更严格一点,用 enum 定义出我们认定的马可以具备的颜色(千万别忘了这世界有斑马)。

从本书开始到现在,我们已经接触过不少 C++的内置的类型(也称基本类型、原生类型),比如:

(1) int——整数类型;

(2) char——字符类型;

(3) bool——布尔类型;

(4) float——单精度浮点数类型;

(5) double——双精度浮点数类型;

(6) unsigned int——无符号整数类型;

(7) unsigned char——无符号字符类型。

以其中的 int 为例。以 int 作为类型的所有整数都有以下共同点,即可以互相比较大小,可以参与四则运算,在计算的过程中忽略其小数精度等。在底层实现上,所有 int 型的整数所占用的字节数都一样。以 32 位编译环境为例,从 −2 147 483 648 到 0,再到 2 147 483 647,每一个数都占用 4 个字节。再看看 int 的初始化行为:如果是全局静态数据,那么代码中未明确初始化的 int 数据,会被默认初始化为 0;而局部非静态的 int 数据,都不拥有默认初始化行为。

再从赋值行为看,将一个字符赋值给一个整数变量,会自动扩展;将一个整数赋值给一个整数变量,肯定是愉快地接受了;而将一个 double 或 float 数据直接赋值给一个整数变量,通常编译时会有一个警告,运行时则可能丢失源数据的精度。

以上以 C++内置数据类型(主要是 int)为例,说明一个类型(概念)对其实体(事物)起到的描述、约定或约束的作用。C++允许用户通过组合多个类型的数据,从而定义某种新类型,比如:

```cpp
struct Person
{
    Person()
    {
        cout << "Wa～Wa～" << endl;
```

```
    }
    ~Person()
    {
        cout << "Wu~Wu~" << endl;
    }
    std::string name;
    int age;
};
```

通过组合一个"std::string"数据和一个 int 数据,相当于提出一个约定:任何符合此处定义的 Person 对象,至少需要提供姓名和年龄这两样属性。不仅如此,Person 通过对构造函数和析构函数的定义,相当于提出另一个约定,即只要是从本处的"Person"产生的"人"的个体,都将在出生时哇哇叫,离开时鸣鸣哭。同样,在底层上所有由 Person 产生的对象,其原始占用的连续内存的大小都将等于"sizeof(Person)"的值。之所以强调"原始占用",是因为对象在构造或更后面的运行过程中,当然可以通过 new 等操作,向系统申请更多堆内存,但这些内存不在针对该对象进行"sizeof()"操作的计算范围内。

7.2.2 整　型

C++原生的整数类型,根据精度划分,有 int、short int、long int 以及 long long int。然后再根据是否有符号,变成八种类型,如表 7-7 所列。

表 7-7　C++整数类型

类　型	名　称	占用字节 (32 位环境)	数值表达范围
short int	短整型	2 字节	−32 768~3 2767
unsigned short int	无符短整型		0~65 535
int	整数类型	4 字节	−2 147 483 648~2 147 483 647
unsigned int	无符整型		0~4 294 967 295
long int	长整型	4 字节	−2 147 483 648~2 147 483 647
unsigned long int	无符长整型		0~4 294 967 295
long long int	长长整型	8 字节	−9 223 372 036 854 775 808~ 9 223 372 036 854 775 807
unsigned long long int	无符长长整型		0~18 446 744 073 709 551 615

【重要】:有关"整型"更权威的说法

(1) 权威的分类中,字符(char)和布尔(bool)类型也归属整型(integer type)的范畴。

(2) 上表中各精度的整型,标准规定是三种。以 int 为例:int、signed int、unsigned int,但前两者在标准要求和具体实现上都是一致的。

（3）对于类型的大小（占用字节数和表达范围）C++标准其实也只提出一些基本的要求。以 int 为例，在 16 位编译环境下，可能和 short int 一样大小，而在 32 位编译环境下，long int 大小通常被实现为和 int 一样，至于 long long int，C++ 11 只规定它不应少于 64 位。

（4）如果需要明确字节数的整数，则可使用 C++ 11 引入的"intN_t"系列整型，如：int8_t、int16_t、int32_t、int64_t 等，以及加有 u 前缀的无符定长版本，如：uint64_t。

以上类型中最后带着 int 的字样，都可以省略掉（当然除 int 外）。比如：unsigned int 可简写成 unsigned；short int 可以简写成 short 等。

C++标准库提供了"numeric_limits"模板工具，可用于查询指定数字类型（也包括 char 和 bool 所能表达的最小数和最大数，以 long long 为例：

```
#include <iostream>
#include <limits>
using namespace std;
int main()
{
    cout << numeric_limits <long long int> ::min () << endl;
    cout << numeric_limits <long long int> ::max () << endl;
}
```

既然身为"整型"，因此以上类型的数在计算过程中，都是无视小数精度的，比如：

```
cout << 5 / 2 << endl;
```

"/"在 C++中为"除以"操作。整数 5 除以 2，商为 2，小数部分被无情的抛弃了……不不，更精确的说法是，小数部分在计算的整除过程中，从来没有产生过。

在为整型数据初始化或赋值时，如果使用的是字面量，别忘了加上必要的后缀：

```
long long int lli = 9223372036854775800LL;
```

7.2.3 浮点型

5 除以 2 得 2，在很多时候这结果完全可以接受，并且这个计算过程非常高效（对计算机来讲也非常简单）。但有时候这样的结果也不可接受，此时就需要浮点型，如表 7-8 所列。

表 7-8 C++浮点数类型

类　　型	名　　称	占用字节 （32 位环境）	数值表达范围
float	单精度浮点数	4 字节	$1.17549e(-38)\sim3.40282e38$
double	双精度浮点数	8 字节	$2.22507e(-308)\sim1.79769e308$
long double	扩展精度浮点数	12 字节	$3.36210314311209350626e(-4932)L\sim$ $1.18973149535723176502e+4932L$

float 只能保证 6 位有效数字,这对很多需带小数位的计算来说精度是不足的,因此它没有被 C++选成默认的浮点类型。但如果你要计算的是全年段学生某次考试的平均成绩,那它似乎也足矣,比如:

```
float avg = 39004.0F / 497;
```

注意,尽管例中总分其实正好是一个整数,但看似额外的小数部分".0"是必须的,至于 F 后缀,体现了我们确实放心这里的精度。

double 是 C++默认的浮点数类型。double 有效位至少为 10 位。如果 double 也不够用,请使用 long double,虽然表 7 - 8 中写着它占用 12 字节,但有些编译环境下它会占用 16 个字节。

7.2.4 字符类型

字符类型的基本关键字是 char。我曾经对"字符"也区分正负不太理解,直到有一天翻了翻 C++标准才知道,原来 C++中的 char 类型也分三种:char、signed char 和 unsigned char。后二者的名字表意清晰,一个带符号,一个不带符号。至于单纯的 char 带不带符号,C++标准说编译器去决定。不过绝大多数的编译器都指定 char 表示有符字符,如表 7 - 9 所列。

表 7 - 9 C++字符类型

类型关键字	名　　称	占用内存	数值范围
char	字符型	1 字节	−128～127
unsigned char	无符号字符型	1 字节	0～255
wchar_t	宽字符型	2 字节或 4 字节 (依赖具体实现)	
char16_t	宽字符型	2 字节	
char32_t	宽字符型	4 字节	

标准认为,char 也是一种整型,因此它可以参与加减乘除等算术运算:

```
int what = 'A' + '@';
```

但是这个 what 现在表示什么呢?从含义上讲两个字符相加是无逻辑的,真谈不上有什么意义。倒是可以说一下计算过程:将字符背后所对应的整数进行相加。请注意我特意定义 what 的类型为 int,因为两个字符相加的结果,有可能超出 0～127 的范围。本例中,what 相当于 65 加上 64,已经超出。如果是这样的计算,或许多少有些意义可讲:

```
char c1 = 'A';
char c2 = c1 + 1;
```

此时 c2 是字符 'B',这表明在 ASCII 码表中,'B' 紧随在 'A' 后面。

unsigned char 称为"无符号字符",但通常称为"字节(byte)"。在其从 128 到 255 范围内这块空地,ISO 定义了"扩展 ASCII 字符表(extended ascii codes)",但可能因为用得人少,所以地位不高,使用 cout 也无法正确输出到屏幕。至于像我国的 GB2312 等字符集所用的编码,更是无视这个扩展表,直接将它们征用来表达"半个汉字"。

"wchar_t"用来表示"宽字符"类型。在 Windows 下(包括 mingw32 环境)采用 2 个字节表示,在另外一些平台环境下,可能是四个字节。重复强调一点:汉字写在源代码文件中,可能使用 UTF - 8 编码,也可能是 GB2312 或其他什么编码,但如果使用"wchar_t"来表达一个汉字,则在(源代码)编译之后,才采用双字节或四字节的"wchar_t"存储。我们将之前宽字符字面量的某个例子的关键代码片段,改用"wchar_t"类型变量数据表达,改写如下:

```
std::ios::sync_with_stdio(false); //为解决 mingw 编译环境可能的 BUG
std::setlocale(LC_CTYPE, "");
wchar_t han = L'汉';
std::wcout << han << std::endl;
```

"wchar_t"的宽度由具体实现决定。如果需要明确宽度的宽字符,可以使用 C ++ 11 引入的"char16_t"或"char32_t"。

7.2.5 布尔类型

"布尔(bool)"类型的取值范围只有两种,即 false 和 true。当参与算术计算时,二者对应的分别是 0 和 1。比如:

```
/* 没什么意义的算术计算 */
int a = false + false; // a = 0
int b = true + false; // b = 1
int c = true + true; // c = 2
```

以上计算和('A' + '@')一样没有什么意义和逻辑,在其他一些语言中,这样的计算是不被允许的。布尔类型相对较晚加入 C++ 语言,为了兼容旧的某些习惯,还有更糟糕的一件事,即 true 对应到数字 1,但所有非 0 的值(包括非空的指针)都被对应成 true 值,下面的代码执行后,b1、b2、b3、b4 都是 true:

```
bool b1 = 120;
bool b2 = - 1;
bool b3 = 'A';
bool b = false;
bool * pb = &b;
bool b4 = pb;
```

false 就单纯多了,以下这些值对应到 false 值:0、'\0'、0.0 和 nullptr。

以上从 b1 到 b4 四个布尔值的初始化方法,是值得警惕的。其潜在问题:一是各个初始化过程中,发生了信息丢失;以 b1 和 b2 为例,等号右边的值(以下简称右值),不管是 120 还是"−1",最终都变成了 true,也就是 1。二是代码的意图不是太明显。针对 b1,我们设想有这样一个函数:

```
//给一个目录,返回该目录下的文件个数
    int  get_files_count(char const * dir);
```

平常我们用这个函数得到指定目录下的文件个数,但在某些情况下,只需要知道是否有文件即可,那么,直观的写法应该是:

```
//写法一:判断返回的文件个数是否大于 0
bool has_file = (get_files_count("c:\\我的秘密文件\\") > 0);
```

但是,由于布尔类型来得稍晚一些,所以大量 C/C++程序员已经习惯这么写:

```
bool has_file = get_files_count("c:\\我的秘密文件\\");
```

甚至就直接把整数类型当成布尔值使用:

```
int file_count = get_files_count("c:\\我的秘密文件\\");
if (file_count) //既不用布尔类型变更 ,也不做"file_count > 0"判断
{
    cout << "原来你是一个有秘密的人,分手!" << endl;
}
```

或者反过来这么用:

```
int  file_count = ……
if (!file_count) //使用"!"判断是否"没有",而非"file_count == 0"
{
    cout << "连个秘密都没有,和你生活肯定很没意思。分手!" << endl;
}
```

7.2.6 空类型

void 代表"空类型""无类型"或者"此处不需要类型",再或者"此处不应该有类型"。定义或声明一个函数需要指明它的返回值是什么类型。调用函数类似于命令某人去做某事。有些事调用者关心它的执行结果,有些事调用者可以不关心它的结果,或者这件事它注定就是没有结果的,再或者我们就是不愿意去面对它的结果,这时可以声明函数的返回值是 void 类型。请对比以下两个函数:

```
//得到一个整数加上 1 的结果
int get_num_inc (int i)
{
    int reu = i + 1;
    return reu;
```

```
}
//输出一个整数
void output_a_int(int i)
{
    cout << i << endl;
    return;
}
```

重要:**"sizeof(void)"是非法的!** 另外我们也不能定义一个自称是 void 类型的数据:

```
cout << sizeof(void) << endl; //ERROR!
void v; //ERROR!
```

void 四大皆空:无类型、无大小、无值、无址。

7.2.7 类/结构

成员数据

C++的用户自定义类型中最常见的是 struct 和 class。用于为自定义类型规定有哪些属性和行为(功能),通常也称为类型"封装"。之前以 Person 为例,但人类太复杂了。下面换个更直观的,使用 struct 定义一个表达二维坐标系上某个点的类型:

```
struct Point
{
    int x;
    int y;
};
```

 【危险】:定义新结构类型必须以";"结束

struct 也好 class 也好,定义一个新类型结束时,别忘了必须以";"作为结束标志,否则编译器可能扯出一堆抱怨。

定义一个 struct 或 class 类型,在语义上是在为某一类数据制定"统一规格"(类型即封装)。譬如本例的 Point 类定义,就是新制定了这样一个"规格":有一种类型的数据,它必然包含两个 int 数据,第一个名为 x,第二个名为 y。

类或结构中所定义的数据,称为类的"成员数据"。请理解:类或结构定义,其作用就是在定义一种"类型",将来可通过这一类型产生变量,比如通过 Point 定义两个实际的"坐标点"的数据:

```
Point start_point;
Point end_point;
```

常规的成员数据属于具体的变量,比如:

```
//下面让起始点位于坐标原点上
start_point.x = 0;
start_point.y = 0;
//然后让结束点位于"120，-30"上
end_point.x = 120;
end_point.y = -30;
```

由此可见，在类型定义中描述"成员数据"，只是在声明或约束，凡属该类型的数据，都有这些成员数据。

成员数据对齐

同样一个旅行包，出门前老婆收拾东西的效果是可以放进我出差两个月所要使用的全部衣物。出差结束时我却总是无法将差不多的东西再放回去。既然自定义类型是在往一个类型中塞多个类型，那就存在如何"码"齐所要组装的多样数据的问题，我们称之为"字节对齐"。C++默认的字节对齐风格（策略）竟然和我的风格类似：爱浪费。

在 32 位编译环境下，"sizeof(Point)"的值是？最朴素而直观的答案是 8 个字节。恭喜，答对了，请看下一题：

```
struct Foo
{
    char c;
    int i;
};
```

"sizeof(Foo)"是多少？是不是"1+4=5"个字节呢？有可能是，也有可能不是。至少在 g++默认编译条件下，正确答案还是 8字节，这就叫"结构的字节对齐"，请对比以上两个类型（的数据）的内存占用情况，如图 7-4 所示。

Foo 结构中的第一个数据 c 只占用 1 个字节，但为了和下一个数据 i 保持对齐（alignment），编译器会在 c 之后填充（pad-

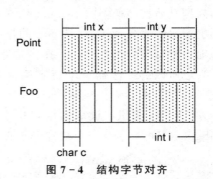

图 7-4　结构字节对齐

ding）出额外的 3 个字节。为什么要字节对齐？还是为了运行效率。比如（或许只是某些）CPU 读取内存数据时，从"4 的整数倍的位置的地址"读取，效率会比较好，如图 7-5 所示。

常见的对齐方式有：1 个字节、2 个字节、4 个字节、8 个字节和 16 个字节。仅当在按 1 个字节对齐时，上述的"sizeof(Foo)"才会得到 5。

【重要】：什么时候关心字节对齐

通常我们只需使用"sizeof()"获知数据实际大小，并不去关心它如何字节对齐。

但是,当在不同程序或不同模块间以结构形式传递数据时,需要保障调用和被调用双方所使用的数据结构字节对齐一致。再者是刻意通过数据对齐以提升某些数据结构可被优化的潜力。

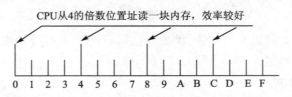

图 7 - 5 CPU 读取内存,位置不同,对速度有影响

g++提供一些扩展的编译指令,以临时调整字节对齐的方法 。比如下面代码中,可将 Foo 设置为按 1 个字节对齐:

```
#pragma pack(push, 1)
struct Foo
{
    char c;
    int i;
};
#pragma pack(pop)
```

g++编译器碰上"#pragma pack(push,1)"时,会先保存当前的字节对齐大小(比如是默认的 4 字节),这是 push 的作用。接着它将字节对齐大小改成 1,然后开始处理其后的代码,比如 struct Foo 的定义,直到碰上"#pragma pack(pop)",恢复到上一次的对齐大小,这是 pop 的作用。现在"sizeof(Foo)"得到的将是 5。这样小心地进行"保存、个性、恢复"操作是值得的,否则很可能彻底搞乱对齐策略。

之所以讲解这样一个特定编译器非标准的扩展功能,是因为很长时间以来,C++在这方面没有提供标准,于是乎历史有不少这样的非标准代码遗留下来。

C++ 11 提供了读取和设置指定结构(或类)字节对齐大小的语法。新关键字"alignas(N)"可用在一个结构定义的名称之前,其中 N 用于指定对齐大小:

```
struct alignas(8) Foo1
{
    char c;
    int cc;
};
```

对应的新关键字 alignof 可用于查看一个类型的对齐大小:

```
cout << alignof(Foo1) << endl; //8
```

🛈 【重要】: "alignas(N)"不能完全代替扩展的 pack 指令

作为标准,C++对结构的字节对齐有更高的安全性和平台兼容性考虑,使用 alignas 指定一个结构的成员数据对齐大小时，新标准会根据该结构的各成员类型，找到一个最小可对齐大小，假设为 M，如果 M 大于"alignas(N)"指定的 N 值，那么实际起作用的将是 M。前例中的 Foo 或 Foo1，char 成员可以按 1 字节对齐，但 int 成员必须按 4 字节对齐，因此如果对二者使用"alignas(1)"，则实际对齐方式仍然是 4。

成员函数

类和结构除了可以自定义所包含的成员数据之外，还可以拥有"成员函数"。成员函数除了和自由函数一样，可以处理函数入参数据、函数内定义的局部数据以及全局数据之外，还可以访问本类或结构的成员数据。以 Point 结构为例，可以为它提供一个函数，用于将 x 和 y 值都放大指定倍：

```
struct Point
{
    int x;
    int y;
    void Scale(int v)
    {
        x = x * v;
        y = y * v;
    }
};
```

如上例所示，成员函数可以直接定义在类中，但通常只是非常短小的函数才这么做，如果复杂，可将实现放到类定义的外部，这时为了表示函数所属，需要在函数名前加上类或结构名称和"::"作为前缀：

```
struct Point
{
    int x;
    int y;
    void Scale(int v); //加上";"，变成函数声明
};
void Point::Scale(int v)
{
    x = x * v;
    y = y * v;
}
```

实际代码组织时，类型定义的代码通常单独放在头文件中，而具体成员函数等的实现放在 CPP 源文件中，并包含类型定义所在的头文件。

相同类型的多个数据，各自拥有一份自身的成员数据，互不干扰。那成员函数是不是也是每一个该类型的数据都独立拥有的一份呢？不是。每个成员函数只能产生一份代码。那么如何让成员函数作用到当前类型特定的某个变量呢？可以先这样想像，编译器为每个成员函数，都偷偷地插入一个参数，这个参数就是所要作用的变量。

以"Scale(int v)"为例,编译器插入参数之后,变成:

```
void Point ::Scale(Point this , int v)    //示例伪代码
{
    x = x * v;
    y = y * v;
}
```

接着,成员函数内用到成员数据,可加上 this 限定,表示其为当前这个对象的成员:

```
void Point ::Scale(Point this , int v) //示例伪代码
{
    this.x = this.x * v;
    this.y = this.y * v;
}
```

既然多了一个入参,那么在调用时就得传入一个实际参数。比如前面两个 Point 类的变量叫"start_point"和"end_point",我们希望对它们都实施 Scale 操作,也许语法应该是这样的:

```
//示例伪代码:
Scale(start_point, 2);    //放大两倍,作用在"start_point"点上
Scale(end_point, 2);    //放大两倍,作用在"end_point"点上
```

以上猜想非常接近实际,除了以下两点:第一,编译器偷偷插入的第一个入参类型,采用的是 C/C++的"指针"形式的数据。仍以 Scale()为例,实际入参是:

```
void Point ::Scale(Point * this , int v) //示例伪代码
{
    this -> x = this -> x * v;
    this -> y = this -> y * v;
}
```

为什么要采用指针形式,需要在后续学习中才能了解。这里仅讲" ->",它是指针形式的数据,用于访问成员数据的操作符。

第二,实际调用确实是将实际变量(指针形式)作为第一个入参传入,但为了可读性,以及为了和访问成员数据保持一致的语法,实际格式是:对象.成员函数(声明时的入参)。继续以"Scale()"作用到不同变量为例:

```
start_point .Scare(2);    //放大两倍,作用在"start_point"点上
end_point .Scare(2);    //放大两倍,作用在"end_point"点上
```

7.2.8 枚举类型

基本用法

我们已经懂得如何用 enum 创建自定义的字面量,比如西方版的七天:

```
enum { Sunday, Monday , Tuesday , Wednesday
      ,Thursday, Friday, Saturday };
```

每一个枚举值对应一个整数,平常也可以拿它们和整数做比较:

```
int day = Monday;
……
if (day == Saturday)
{
    ……
}
```

但是,这只说明枚举值在一些行为上兼容整数类型,这七个枚举值其实有自己的类型,不信我们用 sizeof 先看它们的尺寸,然后再用 typeid 直接看其类型信息:

```
# include <iostream>
# include <typeinfo>
using namespace std;
enum { Sunday, Monday, Tuesday, Wednesday
          , Thursday, Friday, Saturday };
int main()
{
    cout << "size of Sunday : " << sizeof(Sunday) << endl;
    cout << "type name of Friday : " << typeid(Friday).name() << endl;
    return 0;
}
```

某次输出是:

```
size of Sunday : 4
type name of Friday : 4._46
```

尺寸是 4,和 int 有兼容的基础。但是类型名,居然是"4._46",但它是编译器为自己生成的,又不是给人看的,爱怎样就怎样喽。如果希望一组枚举字面量有程序员可读的类型名,可以加上所要定义的枚举类型名:

```
enum 枚举类型名  { 枚举值列表 };
```

比如:

```
enum Week { Sunday, Monday , Tuesday , Wednesday
          , Thursday, Friday, Saturday };
```

编译器还是会偷偷修改成它所喜欢的名称(比如 4Week),但和后面即将提到的 typedef 或 using 所取的别名不一样,现在代码中真的有了一个新的类型,叫 Week:

```
Week day = Wednesday;
```

以下三个声明,代表了可以共存的三个独立的函数:

```
void Foo(char w);
void Foo(int w);
void Foo(Week w);
```

归纳一下:定义非匿名的枚举,不仅让我们拥有一组更有可读意义的枚举字面量,同时也拥有一个新的类型。在枚举字面量小节中,需要回答以下代码的输出内容:

```
std::cout << "Today is " << Sunday << endl;
```

没有什么可幻想的,枚举字面量输出内容是它所对应的整数值。如果出于调试或排错方便,也许会希望在屏幕上输出时,能够输出枚举值的名字,这需要程序员自己写代码实现,我们给个例子:

```cpp
# include <iostream>
using namespace std;
//中文版
enum Week { Monday = 1, Tuesday , Wednesday
        , Thursday, Friday, Saturday, Sunday };
ostream& operator << (ostream& os, Week w)
{
    static char * WeekLabels[] =
    {
        "星期一", "星期二", "星期三", "星期四"
        , "星期五", "星期六", "星期日"
    };
    if (w > = Monday && w < = Sunday)
    {
        os << WeekLabels[w - 1];
    }
    else
    {
        os << w;
    }
    return os;
}
int main()
{
    for (Week w = Monday; w < = Sunday; w = (Week)(w + 1))
    {
        cout << w << endl;
    }
    return 0;
}
```

会有不少地方还不好理解,但请动手完成本例。然后请将注意放到 main 函数的循环上。为什么 for 循环没有使用"w++"或"++ w"? 而使用"w =(Week)(w + 1)"呢? 这正好验证了枚举类型只是部分兼容整数。C++并没有为枚举类型提供"++"

操作。你可能想抱怨："w++"或"++w"非常直观地表达了"前进到次日"呀？但别忘了一组枚举字面量的值，可能是跳跃非连续的，也可能是大小无序的：

```
enum  {  L1 = 100，L2 = -10，L3 = 101，L4 = 103，L5 = -55 };
```

这些是连续的一排建筑物的地面高度，负数是因为那些是深井或地下通道，尽管这样做不是很好，但却是允许的。

不同的枚举类型，其变量的"++"或"--"行为该如何解释，应该交给程序员（我们以后会学到），C++没有提供默认行为。把决定权交给程序员，因此程序员应该学会克制（所谓能力越大，责任越大），否则编译器就会抢回权力。以下充满强制转换的代码是可以通过编译的，可是真的很可怕：

```
enum Week {Monday = 1，Tuesday ，Wednesday，Thursday，Friday，Saturday，Sunday };
002   Week w1 = (Week)8;
003   Week w2 = (Week)0;
cout ≪ w1 ≪ endl;
cout ≪ w2 ≪ endl;
```

002 和 003 行分别将 0 和 8"强制转换"为 Week 类型，并赋值给 w1 和 w2。0 和 8 都不在 Monday~Sunday 内。这下决定权在编译器手上了，g++ 的处理方法倒是简单：保留整数原值，其副作用是 w1 和 w2 身为 Week 类型，却拥有该类型表达范围之外的值，彻底毁了"类型即封装"的理论，这不是简单的某个 C++ 未定义行为，这是科学上的"乱伦"。

枚举定义域

下面的代码没法通过编译：

```
enum Flag { Pass, Fail };
enum Flag { OK, Cancel };
```

因为枚举类型重名了。最直接的解决方法就是改名，比如改为 QualityFlag 或 AnswerFlag，名字长点比较不容易重名。下面的代码也没法通过编译：

```
enum TimeFlag { Long, Short };
enum LengthFlag { Short, Long };
```

枚举字面量也不能重名，哪怕分属于不同的枚举类型。为了兼容 C 语言，枚举类型不被当成一个"作用域"。这样两套同名的枚举的字面量暴露在同一空间，就重名了。假设有这样两个函数声明：

```
void Foo(TimeFlag f);
void Foo(LengthFlag f);
```

函数名虽然相同，但入参的类型不同，因此函数声明本身是合法的，但因为枚举字面量同名问题，函数调用时问题就来了：

```
Foo(Short); //该调用哪个版本的 Foo 函数? Short 是哪个枚举类型?
```

避免枚举类型或枚举值重名的第一种方法是将它放到 namespace、struct 或 class 中,因为这三者在 C++中均具备名字"域"的隔离作用,以 struct 为例:

```
struct Time
{
public:
    enum Flag {Long, Short};
};
struct Length
{
public:
    enum Flag {Short, Long};
};
```

这么使用:

```
Foo(Time::Short); //正确,参数类型很明确
Foo(Length::Short); //正确,原因同上
```

如果忘了"::"是什么东西,请努力回想"小强"的身份。我们也可以在一个 struct/class 或 namespace 中定义一个匿名枚举:

```
struct Waa
{
    enum {F1, F2, F3, F4};
};
......
int f = Waa::F2;
```

简单地说,就是枚举类型无法保护自身的枚举字面量的命名权,于是只好寻找外部的 struct、class 或 namespace 来帮忙。这种无法形成名字域的枚举类型,称为"弱类型枚举"。

【课堂作业】:在名字空间中定义枚举类型

请针对上述弱枚举类型值重名(Short/Long)的问题,改用 namespace 解决。

强类型枚举

强类型枚举是 C++ 11 中的新语法。顾名思义,这类的枚举类型有更强的"类型"特性,主要表现在,一是和 struct/class 一样形成名字域,二是进一步减弱和普通整数类型的兼容性。强类型枚举定义语法是在 enum 后加上"class"关键字。

```
enum class 枚举类型名 { 枚举值列表 };
```

还以 TimeFlag 和 LenghtFlag 为例:

```
enum class TimeFlag { Long, Short };
enum class LengthFlag { Short, Long };
```

两组 Long 和 Short 都有自己的命名域归属,所以无法在外部直接访问,必须加上域名:

```
cout << TimeFlag::Long << endl;
cout << LengthFlag::Long << endl;
```

弱类型枚举值可以直接赋值给整数类型,但强类型枚举不允许如此做:

```
int day = Sunday; //之前的弱类型枚举 Week
int flag = Time::Short; //错误
```

如果非要这么做,只能强制转换了。不仅赋值如此,连比较都一样。强类型枚举变量不仅不乐意和整数比较,也不愿意和其他类型的枚举做比较。下面的代码通不过编译:

```
TimeFlag flag1 = TimeFlag::Short;
LengthFlag flag2 = Length::Short;
if (flag1 == flag2)
{
    ……
}
```

将一个时间标志和一个长度标志做比较,通常是"鸡同鸭讲"的事情,这是程序员失恋以后写的代码。弱类型枚举唯唯诺诺地接受了这种行为,但强类型枚举严辞拒绝了。有趣的事情来了,允不允许只定义强类型枚举的字面量呢? 还真可以:

```
enum class {Red, Green, Blue};
```

但是我们要怎么才能访问到这三个字面量呢?

枚举的尺寸

枚举类型数据(包括枚举字面量)占用几字节内存呢? 标准没有明确要求,只是说够用就行。g++编译器默认实现将枚举类型设置成和 int 类型一样:

```
cout << sizeof (Week) << endl;  //4
cout << sizeof(Friday) << endl;  //4
Week e(Sunday);
cout << sizeof(e) << endl;  //4
```

【小提示】:g++有关 enum 的编译选项

通过添加"-fshort-enums"编译选项,g++将"以尽量小的尺寸"来编译枚举类型。比如前述的 Week,其枚举范围为 1~7 中一个字节即可表达,这时 g++就会用 char 来表达。请尽量不要使用这个选项,因为这样编译出来的文件,和默认配置编译出来的目标文件在二进制的接口上不兼容。

哪怕不使用"short-enums"选项,枚举数据的大小也不是固定的,因为必须满足够大的条件。如果有一个枚举值超过 int 的表达范围(甚至是无符号数),编译器只好扩大该枚举类型所占用的字节数。幸好,枚举在这里留了一手:允许程序员明确指定底层类型,底层类型可以是除"wchar_t"以外的任何整型,比如:

```
enum class Week: unsigned char {
    Monday = 1, Tuesday , Wednesday
    ,Thursday, Friday, Saturday, Sunday
    };
```

现在 Week 的尺寸和 unsigned char 一样只占用一字节。

7.2.9　类型别名

有两个关键字(或语法)可以为一个类型取别名。先说相对传统的 typedef。

(1) typedef

typedef 的语法:

```
typedef 原类型名 别名;    //分号结束,源与目标的出现次序和宏定义相反
```

取别名纯粹是为了让代码更可读。比如身高和年龄数据都适用于"unsigned short"类型,但我们推荐在这种情况下,各为"无符号短整型"取一个别名:

```
typedef unsigned short Height ;
typedef unsigned short Age ;
```

假设要定义一个 Person 类:

```
struct Person
{
    std::string name;
    Height height;
    Age age;
};
```

ℹ️ 【小提示】:取"别名",小心过犹不及

处女座或者想为代码中的"std::string"也取一个别名? 不不,取别名的事就适可而止吧。班级 30 个同学,个别人取个外号是有趣而高识别度的,人人都有外号就无聊并混乱了。

用户自定义类型,同样可以取别名,比如:

```
typedef Person RenLei ; //就是要用拼音! 要不要罚款?
typedef Point XY ;
```

类型原名在前,所要定义的别名在后,这个次序和 define 正好相反。

😊 【轻松一刻】:用拼音取名字,就罚款吗?

非常不推荐使用拼音为原始类型命名,但如果确保一个类型已经有正式名称了,

那么在合适的场景下为其增加一个拼音版本的别名,真的不会罚款。

（2）using

我把 typedef 的结果称为原类型的"别名",别名而已！所以应该能想到 typedef 并不会产生新类型。确定这一结果后,就会对这个由"type＋def"组成的关键字有些不满了,一个自称"类型定义"的操作,其实根本没有定义出什么新类型,干嘛要用这么个名字来混淆人家嘛！二十多年前某 C++ 初学者有过这样的怨言。C++ 11 为 using 关键字赋予某一新功能,它也可以用来为类型取别名,并且把前述的小埋怨给消除了:

```
using Height = unsigned short;
using Age = unsigned short;
using RenLei = Person;
using XY = Point;
enum class ErrorID { E0, E1, E2, E1_OR_E2 = 3};
using ErrorMask = ErrorID;
```

所以 using 用在为类型取别名时的语法是:

```
using 别名 = 原名;
```

于是产生两个新埋怨:一是这次变成别名在前,原名在后了;二是我该用新的好还是旧的好啊？

后续学习函数指针,将看到 using 的语法更加直观自然,再到更后点遇上模板,using 会展现更强大的功能,但是现在,它的作用和 typedef 完全一样。另外也别忘了 using 的另一个职责（using namespace）。因此我们推荐大家尽量使用新标准,但 typedef 仍然是标准的一部分,所以本书中将仍然可以看到它的身影。

7.3 类型基础行为

7.3.1 定 义

基本概念

有一天,造物主说,"要有飞禽走兽和昆虫,各从其类。"于是他一整天都在创建各种生物。嗯,老虎头上要有个王字,大象鼻子要长,蚊子可以吸动物的血,小强要屡打不死……然而快下班时造物主往地球上一瞄,咦,怎么还是这么冷清？想了半天,他摸着额头叫到:"呀,我光定义类型,还没产生数据呢！"

定义世间万物这真是只有造物主才能完成的巨大工程。接下来从类型产生数据就简单多了。首先需要确定待定义的变量是什么类型的数据,例如全局数据、栈数据、堆数据等。全局数据和栈数据定义语法一致:

```
int i;   //定义一个整数变量
char c;   //定义一个字符变量
Week w;   //定义一个枚举变量
std::string s;   //定义一个标准库字符串变量
Person p;   //定义一个 Person 对象
```

一旦有了数据,就意味着内存舞台上有了演员,让我们复习一下。以"int i"为例,现在:

(1) 有一个名为 i 的变量;

(2) i 在数据段或栈数据中,大小是"sizeof(int)";

(3) i 既然占用内存,那就有一个内存地址,并且程序可以访问"&i";

(4) i 所占用的内存中有一个值(哪怕程序员没有明确给出),直接访问 i,就是该值;

(5) i 的行为满足 int 类型的特性。

堆数据通常使用 new 操作以获得内存:

```
int *  pi = new int;
char *  pc = new char;
Week *  pw = new Week;
std::string *  ps = new std::string;
Person *  pp = new Person;
```

以"int * pi＝new int"为例,现在:

(1) 有一个 pi 的变量;

(2) pi 在数据段或栈数据中,大小是"sizeof(int *)";

(3) pi 既然占用内存,那就有一个内存地址,并且程序可以访问"&i";

(4) pi 的内存中有一个值,这个值是一个堆内存的地址,直接访问 pi,就是该地址。这块堆内存来自 new 的申请。通常我们称作 pi 指向该堆内存的数据;

(5) pi 指向的数据是 int 类型,行为符合 int 类型的约束;

(6) pi 指向数据没有名称,访问它需要对 pi 取值"*pi";

(7) pi 指向的数据占用"sizeof(int)"或"sizeof(*pi)"大小。

 【课堂作业】:复习栈数据和堆数据

请以 i 和 pi 为例,画出各自的内存示意图。

下面我们以 i 和 pi 为例,结合全局数据、栈数据和堆数据做一次有关变量定义的复习。我们准备让全局数据和栈数据同名,请顺便注意一下程序中如何区分二者:

```
# include <iostream>
using namespace std;
int a;   //全局变量
int main()
{
    int a;   //栈数据
    int *  pa = new int;   //堆数据
```

```
    cout << "address of ::a = > " << &::a << endl;
    cout << "value of ::a = > " << ::a << endl;
    cout << "address of a = > " << &a << endl;
    cout << "value of a = > " << a << endl;
    cout << "address of pa = > " << &pa << endl;
    cout << "value of pa = > " << pa << endl;
    cout << "value of * pa = > " << * pa << endl;
    cout << "address of * pa = > " << & * pa << endl;
    return 0;
}
```

全局变量 a 肯定不在某个函数体内,同时又没有外部名字空间,因此它相当于生存在一个"无域之域",C++在数据名称之前加"::"前缀以指定它的全局属性。对以上代码的输出结果分析如表 7 - 10 所列。

表 7 - 10 定义全局变量、栈变量、堆变量的结果

变 量	输出内容	分 析
全局	address of::a=> 0x47e008	全局变量 a 的内存地址
::a	value of::a=> 0	全局变量会按规则自动初始化;对于 int 类型是取 0
栈数据	address of a => 0x28feec	栈数据 a 的内存地址
a	value of a => 1979138362	栈数据不会被自动初始化,因此为乱值
堆数据 pa	address of pa=> 0x28fee8	指针 pa 自身是在栈数据中生存的,这里显示的就是它在栈中的内存地址(这块内存是指针的固定大小,32 位编译环境下是 4 字节)
	value of pa=> 0x9e0dd0	指针 pa 是栈中 4 字节内存所存放的值,即 pa 所指向的数据的地址
	value of * pa=> 1936026729	堆数据不会被自动初始化,因此为乱值
	address of * pa=> 0x9e0dd0	代码输出: & * pa,相当于 &(* pa),"* pa"是 pa 所指向的数据,而"&(* pa)",就是 pa 所指向的数据(在堆中)的地址,因此它和前面的"value of pa"是一个东西

一次定义多个变量

C/C++允许一次性定义多个变量,各变量之前使用逗号分隔,最后同样以分号结束:

```
int a, b, c;
char c1, c2;
Person tom, mike;
```

变量命名规范

变量名由字母、数字或下划线组成,但不能以数字作为首字母。

(1) 合法的变量名示例:tom、i_am_tom、i、j2、_name、Age_;

(2) 不合法的变量名示例:1_year、国籍、I love You。

请读者指出以上不合法变量名出错的原因。

也不允许使用 C++语言中的一些关键字作为变量名,我们已经接触过的就有:

(1) if、else、while、for、break、try、catch;

(2) const、void、char、unsigned、int、long、bool、float、double;

(3) true、false;

(4) class、struct、typedef、enum;

(5) public、protected、private;

(6) new、delete、namespace、operator。

【课堂作业】:关键字复习

请回忆,并在本书之前的内容中,找到上述清单中每一个关键字的具体意义。

变量命名既有"法律"约束,也有"道德"规范:

(1) 不要太长。太长不容易阅读。另外多数编译器对变量名长度有上限。

(2) 不要太短。除一些约定成俗的场合(比如 for 循环的变量经常命名为:i、j、k 等),否则不使用过于缩写或者完全无意义的过短名称。

(3) 尽量避免使用拼音。尽量为变量取英文名称(英语很差的请用电子辞典)。尽量避免使用汉语拼音作为变量名,杜绝使用汉语拼音的首字母作为变量名称。

(4) 单一单词的变量名,使用小写。比如 name、age、count、birthday。

(5) 涉及组合单词,使用连续法或驼峰法。第一个单词全小写,后面单词首字母大写,称驼峰法,例如 countOfWord、iLoveYou、yesOrNot、currentPosition。每个单词都小写,单词间用下划线连接,称连线法,例如 count_of_word、i_love_u、yes_or_no、current_pos。

7.3.2　初始化行为

初始化 VS 赋值

一个数据在定义时就直接设置成某值,就叫"初始化";而一个数据已经存在后才被设置成某值,叫"赋值"。这两个定义也许不是很标准,但有利于本章后面不少内容的展现。理解起来倒也不难,可以这样想:一个美女生下来就有一双大眼睛——初始化;一个美女出生后动刀了才有一双大眼睛——赋值。一个妈妈要怎样才能让自己的孩子有一双大眼睛呢?一个方法是嫁个大眼睛男生,这样有可能给孩子初始化出一双大眼睛。另一方法是不管生出来是什么样子(随机吧),反正一出生就带去某国,一切顺利的话就可以给孩子赋值一双大眼睛。感受到人生的艰辛了吗?因为这两样都很难呀!前者得有运气,后者得有钱。

看看"变量定义"小节中的栈数据 a 和堆数据" * pa"这两整数仔,一个生下来是 1979138362,一个生下来是 1936026729,到底哪个更漂亮些呢?再看看同样是初生的全局变量"∷a",人家就有一张清晰的脸:0。

结果很明显,全局数据有特权,如果程序员不为它写初始化的代码,编译器也会自动将它按照"填零"的方式进行初始化。所以全局整数被默认初始化成 0,字符是 '\0',指针是 nullptr。如果是一个结构或类(struct/class)的全局对象,就是其成员都按以上规则进行初始化。

【轻松一刻】:要如何为全局数据会默认初始化这一特权"洗地"

不自动初始化栈数据或堆数据,是为了程序的性能,反正这数据出生后肯定要被抓去整形,那何必再费劲初始化它呢?但性能追求却在面对全局数据时做了妥协。这……这……要怎么为这一明显的不公平现象"洗地"呢?我勉强说说:"人家全局数据比较少嘛,少数人享受一些小特权也不算太过份……"亲,别打我!"唉呀,不就默认初始化吗?C++社会没有剥夺广大局部变量的初始化权利。任何个体通过后天努力……"哎呀,竟然往我脸上吐口水!"对了!《基础篇》不是说了?全局数据出场次序'排名不分前后',特别是在并发编程下,会有许多地方要访问同一个全局数据,这时候全局数据的状态是不是很重要?'能力越大,特权越大'是这么说吗……"

算了,打个电话,"Hello? Is the Columbia University? I'd like to speak to Bjarne Stroustrup. . . Hello?"占线。

我的建议是:不要依赖全局数据会自动初始化的特性,不管什么数据,只要逻辑上需要,就明确写上初始化代码。

不初始化

先从用户自定义的类或结构体说起,先看简化版的"Point"定义:

```
struct Point   //版本一 :没有构造函数,将由编译器默认帮忙生成
{
    int x, y;
};
```

接着定义一个 Point 变量 pt1。pt 将占用一块内存,这块内存不会得到初始化,意思是原来里面有什么,现在就保留着什么,因此 x 和 y 值通常是乱乱的一个数。没错,尽管什么也没有做,但在 C++中,它有个美名叫"类的默认初始化"。搞笑吗?你去宾馆要了间房,拿着门卡准备上去时,服务员淡定地告诉你:"先生,我们已经对您的房间,进行了默认初始化。"然后你就看到前任房客留在房间里的一切使用痕迹。除了前来破案的警察,我觉得没有人会喜欢这样的宾馆。但这就是 C++,一个几乎无所不能的仆人,却又爱偷懒,还振振有词。

在开讲如何"初始化"之前,我必须秉持 C++的原则先告诉大家:如何做到不初始化。给一个类或结构的定义,但不为它提供构造函数,就可以做到不初始化。给出默认构造函数,但又什么都不做,效果也是没有初始化:

```
struct Point   //版本二 :人工提供一个空的构造函数,其实还是什么也没做
{
```

```
    int x, y;
    Point() {};
};
```

C++ 11 更进一步,允许程序员明确在结构或类定义中指明这家伙的默认初始化工作内容,就是什么也不做,请编译器自行处理去吧。其方法是写上默认构造函数,不实现它,只是将它声明为"default(默认的)",语法是:

```
struct Point    //版本三    :明确标示采用编译器的默认生成的空构造
{
    int x, y;
    Point() = default;
};
```

有关"不想初始化"的事,就讲这些,下面,C++语言丰富多彩的初始化方法要上场了。

构造式初始化

我们还没有为 Point 设计初始化的规则,这是一个类的构造函数所应当做的事:

```
struct Point //版本四 :人工提供的默认初始化,在构造函数体内对各成员初始化
{
    Point()    //增加默认构造
    {
        x = y = 0;  //相当于 x = 0, y = 0
    }
    int x, y;
};
```

初始化规则有了,即当 Point 新对象产生,不管是在什么内存段,该坐标点将位于坐标轴的原点上。试试:

```
……
Point pt1; //调用了默认构造
cout << pt1.x << " | " << pt1.y << endl;
```

通过后天努力,Point 的栈对象现在和全局对象站到同一水平线上,实现了填零式的初始化。我们不能满足于此,最好是在构造时,可以指定目标位置。这时需要带入参的构造函数:

```
struct Point    //版本三
{
    Point()    //默认构造
    {
        x = y = 0;
    }
    Point(int ax, int ay)    //新增带入参的构造函数
    {
```

```
        x = ax;
        y = ay;
    }
    int x, y;
};
```

现在,定义 Point 对象时可指定 x 和 y 的初值:

```
Point pt2_1(0, 90);   //栈对象
Point * pt2_2 = new Point(45, -125);   //堆对象
```

"pt2_1"和"pt2_2"的初始化方式,就叫"构造式初始化"。回头再看 pt1 的构造,虽然没有写圆括号,但其实它仍然调用(默认的)构造函数,完整写法是:

```
Point pt1();   //完整写法带有"()"
```

以上是用户自定义的类或结构体类型。有意思的是内置类型,同样有这两种写法:

```
int i1;         //构造方式 1
int i2();       //构造方式 2
```

第一种写法我们很熟悉,i1 若为全局数据,则初始化为 0;若为局部数据,则不初始化。猜一下第二种写法的作用? 答:第二种写法中 i2 固定被初始化为 0。因此局部数据是否被初始化的选择权在程序员手上,要初始化就写"int i();",不想初始化就写"int i;"。等下,手机响了,是 Bjarne Stroustrup 的回电……

【轻松一刻】: 那不是特权,是束缚

Bjarne Stroustrup 这么说的:"孩子,栈数据想默认初始化就默认,想不初始化就不初始化,它有这个自由。可你看全局数据,它没有不被初始化的自由! 所以,亲,很多事初看是特权,是荣誉,但换个角度一看,何尝不是一种束缚!"

有时候一门编程语言你总是突破不了,不是你不够聪明不够努力,你只是还没有参透隐藏在语法背后的设计哲学。对于 C++,今天我们似乎略懂一条:"你要就要,你不要就不要。"

"int i();"是合法的,那么我们写"int i(99);"十有八成也合法,并且 i 将被初始化为 99。

```
int i2(99);   //构造自一个字面量
int i3(i2);   //构造自另一个 int 变量
```

其中 i3 演示如何在构造时复制另一个同类变量的值。更多类型数据构造式初始化的例子:

```
char c ('C');
double d(20.3);
float f(89.5F);
```

堆对象使用"构造式初始化"的例子：

```
int *  pi_100 = new int(100);
char *  pc = new char('C');
Point *  ppt = new Point(45, 190);
Point *  ppt2 = new Point( * ppt);
```

指针自身也可以使用构造式初始化，形成嵌套两层的构造式初始化语法，例如：

```
int *  pi_100 (new int(100));
Point *  ppt (new Point(45, 190));
```

这就是 C++中的"构造式初始化"，对内置类型和用户自定义类型（struct/class 等）有着一致语法的初始化方法，并且这里面隐约透露出"面向对象"的思想：一是让简单类型的数据，看起来也像是"对象"；二是强调"类型即封装"的思想，无论简单类型还是复杂类型。我把"构造式初始化"称为 C++中最有格调的初始化方法。

赋值式初始化

尽管构造式初始化非常有格调，但对于简单变量，更常见的还是采用等号完成初始化：

```
int i1 = 1;
char c = 'C';
float f = 89.5F;
```

看起来很像在赋值，但因为是在定义的过程中执行的，因此采用等号来初始化，和使用圆括号的方式效果是一样的。之所以有许多人经常使用等号初始化，多半是因为我们从小就懂得"="的操作，却很晚才有机会接触到"面向对象"。所以尽可以将"赋值式初始化"当成是初始化的"世俗"版本，它更容易被新接触这一行的人所理解，但其实在字面上容易令人误解为赋值。

"赋值式初始化"还有一个问题：只允许使用一个数据作为初始化条件。比如 Point 类有一个需要两个入参的构造函数，使用构造式初始化非常方便：

```
Point pt(45, 190);
```

没办法改为直接使用赋值式初始化的语法完成相同操作：

```
Point pt = 45, 190;   //语法错误（再往后，会找到某种变通的解决方法）
```

另外，创建堆对象时，指针指向可以使用赋值式初始化，但所指向的数据本身，无法统一采用赋值式初始化，比如创建一个 int 类型指针，并初始化所指向的数据为 5：

```
int *  pI = new int(5);
```

非要将对 int 的初始化也使用"="完成，语法应该是：

```
* (int pI = new int) = 5;   //语法错误
```

这不仅语法错误,而且太丑了。至此,我们掌握了赋值式初始化语句的三个问题:

(1) 看起来容易误解成赋值;

(2) 不支持需要多个入参的构造;

(3) 不支持堆对象的双重初始化。

对于类或结构体,"赋值式初始化"是否和"构造式初始化"完全等效还依赖于编译器的具体实现,比如有这样一个结构体:

```
struct A
{
    A(int i)  {  /* 空 */  }
};
```

接下来使用赋值式初始化创建一个新对象:

```
A a = 5;
```

编译之后,可能是两种效果,其对比如表 7 - 11 所列。

表 7 - 11　"构造和赋值"操作合并优化效果

未优化(两步操作)	优化(合并为一步)

A tmp(5); //先构造一个临时对象
//再从临时对象复制到目标对象
A a(tmp);
	//直接使用 5 构造出目标对象
	A a(5);

基本上主流编译器都默认使用优化方案,这确实是一个优化行为,对于 g++,加上"- fno - elide - constructors"选项后,将回到未优化的低性能版本。

结论:赋值式初始化在内置类型上使用,有其世俗意义,但在类或结构体上使用,弊大于利。有一个办法可以让类对象构造时,干脆不允许使用赋值式初始化的语法。只需为类的单入参构造函数加上"**explicit**"修饰:

```
struct A
{
    explicit A(int i)
    {}
};
```

接下来使用赋值式初始化创建一个新对象:

```
A a = 5; //ERROR
```

"explicit"意为"清楚明白、易于理解的"。反过来说,用着赋值的语法,行着构造函数的行为,是"不清不楚、不明不白、不易理解的"。加上 explicit 关键字修饰的构造函数,称为"显式的"构造函数。现在我们知道,显式构造可用于避免和赋值操作符"="之间不清不楚、背地里的关系。

列表式初始化

为了突显格调,写代码时,我总是尽量使用"构造式初始化"。而为了用上"Point pt1(45，190);"这样的代码,我要不厌其烦地为 Point 结构加上相应的构造函数,但没想到很快就有人说我扭捏作态、矫情!"像 Point 这样一个简单的结构,有必要搞一个构造函数吗?真看不惯你们这些成天装的人。"

确实,Point 这么简单,搞个构造函数好像挺装的,但如果没有构造函数,又不方便初始化它的成员数据啊!嘲笑我的人都是 C 程序员,所以答案应该到 C 语言中去找。我们将 Point 结构剥除所有 C++概念下的产物,当前是构造函数,得到一个回归 C 风格的结构:

```
struct Point
{
    int x, y;
};
```

而下面是一个和 Point 结构一致、使用花括号描述的字面量数据:

```
{
    90, 120
}
```

由花括号、数据、逗号组成的"东西",称为"列表式的字面量"。

C 语言允许使用"列表式的字面量",为对应结构的数据进行初始化,比如:

```
Point pt {90, 120};   //或 Point pt = {90, 120};
```

编译器会根据数据结构,将列表中的数据对应地作为对象成员的初始值。本例中,90、120 对应用于初始化 x、y。甚至可以嵌套:

```
struct Point
{
    int x, y;
};
struct Line
{
    Point start_point;
    Point end_point;
};
```

Line 对象可以这样初始化:

```
Line  line = { {0, 0}, { -10, 100} };
```

花括号中的数据,甚至可以不是字面量:

```
Point pt1 {0, 0};
Line line2 { pt1, { -10, 100} };  //pt1 不是字面量
```

这就叫"列表式初始化"。

作为力求兼容 C 语言的后来者，C++ 也支持列表式初始化，但对待初始化的目标数据有一些特定要求：

（1）C++ 内置类型数据都可以使用"列表式初始化"；

（2）struct 和 class 要么没有构造函数，要么有参数正好匹配的构造函数。

先看第一点：以下代码都是合法的：

```
int a {100 + 1};       //或"int a = {100 + 1};"
char c {'C'};          //或"char c = {'C'};"
bool b {false};        //或"bool b = {false};"
```

堆数据也可以采用列表式初始化：

```
int * pa = new int {101};
Point * ppt = new Point {101};
```

或者：

```
int * pa { new int {101} };
Point * ppt {new Point {101} };
```

简单、直接、竟隐约有一种霸气。再说第二点：结构或类如果有构造函数，则参数需与"列表式构造"中花括号内的数据相匹配，比如 Point 若定义为：

```
struct Point
{
    Point(int ax, int ay)
    {
        x = ax;
        y = ay;
    }
    int x, y;
};
```

此时可以如此构造："Point xy{5,6};"。如果删除构造入参 ay，则对应的"列表式构造"实例只能是："Point xy{5};"。

自动类型识别

如果我们字面量来初始化一个新变量，那么由于字面量一旦写出来，它的类型就是既定的、已知的，为什么我们还要特意写出变量的类型呢？ 比如：

```
int i = 120;
char c ('d');
```

i 初始化为 120，所以明显是个 int，c 初始化为 'd'，所以明显是个 char。

结论：如果用于初始化的字面量就是待定义数据的类型，那么可以显式地指明类型。具体做法是使用"auto"关键字代替类型名称，例如：

```
auto i = 120;          //int
auto c ('d');          //char
auto s = "abc";        //char const *
auto l (120L);         //long
auto d = 1.20;         //double
auto f (1.20f);        //float
```

不仅仅是字面量会透露类型,函数也是明确声明好返回值的类型的,比如:

```
bool is_file_exists(std::string const& file_name);
```

函数"is_file_exists(...)"摆明自己返回一个 bool 类型的结果,所以可以有如下写法:

```
auto exist = is_file_exists("c:/abc/abc.doc");
```

【重要】:关于 auto(自动类型识别)何时使用的粗暴规定

讲完 auto 我眉头皱起,仿佛看到一大波滥用 auto 关键字的程序员即将到来。滥用 auto 会让代码阅读更加费劲,阅读者必须不断启动人肉编译和人肉内存的功能加以判断,这个变量是什么类型? 哪个函数返回类型是什么? 对新手的建议是:如果能用 10 个以内的字母确定类型,就不要使用 auto。

根据我们的粗暴规定,上例中竟然没有一处适合祭出 auto,别着急,会有它大放光芒的时候。

7.3.3 初始化类成员

成员初始化列表

重新看看 Point 通过构造函数初始化其成员数据的代码:

```
struct Point
{
    Point(int ax, int ay)
    {
        x = ax;
        y = ay;
    }
    int x, y;
};
```

在构造函数体内,将入参 ax 和 ay 对应地赋值给成员数据 x 和 y。
还有更早前的 Person 类:

```
struct Person
{
    Person()
```

```
    {
        name = "anonymous";
        age = 0;
        height = 0;
    }
    std::string name;
    unsigned short age;
    unsigned short height;
};
```

这次是一个默认构造,没有入参,但同样是在构造函数体内为各成员数据赋值。听出重点了吗? 在构造函数里为成员数据"赋值",而不是为它们"初始化"。这不是文字游戏,在构造体执行时,对象其实已经被创建出来了,对象所拥有的各成员数据也已经被创建、有了初值,此时再为它们设值,就确实是赋值,而不是初始化。

想要在构建对象时真正在第一时间初始化对象的成员数据,必须使用"成员初始化列表"。先声明:这里的"列表"和"列表式初始化"没有什么关系。请看例子:

```
struct Point
{
    Point()
        : x(0), y(0)   //成员初始化列表
    {}
    int x, y;
};
```

"成员初始化列表",位于构造函数名和函数体之间,以冒号开始,各个成员间使用逗号分隔。是构造函数特有的组成,不能用在别的函数上。

例如,x 和 y 都被初始化为 0,注意,此处可以使用"构造式"或"列表式"初始化,无法在此时使用"=":

```
Point()
    : x = 0, y{0}   //错误,原因在 x = 0,而非 y{0}
{}
```

当需要传递可变的初值:

```
struct Point
{
    Point(int x, int y)
        : x(x), y(y)
    {}
    int x, y;
};
```

入参和成员重名,这很常见。但在此处请放心,编译器可以区分"x(x)"中的 x 分别是谁。

【危险】：成员初始化的次序

注意！初始化列表中，如果有多个成员被初始化，其初始化次序是成员数据的声明次序，而非在初始化列表中出现的次序！因此，请让两个次序保持一致，避免出错。请测试下例：

```
struct ABC
{
    ABC(int v) : c(v), b(c - 1), a(c + b) //c ->b ->a
    {}
    int a, b, c; //a ->b ->c
};
```

堆数据成员也可以在列表中初始化：

```
struct APtr
{
    Ptr()
        : ptr(new int (2020))
    {}
    int * ptr;
};
```

指针 ptr 使用"成员初始化列表"得到双重初始化：既分配了堆内存，又将堆内存中的值初始化为 2020。

成员声明式初始化

初学 C++ 时，我曾尝试用以下方法初始化成员数据：``

```
struct Point
{
    int x = 0;
    int y = 0;
};
```

当年我尝试的结果是失望的，我不相信只有我一个人这样失望过。

从语义上讲，"类型"是抽象的概念，不是实体。请阅读以下代码并特别注意带标号行：

```
001   int x, y, z;
struct Point3D
{
005   int x, y, z;
};
```

001 行和 005 行的内容一样，但 001 行明确定义三个整型变量在运行期将占用内存；005 行却只是描述，即对于一个 Point3D 类型的对象来说，这里应当有三个整数。所以很久以来，C++ 允许初始化 001 行的数据，而不允许 005 行的"数据"初始化：

```
001   int x(), y = 0, z{0};   //允许
struct Point3D
{
005   int x(), y = 0, z{0};   //C+ + 98 不允许的语法
};
```

可是，让我们回忆一下鲁迅笔下可怜的祥林嫂经常说的那句话："……我们的阿毛如果还在，也就有这么大了……"阿毛是不在了，但没有理由禁止祥林嫂在描述他时，同时描述他应该多大。所以因为还没有产生实际对象，就不让我们（程序员）描述这个数据一开始应该有多大，这个因果关系不成立。事实上，Java 等语言早就支持该初始化语法。到了 C++ 11，上述代码中的 005 行的合法性，是三分之二。格调高雅的"构造式初始化"，在这里因为容易和函数声明混淆，所以这一次轮到它被抛弃了：

```
struct Point3D
{
    int x = 0, y = 0, z{0};   //C+ + 11 新支持初始化成员数据的语法
};
```

这种方法可以称为成员数据的"就地初始化"，但实质上是一种声明，因此我们称之为"声明式的初始化"。

 【危险】：声明式初始化的软肋

"声明式"的初始化，是一种"请求"，而不是实际操作。在 C/C++ 中，声明性的内容往往写在头文件中。头文件本身不是编译单元，必须有实际源文件包含（＃include）后才能发挥作用。假设有一个已编译的库和对应的头文件，如果我们不重新编译库，而只是修改头文件中声明式初始化的值，这样的修改对原库不起作用。除了成员数据定义时标明初始值之外，未来要学习的函数入参默认值，也是一种声明式初始化。

成员声明式初始化和构造函数中的成员初始化列表，可以同时存在，这时候谁最终发挥作用呢？答案是初始化列表。换句话说，程序将先处理声明式初始化的请求，然后再调用初始化列表操作，后者取代了前者的操作结果。

请使用成员初始化列表方式，改造前述 Person 的构造函数。

个数不定的初始化列表

前面提到"列表式初始化"存在参数匹配问题。比如一个二维坐标点类型，如果不提供任何构造函数，那么构造时花括号内的参数通常就是两个数值，因为二维坐标点拥有 x 和 y 两个数值成员：

```
struct Point
    {
        int x, y;
    };
```

对应"列表式初始化"代码为：

```
Point pt1 { 5, 10 };
```

如果你希望也可以采用"更有格调"的"构造式初始化"，那就确保为 Point 提供一个双参版本构造函数，在本例中它们必须都是整数，并且确实用来初始化 x 和 y：

```
struct Point
    {
        Point(int x, int y)     //双参数
          : x(x), y(y)          //确实用来初始化 x,y
        {}
          int x,y;
    };
```

有了这个构造函数，"列表式初始化"仍然可用，但我们还可以考虑"构造式"：

```
Point p1 (5, 10);
```

事实上，此时"列表式初始化"倒过来依赖类所提供的双参版本的构造函数的存在。请大家将 Point 改成一个拥有 x，y，z 的三维坐标点类"Point3D"，重新实现一遍，确保以下两种初始化语法都可以通过编译：

```
Point3D a {10, 20, 30};
    Point3D b (10, 20, 30);
```

接下来考虑另一个需求：对于诸如"std::vector"或"std::list"这样的容器类型，它们的主要任务就是存储不定个数的元素；因此自然会有初始化元素个数可变的需要。比如：

```
std::vector <int>   v1 {10, 18, 9, 20};
    std::vector <int>   v2 {10, 3, 100, 0, 90, 99};
```

前者提供 4 个初始元素，后者提供 6 个。在以前这是做不到的，但 C++ 11 标准出台后，以上代码完全合法。当然，如果坚持想用本书声称的，更有格调的"构造式初始化'，也可以达成类似效果，方法是使用"列表式数据"作为构造入参：

```
std::vector <int> v3 ({1,2,3,4,5});
```

多了一层圆括号，在少打两个字符和有格调之间，我选择了前者。

除了感受到方便之外，大家估计也很感兴趣：像 vector 或 list 这样的容器类，它的构造函数要怎么写才能实现不管你提供几个参数它都能接纳？v3 的构造过程提供了暗示：圆括号中实际还是只有一个参数："{1,2,3,4,5}"是一个完整的参数。它

隶属 STL 中的"initializer_list"类型,将来我们会学习如何借助该类型为自定义的类型提供不定个数初始化列表的功能。

7.3.4　复制构造行为

经常需要复制一个现有对象,以创建一个同类的新对象,比如内置类型:

```
int a1(99);      //构造式初始化
int a2 = a3;     //赋值式初始化
int a3 {100};    //列表式初始化
int a4(a3);      //构造式初始化
```

a2 从 a1 复制而来,a4 从 a3 复制而来,再看复杂对象:

```
Point pt1(45, 90);   //带入参的构造
Point pt2 = pt1;     //赋值式初始化
Point pt3 {46, 91};  //列表式初始化
Point pt4(pt3);      //构造式初始化
```

pt2 从 pt1 复制而来,pt4 从 pt3 复制而来。

C++默认的拷贝行为是将来源对象的内存内容,一模一样地复制到目标内存中,因此例中得到的结果是 a2 等于 a1,a4 等于 a3,pt2 等于 pt1,pt4 等于 pt3。从一个现有的同类对象,构建出一个新对象,这个过程称为"拷贝构造"(拷贝是 copy 的音译,也经常意译为"复制构造")。C++允许为复杂类型定制拷贝构造过程,比如下面这段坑人的代码:

```
struct Point
{
    Point(int x, int y)
        : x(x), y(y)
    {}
    //定制拷贝构造的过程:
    Point( Point const& other)
        : x(other.y), y(other.x)
    {}
};
```

拷贝时,x 和 y 坐标对换了。写出这样代码的程序员,要么有特殊目的(比如本书),要么就应该面壁去。这也正好体现一个重点:如果默认拷贝行为就是我们所要的,那就别闲着没事去定制拷贝构造了,这个原则也适用于默认构造行为。那么,什么情况下默认的拷贝行为不是我们所要的呢?最典型的是,成员数据中有堆对象,并且类需要负责释放这个堆对象的情况。比如我们对 int 堆对象做一个简单的封装:

```
struct MyPtr
{
    explicit MyPtr(int value)
```

```
        : ptr(new int(value))
    {
        cout << __func__ << endl;
    }
    ~MyPtr()
    {
        cout << __func__ << endl;
        delete ptr;
    }
    int * ptr;
};
```

MyPtr 负责在构造时，为自身成员 ptr 分配内存，同时也负责在析构时，释放这个指针成员。真是一段有责任感的代码啊，但问题出现在"分享"这件事上：

```
001  MyPtr  mip(9);
002  MyPtr  mip_2(mip);
```

默认拷贝构造的行为是，将源对象的内存数据原样复制过来。我们之前又说过，指针好比银行卡，也就是说：mip 家里有一张银行卡，卡号所"指向"的银行（堆内存）中存有 9 块钱，那是它自身努力工作（申请分配）得到的。现在，"mip_2"出生时直接复制 mip 家的银行卡，但是"mip_2"通过"默认构造函数"这家黑工厂，复制了同样号码（地址）的卡，因此现在两家人都有办法取得同一帐号上的钱。这中间的敏感环节是："mip_2"没有为自家的 ptr 分配内存，你可以这样测试：执行 001 和 002 行，将发现只输出一行构造函数的名称。

清楚当前的局面了吗？小丁辛苦赚了 100 万存在银行，隔壁老王复制了小丁的卡，现在要去银行取 60 万当购房首付。这是最糟糕的局面？不！老王出门后五分钟传来噩耗，被车撞了，请认真看 MyPtr 的析构函数，根据代码，老王挂掉时会自动注销掉这个帐号，现在小丁手上的卡已经无效，用这张卡再去取钱，已是非法。

这就是最糟糕的局面？不！现实中小丁若去取钱，会被直接拒绝，但是 C++ 世界中，mip 很可能还可以访问 ptr 所指向的数据，但也很可能因为这样，而访问到其他人的钱款。因为程序中，一块已经释放的内存，很可能很快就被新的数据拿来用。mip 也许很开心，但整个程序的逻辑正在乱套中……这仍然不是最糟糕的局面，因为mip 终于也走了，然后根据析构函数中的代码，它也要释放 ptr 所指向的内存，这下，也许一切没事，也许整个程序因此坍塌。

一切混乱的根源，来自默认的拷贝构造行为。

浅拷贝

默认的拷贝构造函数，只是简单的将源对象的内存复制到目标对象所占用的内存中。这里提到的"内存"，显然不包括源对象所申请的堆内存。以 MyPtr 为例，复制的结果是这样的，如图 7-6 所示。

"mip_2.ptr"复制了"mip.ptr"，造成二者指向同一块堆内存。当对象包含指针

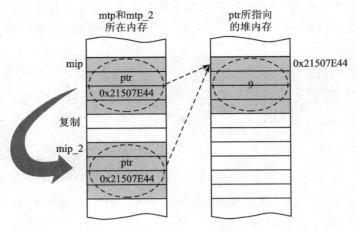

图 7-6 浅拷贝

成员,其复制的是指针成员的指向而不是所指向的内容,这就叫"浅拷贝(shallow copy)"。浅:浅薄、浅显、肤浅。马云成功了,你不是去复制他的努力,而是复制了他的脸到处招摇,这就叫浅拷贝。

当一个对象不包含指针成员,并且它所包含的成员逐级往下,都不包含指针成员,那么浅拷贝通常可以完美工作,比如:

```
struct Line
{
    Point start_point;
    Point end_point;
};
```

Line 含有两个 Point 的栈对象,Point 则又只是含有两个 int 的栈数据,所以复制 Line 对象时,一切很正常:

```
Line line1 = { {0, 0}, {45, 90} };
Line line2(line1);
```

当一个对象虽含有指针对象,但它不需要负责所有指针对象的创建与释放工作时,这时候浅拷贝通常也不会带来乱子:

```
struct IntegerPtrWrap
{
    IntegerPtrWrap(int * p1, int * pt2)
        : ptr1(p1), ptr2(p2)
    {}
    ~IntegerPtrWrap()    //刻意写一个空析构,实际不需要
    {}
    int * ptr1;
    int * ptr2;
};
```

　　IntegerPtrWrap 的两个指针对象,都不用自己创建,也不由自己释放,同一内存被释放多次的问题消失了,至于多个对象访问同一块内存,那有可能就是设计的目的:

```
//在外部创建
int * ip1 = new int(60);
int * ip2 = new int(100);
IntegerPtrWrap ipw_1(ip1, ip2);
IntegerPtrWrap ipw_2(ipw_1); //走默认拷贝构建
//在外部释放
delete ip2;
delete ip1;
```

　　爸爸在银行开了帐户,然后办两张卡给两个儿子的关系,就类似于上述设计。卡的开户和销户,都由外部单独处理。

深拷贝

　　仍以 MyPtr 为例,深拷贝的结果如图 7-7 所示。

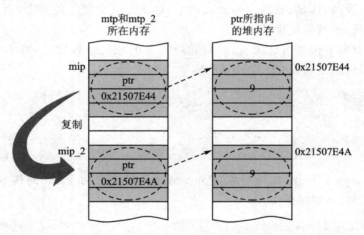

图 7-7　深拷贝

　　注意,图中“mip. ptr”的值为 0x21507E44,而“mip _ 2. ptr”的值却是0x21507E4A,所以乍一看,“mip_2”并没有复制 mip 的内容,但其实它“有样学样”地和 mip 一样在堆中申请了四个字节的内存,并且在这四个字节中,同样放了一个数:9。这就是“深拷贝(deep copy)”。

　　深拷贝必须由程序代码实现,下面为 MyPtr 提供深拷贝版本的拷贝构造:

```
struct MyPtr
{
    explicit MyPtr(int value) //保持不变
        : ptr(new int(value))
    {
```

```
        cout << __func__ << endl;
    }
    //深拷贝构造,注意也被明示为"explicit"
    explicit MyPtr(MyInteger const& other)
        : ptr(new int( * other.ptr))
    {
    }
    ~MyPtr() //保持不变
    {
        cout << __func__ << endl;
        delete ptr;
    }
    int * ptr;
};
```

定制拷贝构造函数,入参通常是同类的对象,并且使用"常量引用(const &)"传递,我们将在后面学习。

拷贝构造同样使用"成员初始化列表"处理 ptr。使用 new 为其申请得到存放 int 数据的内存,同时设置 int 数据值为" * other.ptr",即指针"other.ptr"所指向的值。这样一行代码完成对 ptr 的初始化,不仅代码简化,而且执行高效。

 【课堂作业】: MyPtr 的浅拷贝构造

请为 MyPtr 手工写一份浅拷贝的构造函数,并测试浅拷贝的效果(包括副作用)。请注意要考虑周全。

因为一个类可能有多个成员,有的是堆数据有的不是,堆数据中有的需要深拷贝有的不需要,所以同一类型中,但只要有一个堆成员需要深拷贝,我们就需要为这个类定制拷贝构造的行为。

禁用拷贝构造

深也好,浅也好,都表明这个类是允许复制的,但世间万物,多数情况下是不可复制的! 比如本书作者、本书读者,都是人类,而人类其实不可复制(如果克隆技术和社会伦理都支持,那我收回这句话)。要让某一类型的对象不可复制,可以指定它的拷贝构造不存在。不存在就是不写吗? 当然不是,因为已经知道编译器是很热心肠的,如果我们不写拷贝构造,它会默默地生成一个浅拷贝版本。所以 C++ 11 复用了"delete"这个操作符的名称,允许我们告诉编译器:请明确干掉你为这个类生成的拷贝构造函数。编译器虽然热心肠,但幸好不傻,看到这样一条指令,就不再生成默认的函数了。为方便对比,继续修改 MyPtr:

```
struct MyPtr
{
    explicit MyPtr(int value)
        : ptr(new int(value))
    {}
```

```
    //不允许通过复制同类对象构造本类新对象
    MyPtr(MyInteger const& ) = delete;
    ~MyPtr()
    {
        delete ptr;
    }
    int * ptr;
};
```

干掉拷贝构造函数的方法,就这么简单:声明它,在函数后面加上"= delete"即可。另外注意到了吗,入参的名字可不写,反正用不上。继续用原来的测试代码:

```
001  MyPtr mip(9);
002  MyPtr mip_2(mip); //编译失败
```

002 行编译出错:"error:use of **deleted** function ¹MyPtr::MyPtr(const MyPtr&)¹"。这是在很直接地向您汇报:"皇上,您想宣见的'拷贝构造'大臣,前阵子不是被您赐死了吗?"不过皇上也不用太着急,MyPtr 不允许通过复制同类对象来创建新对象,但我们可以先创建出新对象,然后将现有对象赋值给它:

```
MyPtr mip(9);
MyPtr mip_2(10);
mip_2 = mip; //成功
```

问题好像解决了,但皇上没有开心,反倒皱起眉头,他在想这个赋值操作背地里究竟做了些什么。

7.3.5 赋值行为

再次重复灌输一个观念:创建对象的同时为它设值,是"初始化";而对象已在世,再修改其值,为"赋值"。然后我说个场景,请想象某女星在某国某诊所某床上躺着,某医生忧伤地看着一个完全长歪的鼻梁,做出一个决定,割掉重做。现在请理解:初始化是从无到有,赋值则往往是有了之后再干掉,重新给个值。结论非常明显,赋值操作需要面对一个"既成事实"的现状,而为了改变,我们往往需要先废掉眼前的事实,但这是需要代价的。相当于整容费。

接着需要问的是:为什么需要赋值呢?这问题似乎蠢萌,数据初始化之后,很可能还是需要变化的,所以需要赋值嘛,但其实"变或不变"这个问题非常深奥。当今社会一切都在变,甚至有人说"唯一不变的东西就是变化本身"。有些是客观规律,比如每过一年我们就长一岁;有些是主观意识,比如上一秒有个姑娘爱你,下一秒她却在恨你。客观世界无处不变,编程世界如何响应?这就有了两大宗派:一为"命令式编程(imperative)",像 C/C++、C♯、Java 等语言,认为既然世界多变,那么编程语言就要客观反应这个世界,也要多变;一为"函数式(functional)",认为变化是万恶之源,生活已经如此善变,编程世界一定要消灭变化,还程序员一个恒定的环境。

【轻松一刻】：不变真的能应万变吗

"函数式编程"这么好，居然可以"以不变应万变"？其实也不是不变，而是……怎么讲呢？我刚才说过，"变还是不变"，这是一个深奥的问题。你懂"平行世界"吗？平行世界的理论认为，事物其实是不变的，一旦发生变化，其就会被分化成两个对象。简单地说，昨日的我和今日的我，其实是同时存在的两个我……

算了，还是继续学习 C++ 吧。赋值操作语法和"赋值式初始化"有点像，比如：

```
int i1 = 10;   //初始化
i1 = 100;   //赋值
```

赋值时，赋值操作符"="左边是要被改变的对象，因此它必须是可以改变的对象，笼统称为"左值"。操作符右边则称为"右值"，常规概念的赋值操作，是不会修改右值的。这和在初始化操作时，通常不会修改源数据的道理一样。一对象甚至可以自己赋值给自己：

```
i1 = i1;
```

不能因为这种情况，我们就高叫"右值被动了"。这种操作看上去没有什么意义，实际也没有什么意义，多数情况应该是类似：

```
i1 = i1 + 1;
```

i1 先作为右值，加上 1 得到的"和"，再赋值给 i1。如果原来 i1 是 100，则现在是 101。

【小提示】："赋值"和"相等判断"

"="在 C/C++ 中是赋值操作，而不是"相等判断"，后者符号是"=="。另外，赋值既然是修改目标数据，所以目标数据如果是写死的字面量，那肯定不能对其进行赋值。综合以上两点，下面这一行我们童年时都认为对的式子，在 C/C++ 中却大错特错：

```
100 = 99 + 1;   //错
```

定制赋值操作

对于类或结构体数据，编译器也会为其产生默认的赋值操作，其行为也是将右值的内存内容原样复制给左值，当然也是浅拷贝。所以情况也一样，即如果一个对象没有指针数据，或者虽有但是不需要负责指针数据的生死，则浅拷贝也不会有多大问题（除非逻辑上就需要深拷贝）。

如果以上条件不成立，那么在赋值行为上使用浅拷贝操作，一样会造成多个对象管理同一块内存，一样会造成一块内存可能被多个对象多次释放。并且会比初始化多出一个问题，即默认生成的赋值操作，在"重塑新鼻子"之前，它并不负责先"割掉老鼻子"。让我们退回到 MyPtr 最初那个使用默认浅拷贝的版本：

```
struct MyPtr
{
    explicit MyPtr(int value)
        : ptr(new int(value))
    {
        cout << __func__ << endl;
    }
    ~MyPtr()
    {
        cout << __func__ << endl;
        delete ptr;
    }
    int * ptr;
};
```

这回我们需要这么测试：

```
MyPtr mip(9);
MyPtr mip_2(10);
mip_2 = mip1; //赋值操作：让"mip_2"和 mip 等值
```

这次，"mip_2"在出生时自力更生地为自己的 ptr 成员申请了堆内存（记住，大小为"sizeof(int)"）。所以上面的代码有什么错误吗？肯定可以通过编译，并且运行后，"mip_2"的 ptr 所指向的值，也确实变成和 mip 一样的 9……到底哪里有错呢？

首先，肯定和初始化的浅拷贝版本一样，"mip_2"的 ptr，现在指向和 mip 的 ptr 一样了，将来二者分别释放时，必然又会出现同一内存释放两次的状况。但相比初始化，本处的赋值操作还有一个错："mip_2"在改变 ptr 指向时，没有释放之前构造时所申请到的那块大小为"sizeof(int)"的内存。所以，像 MyPtr 这样的类型，很有必要为其定制一个深拷贝版本的赋值操作。要定制 A 类型的赋值操作符，语法是在为该类型加上以下函数声明及实现：

```
A&   operator = (A const& other);
```

又一次，我们遇上"操作符重载函数"，上一次是"字面量后缀操作符重载"。重载，赋值操作符有以下关键知识点：

（1）首先，函数名称是 operator 加上需要重载的操作符，本处为"＝"，所以赋值操作符重载函数的名称，就是"operator ＝"；

（2）其次，单一入参必须是同类对象，通常也使用"常量引用"传递；

（3）最后，C++赋值操作的返回值必须是当前对象自身的引用，我们同样放到以后解释，这里的表现是返回值类型为"A&"。

套用到 MyPtr，下面给出其深拷贝版本赋值操作的完整代码，出于一致性，将深拷贝构造也一并加入，请读者认真对比二者的不同：

```
struct MyPtr
{
    explicit MyPtr(int value)
        : ptr(new int(value))
    {}
    explicit MyPtr(MyPtr const& other)
        : ptr(new int( * other.ptr))
    {}
    MyPtr& operator = (MyPtr const& other)
    {
        if (ptr ! = other.ptr) //判断 other 会不会正好是当前对象
        {
            delete ptr; //释放原来占用的内存
            ptr = new int( * other.ptr);
            /*
                本例可以优化为不释放内存,直接修改 ptr 所指向的值:
                 * ptr = * other.ptr;
            */
        }
        return * this;
    }
    ~MyPtr()
    {
        delete ptr;
    }
    int * ptr;
};
```

定制赋值操作与定制拷贝构造操作有如下不同:

(1) 由于它不是构造函数,所以不能使用"成员初始化列表";

(2) 赋值时,必须判断右值是不是自己。将自己赋值给自己,前面说过是没有意义的,如果发生这个情况,将不做实质操作。当前代码暂时通过双方的 ptr 指针是否相同做判断。初始化时不需要做此判断,那是因为创建一个新对象时,对象"自己"尚不存在,如何将"自己"赋值给自己呢?

(3) 必须先释放目标对象原有的 ptr(正如代码中的注释,对于本例,其实二与三可以优化为直接修改" * ptr",但为了说明问题,暂不做此优化);

(4) 如前所述,赋值操作必须返回当前对象的引用。C++使用 this 代表当前对象指针,则" * this"是当前对象。

C++之所以要求赋值操作必须返回当前对象的引用,是因为它需要支持以下语法:

```
int a, b, c;
a = b = c = 10;
```

以上赋值操作结果是 a,b,c 的值全为 10。第二行的具体操作过程是:

```
a = ( b = ( c = 10 ) ) ;
```

即先执行"c＝10"，这是一次赋值操作，执行后 c 值为 10。根据上述要求，本次赋值操作返回 c 本身的值：10。于是代码变成："a＝(b＝10)）;"，后续操作以此类推。最后，既然重载赋值操作符的函数名称是"operator ＝"，难道用到它时，代码是类似这样：

```
MyPtr mip(9);
MyPtr mip_2(10);
mip_2. operator = (mip);
```

我们已经知道这种写法确实可以正常工作，只是枉费我们重载操作符的一番心思。正常写法是：

```
mip_2 = mip;
```

请自行测试以上赋值操作定制效果，要求针对以下各点进行检查：

（1）赋值操作后，左值和右值对象各自的 ptr 有各自的指向；

（2）赋值操作后，左值和右值对象各自的 ptr 有各自的指向，并且所指向的 int 值一致；

（3）赋值操作时，如果左值和右值是同一对象，则没有发生实质性的赋值操作；

（4）赋值操作时，左值的 ptr 原指向的内存，被释放；

（5）确保"mip_3＝mip_2＝mip;"多级赋值结果正确。

最后我们给出针对本例深拷贝的赋值操作符的优化版本：

```
……
    MyPtr& operator = (MyPtr const& other)
    {
        * ptr = * other.ptr;
        return * this;
    }
……
```

禁用赋值

和拷贝构造函数一样，赋值操作也可以声明为"detele"，从而明确禁止该类对象之间的赋值行为。下面是全面禁止复制的 MyPtr 结构定义：

```
struct MyPtr
{
    explicit MyPtr(int value)
        : ptr(new int(value))
    {}
    //不允许通过复制同类对象构造本类新对象
    MyPtr(MyInteger const&) = delete;
    //不允许对象间相互复制赋值
```

```
    MyPtr& operator = (MyPtr const&) = delete;
    ～MyPtr()
    {
        delete ptr;
    }
    int * ptr;
};
```

请自行编写测试代码。

拷贝构造与赋值操作关系

拷贝构造函数也只有一个入参,所以如果它没有加上"explicit"来修饰的话,它也有可能被偷偷地用作赋值的用途:

```
struct Point
{
    Point(int x, int y)
        : x(x), y(y)
    {}
    /* 没有 explicit 修饰 */
    Point (Point const& other)
        : x(other.x), y(other.y)
    {}
    int x, y;
};
```

测试:

```
Point pt1(5, 6);
Point pt2(0, 0);
pt2 = pt1; //将调用拷贝构造函数
```

对于 Point 这样的数据,以上行为是可接受的,但我们已经知道,对 MyPtr 这样带堆成员的结构,"构造初始化"和"赋值"确实存在区别。要避免拷贝构造被偷偷用于赋值,有不少方法:

(1) 干脆将拷贝构造函数也删除;(这也算一种方法?)

(2) 将拷贝构造函数指定为"explicit";

(3) 明确加上"operator＝"重载;这样,赋值操作将优先使用名正言顺的赋值操作符重载函数;

(4) 将"operator＝"操作标示为"delete"。

如果该类型就是和例中的 Point 一样,使用编译器默认的行为就很好,请使用(1);如果该类型逻辑就是不允许复制赋值,请使用(4);如果该类型的拷贝构造和复制赋值确实存在差异,请使用(3)(推荐加上(2))。

7.3.6 转换行为

类型转换往往伴随着数据的初始化或赋值操作的发生。先看内置类型:

```
int i (12.3);
i = 'd';
```

说明：

（1）12.3 是 double 类型，用它初始化一个 int 类型的新数据，中间存在转换操作，并且需要遵循既定的转换规则；

（2）'d' 是 char 类型，将它赋值给一个 int 类型的现有数据，中间存在转换操作，并且需要遵循既定的转换规则。

了解内置类型之间的基本转换规则是本节的学习要点之一。

再看用户自定义的类或结构：

```
struct Point
{
    int x, y;
};
strut Point3D
{
    int x, y, z;
};
```

如果手头有一个二维坐标点，有没有可能让它成为构造三维坐标点的基础呢？或者，手头有一个三维坐标点，有没有可能将它赋值给二维坐标点呢？

```
Point pt2d {1,2};
Point3D pt3d(pt2d);
pt2d = pt3d;
```

如果这个问题你提不起学习的兴趣，我们加一个问题：蛋如何转换为鸭子？先有一个蛋的结构：

```
struct Egg {};
```

然后有一个鸭子结构：

```
struct Duck {};
```

问题：如何从现有的 Egg 对象构造出 Duck 新对象呢？本节的第二个学习要点，不是生物基因，而是如何为自定义类型定制类型转换构造和类型转换赋值两个操作。

转换安全性

初始化或赋值时，如果源数据类型与目标数据类型不一致，转换就伴随着发生了：

```
001  int i = 'A';   //从 char 转换到 int
002  float f = i;   //从 int 转换到 float
```

char 和 int 都是整型数据，并且 char 的表达范围完全纳在 int 的表达范围之内，所以 001 行是安全的转换。float 在表达浮点数上虽然精度不高,但它可表达的最大数是 3.40282e38,因此也可以安全地在 32 位编译环境下接住任何 int 类型的数据。若倒过来:

```
char c = 128; //不安全转换
```

char 类型能表达的最大正值为 127,将 128 设值给它,目标数据所占用的内存把持不住,将发生值溢出。如果你《基础篇》学得相当不错,应该能够手工算出其值,再执行以下代码,看看你算得对不?

```
char c = 128; //会得到编译警告
cout << (int)c << endl; //(int)c 是将 c 强制转换成整数类型
```

再看一个不安全的转换:从浮点型到整型,小数部分丢失:

```
int ii = 123.45F; //不安全的转换
```

同一基础类型的无符数和有符数,在表达范围上总是错开"半拍",所以二者之间的互转,也不安全,仅在表值范围重叠部分内转换可以保持原值:

```
unsigned char a = 129;
signed char b = a; //不安全转换,值溢出
int  si = - 9;
unsigned int ui = si; //不安全转换,符号丢失
```

高精度浮点数到低精度的浮点数的转换,当然也不安全:

```
double d = - 0.987613425;
float f = d;
```

下面给出几条安全的类型转换路线:

(1) char→short→int→long→long long;

(2) unsigned char→unsigned short →unsigned int→unsigned long→unsigned long long;

(3) float→double→long double。

不用太担心如何记忆安全路线,基本原则:可能发生信息丢失的转换都是不安全的。如果确实需要特别注意非安全的转换行为,可以尽量使用"列表式数据",因为语法规定"列表式初始化"操作会特别严苛地检测非安全转换的发生,如表 7 - 12 所列。

表 7 - 12 更严格的类型检查:列表式数据转换

普通转换	使用列表式数据作为转换源
int a(6.7); //可能不警告	int a {6.7}; //警告
a = 7.8; //可能不警告	a = {7.8}; //警告
double dd(7.0);	double dd (7.0);
a = dd; //可能不警告	a = {dd}; //警告

没想到吧？花括号的列表式初始化用在转换操作上,还有这功效!

C 风格强制转换

有些时候确实需要进行不安全的转换,比如就是需要将一个浮点数转换成一个整数,那么我们必须通过使用"强制转换"操作的语法,明确地告诉编译器这就是我们想要的,从而达到一个短期目标和一个长期目标;短期目标是避免编译器给出警告,长期目标是未来容易发觉和注意到此处的强制转换。源自 C 语言的强制转换语法是在待转换的源数据之前加上目标类型,并以括号包围,比如:

```
double d = 1.23;
int i = (int)d; //源数据:d,目标类型:int
```

这里的强制转换明确地告诉编译器,其实也告诉该代码的人类读者:没错,我就是想把一个 double 数转换成 int,请照我写的去做,我将自负后果。有时候,需要转换的是一个算式的计算结果,这时应该在整个表达式之上用上括号:

```
double d = 1.23;
int i = (int)(d + 2.34 - 0.2); //源数据是一个算式
```

 【重要】:强制转换发生什么了

已知一个 float 的数据和一个 int 的数据在内存中的表达完全不一致,所以不要被"强制"这个词迷惑。事实上,当接收到"强制转换"命令时,程序会非常小心。我的意思是它会用尽可能正确的方法进行转换计算,同时还会临时开辟一块内存,用于存储转换结果,源数据不会受到任何影响。

有没有一种转换:不做任何计算,只是将源数据一模一样地复制到临时内存中,然后就"不负责任地"宣告转换成功呢?请看 C++风格的强制类型转换中的"粗暴转换"。

C++风格强制转换

C++提供的两种强制转换操作符都长得很丑。据说 C++之父本意是:当事情的内在是丑陋的,那它就应该有一个同样丑陋的外在:

```
static_cast <目标类型>(源数据)
```

该转换操作相当于前面所提的那一部分强制类型转换:

```
double d = 1.23;
int i = static_cast <int>(d); //源数据 d,目标类型:int
cout << i << endl;  //1
i = 2147483647;
float f = static_cast <float>(i); //源数据 i,目标类型:float
cout << f << endl; // 2.14748e + 09
```

原本丢失精度的地方,依然"精准地"丢失精度,而且我们发现"static_cast"是又丑又长，看着不爽，写着还累，但好处是将来搜索起来，肯定简单。肉眼都可以在一个源文件中快速地找到它们。一样东西要么因为美而引人注目，要么因为丑到家了而让人留意，互联网上有些人有些事不也如此？C++语言也算懂一点大众心理学。

有没有更丑的？前面提及的C++中有一种不做任何转换的转换，所使用的操作符名称就比"static_cast < > （）"还丑：

```
reinterpret_cast <目标类型 >（源数据）
```

有关"reinterpret_cast"的用法，我们现在用不上，且留至以后碰上再说。

【轻松一刻】：粗暴转换

"static_cast"是"强制转换"，那么"reinterpret_cast"就是"粗暴转换"。如果我们想要一只鸳鸯，但手头上有一颗鸭蛋，"强制转换"就是复制鸭蛋，然后尝试孵出一只鸭子，再告诉你这是鸳鸯；如果发现孵不出来，会拒绝转换。而"粗暴转换"则是复制鸭蛋，然后给你鸭蛋，并告诉你这个椭圆体就是鸳鸯。

不管是C还是C++风格的强制转换，都已经明确指明目标类型，所以这时候建议让auto出场：

```
auto f1 = static_cast <float >(1.20);
auto i1 = (int )(1.20);
```

转换构造

要实现Point到Point3D的转换，思路还是为后者添加一个以前者为单一入参的构造函数：

```
Point3D
{
    Point3D(int x, int y, int z)
        : x(x), y(y), z(z)
    {}
    //转换构造
    Point3D(Point const& pt)
        : x(pt.x), y(pt.y), z(0) //二维坐标没有 z 值
    {
    }
    int x, y , z;
};
```

测试：

```
Point pt {20, 93};
Point3D pt3d(pt);
```

【课堂作业】：转换构造

（1）请完成 Point3D 到 Point 的转换构造；

（2）定义一个新类，实现和 Point 类 x、y 坐标互调的转换效果。

实现蛋转换到鸭子，思路还是要为 Duck 类提供以 Egg 对象为入参的构造函数：

```
struct Egg
{};
struct Duck
{
    Duck(Egg const& egg)
    {}
};
```

然后：

```
int main()
{
    Egg egg; //一个鸭蛋
    Duck duck(egg); //从一个鸭蛋构造出一只鸭子
}
```

想见证奇迹的观众大喊上当，纷纷要求退票。

可是在 C++ 中实现从 A 类对象构造 B 类对象，就这么简单嘛！观众肯定是以为有一个蛋孵出鸭子，蛋消失，鸭子出现（至少是一捧鲜花），这是错误的想法！不管简单类型还是复杂类型，也不管是之前的拷贝构造、复制赋值、再或者是转换构造、以及后面的转换赋值，都是将一个现有数据的值（右值）作为另一个数据（左值）的设值参考而已，现有数据（右值）在这个转换过程中没有任何变化。

接着，我们让蛋和鸭子都拥有"名字"和"重量（g）"的属性，在蛋构造出鸭子的过程中，我们让鸭子延续蛋的名字，并且自动减轻 8 g（壳的重量）。这或许可以较好地体现转换构造的作用，即让一个不同类型的数据，影响到当前类型的数据的创建：

```
# include <iostream>
# include <string>
using namespace std;
struct Egg
{
    Egg(std::string const& name, int weight)
        : name(name), weight(weight)
    {
    }
    std::string name;
    int weight;
};
struct Duck
{
```

```
    //从蛋到鸭的转换构造
    Duck(Egg const& egg)
        : name(egg.name), weight(egg.weight - 8)
    {
    }
    std::string name;
    int weight;
};
int main()
{
    Egg egg("Tang", 25);
    Duck duck(egg);
    cout << "duck's name : " << duck.name << "\n"
        <<  "duck's weight : " << duck.weight << endl;
}
```

和"拷贝构造与赋值操作的关系"一样,如果提供从 A 到 B 的转换构造,但没有明确提供从 A 到 B 的转换赋值,那么当有需要时,转换构造就会被隐式地用于转换赋值。继续上例:

```
int main()
{
    Egg egg("Tang", 25);
    Duck duck(egg);
    cout << "duck's name : " << duck.name << "\n"
        << "duck's weight : " << duck.weight << endl;
    //一颗新蛋:
    Egg egg2("Bang", 30);
    //根据另一颗蛋的信息,修改了原来那只鸭子
    //单步跟踪下一行代码,将进入 Duck 的构造函数
    duck = egg2;
}
```

此时,语义上的纠结越发明显了,借助蛋的信息构造出一只新鸭子,语义上勉强可接受。但是将一只蛋赋值给一只活生生的鸭子,这是在表达什么? 可以有三个选择。

(1) 让 duck 以 egg2 作为输入,假装重新构造一次。这正是例中的当前情况,也就是无视"赋值"和"构造初始化"的区别。如果对象含有需要负责生死的堆成员就会带来问题。对于转换行为,就算没有堆对象也可能有逻辑问题。比如从 Point 转换到 Point3D 对象的逻辑:

```
Point3D(Point const& pt)
        : x(pt.x), y(pt.y), z(0) //二维坐标没有 z 值,初始为 0
{
}
```

构建 Point3D 新对象时,z 值初始化为 0,这是可接受的。但是:

```
...
    Point pt {20,93};
    Point3D pt3d(pt);
    pt3d.z = 90; //z 值现在是 90 了
    ...
    Point pt2 {93,20};
    pt3d = pt2; //实际调用了转换构造
    cout << pt3d.z << endl; // 0,之间设置为 90 的结果,被覆盖了
```

执行"pt3d = pt2"之前,pt3d 的 z 值是 90,执行之后又归零了,这就不太合理了——pt2 是一个二维坐标,根本没有 z 值什么事,但它却成功地让一个三维坐标的 z 值归零了。所以这不是一个好选择。

(2)明确区分转换构造和转换赋值。此时需要为 Duck 提供特定的赋值操作符重载。下一小节讲解。

(3)干脆明确禁止转换构造函数被隐式用于转换赋值操作的行为。应该猜到了吧?只需为转换构造函数加上 explicit 修饰,请自行测试。

转换赋值

定制转换赋值操作,语法上仍然是重载赋值操作符。下面给出 Point 到 Point3D 转换的完整类定义:

```
struct Point
{
    int x, y;
};
struct Point3D
{
    Point3D()
        : x(0), y(0), z(0)
    {
    }
    Point3D (int x, int y, int z)
        : x(x), y(y), z(z)
    {
    }
    explicit Point3D(Point const& pt)
        : x(pt.x), y(pt.y), z(0)
    {
    }
    Point3D& operator = (Point const& pt)
    {
        x = pt.x;
        y = pt.y;
        /* 不处理 z 值 */
        return *this;
    }
    int x, y, z;
};
```

通过定制,现在将一个二维坐标赋值给一个三维坐标,再也不用担心前者影响后者的 z 值了。

转换与"帮助一次原则"

若 A 能自动转换到 B,B 能自动转换到 C,那 A 能自动转换成 C 吗? 来打个赌吧:

```
#include <iostream>
using namespace std;
struct A
{
};
struct B
{
    B(A const& a) // A 到 B 的转换构造
    {
        cout << "A ->B" << endl;
    }
};
struct C
{
    C(B const& b) // B 到 C 的转换构造
    {
        cout << "B ->C" << endl;
    }
};
int main()
{
    A a;       //手上有个 A
    C c(a);    //目标是要一个 C
    /* 以上两行代码有 B 什么事吗? 没有 */
}
```

赌局结果:a 成功地转换成 c!

其间转换路径是:A ->B ->C,编译器偷偷(隐式地)帮我们先调用 A 到 B 的转换构造,得到一个临时的 B 类对象,然后再转换构造出 c 对象。看起来有些神奇,不过要实现这样的转换传递,需要遵守三个条件:

(1) 必须存在 a 到 b 的转换构造(必须是转换构造,转换赋值不起作用);

(2) a 到 b 的转换构造还必须支持隐式转换,即不加 explicit 修饰;

(3) 必须只经过一次隐式转换。即:编译器只帮一次忙。如果是"a ->b ->c ->d",编译器将拒绝出手。

以上种种条件,可以归结为现实生活的一种潜在规律:帮助他人道德高尚,但面对无条件、无底限、无穷无尽的索求帮助,请拒绝。

7.3.7 转移行为

基本概念

有一天,你买了一部苹果手机,被朋友看到了,于是:

(1) 朋友记下它的模样到专卖店花钱买同款,这是"深度"版的赋值或拷贝。

(2) 朋友记下它模样找到厂商描述半天,厂商以此为原型生产一部山寨机。(并且穿着牛仔裤对你说:看,比苹果还苹果!)这叫转换。

你身边只有这两类朋友吗? 如果是,你的生活好单纯哦。请看第三种和第四种:

(3) 看到你有苹果手机,宣称"你的就是我的,我的就是你的"。从此一机二人共用。这种朋友要么成为你老婆,要么就是"不求同年同月生,但求同年同月死"的超级铁哥们,我们将在以后再讨论他们。

(4) 看到你有苹果手机,拿起来就霸为己有,从此你再没有这部手机。这就是本节所要重点介绍的"转移(move)"操作。

转移操作和转换、赋值、拷贝有三个相同之处:

(1) 同样发生在类或结构体的构造初始化或赋值操作环节;

(2) 转移操作同样通过为类或结构体提供特定的构造函数或赋值操作符重载来实现;

(3) 转移操作的需求也同样多数发生在当类或结构体中存在需负责生死的指针成员的情况下。

继续以"MyPtr"为例,基础代码是之前全面禁用复制的版本:

```cpp
struct MyPtr
{
    explicit MyPtr(int value)
        : ptr(new int(value))
    {}
    ~MyPtr()
    {
        delete ptr;
    }
    //禁止复制构造和复制赋值
    MyPtr(MyPtr const& other) = delete ;
    MyPtr& operator = (MyPtr const& other) = delete ;
    //转移构造
    MyPtr(MyPtr&& other)
        : ptr(other.ptr)
    {
        other.ptr = nullptr;
    }
    //转移赋值
    MyPtr& operator = (MyPtr&& other)
    {
```

```
        if (ptr! = other.ptr)
        {
            ptr = other.ptr;
            other.ptr = nullptr;
        }
        return * this;
    }
    int * ptr;
};
```

"转移操作"同样区分为"转移构造"和"转移赋值"两类。分别与"拷贝构造"和"复制赋值"对比,变化在于入参类型由"MyPtr const&"变为"MyPtr&&",再细看有两处变动。变动一是后者没有"const"修饰,表示传入函数的对象不是常量,可在函数内修改它;变动二是"&"变成"&&",称为"右值引用"。

我们将在后面专门章节讲解"右值引用",当前只需知道以"右值引用"传入的源对象,我们不复制它,不转换它,我们将……抢走它的东西。

拷贝构造小节的一道作业,要求手工写 MyPtr 的浅拷贝构造函数,下面给出答案,并将它与本节的转移构造函数做对比,如图 7-8 所示。

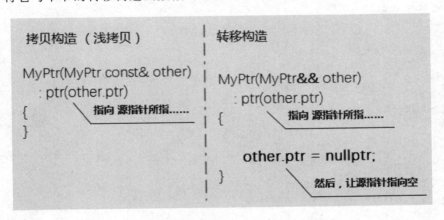

图 7-8　拷贝构造(浅拷贝)与转移购造对比

浅拷贝构造只复制指针成员的指向,结果是新对象和原对象中的指针成员指向相同的内存,你做对了吗?

转移构造的行为和浅拷贝构造相似,同样仅复制指针成员的指向。但是转移构造不会造成新旧对象中的指针成员指向同一块内存,因为它多了一样操作:

```
other.ptr = nullptr;   //来源对象的 ptr 成员,改为指向"空"
```

没错! 转移构造的目的在于独占(霸占)源对象中指针成员所指向的内存,所以它要求源对象(例中的 other)"签字画押",白纸黑字地表明"是我自愿放弃我的堆成员所占用的内存,并将其所有权转移给新对象,我自愿让我的堆成员回归为空指向"。

下面，本书将理智、中立、客观、外加冷静地描述"抢地盘"的工作要领：你有一份新地契，地契上写着这块地属于你；你要找到原来的地契，要么撕掉它，要么给它敲上"作废"章。总之，决不允许有多份地契指向同一块实地。事情做不干净的话，将来很麻烦的。通过比喻，应该理解为什么"转移"操作需要将源对象的指针成员设为空指针。将来源对象离世时，析构函数通常需要 delete 这些指针，如果指针已是空指向，删除它没有实质意义，关键是不会出错；如果这些指针还指向原来的数据，问题就大了。浅拷贝虽然容易实现，但总是造成多指针指向相同内存，工作既不深入又不霸道，后患无穷。所以用户自定义类型如果含有指针成员，我们通常有三种选择：一是只提供深拷贝行为，由编译器提供默认的转移行为；二是禁掉拷贝行为，提供或不提供定制的转移行为；三是既提供深拷贝行为，也提供定制的转移行为。

基本应用

继续以 MyPtr 为例，提供前述的第三种选择，即为其同时提供深拷贝和转移行为。出于简化，例子没有提供相关的赋值行为：

```cpp
#include <iostream>
using std::cout;
using std::endl;
struct MyPtr
{
    explicit MyPtr(int value)
        : ptr(new int(value))
    {}
    //析构
    ~MyPtr()
    {
        delete ptr;
    }
    //深拷贝构造
    MyPtr(MyPtr const& other)
        : ptr(new int ( * other.ptr))
    {
        cout << "deep copy construct" << endl;
    }
    //转移构造
    MyPtr(MyPtr&& other)
        : ptr(other.ptr)
    {
        cout << "move construct" << endl;
        other.ptr = nullptr;
    }
    int * ptr;
};
```

这段代码你要能看出两个关键：一是 MyPtr 类现在既有定制的拷贝构造行为，又有定制转移构造行为；二是代码中两处使用 cout 的输出语句，可帮助我们快速观察哪个构造被调用了。而接下来要测试的问题正是：当有需要时，哪个构造会被选用呢？

```
int main()
{
039    MyPtr src(999);
040    MyPtr dst_copy(src);
}
```

039 行定义第一个 MyPtr 对象 src，然后下一行就要通过它构造出一个新对象"dst_copy"。此时屏幕输出"deep copy construct"，表明是拷贝构造被选中。毕竟，为新对象夺走旧对象的数据，这种行为不是高尚的人类的常态行为（耳边隐约传来"由来只有新人笑，有谁听过旧人哭"的歌声），所以编译器义无反顾地优先选中拷贝构造函数。有没有办法强行让编译器选中转移构造呢？通过类型强制转换可以做到。将 src 强制转换成"MyPtr&&"类型，它才会在无偿转让合约上签字：

```
int main()
{
039    MyPtr src(999);
040    MyPtr dst_copy(src);
       cout << (src.ptr != nullptr) << endl; // 输出 1，src.ptr 不为空
       //开始抢
045    MyPtr dst_move(static_cast < MyPtr&& >(src));
       cout << * dst_move.ptr << endl; //999，连内存，连数据，全是 src 的
       cout << (src.ptr == nullptr) << endl; //输出 1，src.ptr 已为空
       //此刻千万别：cout << * src.ptr << endl;
}
```

转移构造函数入参是"(MyPtr&& other)"，所以当 src 被强制转换成右值后，"dst_move"对象将以抢夺他人数据（本例为"other.ptr"所指向的数据）的方式来到这个世界。随后的输出内容表明，"src.ptr"已经变成 nullptr。

为了方便输入，C++标准库提供了一个特定的 move 函数，用于代替长长的"static_cast"转换，因此 045 行也可以写成：

```
MyPtr dst_move(std::move(src));
```

一个对象被该 move 函数"套"住并准备传递时，若该对象类型支持转移（有定制的转移构造和转移赋值），那么就会被转移；若该对象类型不支持转移（没有定制的转移构造和转移赋值），那这类对象就是"钉子户"，此时 move 函数也无可奈何，对象仍然会以拷贝的方式实现传递。

下面我们为"std::move()"函数画一张头像，作为本小节的结束，如图 7-9 所示。

图 7-9　"std::move"画像

7.3.8 析构行为

数据终将一死,死前将进入清场阶段。简单类型只是默默退出,类或结构体则可以由用户定制其清场行为。通常,构造函数用于定制一个用户类型的数据在创建时(获得内存之后)的初始化行为,而析构函数用于定制该类型数据在释放内存之前的清理行为。我们曾经定义过 Object:

```cpp
struct Object
{
    Object()
    {
        std::cout << "Hello world!" << endl;
    }
    ~Object()
    {
        std::cout << "Bye - bye world!" << endl;
    }
};
```

现在看来,这个 Object 的定义真有些煽情。类如果在构造或后续运行过程中申请资源(最常见的如堆内存),那么通常会对应在析构时释放这些资源,这是真实编程中析构函数最常见的用处。Object 或 Point 结构体,都未涉及申请堆内存,因此在析构时显得无所事事。但之前的 MyPtr,就一直有一个用于释放堆成员内存的析构函数:

```cpp
......
~MyPtr()
{
    delete ptr;
}
......
```

下面举一个例子,该类在构造时打开文件输出流,在析构时主动关闭流:

```cpp
class Loger
{
public:
    Loger()
    {
        ofs.open("c:\\log.txt");
        ofs << "开始记录日志" << endl;
    }
    ~Loger()
    {
        ofs << "结束记录日志" << endl;
        ofs.close();
    }
```

```
private:
    ofstream ofs;
};
```

再举一个用于包装原生整数数组的例子,构造时申请指定大小的内存,析构
释放:

```
class IntegerArray
{
public:
    IntegerArray(int count)
        : _count(count), _arr(nullptr) //又用到初始化列表
    {
        if ( _count > 0)
        {
            _arr = new int[_count];
        }
    }
    ~IntegerArray()
    {
        delete [] _arr;
    }
private:
    int _count;
    int * _arr;
};
```

7.4　变量和常量

7.4.1　变或不变

变还是不变? 不管在什么情景下,这都是一个值得深思的问题。之前我们看到
的更多的是变量,但是编程,变是手段,不变才是目的。

不变的数据,称为"常量"。本章开篇学习的"字面量",就是一种常量:

```
cout << "Hello world!" << endl;
```

这行代码执行一千次一万次,都应该输出同一句问候,如果没人修改代码,没人
重新编译。但有一天它却突然输出"Hello hell!",那应该是程序中毒,或者是世界末
日真的来了。

字面量是常量,所以我们知道"3=1+2"这个代码肯定有问题。但是有钻研精神
的同学要问到底:字面量是数据,是数据就必然要占用内存,而内存只要不是物理上
不可擦写,就都应当允许修改!

【轻松一刻】：字面量为什么是常量

各位有没有办过保险？读过保险单吗？开头白纸黑字写着"条款一：如因①②③④，将依(五)(六)(七)(八)赔付玖拾佰仟"，二胖一看合情合理，开始供钱。有一天需要了，业务员优雅地翻到一沓合同中的某一页，指着脚注："条款一所指的①②③④，视参保人的腹肌个数而变，如腹肌少于六块(含六块)，则(五)(六)(七)(八)自动变更为甲乙丙丁，而原有的甲乙丙丁自动更换为Ⅰ Ⅱ Ⅲ Ⅳ。"二胖揉揉眼睛，摸摸肚子，羞涩不语。

字面量就是白纸黑字的东西，如果一门语言的常量也允许变化，程序员们快练腹肌去吧。有时候为了让字面量的含义更加清晰，或者为了方便未来维护，应该为这份数据取一个名字，比如有一段代码：

```
double length = 2 * 3.14159 * r;
double area = 3.14159 * r * r;
```

其中的字面量 3.14159 就应当改用常量定义：

```
double const Pi = 3.14159; //定义常量
double length = 2 * Pi * r;
double area = Pi * r * r;
```

常量的定义和变量定义非常接近，只有两个不同，第一要加关键字 const 修饰；第二常量定义时一定要初始化。const 修饰的位置可以在类型之前或之后：

```
const int a1 = 0;
int const a2 = 0; //推荐"后缀式修饰"
```

本书推荐并统一采用后一种形式。此形式下想知道 const 修饰的是谁，需要倒过来看，如图 7－10 所示。

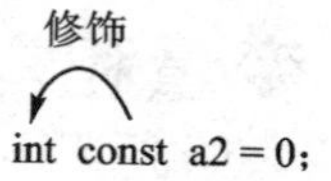

修饰
int const a2 = 0;

图 7－10　const 向前修饰 int

常量坚持从一而终，这个"一"就是指定义时就必须初始化(指腹为婚)，然后常量就不再改变(白头偕老)：

```
int const a = 100;
int const b (a + 1);
int const c;      //编译错误,没有指腹为婚
     a = 99;      //编译错误,没有白头偕老
```

const 修饰全行，因此一次定义多个常量时，只需一个 const：

```
int const a(0), b = 1, c{2};   //a,b,c 全是常量
```

7.4.2　常量成员数据

结构或类定义中的成员数据，也可以是常量：

```
struct Demo
{
    int a;
    int const zero = 0;   //常量
};
```

常量一定要初始化。例子中的 zero 被声明为初始值是 0,这意味着 Demo 结构的所有对象的 zero 都是 0。如果希望为不同对象指定其某个常量成员数据的初始值,可以使用"构造式初始化"加上"初始化列表":

```
struct Demo
{
    Demo( int zero_init_value)
    : zero(zero_init_value)  //在此初始化
    {
    }
    int a;
    int const zero; //常量,但没有声明初始化值
};
```

使用示例:

```
Demo d1(0),d2( - 273); //热力学绝对零度
```

7.4.3 常量成员函数

结构或类的成员数据可以有常量,其成员函数也有"常量成员函数"一说。"常量成员函数"中的常量,不是在描述"函数不可被修改",而是在限定该成员函数不能修改成员数据(可以读取成员数据的值,但不能修改成员数据的值)。

const 修饰常量成员函数的语法位置,位于函数参数列表之后,函数体开始之前。以 Point 为例:

```
struct Point
{
    int x,y;
    int GetX() const
    {
        return x;
    }
    int GetY() const
    {
        return x;
    }
};
```

"GetX()"和"GetY()"分别用于简单地返回该坐标点的 x、y 值,这个过程在逻辑上就不应当修改坐标位置,所以二者应是典型的"常量成员函数"。再举一例,Person 类,拥有成员数据姓名和年龄:

```
struct Person
{
    std::string name;
    int age;
};
```

然后我们为其加入自我介绍的函数:

```
struct Person
{
    void Introduce() const
    {
        cout << "大家好,我是" << name
             << ",今年 " << age << "岁。";
    }
    std::string name;
    int age;
};
```

"Introduce()"之所以用"常量成员"的逻辑也很清楚:一个人不应该因为自我介绍操作,而发生姓名或年龄被修改的现象。你让志玲姐姐每向大家问一声好,就老去一岁,这种程序谁敢用啊?

通过限定为"常量成员",表面上看导致成员函数的功能变弱了(居然不能修改本类的成员数据),但实际上简化了该常量成员函数处理数据的逻辑(只读不改),降低了代码出错(比如误修改了成员数据)的可能性;同时还让结构或类的阅读者,更加快速界定不同成员函数在修改成员数据上的权限。

7.5 引 用

【轻松一刻】:图说引用符号"&"

引用定义和取址操作使用同样的符号,都是一条打结的绳子,好像要绑住什么……

之前学习过使用 typedef 或 using 为类型取别名。数据也可以有别名,假设有 int 类型的变量 a:

```
int a(1024);
```

可以为 a 取一个别名:

```
int& b(a); //或: int& b = a;
```

注意:b 的类型一眼看是"int &",称为"整型引用"。现在 b 和 a 都对应到同一块内存,值为 1024。这就是前面提到但未细说的第三种朋友。看到 a 占用一块内存,b 二话不说掏出一条打结的绳子(如图 7 - 11 所示),将自己也绑定到那块内存。简单地说,a 和 b 名字不一,但对应着同一块内存。如果进行以下计算:

图 7 - 11 引用定义
符号

```
a = b * 2;
++b;
```

结果 a 和 b 共同绑定的内存值为 2048。如果不信,可以将二者的值、地址、尺寸都打印出来:

```
cout
<< "value of a : " << a << "\r\n"
<< "address of a : " << &a << "\r\n"
<< "size of a : " << sizeof(a) << endl;
cout
<< "value of b : " << b << "\r\n"
<< "address of b : " << &b << "\r\n"
<< "size of b : " << sizeof(b) << endl;
```

值、地址、尺寸全一样,二者的类型是否一样呢?这个需要思考一下,因为从代码上看,a 的类型是"int",而 b 的类型是"int&",先加这一行:

```
#include <typeinfo>
```

然后我们把二者在程序内部的类型名称也打印出来:

```
cout
    << "typename of a : " << typeid(a).name() << "\r\n"
    << "typename of b : " << typeid(b).name() << endl;
```

结果表明连类型也是一致的。从马后炮的角度看,其实也没什么好思考的,因为前面已经说了,引用和被引用的变量,就是同一个实体的两个名字而已。所以,当我们谈到某某是一个 T 类型的引用时,我们只是在描述它必须依存于某个 T 类数据的事实,在实际代码中它的多数行为表现就是一个 T 类型。如果非要区分原对象和引用对象,倒也是可以找到两个要点的:

(1)凡事讲个先来后到,a 既然是先来的,我们称它为本体;b 是后来的,我们称它为附体。本体只有一个,如果 c 又绑定了 b,效果上等同于 c 绑定 a,a 仍为本体,b、c 同为附体:

```
int a(1024);
int& b(a);
int& c(b); //等同"int& c(a);"
```

换句话说,不存在"引用的引用";或者也可以认为存在"引用的引用",但不管多少层级的引用,最终效果等效于普通的一级引用。总之,苹果手机只有一部,但一家

人都可以用。请将以下代码,和前一段的代码做一个对比:

```
int a(1024);
int& b1(a);
int b2(b1);
int& c(b2);
```

b1 是 a 的附体,但 b2 不是 b1 的引用,b2 复制了 b1。所以 b2 也是实体,c 是 b2 的附体,而不是 a 的附体。请努力记住这个看似简单的例子,为了方便后面的引用,暂且称它为"引用链断开的例子"。

(2)相关数据所占用内存的生命周期由本体控制。附体所在的代码块,只影响附体的名字的可见性,附体退出代码块,并不会引起内存被回收,比如:

```
void foo()
{
    int a(1025);
    {
        int& b (a);
        b = 1026;
        cout << b << endl;
    } //引用(附体)b 在此时退出代码块,但不会引起 a 的内存被收回
    cout << a << endl; //放心继续使用 a,值为 1026
}
```

类或结构体的对象当然也可以有引用类型,正好可以通过它们的构造和析构函数,对上述逻辑做一个更直接的观察:

```
struct Object
{
    Object() {cout << __func__ << endl;}
    ~Object() {cout << __func__ << endl;}
};
void foo()
{
    Object o;
    {
        Object& oo(o); //无声无息来,无声无息去
    }
}
```

请说出以上代码的屏幕输出内容。

7.5.1　定义引用

定义引用时需要同时完成初始化,即一开始就指明实体:

```
int a = 100; //实体 a
int& b (a);   //引用(附体)
int& c = b;  //引用(附体)
int& d {c}; //引用(附体)
```

以下这行则无法通过编译：

```
int& E;   //错误
```

引用一经初始化，就从此与所绑定的主体不离不弃，不变心。C++没有提供改变引用绑定对象的语法。

 【危险】：如何一次性定义多个引用

可以一次定义多个引用，但每个新定义的常量都必须加上"&"：

```
int A;
int& a(A), b(A), c(A);              //定义一个引用,b,c 不是
int& ra(A), &rb(A), &rc(rb);        //定义三个引用
```

类或结构体的成员数据可以是引用类型，但必须在第一时间加以初始化；而初始化的方法同样可以是就地初始化（声明式初始化）、构造过程的成员初始化列表，还可以使用"列表式初始化"。我们先给一个不初始化的错误例子：

```
struct A
{
    int& ra;   //定义引用,但没有初始化
};
```

编译程序，居然没有报错？加上测试代码：

```
int main()
{
    A a;   //为什么在这里报错
    return 0;
}
```

事实上结构体 A 的定义没有问题，因为我们可以使用"简单、直接、竟隐约有一种霸气"的"列表式初始化"：

```
/ * 三、引用成员 的 列表式初始化 */
int ga; //本体,全局变量
struct A
{
    int& ra;   //引用类型的成员
};
void test()
{
    A a = { ga };
}
```

一不小心我们把第三种方法先讲了。接下来讲类成员的声明式初始化如何用在引用成员之上：

```
/ * 一、引用成员 的 声明式初始化 */
int ga; //本体,全局变量
```

```
struct A
{
    int& ra (ga);   //引用类型的成员,就地初始化
};
```

最后是采用成员初始化列表:

```
/ * 一、引用成员 的 声明式初始化 * /
int ga; //本体,全局变量
struct A
{
    A(int& a)      //注意点:入参
        : ra(a)    //成员初始化列表
    {}
    int& ra;        //引用类型的成员
};
void test()
{
    A a (ga);
}
```

注意点在构造函数的入参(名为"a")时,必须明确声明为引用类型。否则,当"test()"函数执行,入参 a 复制(而非引用)全局变量 ga,结果成员 ra 引用的实体是 a,而不是 ga(请回忆"绑定链断开的例子")。ga 是全局变量,生命周期很长。a 的函数入参,构造函数结束时,它就是消失了! 想一想 ra 现在状态是不是很恐怖:它绑定在(引用到)一个已经死去的数据身上……

7.5.2 常量引用

引用可以加上"常量"限定,哪怕本体不是常量:

```
int i = 2258;        //一个变量
int const& ri = i;   //一个常量引用
```

作为常量引用,我们再也不能通过 ri 修改到实体,但以上行为对实体 i 毫无影响,i 还是可变的量:

```
ri = 0;  //出错,ri 是常量引用
i = 0;   //可以,不受引用任何影响
cout << ri;   //输出 0,因为 ri 仍然要体现实体的变化
```

如果本体是常量,那引用就只能是常量:

```
int const ci = 2259;
int const& rci(ci);
int& ri = ci; //出错
```

常量引用甚至可以绑定到字面量,这再次证明,字面量是有地址的:

```
int const& cr = 2317;
```

7.5.3 引用传递

函数的入参如果声明为引用类型,那么调用时,入参就是源头传入数据的一个"附体"。对入参的修改,就会直接作用于调用时的本体:

```
void foo_r(int& i)
{
    i = 10;
}
```

然后这样测试:

```
void test()
{
    int a = 0;
    foo_r(a);
    cout << a << endl; // 10;
}
```

以上测试过程中在调用"foo_r()"函数时,源头数据 a(称为实参),和"foo_r"函数的入参 i(称为形参)之间的转换过程,以及函数指针对 i 执行的操作,我们用一段伪代码来说明其编译效果:

```
    int a = 0;
    ♯ 开始进入 foo_r();
004 int& i = a; //引用
    i = 10;
    ♯ 结束 foo_r()
    cout << a << endl;
```

如果"foo_r"的入参 i 不是引用,而是普通的 int 。那么模拟编译结果中,004 行换成如下代码即可:

```
004 int i = a;  //复制
```

结果是"foo_r"中对 i 的操作,完全不影响外部的 a 变量。请将"foo_r"的入参改为非引用版本,测试与引用版本之间的区别。

重新解读之前用于演示引用成员如何通过构造函数初始化的结构体 A 的定义:

```
struct A
{
    A(int& a)      //注意点:入参
        : ra(a)    //成员初始化列表
    {}
    int& ra;       //引用类型的成员
};
```

形参 a 将引用构造时的实参,接着 ra 通过绑定 a,从而绑定到实参。再往前找到

Point 结构的拷贝构造函数：

```
//定制拷贝构造过程
Point( Point const& other )
    : x(other.y), y(other.x)
{}
```

形参 other 是一个 Point 类型的常量引用(const & other)。这里使用引用传递入参，首先是为了避免形成"无穷递归"。拷贝构造函数用于定制当前类型复制同类对象的规则，在定义这个规则的过程中，不能又依赖于该类型的复制行为。过程模拟如下：请先写一个拷贝构造函数，用于定义"如何复制 Point 类型的数据"。第一步，我们需要先复制一个 Point 类型的数据，那么怎样复制一个 Point 类型的数据呢？下面来写一个拷贝构造函数，用于定义……如图 7-12 中的②号路线所示。

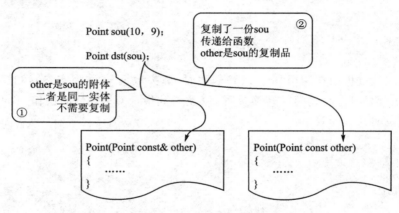

图 7-12　拷贝构造时，必须使用引用传递入参

还好 C++编译器不会放任这样愚蠢的事情发生。接着，为什么拷贝构造的入参是常量引用呢？答：拷贝构造的逻辑是要复制对象，正常逻辑不会去修改那个用来做"标本"的源对象，并且很有可能源对象本来就是一个常量。

引用作为入参传递，还有性能上的好处。由于不需要"复制源对象值"这个动作，所以相比传递非引用的入参，通常速度会更快。当然，如果源对象非常小，比如就一个字节，则复制的时间成本非常低。但实际程序中传递大对象的场景很多，比如这里有一个学生的结构：

```
struct Student
{
    std::string name;
    int grade = 0;
    int class_ = 0;
    int number = 0;
    float score1 = 0, score2 = 0, socre3 = 0;
};
```

394

然后有一个比较两个学生数据的函数,具体如何比较不去想它,当前重点看入参:

```
int CompareStudents(Student s1, Student s2)
{
    ……
}
```

每次调用该函数,都需要复制两次学生成绩,性能低,并且这种付出没有任何意义,所以应该被修改为:

```
int CompareStudents(Student const& s1, Student const& s2)
{
    ……
}
```

在我们之前各章学习的例子中,有不少类似的例子,请花点时间回顾。

往函数内传递数据有不少必须或适合使用引用的场景,在从函数往外传递返回值时,也有用到引用的时候。曾经有 MyPtr 结构体的赋值操作符重载函数:

```
MyPtr& operator = (MyPtr const& other)
{
    * ptr = * other.ptr;
    return * this;
}
```

重载赋值操作符,必须传回当对象自身。所以上述函数的返回值指明需要引用"MyPtr &",如此,使用函数"return * this"时,并不是将自身数据复制一遍传递出去,而只是返回一个当前对象的附体。从函数体内以引用的形式,向外传递数据要很小心翼翼。原因有二:第一,哪怕函数返回值声明为引用,但调用者使用非引用数据获取其返回值,仍然要发生复制行为。第二,因为函数体内定义的栈数据的生命周期在函数返回时就结束了,将它以引用的形式往外传,非常容易发生调用者得到一个绑定在已经"死去"的数据之上的可怕情况。

有关引用的传递,更多知识我们将在本篇后续的函数章节中学习。

【小提示】:为变量取"别名"的事

本节一开始就提到,引用是为变量(其实也包括常量)取别名的一种方法,怎么全节结束了也没有展开讲呢? 需要为变量取别名的时候偶尔也有:变量的名字(包括它的限定)确实很长,比如:a_long_long_name_struct. a_long_long_member_name＝1;另一种情况是在特定范围下,需要为某个变量取一个更能体现当前业务逻辑的名称。函数的引用入参,可视为第二种情况。

7.5.4　右值引用

在引用关系中,如果本体挂掉,附体就成为孤魂野鬼。C++中程序中有不少由

编译器主动生成的临时对象,它们很短命,比如:

```
     int a = 100;
     int b = 50;
003  int c = a + b;
```

003 行包括两个操作:一是算出"a＋b";二是将"a＋b"的结果赋值给 c。而在执行第一步时,根据我们的人生经验,计算机通常需要发誓:"我在计算"a＋b"时,将既不修改 a 和 b,也不修改 c。"

【轻松一刻】:谈谈"人生经验"

第一,为什么加法操作不能修改加数? 你向路人要 100 和 50 面值的两张钞票分别放在左右手中,然后双手一合拢,问:"猜猜我手里有多少钱?"路人答:"150 元。"你摊开双手……哇,真的耶! 50 和 100 的都不见了,但手上有一张面值为 150 元的人民币。路人脸绿了。

第二,为什么在计算右值的过程中不能改左值? 你在路边烧烤摊点了 150 根肉串。那 8G 双核的炭炉子每次只能处理 100 串。于是摊主先烤完 100 串放你手上,然后准备再烤 50 串。显然摊主是想执行"先给你 100 串"＋"后给你 50 串"＝"总共给你 150 串"的计算。但他违反了在计算右值(100＋50)的过程中,不能修改左值(你的手)的规矩。而很不巧意外真的发生了:意外一,你拿着 100 串,钱都没付就跑了;意外二,你在等剩下的 50 串时,手中的 100 串掉地上了,这算谁的责任呢? 意外三,你偷吃了一口然后赖摊主;意外四……

先拷 100 串,再拷 50 串,但又要坚持一手交钱一手交货,就不能将肉串提前放在客人的手上,很难吗? 不会,只见摊主掏出一个碟子,临时存放已经烤好的肉串。这也许是当今社会人与人之间信任缺失的现象,但也许不过是摊主的个人做事风格而已,说不定烧烤架一收,他回到家就开始写程序了呢? 古人说得好,"人情练达皆设计,世事看透会编程。"不管是卖烧烤的还是编程序的,都应该懂得,凡事"欲速则不达"。

CPU 计算"a＋b",既不能借用 a 和 b 的内存,也不能借用赋值目标 c 的内存,总得有个临时存储的位置吧! 这位置可能是某块临时内存,也可能是某些个寄存器,为方便描述,称为"_T_"。于是 003 行的计算过程,可以描述为:(a＋b)→_T_→c,用图表达则如图 7-13 所示。

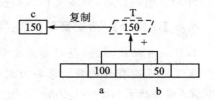

图 7-13 "int c＝a＋b"的计算过程

实际情况要更复杂一些,但通过图 7-13 能看出三个重点:

(1) 计算两数相加需要用到临时存储"_T_";

(2) 临时存储"_T_"很快(后面解释)就会消亡;

（3）在"_T_"消亡之前，CPU 及时地将它的值复制给了右值 c（然后"_T_"消亡）。

有没有办法让 c 和"_T_"合为一体呢？这样不仅节省内存，还少了一次复制。我们想到了"附体"，于是想到了"引用"，可不可以这样写呢：

```
int& c = a + b; //编译不通过,如果通过,c 处境危险
```

不行，因为这样虽然 c 和"_T_是"一体的了，但本体"_T_"很快就会消亡，到时 c 就成了孤魂野鬼。怎么办？C++做了一点让步，允许"常量引用"附体在一个将死的临时对象之上，所以下面代码是可行的：

```
int const& c = a + b;
```

这种情况下，引用 c 的存在将为存储"a＋b"结果的临时变量"_T_"延续生命，一直到 c 结束生命周期。很多书说出这个结论就结束了，但是我们更想知道的是为什么？为什么允许"常量引用"延续临时数据的生命周期，却不允许"非常量引用"有同样的作用呢？另外，这样强行延续一个临时数据的生命周期，感觉有点"逆天"啊！会不会带来什么副作用？

第一个问题：因为无名的临时数据天生是"常量"。以"_T_"来说，它对应到一块无名的存储区域（甚至是寄存器），由于无名（没有变量），对它的一切操作（包括申请、使用、访问、消亡等）都是编译器或程序环境的黑幕操作，平常程序员甚至可以忽略这些无名氏的存在。合法的 C++代码访问不到这些存储区域，自然就修改不了它们。为了不破坏无名的临时变量天生是常量这一"自然逻辑"，所以很长时间以来，C++让步的底线是：允许有名字的常量引用附体到无名的临时数据。

第二个问题：把一个即将死去并且无法被访问的数据的生命周期延长，不会隐藏什么逻辑问题。其副作用也许是编译过程更复杂了，语言规则更复杂了等，但也有重大好处。前面刚提到的"引用传递"，比如有一函数：

```
void foo( int& i)
{
    ...
}
```

入参为非常量引用，所以调用时不能传递表达式：

```
int a = 100, b = 50;
foo(a + b);   //ERROR! "a + b"计算结果天生是常量
```

但如果函数入参是常量引用，比如：

```
void foo_c( int const& i)
{
    ...
}
```

参数 i 现在是常量引用，它可以附体到无名的临时数据，并有效延续对方的生命周期，所以可以这样调用：

```
foo_c(a + b);
```

事情还没完。我们说了半天"引用"和"常量引用"，可是本节标题是"右值引用"。

【轻松一刻】：图说"右值引用"符号"＆＆"

右值引用的符号是两条打结的绳子（如图 7 - 14 所示），好狠！

人心不足蛇吞象。在 C++ 98 标准制定之后的漫长时光里，越来越多的 C++ 程序员想：必要时可以延长无名临时数据的生命周期，并且还能修改无名临时数据。C++ 11 中引入的右值引用，可以做这样的事：

图 7 - 14　右值引用定义符号

```
int a = 100, b = 50;
int&& c = a + b;   // c 是右值引用
cout << c << endl; // 150
c = 99;            //可以修改
cout << c << endl; //99
```

字面上解释，"右值引用"就是专门用于附体到某个右值的引用。什么叫右值，粗浅地说就是赋值操作符"＝"右边的值，比如：

```
a = 10;        //10 此时是右值
c = c1 + 2;    //"c1 + 2"的结果此时是右值
d = foo();     //"foo()"返回的结果此时是右值
```

和本节讲了很久的"_T_"一样，在计算表达式时，在函数调用时，编译器会产生某些无名的临时数据，这些数据也经常是赋值操作中的右值。而右值引用主要就是为这些匆匆产生又匆匆消亡的数据"续命"；更现实和残酷一点，是"夺命"或"鹊巢鸠占"，中性叫法是"转移（move）"。正因为是"夺命"，所以"右值引用"只能用在那些"将死"的右值上，不能用在左值身上，所谓"左值"也不一定就是赋值操作符左边的值，而是指那些独立的，有名有姓的（有变量或常量名），生命周期还挺长的家伙。为什么？因为人家活得好好的，不让"夺"：

```
int abc = 9;
int&& rr1 = abc * 2;  //OK
int&& rr2 = abc;      //ERROR
```

"abc * 2"的计算结果存储于某个无名、临时（短命）的右值上，rr1 成功从该右值上抢到命，而 rr2 却失败了，因为 abc 的生命周期还在（活得好好的），不允许这样被转移到 rr2 身上去。具体编译错误为"error：cannot bind 'int' lvalue to 'int＆＆'"。

归纳一下右值引用的行为与作用：

（1）程序运行时，某些时候会产生一些无名的临时数据，这些数据无法被合法代

码直接访问,并且还将马上被释放;

（2）但是,程序后续若需要用到这些数据,普通的做法是创建一个有名有姓的新变量,分配内存,然后复制临时数据的值。

（3）有了"右值引用",可以指示编译器优化将直接为临时数据命名为目标变量的名字。

对比"int c＝a＋b"的计算,如果改为"int&& c＝a＋b",示意图应如图 7 - 15 所示。

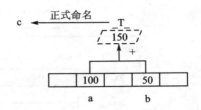

图 7 - 15　int&& c＝a＋b 计算过程

是不是从今天开始,我们写的所有右值需要计算的赋值操作,都要开始用上"&&"呢? 不不! 对于"int&& c＝a＋b"而言,性能其实变得更差了,因为它的临时存储空间其实是寄存器。如果说 CPU 是皇帝,寄存器就是皇帝身边的护卫,谁敢抢它的命? 因此为了实现对其做右值引用,编译器还不得不创建一块真正的临时内存(找个替死鬼)去模拟那个过程。

【重要】:不要刻意使用"右值引用"

各种基础类型的数据,当可以使用"右值引用"来提升性能时,多数情况下编译器都会在优化时自动处理,并且也只能由编译器实施,因为将一块临时数据(前述的"_T_")直接作为新变量的栖身内存,那是只有编译器才能实现的"黑科技"。我们的代码只能提"申请"。

用户自定义数据(struct 或 class 等)可以通过为其提供"转移构造"和"转移赋值"函数以定制其转移行为。请复习 7.3 的"类型基础行为"之"转移行为"小节。标准库中的容器类,多数都被实现为支持转移。当需要转换为右值引用,编译器通常就会这么去做。

转移操作有两类,一类由编译器在幕后针对特定数据实现的转移,那是非常绝的转移,即右值引用直接使用临时对象的内存,是完完全全的鸠占鹊巢;另一类由程序员为自定义类型提供定制的转移行为。如之前 7.3 节的"转移行为"所提,此类型通常含有一个指针成员,运行时指向某块内存,需要时只转移这块内存的所有权。以"转移行为"小节的 MyPtr 为例,全部转移行为都围绕其"int * ptr"成员开展:

```
struct MyPtr
{
    ...
    int * ptr;
};
```

假设从原对象 src 转移构造出新对象"dst_move",转移前后内存示意对比如

图 7 - 16 所示。

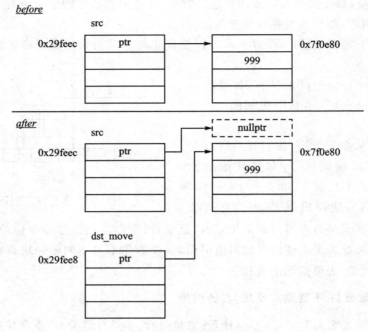

图 7 - 16　自定义对象转移效果示例

　　转移前，src 的 ptr 成员指向"0x7f0e80"的内存；转移后，"dst_move"的同名成员指向这块内存，而"src.ptr"为空指向。不过，"dst_move"和 src 仍然拥有各自独立的内存地址。鹊巢没有鸠占，但巢里几个写着"鹊"的蛋，如今已涂改成"鸠"了。

　　假设 MyPtr 有非指针的成员数据，那么转移构造中，也要夹杂着复制的工作，比如：

```
struct MyPtr
{
    ...
    //转移构造
    MyPtr(MyPtr&& other)
        : ptr(other.ptr), value(other.value)
    {
        cout << "move construct" << endl;
        other.ptr = nullptr;
    }
    int * ptr;
    int value;
};
```

　　除了表达式的计算，函数在传递参数和返回结果时，也会产生昙花一现的短命右值，这部分留到"函数"章节讲解。

7.6 指 针

传说中可怕的指针,终于来了……

7.6.1 定义指针

定义一个指针:

```
int * pi; //一个指向整数的指针
```

在类型名之后加一个星号"*",pi 就是一个"int 类型的指针"。引用是"&"一条绳子,那"*"代表什么呢?

😊 **【轻松一刻】:图说"指针"符号"*"**

请看,我珍藏多年的一张"六箭聚首"图,如图 7-17 所示。请看图中心有什么?"雪花"? 不对,那正是星号。所以"&"代表绳子,而"*"代表箭。

还记得引用定义时需要及时初始化所绑定的对象,但指针却可以不作初始化,如上面的例子代码。同一行定义多个指针变量,需要在每个变量前都加"*"。请比较以下两行代码:

图 7-17 "*"可以由六个箭头组成

```
int * pi, * pj, * pk;   //定义三个指针
int * p1, p2, p3;       //定义一个指针、两个整数
```

7.6.2 初始化指针

基础篇中说过,指针是装着地址的变量。所以初始化指针就要赋一个地址给它。我们知道内存地址使用整数表示(只不过经常用十六进制而已),能不能直接将一个整数值作为指针的初值呢?

```
int * p = 0x2345FE;  //ERROR
```

我们的意思是:P 同学,你就指向地址为 0x2345FE 的那块内存吧。结果语言标准、编译器、操作系统、甚至还有 CPU 等全部跑出来围观:"哇,抓到一只有胆直接操控裸地址的 C/C++程序员!"

(1) 初始化为空指针

可以初始化一个指针为"哪里也不指向",即裸指针:

```
int * p1 = nullptr;
char * p2 = nullptr;
Object * p3 = nullptr;
```

（2）指向新申请的内存

也可以通过 new 操作符，从堆中申请一块将用于存放指定类型数据的新内存：

```
int * p1 = new int;
```

如果需要，顺带把堆内存的数据也初始化：

```
double * p2 = new double(99.9);
char * p3 (new char {'Y'} );
bool * p4 {new bool {false} };
```

如果使用"new[]"操作符，可以从堆中申请指定一个同一类型数据的连续内存（堆数组）：

```
bool * p5 = new bool[2];
int p6 = new int[5];
```

在"[]"中指定所要申请的数据个数，注意格式是："new 类型[个数]"。

可以使用"列表式初始化"语法对堆数组初始化：

```
bool * p7 = new bool[2] {true, false};
int p8 = new int[5] {45, 60, 75, 85, 100};
```

如果列表中的数据就是堆数组将来的容量，则"[]"也可以不指定个数：

```
char p9 = new char[] {'Y', 'e', 's'};
```

个数可以在运行期才知道：

```
int count(0);
int pN;
cint >> count; //读取用户输入
if (count > = 1 && count < 99999)
{
    pN = new int[count];
}
```

上例中对个数的检查代码表明的连续内存也可能只存放 1 个数据：

```
int n = 1;
double * p = new double[n];
```

（3）指向别的数据的地址

不要因为学习了"引用"就忘了"&"的另一个身份：取址符。通过它可以取得对象的地址，然后可以让新指针指向旧数据（哪怕这个数据在栈中）：

```
int a;
int * pa = &a;
```

感觉和"引用"的初始化有些傻傻分不清楚？其对比如表 7-13 所列。

表 7 - 13　指针与引用初始化对比

指向数据 a	绑定数据 a
int a; int * pa = &a;	int a; int& ra = a;

　　"指针"明确表明自己所存储的数据就是另外一个数据地址,取址符在这里明确表明右值是一个内存地址;而"引用"我们知道它是另一个数据的"附体"甚至"别名"而已。当然也可以将一个现有的指针作为新指针的初始值:

```
int *  pA = new int(10);
int *  pB = pA;   //以一个指针初始化另一个指针
```

　　右值也是一个指针,所存储的值已经是地址,所以当然不需要再借助取址符。
　　初始化为指向一段连续的堆内存:

```
int *  pC = new int[10];   //可存放十个整数的连续内存,使用"new []"操作符
int *  pD = pC;   //pD 和 pC 共同指向这块连续内存
```

　　曾经说过,事实上指针变量只关心自己指向什么类型的内存,所指向的那块内存是不是连续的? 连续几个数据由程序员自己记忆,指针变量不知道,也不管。比如 pD 类型是"int *",表示一个指向整数的指针,从字面上看,并不能看出它指向一个还是十个整数的空间。

7.6.3　取值与成员访问

　　取值操作符为" * "。取值表示从指定地址内存取所存放的值的操作。地址不一定表现为一个指针,但指针所存储的肯定是一个地址。所以可以在一个指针上进行取值操作:

```
int a = 901;
int *  pa = &a;
cout << * pa << endl; //901
 * pa = 902;
cout << a << endl; //902
```

　　取值操作和取址操作正好互逆:

```
int b = 903;
cout << * &b << endl; //903
```

　　" * &b"的计算过程为:先处理"&b",得到 b 的地址,然后使用" * "读取该地址中的值,于是得到 903。
　　指针当然也可能指向一个用户定义的类或结构体。比如我们定义一个包含"他"和"她"的"一对儿"结构:

```
struct Pair   //pair :"一对儿"的意思
{
    std::string he; //他
    std::string she; //她
};
```

然后在堆创建一个新对象：

```
Pair * p = new Pair;
```

现在，p 所指向的内存的值是一个 Pair 的结构体对象，含有 he 和 she 成员数据。同样可以通过" * "取得值：

```
Pair pair_copied = * p; //仍然使用" * "取值
pair_copied.he = "郭靖";
pair_copied.she = "黄蓉";
```

但上面第一行代码，是将 p 所指向的内容复制了一份到"pair_copied"，对后者的修改完全不影响" * p"本身。下面才是修改的 p 所指向的内容：

```
( * p). he = "过儿";
( * p). she = "姑姑";
```

因为取值操作符" * "和成员访问操作符"."相比，优先级、结合率低，所以必须用圆括号来改变计算次序，"(* p)"得到 p 所指向的值（Pair 对象），而后再通过成员访问操作符"."取得 he 或 she。这样写有些累，于是" ->"操作符诞生了，它由一个减号"—"和一个大于号" > "紧密相连组成：

```
p ->he = "梁山伯";
p ->she = "祝英台";
```

7.6.4 释放指针

指向使用 new 分配的、用于存放单一数据的指针，用 delete 释放。指向使用"new []"分配的，用于存放连续元素的内存，则要使用"delete[]"函数。

```
int * pI = new int(10);
...
delete pI;
int * pA = new int[10] {1,2,3,4,5,6,7,8,9,0};
delete [] pA;
```

如果一个指针没有被正确地初始化：既没有指向实际内存，又没有设定为空指针，释放它的结果可能是灾难性的：

```
int * pE; //没有指向真实内存，也不是空指针
delete pE; //可能什么也没有发生，也可能程序挂掉
```

所以我们鼓励尽早初始化指针，如果一开始确实不知道它应该指向哪里（这很常

见），就将它初始化为一个空指针：

```
int * p(nullptr);
...
delete p; //
```

删除空指针完全合法，性能损耗也微乎其微。

同一块被占用的内存只能删除一次，如果多次删除，一样会出各种可怕的错误：

```
int * p1 = new int(0);
int * p2 = p1; //以一个指针初始化另一个指针
delete p1;
delete p2; //可以编译过去，但运行有危险
```

对应的内存示意图如图 7 - 18 所示。

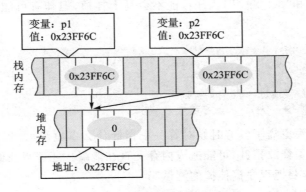

图 7 - 18　相同指向的指针

地址为 0x23FF6C 的堆内存，被重复释放。当前例子中 p1 和 p2 是相继被释放的。想象一下，如果在释放 p1 之后，另一个指针（比如 p3）申请了它，然后代码开始删除 p2，问题就这样埋伏下来了。一块内存被代码中多个指针指着，确实是令程序员头痛的事。能不能在删除之后，立即将指针置为空呢：

```
delete p1;
p1 = nullptr;
delete p2;    //还是错
```

以上第二行只是令 p1 自己指向空指针，p2 还是指向当前已经被释放的那块内存。请自行画出此时的内存示意图。

指针甚至有可能指向一块栈数据的内存：

```
int age(32);
int * pAge = &age;
...
delete pAge; //危险 * 3
```

pAge 和 age 之间的关系如图 7 - 19 所示。

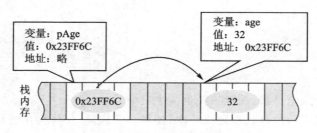

图 7 - 19　指向栈内存的指针

pAge 所指向的是栈内存,而栈内存是自动回收的。所以删除一个指向栈数据的指针,危险! 危险! 危险! 要记住各个指针是不是真的指向堆内存,程序员头更痛了。

错用 delete 和"delete[]",程序可能不会马上挂掉,但却有可能出现各种莫明其妙的问题:

```cpp
int * pI = new int(10);
int * pA = new int[10];
...
delete pA;       //编译通过,但运行期有报应
delete [] pI; //同上
```

是不是觉得头更痛了? 有时候对着一个指针什么事也没做,程序却也异常退出了。因为我们忘了释放指针,可能造成内存一直在泄漏! 还记得我们在《基础篇》中,那个蚕食内存、非要把程序搞挂掉的测试吗?

7.6.5　常量指针

一个指针其实代表两份数据:一个是它指向哪里? 指针本身也是变量,指向哪里的意思就是指针变量本身的值是什么,也就是(32 位编译环境下)指针固定占用的四个字节的内容是什么。另一个是它所指向的数据,这个就可能是各种类型,所占用内存的大小也不一了。

使用 const 修饰一个指针时,首要的当然是搞清楚它修饰的是指针自身,还是指针所指向的数据? 当我们说"小刘改变了他的女友",该如何理解呢? 若指小刘上月的女友是小葛,这个月是小藤,这是改变指针的指向。若小刘的女友本来不爱运动,因为和小刘在一起后变得爱运动了,这是改变了所指向的数据。

将比喻中的逻辑反着思考一下,就是"常量"与指针建立关系时,可能的几种结果,即要么是限制不能改变指向,要么是限制所指向的数据内容不能变,或者是二者都不允许改变。

来猜猜下例中,const 修饰的是指针指向(p 自身),还是指向的数据(a)?

```cpp
int a;
const int * p = &a;
```

406

【课堂作业】：测试 const 限定的目标

请自行写代码，用以测试出以上代码中 const 修饰的是指针指向，还是指向的数据。

答案是 const 修饰的是指向的数据。结合本例，从类型上说，const 修饰的是 int，从数据上说修饰的是 a。当然，此时和常量引用类似，我们只是不能通过"* p"来修改所指向的 a。a 本身仍然是变量。验证代码如下：

```
int a;
const int * p = &a;
int b;
p = &b; //改变指向，可行
* p = 0; //改变所指向的 int 的值？ 不行
```

像" const int * p;"这样写法的 C/C++代码广泛存在，但它真的不容易看出 const 的意图，所以此处我再一次提出建议：请使用"后缀修饰"，即将 const 放在所修饰的类型之后，如图 7-20 所示。

图 7-20 常量修饰

图 7-20 的①中，const 修饰的是 int，所以不能通过指针 pa 来修改它所指向的那个整数值，即不能这样使用该指针：* pa＝N。

图 7-20 的②中，const 修饰的是"int *"（整数指针类型），所以指针本身是常量，不能让该指针改变指向：pa＝&J。

完整对比如表 7-14 所列。

表 7-14　const 位置与对应作用

常见写法	本书推荐写法	解　释
const int * a;	int const * a;	int 是常量
int * const pa1;	int * const pa1;	"int *"是常量（注：二者写法相同）
const int const * pa2;	int const * const pa2;	int 和 int * 都是常量

【小提示】：常量指针还是指针常量

也许是时候解释一下小节题目中的"常量指针"？ 对于中国人这可能是一件有趣的事。现代汉语不仅语法常有缺失，词法也差不多啊。你说，"常量指针"或"常量的指针"，或者"一个常量的指针"，大可理解为"一个指向常量的指针"，也可以理解为"一个是常量的指针"，倒过来叫"指针常量"也差不多。到底是"一个类型是指针的常量"，还是"一个指针所指向的常量"……结论是理解真实语法和语义就好，不要去纠结中文术语了。

7.6.6 指针的指针

指针的指针,就是指"指向指针的指针"。

假设指针 ppa 指向"地址 1"的内存,而后者所存储的内容又是一个地址,称为"地址 2",前往地址 2,找到一个 int 数据。ppa 就是一个指向"指向 int 数据的指针"的指针。不绕口的说法是"ppa 是一个指向 int 指针的指针"。说起来啰嗦,用 C++语言表达很简洁:

```cpp
int** ppa = nullptr;
```

这就定义了一个"指针的指针",类型是"int ＊ ＊",理解方式同样从后往前(从右往左)读:

(1) 最后边是一个"＊",说明是一个指针,它指向什么类型呢? 往前看。

(2) 往前看,又是一个"＊",说明它所指向的数据,也是一个指针,继续往前看。

(3) 再往前看,是 int,说明二级的指针"＊ppa"是指向 int 类型,一级指针"ppa"是指向"int ＊"类型。

同样可以在定义指针的同时为它申请一块堆内存。ppa 指向"int ＊"类型,所以:

```cpp
int ＊ ＊ ppa = new（int ＊）; //可以简化为" = new int ＊;"
```

这就为 ppa 在堆中申请了四个字节用于放置另一个指针,如果希望将这个指针也创建出来,怎么办? 其实也不复杂。若我们要创建一个指向 T 类型数据的指针,并且希望初始化所指向的数据为值 V 时,语法是:

```cpp
T ＊   ptr = new T（V）;
```

当前,T 是"int ＊",而 V 必须使用 new 创建,因此是 new int。以下加粗部分对应 T,斜体部分对应 V:

```cpp
int** ppa = new int ＊（new int）;
```

继续用这个方法,可以最终将所指向的整数也初始化,比如初始化为 119:

```cpp
int** ppa = new int ＊ （new int(119)）;
```

也许适当地结合使用"{}"和"()"可以获得更好的可读性,读者自行尝试吧。

实际编程中,多数情况是倒过来的次序:

```cpp
int ＊ pa = new int(119);
int** ppa = new int ＊ （pa）;
```

二级指针 ppa 的内存示意如图 7－21 所示。

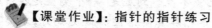【课堂作业】: 指针的指针练习

1. 合上书,在纸上自行画出图 7－21。

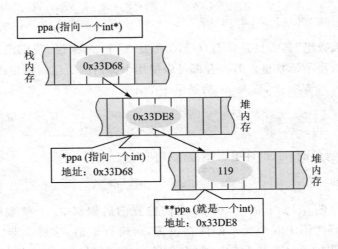

图 7 - 21 二级指针"int** ppa"

2. 写一个控制台项目,测试代码如下所示,并填写代码中两条下划线位置处的代码:

```
int** ppa(nullptr);
ppa = new int * ;
*ppa = new int;
**ppa = 119;
cout << "the pointer point to a pointer: " << ppa << endl;
cout << "the pointer point to a int: " << * ppa << endl;
cout << "the int: " << ** ppa << endl;
delete ____;
delete ____;
```

释放一个多级指针的次序必须和创建过程正好相反,前述作业中的代码答案如下:

```
delete * ppa;
delete ppa;
```

有关 const 与二级指针的结合,请自行研究。至于三级甚至更多级指针,实际编程中用得不多。事实上在现代 C++ 编程中,指针的指针,甚至就是裸指针,都用得不多。

7.7 数 组

还记得"抱团的数据"吗?之前学过一个让指针气哭的说法,数组分为栈数组和堆数组:

```
int arr[100];
int * pa = new int[100];
```

其中的"堆数组"其实只是我们自己的看法,对于 pa 来说,我们已知它的自我身份认知是指针,而不是数组。但二者都可以使用下标访问数组中指定次序的元素,以下示例访问 arr 中第一个,以及 pa 的最后一个元素:

```
arr[0] = 50;
pa[99] = 51;
```

坚守指针身份的 pa,也许更希望被这样使用:

```
* (pa + 99) = 51;
```

指针支持"偏移"。本例中,从 pa 当前位置向后偏移 99 个整数的尺寸(sizeof (int) * 99),到达第 100 个元素的内存位置,再进行取值,这就是非常"指针"的做法。不过有意思的是,C++语法中,数组变量,也对应到一个内存地址,数组偶尔也可以反串装得很像指针,这俩上演的是代码界中的无间道:

```
* (arr + 0) = 52;      //arr 第 1 元素的值修改为 51
* arr = 51;            //同上,因为"+0"等于没加
* (arr + 1) = 53;      //第 2 个元素被修改
```

指针当然也可以指向栈数组:

```
int arr2[10];
int * p2 = arr2; //而非"&arr2"
```

和指向堆数组一样,指向栈数组也不需要使用取址符帮忙,因为在前面刚说过,数组变量直接对应到某个内存地址。

7.7.1 初始化数组

请使用"列表式"初始化数组:

```
int a [5] {1,2,3,4,5};
int * pa = new int[5] {1,2,3,4,5};
```

栈数组可以通过初始化列表数据,自动推导需要定义一个多大的数组:

```
int b[] = {1,2,3}; //sizeof(b) = sizeof(int) * 3
int * c = new int[] {4,5,6}; //编译出错,未指定堆数组大小,卧底身份暴露
```

如上所示,堆数组创建时无法从初始化数据中自动获取元素个数,必须明确指定。此间区别的根本原因,就在于二者在身份上的自我认知不同。

7.7.2 常量数组

常量数组中的元素,一旦初始化就不能再修改:

```
double const prices[3] {125.50, 340.00, 99.99};
```

为了一致性,我们继续将 const 放在类型之后。数组变量虽然也对应到一个内存地址,但数组没有"指向"的概念,因此 const 铁定是用于修饰数组中的元素。

7.7.3　数组间复制数据

不能指望使用"＝"在数组间直接复制数据:

```
int a1[4] {1,2,3,4};
int a2[4] = a1; //错
```

原生数组是 C 的产物,在 C 的眼里,a1 就是一个内存地址。C++中使用标准库 copy 函数实现数组间数据的复制,该函数声明为:

```
std::copy(源开始位置, 源结束位置, 目标开始位置);
```

其中"源结束位置"是指待复制的最后一个数据之后的位置,比如将 a1 中四个元素全部复制到 a2 中,方法为:

```
std::copy(a1 + 0, a1 + 4, a2 + 0);      //a2 + 0 当然可写成 a2
```

7.7.4　数组退化

前面说到所谓的"堆数组"只是我们对"指向连续内存的指针"的一种说法。在《基础篇》中我们学过在运行期让"卧底"暴露身份的一种方法 sizeof:

```
int arr[5];     //栈数组
cout << sizeof(arr) << endl; // 5 * sizeof(int) = 20
int * p = new int[5];
cout << sizeof(p) << endl; //4 字节
```

铁一般的事实——栈数组才是真正的数组,但没有想到,栈数组有时候也会退化:

```
//入参看起像是在要求传入一个数组,并指定元素个数
void foo(int arr[5])
{
    int bytes = sizeof(arr);
    cout << "bytes = " << bytes << endl;
    for (int i = 0; i < 5; ++ i)
        arr[i] += 100;
}
void test()
{
    int a[10] = {1,2,3,4,5,6,7,8,9,0};
    foo(a);
}
```

test 函数中内定义栈数组 a,有 10 个元素。将它传入 foo 函数。foo 要求入参是

元素个数为 5 的 int 数组,但 a 的元素是 10 个,将大数组传入一个小数组,会发生什么呢?进入"foo()"函数,第一行在计算入参 arr 占用字节数,它将是什么呢?是实参 a 的大小(40),还是形参 arr 的大小(20)呢?

形参方:我方认为是 20。因为函数明确要求入参数组的容量必须是 5。这个数目起到一个闸口的作用,虽然实参的容量是 10,但在过滤把关后,只有前 5 个整数进入。否则在参数声明处,指明的数组容量,有什么作用呢?

实参方:应该是 40。我方判断函数声明中的数组元素个数没有意义。在函数实际调用时再决定数组入参的元素个数,可以带来很大的灵活性!

结果双方都错了。函数体中 bytes 得到的大小是 4 字节,一个指针的大小。尽管调用处的 a 是一个如假包换的栈数组,但当需要传入函数时,一进到函数体内,参数的身份就退化为指针了。正如"实参方"所提到的,函数入参写着的元素个数没有作用。可以将它当成是一个暗含的注释,哦不,是可怜的请求:"亲,传这组数据进来时,千万千万要有 5 个哦!"所以另一个写法是这样的:

```cpp
//arr 的元素个数,不得少于 5 个
void foo(int arr[])
{
    int bytes = sizeof(arr);
    cout << "bytes = " << bytes << endl;

    ……
}
```

或者不要卧底,直接写成:

```cpp
//现出原形吧! 一旦作为函数参数,你就是一个指针而已
//对了 arr 所指向的连续整数,个数不得少于 5 个
void foo(int * arr)
{
    ……
}
```

foo 内部对 arr 所指向的连续内存,到底是多大,将一无所知,因此教材上都要求我们——在传递一个数组给函数时,请同时要求调用者指明这个数组的元素个数:

```cpp
//教科书版:
void foo(int * arr, unsigned int size count)
{
    ……
}
```

仍然要指出:这种教科书更适合 C 语言课程使用。现代的 C++ 程序员更多使用标准库 array 或 vector。

7.7.5　字符数组和字符串

字符数组就是元素类型是字符的数组。和其他类型的数组相比,并无特殊之处:

```
int i[3] = {100,200,300};    //整数数组
char c[3] = {'a', 'b', 'c'}; //字符数组
```

针对上述代码,"sizeof(i)"得 12,"sizeof(c)"得 3,一切正常。非要把字符数组单列一节,是因为程序员非常容易将字符数组和字符指针混淆起来。字符指针就是指向一串字符的指针:

```
char * p = "abc";    //字符串指针
```

其中"abc"称为一个字符串。这是抱团的字符数据特有的字面量表达方式,比如整数类型想抱团,以下写法都是错误的:

```
int * error_1 = 123456789; //错
int * error_2 = {1,2,3,4,5,6,7,8,9}; //错
```

字面值"abc"表面上包含 3 个字符,但其实是 4 个,编译器会为它在结尾处添上肉眼看不到的结束字符 '\0',用以表示该字符串在此结束。注意:如果采用数组以存放抱团的字符,编译器就不做这个小动作:

```
char c[3] = {'a', 'b', 'c'}; //字符数组
```

"sizeof(c)"肯定得到 3。如果这样写呢?

```
char * pstr = {'a', 'b', 'c'};
```

此时 pstr 仍然是指针,但它指向的是字符数组,大小明确由初始化的数据个数决定,结束不会被自动加上 '\0'。字符指针还有一个特殊之处,即使用 C++标准库的"流"输出字符指针时,会自动将它视为字符串以打印出它所指向的每一个字符,比如:

```
char * hello = "hello world!";
cout << hello << endl;
```

流对象 cout 将遍历 hello 字符指针所指向的内存,一个一个地将字符打印出来,直到遇见那个自动追加的结束符。你应该猜到我要说什么了,如果 hello 指向的是一个字符数组,事情会怎样?

```
char * hello = {'h', 'e', 'l', 'l', 'o', ' '
              , 'w', 'o', 'r', 'l', 'd', '! '};
cout << hello << endl;
```

结果就是代码中的 hello 因排版太长而不得不换行了? 啊不,结果是可怜的cout 很可能一直找不到那个结束的地方,往屏幕上输出一堆乱七八糟的内容……这

情况一旦和"数组退化"结合，将隐藏得更深：

```cpp
void print_pchar(char * ptr)
{
    cout << ptr << endl;
}

void test()
{
    char s[] = {'A', 'B', 'C'}; //数组
    print_pchar(s);  //可能会完蛋
}
```

这里将 s 定义为数组，将它定义为"char *"，但右值仍然是列表式数据，结果也是一样的危险。

不仅用于打印，涉及到任何需要遍历字符指针指向的每个字符，都存在风险。比如 C 标准库有个函数叫"strlen(char const * s)"，用于求入参字符串的长度（元素个数）。过程也很简单：遍历，每经过一个字符，长度加一，直到遇上结束符。但如果这个所谓的字符串没有结束符会怎样？想想就可怕，理论上你的程序将从某个位置的内存开始，往后一直找下去。运气好点可能正好碰上一个零，差点就会进入非法内存区域而异常退出。结论是，如果你有一个字符数组，如果你又可能需要让一个字符指针指向这个数组，如果你又可能需要通过这个指针，处理每个字符直到碰上结束符，那么还是手工在数据源头加上结束符吧：

```cpp
void test()
{
    char[] s = {'A', 'B', 'C', '\0'};
    print_pchar(s);
}
```

ⓘ 【小提示】：尽量使用字符串字面常量

显然，如果可能，更舒服的方法还是直接在代码中写字符串字面常量，哪怕你要的是一个字符数组，比如上述的 s，可以这样初始化：

```cpp
char[] s = "ABC";
```

"sizeof(s)"将得到 4，因为 s 包含自动添加的结束符。

实际程序中写一个函数用于处理一组字符数据，有时候依赖于这组字符拥有的结束符，有时候又不需要，下面将此类函数的几种常见的声明方式列出作对比，如表 7－15 所列。

有没有感觉到心累？当一个函数带有字符指针入参时，函数作者的想法立马变得比女人的心思还难以揣测……并且我不忍心告诉大家以上所有写法中都还有一种变化：p 是空指针（nullptr）。

表 7 – 15　指针入参的写法与隐含意图

函数的写法	函数作者的暗示
//写法一： void foo1(char * p, int c);	没人保证 p 所指向的内容一定有结束符(尽管它通常会有)，函数所能处理的字符个数应该是 c 个(尽管这也不一定有保证)。 有时候允许 c 为"−1"，这时候 p 肯定以 '\0' 结尾。
//写法二： void foo2(char p[], int c);	p 基本就是不以 '\0' 结尾的字符数组(当然也不一定就没有)。其余类似 foo1。
//写法三： void foo3(char * p);	p 肯定以 '\0' 结尾，如果不是，请带上鞭子找调用者去。
//写法四： void foo4(char p[]);	p 肯定是以 '\0' 结尾，如果没有，那我认为调用者也应该手工加上，啊？ 他居然没有？请带上鞭子找他去。
//写法五： void foo5(char p[N]);	亲，我都写成这个样子了，你总该知道要给我多少字符了吧！ (实际调用者是这样想的:哇,这个不懂 C 语言的项目经理!)

7.7.6　多维数组

以二维 int 型数组为例：

```
int aa1[3][2]; //不主动初始化
```

这是一个二维数据,低维为 2,高维为 3。就像小学生排队,三行两列,报数次序为:一行一列(aa1[0][0])、一行二列(aa1[0][1])、一行三列(aa1[0][2])、二行一列(aa1[1][0])……可以在定义时初始化,同样使用列表式初始化数据：

```
//初始化全部元素
int aa2[3][2] =
{
    {11, 12},
    {21, 22},
    {31, 32}
};
```

请问"aa2[2][0]"的值是多少? 还可以不初始化每一行尾部的一些数据：

```
//尾部元素不初始化
    int aa3[4][5] =
    {
        {1, 2, 3, 4, 5},
        {6, 7 },
        {11, 12, 3}
    };
```

aa3 第一行五个数据全部初始化,但第二和第三行分别留了一些数据没有得到初始化。但请注意:仅允许每一行的"尾部"数据不提供,换句话说,同一行内不能跳过数据。

最高维的数组大小,可以不指定,编译器同样从初始化的数据中推导出:

```
//从初始化的值,判断出它是 3x4
int aa4[][4] =
{
    {1,2,3,4},
    {-1,-2,-3},
    {10,20,30,40}
};
```

下面给出三维数组的定义与初始化例子:

```
int aaa[][2][3] =
{
    {
        {1, 2, 3},
        {4, 5, 6}
    },
    {
        {9, 8, 8},
        {7, 7, 8},
    },
    {
        {10, 9, 8},
        {1, 0, 10},
    },
    {
        {2, 5, 7},
        {3, 2, 5}
    }
};
```

请说出 aaa 最高维的大小是多少。

多维数组通常用于提供预定义的数据,实现"用数据换流程"的目的。比如在一些游戏中,就经常用多维数组表示迷宫的地图,二维数组可以方便地表达一张平面地图。请新建一个控制台项目,命名为"D2ArrayDemo1",然后完成以下代码的录入、编译、运行,你看到了什么?

```
#include iostream>
using namespace std;
int const N = 11;
int const M = 9;
int const what_is_it [N][M] =
{
    {0, 0, 1, 2, 2, 2, 3, 0, 0},
    {0, 0, 4, 3, 0, 1, 4, 0, 0},
    {0, 1, 0, 5, 0, 5, 0, 3, 0},
    {4, 0, 4, 0, 4, 0, 4, 0, 4},
```

```
    {0, 3, 4, 0, 6, 0, 4, 1, 0},
    {0, 0, 4, 3, 2, 1, 4, 0, 0},
    {0, 0, 4, 0, 0, 0, 4, 0, 0},
    {0, 0, 0, 3, 2, 1, 0, 0, 0},
    {0, 0, 0, 4, 0, 4, 0, 0, 0},
    {0, 0, 4, 0, 0, 0, 4, 0, 0},
    {0, 7, 7, 7, 7, 7, 7, 7, 0},
};
char const values [] =
{
    ' ',      //0 (空格)
    '/',      //1
    '-',      //2
    '\\',     //3
    '|',      //4
    '@',      //5
    '~',      //6
    '=',      //7
};
int main()
{
    for (int l = 0; l < N; ++l)
    {
        for (int c = 0; c < M; ++c)
        {
            int index = what_is_it[l][c];
043         cout << values[index];
        }
        cout << endl;
    }
    return 0;
}
```

☺ 【轻松一刻】: 怎么让"它"胖一点

043 行多输出一个空格,这张图就会长胖一些:

```
cout << values[index] << ' ';
```

7.7.7　指针和数组

指针很烦人,数组也挺累人,这两个家伙凑在一起,会有多难对付呢? 其实也不难,重点是先弄清两个概念,"指针数组"和"数组指针"。还记得初中语文学习的"偏正词组"的概念吗?"指针数组"中,"指针"为偏"数组"为正;"数组指针"中,"数组"为偏,"指针"为正。

指针数组

指针数组当然也是一个数组,这个数组的元素,是指针:

417

```
int * intPtrArr[3];
```

intPtrArr 是一个数组,它有 3 个元素,这 3 个元素都是指向整数的指针。下面我们分别为这 3 个指针初始化,即让它们指向三个整数:

```
int a, b;
intPtrArr[0] = &a;
intPtrArr[1] = &b;
intPtrArr[2] = new int;
a = 100;
* intPtrArr[1] = 101;
* intPtrArr[2] = b + 1;
std::cout << intPtrArr[0] << ',' << intPtrArr[1] << ','
    << intPtrArr[2] << std::endl;
delete intPtrArr[2];
```

intPtrArr 如图 7 - 22 所示。

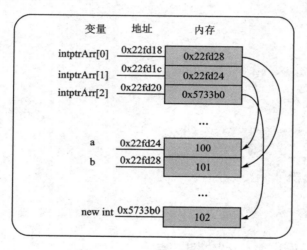

图 7 - 22　指针数组示例图

注:0x 开头的数字在图中表示内存地址,而 100～102 这些十进制数在图中表示普通的数值,箭头表示指向关系。比如变量"intPtrArr[0]"的内存地址是 0x22fd18,而它所存储的数据是 0x22fd28,是变量 b 的地址,至于 b 存储的内容则是 101。

数组指针

数组指针是一个指针,这个指针意义明确地指向一个数组。

比如,我们先有一个普普通通的整数数组,它有三个元素:

```
int ia[3] = {10,20,30};
```

现在,我们想拥有一个指针,指向 ia,也就是说,我们想拥有"一个指向'一个有三个 int 元素的数组'的指针",写法如下:

```
int ( * pia)[3] = &ia;
```

代码第一行定义 pia 是一个指针。关键在于使用括号,让"﹡"字符和变量名优先结合。现在,pia 类型是"int(﹡)[3]"。"int(﹡)[3]"又是一个什么类型呢? 它是一种指针,指向"一个有三个 int 元素的数组"。"int(﹡)[N]"的类型的具体解读过程如下:

(1)"()"有最高优先级,所以首先看到其内的"﹡"字符,结论:这是一个指针;

(2)然后往右看是"[N]",表示有 N 个元素的数组,结论:这是一个指向有 N 个元素数组的指针;

(3)再往左看是 int,最终结论:这是一个指向有 N 个 int 元素数组的指针;

代码让 pia 指向了 ia,此时必须使用"&"对 ia 取址,才有可能和 pia 的类型匹配。此类型推导过程的重要原则是将数组(即碰上"[]")视为指针,比如:

(1) ia 的定义是一个数组"int ia[]",类型可视作一层指针:int ﹡ ;

(2) 而 pia 的类型是"int (﹡)[]",将其中"[]"换为指针,所以相当于"int ﹡ ﹡",即指向指针的指针;

(3) 要将一个"指针"赋值给一个"指针的指针",需要对前者再取址一次。

pia 如图 7 - 23 所示。

一个数组的地址,与它的第一个元素的地址相同,所以图 7 - 23 中 ia 和"ia[0]"的地址相同,但"ia[0]"是一个整数,所以它占用 4 字节的内存(图中仅用一个格子表达),而 ia 数组则占用三个整数合 12 个字节。

pia 是指向一个数组的指针,所以语法上它指向 0x22fd0c～0x22fd18 的一段内存。既然 pia 是一个指向数组的指针,那么使用

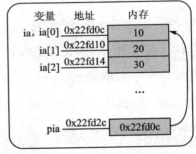

图 7 - 23　数组指针示例图

"﹡"对它进行取值操作(﹡pia),得到的就是所指向的数组,用法如下:

```
cout << ( * pia)[0] << endl; //输出 10
```

由于排在前面的"﹡"与 pia 的结合率高于后面的"[]",所以可简写为:

```
cout << * pia[0] << endl;
```

但仍然推荐写为"(﹡ pia)[i]",以求得更好的可读性。最后,为一个指向数组的指针赋值时,需要保障二者所定义的数组尺寸必须一致,以下代码就编译不过:

```
int ia[4] = {10, 20, 30, 40};
int ( * pia)[3] = &ia; //编译出错
```

出错的原因在于 ia 元素个数为 4,而 pia 定义为指向元素个数为 3 的数组。

想要成为一名 C 程序员,上面这些是入门知识。幸好,身为一个 C++程序员,我

们基本不用把事情搞得如此复杂。

7.7.8 数组类型的别名

假设我们要存储一个不规则四边型的各边长,需要一个 int 数组:

```
int lengthes[4];
```

如果想为“四边长”数据的类型取别名,使用 C++ 11 的 using,非常直观:

```
using QuadSide = int [4];
```

然后这样使用:

```
QuadSide lengthes {50, 60, 50, 60};
```

不过,历史上使用 typedef 定义类型别名的代码还很多,所以特别讲解一下 typedef 用在数组上的一点特殊之处,表示数组及其大小的内容,要放在别名之后:

```
/* 错误: typedef int[4] QuadSideLengthes; */
typedef int QuadSideLengthes[4];// 正确
```

二维数组也如此:

```
typedef unsigned char Grid[5][6];
```

所以,请使用 using,比如二维数组:

```
using Grid = unsigned char[5][6];
```

然后通过别名定义数组变量,以 Grid 为例:

```
Grid g;
g[3][2] = '0';
```

【重要】: 慎用数组类型别名

如例中代码所示,数组类型别名“隐藏”了该数组的容量(甚至看不出是一个数组),容易误用。

7.8 STL 常用类型

int、char、bool、double 等称为“数据分类类型”;指针和数组则可称为“数据结构类型”。二者之间可以产生结合,比如“整数指针”或“字符数组”。其中结构类型又可以嵌套,比如“指针的指针”或“多维数组(相当于数组的数组)”。

“数据分类”彰显数据内在身份的不同,大可认为 char 是小狗、bool 是盆栽、int 是学生、float 是汽车、double 是大妈……但是当各类对象分别到广场排成三行两列,此时它们在“数据结构”上就有了共性。以“学生”和“大妈”为例:

```
int ia[3][2];
double da[3][2];
```

ia 和 da 所包含的元素的"分类类型"不同,但它们的结构却很相同。它们都可以通过下标"[2][1]"快速找到方阵中最后的元素,也都可能因为访问"[3][0]"而造成越界之错。指针也是一种结构,一种将实际数据存储于 A 处,对外公布其地址信息的结构:

```
char * pc = new char('A');
int * pi = new int(65);
```

分别画出 pc、pi 的内存示意图,可以发现二者拥有相似的结构,差别只是堆中内存数据分类类型不同所引起的变化。

【小提示】:"引用"是什么

C++中的"引用"既不是分类也不是结构,仅仅是为方便写代码而提供的便利语法(通常称为"语法糖")。

尽管广义上的"数据类型"包含了"数据分类类型"和"数据结构类型"以及二者的组合,但"数据结构"本身无法构成一种独立的数据类型。比如说"指针"不是一种完整的类型,但"整数指针(int *)"就是一种类型,"字符指针(char *)"也是一种类型。从这个角度上思考,我们可以不将"数据结构"当成一种"类型",而是将它当作一种拥有特定结构的"模型",往里面套入各种"数据分类",就会得到既有不同,又有相同之处的各种数据类型。C++明确提出这一概念,称为"类型模板"。

世界这么大,又这么复杂,当我们编程用于解决这个世界的问题时,光有内置的数据分类和结构,当然不够用。为此 C++建设了 STL(标准模板库),提供解决问题最通用的类型模板及特定数据类型。比如 vector、list、string 等。

【课堂作业】:复习所有使用过的标准库类型

我们使用过的 C++标准库数据类型至少有:string(字符串)、list(列表)、vector(动态数组)、ofstream/ifstream(输出文件流/输入文件流)。请重翻前面的章节,复习以上类型。

下面对本节将学习的 STL 类型进行介绍。

(1) 字符串

"std::string"是标准库用于描述"以单字节字符(char)所组成的字符串"。"std::string"是一个模板类的别名:

```
typedef basic_string < char > string;
```

对应有"宽字符串"的版本,其组成字符是宽字符(wchar_t):

```
typedef basic_string < wchar_t > wstring;
```

421

两个类型都由"basic_string <T>"产生,因此除了字符类型不一样,二者的功能接口非常接近。这正是前面谈到的"模板"概念的一个实例:"basic_string"对应的是一种数据结构,char 和"wchar_t"则是代入的类型。

(2) 容 器

STL 编程中的"容器"和现实中的容器,都是用来存放东西(数据)。现实生活中的容器,可以放各种东西。比如说一个杯子可以装水也可以放沙子,一个篮子可以同时放萝卜和苹果。STL 中的容器多数用于存放同一类型的数据,不能混装。之前我们已经简单接触过 vector 和 list,以后者为例,用于存放整数时,它是"list <int>",用于存放学生数据时,它是"list <Student>"。最能直接体现"模板"概念的也正是容器。基本可以认为容器都是"C <T>"的样子。C 是一种特定数据结构,而 T 是这个数据结构下所存储的元素的数据类型。除 vector 和 list 之外,本节还将新增学习"std::array(标准库数组)"和"std::map(标准库映射类型)"。

(3) 流

"std::cout"和"std::cin"就是 STL 中预定义的两个流对象。前者是输出流,后者是输入流。《感受篇(一)》中还学习了"文件流"类型,包括"std::ofstream(输出文件流)"和"std::ifstream(输入文件流)"。本节将新增学习"std::stringstream(标准库字符串流)"。

"Stream(流)"类型和字符串类型一样区分"char(窄字符)"和"wchar_t(宽字符)"两个版本,我们主要以前者为例。

(4) 智能指针

对内置指针类型进行封装,降低指针在内存管理方面的复杂性。

7.8.1 std::string/wstring

初始化

"std::string"四个常用的构造方式如表 7-16 所列。

表 7-16 "std::string"常用构造函数

构造函数形式	说 明	示例代码
string();	默认构造函数,自动初始化为空串。	string s;
string(const char * cs)	根据给定的 C 风格的字符串,产生内容一样的标准库字符串。	string s("Hello!");
string(string const & other)	拷贝构造函数,新产生的字符串,被初始化为入参字符串的复制品。	string s1("Hello!"); string s2(s1);
string(size_t n, char c);	用于产生一有连续 n 个 c 字符的字符串。暂时的,"size_t"可简单认为是 unsigned int 的别名。	string s3 (5, 'H');

构造示例：

```
string s; //默认构造,产生空串
string s1("Hello!"); //转换构造:来自 C 风格字符串
string s2(s1); //拷贝构造
string s3(5,'H'); //产生 "HHHHH"
string s5 = "Hello!";
string s6 = s1;
```

在堆中创建：

```
string * ps = new string("Hello, world!");
cout << * ps << endl;
delete ps;
```

控制台读写

cin 和 cout 分别用于输入和输出多种类型的数据,包括"std::string"：

```
string s;
cin >> s; //从控制台接受用户输入的一个单词
```

不过 cin 输入字符串时,碰上空格符就当作输入结束,解决方法是标准库的一个自由函数"std::getline"：

```
string name;
getline(cin, name);
```

字符串连接

"std::string"重载了"＋""＋＝"等操作符,支持多个字符串的连接,也支持对单个字符的连接：

```
string s1 = "Hello";
string s2 = "Tom!";
string s3 = s1 + ' ' + s2; //其中的空格是单个字符
cout << s3 << endl; // Hello Tom
s3 += s3;
cout << s3 << endl; //会是什么
```

字符串长度

"size()"或"length()"取得当前字符串长度(包括的字符个数)。"std::string"或"std::wstring"不需要 '\0' 作为结束标志,而是在使用成员数据记录长度：

```
std::string s("Hello world!");
cout << s.size() << endl;
```

宽字符串

宽字符版的字符串类：

```
wstring name;
wcout << L"请输入姓名:";
getline(wcin, name);
wstring hi = L"你好,Tom!";
wcout << hi << endl;
wcout << hi.length() << endl;  //此时每个汉字长度为1
```

7.8.2　std::list

"std::list"称为列表或链表。

存放在 list 中的元素,在内存中分散存储。每个元素节点记住下一个元素节点和上一个元素节点的位置,以此类推形成双向链式结构。这种结构下,要找到第三个元素节点,需要先找到第一个,然后再前往第二个,最后到达第三个,或者逆向从最后一个节点走起。这有点像吃糖葫芦串,我们总是吃完第一个再吃第二个。遍历列表中所有的元素,常被称为"迭代"。

初始化

和原生数组一样,list 支持不定个数的列表式初始化:

```
std::list < char > cl {'A', 'B', 'C', 'D', 'E'};
```

cl 将在创建后就直接拥有 5 个元素。

迭代器

遍历列表需要用到"迭代器(Iterator)"类型。当我们为一个列表指定其元素类型时,该列表的迭代器的类型也就明确下来了。比如,我们指定元素类型为 T,则得到列表类"list <T> ",同时得到用于遍历该列表的迭代器类型为"list <T> ::iterator"。以"list <char> "为例:

```
std::list < char > cl {'A', 'B', 'C', 'D', 'E'};
std::list < char > ::iterator it = cl.begin();
cout << * it << endl; // A
```

"begin()"方法返回该非空列表的第一个元素节点位置,通过" * "操作符可取得该位置节点的值,是不是有些像指针? 将前述表达中的"节点"换成"内存",就是指针的作用了。迭代器可以前进或后退:

```
++ it;
cout << * it << endl; //B
```

"++"操作之后,迭代器 it 前进一个元素节点。下面继续以 cl 为例,通过一个循环将每一个节点的值,都加上 1:

```
for (std::list < char > ::iterator it = cl.begin()
        ; it != cl.end()
```

```
        ; ++it)
{
    * it += 1;
}
```

现在列表中的元素是 'B'、'C'、'D'、'E' 和 'F'。"cl.end()"返回该列表元素的结束位置。结束位置并不是指最后一个元素,而是最后一个元素之后的位置,那里其实已经不归当前列表对象管理了,我们只是将它作为一个比较的位置。

list 是双向链表,所以还有"逆向迭代器",类型为"list < T > ::reverse_iterator"。而"rbegin()"和"rend()"分别返回逆向的开始和结束位置。继续前例:

```
std::list < char > ::reverse_iterator rit = cl.rbegin();
cout << * rit << endl; // F
```

额,有没有觉得迭代器的类名称有些长了? 是时候再请出 auto 啦,以上第一行代码可以写成:

```
auto rit = cl.rbegin();
```

还记得"char const * ptr1"和"char * const ptr2"之间的区分吗? 常量迭代器与前者相似,不允许修改所指向的"元素"。正向和逆向迭代器都有常量版:"const_iterator"和"const_reverse_iterator"。

【课堂作业】: 常量迭代器

请使用常量迭代器,先正向显示 cl 的所有元素,再逆向遍历显示。

advance 和 distance

"advance(iter, step)"可以将迭代器(第 1 个参数)前进 step 步,如果 step 为负数,则后退。

"distance(iter1, iter2)"用于计算迭代器 iter1 到 iter2 的距离是多少。要求二者必须指向同一个容器,并且对于 list,iter2 必须在 iter1 之后或同一位置。例如:

```
list <int> lst {1, 10, 123};
list <int> ::iterator iter = lst.begin();
advance(iter, 2);
//计算 iter 和"begin()"之间的距离
//注意不能对调两个参数的次序,即针对 list 操作,distance 得不出负值
unsigned int len = distance(lst.begin(), iter);
cout << len << endl; // 2
```

插入元素

已经学习过使用"push_back"或"push_front"在列表前后等添加数据,insert 则用于在指定位置插入元素。其中位置使用前述的"迭代器"表达:

```
//在迭代器 pos 指定位置上,插入一个新元素 elem
```

```
//返回插入后,同一位置上的迭代器
iterator& insert(pos, elem);
```

比如有这么一个列表对象:

```
std::list < int > il {1,2,3,4,5,7};
```

处女座表示难以接受。想在 5 之后插入 6,为此,我们需要先前进到 7,因为 insert 操作是往前插而不是往后插:

```
auto iter = lst.begin();
advance(iter, 5); //前进 5 个元素
lst.insert(iter, 6);
```

仅对 insert 操作而言,其效率基本不输于"push_back"或"push_front"。但像本例先通过 advance 前进到插入位置,就会浪费一些性能。

删除元素

list 提供 erase 方法,用于删除指定迭代器所对应的节点:

```
//删除迭代器指定位置的元素,返回删除后,同一位置上的迭代器
iterator & erase (pos);
```

下面删除第二个节点:

```
auto iter = lst.begin();
advance(iter, 1); //前进 1 个元素
lst.erase(iter);
```

7. 8. 3   std::vector

"std::vector"称为矢量或向量。

初始化

vector 支持不定个数的列表式初始化:

```
std::vector < double > dvec {1.1, 2.2, 3.3, 4.4, 5.5};
```

dvec 将在创建后拥有 5 个浮点数。

随机访问

vector 可以随机访问其各个元素,即支持通过下标访问,复杂度为 O(1):

```
vector < double > dv {69.00, 78.5, 100.5};
cout << dv[1] << endl;
```

和原生数组一样,通过"[]"操作符访问 vector 元素也要注意避免越界。在"[]"操作符之外,vector 另有一个"at(index)"方法用于随机访问:

```
cout << dv.at (i) << endl;
```

"at()"访问将检查索引是否在合法范围,若不合法将拒绝执行,并抛出异常(本章后续学习内容)。外部程序若未处理该异常,程序将干脆明了地挂掉。无论是"[]"还是"at()",不仅可以用于读取,也可以用于写入:

```
vector < double > dv;
dv.push_back(90.5);
dv.push_back(100);
cout ≪ dv[0] ≪ "," ≪ dv.at(1) ≪ endl;
double tmp = dv[0];
dv[0] = dv.at(1);
dv.at(1) = tmp;
cout ≪ dv[0] ≪ "," ≪ dv.at(1) ≪ endl;
```

第一次输出:"90.5,100"。第二次输出:"100,90.5"。

迭代访问

vector 也支持使用迭代器访问(对标准 STL 的常规容器来说,这是义不容辞的事)。如果容器为"vector <T>",则其常用迭代器类型有:

（1） vector <int> ::iterator 迭代器(正向,可写);

（2） vector <int> ::const_iterator 常量迭代器(正向,只读);

（3） vector <int> ::reverse_iterator 逆向迭代器 (逆向,可写);

（4） vector <int> ::const_revese_iterator 常量逆向迭代器(逆向,只读)。

下面是正向迭代和逆向迭代 vector 的简单例子:

```
std::vector <int> vi;
//先准备数据
for(int i = 0; i < 100; ++i)
{
    vi.push_back(i);
}


//正向迭代,将每个元素翻倍
std::vector <int> ::iterator it = vi.begin ();
for(; it != vi.end (); ++it)
{
    * it * = 2;
}
//以下标访问方式遍历,并且再次将值翻倍……
for(int i = 0; i < vi.size(); ++i)
{
    vi[i] * = 2;
}
//然后倒着显示每个元素:
std::vector <int> ::const_reverse_iterator rit = vi.crbegin ();
for (; rit != vi.crend (); + + rit)
{
    cout ≪ * rit ≪ endl;
}
```

和 list 的性能对比

本小节将对比 vector 和 list 插入和删除操作的性能。测试性能需要计算时间差。C 标准库提供"clock()"函数，可得到一个程序已经运行了多少 clock。将它除以"CLOCKS_PER_SEC"（一个宏），得到秒（s）。为了提升精确度，可将它先乘以 1000，再除以"CLOCKS_PER_SEC"以得到毫秒（ms）。

"clock()"的返回值为"clock_t"类型，可认为是 unsigned long 的别名。使用"clock()"计时差过程大致如下：

```
clock_t beg = clock(); //取得开始时间
/* 相关操作 */
clock_t end = clock(); //取得结束时间
cout << (end - beg) * 1000 / CLOCKS_PER_SEC << "毫秒" << endl;
```

我们将对 vector 或 list 容器，做一千次的"push_back"操作，再做十万次的 insert 操作，为了避免一直在头部或尾部 insert（相当于调用"push_front"或"push_back"），每 insert 两次，向前移动一个位置：

```
#include <iostream>
#include <list>
#include <vector>
#include <ctime>  //for clock()
using namespace std;
#define PUSH_BACK_COUNT 1000 //push_back 执行次数
#define INSERT_COUNT 100000   //insert 执行次数
void TestList()
{
    clock_t beg = clock();
    list < int > l;
    for (int i = 0; i < PUSH_BACK_COUNT; ++i)
    {
        l.push_back(i);
    }
    list < int > ::iterator it = l.begin();
    for (int i = 0; i < INSERT_COUNT; ++i)
    {
        it = l.insert(it, i);
        if (i % 2 == 1) //当 i 除以 2 的余数为 1,就前进
        {
            ++it;
        }
    }
    clock_t end = clock();
    unsigned int msec = (end - beg) * 1000/CLOCKS_PER_SEC;
    cout << "list 相关操作费时: " << msec << "毫秒" << endl;
}
void TestVector()
{
    clock_t beg = clock();
```

```
    vector <int> v;
    for (int i = 0; i < PUSH_BACK_COUNT; ++i)
    {
        v.push_back(i);
    }
    vector < int >::iterator it = v.begin();
    for (int i = 0; i < INSERT_COUNT; ++i)
    {
        it = v.insert(it, i);
        if (i % 2 == 1)
        {
            ++it;
        }
    }
    clock_t end = clock();
    unsigned int msec = (end - beg) * 1000/CLOCKS_PER_SEC;
    cout << "vector 相关操作费时: " << msec << "毫秒" << endl;
}
int main()
{
    TestList();
    TestVector();
    return 0;
}
```

在我的机器上,"TestVector()"比"TestList()"慢了近 200 倍。

改变大小

"resize(N)"方法,可以直接修改 vector 的元素个数。如果 resize 之后空间变大,则需要自动构造出新的元素加入,如果空间变小,则尾部多出的元素被释放:

```
# include <vector>
# include <iostream>
int item_count = 0;
struct Item
{
    Item()
    {
        ++ item_count;
        cout << "Construct" << "\tcount :" << item_count << endl;
    }
    ~Item()
    {
        -- item_count;
        cout << "Destruct" << "\tcount :" << item_count << endl;
    }
};
int main()
{
```

```
        std::vector <Item> v;
        v.resize(5); //将调用 5 次 Item 的构造
        v.resize(3); //将调用 2 次 Item 的析构
        v.resize(4); //将调用 1 次 Item 的构造
}
```

Item 对象将先构造 5 个,再析构掉 2 个,再构造 1 个,程序退出时再析构 4 个。全局变量"item_count"用于跟踪当前 Item 对象的个数:构造时加 1,析构时减 1。

想想看,如果使用"堆数组"实现"resize()"功能,该怎么做(该有多麻烦)? 使用"std::vector"代替原生堆数组的优点有:

(1) 使用"at()"访问元素时,支持越界检查;

(2) 使用"push_back()"、"insert"或"push_front"来增加元素时,如果内存不够,将自动重新分配更大的内存,并且保持已有元素;

(3) 相比堆数组,支持动态内存的同时,无需手工管理内存;

(4) 支持空数组(元素个数为 0),可使用"empty()"成员判断。

删除元素

"std::vector"也提供"erase()"方法用于删除指定迭代器位置上的元素:

```
auto second = v.begin();
advance(second, 1);
v.erase(second);
```

7.8.4 std::array

基本用法

"std::vector"可以在运行期动态添加、删除元素,甚至调用"resize()"直接调整大小,所以 vector 多数用于替换堆数组。栈数组不能删除元素,其大小必须在编译器就决定,听起来功能很弱,但性能高且确实也有许多需求就是这么简单。"std::array"模板用于模拟栈数组。模板定义为:

```
template < typename T,  std::size_t N >
struct array;
```

简单视为"std::array <T, N>"。T 为元素类型,N 为元素个数。没错,必须在定义类型时就确定元素个数,这正是栈数组的特征:

```
std::array < int, 5 >  ia;
```

以上代码的作用,非常类似于"int ia[5];"。我们甚至可以使用 sizeof 测试 ia 占用的字节数(这是堆数组或 vector 做不到的事):

```
cout << sizeof(ia) << endl; // 20 (4 * 5)
```

不过既然 ia 是一个类对象,所以它也有成员函数,比如"size()"用于得到元素个数：

```
cout << ia.size() << endl; //5
```

使用列表式初始化，下标访问，带越界检查的"at()"成员，该有的 array 都有：

```
std::array < int, 5 > ia {10,11,12,13,14};
cout << ia.at(4) << endl; // 14
ia[3] = ia.at(0);
```

"std::array"模拟静态的栈数组，所以像"push_back"、"insert"、"pop_front"、"e-rase"、"remove"等，不该有的，它都没有。看来，"std::array"就是和栈数组同功能的类型了？还记得栈数组会"退化"吗？"std::array"会不会在作为函数入参时，也叛变成指针呢？

```
using Int5Array = std::array <int, 5 >;
void foo(Int5Array const & arr)
{
    int bytes = sizeof(arr);
    cout << "bytes of arr : " << bytes << endl;
}
void bar()
{
    Int5Array a = {1,2,3,4,5};
    foo(a);
}
```

调用 foo，a 被作为入参传入，为了避免复制，我们使用"常量引用"。屏幕输出表明，bytes 是明确的 20 个字节，而不是退化为指针后的 4 字节，可敬的"std::array"同志经受住了考验！归纳一下，使用"std::array"作为入参向函数传递"组团数据"，至少有如下优点：

（1）函数传递时不退化；

（2）结合"引用""常量"使用，同样保证传递时不需要复制所持元素；

（3）提供"size()"成员，所以如无特殊需求，不需要传递元素个数；

（4）提供"at()"成员，支持越界检查；

（5）支持空数组（元素个数为 0），可使用"empty()"成员判断；

（6）提供完整的迭代器，以对 STL 库的不少算法提供更好的支持。

"老师，有这么好用的 array，前面为什么还要花时间学习什么栈数组啊？"同学们纷纷表示不满！原生栈数组已经哭倒在洗手间："我只是想做个好人。"

与原生数组交互

C 语言标准库中没有 vector，没有 array（也没有 list、甚至也没有真正的字符串类型），所以，原生栈数组和堆数组最后的尊严来自于：和 C 语言保持兼容。如果有一段代码需要和纯 C 写成的代码打交道，比如需要传递栈数组给纯 C 函数，但我们手上现有的是 vector 或 array 对象，怎么办？反过来，从纯 C 代码得到一个原生数组，也有会想将它转化为 vector 或 array 对象的时候。

1. 作为原生数组传递

array 和 vector 的 "data()" 成员，返回对象内部元素存储的内存起始位置。可作为 C 风格函数所需要的指针（或原生数组，反正都会退化）：

```cpp
void print_numbers(int const * pi, int count)
{
    for (int i = 0; i < count; ++i)
    {
        cout << pi[i] << '-'
    }
}
```

可以调用如下：

```cpp
...
std::vector <int> iv {1, 2, 3, 4, 5};
print_numbers(iv.data(), iv.size());
//或
std::array <int, 4> ia {10,11,12,13};
print_numbers(ia.data(), ia.size());
```

 【危险】：不要在外部释放容器所创建的内存

"data()" 有两个版本，一个返回常量版指针，比如上例 "print_numbers" 函数入参所需要的；另一个返回非常量版本，这意味着在函数内部可以透过 "data()" 返回的指针，修改 vector 所含元素的值。但无论如何，函数内部千万别越俎代庖 delete 该指针以释放 vector 或 array 对象所创建的内存！

历史上，vector 曾经没有 "data()" 成员，因此之前的程序员通过对 vector 对象的第 1 个元素（下标为 0）取址，以取得相应内存的起始位置：

```cpp
print_numbers(&iv[0], iv.size());
```

知道这个可帮你读懂旧代码，新写的代码应该使用 "data()"。

2. 从原生数组构造

vector 提供从指定内存起始位置（包含）到结束位置（不包含）的构造方法，所以从原生数组中构造出复制了相同数据的 vector 对象很方便：

```cpp
int arr[4] {100, 101, 102, 103};
std::vector <int> va (arr, arr + 4);
```

"std::array" 没有提供从原生数组构造的方法。

3. 相互复制数据

使用 STL 的 copy 函数，将原生数组的数据复制给 array 对象：

```
int arr[4] {100, 101, 102, 103};
std::array <int, 4> aa;
std::copy(arr + 0, arr + 4, aa.data()); //arr ->aa
```

copy 第三个入参指定目标的开始位置。目标必须事先准备好内存空间,对于 array,内存大小是固定的,因此重点是要保证尺寸足够。对于 vector 则可能需要事先分配内存,比如,源数据同样是 arr,目标改为一个事先已经拥有两个元素的 vector 对象:

```
......
std::vector < int > vv {98, 99}; //一开始只有两个元素
vv.resize(6); //保留原来 2 个元素的基础上,再新增 4 个元素
std::copy(arr, arr + 4, vv.data() + 2);
```

7.8.5　std::map

基本概念

map 这里不翻译成"地图",而是指一种数据结构,可称为"映射表"或者"字典"。生活中有许多数据存在"对应"关系,比如:

(1) 身份证号→户籍信息;

(2) 商品编号→商品的价格;

(3) ISBN→书的出版信息;

(4) 部门名称→部门经理姓名。

以上箭头左边的内容,称为"键(key)"(也可以称为"索引")。对应待查出的数据,称为"值(Value)"。二者组合称为"键值对",是"std::map"所存储的元素,并且会使用"键"进行排序。这就有点像生活中的字典,比如按拼音次序列出所有汉字。根据 KEY 有序地存储数据,可以方便根据 key 快速找到数据。比如你家有 100 本书,如果你一股脑乱塞入书架,然后想找出《白话 C++》在哪里,是不是有困难? 正确的做法是可以按书名、拼音、笔划排序,最差你也可以按字数嘛。

map 的定义在"<map>"头文件中。使用 map 容器,需要为它指定两个类型:

```
map <K, V>
```

K 是键的类型,V 是值的类型。以身份证为 key,姓名为 value,刚好二者的类型都是"std::string",那么一个方便通过身份证找到姓名的映射表,长这样:

```
std::map <string, string> m1;
```

要往 map 容器里插入数据,简单的方法如下:

```
m1["35062719800712XXX1"] = "丁小聪";
m1["35062719830520XXX3"] = "丁小明";
```

示例代码体现了 map 的三个特殊之处:

（1）map 中的元素必须维持有序存储。新数据加入后，必须仍然维持队伍的次序。比如现有数据是（从小排到大）：1、5、6、10、11。新数据是 7，那么就必须在 6 与 10 之间插入。也因此，map 类没有"push_back()"或"push_front()"的方法。

【小提示】：成为 map 的"键"有什么条件

通过第一点特殊之处，可以推导出，想成为 map 的"键"，其类型必须支持排序（使用"<"比较大小），比如 int、double 等数值类型可以比较大小，例中使用的"std∷string"则支持逐个字符比较的排序规则。

（2）支持通过"[]"操作符，对所存储的元素做类似原生数组、array、vector 的"随机访问"。但中括号内的下标不一定是整数，而是 key 的类型，本例是字符串。

（3）通过"[]"操作符和赋值操作，可以直接添加指定键值的元素。上面两行代码分别为 m1 添加了两个新元素，一个是"……XXX1"的"丁小聪"，一个是"……XXX3"的"丁小明"。原生数组、vector、array 哪有这种功能呀？

【课堂作业】：使用"[]"为 map 对象添加元素

请为上述例子建立实际项目，并在 m1 对象中加入证件为"35062719930707XXX6"的"丁小妹"对象。

最诡异的是，看起来只是在读取元素的操作，也会造成插入元素的结果：

```
cout << m1["35062719800712XXX1"] << endl; //丁小聪
cout << m1["35062719830520XXX3"] << endl; //丁小明
cout << m1["35062719930707XXX6"] << endl; //丁小妹
```

以上输出三个已加入 m1 的元素（小妹是在作业里加入）的代码，表现正常；接下来输出一个之前没有加入 m1 的元素：

```
cout << m1["35053019491001XXX7"] << endl; //哪位爷爷
```

执行该行代码至少发生两件事：一是屏幕上输出空白串（说白了就是什么也没有输出）；二是 m1 中"偷偷"地多出一个键为"35053019491001XXX7"，值为空串的元素。事实上第二件事情在第一件事之前发生。

结论：以"[键]"的方式访问一个 map 对象中的元素，如果该元素不在 map 中，则 map 将自加添加该对象。简单地讲就是"找不到就添加"。以此认识、重新解读两行代码，如表 7-17 所列。

至于为什么姓名默认是空串，这是因为"std∷string"默认构造的内容就是空字符串。

【小提示】：成为 map 的"值"有什么条件？

想成为"std∷map"的值，其类型必须提供"默认构造函数"，即不带入参的构造函数。另外，想成为任何 STL 容器的值对象，还需要支持拷贝构造。

表 7 - 17　与众不同的 map 读操作

代码	解读
m1["35062719800712XXX1"] = "丁小聪";	先查找 m1 中当前是否有身份证为"……XXX1"的姓名。 如果有,则修改其姓名为"丁小聪";如果没有,插入身份证为"…… XXX1",姓名为"丁小聪"的新元素
cout ≪ m1["35053019491001XXX7"] ≪ endl;	先查找 m1 中当前是否有身份证为"……XXX7"的姓名。 如果有,则读出姓名,交给 cout 输出;如果没有,插入身份证为"…… XXX7",姓名为空串的新元素

查找和显式插入

前述提到"std::map"提供的"[ ]"操作,特有的"找不到就添加"的这种行为,有时候真的让人很难理解,简直是"有困难克服困难,没有困难创造困难也要克服困难"嘛!还好,map 提供"find( )"函数,用于查找指定键是否存在。"find( )"的入参肯定是 key 了,但返回的不是 value,而是 map 的迭代器。"map < K,V >"的迭代器类型是"map < K,V > ::iterator",其余三个"reverse_iterator""const_iterator""const_reverse_iterator"也都齐全。

"begin( )"或"cbegin( )"同样返回第一个节点的位置,"end( )"和"cend( )"返回结束位置(最后节点之后的位置)。如果指定 key 找不到,find 函数就返回"end( )",再不会偷偷插入什么默认值。下面示例在 m1 中查找指定身份证号:

```
std::string pid = "35053019491001XXX"; //该身份证还未加入 m1
auto it = m1.find(pid); //查找...
if (it == m1.end())   //返回"end( )"位置,说明没找到
{
    cout ≪ pid ≪ " NO FOUND!" ≪ endl;
}
```

找不到之后有两种常见的操作:一种如上例,知道它不存在 map 中;一种是把没找到的数据加入 map 中。我听到"[ ]"操作符在冷笑。此时确实也可能再使用"[ ]"来插入数据,不过 map 也提供明确的"insert(…)"方法来插入新数据。

map 的元素包含 key 和 value,所以按说 insert 也许应该有两个参数:insert(key, value)。STL 中还有一个类模板叫 pair,可以翻译成"一对儿"。map 的 insert方法的入参类型就是 pair。我们暂时只需要知道有一个函数叫"make_pair(first, second)",它可以快速将 first 和 second 凑成"一对儿"。继续上例中的判断,如果找不到,我们显式调用 insert 加入新元素:

```
...
if (it == m1.end())
{
    //没找到,加入
```

```
    cout << pid << " NO FOUND,INSERT INTO..." << endl;
    m1.insert(std::make_pair(pid, "张天师"));
}
```

感觉绕了一大圈啊？查找、不存在、添加……那为什么不写"m1[pid] = "张天师";"呢？效果差不多啊！关键还是"find()"，是它赋予我们无副作用地查询 map 中是否存在某个 key 的能力。一会儿我们再举个实用点的例子。现在谈谈，如果找到了，该怎么办？

"find(key)"在 map 对象中找到指定元素之后，返回一个有效的迭代器。对该迭代器取值当然也是用"*"操作符，关键是值的类型，它不是"map <key, value >"中的"value"，而仍然是那"一对儿"。pair 是一个结构体模板，大概长这样：

```
template < typename T1, typename T2 >
struct pair
{
    T1 first;    //first:第 1 个,曾经这里写着 he
    T2 second;   //second:第 2 个,曾经这里写着 she
};
```

从 map 中返回元素，first 就是 key，second 就是 value。因此 T1 就是 key 的类型，T2 就是 value 的类型。我们写一段代码查找丁小聪：

```
auto it = m1.find("35062719800712XXX1");
if (it != m1.end()) //FOUND!
{
    cout << "pid = " << it ->first << "\t"
        << "name = " << it ->second << endl;
}
```

应该还记得，"it -> first"相当于"(*it).first"。最后，让我们对例子做些修改，让它更像一个真正有用的程序：

```
...
cout << "请输入您要搜索的人员的身份证:";
std::string pid;
std::getline(cin, pid);
cout << "您输入的身份证是:" << pid << endl;
cout << "正在启动程序……" << endl;
auto it = m1.find(pid); //真正干活的一行
if (it != m1.end())
{
    cout << "找到了(本程序很厉害吧)!" << endl;
    cout << "您查找的人的姓名是:" << it ->second << endl;
    return; //退出
}
//居然没找到! 太没面子了……必须装一下,以下数行代码价值 50 万人民币:
cout << "正在亚洲范围检索……" << endl;
cout << "正在全球范围检索……" << endl;
cout << "正在太阳系范围检索……" << endl;
```

```
cout << "......" << endl;
cout << "抱歉,您购买的程序过于低端,只能在太阳系检索。\n该范围内无法"
"检索到指定身份证! 强烈您再加五毛,升级到银河系版本,再作尝试。"
<< endl;
cout << "您现在是不是想摔电脑! 别急,如果您知道这家伙是谁的话,"
"请不要轻易放弃这样一次为全宇宙生物奉献爱心的机会! \n"
<< endl;
cout << "请输入身份证号为" << pid << "的姓名:";
std::string name;
std::getline(cin, name);
m1.insert(std::make_pair(pid, name));
cout << "感谢您使用程序! 当前程序库已经拥有" << m1.size()
<< "个数据!" << endl;
cout << "bye~" << endl;
....
```

实际代码肯定要复杂一些,比如可能需要判断用户的姓名是否有效等,但不管如何,为师近二十年编写软件最核心、最有价值的全部"真经",都在这一段代码中表露无疑了,是"悟道"还是"误道",就看你的造化了……

7.8.6　std::ofstream

ofstream,全称"output file stream(输出文件流)"。使用时和 cout 类似,只是 cout 输出到屏幕,ofstream 输出到指定的磁盘文件。

创建新文件

打开一个用来输出数据的文件存在两种情况:一种是该文件还不存在;一种是该文件已经存在。前者相当于创建一个全新的文件:

```
ofstream ofs;
ofs.open(".\\abc.txt");
ofs << "Hello world!" << endl;
ofs.close();
```

以上代码执行完毕,在程序当前运行目录下(在 IDE 运行程序,则为工程所在目录),就会创建"abc.txt",现在里面是一句温暖的问候。也可以在定义 ofstream 变量时就打开文件:

```
ofstream ofs("abc.txt");
```

打开现有文件

打开一个现有的文件,我们又有两种选择:一种是希望打开它,并且清空文件原内容;另一种是希望保留原有的内容,准备在现有内容后面追加新数据。前者处理方法和创建新文件一个样。后者需要这样打开(就以前面生成的"abc.txt"文件为例):

```
ofs.open("abc.txt", ofstream::out | ofstream::app);
ofs << "Hi, It's me." << endl;
ofs.close();
```

open 方法中需要设置第二个参数值。以上代码执行完毕后,在"abc.txt"文件中将变成两行内容。

检查文件打开状态

不管是使用 open 方法,还是定义时直接指定文件名,之后一般都需要判断打开操作后是否成功。方法非常简单——直接判断流对象即可:

```
ofstream ofs("abc.txt");
if (!ofs)
{
    cout << "打开 abc.txt 失败,可能是文件已经存在并且被占用。" << endl;
    ...
}
```

输出数据

和 cout 一样,可以直接输出各类内置数据:

```
ofs << "您的存款余额是:" << endl;
ofs << 102 << endl;
string name = "丁小明";
ofs << "您的姓名 :" << name << endl;
```

当需要输出多个值,间隔非常重要,比如:

```
int a = 1, b = 2, c = 3;
string g = "go";
cout << a << ' ' << b << ' ' << c << ',' << g << endl;
cout << a << b << c    << g << endl;
```

第一行输出:"1 2 3,go";第二行输出"123go"。endl 总是会输出一个换行,和 cout 确实没有两样,再比如,默认情况下 bool 值输出为 0 或 1,枚举则当成普通整数输出。

关闭文件

close 用于显式关闭一个文件。不过,当 ofstream 对象结束生命周期,也会自动地关闭文件,因此有些程序员懒得调用 close 方法,例如:

```
int main()
{
    ofstream ofs("test.txt");
    ofs << "Hello world!" << endl;
    ofs.close(); //本例中,该行可省略
    return 0;
}
```

【重要】: 及时、主动关闭文件

在流文件如何关闭的事情上,我倾向于明确地调用"close"得以及时关闭。一个

输出文件未关闭之前,它的输出内容可能未被全部真正地写到磁盘中。

7.8.7　std::ifstream

ifstream(input file stream)用于从一个现有的文件中读入数据。

打开输入文件

```
ifstream ifs_1("abc.txt");
ifstream ifs_2;
ifs_2.open("main.cpp", ifstream::in | ifstream::ate);
```

其中"ifs_2"打开一个输入文件,并且直接定位到文件末尾,请注意,此时的模式是"ate",而不是"app"。打开输出文件,定位到最后是为了在文件尾部追加数据,那打开输入文件时,定位到文件最后面是为什么? 这个问题一会儿再答。

检查文件打开状态

相比打开输出文件,打开输入文件发生失败的状况的效率更高,比如最常见的,所指定的文件其实不存在。输出时可以创建新文件,输入可就一定要求必须事先有这个文件。判断方法一致,之前我们举的例子是取反操作(判断是否失败),这次我们直接判断是否成功:

```
ifstream ifs;
ifs.open("abc.txt");
if (ifs)
{
    cout << "打开成功" << endl;
}
```

【小提示】: 怎么判断一个文件是否已经存在

方法很多,这里提供一个通行于 Windows(VC 环境下名为"_access")和 Linux 平台的 C 函数:

```
#include <io.h>
int access(char const * filename, int mode);
```

filename 为文件名。mode 取值与含义如下:

0:判断指定文件是否存在;

1:判断指定文件是否可以被执行;

2:判断指定文件是否可写(有相应权限);

4:判断指定文件是否可读(有相应权限);

返回值:0 表示文件存在,或有相应权限,"－1"表示文件不存在或缺少相应权限。

读取数据

从标准库的输入流读取数据时，默认以空格或换行符作为分隔。因此在输出数据时，必须事先就以空格或换行将内容进行分隔。比如之前输出以空格分隔的"123 56 78"，那么读入时可以非常简单：

```
int a,b,c;
ifs >> a >> b >> c;
```

如果你希望将"123 56 78"这一整行作为一个整体读入，可以使用"std::getline()"函数，和之前我们读取外国人的姓名一样。

判断文件结束

输出文件时，要不要结束由程序决定，读取文件时，必须时时检查该文件是否已经读完了。判断当前文件是否已经在结束位置的方法是调用流的"eof()"成员，返回真则表示文件结束：

```
string line;
while(!ifs.eof()) //当文件没有结束
{
    getline(ifs, line);  //读入一行
    cout << line << endl; //输出到屏幕
}
cout << "the end of file" << endl;
```

eof 的字面意思是：end of file。

定位读取位置

输入文件的定位函数有两种形式：

```
seekg(pos);
seekg(offset, rpos);
```

读文件时可以用 seek 函数在文件中定位。第一种形式中的 pos 是一个绝对位置，文件位置从 0 开始；第二种形式，offset 为偏移量，rpos 有三个可选值：

（1）ios_base::beg：表示从头向后偏移，相当于直接调用"seekg(pos)"，因此 offset 只能为正数；

（2）ios_base::cur：从当前已经读取的位置开始，offset 为正，表示向文件末尾前进；为负，表示向文件后退的偏移量；

（3）ios_base::end：表示从尾部向前偏移，此时 offset 只能为负数。

假设文件内容为："Microsoft Google IBM Oracle"并且以回车换行结束。如果只想读出最后的"Oracle"，一种方法是从头开始，另一种是定位到文件最后，然后通过 seek，退回"6+2"个字节（其中的 2 是回车换行符），最后读出，完整过程如下：

```
ifstream ifs("abc.txt", ifstream::in | ifstream::ate);
```

```
ifs.seekg( - 8, ios_base::end); //8: lenght of "oracle\r\n"
string name;
ifs >> name;
ifs.close();
cout << name << endl;
```

【课堂作业】：完成 seekg 的练习

请写一段代码，通过 ofstream，生成含有前述公司名字的文件，然后结合前述代码，完成 seekg 的练习。

7.8.8　std::stringstream

cin/cout 在控制台上输入输出，ifstream/ofstream 在文件上输入输出，string-stream 在某段内存上输入输出。

stringstream 类同时支持输入和输出，如果只想用作从内存输入内容，请使用 istringstream，如果只想用作向内存输出内容，请使用 ostringstream。说是"向内存输出"或"从内存输入"，具体实现是使用一个"std::string"数据来保存数据，这也是 stringstream 类名字的由来。stringstream 提供了"str()"成员函数，用于得到这个字符串：

```
# include <iostream>
# include <sstream>  //for stringstream
using namespace std;
int main()
{
        stringstream ss;
010     ss << "Hello world!";
012     cout << ss.str() << endl;
        return 0;
}
```

010 行往 ss 流输出一行问候，问候语以 string 的形态保存在内存中。接着 012 行通过"ss.str()"读出这行数据并输出到屏幕：

```
...
014     ss << " three numbers : " << 100 << '' << 100.1 << '' << - 90;
016     cout << ss.str() << endl;
...
```

014 行往 ss 继续输入，内容与格式就更复杂了。016 行的输出内容最终是：

```
Hello world! three numbers : 100 100.1 - 90
```

现在改为从 ss 流中读取内容：

```
...
        string word;
        ss >> word;
```

```
    cout << word << endl;
...
```

word 将是流中的第一个单词:"Hello"。

请续写程序,实现从流 ss 中读出后面的各单词或数字,并输出到屏幕。

7.8.9　智能指针

指向堆内存的指针,很容易忘了释放:

```
int foo()
{
    int * p = new int(9);
    cout << * p << endl;
    return * p;
}
```

【重要】: 但是为什么要用指针

关于这个例子,最重要的问题就是:这里为什么要用指针? 答案是:根本没必要。

哎呀,这个问题好生重要,我们回正文说吧。

依据当前我们所学的知识,使用堆数据有以下几个目的(也可称为作用),如表 7 - 18 所列。

表 7 - 18　使用堆数据的常见目的

使用堆数据的目的	作用说明示例	附加说明
数据需要拥有超出当前代码块的生命周期	多线程时,传递给其他线程	还未学习线程,暂不说明

	在特定时机下初始化全局指针,例如:
	int * p;//全局变量
	void foo()
	{
	　　p=new int(9);
	}
		通常不推荐使用全局数据

	作为全局容器的指针元素,例如:
	list < int * > l; //全局容器
	void foo()
	{
	　　int * p=new int(9);
	　　l. push_back(p);
	}
		同上,并且通常也不太推荐在容器中存储基本类型数据的指针

	需要传递到其他函数,由其他函数删除它	在单线程情况下,这种设计不太好,违背谁创建谁释放的原则

使用堆数据的目的	作用说明示例	附加说明
数据的状态表达,需要有"空"或"无"这个状态	比如让一个人心里默想一个整数,然后还要有一个状态,表示他大脑放空,什么数都没想。光使用 int 无法表达这个状态,如果使用"int * p",可以让 p 为 nullptr 时表示放空状态	指针为空的状态很常见,但通常不会仅仅为了多一个状态表达,而改为使用指针

所要使用的内存很大,必须使用堆内存	通常一个程序可用堆空间,要大于可用栈空间。例如下面这行代码,可能会让程序挂掉:
	    int a [665536];
	改为,使用堆空间则问题不大:
	    int * pa＝new [665536];
		推荐使用标准库容器,如 array、vector、list 等

需要在运行期才能决定所要分配的内存大小	int n; cin ≫ n; int * pa＝new [n];	同上

　　直接给出的结论:使用 C++编程程序,如果没有用"面向对象",则很大程度上不必要也不应该去通过裸指针手工分配堆内存。

　　所以,上面那个可怜的例子,它就是一个例子,然后它还用来演示了一个错误:我们没有释放指针 p 所指向的内存。许多人要为这个例子打抱不平了,因为就这么几行代码,程序员怎么会忘了释放内存呢? 说得也是,但下面这个例子呢?

```
int foo()
{
    int * p = new int(9);
    cout ≪ * p ≪ endl;
    delete p;  //我释放了哦

    return * p;
}
```

　　更可怕的错误啊! 看出来了吗? return 时访问已经被释放的"* p"。或者,这样的例子:

```
int foo()
{
    int * p = new int;
    if (...)
    {
        * p = 10;
        return * p;
    }
    else
    {
        switch(...)
```

```
            {
                case 1 :
                    return 20;
                default :
                    ...
            }
        }
        delete p ;
        return 0;
    }
```

函数中有一堆 return，每个都可以结束函数，但除了最后一个，其他几个函数结束之前，都没有释放 p。

以上这些还算简单的，当加上并行、异常、异步等，这三者都会让程序的流程出现某种跳跃，那时候要是忘记删除，或者多次删除同一个指针，情况简直回到编程的黑暗中世纪，怎么办？最简单的办法就是根本不应该这样使用指针，上面例子中的堆数据，都应该改成栈数据。只是，当以后学习"面向对象"时，许多时候对象必须使用 new 创建，到时要是一不小心忘了释放，又该怎么办？栈数据可以自动释放，但某些对象又必须在堆中创建……有没有办法让一个对象在堆中创建，然后又会自动释放呢？

方法就是在堆中创建一个对象（称为 po），然后在栈中也创建一个对象（称为 Killer），然后把 po 交给 killer 来管理。po 当然可以就是"int *"这样简单的指针，为了更清楚地观察对象的释放，我们让它的类型是下面的定制结构：

```
struct O
{
    ~O()
    {
        cout << "我是被管的对象。我要被释放啦……" << endl;
    }
    void HaHa() { cout << "HaHa" << endl; }
};
```

然后，"O"类型的对象，如何交给另一个类管理呢？

```
struct Killer    //是杀手还是管家
{
    Killer(O * po)
        : po_(po)
    {
    }
    ~Killer()
    {
        cout << "我是管家。我要被释放啦……" << endl;
        delete po_ ; //注意这行！
    }
    O * po_;
};
```

对象释放时,会自动调用析构函数。办法就在这里!定义一个 Killer 的栈变量,栈变量会自动释放,释放时会自动调用其析构函数,我们让析构函数负责删除 po:

```
void foo()
{
    O * po = new O; //创建一个堆对象叫 po
    Killer k(po);   //马上把 po 交给一个 Killer 的栈对象管理
    //照常使用 po 对象
    po ->HaHa();
}
```

看,这个版本的"foo()"函数,创建了名为 po 的堆对象,后面却没有 delete po 的显式代码,但内存也没有泄漏。因为死亡之神 k 是栈对象会自动释放,并会在临死之前,无情地将 po 干掉(突然想起慈禧和光绪帝的悲剧)。

这个方案看起来不错,但其实有一堆问题,重点谈两个:第一,现在的 Killer 管理的是"O *",如果要管理"int *"或其他,就得另写一个管理者专门管理特定类型的指针,岂不累死程序员?答:C++有模板技术,可以只写一份代码,就能管理各种类型指针;第二,万一代码很长,程序员用着指针 po,用着用着,就忘了之前将它托管给某个 Killer 的事,于是程序员很负责任地手工删除它,比如这样:

```
void foo()
{
    O * po = new O; //创建一个堆对象叫 po
    /* 马上把 po 交给一个 Killer 的栈对象管理
       杀手就候在这里,冷冷地等着,后面代码再也没有直接看到他 */
    Killer k(po);
    //使用裸指针 po
    po ->HaHa();
    /* 不断地用着原始的指针 po, 慢慢把杀手给忘了…… */
    delete po; //负责任,但健忘的程序员……
}
```

怎么办?解决办法是:干脆不要 po 这个对象,在构建 Killer 对象时,直接 new 出一个无名对象作为入参:

```
void foo()
{
    Killer k(new O());
    //现在只能通过 k 来使用 po 对象了
    k.po ->HaHa();
}
```

这种情况下,还有程序员刻意在函数结束时写上一行"delete k.po",这家伙他不是负责任,也不是健忘,他是故意来捣乱的吧?

至此还不能满意,因为好好的"po ->HaHa()"不得不写成"k.po ->HaHa()",有没有办法直接写作"k ->HaHa()"呢?在 C++中可以通过为 Killer 重载" ->"这个操作符实现。事实上，C++已经为我们提供了很好的实现，术语上当然不是血腥的"Killer"，而是"smart pointer（智能指针）"，但不管叫什么，一定要记得它是"管理者"，被它管着的，称为"raw pointer（裸指针）"。

根据管理方式，C++的智能指针又分成两种：一种是独占式智能指针。即一个裸指针，在同一个时间点上，只允许有一个管理者。另一种是共享式智能指针，允许一个裸指针被多个智能指针同时管理。

标准库智能指针包含在"<memory>"头文件中。

std::unique_ptr

名字透露了身份，"unique_ptr"是"独占式智能指针"。使用它管理前面的 O 类指针：

```
# include <memory>
... /* struct O 的定义 */
void foo()
{
    std::unique_ptr <O> p (new O());
    p ->HaHa(); //最终会调用 O 的"HaHa()"成员函数
}
```

例中 p 是一个智能指针。其中的"<O>"指明它所指向的数据类型是"O"。除了创建方法不太一样，以及不用手工释放之外，智能指针使用上和它所管理的裸指针基本一样。如果健忘而负责任的程序员，用着用着一时忘了 p 是智能指针，写出"delete p"的代码，也不用怕，编译器会纠出这个错误。

例中的裸指针同样没有名字，在调用智能指针对象的构造函数时，直接使用 new 生成。这是推荐的做法，好处在前面说过，但如果确实是手头上已经有了一个裸指针，临时需要交给智能指针来管理，也是支持的：

```
O * po = new O();
std::unique_ptr <O>  p(po);
```

这里有一个细节，即构建"unique_ptr"对象时，只能采用"构造式初始化"，不允许采用"赋值式初始化"的语法：

```
std::unique_ptr <O>  p2 = new O(); //编译出错
O * po = new O();
std::unique_ptr <O>  p = po; //同样编译出错
```

这是刻意的设计，不允许将一个裸指针使用"="赋值给智能指针。良好的智能指针就是这样一个纠结的设计：既要让它用起来就像一个裸指针，又要在关键的地方提醒一下你，它不是一个真的指针。智能指针也可以有"空指向"的状态，构建时不传入裸指针即可：

```
std::unique_ptr <O> p; //空指向的智能指针
```

```
if (p == nullptr)  //成立
{
    cout << "p is a nullptr" << endl;
}
if (!p) //也成立
{
    cout << "not p" << endl;
}
```

以上都是让智能指针尽量用起来像裸指针的设计。背后的实现手段还是"重载操作符"。

智能指针当然也可以改变指向，只是同样不能使用"="将裸指针赋值给智能指针，右值必须同样是智能指针：

```
std::unique_ptr <O> p; //空指向的智能指针
...
p = std::unique_ptr <O> (new O); //不能省略为"p = new O"
```

但是这样写显得很冗长，可以改用"unique_ptr"带参版"reset(...)"的方法，用于改变一个"unique_ptr"的指向：

```
O * src1 = new O;
O * src2 = new O;
std::unique_ptr <O> p(src1); //先管理 src1
...
p.reset(src2); //改为管理 src2，改之前，src1 将被释放
```

改变一个"unique_ptr"的指向，如果该智能指针不是空指向，会先释放原来管理的裸指针，再接管新的裸指针。这中间隐藏了一个风险，即新指向和旧指向，必须确保不是同一个对象：

```
      O * o = new O;
      std::unique_ptr <O> p(o); //p管理着 o
003   p = std::unique_ptr <O> (o); //p改变指向，但其实还是指向 o。
```

003 行执行过程是这样的：在改变指向之前，p 要先干掉当前所管理的裸指针，也就是 o。然后再管理新的裸指针，不幸的是，这个所谓的"新"的裸指，仍然是 o，刚刚被干掉的 o。编译器无法帮我们识别这样的问题。

正好可以开始说说"unique_ptr"的独占性：一个裸指针不能由多个"std::unique_ptr"管理，但编译器同样挡不住程序员刻意将一个裸指针交给多个"unique_ptr"管理。也就是说，如果裸指针是程序员女儿的话，那么编译器无法阻挡你干出"一女多嫁"的事情：

```
O * o = new O; //一个裸指针
std::unique_ptr <O> p1(o); //交给 p1 管
std::unique_ptr <O> p2(o);   //又交给 p2 管
```

447

错误将在程序运行时才发生。本例由于 O 结构没有任何成员数据，所以发生这个错误的程序可能不会挂掉，但错误确实发生了，能够从屏幕输出看出 o 被释放两次。"一女多嫁"要由程序员自行规避，那能不能"改嫁"呢？

```
      O * o = new O; //还是一个裸指针
      std::unique_ptr <O> p1(o);  //先交给 p1
003   std::unique_ptr <O> p2 = p1;  //然后由 p1 转交给 p2?
004   //std::unique_ptr <O> p2(p1);    //同上，但使用更正规构造式初始化
```

逻辑上是说得通的，具体做法可以是：p1 让出 o，让给 p2；p1 变成空指向，并且 C++ 中已经被标为"废弃"，但暂时还可使用老版本的智能指针"std::auto_ptr"，就是这么设计的。但事实上 003 行或 004 行，都将编译失败。C++ 11 认为，这样偷偷修改源对象的做法太隐晦了，程序员难以直观地通过阅读代码"想起"这过程中源对象（例中的 p1）变成空指向了。

如果确实需要转移管理权，有两种方法。一种是明确使用 C++ 11 提供的转移函数：

```
std::unique_ptr <O> p2 = std::move(p1); //OK
//也可以 std::unique_ptr <O> p2(std::move(p1)); //OK
```

包装一层"std::move"的调用，以明确提示阅读者，p1 的内容被"转移（move）"了。这就是"std::unique_ptr"作为"独占式"智能指针的最经典表现，即：不能将独占式智能指针 A，赋值给独占式智能指针 B，只能做转移。源方失去对裸指针的管理权，目标方获得。一失一得，裸指针的管理权仍然只属一方。

实现转移管理权的另一种做法，是通过"std::unique_ptr"提供的"release()"方法。该方法可让一个智能指针"放手"它所"爱过"的裸指针：

```
std::unique_ptr <O> p(new O());
O * o = p.release();   //"吐出"所管理的裸指针
```

p 吐出管理对象之后，自然变成空指向，而程序员手上拿着一个裸指针，又得考虑何时 delete 这个 o 对象。或者，干脆把它交给另一个智能指针管理吧，这是一个"迂回"的转移过程。如果需临时得到裸指针，但又不希望智能指针撒手不管，可以使用"std::unique_ptr"的"get()"方法：

```
std::unique_ptr <O> p(new O());
O * o = p.get();
```

请写代码对比调用"get()"或"release()"之后，智能指针的状态区别。

如果想让一个"unique_ptr"变为空指向，倒是可以直接为它赋值 nullptr，尽管前面我们刚说过不允许为"unique_ptr"赋值裸指针（而理论上 nullptr 是裸指针），这算是一个特例：

```
std::unique_ptr <O> p(new O());
```

```
...
p = nullptr;
```

或者也可以使用"std::unique_ptr"的无入参版本的"reset()"方法：

```
p.reset(); //让 p 变为空指向
```

【课堂作业】：使用"unique_ptr"

（1）请使用"std::unique_ptr"，改写"智能指针"章节开始的"foo()"函数；

（2）针对某个"std::unique_ptr"对象（假设名字为 p），可以写"delete p.get()"吗？将发生什么问题？问题发生的时期是编译器还是运行期？

std::shared_ptr

同样人如其名，"shared_ptr"是"共享式智能指针"。即多个"shared_ptr"之间可以管理同一个裸指针。于是：

```
O * o = new O; //一个裸指针
std::shared_ptr <O> p1(o);   //交给 p1 管
std::shared_ptr <O> p2(o);   //又交给 p2 管
```

也许出乎你的意料，以上代码仍然是可以通过编译但运行期将出错。"一女二嫁"永远是错误的，并且永远是编译器所不能检测的。对比"unique_ptr"和"shared_ptr"，前者（独占式）认为女子可以改嫁，但应保持一夫一妻制；而后者（共享式）比较可怕，居然……抱歉，我无法说出这个比喻，来看实际代码吧：

```
      O * o = new O; //还是一个裸指针
      std::shared_ptr <O> p1(o);   //先交给 p1
003   std::shared_ptr <O> p2 = p1;
```

003 行的结果，是让 p2 和 p1 同指向。严格来讲是管理同一个裸指针。那么问题来了，p2 和 p1 同时管理同一个裸指针，接着 p1 结束生命，自动释放该裸指针，再接着 p2 也结束生命，于是再次释放该裸指针，不就造成一个指针被释放两次的结果吗？不会的。"std::shared_ptr"采用了相当复杂的技术来保证，当存在多个智能指针共同管理某一裸指针，仅当最后一个智能指针结束生命时，才会真正释放所共享的裸指针。就像亮灯的房间里有多个人，仅当最后一个离开时，才会去关灯一样。具体方法称为"计数法"。将共享式智能指针 A 赋值给共享式智能指针 B，B 将与 A 管理同一个裸指针，并且在系统某处记录，当前有两个智能指针在管理某一裸指针，简称"记数为二"。而当 B 或 A 退出（结束生命周期）时，该记数减为一，直到另一个也退出，记数归零，此时才真正释放裸指针。

下面逐步演示"std::shared_ptr"的使用方法与具体功能。首先是初始化：

```
std::shared_ptr <O> p1 (new O());
```

也可以采用"列表式初始化"语法，即花括号：

```
std::shared_ptr <O> p1 { new O() };
```

但是同样不能使用"="将一个裸指针"赋值"给一个智能指针：

```
std::shared_ptr <O> p1 = new O(); //ERROR
```

构造时没有提供裸指针，得到空指向的智能指针：

```
std::shared_ptr <O> p1; //p1 是空指向
```

同样对 nullptr 做了特殊处理，允许直接赋值为 nullptr：

```
p1 = nullptr; //p1 变成空指向，原管理的裸指针被释放
```

或者调用无参版的"reset()"：

```
p1.reset();   //p1 变成空指向，原管理的裸指针被释放
```

和"unique_ptr"一样，同样可以通过带参版"reset(...)"改变指向，代码略。

标准库还提供了"make_shared()"模板函数，用于更加高效地创建"shared_ptr"：

```
    std::shared_ptr <O> p1 = std::make_shared <O> ();
```

如果所要构建的对象需要入参，则通过"make_shared()"函数传递：

```
std::shared_ptr < std::string > ps
           = std::make_shared < std::string > ("Hello!");
cout << * ps << endl;
```

shared_ptr 最终的共享功能，请完成以下作业。

 【课堂作业】：正确令多个"shared_ptr"共享管理同一裸指针

为了实现三个"shared_ptr"可正确地共同管理同一裸指针，请描述左右代码哪边是正确的，为什么？错误的代码会造成什么问题：

方法一	方法二
Object * o = new Object;	std::shared_ptr < Object > p1(new Object);
std::shared_ptr < Object > p1(o);	std::shared_ptr < Object > p2(p1);
std::shared_ptr < Object > p2(o);	std::shared_ptr < Object > p3(p2);
std::shared_ptr < Object > p3(o);	

多个裸指针可以指向同一份数据，因此可以将裸指针划分成"共享式"，只是裸指针无法自动释放。因为同属"共享式"，所以"std::shared_ptr"使用起来更接近裸指针。比如，裸指针和"shared_ptr"都支持加入到容器中管理"unique_ptr"却"做不到"：

```
      unique_ptr < int > p (new int);
002   list < unique_ptr < int >> l;
003   l.push_back(p);
```

　　编译至 002 行仍未出错,但一旦真要将某个独占式智能指针,加入到容器中,就会报错。因为独占式指针对象不允许复制(只允许转移),而容器要存储、管理元素,躲不过复制操作。

　　 【重要】: 杀鸡用什么刀

　　为什么有功能丰富的"shared_ptr",还要有"unique_ptr"呢? 原因在于存在大量无需"共享指向"的指针应用场景。很多时候功能越丰富,越容易在使用上出错。裸指针本身就是个案例。相比裸指针,"unique_ptr"往"简化、易用"的方向设计。另一方面,为了可以共享指向,"shared_ptr"需要付出性能代价。程序员必须习惯于做预分析,能使用"unique_ptr"解决问题就使用"unique_ptr",莫因图强大和适用面广而上来就用"shared_ptr"。古人说"杀鸡焉用牛刀",听起来好像牛刀很牛似的,但用牛刀杀鸡并不顺手,用瑞士军刀也不顺手。

7.9　生存期、作用域、可见性、访问限定

7.9.1　基本概念

　　《感受(一)》的"Hello world 生死版",我们接触了下面这段代码:

```
int main()
{
    {
        Object o1;
    }
    Object o2;
    return 0;
}
```

　　"君生我未生,我生君已逝。"这是 o2 对 o1 说的话。运行期间,数据从"占用内存"到"归还内存"的过程,就是它的生存期。不应当在一个数据的生存期之外访问它,这简直近乎于"两点之间直线最短"的公理。栈数据天生遵循这条公理,比如上例中,如果试图在 o1 的生存期之外访问它,编译器会直接报错:

```
int main()
{
    {
        Object o1;
    }
```

```
    o1；  //什么也不做,我只是想轻轻地呼唤一次你的名字
    Object o2;
    o2；//什么也不做,我只是想轻轻地呼唤一次你的名字
    return 0；
}
```

对 o2 的呼唤,将得到不懂感情的编译器警告:"一行合法但没用的代码!"对 o1 的呼唤则直接被拒绝了,因为 o1 已经出了它的"作用域"了,这里没有人知道 o1 是谁。"作用域"的概念就是,不管数据生或死,反正在某个代码块里,某个数据不起作用,甚至可以重新定义一个同名的数据对象:

```
......
    {
        Object o1；
    }
    Object o1；//行
    Object o2;
    Object o2；//不行
    {
        Object o2；//行
    }
......
```

栈数据的生存周期和作用域基本一致。堆数据就比较烦人了,指针本身和它所指向的数据,有不同的生命周期。下面是指针生存期大于所指向的数据的例子:

```
.....
    Object * p(nullptr)；
    {
        Object o1；
        p = &o1；
    }
    p；//访问 p
    * p；//访问 p 所指向的内容……问题严重
.....
```

以上代码可以通过编译器的检查,但运行时有严重的问题。因为" * p"的内容就是 o1,而后者已经结束生存期了。

指针如果指向堆内存,则可能出现生存期长于作用域的情况:

```
.....
{
    Object * p = new Object；
}
delete p；//出错
.....
```

出错行,p 已经不在可见的作用域,因此不可访问(不管是指针自身还是所指向的内容),但它所指向的内存还"活"着,一个不可以访问的存在,仿若"幽灵",因为你

也无法主动回收这一块内存。没错,这是内存泄漏。

　　以上仅是涉及 C++中数据对象的生存期和作用域的小例子。事实上 C++的类、数据、函数等什么时候可以访问,什么时候虽然不可以访问,但它却仍然有很强的"存在感"等问题,非常复杂,细分起来,相关术语就应该有:"生存期""可见性""作用域"和"可访问性"等,复杂到不需要初学者掌握的程度。哈,这也是 C++的设计哲学之一,即如果一个知识点非常复杂,那应当允许学习者先将它搁起来。

　　本节后续内容的知识点,却都是你当下就必须掌握的。

 【课堂作业】:复习 enum 的作用域

　　请复习"强类型枚举"和"弱类型枚举"的区别。

7.9.2　声　明

　　基本概念中提到栈数据和堆数据在生存期和作用域方面的一些特点,C++中的全局变量在这方面也有特殊之处。全局变量会在程序启动时生效,一直到程序退出前结束,有很长的生存期。因此可以推理出全局变量应该在全局中发挥作用,这确实没错,但前提是需要解决如何在当前代码块中,"看到"所要使用的某个全局变量的问题。比如,假设 I,J 均为全局变量:

```
......
int I = 100;
int J = I + 1;
......
```

　　J 在初始化时需要用到 I。我们建议尽量不要让全局变量形成某个依赖关系,本例中 I 和 J 是在同一源文件(链接单元)内,同一源文件中靠前定义的全局变量,一定会比后面的全局变量先被处理,所以以上代码可以放心,J 初始值一定是 101。但如果 I 和 J 在不同的源文件中被定义,以上做法就有问题了,必须想办法解除 J 的初始化对 I 的依赖,因为此时编译器不保障 I 一定先在 J 之前获得初始化。

　　除此之外,如果 I 和 J 不在同一源文件内定义,还需要解决如何在初始化 J 之前,能够"看到"I 的存在这一问题。为了简化并进一步凸显问题的严重性,我们让 I 和 J 仍然在同一源文件内,但对调二者的出现次序:

```
      ......
002   int J = I + 1;
003   int I = 100;
      ......
```

　　在定义并初始化 J 时,需要用到 I,但此时 I 还没有被定义,这合法吗?如果 I 不是全局数据就肯定不合法,但因为全局数据被笼统地(不关心次序地)认为在程序启动初期完成定义,所以这两行代码几乎是合法的。"几乎合法"意味着现在还不合法,如果编译,会报 002 行存在以下错误:

error: 'I' was not declared in this scope(当前范围内, 'I' 未声明)

怎么解决？在 002 行之前尝试重复加入 I 的定义吗？

```
     ......
001  int I;       //定义 I
002  int J = I + 1;
003  int I = 100;  //定义 I
     ......
```

结果是报同一作用域下的 001 和 003 行，重复定义 I 数据。解决方法就是"declared(声明)"。数据声明和函数声明类似，都只是实体的"名片"，允许重复。在定义数据的语法前，加上 extern 就是纯粹的数据声明：

```
     ......
001  extern int I;     //声明 I 的存在
002  int J = I + 1;
003  int I = 100;
     ......
```

现在代码合乎语法，编译通过。但 J 最终是被初始化为 101 还是 1，真不好说。所以这或许是一个说明关键字 extern 以及"数据声明"的好例子，但绝对不是一个说明全局变量初始化的好例子。

 【重要】：不要试图通过"声明"来解决数据初始化的依赖关系。

以下代码更加变态了：

```
extern int I;
int J = I + 1;
int I = J + 2;
```

没错，以上代码也能通过编译，但是该如何确定 I 和 J 的值呢？

下面给出一个好一点的项目实例，用于演示"数据声明"。新建控制台项目，命名为"VarDefAndDeclare"。"main.cpp"文件内容修改为：

```
//"main.cpp"
#include <iostream>
#include <string>
using namespace std;
//声明两个变量：
extern int age;
extern std::string name;
int main()
{
    cout << "age = " << age << endl;
    cout << "name = " << name << endl;
    return 0;
}
```

"main()"函数中用到 age 和 name 变量,但它们都没有在当前文件中定义,不过已经加了对应的声明。尝试此时编译项目,会报以下错误:

```
main.cpp|13|undefined reference to '_age'
main.cpp|14|undefined reference to '_name'
```

这是链接错误,因为找不到所声明的两个变量"真身"实定义在哪里。接着,通过"新文件向导"为项目新增"a.cpp"源文件,并输入以下代码:

```
#include <string>
int age = 20;
std::string name = "Mary";
```

保存文件、保存项目、重新编译,错误将得到解决。因为链接器从"a.cpp"的编译结果中找到了 age 和 name 的定义。

7.9.3　名字空间

名字作用域

C++中需要"名字"的地方很多,比如变量的名字、类型的名字、函数的名字等。有名字就可能存在重名的状况,比如:

```
#include <iostream>
using namespace std;
class abc    // 1
{
    int abc ;    // 2
};
010   abc a;
011   char const * abc = "ABC";   //3
int main()
{
    cout << abc << endl;
    return 0;
}
```

上述代码可以通过编译,对调 010 和 011 行则编译出错,为什么? 人脑去分析这些区别是件累人的事。因此在代码中应减少无谓的重名,遵循命名约定,比如自定义类型名称使用大写开头等。不过,如果要求整个程序所有名称都不重复,那也是不可能的。为了解决名字问题,C++语言采用相对直观的方法,为名字在上下文中限定不同的"作用域(scope)"。最典型的,比如一对花括号,其范围称作一层"作用域",并可多级嵌套。名字仅在其作用域内有效,内层可见到外层已定义的变量:

```
int main()
{
    int a = 10;
```

```
    {
        int b = a + 12; //a仍然起作用
    }
}
```

如果外层中某个名字在内层中重名了,则在内层起作用,外层名字变为"不可见":

```
int main()
{
    int a = 10;
    {
        cout << a << endl; //10,此时可见a
        char const * a = "abc"; //重名,外层的a开始不可见
        cout << a << endl; //abc
        int b = a + 12; //失败,因为a现在是字符串,无法和int相加
    }
    cout << a << endl; //a恢复可见
}
```

归纳一下,一对"{}"所包含的一段可执行的代码块,既天然形成一段数据的临时生存周期,也天生形成一段名字的作用域。综合二者得出结论:花括号所形成的代码块,天然为其内的局部变量,形成一道"重名屏障"。

但是,全局范围内的符号才是重名的重灾区。比如我们曾经提到过"老鼠"的例子。20年前一家小公司,同事A和同事B合写了一个"灭四害"的程序,A负责写鼠标的定义,B负责写老鼠的定义。于是在"a.hpp"中"b.hpp"中,各有一个Mouse的类定义。于是重名事件发生,这时候要么改名,要么让namespace出场。比如,在"a.hpp"中,将Mouse结构定义加上Gui名字空间:

```
//a.hpp
....
namespace Gui
{
struct Mouse //鼠标
{
    ...
};
...
} //namespace Gui
```

namespace的结束处,不需要分号。"b.hpp"中的Mouse则隶属于Fourpests(四害):

```
/b.hpp
...
namespace Fourpests
{
sturct Mouse
```

```
{
    ...
};
} //namespace Fourpests
```

【小提示】：namespace 的缩进与命名风格

通常，我们不缩进 namespace。如上例所示，名字空间所需要的左右花括号（"{"
和"}"）都贴在行首。通常在"}"之后，还会标上写有名字空间的注释（"Code::
Blocks"提供一键生成名字空间的方法）。在命名上，我们推荐首字母大写，后面全小
写的风格，如：D2school、Datastorage。

名字空间可以嵌套，比如在 China 名字空间下，有 Fujian，后者之下又有 Xia-
men：

```
namespace China
{
std::string the_most_handsome_man = "张帅帅";
namespace Fujian
{
std::string the_most_handsome_man = "李帅帅";
namespace Xiamen
{
std::string the_most_handsome_man = "王帅帅";
}//namespace Xiamen
}//namespace Fujian
}//namespace China
```

张、李、王都号称最帅的男人，但相处和谐，决不在微博上打口水仗（粉丝也不
打），因为人家各自的作用域划分得清清楚楚。

另外，名字空间并不改变三个"the_most_handsome_man"变量的全局生命周
期，走出 Xiamen 区域只会影响王帅帅的知名度，并不会让他直接挂掉。我们可以将
"名字空间"更多地想像成"地域区域"，而一对"{}"所划分的可执行代码块，更像是
"时间区间"。

【轻松一刻】："单身狗"可跳过

为了进一步理解"名字空间"和"生命周期"之间的区别，请阅读下面两行话，做出
"欲说还休，却道天凉好个秋"的表情，重点是表情中必须体现出两行话之间细微的
不同：

（1）"你爱的只是站在这里的我"；
（2）"你爱的只是这一刹那的我"。

读不懂？不要抬出从小语文差的借口，你八成是人生经历不丰富，拖了学习的后
腿。事实上，名字空间干脆就不能在局部的代码块中创建：

```
int main()
{
    /* 不能在函数体内划名字空间的圈圈 */
    namespace Local //不允许
    {
        int a, b;
    }
}
```

多段定义

夏威夷是美国国土的一块飞地，所以同一个 namespace，可以在多处定义，不需要保证连续：

```
namespace Abc
{
    int i1;
}//namespace Abc
namespace Def //中间插一个别的名字空间
{
    int i2;
}//namespace Def
namespace Abc   //Abc 又来了
{
    int i3;
}//namespace D2school
```

前后两处 Abc 名字空间的定义，在代码上不连续，但 i1 和 i3 确实同属 Abc 空间。同一名字空间经常在不同的文件中有多处定义，典型的如在头文件和源文件中分别定义。头文件，将类型定义放置在某一名字空间范围下：

```
//data_storage.hpp
#ifndef _DATA_STORAGE_HPP
#define _DATA_STORAGE_HPP
#include <list>
#include <string>
namespace Datastorage
{
struct MyData {int a; std::string s};
typedef std::list <MyData> MyDataList;
class MyDataStorage
{
public:
    MyDataStorage();
    ~MyDataStorage();
private:
    ...
    MyDataList lst_;
};
```

```
}//namespace Datastorage
# endif //_DATA_STORAGE_HPP
```

源文件：

```
//data_storage.cpp
# include "data_storage.hpp"
# include <fstream>
using namespace std;
namespace Datastorage
{
MyDataStorage::MyDataStorage()
{
  ...
}
MyDataStorage ::~MyDataStorage()
{
  ...
}
}// namespace Datastorage
```

请注意，"♯include"代码行应在"namespace{...}"之外，除非就是希望这些头文件中的内容都被强行归入当前名字空间下。

访　问

访问同一名字空间下的符号不需特意指定当前空间的前缀，除非发生重名：

```
# include <iostream>
# include <string>
using namespace std;
namespace D2school
{
008    std::string const url = "www.d2school.com";
009    std::string const web_master = "NanYu";
    void welcome(std::string const & url , std::string const & visitor)
    {
013     cout << web_master << ": Welcome to " << D2school::url << endl;
014     cout << visitor << ": I'm come from " << url << endl;
    }
}// namespace D2school
int main()
{
020    D2school::welcome("www.sina.com", "Tom");
    return 0;
}
```

013 行输出 url 时必须指定名字空间前缀，因为该名称被函数入参与当前名字空间下的某变量共同使用，根据就近原则，如果不加名字空间，则当前函数入参将被优先使用。

【小提示】：避免无谓重名，才是硬道理

为了示例如何处理同一名字空间下的同名事件，本例代码有意让 url 出现重名。真实情况下，只要可能，我们就应该尽量避免无谓的重名，因此本例代码的最佳解决之道，是为 welcome 函数的 url 入参，另取一个名字，比如"comeFrom"或者"where"。

如果要在 B 空间访问 A 空间下的符号名，有三种方法。

（1）明确限定

下例有两级名字空间：

```
//abc.hpp
namespace Abc
{
    int a;
    namespace Def
    {
        std::string s;
        struct S1
        {
            int count;
        };
    }//namespace Def
}//namespace Abc
```

现在，需要在 Test 名字空间下的某函数中，访问上述的 Abc 之下的 a 变量，Def 之下的 s 变量和 S1 结构，代码如下：

```
//test.cpp
# include "abc.hpp"
namespace Test
{
    void foo()
    {
        Abc::a = 10;
        Abc::Def::s = "abc";
        Abc::Def::S1 s1;
        s1.count = 0;
    }
}//namespace Test
```

这就叫"精确限定"名字空间。以"Abc::Def::s"为例，就是明确指出要的是 Abc 下面的 Def 下面的 s 符号。

namespace 的访问机制，仍然需要以使用"include"包含必要的头文件作为基础。

（2）"使用指示"——引用整个空间

通过"使用指示（using directive）"，可将某一名字空间直接导入，从而直接使用该名字空间中所有可见的符号：

```
using namespace 目标名字空间;
```

这种方法在"Hello world!"的例子中就开始使用了：

```
001   # include <iostream>
003   using namespace std; //引入整个 std 空间
int main()
{
007    cout << "Hello world!"  << endl; //直接使用
      return 0;
}
```

007 行的符号"cout"和"endl"来自 001 行的包含"iostream"的文件,并且它们隶属于"std"名字空间。那为什么访问时不需要写"std::"前缀呢? 这是因为 003 行语句使用了"using directive"方法,直接导入 std 空间。

再看之前在 Test 空间内,访问 Abc 及"Abc::Def"空间之内的符号,如果使用"using directive"方法,则"test.cpp"内容为：

```
//test.cpp
# include "abc.hpp"
004   using namespace Abc;
005   using namespace Abc::Def;
namespace Test
{
    void foo()
    {
011     a = 10;        //编译器将推导出这是"Abc::a"
012     s = "abc";      //编译器将推导出这是"Abc::Def::a"
013     S1 s1;         //编译器将推导出 S1 是"Abc::Def::S1"

        s1.count = 0;
    }
}//namespace Test
```

"using directive""药效"强劲,001～013 行所使用的各变量或类型,都不用再写名字空间,但副作用也大:在当前区域内,去除所引入的名字空间的屏蔽功能,容易重新引起重名。让我们在 Test 之下增加名为 a 的变量,此时只好临时使用"明确限定"的方法：

```
...
004   using namespace Abc;
005   using namespace Abc::Def;
namespace Test
{
    char a;       //在 Test 空间内也存在名为 a 的符号
    void foo()
    {
013     Abc::a = 10; //必须明确指明 a 的归属
```

```
        s = "abc";
        S1 s1;
        s1.count = 0;
    }
}//namespace Test
```

这种情况下，程序员犯错的机率增加了。比如在上例中，如果忘了在 013 行加上名字空间全称，但编译能通过，最终的结果是字符 a 被修改了。为降低此类错误，强烈推荐只在 CPP 文件中使用"using directive"，避免在头文件中使用。因为头文件可能被多个源文件所包含，造成副作用被传至更大的范围。更进一步，哪怕是在某一源文件中使用，也可以考虑尽量缩小其作用范围。比如，可以将 004 和 005 行，从全局空间搬迁到 Test 空间下，让它仅在当前文件的当前名字空间下发挥作用：

```
...
namespace Test
{
    using namespace Abc;
    using namespace Abc::Def;
    ...
}
```

(3) "使用声明"——引用指定符号

C++ 提供一种折衷方案"using declaration(使用声明)"，可仅仅引入某一名字空间下的特定符号，而不是所有符号。语法为：

```
using 名字空间::符号
```

其中名字空间仍然支持多级。使用"using declareation"，前例问题又有了新的解决方法：

```
...
namespace Test
{
    char a('A');        //a仍然存在,并且初始化为字母 A
    void test()
    {
        using Abc::a;       //声明要使用"Abc::a"
        using Abc::Def::s;  //声明要使用"Abc::Def::s"
        using Abc::Def::S1; //声明要使用"Abc::Def::S1"
        a = 10;
        cout << Abc::a << endl; //10
        cout << a << endl; //也是 10
        s = "abc";
        S1 s1;
        ...
    }
}
```

本例将相关的"using declareation"写在"test()"函数内,根据就近原则,其后的 a 的变量,未写名字空间,但这次它是"Abc::a",而不是"Test::a"。

【课堂作业】:使用"using declaretion"

请使用"using declaretion"改造经典 Hello World 项目的代码。

尽管"using declaration"带有"declaretion(声明)"字眼,但它并不能代替之前提到的有关"数据、自定义类型、函数"的声明作用。假设在"namespace_aaa.cpp"中定义 Namespaceaaa 空间下的若干变量:

```
//namespace_a.cpp
namespace Namespaceaaa //故意叫一个长而无趣的名字
{
  int i1,i2,i3,i4;
  std::string n5,n6,n7,n8,n9,nA;
}//namespace Namespaceaaa
```

现在,如果要在文件"main.cpp"的 main 函数中使用这些变量中的若干个,首先需要解决的仍然是声明这些外部数据:

```
//main.cpp
namespace Namespaceaaa
{
extern int i1, i2, i4;
extern std::string n9,nA;
}
```

声明外部数据仍然用到 extern,但此时必须将这些外部数据声明在正确的名字空间内,比如本例中的 Naemspaceaaa。之后,可以在"main.cpp"中使用已经声明的变量:

```
//main.cpp
namespace Namespaceaaa
{
extern int i1,i2, i4;
extern std::string n9,nA;
}

int main()
{
    Namespaceaaa::i1 = 100;
    Namespaceaaa::i2 = 98;
    cout << "i1 = " << Namespaceaaa::i1 << endl;
    cout << "i2 = " << Namespaceaaa::i2 << endl;
    Namespaceaaa::i4 = Namespaceaaa::i2 + Namespaceaaa::i1;
    cout << "i4 = " << Namespaceaaa::i4 << endl;
    //...
}
```

接下来可以考虑使用"using declaration"，在当前名字空间范围内，引入这些已声明的外部符号，以避免不断地输入"Namespaceaaa"：

```
//main.cpp
namespace Namespaceaaa
{
extern int i1,i2, i4;
extern std::string n9,nA;
}
using Namespaceaaa::i1;      //好累,要连续写5行
using Namespaceaaa::i2;
using Namespaceaaa::i4;
using Namespaceaaa::n9;
using Namespaceaaa::nA;
int main()
{
    i1 = 100;
    i2 = 98;
    cout << "i1 = " << i1 << endl;
    cout << "i2 = " << i2 << endl;
    i4 = i2 + i1;
    cout << "i4 = " << i4 << endl;
    //...
}
```

🛈 【小提示】：为什么一行只能有 using declaration 一个符号

据 C++ 之父说，先前他确实设计了一次声明多个符号的语法：

```
using Namespaceaaa (i1,i2,i4,n9,nA);
```

不过，这种语法最终被取消了。一来这种语法据说显得丑，二来在试用过程中，他发现用它的人并不多。

名字空间别名

数据类型可以通过 typedef 来获得别名，数据本身可以通过"引用"来获得别名。名字空间通常也长，所以 C++ 也为之提供别名机制：

```
namespace 别名 = 原名;
```

例子：

```
namespace D2school
{
namespace Bhcppbook
{
struct BookInfo
{
    std::string name;
```

```
        std::string author;
        std::string isbn;
        double price;
};
}//namespace Bhcppbook
}// namespace D2school
int main()
{
namespace Bookspace = D2school::Bhcppbook; //取别名
Bookspace::BookInfo bi;
bi.author = "NanYu";
//…
return 0;
}
```

【小提示】：真的需要为名字空间取别名吗

为名字空间取别名通常被用于代码库撰写(即：是为那些给程序员写程序的程序员使用的)。普通的应用程序，不要为了少输入几个字母而为名字空间取别名。

全局名字空间

C 及早期 C++都不支持名字空间，因此不少 C++代码仍然不使用名字空间，而是完全依赖于各种名字前缀以避免重名，比如 wxWidgets 库代码。

C++规定，位于任何 namespace 之外的空间都为全局空间。比如"main()"函数，C++规定"main()"函数必须位于全局空间。必要地，全局空间需要使用"::"前缀加以访问：

```
001   std::string subject; //全局空间下的符号：subject
namespace Bbs
{
006   std::string subject; //Bbs 空间下的符号：subject

struct Topic
{
010   std::string subject;   //Topic 结构成员：subject
      std::string author;
      void Post();
};
void Topic::Post()
{
019   cout << ::subject << endl; //全局空间下的 subject
020   cout << Bbs::subject << endl; //Bbs 下的 subject
021   subject = "Hello world!";   //Topic 的成员：subject
      //...
}
}//namespace Bbs
```

001、006 和 010 行分别出现同名的 subject 变量。当在 Topic 的成员函数中使用时，019 行使用"∷"前缀表示使用的是 001 行的 subject。

匿名名字空间

假设有一个名字空间叫 N，其内有一个符号叫 m。那么，我们大致上可以这样访问："N∷m"。所谓的"匿名名字空间"，就是一段没有名字的名字空间，比如：

```
namespace
{
int m;
}
```

现在 m 就处于在匿名空间内，它将只能在当前文件内使用。假设有源文件"a.cpp"内容为：

```
//a.cpp
# include <iostream>
using namespace std;
namespace
{
008      int a_var_come_from_a_anonymous_space; //匿名空间下的变量
}
011   int a_var_come_from_the_global_space; //全局空间下的变量

namespace Tester
{
    void test()
    {
        //以下两行的"a_var_come_from_a_anonymous_space"都来自上面的匿名名字空间
        //（008 行）
019         a_var_come_from_a_anonymous_space = 100;
020         cout << a_var_come_from_a_anonymous_space << endl;
        //"a_var_come_from_the_global_space"是真正的全局变量
023         a_var_come_from_the_global_space = 101;
024         cout << a_var_come_from_the_global_space << endl;
    }
}
```

以上代码在同一源文件中使用一个全局空间下的变量和一个匿名空间下的变量，看起来没有什么差别，但当其新增一个源文件时，就可以验证匿名空间下的符号，只能在当前文件中使用。

请新建名为"AnonymouseNamespace"的控制台项目。然后为项目添加一个 C++ 源文件"a.cpp"，再将以上代码，录入到"a.cpp"中。一切无误的话，编译将顺利通过。接下来打开"main.cpp"，然后完成以下代码：

```
# include <iostream>
```

```
using namespace std;
int main()
{
    extern int a_var_come_from_a_anonymous_space;
    extern int a_var_come_from_the_global_space;
010   cout << "a var come form a anonymous space = "
011    << a_var_come_from_a_anonymous_space << endl;
    cout << "a var come from the global space = "
          << a_var_come_from_the_global_space << endl;
    return 0;
}
```

项目链接时,将在 010 行报错,大意就是来自匿名空间的那个变量没有被定义。这不是匿名空间的错,相反是它的好处;如果有一些全局数据确实只需要在当前文件中发挥作用,那就使用匿名空间"围"住它们,可以有效避免这些数据在其他文件中被误用。

名字空间内联

话说公元前 1024 年,周天子号令各诸侯上贡宝物,于是有:

```
namespace Zhou   //周天下
{
    namespace  Qin //秦
    {
        Bison bison[100]; //野牛
    }
    namespace Yan //燕
    {
        BMW   bmw[208]; //你没看错,就是宝马
    }
    namespace Qi //齐
    {
        Sword sword[5000]; //宝剑
    }
    //...余下不列
}
```

然后,天子让丁小明(穿越来的)带上宝物,扬帆出海,出使爪哇国。我堂堂大周国出海当然要插旗,插的当然只能是周天子旗,上了爪哇岛,周天子旗在爪哇广场升起,爪哇国鸣 21 响礼炮欢迎,然后场面就失控了! 这边喊:"我要燕国的宝马。"那边叫:"我要齐国的宝剑。"丁使节听着听着,眉头皱了起来……让我们重现当时热闹的画面:

```
...
namespace Java //爪哇国
{
```

```
    using namespace Zhou; //插在爪哇广场的周天子旗
    void IWantIWant() //"我要我要"函数
    {
        //以下仅示意:
        A_Want << Qin::bison[5] << Yan::bmw[2] << Qi::Sword[45]
         << java::no_endl; /* no_endl 是没完没了的意思 */
        B_Want = Qin::bison[2] + Yan::bmw[7] + Qi::Sword[12]
            << java::no_endl;
        ...
    }
}
```

你可能没看出来,但当时丁使节听出这当中有失国体的地方了! 礼品在国内区分一下来源地还说得过去,但来到异国后,这异国百姓嘴里东一个"秦"西一个"齐",成何体统,所有宝物都是我大周国的,没必要区分诸侯。情况十万火急,丁小明现在有两个选择,一个是在爪哇岛上插上大周国各路诸侯旗,比如:

```
using namespace Zhou;
using namspsace Zhou::Qin;
using namespace Zhou::Qi;
...
```

一听这方案,爪哇国王脸色发灰,"呜呼,天子遣诸侯围我爪哇乎?"丁小明也迅速否掉这个方案,因为诸侯旗怎么可以和天子旗并插! 只能执行第二方案了,丁小明沉着冷静地从衣袖中掏出一部手机,拨通了大西洋一侧的 C++ 标准委员会……很快,委员们一致认为"饿死事小,失节事大",当即修改标准,支持在拥有相同父空间的多个子名字空间之前,加上"inline"修饰,以示这些子空间是"一国"的。出了国门,可以由父空间统一代表,于是代码变成:

```
namespace Zhou   //周天下
{
    inline namespace   Qin //秦
    {
        Bison bison[100]; //野牛
    }
    inline namespace Yan //燕
    {
        BMW   bmw[208]; //你没看错,就是宝马
    }
    inline namespace Qi //齐
    {
        Sword sword[5000]; //宝剑
    }
    //...余下不列
}
...
namespace Java //爪哇国
```

```
{
    using namespace Zhou; //天子旗迎风飘扬
    void IWantIWant()
    {
        A_Want << bison[5] << bmw[2] << Sword[45]
            << java::no_endl;
        B_Want = bison[2] + bmw[7] + Sword[12]
            << java::no_endl;
        ...
    }
}
```

爪哇国国王靠近丁小明,问:"使节,宋诸侯和晋诸候的礼物都有腊肉,您看如何区分?"小明呵呵一乐:"个案无关大节,就交给读者去思考吧!"

当你写一个库时,在内部你细分子空间,以避免自己搞乱;对外却希望能简化接口,让使用者无须了解内部实现细节,此时可以考虑一下"inline namespace"。

7.9.4 类型定义作用域

struct 或 class 定义,天生自带一对花括号:

```
struct Soo
{
    ......
};
```

在这对花括号中定义的符号(变量名称、类型名称、函数名称)也就具有天然的名字屏蔽作用,比如:

struct Saaa	struct Sbbb
{	{
int a;	double a;
typedef int Age;	typedef unsigned char Age;
using Price = double;	using Price = float;
void foo(int count);	void foo(char * p, int count);
struct Coo	struct Coo
{	{
char a;	std::string a;
};	}
};	};

以上两个结构哪怕放到同一个文件中,所有存在重名的 a、Age、Price、foo 和 Coo,都不会造成问题,因为它们都有各自的老大"罩着"。

类型定义的花括号中,还有一点特殊之处,其内部的符号可见性贯穿整个类型定义,请和函数那一对花括号做对比:

```
void foo()                          struct Soo
{                                   {
    int a = 0;                          int a = 0;
    int b = c + a;                      void foo()
    int c = -99;                        {
};                                          int b = c + a;
int c = 0; //全局变量                   }
                                        int c = -99;
                                    };
                                    int c = 0; //全局变量
```

同样是"b＝c ＋ a"，自由函数 foo 中的代码，会报告"符号 c 尚未定义"之类的错误。但 Soo 中的 foo 函数代码，虽然位于成员数据 c 的定义之前，但编译器找不到 c 符号时，会在 Soo 的定义体内查找，于是找到那个值为"－99"的家伙。

另外我们也已经知道，在 struct 或 class 中定义的数据，更多时候应该将它们视为一种声明：即该类型的对象，将会拥有这里声明的成员数据。所以类型定义的这一对花括号不是代码块，无关其内数据的生存周期。

嵌套类定义

上例中，Sa 结构定义中，定义了 Coo 结构；Sb 结构定义中，也定义了 Coo 结构，这称为"嵌套类定义"。使用嵌套类型，方法和嵌套的多级名字空间类似：

```
...
Sa::Coo c1;
Sb::Coo c2;
...
```

嵌套在自定类型定义中的类型别名，使用方法也一样：

```
Sa::Age age1;
Sb::Age age2;
```

再给一个例子：

```
struct Outer
{
    struct Inner
    {
        int i;
        void foo();
    };
};
```

现在你或许需要想一想，namespace 和 class/struct 定义到底有什么不同？

静态成员

Outer 中有个类定义 Inner，所以我们这样访问后者："Outer::Inner"。那么 In-

470

ner 中又有一个成员变量 i,该如何访问? 忘了转弯的同学可能会写成这样:

```
cout << Outer::Inner::i << endl; //错
```

i 不是嵌套于 Inner 的类型,它是数据,是类型定义的成员,需要通过具体的对象才能访问到这个对象的成员:

```
Outer::Inner i1;
i1.i = 1;  //访问 i1 对象的 i 成员
i1.foo();
```

或者:

```
auto p1 = new Outer::Inner();
p1 -> i = 1;
p1 -> foo();
```

一个类型可以产生多个对象,每个对象都拥有自己独占的一份成员数据。成员函数倒是各个对象共用一份,但仍然是作用在不同的调用对象之上。在某些特殊情况下,需要让同一类型的所有对象,共享一些数据,称为类的"静态成员数据"。比如,公司有许多间办公室,但所有办公室共用一台网络打印机。先是打印机类型定义:

```
struct Printer
{
    /* Printer 的定义,暂略 */
};
```

接着是办公室类型定义:

```
struct Office
{
    /*其他定义,暂略 */
    std::string name;
    static Printer the_printer;
};
```

为了简化,上面仅列出 Office 的两个成员数据,其中"the_printer"定义带有static 修饰,表示它是 Office 类的一个静态成员数据。未来所有 Office 对象都将拥有同一个"the_printer"对象。有个土办法可以证明这一点:定义两个 Office 对象,然后观察各自的"the_printer"成员的地址,看是否相同。下面给出完整代码:

```
#include <iostream>
using namespace std;
struct Printer
{
    void Print(std::string const& text)
    {
        std::cout << text << std::endl;
```

471

```
    }
};
struct Office
{
    Office(std::string const& name)
        : name(name)
    {}
    std::string name;

    static Printer the_printer;
};
024  Printer Office::the_printer;
int main()
{
    //开两间办公室:总经理办公室和财务总监办公室
    Office ceo_office("CEO"), cfo_office("CFO");
    //输出两间办公室的"name"成员的地址:
    cout << "address of ceo_office.name : " << &ceo_office.name
<< endl;
    cout << "address of cfo_office.name : " << &cfo_office.name
<< endl;
    //输出两间办公室的"the_printer"成员的地址
    cout << "address of ceo_office.the_printer : "
        << &ceo_office.the_printer << endl;
    cout << "address of cfo_office.the_printer : "
        << &cfo_office.the_printer << endl;
}
```

某次运行的输出结果:

```
address of ceo_office.name : 0x28fedc
address of cfo_office.name : 0x28fed8
address of ceo_office.the_printer : 0x47e008
address of cfo_office.the_printer : 0x47e008
```

你也许在失望"&"操作符竟然没能输出打印机的网络 IP 地址,但这正好证明我们没有对取址操作符做手脚。输出结果清清楚楚地表明:"ceo_office.the_printer"和"cfo_office.the_printer"二者地址相同,事实上它们就是同一个对象。我们再多定义几个 Office 的变量也是如此。因此静态成员数据其实也可以通过类型来访问:

```
    cout << "address of Office::the_printer : "
<< &Office::the_printer << endl;
```

Office 是一个类型(struct/class),类型在 C++中是不被看成数据的,所以通过类型名访问一个静态成员时,类型名称更多地起到"名字限定"的作用,所以访问操作符是"::",而不是"."。现在请将目光移到 024 行:

```
024 Printer Office::the_printer;
```

目光向上再向下各扫描三行,很快能发现这行代码不在 Office 的类定义中,也不在 main 等函数代码块中,这行代码非常接近于在定义一个全局变量。类型是 Printer,变量是"Office::the_printer"。C++要求程序员在全局域,手工定义类的静态成员数据(新标准下也有些情况不需要)。这下子你应该更加坚信不疑:类的静态成员数据,完全就是一个独立存在的变量。问题来了,为什么不干脆将"the_printer"定义成一个全局变量呢? 比如这样子:

```
...
struct Office
{
    Office(std::string const& name)
        : name(name)
    {}
    std::string name;
};

Printer the_printer; //真正全局的一台打印机
...
```

【轻松一刻】:为什么

想真正理解一门语言的任何一个语法,一定要大致明白"这家伙是什么"之后,开始追问"为什么会有这家伙"。提问时的表情一定要做足,差不多就是你在大街上走,突然来了一个女人将一个婴儿塞到你怀里,你错愕:"为什么?"三两路人围观,脸上挂满问号。

此时,婴儿看着你轻叫"爸比",路人会心一笑四下散去。之前只知你是一个男人,你面前是一个女人,你怀里有一个孩子,其他什么都不知。但是现在每个人都"什么都知道了"。所以你仍然应该相信:搞清楚"为什么",反过来有助于认识"是什么"。

从语义上区分,静态成员"Office::the_printer"表达的是"这家公司所有办公室共有的一台打印机",而全局的"the_printer"表达的是"这家公司共有的某台打印机"。如果公司采购两台打印机并且规定所有办公室共用一号打印机,所有车间共用二号打印机,相互间不能混用。公司要实现这样的业务需求,让 Office 类和 Workshop 类各自拥有一个静态变量,就会比定义两个打印机全局变量更加合理。

【课堂作业】:使用静态成员数据,实现对象计数器

实现一个类,类名为 Coo。要求为基添加一个静态成员数据 count 用于计数,即每当有该类的新对象构建时,计数加一;有对象被释放时,计数减一。

除了静态成员数据,类也可以拥有静态成员函数。同样不需要(但支持)通过对象调用静态成员函数:

```
struct Office
```

```cpp
{
    Office(std::string const& name)
        : name(name)
    {}
    static void Copy(std::string const& txt)
    {
        the_printer.Print(txt);
    }
    void Print(std::string const& txt)
    {
        the_printer.Print(txt);
        the_printer.Print(name);
    }
    std::string name;
    static Printer the_printer;
};
```

Copy 是静态成员函数，可通过类名调用，比如："**Office**::Copy("我爱北京天安门。");"。

静态成员函数不能访问非静态的其他成员（函数或数据）。比如 Copy 函数中不能直接访问 name 属性，因为后者必须属于某个具体的对象。作为对比，"Print()"是非静态成员函数，所以既可以访问非静态成员 name，也可以访问静态成员 "the_printer"。

成员访问权限

struct 的成员，默认可以在结构定义的外部直接访问，比如：

```cpp
struct Soo
{
    int a;
    static char c_static;
    void foo()
    {
        cout << a << endl;
        cout << c_static << endl;
    }
};
void test()
{
    Soo s;
    s.a = 10;              //直接访问 s 的 a 成员数据
    s.foo();               //直接访问 s 的 foo 成员函数
    Soo::c_static = 'A';   //直接访问 Soo 的静态成员
};
```

"test()"函数虽非 Soo 类的成员，但这不阻碍它直接修改 Soo 类的各个成员。如此说来，将某些数据与方法，以"成员"的名义归集到同一个类型中，至少有两个作

474

用:第一个在语义上描述了某种自定义类型的内部数据结构;第二个在语法上有效减轻符号重名给程序员带来的记忆负担。

恋人相爱,开始时他们可以牵牵手甚至亲亲嘴,再后来爱得更深将怎样? 他们会恨不得相互掏心掏肺。然而一切都是假的,造物主设计人类时采用"内外有别"的思想,手、嘴、脚等是人类的成员数据,并且可以在外部访问得到,五脏六腑也是人类的成员数据,但不能被外部使用。

粗略而言,C++采用类似的"内外有别"思路,可以标识某些成员是"私有"的。私有的数据只能在类型内部(主要是成员函数)中访问,外部不允许直接访问。下面修改一下 Soo 的定义:

```
struct Soo
{
public :   // 有一个冒号哦
    void foo()
    {
        cout << a << endl;
        cout << c_static << endl;
    }
private :
    int a;
    static char c_static;
};
```

两个成员数据被划分到"private(私有的)"之下,所以它们现在无法在类的外部直接访问。而 foo 成员函数划分到"public(公开的)"之下,所以仍然可以在类外部被使用。

```
void test()
{
    Soo; s;
    s.a = 10;                   //失败
    s.foo();                    //成功
    Soo::c_static = 'A';        //失败
};
```

一般原则是:将成员数据划分为"私有",避免外部代码直接访问一个自定义类型的内部数据。

public 和 private 以及在下一篇才能学习到的 protected 称为"成员访问限定符"。struct 默认采用"public"限定。即一个 struct 中的成员,如果往上找,一直没有找到任何访问限定符,则当作 public 限定。注意,这些限定关系,是和"类型"绑定。所谓内外有别,"内"指的是在类型的定义内部,包括类型中对数据的声明式初始化,以及类型的成员函数中的代码;而"外"指的是类型定义外部的代码。初学者更容易联想到的是"对象绑定",比如张三的私有家产李四不能访问。其中张三和李四是两

475

个独立的对象。这和生活常识比较接近,但可惜,如果这样理解 C++类型定义中的"访问限定",是错的! C++类型定义中的访问限定关系,讲究的是访问的场合。

如果有一个"家庭(Family)"结构,它有一个私有成员数据"存款总额(money)"。"张三家"是一个家庭,则任何人不能在公共场合直接谈论张三家的存款总额,包括张三自己。但若是进入张三家里(空间区域),则张三不仅可以访问自己家的存款额,还可访问、修改前来做客的李四、王五等家的存款额。

```cpp
struct Family
{
    void HaHaHa()
    {
        money = 100000;
    }
    void WuWuWu()
    {
        money = 0;
    }
    void HeiHeiHei(Family& other)
    {
        cout << other.money << endl;
        other.money = 0;
    }
private:
    int money = 1000; //出生就有钱
};
```

"哈哈哈"和"呜呜呜"函数没什么好说的,改变的是当前对象自己的数据,但"嘿嘿嘿"函数就厉害了! 来访的 other 钱被打印出来,接着被归零了! 注意哦,other 还是以引用的身份来访的。这其中一个重要的原因,就是 other 和当前代码块同属"Family"类型,如果 other 的身份不是"Family","嘿嘿嘿"函数就坏不起来了。

 【课堂作业】:复习"常量引用"入参

如果将入参 other 声明为"(Family const& other)",将发生什么变化?

是时候提一下 class 和 struct 之间的主要区别了。使用 class 时,其成员访问权限默认为 private,如表 7 - 19 所列。

表 7 - 19   **struct/class 对比测试**

	struct 示例	class 示例

类型定义	struct SPoint
	{
	    int x, y;
	};
		class CPoint
		{
		    int x, y;
		};

续表 7－19

	struct 示例	class 示例
测试代码	```void testS()
{
SPoint ps;
ps.x = 5; //OK!
}```	```void testC()
{
Cpoint pc;
pc.x = 5;
//编译失败
}```

7.10　函　数

函数相当于"做事情"。所以"main()"函数近似做了全部事情,但稍微复杂的程序,就不可能把所有语句都写在"main()"函数中。而是通过主函数调用其他函数,一层层、一块块的"大事化小,小事化了"地做完事情。所以"函数"最直观的作用,是在语义上引导我们对复杂的事情进行分割。但函数至少有两个很具体的作用,第一,在语法上天然形成处理当前事务的当前名字作用域;第二,允许一段代码可以重复使用,并且可根据每次使用的不同,改变某些关键数据(称为参数)。

7.10.1　函数作用域

说到"作用域"和"生存期"等语言要素,函数算是资格老的:

```
int a, b, c;
int add(int a, int b)
{
    int c = a + b;
    return c;
}
int sub(int a, int b)
{
    int c = a - b;
    return c;
}
```

代码片段中,a、b、c 三者都在三个区域内重名了,但它们有各自的作用域。add 和 sub 都有名为 a 和 b 的两个入参。入参的作用域贯穿整个函数。下面代码就有重名冲突:

```
int add(int a, int b)
{
003    int a;   //ERROR!
    int c = a + b;
    return c;
}
```

7.10.2　自由函数、成员函数

属于某个类或结构的函数,叫成员函数:

```
struct Person
{
    void Introduction();
};
void Person::Introduction()
{
    //...
}
```

以上代码将成员函数的声明和具体实现分开,出于排版方便,本书常会将成员函数的实现也直接写在类定义中。如果函数实现复杂,代码行多,推荐采用分开的写法。不属类或结构的函数,叫自由函数:

```
void foo()
{
    //...
}
```

看上去,自由函数像是"自由职业者",而成员函数则是有"组织"的人。自由函数可以直接调用,成员函数通常需要通过一个对象调用(静态成员函数例外)。

7.10.3　函数声明与定义

```
int foo(int a, int b);
```

这就是一个函数声明(现在比较流行的叫法是"函数签名"或"函数原型")。函数声明以分号结束,它仅仅用于描述一个函数应该"长什么样子"。这是一个函数的定义:

```
int foo (int a, int b)
{
    return a + b;
}
```

可见函数的定义是函数的实现,如果已经看到函数的定义,那当然也就更加知道函数长什么样子了。所以函数定义自带函数声明的作用。

那为什么还有只"描述"不"实现"的函数声明呢? C++语法规定,要使用某个函数,一定至少要知道这个函数"长什么样子"。函数声明和数据声明一样,可以重复出现,但函数定义只能有一处。因此,通常函数定义都被放在某个 CPP 文件中,但又经常需要在许多个 CPP 文件中调用该函数,此时最舒服的做法,就是将该函数的声明写在某个头文件中,让需要的 CPP 文件各自包含。

再举个极端的例子:位于同一个 CPP 中的两个函数 foo1 和 foo2。二者互相调

用,于是问题产生了,把哪个函数放在前面,都解决不了问题:

```
void foo1()
{
    foo2();
}
void foo2()
{
    foo1();
}
```

解决办法就是使用函数声明,请自行完成。

成员函数在类型定义中声明,至于定义,如前所述,可以在声明时直接定义,也可以在类定义的花括号之外。当然,成员函数的定义无论放哪里,都属于该类型的作用域:

```
struct S
{
    void SetM(int a);  //成员函数的声明
    int GetM() const   //直接实现
    {
        return m;
    }
    int m;
};
void S::SetM(int a)   //在外部定义成员函数
{
    m = a;
}
```

7.10.4　函数入参

下面这个函数没有多大作用,因为无论如何调用,都只会显示 1 加 2 等于多少:

```
void add()
{
    cout << "1 + 2 = " << (1 + 2) << end;
}
```

改成这样,好像有点用处了:

```
void add(int n1, int n2)
{
    cout << n1 << " + " << n2 << " = " << (n1 + n2) << end;
}
```

它可相加任意两个整数了:

```
add(1, 2);
add(3, -2);
add(999, 13423);
```

函数本身的操作是相对固定的,比如 add 始终执行两数相加的操作,而函数入参则允许每次调用,操作数因需而变。

形参与实参

函数声明时列出的参数,称为"形参",意为"形式上的参数"。比如:

```
void add( int n1, int n2);
```

此时的 n1 和 n2 就是形参。一直到实际调用时,函数才会知道它们具体的值或某个实际对象,比如:

```
add(1,2);
```

此时的 1 和 2 被称为"实参",意为"调用时实际传递的值或对象"。

形参能够描述的,一是各个参数次序,二是参数的类型,三是参数名字。不过 C++ 对形参的名字不太在意,因此声明函数时,甚至可以只给出入参次序和入参类型,而不给出参数名字:

```
//两个声明:
002   int buy (string str, int i, double d);
003   int buy (string, int, double);
//定义:
006   int buy (string name, int count, double price)
{
    cout << name << endl;
    ...
}
```

注意:001 和 002 行声明的是同一个函数。即 006 行往下所定义的函数。尽管三处 buy 函数的入参名字都各不相同,但个数相同,类型相同,出现次序相同,再加函数返回值类型相同,所以它们确实代表同一个函数。我们推荐声明和定义保持一致的参数名字。

参数默认值

形参还有一个作用,就是可以指定默认值。如:

```
void foo (int a, int b, string c = "apple")
{
    cout << "a = " << a << endl;
    cout << "b = " << b << endl;
    cout << "c = " << c << endl;
}
```

形参 c 指定默认值为字符串"apple",表示如果在调用 foo 时没有指定 c 的实参,则以该值作为实参:

```
foo(10, 99);  //只提供前两个实数
```

此时相当于调用"foo(10，99，"apple")"。举一个有实际意义的例子，有一个函数用于将整数转换成字符串，并且支持指定转换的进制：

```
std::string IntegerToString(int value, int radix = 10);
```

实际调用例子如，假设调用者想把数字 5 转换为"1001"，那就这么调用：

```
string s = IntegerToString(5, 2); //将数字 5 以 2 进制转换 = > "1001"
```

更多时候，可能是希望按十进制转换，比如就是希望将整数 123 转为字符串"123"，此时可以不给出第二个入参，因为它的默认值就是 10：

```
s = IntegerToString(123);
```

参数默认值的功能看上去很美，但请注意它的几点使用限制：

（1）当有多个参数时，必须从最后一个参数开始，从后往前地为参数指定默认值，中间不能跳跃：

```
void foo1(int a = 0, int b); //错误
002    void foo2 (int a, int b = 0, int c); //错误
void foo3(int a = 0, int b, int c = 100); //错误
void foo4(int a, int b, int c = 0); //正确
void foo5(int a, int b = 10, int c = 20); //正确
void foo6(int a = 99, int b = 10, int c = 0); //正确
```

 【小提示】：为什么只能从最后面的参数开始设置默认值

可以这样理解：将参数传递给函数时，函数会提供一个细长的箱子，最右边的参数放箱底，然后一个个往上叠。默认值机制就是事先将某个值先放进箱子，因此必须按次序一个"垫"一个地放好。没办法将某个在上面的默认值，"悬浮"在箱子中。

（2）只能在一处声明中设置默认值。

```
int foo (int a = 100);
int foo(int a = 100) //错误,前面已经声明一次默认值了
{
  ...
}
```

对于成员函数，其参数默认值，必须在类定义中声明。

【危险】：新手慎用"参数默认值"

是的，我们将"参数默认值"当成是 C++ 新手的潜在危险。当一个函数的参数较多，"参数默认值"这项特性会显得很有诱惑力。然而 C++ 中还有不少的语言特性，比如"函数重载"，它们和"参数默认值"非常容易发生规则"打架"，因此不建议新手使用。那为什么该慎用的不是冲突中的其他特性呢？这里就给结论：相比"函数重载"在 C++ 中的江湖地位，"参数默认值"是个无足轻重的特性。

传值、传址

已学过如果想将参数（实参）传递给函数，有两种方法，即使用"引用"和不使用"引用"。请对比复习以下两个参数：

```
void foo(int i)                    void foo_r(int& i)
{                                  {
    i = 9;                             i = 10;
}                                  }
```

对应测试：

```
void test_0()                      void test_1()
{                                  {
    int a = 0;                         int a = 0;
    foo(a);                            foo_r(a);
    cout << a << endl; // 0            cout << a << endl; // 10
}                                  }
```

左边采用传值传递（也可称为复制传递），是将源数据 a 复制一份变成 foo 的入参 i，foo 的修改不影响到原数据。右边采用引用传递，传的是源数据 a 本身，因此"foo_r"的入参 i 是 a 的"附体"，对 i 的修改相当于对源数据 a 的修改。归纳"传值"和"传址"两个概念：

（1）传值：将实参先复制一份，再将复制品传递给函数，称为传值。显然此时函数对该入参的修改，只是作用在复制品上，语义上不影响原来的数据；

（2）传址：直接将实参传递给函数。实际编译的实现，是将实参的地址传递给函数，造成函数对该入参的修改，将直接作用到该地址上的内存数据。

指针和引用一样，也可以达到传址的效果：

```
void foo_p(int * pi)
{
    * pi = 11; //修改指针所指向的数据的值
}
```

测试：

```
void test2()
{
    int a = 0;
    int * pa = &a; //让 pa 指向 a
    foo_p(pa);
    cout << a << endl; //11
}
```

临时指针变量 pa 并不必要，可以直接使用取址符，将 a 的地址传入：

```
void test3()
{
    int a = 0;
    foo_p(&a);   //这里传递的是指针,千万不要因为"&"符号而错误联想成引用
    cout << a << endl; //11
}
```

无论是使用 pa(类型为指针)还是使用"&a(明显的取址符)",在代码表达上都更能提醒阅读者,这是在传址。不过,采用指针传址,传的指针所指向的数据的地址,而不是指针变量自己的地址。因此在函数中修改所指数据的内容(值),从而影响到调用处的源数据是可行的,如果要修改指针的指向,调用处的源指针并不会受影响:

```
void foo_p2(int * pi)
{
    * pi = 12;
    pi = nullptr; //让传入的指针指向空
}
void test4()
{
    int a = 0;
    int * pa = &a;
    foo_p2(pa);
    cout << * pa << endl; //安然无事地输出 12
}
```

"foo_p2"函数先是修改入参 pi 指向的数据的值,然后修改指针的指向(改为指向空)。第一步影响了调用处"* pa(也就是 a)"的值,但第二步对 pa 没有任何影响。整个过程如图 7 - 24 所示(图中虚线箭头表示执行路线,实线箭头表示指向)。

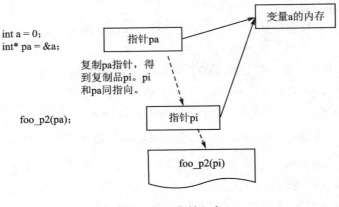

图 7 - 24　指针入参

如果确实要在函数中修改外部指针的指向,可以传递"指针的指针",或者使用"指针的引用",如表 7 - 20 所列。

表 7 - 20   修改"指针入参指向"的两种方式

	传递"指针的指针"	传递"指针的引用"

函数定义	void foo_pp(int * * ppi)
	{
	    * * ppi = 13;
	    * ppi = nullptr;
	}
		void foo_pr(int * & pi)
		{
		    * pi = 14;
		    pi = nullptr;
		}

调用例子	void test5()
	{
	    int a = 10;
	    int * pa = &a;
	    foo_pp(&pa);
	}
		void test6()
		{
		    int a = 10;
		    int * pa = &a;
		    foo_pr(pa);
		}

某个函数的某个参数到底应该使用"传值"还是"传址"呢？有几个原则：

（1）如果需要在函数体内修改外部某一数据的值，那显然应该"传址"；

（2）如果这个入参传入函数参与计算时，需要被修改，但不能修改原数据，则应该使用"传值"；

（3）如果函数体内的计算过程不需要修改入参，并且入参类型是结构（struct）或类（class），则推荐使用"常量引用"。

接下来，传引用和传指针都是传址，什么时候该传引用，什么时候该传指针呢？原则：

（1）如果函数体内就是需要对该入参做指针类型才有的特定操作，比如"改变指向"，那只能使用指针类型；

（2）如果入参确实可能为空，那就使用指针类型，因为语法上不存在"空引用"（当然，实际操作中有可能出现空引用）；

（3）类的"拷贝构造"或"赋值操作"的入参，要求是常量引用；

（4）"转移语义"则要求入参使用右值引用。

举个例子，比如有一个函数，用于得到给定文件的大小，按理说应该声明为：

```
unsigned int GetFileSize(std::string const& file_name);
```

入参"file_name"只用于告诉函数这是哪一个文件，函数肯定不需要也不应该修改这个文件名，所以使用"std::string"的常量引用。

函数调用后，返回该文件的大小，但万一文件超过了 4294967295 个字节，超出 unsigned int 可以表达的范围，怎么办？解决方法之一就是增加一个入参，并且使用"传址"方式，然后将超出的字节数，存储到这个新参数：

```
unsigned int GetFileSize(std::string const& file_name
```

```
                        , unsigned int *  remain_size = nullptr
                        );
```

新参数采用"指针"形式，并且设置默认值是空指针。具体实现时，如果文件确实那么大，代码将检查"remain_size"，在其不为空指针的情况下，才赋值给"*remain_size"：

```
unsigned int GetFileSize(std::string const& file_name
                        , unsigned int *  remain_size = nullptr
                        )
{
    ...
    if (remain_size != nullptr)
    {
        * remain_size = ...
    }
    ...
}
```

函数实现起来稍微复杂一些，但调用者却方便了，如果我们要处理的文件铁定没多大，那么调用该函数时，可以无视"remain_size"入参。这是一种惯用法，即当函数使用指针作为入参时，往往代表着它有可能是空指针。

说到指针传递，不得不再回想起一件事：当使用原生数组作为函数入参时，将发生数组"退化"成指针的现象。C 语言当初这么设计的初衷就是为了性能，数组通常含有大块数据，如果不将它退化成指针，就意味着必须复制这些数据。亲爱的裸数组同志，我们原谅你，再也不说你是"叛徒"了。

【课堂作业】：改进"感受篇"例子中的函数

感受篇中，为了简化知识点，有不少例子函数中的入参都使用默认的"传值"方式，其实有不少是可以改进成传址的。比如《感受（一）》中"Hello STL 算法篇"中的 find 函数有个入参是"list <Score> scores"，它显然可以改成"list <Score> const & scores"。请复习感受篇中的所有例子函数，检查哪些可做类似改进。

转移传递

复习 7.3"类型基础行为"的"转移行为"小节，其例子 MyPtr 类既有"拷贝构造"也有"转移构造"，二者声明如下：

```
//拷贝构造
MyPtr(MyPtr const& other);
//转移构造
MyPtr(MyPtr&& other);
```

假设我们需要从一个源对象 src 产生三个新对象，方法如下：

```
MyPtr src(999); //一个源对象
MyPtr dst1(src); //新对象 1
```

```
MyPtr dst2(src); //新对象 2
MyPtr dst3(src); //新对象 3
...
```

已经知道三个新对象的产生,都和 MyPtr 的"转移构造"没有任何关系,全部走的是"拷贝构造",连续复制三次。等等,如果 src 对象的全部作用,就是用作这三次复制的"源",然后再无它用,那为什么不玩个小聪明,最后一次创建新对象时,直接将 src 转移给 dst3 呢?如图 7 - 25 所示。

图 7 - 25　最后一次采用转移

因为只需一次"转移",就会令 src 对象惨遭破坏(ptr 变为空指向),所以前两次只能使用复制,而最后一次确实可以使用 move,前提是 src 再无用处。下面的代码结果或许更能说清这一点:

```
MyPtr * dst1, * dst2, * dst3;
{
    MyPtr template_src(999); //src 作为后续三个新对象的"模型"
    dst1 = new MyPtr(template_src);
    dst2 = new MyPtr(template_src);
    dst3 = new MyPtr(std::move(template_src)); //最后一次果断移走
}
cout << * dst1.ptr << endl;
...
```

代码阅读者可以清楚地从中看出:"template_src"马上就要退出舞台,所以最后一次作为模板时,可以直接转移给 dst3,让 dst3 从某种意义上延续它的生命。我怎么突然想到眼角膜捐赠以及肾移植了……

接下来我们便来探讨一个伦理问题。以下两种情况,哪一种会让你心里更难受:

(1)A 不幸遭遇车祸,临死前他希望将身上所有可用的器官都捐赠给社会有需要的人使用;

(2)B 是个小姑娘,她的眼睛和肾脏都严重受损,她母亲决定要将自己的一只眼角膜和一只肾都转移到女儿身上。

就我个人而言,第二种情况让我更难受,母亲很伟大,但想到她要带着残躯继续生活,我更为这对母女感到难受。我不知道你的选择,但在 C++ 的世界里,编译器只要可能,总是会大胆地将一个临死的对象的数据转移到新对象。但从来不会主动将一个仍然需要存活的对象的数据转移到新对象。除非像本例这样,用户自行调用"std::move()"操作。当然,就像为了孩子,母亲可以付出一切,为了性能,C++ 也允许你无所不用其极。标准库中大量的容器类,在 2011 年后都新增了"转移"方式来添加元素的新接口。以向 list 尾部添加新元素为例,至少有这样两个接口:

```
//常量引用,拷贝版
push_back(T const& item);
```

```
//右值引用,转移版
push_back(T&& item);
```

如果有一个元素,需要往列表中添加三次,然后再无它用,那么最后一次,确实可以直接转移过去。

```
...
/* MyPtr 为了能够更完美地作为标准库容器的元素,本需要进一步完善,暂略 */
std::list < MyPtr > lst;
{ //特意为"template_src"提临时生命周期的代码块
    MyPtr template_src (99090);
    lst.push_back(template_src);
    lst.push_back(template_src);
    lst.push_back(std::move(template_src));
}
...
```

尽管标准库都特意为容器添加了转移插入的接口,尽管本书也特意写了例子代码,但我还是建议:通常,年轻而单纯的你不需要特意去写"std::move()"以期通过一两次"转移"操作提升程序性能。有一天你觉得自己够老成了,再来看 move 吧。

传递智能指针

(1) 传递"unique_ptr"

独占式智能指针"unique_ptr",无法被复制,所以它们无法以"复制(传值)"的方式传递给函数:

```
#include <iostream>
#include <memory>
using namespace std;
void foo(std::unique_ptr <int> p)
{
    cout << *p << endl;
}
int main()
{
    std::unique_ptr <int> p (new int(1974));
    foo(p);  //编译出错! 无法复制 p
    cout << *p << endl;  //在外面也输出一次
}
```

复制不允许,还有"传址"和"转移"两种方法。第一个考虑是改为传址,为了避免"指向智能指针"的绕弯,使用引用是极好的,将函数声明改为:

```
void foo(std::unique_ptr <int> & p)
{
    cout << *p << endl;
}
```

编译通过。不过由于采用引用传递,就给了 foo 函数修改该智能指针的机会。

487

注意这里提到的"修改该智能指针"的含义,指的是修改智能指针自身。最典型的,如煽动智能指针放弃对原指针的管理:

```cpp
void foo(std::unique_ptr <int> & p)
{
    p.release();  //说好的白头到老,你却在这里放手
}
```

于是经 foo 的一次调用,智能指针 p 就又恢复单身了,然后在原代码中 017 行,当有八卦记者想报导一下 p 的恋人时,世界就崩溃了。这种算法算是有道德的了,p 大可在"foo()"函数中移情别恋,然后尝试在 main 里骗过大家。

无关道德,只是要避免程序员自己混乱,应该减少这样的设计。所以此时使用常量引用才是最好的:

```cpp
void foo(std::unique_ptr <int> const & p)
{
    cout << * p << endl;
    * p += 10;    //这是修改"* p",即 p 所指向的数据,而不是修改 p,所以允许
}
```

这一次,p 是常量引用,在"foo()"中修改了 p 的伴侣的值,这是被允许的。如果所指向的数据不让修改,要么一开始就约定智能指针是"unique_ptr <const int>",要么就让 foo 的入参类型是"const int"。剩下的传递方式就是"转移",而这正是"unique_ptr"的看家本领。

```cpp
      # include <iostream>
      # include <memory>
      using namespace std;
      void foo(std::unique_ptr <int> p) //回到复制传值的版本
      {
          cout << * p << endl;
      }
      int main()
      {
          std::unique_ptr <int> p (new int(1974));
          foo(std::move(p));
017       cout << * p << endl; //在外面也输出一次
      }
```

这一次编译通过,但 017 行可能又让程序崩溃了,但这次应该是程序员自己糊涂(居然忘了删除这行),因为前面的 foo 调用是那么清楚地表明:你就是想让 p 被转移走(转给本次调用 foo 函数形参)。如果"foo()"的入参就是原始的裸指针,那么可以使用"p.get()"或"p.release()"传递,请读者自行思考二者的区别。

(2) 传递"shared_ptr"

共享式智能指针,使用上更接近裸指针。很大一个原因就是它能被复制:

```
void foo(std::shared_ptr < int > p)
{
    cout << * p << endl;
009    p.reset(); //这里让 p 放手裸指针,事实上就算不写此行,p 也会在此自行放手
}
int main()
{
    std::shared_ptr < int > p (new int(1974));
    foo(p);
017    cout << * p << endl;  //没关系,一切正常
    return 0;
}
```

009 行的释放(重置)并不影响 017 行的输出的安全性,因为作为 foo 函数的入参,p 走复制(传值)方式,此 p 非彼 p 了。如果将 foo 的声明改为:

```
void foo(std::shared_ptr < int > & p);
```

这下 017 行又得造成世界毁灭了,因此同样不推荐使用非常量的引用传递"shared_ptr"。

7.10.5 函数返回值

新式返回类型声明

在 C++ 11 新标中,"->"有一个新的作用:用于"后置"说明一个函数的返回值。比如有一个函数:

```
double foo(int i, char c)
{
    return static_cast < double >(i + c);
}
```

现在也可以写成:

```
auto foo(int i, char c) -> double
{
    return static_cast < double >(i + c);
}
```

原来的位置被 auto 替代,然后在函数参数列表之后,加上"->"和返回值类型。

新形式的函数返回值类型声明语法,主要是为同样是新引入的 Lambda 函数以及复杂模板编程(比如需要推导函数的返回类型)提供方便,日常编程请继续使用传统方式,直到你发现传统方式无法满足你的需求。

复制返回

函数从入参"吃进"调用者提供的数据,然后处理,最后要"吐出"点数据还给调用者。那些声明返回 void 类型,只吃不吐的函数,这一节没有它们什么事。我们说过,

计算"a＋b"时,需要一个临时存储区,之前称其为"_T_"。在函数将数据"吐还"给调用者的过程中,也需要一个临时存储区,为什么呢?

```
int fn()
{
    int R = 10;
004   return R;
}
void test()
{
009   int C = fn();
}
```

假设没有这个临时存储区,函数 fn 在 004 行"吐回"内部变量 R,但 R 的生命周期将和函数一起结束。这就造成 009 行调用处的 C 变量还没完成赋值,R 就已经消逝了。解决方法还是需要临时存储区域(内存或寄存器)作为"交易区",让我们继续称为"_T_"区。这个"_T_"区仍然由编译器幕后生成,因此也由编译器完全掌控何时回收。如此,009 行发生的事情是这样的:调用 fn,fn 返回 R→R 被复制到"_T_"区→根据语法要求,R 消亡→结果从"_T_"区复制给 C→"_T_"消亡。"_T_"怎么创建又由谁负责回收它? 这涉及到函数调用协议,各位请自学。但此时的重点是这个过程中的两次复制行为,如图 7 - 26 所示。

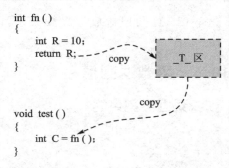

图 7 - 26　函数返回数据时的两次 copy

怎么验证这两次复制过程是客观存在的呢? 让我们先定义一个 AA 结构,并为它配备自定义的"拷贝构造"函数,这样一旦有复制需要,就会调用定制的拷贝构造函数。完整测试代码如下:

```
#include <iostream>
using namespace std;
struct AA
{
    AA()
    {
    }
    AA(AA const& o)
    {
        cout << "copy" << endl;
    }
    ~AA()
    {
        cout << "destruct" << endl;
```

```
    }
};
AA fn()
{
    AA R;
    return R;
}
int main()
{
    AA C = fn();
}
```

为避免被优化,请运行调试版,结果是:

```
copy
destruct
copy
destruct
destruct
```

【课堂作业】:函数返回值的复制传递过程分析

上例,三次 destruct 分别来自____、____、____,其中____是编译器自动创建于交易区。两次 copy 来自____到____、____到____。

这个测试程序后续需要再次使用,所以请记下它的名字叫"函数返回过程二次复制测试例程"。

传址返回

函数返回一次的结果,需要复制两次(并且可能还要分配一次内存),这个成本的大小和返回的结果数据大小有关。先定义一个带 1 M(1024 * 1204)字节成员的类型:

```
# include <ctime>
# include <iostream>
using namespace std;
int const SIZE_A = 1024 * 1024; // 1M
struct BigData
{
    BigData()
        : ptr(new char [SIZE_A]) //分配 1M 字节
    {
    }
    BigData(BigData const& o)   //深拷贝构造
        : ptr (new char[SIZE_A])
    {
        std::copy(o.ptr, o.ptr + SIZE_A, ptr); //复制 1M 字节
    }
    ~BigData()
```

```
    {
        delete [] ptr; //析构时记得释放
    }
    char * ptr;
};
```

然后需要一个函数，用于返回该类型的数据：

```
BigData GetData()
{
    BigData data;
    return data;
}
```

根据前面的测试，现在每调用一次"GetData()"，至少需要复制 data 两次，复制时将调用 BigData 的拷贝构造函数，用于复制"1024 * 1024"个字节。为了测试效果明显，我们调用一万次"GetData()"并计时：

```
int main()
{
    clock_t beg = clock();
    for (int i = 0; i < 10000; ++i) //循环调用 1 万次
    {
        BigData data = GetData();
    }
    cout << (clock() - beg) * 1000 / CLOCKS_PER_SEC << endl;
    return 0;
}
```

为避免优化，请确保编译调试版并运行，结果费时 14 s 以上，平均每次调用费时 0.0014 s 而已，好快啊！错了，我们知道，数据传递有传值、传址和转移三种，通常情况传值最慢，所以试试传址吧，看能不能更快。BigData 的定义不需改变，只需添加一个用于返回指针的函数：

```
BigData * GetDataPtr()   //名为 Get...Ptr，返回类型变成指针
{
    BigData * data = new BigData(); //改为从堆中创建
    return data;
}
```

"main()"函数中的循环，改成调用"GetDataPtr()"：

```
int main()
{
    ...
    for (int i = 0; i < 10000; ++i)
    {
```

```
        BigData *  data = GetDataPtr();
    }
    ...
}
```

编译、运行……啊？程序崩溃了。报错信息中有"std::bad_alloc"，是内存不够用了。我们每次申请 1 M 字节，准备申请 1 万次，光申请却忘了释放。赶快加上释放内存的操作：

```
...
for (int i = 0；i < 10000；++ i)
{
    BigData *  data = GetDataPtr();
    delete data；   //释放内存
}
...
```

再次编译运行，100 ms！现在有两个问题需要各位计算：一是 100 ms 比 14 s 提速几倍？二是请问刚才的程序崩溃事件，在一个 C++ 程序员心里投下的阴影面积是多大？

传址返回结果比传值的性能提升了百倍，但这冲洗不掉我内心巨大的阴影。没错，在函数中创建一个指针并返回，交给调用者。性能很高，但调用者忘记释放这个指针的可能性也很高。

【重要】：函数返回指针一定是不好的设计吗

当然不一定。一个名为"CreateXXX()"的函数返回一个新建对象的指针，是很合适的，因为它名字中的"Create"很清楚地表明了意图，甚至被称为"工厂模式"。但一个"GetXXX()"的函数返回一个新建对象的指针，就很容易被忽略了。返回指针的另一种常见方法是：一个函数，传入一个指针，再将这个指针作为结果返回。比如：

```
char *  upper (char *  str)；   //返回入参 str
```

这种方法多见于 C 语言。将传入的字符串转为大写后，作为结果再返回，可以让调用者用起来更方便。

接下来讲解"传址"。返回结果的另一条路：返回引用。这条路几乎是死路，如果返回函数体内的局部临时对象的引用，将造成"引用"附体到已死对象的问题。如果函数采用 new 操作在堆中申请到内存，却不以指针返回，刻意使用引用返回，这下外部调用者更不会想到去释放内存，因为 delete 操作的对象是指针。因此，采用"引用"返回结果的函数，更多地用在 struct 或 class 中的成员函数。有关函数应该返回的是复制品指针，还是引用更多的设计要点，将在随后的"返回类型综述"小节讲解。

关于传址方式返回函数执行结果，本节的结论是：返回指针性能很好，但调用者需要检查这个指针是否需要被删除，容易遗忘。

转移返回

打开 BigData 的工程，删除用于返回指针的"GetDataPtr()"的函数定义，并且将
"main()"函数代码，改回调用"GetData()"的版本。接着，为 BigData 类型加上"转移
构造"：

```
struct BigData
{
    ...
    //转移构造
    BigData(BigData&& o)
        : ptr (o.ptr)
    {
        o.ptr = nullptr;
    }
    ...
};
```

对比原来就有的"深拷贝构造"，明显看出转移构造做的事更简单、霸道。

编译、运行，76 ms，比指针版还要快一点点，因为它不需要释放操作，而我们不
过是为 BigData 提供了一个"转移构造"函数。一个用户自定义类型如果有"转移构
造"（某些情况下需要的是"转移赋值"）的定制行为，那么该类型的临时对象成为函数
的返回值时，编译器自动选择（高效的）"转移构造"，忽略（低效的）"拷贝构造"。甚
至，我们连"转移构造"函数都可以不写。请注释刚写的"转移构造"函数，然后改为编
译项目的 Release 构建目标，运行耗时也是 70 ms 左右。这是因为编译 Release 目标
时，如果返回数据没有定制的转移行为，编译器通常会以"黑科技"的方式生成具有转
移效果的返回过程。

【课堂作业】：观察"黑科技"下的转移返回效果

打开"函数返回过程二次复制测试例程"工程，选择 Release 目标编译并运行。
观察此时的输出并做原因分析。接着请在"fn()"函数内，打印结果数据 R 的内存地
址；在"main()"函数中打印变量 C 的地址。再分别在 Release 和 Debug 下观察 R 和
C 的地址是否相同。

C++ 11 中的多数容器类，都提供了"转移"支持。比如"std::list""std::vector"
等。下面的示例函数，将返回含有大量元素的 list 对象。返回函数内临时的容器对
象（或其他大数据），在以前是糟糕的设计，但在新标准的支持下，它是受鼓励的：

```
//C++ 11下,推荐写法
std::list < int > prepare_data()
{
    std::list < int > lst;
    for (int i = 0; i < 5000; ++i)
```

```
    {
        lst.push_back(i);
    }
    return lst;
}
```

老的做法是调用前先准备好 list 对象，然后以"引用"或"指针"的方式，传入函数：

```
//C++11 之前的惯用法
void prepare_data(std::list < int > & lst)
{
    for (int i = 0; i < 5000; ++i)
    {
        lst.push_back(i);
    }
}
```

新的方式受鼓励，因为它表达得更自然，调用时的意图也更清楚。以下做对比，新调用方式：

```
std::list < int > data = prepare_data();  //很明显,data 是返回结果
```

旧调用方式：

```
std::list < int > data;
prepare_data(data);    //data 是结果,但不太直观
```

更主要的是，直接返回临时对象原本因两次复制所带来的性能问题，在新标准 C++转移语义的支持下，从根源上解决了。

如何设计返回方式

(1) 直接返回对象

有几道看起来简单的题。

① 第一道：一个函数怎么返回一个字符串？

对于纯正血统的 C++程序员来说，这确实很简单：

```
std::string get_string()
{
    return std::string("ABCDEFG");
}
```

"std::string"同样支持"转移"，所以不必担心性能损耗问题。对于纯正血统的 C 程序员来说，也很简单：

```
const char * get_str()
{
    return "ABCDEFG";
}
```

看起来比 C++ 版本还要简单,并且返回一个指针天生具有好性能。不过有个知识点需要理解:字符串字面常量存储在静态区,所以函数结束时,数据 "ABCDEFG" 仍然存在。

② 第二道:如果希望能修改第二个字母,怎么办?

C++ 版:

```
std::string get_str(char second_char)
{
    std::string str("ABCDEFG");
    str[1] = second_char;
    return str;
}
```

C 语言第一个错误的版本:

```
//错误版本 1
const char * get_str(char second_char)
{
    const char * str = "ABCDEFG";
    str[1] = second_char;   //不能修改常量字符串
    return str;
}
```

编译出错,因为 str 是常量字符串,不能修改它的值:

```
//错误版本 2
const char * get_str(char second_char)
{
    char * str = "ABCDEFG"; //去掉 const
    str[1] = second_char;   //修改!编译通过,但运行时出错
    return str;
}
```

编译通过,但会警告你像 "ABCDEFG" 这样的字面量,天生就是常量,当前允许你通过编译只是为了兼容以前的代码。运行时,程序会在修改该字符串内容时出错,通常是闪退:

```
//错误版本 3
const char * get_str(char second_char)
{
    char str[] = "ABCDEFG"; //改成栈数据
    str[1] = second_char;   //可以修改
    return str;
}
```

"char []"和"char *"的区别在于:后者简单地指向位于静态区的字面字符串数据,前者则是在栈中开辟足够的内存,然后复制初始数据。所以"str[]"可以被修改,但它是栈数据,在函数结束时将消失,调用者无法获得正确的结果。请测试本版"get _str()"的结果。

如果为了不丢失数据,改为在函数体内分配内存,然后返回。这就又回到谁来释放这块内存的问题上了。

因此第一个结论:C 语言想用好真的不简单呢。第二个结论:在 C++中返回数据,最简单的方法就是正确的方法;不管是单个对象还是一个"盛满"对象的容器,直接返回。比如需返回十个整数:

```
std::array <int, 10> get_int_array()
{
    std::array <int, 10> R;
    ...
    return R;
}
```

(2) 返回新的堆对象

那么什么情况下返回指针呢? 上一节提到的一种可能是在业务上就要求返回一个新对象。

有家中学有两个校区,分别是超强中学中国校区和超强中学美国校区。为简单起见,我们设定不同校区的学生在程序中都使用 Student 结构表示。校区不同,校区名称、母语、时差、基础课程等成员数据都不同。同样为简单起见,本例仅取三个变化成员,它们是校区语言、全年上课天数和基础课程:

```
struct Student
{
    enum Language {CHS, ENG};
    /* 校区属性 */;
    Language language;          //母语
    int days;                   //全年天数
    std::list < std::string > courses;   //基础课程列表
    /* 个人属性 */
    std::string name;   //学生姓名
    int grade;    //年级
};
```

校园管理程序经常需要创建新学生对象。但不同校区的新学生默认属性不同,为方便创建不同校区的新学生对象,一般会为每个校区分别提供用于创建新学员的辅助函数。先看中国校区的:

```
Student *   CreateChsNewStudent(std::string const& name, int grade)
{
    Student *  new_student = new Student;

    new_student ->name = name;
    new_student ->grade = grade;
    new_student ->language = Student::CHS;
    new_student ->days = 220;
```

```
    new_student ->courses.push_back("语文");   //刻意用 push_back()一行行加……
    new_student ->courses.push_back("数学");   //好让美国人感受咱中国的孩子们……
    new_student ->courses.push_back("思想品德");   //从小就有多超强
    new_student ->courses.push_back("书法");
    new_student ->courses.push_back("音乐");
    new_student ->courses.push_back("绘画");
    new_student ->courses.push_back("体育");

    return new_student;
}
```

再看美国校区：

```
Student *    CreateUSAStudent(std::string const& name, int grade)
{
    Student *  new_student = new Student;

    new_student ->name = name;
    new_student ->grade = grade;
    new_student ->language = Student::ENG;
    new_student ->days = 150;
    new_student ->courses.push_back("language");
    new_student ->courses.push_back("math");
    new_student ->subjects.push_back("P.E.");

    return new_student;
}
```

CreateChsNewStudent 和 CreateUSAStudent 都返回新创建的堆对象，函数的名字与操作都和实际业务紧密贴合，意义直观清晰，包括调用者可以清楚地知道这个对象是新创建的，将来需要释放。通常程序员会再写一个函数，将这些函数包装起来：

```
Student *    CreateStudent(Student::Language lang
                    , std::string const& name, int grade)
{
    if (lang == Student::ENG)
    {
        return CreateUSAStudent(name, grade);
    }
    if (lang == Student::CHN)
    {
        return CreateChsNewStudent(name, garde);
    }
    return nullptr;
}
```

ℹ️ 【小提示】：如何为那些具有"取得"某结果的函数命名

书看到这儿，读者都已经知道作者的英语差，但还是要为大家推荐几个单词，用在为那些都具有"取回"某结果的作用但又略微存在不同的函数命名：

（1）CreateXXX()：如上所述，通常这类函数需要创建 XXX 的新对象并返回；

（2）GetXXX()：get 已经被用滥，众多程序员只要是用于取得数据，都用 get 来命名。我的建议是：当要获得的对象是事先就存在的，比如之前的"Scores * GetScores()"；或者只是需要得到简单数据的复制，再或者是复杂对象的引用，比如"int GetCount()""std::string const& GetName()"等；

（3）CloneXXX()或者命名为 GetXXXCopy()：明确指出就是要获得某对象的复制品；

（4）HoldXXX()：某些对象同一时间段只能被"取出"一次，这些可以用"持有、抓住"命名。通常还需要对应的"ReleaseXXX(XXX * obj)"函数，用于"归还、松开"这个对象。

(3) 返回入参对象

如果待返回的指针或引用对象，并不是在函数体内新建，而是来自入参，那么返回它就不存在生命周期的问题。比如下例 upper 函数传入的字符串（以 '\0' 结束）转换为大写，再返回：

```
char * upper (char * str)
{
    if (str == nullptr)
    {
        return nullptr;
    }
    char * iter = str;
    while( * iter != '\0')
    {
        if ( * iter >= 'a' && * iter <= 'z')
        {
            * iter -= ('a' - 'A');
        }
        ++ iter;
    }
    return str;
}
```

逻辑是检查每个字符，如果是小写英文字母，就直接转换成大写，最终返回入参原串。这样设计并非必须，因为 str 以指针传入，修改其所指向的内容，都会直接生效。如果另一个版本的 upper 不提供返回值，二者在使用方式上的对比如表 7 - 21 所列。

【重要】：我爱大巧若拙的设计

很明显，直接返回入参的 upper 使用起来更方便，但就我个人而言，我更加尊重返回 void 的 upper 设计。因为第一个版本的函数对使用者隐含的要求是:你应该知道返回的字符串就是传入的字符串。作为一个老程序员,当我看到新人写的类似代码时,我总是先"恶意"地猜测对方会犯错,说不定在 upper 里新分配一段内存,然后返回修改后的复制品呢! 然后我必须去阅读对方的代码,来验证自己真是一个多疑的上司。请原谅我这样的上司,因为对于 C++,这才是好的使用者。而在 C++这个行业中,好的设计者是:他用心良苦地做设计,目的就是为了让使用者不需要去理解他的用心良苦。那个看起来傻傻的 upper 函数就有这种效果:居然没有返回值? 哦,那肯定是入参被修改了。

表 7 - 21　upper 函数两种返回类型的定义与使用对比

函数声明	char * upper(char * str);	void upper(char * str);
使用方式	char src[] = "hello!"; cout ≪ upper(src) ≪ endl;	char src[] = "hello!"; upper(src); cout ≪ src ≪ endl;

我爱大巧若拙的设计,特别是当函数名并不是 upper 这么简单和易于理解时。将传入的对象引用继续以引用形式返回给调用者,也很常见。曾经我们为枚举类型 Week 重载流输出的方法:

```
ostream& operator ≪ (ostream& os, Week w)
{
    ...
    return os;  //返回入参 os,引用形式
}
```

这里返回入参引用不再是小技巧,而是"流"对象的使用要求,因为在 C++的世界里,流必须可以级联使用:

```
Week today = Sunday;
cout ≪ "Hello, today is " ≪ today
         ≪ ", and tomorrow is " ≪ Monday ≪ endl;
```

例中的 cout 就是 ostream 对象,它连续输出五个对象。第一个对象是一个字符串字面常量:

```
cout ≪ "Hello, today is "……
```

这段代码相当于如此调用" ≪ "操作符:

```
operator ≪ (cout, "Hello, today is ")
```

它将字符串往屏幕上输出,并且返回入参 cout 并继续处理第二个对象:today,依此递推,过程如图 7 - 27 所示。

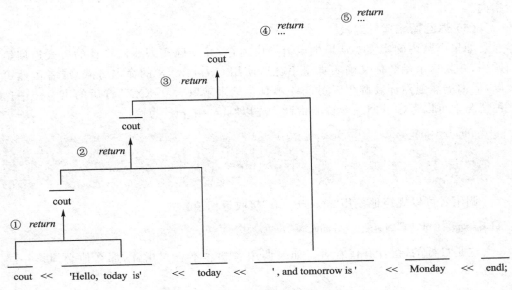

图 7 - 27　返回值作为下次调用入参

（4）返回类的成员对象

在类设计时，经常需要使用成员函数返回成员数据的引用或指针。成员数据的生命周期同样和函数无关：

```cpp
struct Student
{
    Student(std::string const& name)
        : name(name)
    {
    }
    std::string const& get_name() const //返回 name 引用
    {
        return name;
    }
    int * const get_scores()   //返回指向成绩数组的指针
    {
        return scores;
    }
    int get_scores_count() const //返回普通数据
    {
        return 3;
    }
private:
    std::string name;
    int scores[3];
};
```

"get_scores"返回的是"int * const"，表示调用者不能释放指针或者改变指针的指向。

（5）返回智能指针对象

如果函数内确实需要从堆中申请一块内存，并又确实需要以指针的方式返回给调用，并且这个函数你又确实觉得不合适使用 CreateXXX 的命名方式，或者虽然可以，但你仍然强烈怀疑调用者可能并不真正地理解"CreateXXX"背后的寓意……这种情况下可以考虑返回一个智能指针。先以"shared_ptr"为例：

```
std::shared_ptr <int>  CreateNewIntPtr(int value)
{
    return std::shared_ptr <int> (new int(value));
}
```

调用者可以规矩地使用"shared_ptr"接收返回值：

```
std::shared_ptr < int > p = CreateNewIntPtr(1974);
```

这是最好的，指针有代管者。如果调用者念念不忘裸指针，那么他必须多一层手续：

```
int *  p = CreateNewIntPtr(1994).release();
```

作为该函数的作者，我们已经尽职了：我如此卡你，你还是要使用裸指针，那请君且用且小心。如果调用者充满浓浓的恶意，一不做二休，既要调用函数又不接受返回值：

```
CreateNewIntPtr(1994);
```

那也没事，有一个指针曾经来过，又瞬间走了。

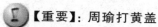 【重要】：周瑜打黄盖

前面说了半天，好像把函数的作者和函数的使用者对立起来了，事实上没有糟到这地步。"std::shared_ptr"可以共享，也就可以传播。事实上一个项目一旦用上"shared_ptr"，往往就会"星星之火可以燎原"，变成到处都要使用它。显然在此情况下，项目组成员必须人人熟悉"shared_ptr"（只有你一人懂？那你可真够倒霉），并事先约定用或不用，以及在哪些情况下用，哪些情况下不用。

"shared_ptr"之所以值得讨论用或不用的另一个原因，是因为它略有性能损耗（虽然相比那些用 GC（内存垃圾回收）的方案所带来的性能影响，这个代价几乎可以省略）。回到仅仅是为了解决某个特定函数返回指针的管理问题，可以考虑返回"std::unique_ptr"。依据标准，函数返回"std::unique_ptr"对象，会被自动改为"转移"方式返回：

```
std::unique_ptr < int > foo()
{
    return std::unique_ptr < int > (new int);   //不需要"std::move()"包装
}
```

请写出调用方使用"unique_ptr <int >",使用"shared_ptr"、裸指针或者干脆不接收返回值的代码,并加以分析。

7.10.6　函数静态数据

函数体中定义的栈数据常被称为"临时数据",因为每一次函数被调用,它们都会被全新地创建出来,然后又随函数调用的结束而消失,不留下痕迹:

```
void foo()
{
    int a = 0;
    std::string b;
    cout << a << "@" << b << endl;
    a = 999;
    b = "abc";
}
```

每一次调用 foo 函数,哪怕是将来在同一时间段内同时调用,都会各自有一份独一无二、互不影响的 a 和 b。尽管每一次调用时,它们都分别被修改,但当下一次调用来临,a 绝对还是 0,而 b 也绝对不会是"abc"。这种函数我们称为"无状态"函数,即上次调用,不会造成函数内部留下某种状态,从而不会影响到下一次调用的结果。

C/C++提供的"函数静态数据"支持在函数中留下调用的状态。函数静态数据和类的静态成员数据一样使用 static 修饰,并且和静态成员数据类似,同一个函数中的静态数据只有一份。函数静态数据在第一次执行定义语句时产生,然后生命周期就和全局变量一样一直存在,不会因为某次函数调用的结束而死亡:

```
void static_foo()
{
    static int a = 0;
    static std::string b;
    cout << a << "@" << b << endl;
    a = 999;
    b = "abc";
}
```

现在函数内数据 a 和 b 都是"静态的",这将造成"static_foo()"的行为大为不同。当整个程序第一次,也只有这一次调用"static_foo()",将输出"0@"。后续再调用该函数,都将输出"999@abc"。静态数据 a 和 b 一旦产生,就没有随某次函数调用结束而死亡。并且,定义静态数据(往往带着初始化)的语句,只会在第一次调用时被执行。因此函数静态数据得以记录了最后一次的值(称为状态),此类函数称为"有状态的函数"。

【课堂作业】: 函数静态数据

写一个函数,内含一静态的 int 类型数据,然后输出它的值。要求第一次调用输出 0,第二次调用输出 1,第三次调用输出 2,以此类推。

尽管拥有静态数据的函数执行起来似乎很神奇,但这里要吐槽它的缺点:一、有状态的函数对并发调用非常不友好;二、有状态的函数相当违反人类思维直觉。结论:能不用就不用。

7.10.7 递归调用

 【轻松一刻】:从前有座山

从前有座山,山里有座庙,庙里有两个和尚,老和尚对小和尚说:从前有座山……

函数可以直接或间接调用到自身,比如:A 调用 A;或者 A 调用 B,B 调用 C,C 调用 A:

```
void A()
{
    cout << "我又来了....我为什么要说"又"呢?" << endl;
    A();
}
```

【课堂作业】:动手写递归函数并单步跟踪

(1)完成上述代码的实练,一定要进行单步跟踪,观察函数反复自我调用的过程。(完成后可通过 IDE 的 Debug 菜单强制中断调试。)

(2)写三个函数,"A()""B()""C()",并让三者形成间接递归调用。

使用递归函数,可以实现类似 for/while 语句的循环。比如我们要倒序计算 1 连加到 10,可以写一个 for 循环:

```
int sum = 0;
for (int i = 10; i >= 1; -- i)
{
    sum += i;
}
```

很炫(但成本很高)的版本是写成递归函数,下面是完整的示例代码:

```
#include < iostream >
using namespace std;
int total(int num)
{
009   if (num == 1)
010       return 1;
011   return num + total (num - 1);
}
int main()
{
```

```
016   cout << total(10);
      return 0;
}
```

递归调用发生在 011 行,即 total 函数在 return 时,调用了自身。观察该函数的前两行,容易得知:当"num >1",代码走 011 行,所以"total(num)"的返回值是:

```
total(num)→num + total(num − 1)
```

例中第一次调用的入参是 10,有以下关系:

```
total(10)→10 + total(10 − 1) // total(10) = 10 + total(9)
```

这样理解:从 1 累加到 10 的和,等于"10+(从 1 累加到 9)"。紧接着,从 1 累加到 9 又等于多少呢? 答:等于"9+(从 1 累加到 8)"。以此类推,一直计算到从 1 累加到 1 是多少,这时 009 行的判断生效,直接返回 1。最终推导过程是:

```
total(10)→10 + 9 + 8 + ... + 3 + 2 + 1;
```

请实际跟踪代码,每次都使用"Shift+F7"进入 total 函数,将看到入参从 10 一直递减到 1,第十层的调用返回 1,然后再一层层返回(就像一个人先从 A 到 J 穿上十件衣服,之后再脱,次序变成从 J 到 A),其过程如图 7-28 所示。

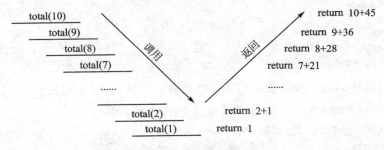

图 7-28　递归调用与返回

转折点发生在当 num 为 1 时,函数不再递归调用,直接返回 1。

【危险】:无限递归比"死循环"还惨

递归很容易造成程序死循环运行,如果递归函数还有入参、返回值,由于入参需要"复制",所以情况更糟糕:死循环的递归过程,会吃掉大块内存,结果程序异常只好退出。就算不是无限递归,而只是一个很深的递归,如果入参体积很大,也可能造成内存不足。

7.10.8　函数重载

在相同作用域内,两个函数的名字相同,返回值类型也相同,但参数列表不同,称为"函数重载(overloaded function)"。比如,我们要写一个打印函数,它可以打印一

个整数,也可以打印一个学生或一个老师的信息,则可以有以下三个同名函数:

```
void Print(int num);
void Print(Student const& student);
void Print(Teacher const& teacher);
```

注意,仅当函数位于相同作用域时,重载才会发生。典型的如一个自由函数和一个成员函数,就不构成重载关系。枚举和整数类型(包括 char、int、short、long 等),同样构成重载关系:

```
enum Flag {Short = 1, Long};
void foo(Flag flag) {...}
void foo(int a) {...}
void foo(long a) {...}
```

当重载发生时,编译器会根据参数的类型,来判断调用的是哪个参数:

```
Flag a = Long;
foo(a); //将调用 void foo(Flag flag)
foo(0); //将调用 void foo(int a)
foo(1L); //将调用 void foo(long a)
```

typedef 或 using 仅为类型取别名,别名和类型原名之间,无法形成重载:

```
typedef int Length;
using Height = int;
void fee(int a) {...}
void fee(Length l) {...} //ERROR
void fee(Height h) {...} //ERROR
```

编译器将在第二个函数处埋怨前面已经有一个长得一模一样的 fee 函数。同名函数的参数类型不同构成重载,参数个数不同也构成重载:

```
void foo();
void foo(int a);
void foo(int a, double b);
```

当"参数默认值"特性也存在时,重载开始变得复杂起来:

```
int foo(int a)
{
    return a * 2;
}
int foo(int a, int b = 0)
{
    return a + b;
}
int main()
{
    foo(10);  //foo(10) ? 还是 foo(10, 0) ?
    ...
}
```

代码中,两个 foo 函数仍然重载,但在调用处,编译器有了新的怨言:不知道调用哪个好。C++ 中存在不少类似这样的情况,A 特性和 B 特性混合之后,变得微妙起来的地方,编程时应尽量躲开。

最后,仅仅是函数返回值不同,不构造重载:

```
double foo(int a)
{
    return a * 2.0;
}
int foo(int a)   //编译到此会报错
{
    return a * 2;
}
```

【课堂作业】：返回值类型不同,为什么不作为重载的因素

请思考,如果允许上述的两个 foo 构成重载关系,会带来什么问题?

当形参采用"传值"形式时,const 对同一参数的修饰,无法构成重载:

```
void foo(Student const s);
void foo(Student s);   //编译到此会报错
```

如果参数采用"传址"形式,即参数类型为引用,或者类型为指针并且在 const 修饰的是实际对象的情况下,带或不带 const 可以构成重载:

```
void foo(Student const& s) {...}
void foo(Student& s) {...}
```

或者:

```
void fee(Student const * ps) {...}
void fee(Student * ps) {...}
```

两个 foo 是合法重载关系,两个 fee 也是。调用处,编译器将根据实参是否为常量,选出正确的版本,以 foo 为例:

```
Student const s1;
Student s2;
foo(s1); // void foo(Student const& s)
foo(s2); // void foo(Student& s)
```

成员函数也可以存在重载,它们发生在同一个类或结构定义中:

```
struct Demon
{
    void Eat(Tree& t);
    void Eat(Man& m);
    void Eat(Stone& s);
};
```

这真是一个恐怖的"魔兽",它吃树、人,连石头也不放过。是否为常量成员,也可以构造成重载关系:

```
struct A
{
    void foo() const;
    void foo();
};
```

当调用发生时,如果调用的对象是常量,则使用常量成员版本。下面是完整的测试代码:

```
#include <iostream>
using namespace std;
struct A
{
    A() {}
    void foo() const;
    void foo();
};
void A::foo() const
{
    cout << "const" << endl;
}
void A::foo()
{
    cout << "no-const" << endl;
}
int main()
{
    A const ca;
    ca.foo();
    A a;
    a.foo();
    return 0;
}
```

 【小提示】:为什么常量成员函数可以构成重载

成员函数其实总是会隐含地最先传递一个参数,并且该参数类型为当前类指针,如:

```
struct A
{
    void foo(int a);
};
```

编译器处理之后,会带有隐藏的参数:

```
void A::foo(A * this, int a);
```

如果它是一个常量成员,则为:

```
void A::foo(A const * this, int a);
```

而前面说过:传址参数是否带有 const(修饰实际对象时),从而构成重载关系。

7.10.9　操作符重载

可以重载两个 add()函数,分别处理 int 和 double 的相加操作:

```
int add(int i1, int i2);
int add(double d1, double d2);
```

但其实,这样的函数已经存在了,那就是加号操作符:＋。它"天生"就可以处理多种类型的数相加,可以理解为"＋"这个操作符有许多个重载版本,即 int 和 int 之间相加、int 和 double 之间相加、float 和 long 之间相加、unsigned int 和 char 之间相加等。不过,假设我们自定义一个数据结构叫 Point,加号就无能为力了,代码如下:

```
struct Point
{
    int x, y;
};
Point pt1 {10, -20};
Point pt2 {101, 20};
Point pt3 = pt1 + pt2; //?
```

pt1 和 pt2 怎么相加?"＋"不知道。在无法重载操作符的语言里,此时能做的是提供一个 add 函数:

```
Point add(Point const& pt1, Point const& pt2);
```

然后调用如下:

```
Point pt3 = add(pt1, pt2);
```

"不错哦,表意很清晰!"但若是把"(pt3－pt2)＊(pt2－pt1)＋(pt3－pt1)"表达为:

```
add((mul(sub(pt3, pt2), sub(pt2, pt1)), sub(pt3, pt1));
```

你还是认为很清晰,我可要直接打脸了:这行错误代码连表达式的括号都没匹配好,你一眼发现了吗?

以相加为例,C++语言中更自然的解决方式是,提供一个两点相加的操作符重载:

```
Point operator + (Point const& pt1, Point const& pt2)
{
```

```
    Point pt;
    pt.x = pt1.x + pt2.x;
    pt.y = pt1.y + pt2.y;
    return pt;
}
```

整段代码就是一个函数定义,只不过它的函数名比较奇怪,为"operator +"。其实已经解释过多次了:这是一个规定,即重载一个操作符必须带上"operator"。

接下来,该如何使用这个加号呢?一定猜到了:

```
Point pt3 = pt1 + pt2;
```

看吧,用了"操作符重载",就是这么简洁和自信!但如果你追求的不是简洁而是装深沉什么的,你应该还记得这样写也是可以通过编译并正确运算的:

```
Point pt3 = operator + (p1 , p2);
```

因为"operator+"就一自由函数,大家脑海里将它替换成"add"就明白了。

 【课堂作业】:重载减号操作符

请针对 Point 类型,采用"operator +"相同的方式,重载"−"操作符,并试用。

并不是所有的操作符都可以重载,有四个操作符不能重载,它们是:

① "::"平常用于名字域限定,包括类和名字空间;

② ". *"以非指针对象方式获得成员函数指针;

③ "."以非指针对象方式获得成员;

④ "?:"三元操作符。

重载操作符需要接受一些语法或伦理上的限制,像重载加法(+)操作,首先它必须是两个入参;其次入参应当使用常量,不应修改加数;最后,相加操作要有返回值,并且返回类型应当兼容入参的类型。意思是,别试图重载出一袋小米加上一把锤子等于一个苹果这样混乱的逻辑。

操作符重载也可以是成员函数。本书《感受(一)》之《Hello STL 算法篇》中,提到"函数对象"术语。一个类(或结构)为"()(读作括号操作)"提供重载,就可以产生所谓的函数对象:

```
struct Dog
{
003   void operator ()() const //"operator()"是一个成员函数
    {
    cout << "Wang~Wang~" << endl;
    }
};
...
Dog dog;
dog(); //调用了一个成员函数,它的名字可不是"dog"
...
```

"dog()"的完整写法是：dog. **operator**()()，其中加粗部分是函数名。如果有必要，也可以在一个类内重载加号等操作符。假设将 Point 的成员访问权限变为私有的：

```
struct Point
{
private： // 私有
    int x,y;
};
```

现在，自由函数版本的"operator＋"编译不过去了：

```
Point operator + (Point const& pt1, Point const& pt2)
{
    Point pt；
    pt.x = pt1.x + pt2.x; //编译出错,"Point.x"是私有的
    pt.y = pt1.y + pt2.y; //编译出错
    return pt;
}
```

解决方法之一,是将"operator＋"移动到 Point 的定义中去：

```
struct Point
{
private:
    int x,y;
public:
    Point()
        :x(0), y(0)
    {}
    Point(int x, int y)
        : x(x), y(y)
    {}
    int GetX() const { return x; }
    int GetY() const { return y; }
    Point operator + (Point const& pt2) const;
};
Point Point::operator + (Point const& pt2) const
{
    Point pt(0, 0);
    pt.x = x + pt2.x;
    pt.y = x + pt2.y;
    return pt;
}
```

参数只需要一个 pt2,pt1 呢？那 pt1 就是当前这个对象：

```
Point pt1(10, -20);
Point pt2(100, 99);
Point pt3;
```

```
004   pt3 = pt1 + pt2;
cout << pt3.GetX() << ", " << pt3.GetY() << endl;
```

这一次,如果你想要装深沉什么的,必须这样写:

```
pt3 = pt1.operator + (pt2);
```

本意装深沉的代码却说出了成员函数版加法重载函数只需一个入参的原因:(非静态的)调用成员函数,第一个入参总是当前对象的指针。我们其实一直在使用操作符重载,比如这一行熟悉的代码:

```
cout << "Hello world!" << endl;
```

字符串字面值的类型是"char const *",所以我们可以推测,标准库可能在某个地方,为"<<"操作符重载了这么一个版本:

```
ostream& operator << (ostream& os, char const * str);
```

当然,也有可能是隶属 ostream 类的成员版本。不管如何,都是输出流针对字符指针,提供了特殊待遇,你看整数指针就没有这个待遇:

```
int a = 100;
int * p = &a;
cout << p << endl; //输出地址,而不是内容
```

7.10.10 内联函数

我们说数据的许多内存分区,堆、栈、静态数据段等,程序中非数据的部分,比如函数,也要占用内存,称为代码段。可以简单地认为,每一行代码都需要占用内存,因此都有对应的内存地址。实际情况会稍复杂一些,因为一行 C++代码往往会编译成多条汇编语句。比如"Hello World"工程在 Code::Blocks 调试运行时,显示的汇编内容如图 7-29 所示。

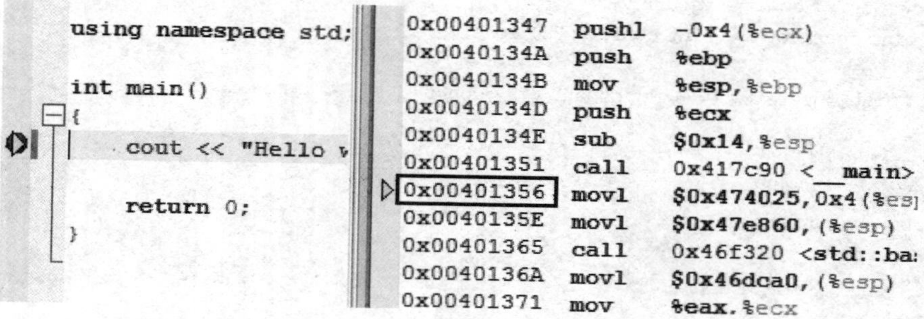

图 7-29 代码的内存地址

图 7-29 中右边加上方框的数字,就是当前正在执行代码行的内存地址。程序运行时,每个函数体都有自己的内存地址(起始位置),假设当前正在执行"foo()"函

数,则代码段的当前地址就是"foo()"函数中某行代码的位置。此时如果调用了"koo()"函数,则程序将跳转到"koo()"函数的内存位置。这个跳转过程是需要成本的,比如,需要传递参数等。

C++支持通过为函数加上 inline 修饰向编译器提出:编译时如果碰上有代码调用本函数,不跳转,而是将该函数的实现代码复制一份,直接插入到当前代码位置。这样就避免了跳转的成本,提高此处的性能,但自然也增大了程序的体积。加上 inline 修饰的函数,称为"内联函数"。比如:

```cpp
inline void IncNumber(int & a)
{
    ++a;
}
```

接着有一处调用:

```cpp
    ...
int num = 0;
IncNumber(num);
    ...
```

由于 IncNumber 声明为内联,所以编译器又直接将函数的实现代码插入到调用处,仍用 C++代码描述,插入效果为:

```cpp
int num = 0;
int& a = num;
++a;
```

假设代码调用了"IncNumber()"函数十次,则这十次很可能做了以上插入操作,所以内联函数的实现,不能太复杂太长,比如不能包含循环语句。事实上 inline 是"请求"不是"命令"。编译器可能自作主张不响应内联请求,也很可能在优化时自行内联某些没有标示 inline 的函数。再者,要将函数实现代码插入到调用处,就得保证编译器在需要时能够看到该函数的实现代码。因此内联函数要么就和调用者位于同一文件,要么在头文件中实现,由调用者直接包含。总之,内联函数不能像寻常函数那样,可以先只看声明,等到最终链接时再查找实现。

当我们定义类或结构时,一些简单的 get/set 函数,非常适于定义成内联:

```cpp
class MyPoint
{
public:
    int GetX() const {return x;}
    int GetY() const {return y;}

    inline void SetX(int x);
    inline void SetY(int y);
private:
    int x, y;
};
```

C++ 规定,如果一个成员函数在类定义的代码中实现,等同于带有 inline 修饰。因此,上述代码中的两个 Get 函数和有明确标示的两个 Set 函数一样是内联函数。

7.10.11 主函数

C++ 规定了两种形式的主函数:

```
int main(); //形式一
int main(int argc, char * argv[]); //形式二
```

两个形式都规定 main 函数需要返回一个整数。第二形式带两个入参:

(1) argc:表示本程序执行时,从命令行传入参数个数有几个;

(2) argv:类型为"字符指针"的数组,第 0 个元素是当前程序的文件名,后面还有 argc 个字符串,当然就是那些命令行参数。

请在"Code::Blocks"中通过向导生成一个控制台项目,命名为"CmdLineDemo"。默认是采用无参的主函数形式,请为其加入合法的入参:

```
int main(int argc, char * argv[])
{
    cout << "arg count : " << argc << endl;
    for (int i = 0; i < argc; ++ i)
    cout << argv[i] << endl;
    return 0;
}
```

编译后进入可执行文件的目录,然后执行:

```
CmdLineDemo.exe Hello World "Hello world!"
```

回车后将看到如图 7 - 30 所示的内容。

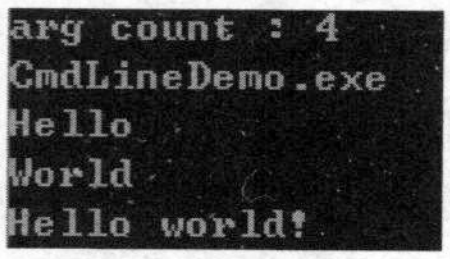

argc 值为 4,这四个参数依次是"程序的名称""Hello""World"和"Hello world!"。这表明解析命令行参数以空格(或 tab 符等)作为分隔符,但一对英文双引号内的内容被认为是一个参数,哪怕中间带有分隔符。

图 7 - 30 命令行参数

在"Code::Blocks"中,可通过主菜单"Project"下的"Set project's arguments"为工程的每个构建目标设置运行入参。主函数还有一些特性或要求:

(1) 不允许重载。main 函数不允许被重载,因为一个程序只能有一个入口函数;

(2) 必须属于全局名字空间,简单地讲就是不允许位于任何名字空间之内,包括匿名空间;

(3) 允许 main 函数中不提供任何"return"语句,此情况下程序将默认返回 0。

7.10.12　函数指针

既然函数也位于内存,也有内存地址,那就可以使用一个指针,记载某个函数的地址,这样的指针类型就叫函数指针。

我们可以通过指向函数的指针,来修改某一段函数吗?比如"hello()"函数明明是输出一句问候,我们却把它的内存修改为格式化 C 盘……当然不行,那基本是病毒才干的事。由此马上可以有一个结论:函数指针默认就是指向常量,因为它所指向的数据,其实是程序的代码。那我们要"函数指针"做什么呢?因为指针本身是一个数据(变量),所以可以像普通数据一样,被存储(比如存储到某个 STL 容器中)、被传递(作为函数入参或返回值)和被复制等,然后最终的目标是我们可以通过函数指针调用它所指向的函数。

函数类型

如果两个函数的入参或返回值类型不同,我们称它们的"函数类型"不同。函数类型是描述一个函数"返回值"及"参数列表"是什么信息,它很像函数声明,但并不关心函数名称,也不关心参数名称。比如,有一个函数 foo 的声明如下:

```
void foo(int a, int b);
```

那么 foo 函数的类型就是:

```
void (int, int)
```

【重要】:"函数类型"和"函数返回类型"

"函数返回类型"仅用于指示函数返回值的类型,"函数类型"则描述一个函数在输入和输出方面的特性:返回值类型、各个入参的次序与类型间的不同。

既然函数有类型,那么"函数指针"当然也有类型。一个指向"void (int, int)"类型的指针,不允许直接指向"int (void)"类型的函数。或者说,一个被声明为指向"void (std::list&)"的函数指针,和一个被声明为指向"void (std::list)"的函数指针,它们是不兼容的。除了因为"函数类型"写起来比较长之外,其他的似乎都挺好理解,就像一个指向 int 数据的指针,和一个指向 bool 数据的指针是不兼容的说法一样。

接下来就比较容易犯晕了。如果有一个 int 数据,那么指向它的指针的类型就是"int *"。那么如果有一个"int (void)"类型的函数指向它的指针的类型,按理说应该是"int (void) *",于是就可以这样定义一个函数指针:

```
int (void) * a_func_ptr = nullptr;  //错的
```

但这个推理是错的,C++(其实这得怨 C)要求这样定义一个指向"int (void)"类型函数的指针:

```
int ( * a_func_ptr )(void) = nullptr;
```

即:在返回值类型和参数列表之间,插入一对圆括号,然后先写" * "表示这是一个指针,再写上指针变量的名字:a_func_ptr。

函数指针初始化

我们能使用 new 在堆中新建一个函数吗? 当然不能,函数指针要么为空指向,要么指向某个已经存在且类型兼容的函数。下面定义两个"int (void)"类型的函数:

```
//定义两个函数,类型都是"int (void)"
int get_month()
{
    return 4;
}
int get_year()
{
    return 1974;
}
```

然后定义一个类型兼容的指针变量,名为 pfunc,并初始化为指向"get_month"函数:

```
int ( * pfunc)(void) = get_month;
```

咦? 指针指向一个现有变量,不是要取址吗? 普通数据非常强调"值"和"地址"的概念。函数是特殊的数据,没有"值"的概念,更多地体现"地址"语义,因此不需要取址符,单纯的函数名直接代表它的地址(和栈数组类似)。非要加取址操作也是可行的,如:

```
int ( * pfunc)(void) = &get_month; // 加不加"&"效果一样
```

写或不写"&",完全看你的偏好或心情,但无论如何,你不能这样写:

```
int ( * pfunc)(void) = get_month();   //这是在调用,不是在取址
```

有了函数指针,通过指针实际发起函数调用,语法和调用函数本身一致,C/C++又开了一个语法绿灯,不需要通过取值操作符" * "从一个函数指针提取出函数本身:

```
cout << pfunc() << endl;   //4
```

通过函数指针,C/C++拥有了将"动作/操作"数据化的功能。而数据是可以存储的,比如用一个数组,存储多个函数指针:

```
int ( * ptrs[2]) (void) = {get_month, get_year};
```

ptrs 现在是一个数组,数组元素的类型函数指针,当前初始化为"get_month"和"get_year"。我们可以各种处理数组,最典型的就是遍历并调用:

```
for (int i = 0; i < 2; ++i)
{
    cout << ptrs[i]() << endl;   //别忘了加"()"才能发起调用
}
```

屏幕将输出 4 和 1974。如果不将"操作"数据化，很难写出这样简洁优雅的循环。

【小提示】：可以偷窥函数的地址吗

既然函数有地址，那就意味着可以看到这段函数在内存的位置了？请试着将上述循环中的"ptrs[i]()"改为"ptrs[i]"，看看屏幕会输出什么？cout 非常警惕地将所有函数地址输出为 1。非要偷窥？请试试调试手段。

也可以传递函数指针，像普通数据那样，先是传入的例子：

```
void print_int_value(char const * text, int( * func)())
{
    cout << text << " : " << func() << endl;
}
...
print_int_value("year", get_year);
print_int_value("month", get_month);
...
```

再来返回的例子，请双手扶紧你坐的那把椅子：

```
int ( * get_function_ptr (int i) ) (void)
{
    if (i == 0)
        return get_month;
    return get_year;
}
```

没从椅子上掉下来吧？C/C++中，一个函数返回一个指定类型的函数指针，语法就是这样，像极了俄罗斯套娃。本例返回的指针类型是"int (* _____)(void)"，而函数声明就要填充在下划线上。下面用一行代码演示：调用"get_function_ptr"函数，以返回一个函数指针，然后再调用所返回的函数指针所指向的函数，并输出结果：

```
cout << get_function_ptr(0)() << endl; // 4
```

下面演示入参函数：

```
int add(int v1, int v2)
{
    return v1 + v1;
}
...
int ( * p_add) (int , int) = add;    //定义"p_add"指针并初始化
p_add(1, 2);    //调用"add(1, 2)";
...
```

函数引用

有函数指针,也有函数引用,仍以前面 add 函数为例:

```
//定义一个函数引用
int (& r_add)(int, int) = foo; //不允许使用"&foo"
```

相比函数指针变量定义:

(1)"*"变成"&",以示这是一个引用;

(2)因为是引用,所以必须定义时即初始化,不像指针,可以初始化为"null_ptr";

(3)这次取址符操作"&"不再是可有可无,而是必须没有。

通过引用调用函数的语法仍然是:

```
r_add(1, 2);
```

【小提示】:老师,我记得有"函数对象"啊

"函数类型"只能产生"指针"或"引用"变量,不能产生普通的对象,不过,我们之前好像听过"函数对象"这个词啊?请读者找找本书中有关"函数对象"的内容。

定义函数指针类型别名

是不是烦透了函数类型的表达方法了?还好可以通过"typedef"或"using"为对应的指针类型取别名,比如指向"int(void)"类型的指针类型:

```
typedef int ( * PFunc)();   //PFunc 是"int (void)"类型的别名
```

然后这样定义指针:

```
PFunc p1 = get_month;
PFunc p2 = get_year;
```

那个可怕的套娃的定义语法,会变得相对简明:

```
//before: int ( * get_function_ptr (int i) ) (void)
PFunc get_function_ptr (int i); //after
```

注意,根据定义,PFunc 已经是指针类型,所以定义"get_function_ptr"变量时不能再加"*"。或者使用 C++11 新的 using 语法为函数类型取别名:

```
using   PtrAddFunction = int ( * ) (int, int);
```

也可以为函数引用取别名,不再举例。

【重要】:函数指针好像挺烦的

没错,函数指针 100%是挺烦的,而且本节提到的函数指针的复杂性,不过是冰山浮出水面的一角,比如还有成员函数指针呢。函数指针在 C 语言中的地位非常重

要,不会用函数指针就是不会用 C 语言。我们现在算是会用 C 语言了吗?当然不是!但管它呢,我们学习的是 C++呀。在 C++中,学习函数指针只是为了这个概念——"动作数据化"。

C++中,"动作数据化"有许多方法,每一个方法都比函数指针更加优雅。前面作业要求复习"函数对象",就是"动作数据化"的一种方法,紧接着下一节要学习 Lambda 函数,是"动作数据化"的另一种方法。

再见,函数指针!

7.11　Lambda 函数

C++允许在类型中嵌套类型定义,允许在名字空间中嵌套名字空间,也允许在函数中定义类型,但不允许在函数中直接嵌套定义函数:

```cpp
void foo(int p)
{
    int a = p * 24;
    cout << a * 2 << endl;
    bool bar(int b)    //不能在 foo 内嵌套一个 bar 函数的定义
    {
        a += 2;
        return (a * b) % 2 == 0;
    }
    cout << bar(a) << endl;
}
```

在函数中嵌套定义函数并不是"脑洞"大开的想法,有不少编程语言支持这个特性,同时它们被认为比 C++简单得多。不管怎样,如果允许在函数中直接嵌入新函数定义,C++一定会比现在要更加复杂。察看上例,内嵌的 bar 函数体中,用到并修改了外部函数 foo 中的局部变量 a。函数之间传递数据不再局限于入参和返回值,事情一定更复杂了,那一整套传值、传址和转移,可能又要再来一套?

这么一想,要感谢 C++之父没有引入函数嵌套函数的语言特性。然而随着C++11 标准生效,该来的还是来了!

7.11.1　基本概念

Lambda(λ)是一个希腊字母,在计算机科学领域中,用于表示匿名函数,也更多被称为"Lambda 表达式"。表达式计算结果被称为"闲包"。听起来"高大上",但我们有必要从匿名函数理解起。既然无名,那某个 Lambda 函数也许应该长这个样子:

```cpp
{
        /* 这是 Lambda 函数吗? */
    std::cout << "Hello Lambda." << std::endl;
}
```

只有函数体，没有函数名，自然也没有入参、没有返回值类型……这当然不是函数，我们对它太熟了，在语法格式上，这就是一个复合代码块。

必须有个标记（称为 Lambda Introducer）来表示一个匿名函数开始了，C++ 选择的是一对方括号"[]"，因此真正的 Lambda 函数，我们第一次接触到的 Lambda 函数，马上就来了：

```
[] {            /* 这真的是一个 Lambda 函数！*/
    std::cout << "Hello Lambda." << std::endl;
}; // < -- 注意，以分号结束
```

前面加上"[]"以示引导开始，后面接上分号以示引导结束，这就是一个真正的 Lambda 函数了。它仍然没有名字，没有入参，没有返回值类型。后二者终将解决（否则就不叫函数了），但还是没有名字。没有名字的函数怎么调用呢？

别急，请在"Code::Blocks"中新建名为 HelloLambda 的控制台项目，"main.cpp"代码如下：

```
#include <iostream>
using namespace std;
int main()
{
    [] {
        std::cout << "Hello Lambda." << std::endl;
    };
    return 0;
}
```

编译，运行，没有任何输出，因为这个匿名函数并没有被调用，也就是说它没有被执行。

调用 Lambda 函数有两种方法，先学习其中最直观的一种：就地调用，即在定义该函数时直接加上"()"以示调用。将上述的 Lambda 改为：

```
...
int main()
{
    [] {
        std::cout << "Hello Lambda." << std::endl;
    }();    // < -- 分号之前加上"()"表示就地调用，语法与普通函数一致
    return 0;
}
```

再次编译并执行，"Hello Lambda."的招呼出现了。

有些人喜欢使用古怪的符号，于是有了火星文，但程序员在一段代码中用上大中小三种括号，这真的就是为了好玩吗？去掉那三对括号，屏幕上也能输出那行招呼。

Lambda 函数有什么用呢？如果不就地调用，仅仅是 Lambda 函数的定义，则也可称为"Lambda 表达式"，而表达式有值，每一个 Lambda 表达式都可以得到一个类

型独特的值。类型独特到我们很难去表达它,但 C++ 11 中的 auto 不是可以自行推导出类型吗? 因此,就有了将某个 Lambda 表达式赋值给某个变量的用法:

```
int main()
{
auto F = [] {
        std::cout << "Hello Lambda." << std::endl;
    };  //要去掉就地调用,否则 f 成为函数的执行结果了
    return 0;
}
```

最新示例代码中的 F 是什么? F 是一个变量,F 是某个 Lambda 表达式的值,所以 F 是一个数据,但 F 这个数据又代表了一段可以调用的动作……有没有想起类似的概念,函数对象、函数指针? 加上 Lambda,这三者都是在努力地做一件事:"动作数据化"。事实上 Lambda 是一种"语法糖",它最终应该被编译成函数对象。

动作数据化之后,就可以像存储数据一样方便地存储动作,然后在必要时拿出来调用,比如:

```
int main()
{
    auto F = [] {
        std::cout << "Hello Lambda." << std::endl;
    };
    F();//调用
    return 0;
}
```

为了更好地体现"动作数据化"的好处,还是要想办法得出 Lambda 的类型,哪怕是兼容类型。C++ 标准库中有个 function 模板类,用来表达函数的类型非常方便。比如有一个"double foo(int , string)"的函数,那么它的类型可以使用"function <double (int, string)>"来表达。本例中的 F 对应的是一个没有入参、没有出参的 Lambda 函数,所以它的类型可表达为"function <void (void)> "。有了类型事情变得有趣了,比如可以定义该类型的数组:

```
function < void(void) > F[4];
```

并在里面放四个该类型的数据,最后再循环调用:

```
# include <iostream>
# include <memory>
# include <functional> //for function
using namespace std;
int main()
{
    auto F1 = [] {
        cout << "Hello Ycx." << endl;
    };
```

```
    auto F2 = [] {
        cout << "Hello Wjh." << endl;
    };
    auto F3 = [] {
        cout << "Hello Zxt." << endl;
    };
    auto F4 = [] {
        cout << "Hello Zym." << endl;
    };
    function < void(void) > F[4] = {F1, F2, F3, F4};
    for (int i = 0; i < 4; ++i)
    {
        F[i]();
    }
    return 0;
}
```

还好我是以 F4 团队作例子，如果使用某些"天团"，这光"Ctrl＋V"也会让人手抽筋啊。真正的解决之道，还是要考虑如何让 Lambda 函数支持设定的入参及返回值。

7.11.2　入参与返回

我们希望上例中问候的对象可以设置成参数。为 Lambda 定义入参的方法是在引入符（Lambda Introducer）之后，像普通函数一样加上一对圆括号，并提供参数列表：

```
[] (string const& name){
    cout << "Hello " << name << "." << endl;
};
```

入参同样支持传值、传址、转移等，本例就使用了常量引用。请完成作业：使用 function 模板写出该 Lambda 表达式所对应的类型。尽管 function 现在已非必须：

```
...
int main()
{
    auto F = [](string const& name) {
        std::cout << "Hello " << name << "." << std::endl;
    };
    std::string names[4] = {"Ycx", "Wjh", "Zxt", "Zym"};
    for (int i = 0; i < 4; ++i)
    {
        F(names[i]);
    }
    return 0;
}
```

Lambda 函数也可以通过"return"语句返回数据给调用者,并且多数情况下编译器可以检测以及自动推导出返回的类型,这意味着可以不写 Lambda 的返回类型:

```
int c = [](int a, int b){
    return a + b;
}(1,2);
```

以上 Lambda 表达式成功地计算出 1 加 2 等于 3,其返回值类型是 int。

【小提示】:就地调用 Lambda,也是一个表达式

既然是一个表达式,当然可以将整个表达式当作 cout 的输出对象:

```
cout << [](int a, int b){
        return a + b;
    }(1,2)     //表达式不包括";"
<< endl;
```

尽管格式看起来更乱了,但请大家多练习一下这样的写法,因为 Lambda 很多时候需要直接嵌入到更复杂的表达式中。当然,这并不是要让你故意打乱格式,比如把以上代码写成一行,那可真叫乱。

如果自动推导的类型不是想要的,或者就是想让代码表达更明确一些,可以使用 C++ 11 新式的函数返回值声明语法,即" ->"的新用法:

```
[](int a, int b)->double   //刻意让函数返回 double
{ return a + b; }
```

7.11.3　捕获/capture

有入参、返回值,能调用,Lambda 函数已经越来越像普通函数了,C++引入这个新功能到底图什么呢? 先看看截止到这一刻,Lambda 函数和常规函数有什么不同:

（1）Lambda 函数可以直接定义在函数内部;

（2）Lambda 函数可以就地调用;

（3）Lambda 函数本身就是"动作数据化",而普通函数需要通过函数指针实现。

事实上如果仅仅是为了把函数嵌套定义在另一个函数体内,普通函数也有迂回之道。成员函数也被归为普通函数,因此可以在函数内定义类型或结构,然后在后者当中定义成员函数。至此,我们几乎要冲入 C++ ISO 标准委员会办公室,质问:有函数指针,有函数对象,再搞一个大同小异的 Lambda 函数（并且看起来很丑）,故意加高 C++的学习门槛,有意思? 轻易地质疑自己不了解的东西,那是很"低端"的人才做的事啦。本书的作者以及读者才不是这种人。真要吐槽 Lambda 的复杂性,那也得在学习它的"捕获"外部数据功能之后再来。

Lambda 定义在函数之内,而这个函数（以下称外部函数）往往已经拥有了一些数据。如果用普通函数（包括定义在函数内的类的成员函数）使用这些数据,只能通

过入参传递。这是 Lambda 也具备的功能,但 Lambda 还有一个大招,即它可以通过"捕获",达成直接使用外部数据的效果。先预备一个例子:

```
void foo(int a)
{
    double b = a * 2;
    char c = [](int d) ->char {
        char e = static_cast < char > (d);
        return e;
    }(a / 2);
    int f = c + 2;
    cout << f << endl;
};
```

这段代码中有六个变量,分析如下:

(1)变量 f 在 Lambda 表达式定义之后出现,显然不能为后者直接使用;

(2)变量 c 用来获得后续 Lambda 函数执行的返回值,逻辑上不应当在 Lambda 中使用它;

(3)变量 d 是 Lambda 的入参,e 是其内部定义数据,二者当然可被 Lambda 使用,因此忽略不提;

(4)余下的是 a 和 b,该如何在 Lambda 中使用呢?

让一个 Lambda 可以直接使用其所处的外部环境的数据,称为"捕获(capture)"。所要捕获的数据,借鉴"参数列表"的说法,称为"捕获列表",捕获列表定义在 Lambda introducer,也就是一开始的"[]"之内。如果希望上例的 Lambda 可以访问 b 变量,可将它加入"捕获列表":

```
void foo(int a)
{
    double b = a * 2;
    auto c = [ b / * 捕获 b * / ](int d) ->char {
        char e = static_cast < char > (d + b);   //使用 b
        return e;
    }(a / 2);
    int f = c + 2;
    cout << f << endl;
};
```

捕获列表中的数据,显然不用指明类型,因为它们已经是实际存在的数据,类型已经明确。但是,和函数调用时所传递的实参有一个重要的不同点:捕获列表中的数据,默认采用"只读"传递。例中 Lambda 虽然捕获了 b,但只能读取,不能修改,比如:

```
...
  auto c = [b](int d) ->char {
    char e = static_cast < char > (d + b);
```

```
    b = 1.23；    //尝试修改所捕获的 b,失败
    return e;
}(a / 2);
...
```

编译将得到明确的错误："error：assignment of read－only variable 'b'"。如何才能修改所捕获的变量数据呢？这又分成两种情况：第一种情况是在 Lambda 函数内修改捕获的数据,可直接影响到外部的源数据,称为"传址捕获"；另一种情况是在 Lambda 函数内修改所捕获的数据,修改的是一份复制品,对源数据不起作用,称为"传值捕获"。默认的那种只能读不能写的称为"只读捕获"。请注意："只读捕获"的实现是使用"传值"方式,只是在复制品上加 const 修饰。如果只是为了"只读",为什么不采用效果更高的"常量引用"传递呢？请带着这个问题,继续读下去。

【课堂作业】：请证明 Lambda 的"只读捕获"会复制数据

提示：自行设计一个 struct,为其提供某个函数,实现该结构数据被复制时,在屏幕上输出信息,以证明题意。

需要使用"传址"捕获的数据,只需为其加上"&",如果是普通函数的实参传递,这会让函数得到一个指针,但 Lambda 得到的却是引用：

```
...
auto c = [&b](int d) ->char {
    char e = static_cast < char >(d + b);
    b = 1.23;  //成功!
    return e;
}(a/2);
...
```

可以一次捕获多个数据,同样使用逗号分隔。每个数据可明确指定是只读还是传址,比如再加上对 a 的只读捕获：

```
...
auto c = [ a,&b ](int d) ->char {
    char e = static_cast < char >(d + b);
    b = 1.23 + a;  //成功
    return e;
}(a/2);
...
```

现在例子对 Lambda 的调用是"就地调用",重要的问题来了：如果改为延迟调用一个 Lambda,甚至是出了当前语句块才调用,此时原有外部数据中的栈数据都挂掉了,那么这次 Lambda 调用中用到这些数据时,会怎样？

因为"只读捕获"背后采用的是"(值)复制",所以它拥有的是全新的复制品,其生命周期将和 Lambda 作为数据的生命周期一致,因此和源数据无关。而"传址捕获"就需要注意了：

```
void foo( int a )
{
    function < void ( void ) > F;
    { //-- 刻意定义一个局部代码块 --
        int a = 1;
        std::string s = "AAABBBCCCDDD";
        F = [a, &s] {
            cout << a << endl;
            s += "EEE";
            cout << s << endl;
            };
    } //刻意定义的局部代码块结束了
    F();
}
```

捕获列表并不会影响一个 Lambda 自身的类型,所以在实例化 F 类型的 func-
tion 模板时,其入参类型还是"void(void)"。当前 Lambda 所捕获的数据源,都是某
个局部代码块内的栈数据,但对 F 的调用却是在出了该代码块之后才执行。代码执
行时,程序往往会挂掉,因为用到了 s 的引用,而 s 数据本体已经随代码块的结束而
烟消云散。如果去掉对 s 的捕获,或者也将它改回"只读捕获",则程序运行正常。

前面提到捕获至少有"只读""传址"和"传值(复制)"三种。其中"只读"是"传值"
的一种特殊情况,即复制后加上 const 修饰。由此推理,"传值"捕获就是直接原汁原
味地复制源数据,不加 const 修饰。捕获多个数据时,可以指定"传址 + 只读",或者
"传址 + 传值"的组合,三者并不能同时存在。想要改变默认的"只读"方式捕获,需要
将整个 Lambda 函数声明为 mutable,这非常类似于常量成员函数所带有的 const 修
饰方式,但作用正好相反。

下面使用 mutable 修饰一个 Lambda,这将造成其默认捕获的复制品,都不再是
常量:

```
void foo()
{
    int a(1), b(2);
    [a, &b] () mutable {
        a = 10;   //a 也可以修改了,只是修改的是复制品
        b = 20;   //b 还是修改外面的 b
    } () ; //就地调用
    cout << a << endl; //1 外部源数据不受影响
    cout << b << endl; //20
}
```

最后,如果嫌麻烦……哦,不不不,如果确实刚好当下所有数据都需要被捕获,那
么可以使用"="和"&"来实现,二者区别如下:

(1) [=]:以传值方式,捕获当前可捕获的全部数据对象。除非 Lambda 被置为

mutable,否则所有数据捕获后都是只读的;

(2) [&]:以传址方式,捕获当前可捕获的全部数据对象。

下面示例采用传值(只读)捕获全部:

```
void int foo()
{
    int a(0), b(1), c(2), d(3);
    auto F = [ = ] () -> int {
        cout << a << ',' << b << ',' << c << ',' << d;
        return a + b + c + d;
        };
    a = b = c = d = 0;
    F(); // 6 : 0 + 1 + 2 + 3
}
```

尽管在"F()"调用前,所有数据都归零了,由于是复制传值,所以 F 记忆的数据,仍然是原来的值。

 【课堂作业】: 感受"传址捕获"

请将上例改为[&]捕获,观察并思考分析结果。

7.12 操作符与表达式

"操作符"和"函数"是一个概念:对某些类型的数据进行某种操作。比如操作符"+"可以对许多数值执行相加操作而得到"和"。以用于整数相加的操作为例,可以理解为有这样一个全局函数的存在:

```
int operator + (int n1, int n2);
```

当然,这并不是要求我们用这样的语法计算 1 加 2:

```
in n1 = operator + (1,2); //错误语法,语言内置的操作不允许这样做
int n2 = 1 + 2; //正确语法
```

这也正是操作符的价值所在:用自然的语法,做自然的操作。

 【小提示】: 操作符重载

C++注重操作符"自然而然"的表达,所以它允许针对用户自定义的类型,定制你所需要的某个操作符的行为,这个概念就叫"操作符重载"。

有"操作符"还得有"操作数",严格讲是"被操作数"。例如"a + 2"中操作符为"+",操作数为"a"和"2";而"a + 2"则被称为一个"表达式"。表达式可以由多个操作符及多个操作数组合而成,只要组合结果是一个可求值的算式。小学三四年级时,我们最烦的可能就是这样的四则运算,老师总要让我们对它们求值:

$4\times(108+10)\times20\div10$

没错,这就是一个表达式,只不过在 C++中,它被写成:

$4*(108+10)*20/10$

操作数当然不仅仅是数字,字符串也是一种数据,"std::string"类型的数据,也可以进行相加操作,如:

```
std::string s1 = "Hello";
std::string s2 = "world!";
std::cout << s1 + " " + s2 << endl;
```

最后一行当中的"s1 + " " + s2"也是一个表达式。函数和操作符同属"操作",所以表达式当然也可以包含函数调用,比如"3 + pow(10, N)"也是一个表达式。通过计算,表达式可以求出结果。事实上哪怕没有任何操作,就只是提供一个操作数,也是一个合法的表达式。比如 100 或 "Hello"。

之前课程中提到的"算式",现在可以有一个高大上的术语了:表达式。

7.12.1 算术操作

加减乘除

C++,加减乘除的操作符依次为:"+""-"" * "和"/"。

加、减、乘的操作没有什么需要特别说明之处,和生活中的相关运算一样,包括运算优先级,如:

```
1 + 2 - 3 * 4;
```

这个表达式的结果:-9。唯一需要特别说明的是除法,运算符"/"对整数类型(包括 short、char 等)进行操作时,小数部分将被截掉,称为精度丢失。因为整型类型的数据不能保存小数部分,如:

```
int i = 5 / 2;
002   float f = 9 / 2;
cout << i << endl; //输出:2
cout << f << endl; //输出:4
```

初学者容易认为,是"接受"结果的数据类型决定了精度是否丢失。比如,以为"5/2"应该得到 2.5,然后赋值给变量 i 时,因为 i 是 int 类型,所以只能得到 2。这样想是错的,精度丢失发生在"5/2"的计算过程,根本原因在于被除数和除数都是 int 类型,所以结果也只能是 int 类型。这样才能解释例中的 f 虽然是 float 类型,但值为 4 而不是 4.5。

C++处理除强制转换以外的任何计算时,总是取操作数中的最大精度,所以想让 5 除以 2 得到 2.5,有很多方法,例如:

```
cout << 5.0 / 2.0 << endl;
```

```
cout << 5 / 2.0 << endl;
cout << 5f / 2 << endl;
cout << 5F / 0.2E1 << endl;
cout << (double)5 / 2 << endl;
cout << 5 / static_cast < float >(2) << endl;
...
```

当然,如果计算结果太大、太小或者小数位太长,仍然会发生精度丢失,但这已经不是除法操作符的责任了。

> 【小提示】:"精度丢失"和"数值溢出"

让两个天文数字相乘或相加,结果可能造成数值过大无法用既定字节表达,这叫"数值溢出",但其实它和"精度丢失"是一个道理。

最后一点注意仍然和除法有关,重要的事情说三遍:千万避免除零操作,千万避免除零操作,千万避免除零操作!但如果我是你,必然现在就非要试试!学习语言本身,要有青春期的万丈热情、精力无穷和一点叛逆。

求模运算

"求模"运算虽然采用"%"操作符,但和"百分比"没什么关系。通俗说法是"求余"。比如:

```
int a = 5 % 2;
```

a 的值将是 5 除以 2 的余数:1。来一段简单的求模运算例程:

```
for (int i = 0; i < 100; i++)
{
    cout << i % 5 << ",";
}
```

求模操作的第二个操作数,也不能是 0。如果不幸发生除 0,程序通常会异常退出。

正负操作

再简单不过了,"−5"表示负数五,"+5"或 5 表示正数五:

```
int i = 5;
int j = - i;
int k = - j;
```

相信大家能一眼看出 i、j、k 的值。如果您想强调"五减去负二",请用上括号如 5 −(−2)。

7.12.2　基础操作

赋值操作

一直在用"=",如果习惯叫它"等号",请改口到正确的名称:"赋值操作符"。赋值操作符左边的数据,称为"左值",右边的则为"右值"。赋值操作就是将右值复制一份,交给左值,结果左值被修改了,而右值保持不变:

```
int age = 10；//我们已经知道这里严格讲不叫赋值,而叫"初始化"
age = 11；
```

C++中,赋值操作的优先级很低,通常要等到右值都计算完毕之后,再执行赋值。允许在同一表达式中连续赋值:

```
int i,j,k；
i = j = k = 99；
```

运算过程是:先将 99 赋值给 k,再将 k 值赋给 j,最后将 j 值赋给 i。另外,在C++中,赋值操作也是一个表达式,上述表达式的结果是 99。唉,让赋值操作也归为表达式,这是一个追求灵活、不太理智的决定,等讲到 if 复合语句时再说吧。

括号操作符

"()"运算符可以改变计算过程中的结合情况,比如:

```
int a1 = 1 + 3 * 2；
int a2 = (1 + 3) * 2；
```

显然,a1 与 a2 值不相同。小学算术中,有大括号"{}"、中括号"[]"和小括号"()"。呵呵挺复杂的,C++只用"()",请看:

```
int a3 = ((1 + 5)/(3 - 1)) * 3；
```

先计算"1+5",再计算"3-1",接着计算"6/2",最后计算"3 * 3"。最后的最后,将 9 赋值给 a3。

7.12.3　关系操作

"关系"运算？ 听上去有些费解。

【轻松一刻】：关系运算

计算机系一对师哥师妹处朋友,某晚两人正在校园林荫处谈情说爱,突然杀出一校监:"你俩什么关系? 说!"果然不愧为计算机系的一对小情侣,以下是他们的回答。男:"我比她高!"女:"我比他瘦。"男:"我比她壮!"女:"我比他美。"校监:"我比你俩晕……"

所谓的关系运算,在 C++语言中,就是将数据进行"比较"。

算术运算得到的结果为数值类型,关系运算结果则为"逻辑类型",也称为"布尔类型",即我们之前所学习的 bool 类型所允许的值:true 或 false。这次我们用实例,来组织关系操作符,如表 7-22 所列。

表 7 - 22 关系运算操作符

操作符	意 义	示 例
==	相等判断	1==(2-1)为 true； 5==8/2 为 false
!=	不等判断	1!=(2-1)为 false； 5!=8/2 为 true；
<	小于判断	1 < 2 为 true； 1 <(5-4)为 false；
<=	小于或等于判断 （即：不大于）	1 <=2 为 true； 1 <=1 为 true； 1 <=0 为 false；
>	大于判断	5 > 4 为 true； 5 > 10/2 为 false；
>=	大于或等于判断 （即：不小于）	1 >=1 为 true； 1 >=-1 为 true； -9 >=-8 为 false；

7.12.4 逻辑操作

C++中有三个逻辑操作符：与、或、取反，如表 7 - 23 所列。

表 7 - 23 逻辑运算操作符

操作符	意 义	示 例
&&	"逻辑与"：仅当两个条件都为真时，结果才为真	(3 > 1)&&(1 <=0)结果为假 (1!=2)&&(5 > 4)结果为真
||	"逻辑或"：只要有一个条件为真时，结果就为真	(3 > 1)||(1 <=0)结果为真 (1 < 0)||(5 > 10)结果为假
!	"取反"：即将真变假，将假变真	!(3 > 1)结果为假 !(5!=4)结果为真

如果觉得"逻辑与"或"逻辑或"听起来怪怪的，可以将它们分别称为"并且"和"或者"。"&&、||、!"三者的优先级是：!、&&、||，比如：

```
a || b && ! c
//相当于：
a || (b && (! c))
```

我当然推荐大家采用后面那种写法。下面列出"&&"操作的各种组合情况，并给出逻辑案例：

```
true && true→true      //5 比 2 大  并且  钓鱼岛属于中国
true && false→false    //有些人一旦错了就不在  并且  苹果手机很便宜
false && false→false;  //我年薪千万  并且  用盗版书真有面子
```

除算术很差，除非不爱国，除非没有什么感情经历，除非你真的年薪千万除非你三观不正，否则以上"真"并且"真"得到的"真"等推演过程应该是相当直观的。接着看看"||"操作的各种组合情况：

```
true || true→true;     //5 比 2 大  或者  2 是偶数
true || false→true;    //5 比 2 大  或者  2 比 5 大
false || false→false;  //5 是偶数  或者  2 比 5 大
```

最后是"!"操作的情况：

```
! true→false    //非真为假
! false→true    //不假为真
```

编程除了需要良好的体力之外，更需要讲逻辑的能力！是时候评测读者的逻辑思维能力了！请回答以下命题是否正确：

(1) 命题一

抽烟有害健康 &&《白话 C++》是最好的 C++ 课程。

解题：命题不成立。因为《白话 C++》不是最好的 C++ 课程。

(2) 命题二

相声讲究说学逗唱 || 所有相声演员精通说学逗唱 && 有些相声演员爱养马

解题：命题成立。此题相当于：true || (false && ???)。无论"???"是真是假，都不影响本题结果为真。为了提高效率，事实上程序在处理一个逻辑表达式时，只要当前计算已经能够得出答案，后续子条件将被忽略。比如本题中的"有些相声演员爱养马"吗？这个问题程序根本不去思考，请看一个简单点的例子：

```
（1 > 2) && （50 年内，中东能够取得和平）
```

程序根本不去思考本题中的"中东和平问题"，因为之前的"1 >2"肯定为 false，而无论"false&& true"，或"false && false"，结果都是 false。再做一点变换，请先找出不同之处，再解答：

```
（1 < 2) || （50 年内，中东能够取得和平）
```

同样，运行时程序将不去计算"中东和平问题"，因为之前的"1 <2"肯定为 true，而无论"true || false"或"true || true"，结果都是 true，后面的条件并不重要。

 【危险】：数值与"真""假"的关系

别忘了：在 C++ 中数字 0 被当作"假（false）"，而所有非 0 值被当成"真（true）"；但反过来，true 却只对应 1，而非对应到所有非 0 数值。所以，表达式（false＝＝0）和（true＝＝1）都成立，而（true＝＝2）却不成立。

7.12.5 位操作

计算机可以处理的最小内存单位是"字节(Byte)",在绝大多数设备上,一个字节包含 8 个"位(bit)"。不过 C++提供了一套操作符,用于模拟对"位"进行操作。

【小提示】: 位操作是如何模拟出来的

内存有一字节,最低位为 1(比如:1011)。现在要将该位变成 0(1010),其他的位不能碰。这做不到,因为计算机能处理的最小内存单位是一个字节。但是我们算出一个新的数值(十进制的 10),让新数值和原数值正好就第 0 位不同,其他位保持一致,然后将这个数写回到这一字节的内存。这样,看起来就像是仅仅第 0 位被"改写"了一样。

《基础篇》讲解过如何采用"连除法",快速地将一个十进制的整数转换为二进制数。请复习一下,如何将 18 转换为二进制数。我的心算方法是先将它转换为 16 进制,它应该是"16+2",所以是 0x12。再使用"8421 魔咒"转换到二进制:0001 0010。该字节在内存的表达如图 7-31 所示。

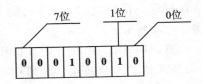

图 7-31 十进数 18 的二进制表达

假设我们希望将图 7-31 中标为 1 位上的 1,转成 0,根据前面所说的方法,我们需要这样处理:

```
int b = 0x12;  //或"int b = 18";
b = 0x10;   //或"b = 16";
```

这样显然太累了,所以 C++提供了一些"位"操作符,可以更高效方便地处理,如表 7-24 所列。

表 7-24 位操作符

运算符	意 义	示 例	运算符	意 义	示 例
～	按位取反	a=～b;	|	位或	a=b|c;
≪	左移	a=b ≪ 2;	&	位与	a=b & c;
≫	右移	a=b ≫ 1;	^	位异或	a=b^c;

按位取反

将操作数每一位都取反:1 变成 0,0 变成 1。比如一个无符号字节 b,对其取反:

```
unsigned char b = 0x12;  //gcc 扩展或 14 新标准下可写成 0B00010010;
unsigned char a = ～b;
```

则 a 的值为:0B11101101,即:0xEB。

【危险】：避免操作符号位

语法规定不能对一个浮点数进行位操作，但可以对带符号数进行位操作 。那带符号数的符号位（最高位）要不要参与运算呢？比如取反时，要不要对最高位取反？系统不保证一致，因此最好的办法是，仅对无符号数进行位操作，如果它原来是带符号的数，则建议先强制转换为无符号数。

左移操作

操作符"<<"将整数的每一位向左位移动指定位。以值为 1 的字节为例：

```
unsigned char b1 = 1;
unsigned char b2 = b1 << 1;
unsigned char b3 = b2 << 2;
```

运行以上代码之后，b1、b2、b3 内存示意图如图 7-32 所示。

注意，"b1 <<1"并没有造成操作数 b1 被改变，而是得到了一个新值。新值中，乍一看是最右边的 1 向左移了一位，其实是每一位都被左移了一位。左移 N 位，右边（低位）就补 N 个 0。

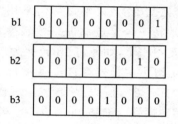

图 7-32　按位左移示意

 【小提示】：左移一位发生了什么

假设十进制数也可左移，比如 1，左移一位变成 10，再左移一位变成 100，每次都相当于乘以 10。一个无符号数左移二进制的一位，则相当于乘以 2。因此上述 b2 和 b3 的初始化也可以写成：

```
unsigned char b2 = b1 * 2
unsigned char b3 = b2 * 4;
```

在优化编译时，这样的代码会被改为右移操作。

如果某位上的 1 一直左移，结果"移出"最左边了，怎么办？没什么办法，这也是"溢出"，那一位也许从此迷失在计算机无尽的电路中，也许干脆"溢出"计算机进入某个二次元的世界了……别幻想了，作业已经写在小黑板上了。

【课堂作业】：32 位环境下，最大的整数左移溢出实验

请编写以下代码，事先人肉计算结果，再比对实际运行结果：

```
unsigned int S = 0xFFFFFFFF;
cout << S << endl;
unsigned int D = S << 1;
cout << D << endl;
```

右移操作

操作符"＞＞"将整数的每一位向右边移动指定位。如果是一个带符号的数,则符号位上的 1,可能是将符号位向右移(并且保留原符号位),也可能仅插入 0 值,不同的机器可能有不同的处理。代码如下:

```
unsigned short a = 0x02D5;
unsigned short b1 = a >> 1;
unsigned short b2 = b1 >> 3;
```

运行之后,a、b1、b2 内存示意图如图 7 - 33 所示。

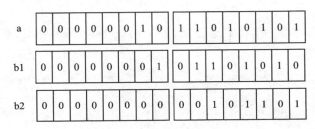

图 7 - 33   按位右移示意

无论左移或右移,所移位的个数不能为负数,比如"a ＞＞ －2"为非法。

按位与、按位或

按位与(&)、按位或(|),和逻辑与(&&)、逻辑或(||)有些类似:

(1) 逻辑与、逻辑或:操作对象是布尔值(如果非要作用到整数,则 0 转换为 false,所有非 0 转换为 ture)。然后开始处理"真并且真得真""真并且假得假"和"真或假得假"等运算;

(2) 按位与、按位或:操作对象是整数(严格讲是无符整数),然后针对两个数的二进制的每一位(不是 0 就是 1),进行"逻辑与"或者"逻辑或"的操作,结果写到对应位上。

比如:

```
unsigned char a = 5, b = 3;
unsigned char c = a & b;
unsigned char d = a | b;
```

将 a、b、c 全部用二进制表达,则 c 值的计算过程如图 7 - 34 所示。

图中最低位被涂灰,因为就在这位上,a 和 b 都是 1。1 代表 ture,所以 c 的这个位上结果为 1。而其他位上都只能计算出 0。

d 值计算过程如图 7 - 35 所示。

按位或(|)的逻辑是:a 和 b 相同位上,只要一个是 1,那么结果就是 1;仅当二者都为 0 时结果才为 0。图中涂灰的位都得到了 1。

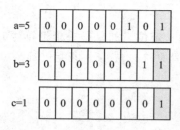

图 7－34 按位与计算示意

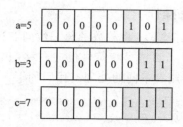

图 7－35 按位或计算示意

异　或

异或操作符是"^"。异或的意思是：如果两位不同（异），取 1；相同（不异）取 0。所以有：

```
1^1 = 0   //相同
0^0 = 0   //相同
1^0 = 1   //不同
0^1 = 1   //不同
```

代码如下：

```
unsigned char a = 5, b = 3;
unsigned char e = a ^ b;
```

对应的内存示意如图 7－36 所示。

请读者自行按位分析计算结果，不要受图中灰格影响。

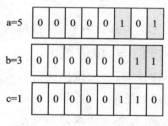

图 7－36 按位异或运算示意

7.12.6　自运算

自加、自减、自除

先看编程中常用到的例子：

```
int a = 10;
a = a + 1;
```

上面的代码执行后，a 的值是 11。或许有人不是太理解"a＝a＋1"这种运算的过程。但如果你纠结的是"为什么 a 和 a＋1 会相等"，那你就该面壁自过了。

"a＝a＋1"操作过程是：

（1）先算出表达式"a＋1"的值为 11（此时 a 值没有变）；

（2）然后将 11 赋值给 a，于是 a 值变成 11。

如果 a 代表您的存款，那么上述例子表达的大意是：您原来有 10 万存款，后来"您的存款被赋值为现有存款加上 1 万"，因此可以称为"存款自增一万"。如果 a 代表小孩的年龄，那么表达的大意则是：小孩原来是 10 岁，后来"小孩的年龄变成比原来的年龄多了一岁",通常可称为"小孩长了一岁"。

这类操作，就叫做"自操作"。如果不允许自操作,则以上代码可能就需要添加临时变量并加以"转手"。不过在 C/C++中自操作还可以更简洁高效：

```
int a = 10;
a += 1;  // a : 11
```

"＋＝"叫做"自加操作"。它将右值加到左值。比如：

```
int b = 100;
b += 12;  // b : 112
```

加减乘除以及求余等算术操作,都有自运算,如"－＝"、"＊＝"、"/＝"、"％＝"。

```
a -= 10;
a % 5;
```

位操作也有自操作,如"&＝"、"|＝"、"<<＝"、">>＝"。

```
a &= b;
a << = 2;
```

【课堂作业】：

写出以下代码片段的输出：

```
int a = 10;
a += 10;
a * = a/5;
a/ 3;
a % = 7;
cout << a << endl;
```

递增、递减

如果自增和自减的数量是 1,那么还可以写成："＋＋"和"－－"。比如：

```
int a = 10;
++a;  // a : 11,表达式结果也为 11
```

执行完以上代码后,a 的值为 11,因此,"＋＋a"类似于"a＋＝1"。同样还有"－－"操作,但没有"＊＊"等操作符,比如：

```
int a = 10;
++a;
-- a;
```

应该很容易推导出一加一减之后,a 的值回归到 10。让人犯晕的是："＋＋"和"－－"操作分别都有"前置(Prefix)"与"后置(Postfix)"之分。前例是"前置",下例是"后置"：

```
int a = 10;
a++;    // a：11，但整个表达式的结果是 10
```

执行完以上代码，a 的值同样为 11，所以看起来 a++ 也类似于 a+=1。二者的微妙区别已经写在注释中了。++a(前置递增)和 a++(后置递增)都能让 a 值增 1，但如果考虑表达式的结果，前置表达式结果取 a 的终值，而后置表达式的结果则取 a 的原值。

```
     int a = 10;
002   cout << a++ << endl;    //输出 10
      a = 10;                 //a 恢复为 10
005   cout << ++a << endl;    //输出 11
```

再来一个稍复杂的例子：

```
int a = 10;
int b = 9;
003   int c = a + b++;
cout << c;
```

003 行，先处理 b++，是后置递增，所以 b 虽然变成 10，但表达式结果是原值 9，于是计算 a + 9。最终得到的 c 值为 19。

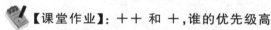

【课堂作业】：++ 和 +，谁的优先级高

003 行，运算的是："a + (b++)"，还是"(a + b)++"呢？这关乎于++和+操作符的优先级，请自行分析上例，并写出更多的测试代码。

相比后置操作，前置递增可描述为：递增，然后返回递增后的值。这样显得直观一些。

【重要】：有关递增、递减操作的重要原则

(1) 尽量不要在复杂的表达式中嵌入"++"或"——"的操作。后置操作的猫腻已经让人头晕了，还要考虑优先级呢，比如：

```
int a = b+++c;
```

是(b++)+c，还是 b+(++c)？可绕呢！在这些标准细节敲定之前，不同编译器搞不好会有不同的解释。

(2) 当需要使用时，尽量使用前置操作，而非有副作用的后置操作。

7.12.7 逗号操作符

在声明或定义多个变量时，会使用到逗号：

```
int a, b;
double c = 10.09, d = 0.134;
```

但这里的逗号仅是一个语法组成,算不上操作。下面的代码中,逗号才是操作符:

```
int a;
int b;
003    int c = (a = 1, b = 2 * a); //此时 ',' 是一个操作符,c 值应该是多少呢?
```

逗号操作的运算规则是:先计算其左边的子表达式,再计算其右边的子表达式,右边子表达式作为整个表达式的值。比如有表达式如下:

```
5 + 2,6,7,8,9,10 + 1
```

该表达式最终结果是 11。

003 行代码,先让 a = 1(别忘了在 C/C++ 中,赋值也是表达式),然后计算 b = 2 * a,得到 2,并以该值为赋值操作符右部表达式的值,赋值给 c。逗号操作符的优先级比"赋值"操作符还低,所以如果 004 行写成:

```
c = a = 1, b = 2 * a;
```

整个表达式的值仍为 2,但 c 值为 1。

7.12.8 取址、取值

"&" 和 "*",老朋友了。取址 "&" 的操作数必须是变量或常量,以取得其内存地址:

```
int a;
int * address_of_a = &a;
cout << address_of_a << endl;
```

倒过来,我们可以用取值操作符:"*",求得在指定的内存地址中,所存放的值:

```
int * p = new int {100};
int a = * p;
cout << a << endl;
```

指针变量存放的值是一个内存地址,但为存放这个地址,也需要一块内存。请回忆,这块内存固定为几个字节? 这固定大小的几个字节,本身也有地址,其实就是指针的指针。

```
int * p = new int {100};
int** address_of_pointer = &p;
cout << address_of_pointer << endl;
```

address_of_pointer 指向一个名为 p 的指针,而 p 又指向一个 int 数据。假设要通过它来修改最终所指向的值,就需要连续做"取值"操作两次。第一次取得一个指针,第二次取得这个指针所指向的值:

```
cout << ** address_of_pointer   << endl; //100
** address_of_pointer = 200;
```

当然,也可以释放所指向的指针,然后让它指向另一个地址:

```
delete * address_of_pointer;
 * address_of_pointer = nullptr;
int other_int;
 * address_of_pointer = &other_int;
```

7.12.9　成员访问

有一个 struct:

```
struct Person
{
    std:;string name;
    int age;
    void SayHello() const;
};
```

结构或类的栈对象通过"成员访问操作符",(其实就是一个点"."),访问公开的成员数据或方法:

```
Person p1;   //栈对象
p1.name = "tom";
p1.SayHello();
```

如果是堆对象(或者是一个指向栈对象的指针变量),理应先通过取值操作符' * '取得其所指向的对象,然后再用成员访问操作符'.'取得其成员。为了保证这一"先"一"后",还需要用改变优化级的"()"作预处理:

```
Person *  p2 = new Person;   //堆对象
Person *  pp = &p1;   //或者是一个指向栈对象的指针变量,p1 见前例代码
( * p2).SayHello(); //用到"()"、' * '、'.'
```

这个时候,你应当想起" ->"符号了:

```
p2 -> age = 22;
pp -> age = p2.age + 1;
pp -> SayHello();
```

" ->"就是"取值"和"成员访问"两样操作的有序组合。当然,在看破红尘的程序员嘴里,它常被叫做"减大于"。

7.12.10　指针偏移计算

改变偏移

将指针和一个整数,显式或隐式地进行加减操作,具有特定的结果。

```
int a[3];
int p = a;   //p 指向数组 a
```

两行代码表达的是，a 是包含三个整型元素的数组，p 指向它，如图 7 - 37 所示。

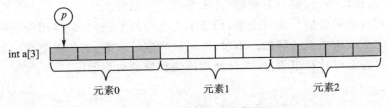

图 7 - 37　p 指向 int [3]数组

一个格子代表一个字节，每个 int 元素占用 4 字节。p 现在指向第一个元素（下标为 0 的元素）。接着我们执行：

```
* p = 1;
```

将元素 0 的值变为 1，这不是重点，我们继续执行：

```
+ + ( * p);
```

对 * p 执行自加操作，结果元素 0 的值变成 2，这也不是重点，继续：

```
+ + p;
```

对指针本身执行自加操作，指针将指向下一个元素（而不是下一个字节），如图 7 - 38 所示。

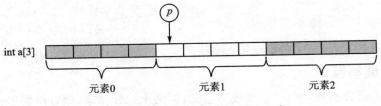

图 7 - 38　＋＋p 之后，指向下一元素

p 将越过 sizeof(int)个字节，以实现自加后指向下一元素。现在对 * p 的操作，对应到元素 1。"前置自加"和"后置自加"同样只影响表达式的最终取值。举一返三，自减操作"－－"以及"＋="、"－="作用在指针身上的运算效果，请自行推敲。现在来看恐怖片：

```
int *  p = new int[3];
+ + p;
* p = 9999;      //修改下标为 1 的元素的值
delete [] p;
```

片段作者非常清晰理智地使用了"delete []"，因为 p 指向堆数组。听说过满清十大酷刑中的"腰斩"吗？经过"＋＋"操作后，p 指向堆数组的腰部，然后被"delete []"，像刀一样地斩除。这是程序员自我管理裸指针的另一个可怕之处：释放了一个已经发生偏移的指针！以本例来说，元素 0 可能被遗留下来，而元素 2 之后有路人四个字节，可能被误斩，这都只是猜测，并不是确定的结果。

所以有时候需要搞个临时变量，用于事先备份原始指向，最终用于正确释放。请读者采用此法改正本例的问题。不过，有时候则应该考虑：真的需要改动指针的指向吗？也许只需临时计算出偏移，然后处理该偏移处的数据即可：

```
int *  p = new int[3];
p[1] = 9999;   //同样修改下标为 1 的元素的值
delete [] p;   //这次没有惨剧发生
```

"[]"下标访问是很直观的计算偏移的操作，不过前面我们提过，像"＋＝"操作是可以用在指针身上的，所以第二行代码也可以写作：

```
* (p + 1) = 9999;
```

编译器其实会将 p[N]的操作，编译为 ＊(p＋N)。而根据加法交换率（一本正经地胡说八道），后者又等同于 ＊(N ＋ p)……既然都说到这里了，为什么还要掩盖那件令人哭笑不得的事呢？

【轻松一刻】：2[P] 是什么东西？

如果 P 是一个地址（指针、数组等），则在 C/C++代码中写"2[P]"这样的代码是合法可行的。因为编译结果是"＊(2＋P)"，不信请试试：

```
int P[3];
2[P] = 10; //OK! P[2]值将为 10
```

千万别把 2 写成 3，因为凡事莫越界。

计算偏移量

让两个指针相加，不合法，也没有意义，但两个指针相减，倒有些意思：

```
int a[10];
int * p3 = a + 3;
int * p5 = a + 5;
int offset = p5 - p3;   //offset 值？
```

两个指针相减，用于计算二者之间的偏移量，偏移的单位仍然是元素个数而非字节数，所以上述代码中的 offset 值为 2。

计算指针间的偏移量，有个前提，即两个指针应该指向同一次分配申请所得到的连续内存。如果不怕程序出问题，非要强行相减也是可以的，不过至少两个指针的类型得一致。经常允许一个指针指向已分配内存的前后边缘，用于表示"此为本内存块之边界"。

有个字符串字面值为"Hello Tom!"，想让指针 p1 和 p2 分别指向其中第 1 和第 2 个"o"的位置，并计算二个位置间的偏移。最平淡朴素的实现是：

```
int main()
{
    char const * str = "Hello  Tom!";
    char const * p1, * p2;
    p1 = p2 = str;
    int found = 0;
    for (char const * p = str; * p != 0; + +p)
    {
        if ( * p == 'o')
        {
            + + found;
            if (found == 1)
            {
                p1 = p;
            }
            else if (found == 2)
            {
                p2 = p;
                break;
            }
        }
    }
    cout << p1 << endl;
    cout << p2 << endl;
    cout << p2 - p1 << endl;
    return 0;
}
```

p2－p1 居然是 4？哈哈，我偷偷在两个单词之间塞了一个空格呢。最后，如果是计算"p1 － p2"，会有什么好果子吃吗？请试试吧。

7.12.11　数组运算

不能对一个数组进行一切意图让数组变量发生偏移的操作：

```
int a[10];
a ++ ; //ERROR!
a -- ; //ERROR!
a += 5; //ERROR!
int b[10];
b = a + 2; //ERROR!
```

最后一行中，a + 2 运算是合法的，关键是试图把 a+2 后的结果，赋值给 b，b 是一个数组。强调一下：指针可以改变指向，数组不能，因为它没有指向这一说。

对数组最经常的操作，就是通过下标取它的元素，"[]"就被称为"下标操作符"。

```
int a[5];
cin >> a[0];
cout << "a[" << 0 << "]=" << a[0];
```

也可以这样写，但基本只用于装神秘：

```
int a[5];
cin >> *(a + 0);
cout << "a[" << 0 << "]=" << *a;
```

7.13　语句与流程

7.13.1　简单语句

C++的语句，使用";"作为分隔。"5 + 8"是一个表达式，加上分号结尾：

```
5 + 8;
```

就是一条语句。注意，语句和"行"并没有直接的关系，比如：

```
a = 6; b = 8 * a;
```

这是一行代码含两条语句，但这是很差的代码风格。最简单的语句就是只有一个分号的语句，称为空语句：

```
;   //空语句，啥事没干，但以后会看到它确实有它的作用
```

简单又典型的语句如：变量定义（及初始化）语句、赋值语句等：

```
int a(2), b;
a * = 10;
b = a + 2;
```

7.13.2　复合语句

用一对"{}"将两条或更多条语句括起时，就得到一段复合语句：

```
{
    Object o1;
    Object o2;
    o1.do_something();
    o2.do_something();
}
```

看到这段代码，您应该想起"对象的生命周期"，一对"{}"产生了一个临时的作用域与对象生命周期。这样看来，一个函数体虽然可能有很多行代码，但可以认为就是一个大复合语句：

```
int foo()
{
    cout << "Hi~~~" << endl;
    cout << "Hi~~~" << endl;
    cout << "Wa!" << endl;
}
```

复合语句更多地用在流程控制中,比如我们熟悉的 if/else 语句,如果在分支中只需处理一条语句,可以不写{}:

```
if(相爱)
    结婚吧;
else
    分手吧;
```

但如果分支中要做的事情多,那就必须用上复合语句:

```
if(想结婚)
{
    买房;
    买车;
    买戒指;
    结婚;
}
else
{
    退回我去年给你织的毛衣;
    情人节吃我的巧克力给我吐出来;
    分手;
}
```

本书推荐在流程中都使用复合语句,比如:

```
for(int i = 0; i < 100; ++i)
{
    cout << i << endl;
}
```

哪怕,代码块中就是空操作,我们也推荐写成:

```
for(int i = 0; i < 100; ++i)
{
    ; //暂时想不到做什么…
}
```

7.13.3　if

if/else、if

if 的中文意思是"如果",else 中文意思为"否则"。前有一例:

```
if（相爱）
{
    结婚吧；
}
else
{
    分手吧；
}
```

如果相爱就结婚，结完婚后会不会分手？反正在 if/else 结构中，执行了"结婚吧；"语句后，绝对不会再落入 else 的语句。语法格式：

```
if（条件）
{
    分支一
}
else
{
    分支二
}
```

其中"条件"为一个可通过计算（必要时附加一次类型转换）而得到布尔值（"true"或"false"）的表达式。典型的如"关系操作表达式"或"逻辑操作表达式"，比如"相爱"的表达应该是：(i love you) && (you love me)。

条件计算出 true，就直接走分支一，否则走分支二。if/else 语句的流程如图 7 - 39 所示。

【课堂作业】：通过 if/else 判断用户输入的整数是奇数还是偶数

小学算术复习：能被 2 整除的整数，叫"偶数"。什么叫"整除"？M 除以 N 得到余数为 0，就叫做"M 能被 N 整除"。

"if/else"中的"else"并非必须。许多时候当条件成立时，执行某些动作，否则就不执行那些动作。此时对应的流程如图 7 - 40 所示。

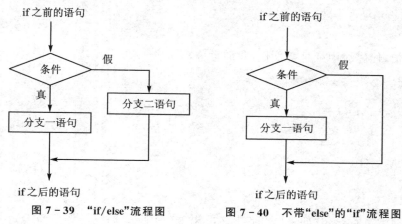

图 7 - 39 "if/else"流程图   图 7 - 40 不带"else"的"if"流程图

请看下例，并做出你的判断：

```
if（我每天赚 100 万）
{
    我每天都将 100 万中的 90 万分给你。
}
```

看完上面的"程序"，你觉得我是个大方的人吗？看起来是噢，但问题是我永远也无法每天赚 100 万，所以"我每天都将 100 万中的 90 万分给你"，整个儿是在穷开心。

【课堂作业】：判断一个字符是否为小写英文字母

提示：根据 ASCII 字符表，可知一个小写英文字母的值位于 97～122 之间。

由于赋值语句也是表达式，再由于 int 可以一步转换为布尔值，所以以下条件判断也是合法的：

```
int n;
....
if（n = 0）
{
    ....
}
```

这段代码的 if 判断永远不会成立，因为" n＝0"返回值必然是 0。通常编译器会给个警告，因为依常理推断，这应该是程序员不小心把"＝＝"写成"＝"了。如果这确实就是你想要的，那么通常建议写成这样：

```
if（（n = 0））
    ...
```

多级条件判断

if/else 可多级连用，效果是在第一个条件判断为假后，继续判断第二个，依此类推：

```
int a,b;
cout ≪ "请输入整数 a 和 b：";
cin ≫ a ≫ b;
if（a > b）
{
    cout ≪ "a > b" ≪ endl;
}
else if（b > a）
{
    cout ≪ "b < a" ≪ endl;
}
013  else
{
    cout ≪ "a == b" ≪ endl;
}
```

两个整数间的大小关系,无非是 A 大 B 小、B 大 A 小、二者相等这三种情况,但实际判断时只需判断两次。所以 013 行在已知 A 不大于 B、B 也不大 A 的情况下,直接作出二者相等的判断。其流程如图 7-41 所示。

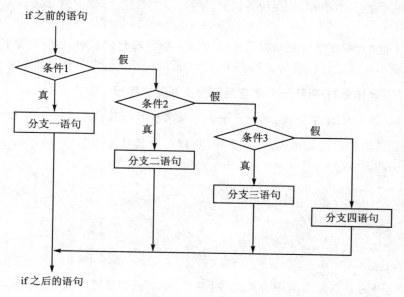

图 7-41 三级 if/else 流程图

早在学习"感受篇(一)(二)"时,我们就已经多次使用过"多级 if/else"来判断用户输入,现实中的逻辑,需要进行连续多级条件判断的情况,非常之多。

【轻松一刻】: 多级 if/else 的情景剧

让我们想像这么一幕情景剧:

某年农历七月初七,某校园内小公园;某男,某女。拉开戏幕,男生送给女生一束环瑰。

女生(高兴地):多美啊! 多少钱买的?

男生:猜。

女生(心想:如果多于 100 元我就亲他一口):超过 100 元了吗?

男生:否。

女生(心想:如果多于 50 元就允许他亲我一口):那,不低于 50 元吧?

男生:否。

女生(心想:如果多于 10 元就跟他说声谢谢):那就是不低于 10 元了?

男生:否。

女生:呸!

看明白了吗?"看明白了……"一个小男生泪汪汪地回答:"我是看明白了,好多女生都拜金！"……我是说，大家看出其中的多级条件分支了吗？

【课堂作业】：多级 if/else 练习

请使用多级 if/else 语句，模拟实现上述情景剧。即对用户输入的花的价格（整数）进行范围判断，如果命中，则输出相应的待遇。

"？："表达式

"？："表达式的语法如下：

```
条件？   表达式 1：表达式 2
```

运算过程：判断条件，为真，取表达式 1 的值；为假，取表达式 2 的值。比如：

```
int a,b;
cout << "input two numbers :";
cin >> a >> b;
004   (a > b)? (cout << "a > b") : (cout << "a < = b");
```

运算本段代码，并输入 1 和 2，则 004 行将在屏幕上输出"a < =b"。

"？："经常被用来作为赋值操作的子表达式：

```
int c = (a > b)? a : b;
```

本句让 c 成为 a,b 中的较大者。可以多级嵌套此类表达，以满足复杂的取值过程：

```
int maxValue = (a > b)? ((a > c)? a : c) : ((b > c)? b : c);
```

本句求得 a、b、c 中的最大值。相当于：

```
int maxValue;
if (a > b)
{
    maxValue = (a > c)? a:c;
}
else   // a < = b
{
    maxValue = (b > c)? b:c;
}
```

请读者将其转换为完全使用 if/else 来实现。建议使用"？："表达式做少于三级的判断。否则请使用 if/else 或其他方法处理。

7.13.4   switch

请阅读代码片段：

```
int i;
cout << "请输入您的选择(0/1/2):";
```

```
cin >> i;
switch(i)
{
    case 0 :
            cout << "退出!" << endl;
            break;
    case 1 :
            cout << "执行功能 1" << endl;
            break;
    case 2 :
            cout << "执行功能 2" << endl;
            break;
    default :
            cout << "输入有误(只能输入 0~2)!" << endl;
}
```

上述代码可使用多级 if/else 实现，相当于：

```
...
if (i == 0)  //case 0
{
    cout << "退出!" << endl;
}
else if (i == 1) //case 1
{
    cout << "执行功能 1" << endl;
}
else if (i == 2) //case 2
{
    cout << "执行功能 2" << endl;
}
else  //default
{
    cout << "输入有误(只能输入 0~2)!" << endl;
}
```

　　switch/case 并不能代替所有多级 if/else 判断，当所判断数据是字符或各类整数类型，才可以改为 case 检测。看看这个错误的例子：

```
std::string name;
getline(cin, name);
switch (name) //ERROR!    name 是一个 std::string
{
    case "Tom" :
        cout << "OH! you are Tom!" << endl;
        break;
    case "Mike" :
        cout << "How are you! Mike" << endl;
        break;
    default :
```

```
    ...
}
```

连同样是数值类型的浮点数（float、double 等），也不能作为 switch 判断的对象。为什么呢？一会儿再作回答。另外请注意，例中每个 case（情况、支持）都以 break 结束。如果某个分支不提供 break，后续一旦命中该分支，执行完该分支的所有语句，流程将毫不客气地"溜"进下一个分支（如果有的话）：

```
int i = 1;
switch (i)
{
    case 0 :
        cout << 0 << "~";
    case 1 :
        cout << 1 << "~";
    case 2 :
        cout << 2 << "~";
    default :
        cout << "default" << endl;
}
```

以上代码输出：1～2～default。可以将各个 case 想象为一层层叠在一起的水池，流程一旦进入某一层，就会从该层流到下一层，除非遇上 break 或者到达最底层（包括 default）。

【危险】：不带 break 的 case 语句

特意在 case 子句中不使用 break，而让程序进入下一个 case，这种情况的需求少见但存在。如果确实遇上了，请在代码中添加注释明确地说明原因，或在未来使用新标准中的标注功能。让后来的代码阅读者不会以为这是你粗心造成的。

switch/case 除了让多级判断比连续的 if/else 相对清晰之外，重点是它有做某些性能优化的潜质。前提条件是，用于判断的值，应为简单的算术类型（包括 字符），并且各个 case 所处理的值，应从小到大有序处理，此时编译器可生成类似二分法的，判断次数更少的汇编。当 case 很多时，效果不错，这是 C 语言当初提供 switch 的一个"不可告人的秘密"。现在有不少语言支持 switch 处理字符串等类型，但 C++ 或许是想到祖辈们的用心良苦，还是坚持了下来。

【课堂作业】：switch 练习：第 2 学堂渠道调查

请新建一个控制台应用项目，命名为"SwitchDemo1"，完成以下代码：

```
...
int main()
{
    cout << "您是怎么知道第二学堂网站的?" << endl;
    cout << "1) ----搜索引擎找到" << endl;
```

```
cout ≪ "2) ----热心朋友介绍" ≪ endl;
cout ≪ "3) ----报刊杂志资料" ≪ endl;
cout ≪ "4) ----纯粹误打误撞" ≪ endl;
cout ≪ "5) ---- 多年苦恼等候" ≪ endl;
intfrom;
cin ≫ from;
/*
    ...
*/
return 0;
}
```

请在注释处采用 switch – case – default 结构,判断 from 的值并输出反馈信息。

switch 中的 case 子句不允许直接定义变量,比如:

```
      switch(i)
      {
          case 0 :
004           int a = 0; //ERROR!!!
              cout ≪ "万事大吉!" ≪ endl;
          case 1 :
008           cout ≪ a ≪ endl;
              cout ≪ "一帆风顺!" ≪ endl;
          case 2 :
              cout ≪ "事业有成!" ≪ endl;
      ...
```

从前面对"break"的说明可以推理:C/C++中 switch 语句下的 case 段,并没有天然地形成一个代码块。上例中如果 i 为 1,进入 case2 的分支,此时使用到的 a,算是有定义还是没义呢?为避免此类问题,C/C++不允许简单地在 case 段中定义变量。确实需要在某个 case 中定义变量时,可通过一对{},明确地形成一段复合语句:

```
switch (i)
{
    case 1 :
    {
        int a = 1;  //OK!
        ...
    }
    case 2 :
    {
        int a = 4; //OK!
        ...
    }
    ...
}
```

7.13.5 while

while 关键字可称它为"当"。当指定条件成立,就一直循环。循环就是一种反复,就是一遍又一遍地做着一些类似的事情。曾经有个家伙对我说:日子过得真无聊,今天吃饭睡觉做梦,明天又吃饭睡觉做梦……这种日子该如何使用 C++ 来表达呢?

while 语句和 if 语句的结构挺类似的:

while(条件)
{
　　需要反复执行的语句;
}
	if(条件)
	{
	　　条件成立时执行的语句;
	}

二者除了关键字不一样以外,结构完全一样。但关键是当条件成立时,if 语句仅执行一次,while 语句则反复执行直到条件不再成立。while 的流程如图 7-42 所示。

程序进行条件判断,当条件成立,则执行一次"循环内部语句"。接下来流程回退到条件判断处,发起一次新的条件判断……直到某次条件不成立,循环结束。前述的日子用 while 表达就是:

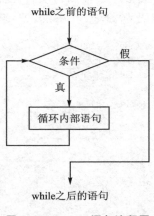

图 7-42　while 语句流程图

```
while(还没死)
{
    吃饭;
    睡觉;
    做梦;
}
```

这个家伙最终过的当然不是这样浑浑噩噩的生活,因为我推荐他去学习 C++ 编程了,从此他的生活是……请各位读者自行想像并写出伪代码。

下面用 while 的语法套用生活中一个相对复杂的例子。假设有个爱哭的娃,有一天要求父母买一条小红裙,可家长不同意,于是她就开始一个循环:

```
while(爸妈不买小红裙)
{
    我哭;
}
```

这段"代码"的意思是:当"爸妈不买小红裙"的条件成立,小女孩就一遍遍哭下去,但这样不太合乎常情,因为哭是会累的,所以完善为:

```
while (爸妈不买小红裙 && 我还没有哭累)
{
    我哭;
}
```

接着,必须将"累"的感觉量化。让我们为小女孩设置一个"疲劳度",初始值为 0,每哭一次疲劳度加 1,当累加到 10 如果爸妈还是无动于衷,只好灰溜溜地结束循环了:

```
小女娃.疲劳度 = 0;
while (小女娃.疲劳度 < 10 && ! 父母买小红裙())
{
    小女娃.哭();
    小女娃.疲劳度 + + ;
}
```

新建一个控制台项目并命名为"ACringGirl_WhileDemo1"。修改 main.cpp 文件编码为"System default",修改其内容为:

```
# include <iostream>
using namespace std;
struct LittleGirl
{
    LittleGirl()
        : tired(0)
    {
    }
    void Cry()
    {
        cout << "女孩:我要红裙子啊! 哇哇哇……" << endl;
        + + tired;
    }
    int tired; //疲劳度
};
LittleGirl girl; //一个全局对象
bool AskFor(int level)
{
    cout << "系统:您的女儿想买红裙子(当前她的疲劳度是"
        << level << "),同意吗(y/n)?";
    char c;
    cin >> c;
    if ((c == 'y') || (c == 'Y'))
    {
        cout << "父母:好啦,买,买,买。" << endl;
        return true;
    }
    cout << "父母:不同意!" << endl;
    return false;
}
```

```
int main()
{
    while(girl.tired < 10 && ! AskFor(girl.tired))
    {
        girl.Cry();
    }
    return 0;
}
```

循环条件是：女孩疲劳度小于十，并且 AskFor() 函数返回为假（爸妈不同意）。反过来说也许更清楚一点，即循环结束的条件是女孩疲劳度达到十，或者爸妈同意购买。

【课堂作业】：while 练习

请完成上述例程的编码，编译、运行。然后，将 043 行的两个条件前后位置对调为：

```
while(! AskFor(girl.tired) && girl.tired < 10)
```

再次编译运行，观察条件次序对调的前后，程序运行时有何不同。

接下来的事情更复杂。假设小女孩的幸运数是 5，所以每哭一阵，她就会计算当前距离 1970 年 1 月 1 日零点有多少秒，如果最后一位是幸运数，她将"神奇"地停止哭泣。现在循环得以又多了一个条件，让我们将它写成函数：IsLuckSecond()：

```
#include <ctime>
...
bool IsLuckySecond()
{
    static unsigned long lucky_number = 5;   //幸运数
    unsigned long seconds = std::time(nullptr);
    return (seconds % 10) == lucky_number;
}
```

C 标准库有个 time() 函数（可通过 C++标准库 <ctime> 头文件引入），能够返回本机系统时间距 1970 年 1 月 1 日零点的总秒数。接下来似乎将新条件加入 while 之后的判定即可：

```
while(girl.tired < 10
    && ! AskFor(girl.tired)
        && ! IsLuckySecond())
{
    girl.Cry();
}
```

这样实现的话，如果一开始就是一个幸运时刻，小女孩哭都不哭直接放弃对小红裙的追求吗？真实的需求应当是：在哭之后再判断是否为幸运时刻，而不是在哭之

前。前面学习 switch 用到的 break 也可以用来随时打破当前循环,这正好可以用来满足此处微妙的需求变化:

```
while(girl.tired < 10 && ! AskFor(girl.tired))
{
    girl.Cry();
    if(!IsLuckySecond())
    {
        cout << "女孩:哇,幸运时刻啊,不哭了。" << endl;
        break;
    }
}
```

编译并多次运行程序,最好以每秒一次的频率输入 n 并回车,一定可以碰上女孩的幸运时刻。

使用 break"打破循环"和正常条件判断"结束循环"之间的微妙差别在于:前者适用于在执行循环任务的某个环节临时结束。示意如下:

```
while(条件)
{
    do_something();   //做了某些事了...
    if(另外条件)
    {
        cout << "循环被打破!" << endl;
        break;
    }
    do_the_other_thing();   //其他事
}
```

在一次循环迭代的过程中,可以先做一些事,然后根据需要做判断,如果判断成立立即使用 break 打破循环,否则才继续在本次迭代余下的事。

7.13.6　do – while

既生 while,何生 do – while?

基本用法

语法形式:

```
do
{
    循环内语句;
}
while(条件);
```

和 while 相比,do – while 的条件判断位于最后。效果是:将无条件的进入至少一次循环。请比较:

int a＝0;
 	
while(a > 0)
{
　　a－－;
}
 	
cout ≪ a;
	int a＝0;
	do
	{
	　　a－－;
	}
	while(a > 0);
	
	cout ≪ a;

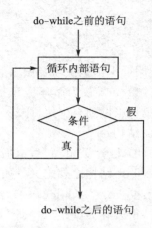

图 7 - 43　**do - while 流程图**

左边输出 0,右边输出－1,请自行分析原因。

do - while 流程结构如图 7 - 43 所示。

本书课程经常使用 do - while 作为简单系统的菜单选择框架,例如:

```cpp
# include <iostream>
using namespace std;
int main()
{
    int sel;
    do
    {
        cout ≪ "请选择:\r\n";
        cout ≪ R"(
            1 - 添加图书
            2 - 查找图书
            3 - 借阅图书
            4 - 归还图书
            0 - 退出系统
            )"
             ≪ endl;
        cin ≫ sel;
        switch(sel)
        {
        case 0：
            cout ≪ "再见!" ≪ endl;
            break;
        case 1 : /* 所有功能都还没有实现 */
        case 2 :
        case 3 :
        case 4 :
            cout ≪ "您选择:" ≪ sel ≪ ",对应功能暂未实现。" ≪ endl;
            break;
        default :
            cout ≪ "无效输入!" ≪ endl;
        }
```

```
    }
    while(sel != 0);
}
```

阅读本例至少需要做以下三点思考：

（1）如果仅为循环流程控制，do-while 并不是必须的，使用 while 结合 break 等，也可以做到至少执行一次循环的作用。请读者尝试将以上代码改为相同功能的 while 结构；

（2）尽管 while 位置靠后，但判断条件中所用到的变量（本例为 sel），仍然必须在 do-while 结构之外定义。如果要将 sel 定义在循环体中，可以让 do-while 变成死循环：do{ ... }while(true)，然后在循环体中判断 sel 是否为 0，然后使用 break 结束循环，请读者尝试；

（3）break 只能跳出当前结构，比如例中 case 下的 break 仅用于跳出当前的 switch 结构。

另外请注意：do-while 结构中，while() 之后须带上分号。

下面再给一个例子，用于计算家庭每月买菜开支：

```cpp
int main()
{
    do  //外层循环,让用户可以多次统计
    {
        //初始化:
        double total = 0.0; //合计金额
        int count = 0; //合计笔数
        cout << "\n= = = =家庭菜金统计小程序 V1.0 = = = =" << endl;
        cout << " = = = = = = = =作者:丁小明 = = = = = = =\n" << endl;
        cout << "请输入月份(1-12):";
        int month;
        cin >> month;
        if (month < 1 || month > 12)
        {
            cout << "输入月份不对!" << endl;
            break; //跳出外层循环,程序结束
        }
        static char const * number_names[]
            = {"一","二","三","四","五","六"
               ,"七","八","九","十","十一","十二"};
        cout << "菜金统计 -【" << number_names[month] << "月】\n";
        cout << "请开始输入本月每一笔菜金(单位:元。输入 0 结束):" << endl;
        do //内层循环,累加各笔菜金
        {
            double fee;
            cout << "请输入第" << (count + 1) << "笔菜金:";
            cin >> fee;
            if (fee == 0.0) //放心,这种比较不会有问题
            {
```

```
                break;
        }
        total += fee; //费用累计
        count + + ;    //笔数累计
    }
    while (true);
    //输出统计结果:
    cout << "\n\n笔数:" << count << endl;
    if (count == 0)
    {
        cout << "本月没有菜金花销。" << endl;
    }
    else
    {
        cout << number_names[month - 1] << "月菜金合计:"
             << total << "元" << endl;
        cout << "平均每笔:" << total/count << "元" << endl;
        cout << "平均每日开销:" << total/30 << endl; //天数简单处理
    }
    cout << "\n\n是否开始新的统计? (y/n)?";
    char c;
    cin   >> c;
    if (c ! = 'y')
    {
        cout << "再见!" << endl;
        break;
    }
}
while (true);
}
```

 【课堂作业】: 精确计算月份天数

有时候一天买的菜,放在冰箱里可以吃上好几天,所以求平均值时,使用月份的天数作为除数,求每天平均花多少,比求每次买菜花多少,更有意义一点。不过当前我们简单地使用 30 作为天数,请写一个函数用于求出指定月份的精确天数。

用于宏定义

再看一眼 while 和 do - while 结构上的不同:

(1) while :while(condition) {...}

(2) do - while :do {...} while(condition);

重点是:do - while 结构必须以分号结尾。其他如 if、while 以及 for 结构都无需如此。就因为这一点,可有可无的 do - while 结构拥有了不可代替的功能,成为 C/C++程序员又正好是处女座的同学,在某些情境下的唯一救星。

在纯 C 程序中,宏非常重要,C 程序(其实也包括 C++程序)经常需要定义复杂的宏,包括需要在宏中定义新变量,比如下面的宏用于交换相同类型的两个数据:

```
#define SWAP(T, A, B) \
    T   tmp = A; \
    A = B;       \
    B = tmp
```

比如要交换两个 int 或两个 bool 值,则为:

```
int i1(1), i2(2);
bool b1(false), b2(true);
SWAP(int, i1, i2);
SWAP(bool, b1, b2);
```

编译时展开交换 b1,b2 的宏,将报 tmp 变量重复定义。因为前面交换 i1,i2 时已经用过 tmp 这个名字定义过变量了。为此,会想到将 tmp 限定到一个复合语句中:

```
#define SWAP(T, A, B) \
  {  \
    T   tmp = A; \
    A = B;       \
    B = tmp;     \
  }
```

问题解决了,但令处女座不爽的是,现在使用 SWAP,后续的分号不再是必须的:

```
SWAP(int, i1, i2);  //多余的分号
SWAP(bool, b1, b2)  //可以通过编译
```

😊【轻松一刻】:这一时刻,我们都是……

白羊、金牛、射手、狮子等等这些星座的读者的阅读目光纷纷在往后跳跃。且慢!想成长为一名优秀的程序员,这一刻我们都是处女座!

化身为处女座之后,此刻我们浑身烦燥,写上分号可心里明知它是多余的!不写上分号又会让这一行代码显得和前后行格格不入,甚至看起来不像是一行 C/C++代码……解救方法就是 do – while:

```
#define SWAP(T, A, B) \
  do{  \
    T   tmp = A; \
    A = B;       \
    B = tmp;     \
  }while(false)
```

首先注意宏定义中 while 的条件固定为假,所以此处引入 do – while 和循环没有半点关系;再请注意宏定义中 while(false)之后没有分号,所以现在使用 SWAP 宏,必须和其他代码一样规规矩矩地附上分号。

用于多级判断

所谓多级判断,就是多级 if - else 结构。给个残酷的例子,有一男生追一女生。女生开出条件:有房有车、房要 150 平以上、车须 30 万以上、人要比德华帅且年轻。这些条件判断逐级写下来,就是:

```
if (有房)
{
    if (房子面积() > = 150)
    {
        if (有车)
        {
            if (车价() > = 300000)
            {
                if (男方容貌指数() > = 德华.容貌指数)
                {
                    if (男方年龄() < 德华.年龄)
                    {
                        同意谈朋友;
                    }
                }
            }
        }
    }
}
```

看着这段代码,你的第一反应如果是"物欲横流啊! 爱情何在啊?"正所谓"愤怒出程序员":这段代码的结构层次太深了,我得改改。方法是使用 do - while 再加上 if - break 结构:

```
do
{
    if (无房)
    {
        cout << "四处流浪虽浪漫,然而一生终究要有个家。";
        break;
    }
    if (房子面积() < 150)
    {
        cout << "蜗居斗室倒不嫌,只是幸福太多它装不下。";
        break;
    }
    if (无车)
    {
        cout << "爱的世界那么大,我不想和你光脚走天涯。";
        break;
    }
    if (车价() < 300000)
    {
```

```
        cout << "妾身无意追奢华,只恐车贱让爱情丢身价。";
        break;
    }
    if (容貌指数() < 刘德华.容貌指数)
    {
        cout << "别怨我以貌取人,只为下一代颜值不作假。;
        break;
    }
    if (年龄() >= 刘德华.年龄)
    {
        cout << "叔叔,我们不约。";
        break;
    }
    同意谈朋友;
}
while(false);
```

这段代码的要点在于:使用反向逻辑,将所有不符合条件的一个个排除。具体方法是使用"break"跳出循环。过五关斩六将坚持到最后的,终将碰见"同意",整个结构只有两层缩进,一目了然。do-while 的条件固定为 false,这里没有和循环有关的逻辑。为了避免阅读者因 do-while 关键字在脑海中产生"循环"的直觉反应,可以干脆定义一组宏:

```
#define BEGIN_CHECK_RANGE do
#define END_CHECK_RANGE while(false)
#define BREAK_CHECK_RANGE break
```

使用宏:

```
BEGIN_CHECK_RANGE
{
    if (无房)
    {
        cout << "……";
        BREAK_CHECK_RANGE;
    }
    if (房子面积() < 150)
    {
        cout << "……";
        BREAK_CHECK_RANGE;
    }
    ……
    同意谈朋友;
}
END_CHECK_RANGE;
```

7.13.7 for

for 才是 C/C++中的循环结构的主流力量。

循环三要素

为理解 for 循环,需要从 while 或 do‐while 例子中挖出循环结构的三要素。下面例子计算 1 到 100 的累加和:

```
001    int n = 1;    //要累加的数,它从 1 开始
002    int sum = 0; //累加和,初始为 0,很重要!
004    while (n < = 100)
       {
          sum += n;
007       ++ n;
       }
```

结合例子,循环三要素是:

(1) 初始化:如 001 和 002 行所示,循环开始之前,一些数据需要合理地被初始化;

(2) 结束条件:004 行判断 n 是不是小于或等于 100,如果不是则不再循环。也可以在循环体中通过 if‐break 判断;

(3) 改变条件因子:007 行改变 n 值,n 是本例的循环条件的重要因子。

想象一下你初中时的 1200 米评测。跑道一圈 400 米,你需要跑 3 圈,由体育老师监测,以下是你的种种非人的遭遇:

(1) 第一次你跑完三圈,体育老师惊讶地发现,他忘了按秒表,更没记录你是何时起跑的。这是循环的初始化工作没做好;

(2) 第二次你又跑完三圈,殷切地望向体育老师。他说:"我忘了你应该跑几圈,我去算一下,你别停,继续跑!"体育老师的数学也许是政治老师教的,总之这是结束条件检测工作没做好;

(3) 第三次你又跑完三圈,脸色都青了,但体育老师说:"我忘了掐表计算你的圈数了,所以……你真的有跑三圈吗?"这是条件因子改变工作没有做好。

你之所以会在这里学习 C++ 编程混饭吃,主要原因就是初中时没有遭遇前述的体育老师,否则你早就是世界著名的马拉松运动员了。既然你不是世界著名的马拉松运动员,那还是继续学习循环三要素吧。

for 循环的结构如下,请在结构中查找三要素的影子:

```
for (条件初始化;线束条件检测;条件因子改变)
{
  语句;
}
```

用 for 循环实现从 1 累加到 100:

```
int sum = 0;
for (int n = 1; n < = 100; ++ n)
{
    sum += n;
}
```

条件因子 n 的初始化、结束条件检测、因子变化全在同一行。简洁,清晰!

本例 for 循环执行过程分解如下:

① 初始化语句在循环开始时总是要被执行一次的,并且只执行一次;

② 程序立即检测一次结束条件,本例是判断 n 此时是否≤100 成立。于是开始第一次迭代,即执行循环内部的语句:sum 被加上 1;

③ 程序执行"改变因子"的子语句:++n,n 从 1 变成 2;

④ 程序继续判断循环条件,依然成立,于是第二遍迭代开始。

注意,区隔三个要素的符号是分号而非逗号。说明三个要素在语法表达上,是各自独立的语句。逗号可以用在条件检测或因子改变语句中,作为简单子语句存在。比如本例可以精简地实现为:

```
for (int n = 0; n < = 100; sum += n, ++n)
{
    ;
}
```

整个 for 语句直接以分号结束,循环体内为空语句。所需执行的动作(sum += n)被放到"因子改变"的子句中。我们不推荐这样的写法,但当程序员逃不了要看别人的代码,所以还是需要了解这种做法。我们推荐针对空语句也使用复合语句的处理,但当程序员逃不了要看别人的代码,所以当你看到下面这行代码时,一定要注意到行末的分号,是它,就是它,关闭了 for 结构,让后续的所有代码,都和此处循环无关:

```
for (int n = 0; n < = 100; sum += n, ++n);
```

 【重要】:把代码写短,是……

把代码写短,是美名远扬的事——如果通过良好的算法,优秀的结构。把代码写短,是贻笑大方的事——如果通过挤压格式、减少注释、甚至缩短符号名称……

for 循环的三个因素子句,可以根据情况而省略。

1. 省略初始化子句

有时初始化工作已经在之前就做好了,那就可以空掉 for 结构下的第一个子句:

```
int sum = 0;
int i = 1;
for (; i < = 100; ++i) / * 循环初始化语句被省略了 * /
{
    ;
}
cout << i << endl;
```

注意最后一行输出了 i 的值,如果当初将 i 定义在 for 结构内,则出了 for 结构,i 的可访问性和生命周期都已经结束。

2. 省略结束条件判断子句：

结束条件判断如果省略，表示条件永远为真。此时得到一个死循环，或者是在循环体中使用 break 以结束循环：

```
for(int i = 0; ; ++i)
{
    //do something
}
```

3. 省略条件因子变化子句：

因子变化的逻辑有时比较复杂，难以直接写在第三个子句内，此时可以将它改为在循环体内实现（类似 while 或 do - while）。比如，假设需要遍历一个数组，如果当前下标元素为偶数则加 1，为奇数则加 2，建议采取如下方法实现：

```
int arr[100] = {1, 4, 65, 20, 12,    /* 后续 96 个 * /};
for (int i = 0; i < 100; )   //第三个子句缺失
{
    ...
    if (i % 2 == 0) //偶数
    {
      ...
      ++i;  //加 1
    }
    else
    {
        i += 2;
    }
}
```

三个子句都不提供，for 循环就成了：for(;;)。许多 C/C++程序员在需要一个死循环时，会选择 for(;;)，而不是 while(true)。这有许多原因，其中一个原因也许只是一个字——短。

遍历容器/Range - Based for 循环

当需要遍历处理容器中的每个元素时，for 结构和容器的迭代器是工作上的好搭档。我们先用 for 循环，为一个 list 添加 100 个元素：

```
std::list < int > lst;
for (int i = 0; i < 100; ++i)
{
    lst.push_back(i * 2);
}
```

接着配合迭代器输出每一个元素：

```
for(auto it = lst.cbegin (); it != lst.cend (); ++ it)
{
    cout << * it << endl;
}
```

auto 此时代表 list < int >::const_iterator。* it 则从迭代器得到所指向的元素值。如果我们希望将每个元素的值都加 2,迭代器需要改成非常量版:

```
for(auto it = lst.begin(); it != lst.end(); ++ it)
{
    * it += 2;
}
```

auto 此时是 list < int >::iterator。auto 的使用让 for 循环处理容器元素的代码显得很简洁。但是在 C++ 11 标准下,有更简洁的做法:

```
for (auto value : lst)
{
    cout << value << endl;
}
```

此时 auto 是 int,即 list 的元素的类型。value 是 for 结构下临时定义的变量。

```
for (类型 T 变量 V : 容器对象 C)
{
    /* 处理 变量 V */
}
```

以本例对照:

(1) 容器对象是 lst;

(2) 类型是 int(auto 最终判决),而不是迭代器类型;

(3) 变量是 value,它代表迭代过程中当前元素的值。

容器必须能够提供 begin()、end(),或者可作为自由函数 begin(C) 和 end(C) 的入参,得以分别返回迭代的起始位置和结束位置。这种语法称为"Range – based for"循环,可翻译为"区间 for 循环"语法。此时前述的初始化、结束条件判断、条件因子改变三要素看起来都丢失了,却有了新的三要素:类型 T、变量 V 和容器对象 C。编译时将自动依据"新三样"生成"老三样":

```
//伪代码示意依据新三要素生成旧三要素:
for (auto it = C.begin(); it != C.end(); ++ it)
{
    T V( * it);
    /* 处理变量 V */
}
```

如果容器对象 C 本身没有 begin() 或 end() 成员,编译器就改为尝试是不是可以将 C 传给自由函数 begin() 和 end(),此时生成的代码如下:

```
//伪代码示意依据新三要素生成旧三要素:
for (auto it = begin(C); it != end(C); ++ it)
{
    T V( * it);
    /* 处理变量 V */
}
```

标准库针对栈数组预置了 begin 和 end()函数（模板），因此 Range‑based 循环可以用在栈数组上：

```
...
int arr[10] = {10,20,30,40,50,60,70,80,90,100};
for ( int v : arr)
{
    cout << v << endl;
}
```

【小提示】：指针无法使用 Range‑based for 循环

堆数组或者通过函数传入的数组，都无法使用 Range‑based 循环遍历，因为编译器可以得到这些指针的开始位置，却无法通过 sizeof 计算出它们的结束位置。因为堆数组本质上是指针，而栈数组通过函数传入，将"退化"成指针。

不推荐使用 C/C++的裸数组，std::array 或 std::vector 往往是更好的选择。继续前面 list < int > 例子，现在需要将 lst 中每个元素的值都加 2：

```
for ( auto & value : lst)
{
    value += 2;
}
```

注意，此时必须使用引用，即 value 的类型是 int& 而非 int。否则 value 每次都是一个复制了当前元素值的临时变量，再怎么修改也不会影响到真正的元素。

【课堂作业】：新三件到老三件的引用版

（1）请将上述 auto & 版本的 for 循环，人工"编译"成采用老三要素的 for 循环。注意观察引用是在何时发挥作用的；

（2）请将前面遍历输出 lst 各个元素的 ranged‑based for 循环中的 value 类型，改为常量引用类型，并思考修改带来的好处。

7.13.8　break/continue

break 和 for 循环

在 for 循环（老式三要素结构）中使用 break 跳出循环时，"改变条件因子"的子句是否会最后执行一次呢？下面用实例测试。

练习：1+2+3……累加到哪个数，累加结果将达到或超出 2009？

分析：和求 1~100 累加类似，只在每次累加后判断一下结果是否已经大于或等于 2009。如图 7‑44 所示。

测试表明，当 sum 条件成立，执行 010 行的 break 之后，循环将直接结束，不会额外执行一次"i++"。

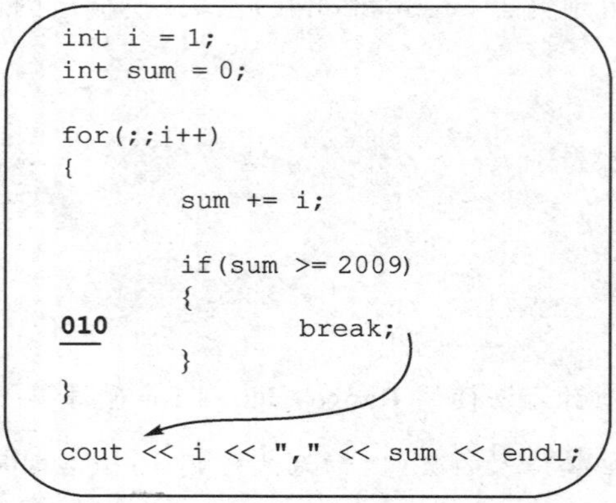

```
int i = 1;
int sum = 0;

for(;;i++)
{
        sum += i;

        if(sum >= 2009)
        {
010             break;
        }
}

cout << i << "," << sum << endl;
```

图 7 - 44   break 之后并执行 for 循环中的因子变化子语

continue

"continue"意为"继续",在循环中(while、do - while、for)使用,作用都是用于跳过本次循环的后续操作,进入下一次循环。continue 和 break 的流程的对比,如图 7 - 45 所示。

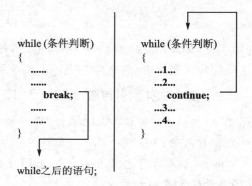

图 7 - 45   while:打断整个循环;continue:打断本次迭代

如图 7 - 45 所示,某一次循环执行完 1 和 2 的语句,如果遇上 continue,则后续的 3 和 4 语句不再执行,直接进入条件判断。

练习:求整数 1~100 中所有个位数不为 3 的数累加值。

分析:在迭代中加一个判断,如果当前值的个位数是 3 就跳过:

```cpp
int sum = 0;
for(int i = 1; i < = 100; i++ )
{
    if( i % 10 == 3)
    {
        continue;
    }
```

```
    sum += i;
}
cout << sum << endl;
```

在 for 中碰上 continue,仍然会保障执行一次"改变条件因子"子句(如果有),然后才进入新一次的条件判断。过程如图 7-46 所示。

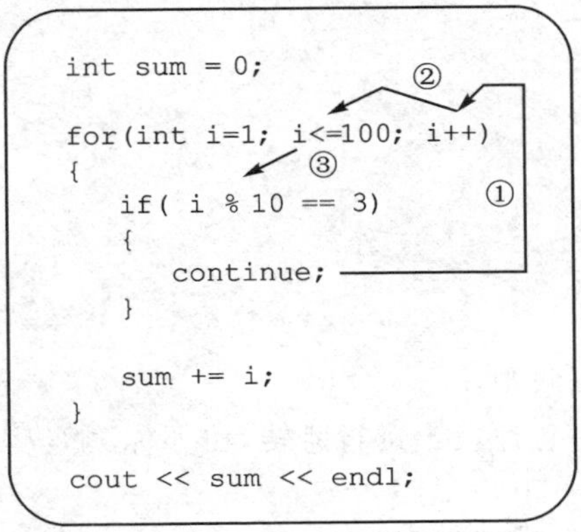

图 7 - 46 **for** 结构中,**continue** 之后的动作

如果使用 while 循环,需要人工完成 continue 时的条件因子改变:

```
int sum = 0;
int i = 1;
while(i < = 100)
{
    if( i % 10 == 3)
    {
008  i + + ;
    continue;
    }
    sum += i;
013  i + + ;
}
cout << sum << endl;
```

008 和 013 行的代码,缺一不可。

7.13.9 goto

臭名昭著的"goto"出场了。goto 的完整名称是"无条件跳转语句"。goto 语言容易破坏程序的模块性,降低程序的可读性,因此它总是被建议不要经常使用。事实上笔者写程序二十载,除了故意要将代码弄乱以外,我就没用过它。

要使用 goto,先要在代码中加上目标"位标",然后在需要跳转的代码处,使用 goto 关键字,接上目标位标,于是程序就会跳转到目标处执行。

位标是普通的标志符(命名规则和变量一样)加上一个冒号":"。位标类似于代码中的一个书签,方便从别处跳转而来。

```
void goto_test()
{
    int i = 1;
    OUTPUT_I:   //这个是位标
    cout << i << endl;
    i++;
    if (i < = 10)
    {
        goto OUTPUT_I; //这里跳转
    }
    cout << "now i is :" << i << endl;
}
```

使用 goto 时,有以下限制:

(1) goto 只能在同一程序段中进行跳转,比如你不能从函数 A 体内跳到函数 B 体内;

(2) goto 能从循环内跳出循环外,但不能从循环外跳入循环内;

(3) 在 goto 的跳转范围内,不允许临时定义变量(请参考 7.13.4 小节的 switch)。

7.13.10　综合练习

练习一:请使用 while、do/while、for 分别实现在屏幕上输出整数 10 到 1。

分析:可以让一个变量 i 的值从 10 变到 1,逐步输出,也可以让该变量 i 的值从 0 变到 9,然后输出(10-1)。

练习二:输出 1～100 中,所有能被 3 整除的数。

分析:可以用求余操作符'%'来判断两数是否整除。方法一:

```
for (int i = 1; i < = 100; ++i)
{
    if  (i % 3 == 0)
    {
        cout << i << endl;
    }
}
```

更简单高效的方法是 i 从 3 开始,每次递增 3。方法二:

```
for (int i = 3; i < = 100; i += 3)
{
    cout << i << endl;
}
```

练习三:输出 36 的所有因子。

分析:什么叫一个整数的因子? 就是能整除整数的数。比如 6 能被 1、2、3、6 整除,所以这些数就是 6 的因子。

```
for (int i = 1; i < = 36; ++i)
{
    if ((36 % i) == 0)
    {
        cout << i << ",";
    }
}
```

在这道题中,我们也看到了两种流程的结合,即 for 循环流程和 if 条件分支流程。复杂问题的解决,往往就是条件流程和循环流程的不同组合。常见的组合还有"多重循环"。

练习四:请按格式(包括',') ,输出以下内容:

```
1,2,3
4,5,6
7,8,9
```

要求使用两种方法,其中一种方法只能使用一层循环,另一种方法可以使用两层循环。

练习五:请按格式输出以下内容:

```
1
12
123
1234
12345
123456
1234567
12345678
123456789
```

【轻松一刻】:"大巧若拙"的答案

题目刚出,只见一同学噼噼啪啪开始输入代码,并且很快地在屏幕上输出正确的内容,他的答案是:

```
cout << "1" << endl;
cout << "12" << endl;
cout << "123" << endl;
cout << "1234" << endl;
cout << "12345" << endl;
cout << "123456" << endl;
cout << "1234567" << endl;
cout << "12345678" << endl;
cout << "123456789" << endl;
```

必须承认这是一段高效的代码！但为师我感受到一万点伤害。

练习六：累加整数 1~100，要求跳过所有带 3 的数（比如 13、30），输出累加结果。

练习七：九九口诀表。请通过两层 for 循环，输出以下格式的九九口诀表：

```
1 * 1 = 1
1 * 2 = 2 2 * 2 = 4
1 * 3 = 3 2 * 3 = 6 3 * 3 = 9
1 * 4 = 4 2 * 4 = 8 3 * 4 = 12 4 * 4 = 16
1 * 5 = 5 2 * 5 = 10 3 * 5 = 15 4 * 5 = 20 5 * 5 = 25
1 * 6 = 6 2 * 6 = 12 3 * 6 = 18 4 * 6 = 24 5 * 6 = 30 6 * 6 = 36
1 * 7 = 7 2 * 7 = 14 3 * 7 = 21 4 * 7 = 28 5 * 7 = 35 6 * 7 = 42 7 * 7 = 49
1 * 8 = 8 2 * 8 = 16 3 * 8 = 24 4 * 8 = 32 5 * 8 = 40 6 * 8 = 24 7 * 8 = 56 8 * 8 = 64
1 * 9 = 9 2 * 9 = 18 3 * 9 = 27 4 * 9 = 36 5 * 9 = 45 6 * 9 = 36 7 * 9 = 63 8 * 9 = 72 9 * 9 = 81
```

练习八：求绝对值：用户输入一个整数，输出它的绝对值。程序应能连续运行。即，每完成一次，则提示用户输入 'y' 或 'n'，如是前者，继续运转，否则结束程序。

练习九：判断用户输入字符的类型。

要求：允许用户输入二十个字符，每次程序判断该字符是以下四类中的哪一类：大写字母、小写字母、数字字符、其他字符。不同分类的字符加入各自的 list <char> 对象中。输入结束后，使用 range - based for 循环，输出各 list <char> 对象的内容。

练习十：输出以下矩形：

```
****A****
****B****
****C****
****D****
****E****
```

不允许事先使用数组等数据结构存储以上字符。

练习十一：输出以下等腰三角形：

```
    *
   ***
  *****
 *******
*********
```

同样不允许事先使用数组等数据结构存储以上字符。

分析：本题需要输出 5 行，每行输出 9 个字符（空格或'＊'）。图 7-47 供大家参考（横杠线表示空格字符）：

练习十二：输出一个正弦曲线图：正弦函数为 $y = sin (x)$。当 x 从 0 到 2π 变化时，y 值在 +1 和

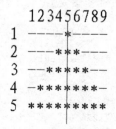

图 7-47 提示：输出等腰三角形

—1 之间变化。

我们将"竖着"输出曲线。即 x 的值由上而下地增长,而 y 值则在左右"摇摆"。为了能让负 y 值也能输出到控制台窗口内,需要给 y 值加上偏移。

和前一题输出三角形一样,要在控制台屏幕的某一列上输出一个点,必须在其前连续地打印空格。正弦值在—1 与+1 之间。因为不可能打印"零点几"个空格,所以 y 值必须放大一定倍数。

```cpp
#include <iostream>
#include <cmath>  //for sin
using namespace std;
int main()
{

    double const PI = 3.14159;
    int const scale = 20;  //放大倍数
    double y;
    for (double x = 0.0; x <= 2 * PI; x += 0.1)
    {

        /* 乘以 scale 用于放大 Y 值,而加上 scale 则是为了向右边偏移
           以保证负值的点不会跑出落在屏幕左边。
        */
        y = sin(x) * scale + scale;
        //前面打空格
        for (int dx = 0; dx < y; dx++)
        {
            cout << ' ';
        }
        cout << '.' << endl;
    }
    return 0;
}
```

请参考以上代码,试试输出余弦曲线。

练习十三:标准体重计算程序:

```cpp
#include <iostream>
using namespace std;
void Info()
{
    cout << "---------------------------------------" << endl;
    cout << "BMI/body mass index 是世界卫生组织(WHO)推荐的" << endl;
    cout << "统一使用的肥胖分型标准。" << endl;
    cout << "BMI = 体重 /(身高 x 身高)" << endl;
    cout << "单位:体重 - 千克,身高 - 米" << endl;
    cout << "本测试结果仅供参考。" << endl;
    cout << "---------------------------------------\r\n" << endl;
}
bool Check()
{
```

```cpp
    cout << "----------------------------------------" << endl;
    char sel;
    while(true)
    {
        cout << "请检查您的情况:" << endl;
        cout << "1 - 未满 18 周岁" << endl;
        cout << "2 - 现役或退役不足 5 年的专业运动员" << endl;
        cout << "3 - 正在做重量训练" << endl;
        cout << "4 - 怀孕中哺乳中的妈妈" << endl;
        cout << "5 - 身体长期虚弱,或久坐不动的老人" << endl;
        cout << "----------------------------------------" << endl;
        cout << "0 - 以上都不是" << endl;
        cin.sync(); //清除当前所有未处理的输入
        cin >> sel;
        cout << sel << endl;
        if (sel < '0' || sel > '5')
        {
            cout << "输入不合法,请输入 0~5 之内的数字" << endl;
            continue;
        }
        break;
    }
    return (sel == '0'); //选 0 的人,才能参加测试
}
bool Input(double& weight, double& height)
{
    cout << "----------------------------------------" << endl;
    cout << "请输入您的体重(单位:公斤): ";
    cin >> weight;
    if (weight <= 20.0)
    {
        cout << "体重是小于 20 公斤? 对不起,无法进行测试!" << endl;
        return false;
    }
    cout << "请输入您的身高(单位:厘米): ";
    cin >> height;
    if (height <= 100)
    {
        cout << "身高不足 1 米? 对不起,无法进行测试!" << endl;
        return false;
    }
    return true;
}
double Calc(double weight, double height)
{
    cout << "----------------------------------------" << endl;
    cout << "您输入的体重是: " << weight << " 公斤" << endl;
    cout << "您输入的身高是: " << height << " 厘米" << endl;
    double meter = height/100.0;
    double bmi = weight / (meter * meter);
```

```cpp
    cout << "您的体质指数是: " << bmi << endl;
    return bmi;
}
void Result(double bmi)
{
    cout << "------------------------------------------------" << endl;
    cout << "计算中..." << endl;
    cout << "结果出来啦:\r\n" << endl;
    if (bmi < 18.5)
    {
        cout << "不妙,您的身体偏瘦! 请多补充营养,加强锻炼!" << endl;
    }
    else if (bmi < 23.9)
    {
        cout << "恭喜! 您的体重处于正常状态;请注意保持。" << endl;
    }
    else if (bmi < 26.9)
    {
        cout << "提醒:您有些偏重,处于肥胖前期。需要加强锻炼。" << endl;
    }
    else if (bmi < 29.9)
    {
        cout << "注意:您已经处于 I 度肥胖中。" << endl;
    }
    else if (bmi < 40.0)
    {
        cout << "注意:您已经处于 II 度肥胖中。" << endl;
    }
    else
    {
        cout << "注意:您已经处于 III 度肥胖中。" << endl;
    }
}
int main()
{
    Info();
    char c;
    do
    {
        if (!Check())
        {
            cout << "BMI 指数测试对您不适用。" << endl;
            return -1;
        }
        double weight(0), height(0);
        if (!Input(weight, height))
        {
            cout << "您的输入有误。" << endl;
            return -2;
        }
```

```
        double bmi = Calc(weight, height);
        Result(bmi);
        cout << "还要测试吗(y/n)?";
        cin >> c;
    }
    while(c == 'y' || c == 'Y');
    return 0;
}
```

我自测了一把,然后整个人的感觉都不好了。

练习十四:list 的简单封装。

阅读理解以下代码,动手编译通过:

```cpp
#include <iostream>
#include <list>
#include <string>
using namespace std;
typedef list <int> IntList;
//定义一个列表对象,
//及一个迭代器,用于指向当前列表位置
IntList lst;
IntList::iterator iter;
int InputInteger(string const& hint)
{
    cout << hint;
    int value;
    cin >> value;
    return value;
}
//显示基本信息
void BaseInformation()
{
    if (lst.empty())
    {
        cout << "当前列表为空" << endl;
    }
    else
    {
        cout << "个数: " << lst.size() << endl;
        cout << "迭代器位置: " << distance(lst.begin(), iter);
        cout << ", 值为: " << * iter << endl;
    }
}
//输出列表的当前信息,包括列表中元素个数
//以及所有元素,iter 所在的元素,在输出前,会加一个 '>' 号
void FullInformation()
{
    int count = lst.size();
    cout << "个数:" << count << endl;
```

```
        if (count == 0)
        {
            return;
        }
        size_t offset = distance(lst.begin(), iter);
        cout << "元素：";
        IntList::const_iterator it = lst.cbegin();
        for (int i = 0; it != lst.cend(); ++it, ++i)
        {
            if (i > 0)
            {
                cout << ",";
            }
            if (offset == (size_t) i)
            {
                cout << " > ";
            }
            cout << i << ":" << * it;
        }
        cout << endl;
}
//在尾部追加一个元素
void PushBack()
{
        int value = InputInteger("请输入要在尾部追加的整数:");
        lst.push_back(value);
        //让 iter 指向最后一个(有效)元素
        iter = -- lst.end();
}
//在最前面插入一个元素
void PushFront()
{
        int value = InputInteger("请输入要在最前面插入的整数:");
        lst.push_front(value);
        //让 iter 指向第一个元素
        iter = lst.begin();
}
//在当前(iter 所在)位置,插入一个元素
void Insert()
{
        int value = InputInteger("请输入要插入的整数: ");
        //iter 会指向插入后的位置
        iter = lst.insert(iter, value);
}
//从当前位置往后,删除若干个元素
void Erase()
{
        if (lst.empty())
        {
            cout << "列表已空,无法删除" << endl;
```

```
            return;
        }
        size_t size = lst.size();
        size_t cur = distance(lst.begin(), iter);
        cout << "当前位置在: " << cur << ", 有: "
                << size - cur << "个元素可删除." << endl;
        int count = InputInteger("请输入要删除几个: ");
        if (count < = 0 || (cur + count) > size)
        {
            cout << "输入参数不合法!" << endl;
            return;
        }
        IntList::iterator first = iter;
        IntList::iterator last = first; //last 暂时和 first 一样
        advance(last, count); //然后向后前进 count 步
        iter = lst.erase(first, last);
    }
    //前进
    void GoAhead()
    {
        if (iter == -- lst.end())
        {
            cout << "已经是最后一个元素" << endl;
        }
        else
        {
            ++ iter;
            cout << "前进一个元素" << endl;
        }
    }
    //后退
    void GoBack()
    {
        if (iter == lst.begin())
        {
            cout << "已经是第一个元素" << endl;
        }
        else
        {
            -- iter;
            cout << "后退一个元素" << endl;
        }
    }
    //直接前进到最后一个元素
    void Last()
    {
        iter = -- lst.end();
        cout << "前进到最后一个元素" << endl;
    }
    //直接后退到第一个元素
```

```cpp
void First()
{
    iter = lst.begin();
    cout << "后退到第一个元素" << endl;
}
void Hint()
{
    cout << "0 - 回到第一个元素\t\t";
    cout << "1 - 到最后一个元素" << endl;
    cout << "2 - 后退一个元素\t\t\t";
    cout << "3 - 前进一个元素" << endl;
    cout << "----------------------------------" << endl;
    cout << "4 - 显示列表基本信息\t\t";
    cout << "5 - 显示列表详细信息" << endl;
    cout << "----------------------------------" << endl;
    cout << "6 - 在头部添加一个元素\t\t";
    cout << "7 - 在尾部添加一个元素" << endl;
    cout << "8 - 在当前位置插入一个元素\t";
    cout << "9 - 从当前起删除指定数目的元素" << endl;
    cout << "----------------------------------" << endl;
    cout << "x - 退出" << endl;
    cout << "----------------------------------" << endl;
}
int main()
{
    iter = lst.begin();
    do
    {
        Hint();
        cout << "请输入(0~9,x):";
        char c;
        cin >> c;
        if (c == 'x')
        {
            cout << "bye - bye" << endl;
            break; //break while ...
        }
        switch(c)
        {
            case '0' :
                First();
                break;
            case '1' :
                Last();
                break;
            case '2' :
                GoBack();
                break;
            case '3' :
                GoAhead();
```

```
                break;
        case '4' :
            BaseInformation();
            break;
        case '5' :
            FullInformation();
            break;
        case '6' :
            PushFront();
            break;
        case '7' :
            PushBack();
            break;
        case '8' :
            Insert();
            break;
        case '9' :
            Erase();
            break;
        default :
            cout << "错误的输入，请重新输入" << endl;
        }
        cout << "\t\t========[执行完毕]========" << endl;
        system("pause");
        cout << "\r\n" << endl;
    }
    while(true);
    return 0;
}
```

7.14　模　　板

7.14.1　基本概念

😊【轻松一刻】：热水瓶盖的妙用

小时候家里包水饺，总是用热水壶的圆盖(不是那个软木塞)"印"在擀薄的面上，一盖就是得到一个圆形的面皮。受此熏陶，长大以后我将此法做了推广：南方有很多叫不出名的食品，外面需裹米粉糊、地瓜粉糊或南瓜浆糊。不管材料是什么，一旦需要圆形物，我就拿出热水瓶盖。

放心，您正在看的绝对不是一本家庭烹调读物。做相同的事，只是入参不同，我们通过写一个函数，各处调用。虽然入参的值可以不同，但入参的类型却必须一致。一个处理两个整数相加的函数，就处理不了两个字符串或两个浮点数相加。最典型的如，从两个值中，取其中较大者：

```
int max（int n1，int n2）
{
    return (n1 > n2)? n1 : n2;
}
```

用这个版本的 max 来比较年纪的大小，人数多少都非常方便，但若用来比较两
笔钱的大小，麻烦就来了，比如领到微信红包 5.46 和 5.64，恐怕我们得先将二者各
自放大 100 倍加以相比，否则 max 函数会以二者相等的情况来处理。没有人愿意这
么啰嗦，干脆再写一个 float 版的 max 版本，反正 C++ 函数可以重载：

```
float max(float f1, float f2)
{
    return (f1 > f2)? f1 : f2;
}
```

很快地感觉到精度不够，于是有了 double 版的 max；再接着学生要按姓名字母
序比较，于是有了 std::string 版的 max；到最后，用户自定义的某些类或结构也要取
较大值……

```
double max（double d1，double d2）;
string const &max（string const& str1, string const& str2）;
Score const &max（Scores const& s1, Scores const& s2）;
```

重载技术消减了程序员为函数命名以及后续的记忆负担，但如果每个重载版本
的内部实现都差不多，非得让程序员一通"Ctrl＋V"后再做调整，会带来这些问题：

（1）调整不完整，不小心会残留前一版本的部分特征；

（2）如果发现函数实现有误，这一下要修改好多地方；

（3）无论如何，不断的复制粘贴修改就是浪费精力。

怎么办？

7.14.2 函数模板

前面的 max 问题，通过定义一个函数模板可以解决：

```
template < typename T >
T max(T const& t1, T const& t2)
{
    return (t1 > t2)? t1 : t2;
}
```

首先能注意到，原先限定两个入参及函数返回值的 int 类型都不见了，统统被一
个神秘的"T"代替，可以将它看成"占位符"。读大学那几年，你不可能没有过用一本
书占一个自习教室座位的经历吧？

将来，T 可能被种种实际类型所代替，有点像普通函数中，形参会被各种值的实
参所代替一样，因此 T 又称为"模板参数"，并且也和形参一样，需要事先声明。为

此,示例代码第一行中的尖括号中,就列有"T"的存在,前面一关键字"typename",拆开读是"type name",意思就是告诉大家(包括编译器),这里的 T,将会是一个类型名。

【小提示】: **typename 代替 class**

一些旧代码使用"class"而非"typename"。

第一行中另一个关键字"template",用于表示一个模板的开始,当前这是一个函数模板。函数模板是用来产生函数的模板,所以函数模板并不是真正的函数。假设之后我们有一段代码为:

```
int c = max(10, 9 + 2);
```

字面值 10 和 9+2 的结果类型都是 int,编译器就会为此从前述的模板,实际产生一个新函数,方法是使用 int 代替模板中的占位符 T,生成一个函数,即:

```
int max(int const& t1, int const& t2)
{
    return (t1 > t2)? t1 : t2;
}
```

紧接着,如果马上有人这样调用 max(10.5, 9.2 + 1.3),就会有另一个新函数产生:

```
double max(double const& t1, double const& t2)
{
    return (t1 > t2)? t1 : t2;
}
```

由函数模板产生的函数,必要时我们会特意称呼它为"模板函数",以强调它不是程序员直接写的,而是由编译器产生的。和 inline(内联)函数作个对比:inline 函数会让编译器在各处调用的位置,插入某个函数的实现(这些实现都是一致的)。而函数模板似乎更神奇,编译器会在需要时,依据不同占位符类型,产生新的函数,然后再去处理调用。

7.14.3 显式指定模板参数

当前 max 模板的两个入参 t1 和 t2,二者必须是相同类型,因为它们都使用 T 这个类型占位符。如果要比较的两个数据类型不一,编译器就不知道该如何产生函数了:

```
cout << max(10.1, 10) << endl; //double ? int ?
```

此时该用 double 还是 int 来代替 T?按说,编译器应该聪明一点,自动选取精度较大的前者生成。但根据"只帮一次忙"的原则,编译器会说:我已经负责做类型替

换,不能再让我帮忙精度问题。所以,这件事情就交给程序员手工指定吧,在函数名
之后使用一对" < > ",中间写上希望用于代替占位符的类型:

```
cout << max < double > (10.1, 10) << endl;   //double
```

这叫显式指定模板入参。

函数经常需要多个参数,函数模板也经常需要多个待定的类型,因此就会有多个
类型占位符。比如我们常用的 static_cast,用于将源类型数据强制转换到目标类型,
如果将它视为一个函数模板,需要两个类型占位符:

```
template < typename TDst , typename TSrc >
TDst & static_cast (TSrc& src_data);
```

其中 TDst 是目标类型,也是函数返回值类型,TSrc 是源类型,也是函数入参类
型。接下来考虑如果需要将 double 强制转换为 int,可以这样使用吗?

```
int i = static_cast(23.4);
```

在函数重载中,编译器不依赖返回值类型以确定调用哪个函数。在模板函数生
成的过程中,编译器同样不依赖返回值类型来确定产生什么样的函数。没办法,必须
明确指定返回值类型:

```
int i = static_cast < int >(23.4);   //只显式指定 TDst 是 int
```

这行代码用于示例:可以只对靠前的部分模板参数显式指定类型,而其后的所有
类型则交由编译器裁决。这也是"函数模板"模拟 static_cast 实现时,将目标类型
"TDst"排在源类型 TSrc 之前的原因。

7.14.4　函数模板示例

STL 容器提供迭代器,用于通过某种次序遍历容器中的每个元素。比如 std::
vector 容器的迭代器类型是 std::vector::iterator,而 list 的迭代器类型是 std::
list::iterator。尽管各容器的迭代器的类型名字都差不多,但彼此之间却没有"亲
戚"关系,所以使用模板表示它们,是个好办法。以下函数模板接受开始和结束位置
的迭代器,然后使用循环输出每个元素:

```
template < typename Iterator >
void Output(Iterator beg, Iterator end)
{
    for (Iterator it = beg; it != end; ++ it)
    {
        cout << * it << endl;
    }
}
```

调用示例:

```
std::list < int >    li {1,2,3,4,5,6,7};
Output(li.cbegin(), li.cend());
```

接着，如果希望输出目标不仅是屏幕，还可以是文件流、内存流等，却不需要再为 Output 模板增加一个类型参数，因为标准库基于"面向对象"的方法，将所有"输出流"抽象描述成"std::ostream"，它可以代表各种实际的"输出流"类型。以它为类型，添加一个入参，就能让我们欣赏到面向对象和泛型两大编程模式的优雅组合：

```
template < typename Iterator >
void Output(std::ostream& os , Iterator beg, Iterator end)
{
    for (Iterator it = beg; it != end; ++ it)
    {
        os << * it << endl;
    }
}
```

尽管我们写了"Iterator"，但这只能称为"名字暗示"，当前 C++ 标准还不支持对模板类型提出显式要求。不过我们可以通过分析代码，找出对 Iterator 的要求，至少有：

(1) 必须支持赋值，因为循环初始化用到 it＝beg；

(2) 必须支持使用" !＝ "做比较判断，循环条件判断用到 it !＝end；

(3) 必须支持前置自增操作，因为循环因子变化子句是：＋＋it；

(4) 必须支持使用取值操作符' ＊ '，因为循环体中用到 *it；

(5) ＊it 取值得到的结果，必须支持 ostream 的流输出(<<)操作。

下面是测试代码：

```
# include <iostream>
# include <fstream>
# include <vector>
int main()
{
     ofstream ofs (".\\output.txt");
     //输出原生栈数组元素
     double da[] = {0.1, 0.2, 0.3, 0.4};
     const int size_of_da = sizeof()/sizeof(da[0]);
012  Output(cout, da + 0, da + size_of_da);
013  Output(ofs, da + 0, da + size_of_da);
     //输出 vector < int > 元素
     std::vector < int > v {9,8,7,6,5,4,3,2,1,0};
017  Output(cout, v.cbegin(), v.cend());
018  Output(ofs, v.cbegin(), v.cend());
}
```

示例中，da 是原生数组，v 是 std::vector <int> 。二者以及二者的迭代器类型之间，"风牛马不相及"。特别是，其实根本不存在原生数组的"迭代器"类型。例中作

为入参的其实是指向 double 数组某个元素的指针,而指针正好满足以下潜在要求:

(1) 赋值: double * it＝beg;

(2) 比较: it ！＝ end;

(3) 自增: ＋＋it;

(4) 取值: * it;

(5) 所取的值,可以被输出。

Output()"看起来"可以接受完全没有关系的多种类型的入参,这正是模板技术擅长的地方。之所以说"看起来可以接受",是因为事实上最终产生了多个函数重载版本,每个函数仍然还是只能有一个类系的某种入参。

【小提示】: 类型和类型之间,要不要有关系?

前面提到的"类系"归属"面向对象"的概念。面向对象编程可以实现确实只需一个函数,就能接受多种类型,前提是这些表面上名称不同的类型,背后必须存在某种"血缘"关系。比如例中的 cout 的对象类型是 std::ostream,而 ofs 对象的类型是 std::ofstream。在 C++中,后者(ofstream)来源于前者(ostream),因此俗气且不准确的比喻就是,后者是前者的儿子。

严格地讲,类型和类型之间要不要存在亲戚关系,和编程模式是"泛型"还是"面向对象",并无必然关联。许多语言中的泛型也要求类型间要有血缘关系,而又有许多语言同样支持面向对象,却不需要(其实是反感)类和类之间必须有血缘关系。C++在这当中抱何态度呢? 第一,C++是当前支持泛型最好的语言(没有之一),第二,在 C++的世界中,泛型和面向对象大可和谐共处,相得益彰,一如前例。

7.14.5　类模板

"实现大体相同,仅部分数据类型不同"的困扰,同样发生在结构或类的定义阶段。情况可能还要差点,因为类型名称没有重载一说(不允许重名)。以 Point 为例:

```
struct Point
{
    int x;
    int y;
};
```

坐标点采用整型数,也许哪一天有些计算需要更高精度的坐标点,于是有:

```
struct DPoint
{
    double x;
    double y;
};
```

解决方法还是"模板"技术。定义类模板,同样在类定义之前加上关键字 template 和模板参数列表,以 Point 为例:

```
template <typename T>
struct Point
{
    T  x, y;
};
```

通过类模板产生类,必须显式指定类型参数:

```
Point <int> point_i {20, 90};
Point <double> point_d {120.1, 99.01};
```

【小提示】:为特定模板类型设定别名

如果喜欢,可以考虑 typedef 或 using 为特定模板类型取一个别名:

```
typedef Point <int> IntegerPoint;   //typedef 语法
using DoublePoint = Point <double> ; //using 语法
```

例中是为 Point <int> 或 Point <double> 取别名,二者都是已经确定的类,如果要为 Point <T> 取别名,比如想把它换名为 Coordinate <T> ,怎么办呢?

Point <T> 是"类模板",用于产生许多类的模板;而 Point <int> 或 Point <double> 是"模板类",即由模板产生的具体的类。如果要取别名的对象是类模板,使用 typedef 语法难以支持,这时必须使用 using 语法,它支持带模板说明,比如:

```
template <typename T>
using Coordinate = Point <T>;   //支持 模板语式 的 using
```

注意,作为别名定义,Coordinate 后面并没有"<T>",但在后续使用时,Coordinate <int> 就是 Point <int> ,Coordinate <double> 就是 Point <double> 。类模板的占位符可用在类定义中各种需要该类型的地方:

```
template <typename T>
struct Point
{
public :
    Point()
006     : x(T()), y(T())
    {}
    Point (T const& x, T const& y)
        : x(x), y(y)
    {}
012  Point (Point const& other)
        : x(other.x), y(other.y)
    {}
    T GetX() const  { return x; }
    T GetY() const  { return y; }
    void SetX(T const& ax) { x = ax ;}
```

```
        void SetY(T const& ay)｛ y = ay ;｝
private:
        T x, y;
    ｝;
```

006 行用到一个小技巧：使用"T()"实现该类型的默认初始化,而不是直接使用数字 0。这也暗示了一点,代码中如果写 a＝int(),a 将为 0。012 行则也有特殊之处,在类模板定义中用到该类自身名称(本例在入参和返回值类型中用到),不必像在外部使用那样写上全称,比如"Point ＜T＞"。在类模板内部使用,只需写为 Point。

7.14.6　成员函数模板

如有需要,成员函数(包括构造函数)也可以写成模板。下面写一个类,注意,是真正的类,而不是类模板。该类用于各种类型的数据,并将它转成为 std::string。

要将任意类型(当然是要满足某些潜在要求啦)的数据转换成 string,其实很简单,先让它把数据输入到字符串流(std::stringstream),然后取后者的 str() 返回值即可。代码如下:

```
# include ＜iostream＞
# include ＜sstream＞
using namespace std;
class StringConvert //真正的类,不是模板
｛
public:
    StringConvert() = default;

    template ＜typename T＞
    StringConvert(T const& t);

    template ＜typename T＞
    void Convert(T const& t);

    std::string AsString() const
    ｛
        return ss.str();
    ｝
private:
    std::stringstream ss;   //重要,唯一成员
｝;
/* 以下是类成员函数实现,通常要放在单独的 cpp 文件中,此处因是函数模板,需定义于头文件 */

template ＜typename T＞
StringConvert::StringConvert(T const& t)   //构造函数模板
｛
    ss ＜＜ t;
｝
template ＜typename T＞
```

```
void StringConvert::Convert(T const& t) //Conver 函数模板
{
    ss.str("");
    ss << t;
}
```

StringConver 本身并不是一个类模板。它有两个正常的成员函数。其一是指定为 default 的构造函数，其二是 AsString( )返回 ss.str( )。重点是"Convert（T const& t)"函数，这个成员函数是一个模板，入参 t 的类型可变化，因此使用"T"占位符表示。函数体中，考虑到因为之前也许已经调用过 Convert，所以清空 ss，然后将 t 输入到 ss 中。另一个模板函数是构造函数，原理和 Convert 一样，只是因为是在构造新对象，所以 ss 中的内容肯定为空，不需要特意清空。

下面是测试代码，受测源数据有字符、整数、bool 值等。为了让大家更多地感受模板的力量（或者就是为了让事情更复杂点），我们就使用前面刚刚定义的 Point 类模板：

```
template < typename T >
struct Point
{
    /* Point 类模板实现，见上一小节。*/
};
/* 重载 "<<" 以支持向指定流输出 Point 结构的数据 */
template < typename T >
ostream& operator << (ostream & os, Point < T > const& pt)
{
    os << "x = " << pt.GetX() << ", y = " << pt.GetY();
    return os;
}
int main()
{
    StringConvert sc('a');
    cout << sc.AsString() << endl;
    sc.Convert(100);
    cout << sc.AsString() << endl;
    sc.Convert(101.20);
    cout << sc.AsString() << endl;
    sc.Convert(true);
    cout << sc.AsString() << endl;
    Point < int > pt(-90, 90);
    sc.Convert(pt);
    cout << sc.AsString() << endl;
    return 0;
}
```

7.14.7　标准库函数模板示例

C++标准库存在大量函数模板，它们可以处理各类数据，它有一个非常高大上

的名称,"算法"。多数算法都被定义在 <algorithm> 文件中。在《感受（一）》中用过 find_if 算法:

```
template < typename InputIterator, typename Predicate >
InputIterator find_if (InputIterator first, InputIterator last
      , Predicate pred);
```

重新解读:先看模板的类型参数:InputIterator 和 Predicate。从名称上看,前者暗示它应该是一个输入迭代器,后者暗示这是一个"判断操作"的类型。再看入参:表示 find_if 函数将在迭代区间[first, last)之间查找元素,怎么查找呢? 请使用 pred 操作。迭代器比较好理解,"Predicate"称为"判断操作"是什么意思? 还记得"动作数据化"这个提法吗? 入参 pred 是一个数据,其对应到某个类型的操作,find_if 中将使用这个操作来判断某个元素是不是你要找的。那还记得 C++ 中有哪几种将操作数据化的方法吗? 答:已学的有函数指针(来自 C)、函数对象、Lambda 函数。

在感受篇中,我们用的是函数对象。当初,我们有一个表达成绩的 Score 结构:

```
//成绩
struct Score    /* 来自 感受(一) */
{
    unsigned int number;    //学号
    float mark;    //分数
};
```

然后有一个 std::list <Score> ,用来存放好多成绩,最后就是这里重提的 std:: find_if 算法来查找指定学号的成绩,当初写的"函数对象"的结构是:

```
struct CompareByNumber_Equal
{
    unsigned int number; //学号
    bool operator () (Score current_score) const
    {
        return (current_score.number == number);
    }
};
```

呀! 当初我们还没有学习构造函数呢,请为该结构添加一个可直接初始化学号的构造函数吧,后面我们要用哦!

复习一下:带有一个对圆括号"()"操作符重载类或结构,就可以用来产生一个对象,而 C++ 支持这个对象调用圆括号"()"操作符时,采用类似函数的语法,因此称为"函数对象"。然后是这么调用:

```
int number = 3;//学号,通常是函数入参或用户输入,这里简单示例
CompareByNumber_Equal cmp(number); //指定学号
list < Score >::const_iterator iter
      = find_if (scores.begin(), scores.end(), cmp);
```

呀,当初我们还不懂常量迭代器呢,请将 begin()和 end()改成的相应常量版本;呀,当初我们还没接触可爱的 auto,请……

如果项目中经常需要按学号查找成绩,那么使用函数对象是英明的,如果只是在此用这么一次的话……你知道我意思,我就是要硬生生扯出 Lambda 的使用场景啦:

```
...
int main()
{
    std::list < Score > l { {1, 95.5}, {2, 92.0}, {3, 100.0} };
    int number = 3;//学号,通常是函数入参或用户输入,这里简单示例
    auto it = std::find_if (l.cbegin(), l.cend()
                , [number](Score const& score) ->bool
                {
                    return (number == score.number);
                } //此处并没有就地调用
                );
    if (it != l.cend())
    {
        cout << "学号" << number << "的成绩是" << it ->score << endl;
    }
}
```

需要认真搞懂这段代码。为什么 Lambda 要捕获 number?这种捕获叫什么捕获方式?为什么 Lambda 的入参是 Score 的常量引用?它来自哪里?为什么此时定义 Lambda 后没有"就地调用"?似乎是在借机复习 Lambda,但还有一个目的。通过本例可充分说明:泛型很强大,强大到同一个入参支持使用函数对象,也支持使用 Lambda 表达式,或者函数指针(这个请读者自行测试)。

第二个常用 STL 算法,排序/sort:

```
//版本一:
template < typename RandomAccessIterator >
void sort (RandomAccessIterator first, RandomAccessIterator last);
//版本二:
template < typename RandomAccessIterator, typename Compare >
void sort (RandomAccessIterator first, RandomAccessIterator last, Compare comp);
```

两个版本有同名的"RandomAccessIterator"模板类型参数,名字暗示了存放待排序元素的容器,必须支持"随机访问",即通过"[]"操作符加下标的方式。第一个版本采用默认的比较方法进行排序,即使用" < "操作符比较;第二个版本使用定制的"比较器"。当初在感受篇,我们使用这样的函数对象:

```
struct CompareByMarkBigger
{
    bool operator () (Score s1, Score s2) const
    {
        return (s1.mark > s2.mark);
```

```
    }
};
```

作业：请改为使用 Lambda 实现。

第三个常用 STL 算法：for_each。字面意思"循环每一个"。

```
template < typename InputIterator, typename Function >
Function for_each(InputIterator first , InputIterator last
                                   , Function fn);
```

作用是针对(first,last]区间内的每一个元素，执行 fn 操作。

【课堂作业】：动手写 **for_each**

请根据标准库 for_each 函数模板的声明及其作用，自行写出其内部实现。请注意返回值。

for_each 算法加上 Lambda 或者函数对象，都可以形成替换普通 for 循环的利器。比如使用 for_each 输出一个原始数组中的每一个元素：

```
# include <iostream>
# include <algorithm>
using namespace std;
int main()
{
    int a [] {1, 3, 5, 7, 9};
    int const items_count = sizeof(a)/sizeof(a[0]);
    for_each(a + 0, a + items_count
               , [](int i){
                    cout << i << endl;
               });
}
```

在输出之前，还可以让该数组每个元素都自增 1 次，注意此时 Lambda 的入参，需改为引用而让修改生效：

```
...
for_each(a + 0, a + 5
           , [](int& i){
                i++;
           });
...
```

【课堂作业】：使用 **for_each** 处理 **std::array**

请将上例中的原生数组，改为使用 std::array 来实现。

7.14.8　模板代码编译

通常我们将函数的声明、类的定义等，写在头文件中，然后将函数的实现和类的实现(主要是类的成员函数实现)写在源文件中。

回忆一下,C++编译器总是以单个源文件为编译单元。假设有 a.hpp、ab.hpp、b.hpp 三个头文件,并且与 a.cpp 和 b.cpp 两个源文件有如图 7 - 48 所示的包含关系。

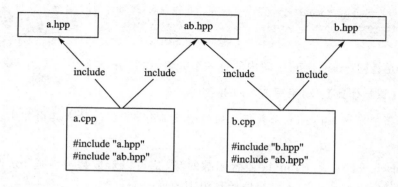

图 7 - 48　包含关系示例

编译器以单一源文件作为编译单位,从来不会直接去搭理头文件。针对该例,编译器简单地按源文件的名称排个序,于是先编译 a.cpp,发现它包含 a.hpp 和 ab.hpp,于是才去处理这两个头文件;接着编译 b.cpp,于是处理 b.hpp 和 ab.hpp。注意,整个过程中 a.cpp 和 b.cpp 就像中国象棋"王不见王"的规则一样,从来没有互相遇见过,即在编译过程中,一个源文件从不需要去关心另一个源文件中有什么内容,要一直等到后续链接的阶段,才去处理。哦,这个函数在 a.cpp 家,那个数据在 b.cpp 家……

引入模板技术后,事情有些变化。任何一个源文件使用某个模板,编译器都必须完整地看到那个模板,才能完成从"函数模板"到"模板函数"或者从"类模板"到"模板类"的推理。如果编译器看不到完整的代码模板,它就无法生成真正的代码。

下面的做法,就会让编译器抱怨看不到完整的模板。首先,在某个头文件中声明一个函数模板:

```
//a.hpp
#ifndef _A_HPP_
#define _A_HPP_
//函数模板声明:
template < typename T >
T const & max(T const& t1, T const& t2);
#endif //_A_HPP_
```

然后,在某个源文件中实现这个模板:

```
//a.cpp
# include "a.hpp"
template < typename T >
T const & max(T const& t1, T const& t2)
{
    return (t1 > t2)? t1 : t2;
}
```

再接着,在另一个源文件中,要使用该 max 函数模板:

```
//b.cpp
# include "a.hpp"
void test()
{
    cout << max(12.3, 13.2) << endl;    //编译失败
}
```

编译 b.cpp 时,能够看到 a.hpp(因为 include),但只能看到模板的名称、出入参类型等,看不到模板的完整实现(完整实现在 a.cpp 中)。解决办法就是将模板的完整实现,全部放在头文件中。有些人会给这样的头文件各种新的扩展名(STL 干脆给空的扩展名),但对于编译器来讲,反正是当作头文件处理;也有些时候会有模板定义在.cpp 文件中,那或者因为确实只在该文件中使用,或者因为别处的代码,会干脆 include 这个源文件。

7.15 异 常

普通流程,如 if—else、for、while、do - while、switch - case 等,都有一个共同点,即程序在单一线路上连续前行。单一线路大家不会反对,但流程是不是连续的? 以 if 为例:

```
001   int i,j;
002   cout << "pls input i, j :";
003   cin >> i >> j;
004   if (i > j)
      {
005       cout << "i > j" << endl;
      }
006   cout << "bye - bye" << endl;
```

如果 i 不大于 j,那么程序似乎跳过 005 行,直接执行 006 行,这样的流程算不算连续呢? 请看路线图,如图 7 - 49 所示。

如图 7 - 49 所示,在 004 行之后,无论是走 4 - 5 - 6 的分支,还是走 4 - 6 分支 ,都是连续的路线。就像现实中的公交路线,公交车不走这条线,就走另一条线,无论如何它不能飞过某些站点。单一路线也作个说明,比如当前我们只有一辆公交车,当

它行驶到 004 站点时,它要么拐向 005,要么直奔终点 006,无论如何,它不能同时走两条路线。

即将学习"异常"和"并发",前者要打破代码路线连续性的常规,后者要打破同一时刻只能走一条路线的常规——至少看起来像是。

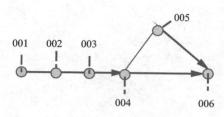

图 7 - 49　if 流程"路线图"

7. 15. 1　斧头帮的异常

【轻松一刻】:斧头帮某次活动发生异常!

斧头帮组织机构严密,十分注重层级划分。现假设:某黑社会大佬老 K,其直接下级大 A,大 A 直接下级小 a,小 a 之下还有小混混小 i。

有一天老 K 命令大 A 去完成某事,于是大 A 命令小 a,小 a 又命令小 i……等小 i 办妥时,反过来按"i→a→A→K"次序,层层往上回复。没错! 帮内组织严明,极其忌讳越级操作。小 i 身处最底级,但他的行动结果,事实上决定了整件事情的成败!

这一次,小 i 的任务是在黄昏时刻,化装成路边烤羊肉串的小贩,然后与关键人物对上暗号,再然后……一切安排周密,一分一秒,接头时间即将到来。小 i 神情自若地叫卖着,然后万万没有想到,万万没有想到……关键时刻城管出现了! 只有 0.1 秒,小 i 身边原本一起摆摊的小商小贩们消失一空。唯留经验不足的小 i 张着大嘴,双腿发抖,看着城管走过来……

这,就是斧头帮行动的一次异常。事发突然,刻不容缓,此时此刻小 i 除了在心里奔跑过一千头马之外,他,还能怎么做?

没错,此时此刻在此处,小 i 必须为他的非法组织做点什么,避免组织因为获取信息不及时而灭亡呢?

7. 15. 2　错误 VS 异常

小 i 该怎么办? 有两种方法。先说第一种,这是传统做法。小 i 掏出手机,迅速拨通上级小 a 的电话(小 i 也只有小 a 的电话),通知他任务失败,自己即将被城管带走。接着,小 a 通知大 A,大 A 通知老 K,这就是常规的方法。就像函数,调用关系是 老 K 调用大 A,大 A 调用小 a,小 a 调用小 i,则返回的路线肯定是小 i 返回小 a,小 a 返回大 A……下面用代码实现以上过程。

新建控制台工程,修改 main. cpp 编码为系统默认。常规方法中,各层函数调用都有返回值,类型都是整数。返回非 0 数,表示有特定错误发生。返回 0 则表示一切无错包括本级以及其下所有环节都操作无误。K 函数是该过程的顶级发起者,可以不需要返回值。

```
# include <iostream>
# include <string>
# include <ctime>      //取当前时间当随机种子
# include <cstdlib>    //随机函数
using namespace std;
void K();
int A();
int a();
int i();
```

为了调用方便,写上 K 到 i 每一级的函数声明。另外,为了更好的模拟小 i 办事成败的随机性,我们需要用到 C 库的随机函数,它所在的头文件为"cstdlib"。接下来,让我们看看老 K 做些什么事:

```
void K()
{
    cout << "--0---------斧头帮专用分隔线-------------" << endl;
    cout << "老 K 在行动!" << endl;
    cout << "老 K 调用大 A..." << endl;
018 int r = A();
    cout << "--0-------K 调用 A 结束----------" << endl;
    if (r == 0)
    {
        cout << "行动成功!" << endl;
    }
    else
    {
        cout << "行动失败!原因:" << i << "" << endl;
    }
}
```

老 K 所做的事情真正有意义的只有一件,那就是 018 行调用 A 函数。随后的 A、a 二级所做的事也大同小异:

```
int A()
{
    cout << "--1-------斧头帮专用分隔线------------" << endl;
    cout << "大 A 在行动!" << endl;
    cout << "大 A 调用小 a..." << endl;
    int r = a();
    cout << "--1-------A 调用 a 结束----------" << endl;
    return r; //简单将结果返回给上级处理……
}
int a()
{
    cout << "--2-------斧头帮专用分隔线------------" << endl;
    cout << "小 a 在行动!" << endl;
    cout << "小 a 调用小 i..." << endl;
    int r = i();
```

```
    cout << "--2--------a 调用 i 结束----------" << endl;

    return r;    //简单将结果返回给上级处理……
}
```

真正做事的是小 i：

```
int i()
{
    cout << "--3--------斧头帮专用分隔线------------" << endl;
    cout << "小 i 在行动!" << endl;
    cout << "小 i 调用....噢对不起,俺是干活的命." << endl;
063 srand(time(NULL)); //播随机种子
064 int r = rand() % 2;
    cout << "正在准备购买羊肉..." << endl;
    if (r)
    {
        cout << ":( 买羊肉时,使用假钱被发现,被肉店老板扣下!" << endl;
        cout << "--3--------i 行动结束----------" << endl;
        return -1;
    }
    cout << "正在路边摆摊..." << endl;
    r = rand() % 2;
    if (r)
    {
        cout << ":( 卖羊肉串没烤熟,直接被扭送到消费者协会!" << endl;
        cout << "--3--------i 行动结束----------" << endl;
        return -2;
    }
    cout << "正在寻找接头人..." << endl;
    r = rand() % 2;
    if (r)
    {
        cout << ":( 羊肉串卖得太畅销,开心得忘了接头暗号!" << endl;
        cout << "--3--------i 行动结束----------" << endl;
        return -3;
    }
    cout << "看到接头人了并对上暗号..." << endl;
    r = rand() % 2;
    if (r)
    {
        cout << ":( 城管来了,没来得及跑掉!" << endl;
        cout << "--3--------i 行动结束----------" << endl;
        return -4;
    }
    cout << "额滴神啊,终于把事情办成功了!" << endl;
    cout << "--3--------i 行动结束----------" << endl;
    return 0;
}
```

小 i 函数中,多次用到随机数。硬币扔到地上是正面还是背面朝上? 这是个随机概率,在 C 标准库中,rand()函数可以返回大小随机的整数,数值的大小范围从 0一直到 unsigned int 所能表达的最大值。不过真正的随机实现非常困难,计算机通常是通过算法模拟加以实现,称为"伪随机",需要在前面先调用 srand()函数,并以当前时间点作为"种子",以产生伪随机数,代码体现为 063 行。

斧头帮中小 i 还在实习期,因此我们让他执行每一步的成功概率都是 50%,其控制方法就是让 rand()的返回值除以 2 取余数(0 或 1)。这就是 064 行及之后每一步都要出现的"r＝rand() % 2"的作用。小 i 需要完成四个步骤,每一步骤如果失败(余数为 1),则输出原因,然后返回一个负数。你应该能够脱口说出小 i 办成此事的概率吧? 最后是主函数:

```
int main()
{
    K();
    return 0;
}
```

编译,执行,某次运行的结果,如图 7 - 50 所示。

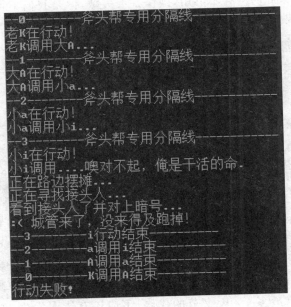

图 7 - 50　斧头班传统报错方式

函数一层层向下调用,结果(正确或出错)再以返回值的方式一层层上报,这种做法很常见。不过像在本例中,事情需要一层层地执行,但又不是每一层都需要知道结果时,层层返回结果的做法确实显得啰嗦。这还不是最重要的,还得考虑:

(1) 小 i 做事会失败的可能性,其实五花八门,确实还会有各种异常发生;

（2）中间这几层事实上通常也需要做事，他们也有出错的可能；

（3）当前所有问题都抛出给最顶层，其实也不对。通常是某些层关心某些类型问题，而某些类型则不用关心，用返回值处理起来会很复杂；

（4）传递回去的出错信息，可能不够丰富。

若说编程语言引入"异常机制"的本质原因，应该就一点：在概念上，异常和错误本来就有区别。当问题发生时，将它归为"错误"，还是"异常"？将事物分门别类通常有两种方法：一种是事物的自然属性，一种则和我们会如何处理它有关。小明和小红都从幼儿园回到家，妈妈问："幼儿园都有什么小朋友呀？"小明答："穿裙子的和不穿裙子的。"小红回答："我喜欢的和我不喜欢的。"

要正确划分程序中的"错误"和"异常"，则需要从问题的"自然属性"出发，最后终结在我们"如何处理它？"。生活中的"意外"，多数可以归属为异常。意外几乎关系到所有事情的成败，因此我们无法每做一个步骤，都去检查及防范一下意外事件。比如我要步行上班，在我每迈出一步的时间点上，理论上都有可能发生地震。地震若是发生必然造成我上班的失败，但显然我不能每抬起脚来，心里就盘算一次"if（地震此时发生）{ ... } else {继续走；}"这样的过程。对应到程序，我们每定义一个变量，都需要占用内存，如果此时内存不够用，操作就会失败，但是我们不可能写一行代码就检查一下当前系统内存还剩余多少。看个例子：

```cpp
     bool check_and_test(unsigned int N)
     {
003      if ( N > 1024 * 200)
         {
             return false;
         }
008      auto p = new char [N];
         ...
         delete [] p;
         return true;
     }
```

003 行体现了函数作者的谨慎（甚至保守），大于 200K 就不让其分配内存，将它当成一种错误返回给调用者。但哪怕如此，008 行的内存分配仍然可能失败，程序运行时，电脑病毒发作，病毒耗尽所有内存……但如果程序必须步步惊心地测试、判断、预防这类状况发生，程序员表示心累。所以正常写代码的人，都会默认认为，在当前用户的设备上，申请最多 200K 字节的代码，不应该有错误发生，如果有，那就是异常……

本例的 check_and_test 函数认为"N 值大于 200K"是一个错误。当该错误发生时，函数将返回假，上层函数获悉后有许多可能处理的方式。其中一种也许就是减小 N 值，然后再次调用 check_and_test 函数。

归纳一下：同样是因为入参 N 值带来的问题，如果 N 小于等于 0 或者 N 大于

200K,在本例中就是一种错误,而如果因为 N 刚好是 200K 又刚好也内存分配失败,在本例中就成为了异常。复习一下基础篇,应该能想起这个异常是 C++的一个标准异常:std::bad_alloc。这样的划分方法,基于这样一个判断过程:首先内存不足这类意外,从自然属性来看基本属于异常,但在本例中,程序员愿意就地写一段代码,以防范因 N 值过大所带来的风险,于是 N 值大于 200K 这个问题,从处理方法上看它就成为一种错误,而不再是异常了。

再回到生活中的例子,我的"生活程序"中,步行上班的途中遇上地震,通常只能当作一种异常来看待,所以我每天上班的步伐都走得潇潇洒洒。但是,我的"上班函数"也有前置判断,比如,如果看到路面有一大串癞蛤蟆排排走,并且看到有人在宣传大家不要听信谣言,请安心上班时,我的"上班函数"将直接返回假,然后上层调用者改为调用"请假函数"甚至"逃命函数"。

7.15.3 基本语法

使用 new 分配内存失败时,C++标准库默认做法是"抛出"一个异常。现在我们就来学习如何"抛出异常"。首先我们回顾一下小 i 的场景,前面提到的是第一种方法,即层层返回错误的方法。这种常规方法平常没事,紧急时刻用起来挺麻烦的。所以,第二种方法来了。只见小 i 在被城管抓住的那一瞬间,从怀中掏出一枚信号弹,迅速抛向(throw)天空……沉沉夜色中城市的另一角,站在某八星级快捷酒店的老 K,神色严肃地叼着烟斗,犀利的眼神捕获(catch)到西边的天空中浮现出三个点(...),他知道在层层的环节中,肯定是有一个环节发生了异常,并且从形状上判断,这次是一个完全出乎意料的异常……形势非常危险! 老 K 阴沉沉地向屋里说了一个字:"撤!"

我们要学习的第一个和"异常"相关的关键字,就是"throw"。

```
throw 异常信号;
```

C++语言中各种数据都可以被用作异常"信号灯"。首行演示如何抛出一个整数:

```
void i_throw_i_throw() //我抛我抛 函数
{
    throw - 4;
}
```

i_throw_i_throw 显然已失去理智,它所做的事,就是抛出异常。别问为什么抛的是-4 而非其他类型或数值,一切只是为了演示。

新建一个控制台项目,然后在 main 函数中调用 i_throw_i_throw。保存项目,编译、运行,结果是:

```
This application has requested the Runtime to terminate it in an unusual way.
Please contact the application's support team for more information.
```

这是在说:该程序以一种很不寻常(其实就是异常)的形式退出了,想了解更多信息,请联系开发团队(就是你)。没错,C++程序如果将一个异常抛出去,却没有任何代码去捕获它,默认情况就是将程序直接挂掉。能在屏幕上吐出上面那些遗言,已属万幸。捕获异常的语法是:

```
try
{
    ...有可能抛出异常的代码...
}
catch(异常_1 声明)
{
    ...处理异常_1 的代码...
}
catch(异常_2 声明)
{
    ...处理异常_2 的代码...
}
```

其中 catch 块有几个,取决于:一是 try 范围内的代码,会扔出哪些类型的异常?不可能捕获到没有抛出的异常;二是当前代码块,需要关心(想处理)哪些类型的异常? 如果本层不处理,可以留给更上层处理。继续前例:

```
void i_throw_i_throw()
{
    throw - 4;
}
int main()
{
    try
    {
        i_throw_i_throw();
    }
    catch(int i)
    {
        cout << "捕获了一个整数异常,其值为: " << i << endl;
    }
    return 0;
}
```

因为"我抛我抛"函数只能抛出整数类型异常,所以代码只尝试捕获 int,再因为这里已然是程序最顶层的 main 函数了,所以必须去捕获。接下来,我们让 i_throw_throw 稍微理智一点,它将有 1/3 正常运行的可能性,1/3 的可能抛出一个 int 类型异常,最后 1/3 的可能抛出一个 C 语言字符串类型异常。

```
void i_throw_i_throw()
{
    srand(time(NULL)); //播随机种子
```

```
    int r = rand() % 3; //随机数值限制在 0~2
    switch(r)
    {
        case 1 :
            throw r;
        case 2 :
            throw "我是一只小小鸟...";
    }
    cout << "一切正常" << endl;
}
```

case 块中没有使用"break",因为 throw 会造成当前函数运行直接中断。然后,捕获异常的代码变成:

```
int main()
{
    try
    {
        i_throw_i_throw();
    }
    catch(int i)
    {
        cout << "捕获了一个整数异常,其值为:" << i << endl;
    }
    catch(char const * s)
    {
        cout << "捕获了一个字符串异常,其值为:" << s << endl;
    }
    return 0;
}
```

7.15.4 示例:斧头帮行动异常版

首先还是看函数声明:

```
# include <iostream>
# include <string>
# include <ctime>
# include <cstdlib> //随机函数
using namespace std;
void K();
void A();
void a();
void i();
```

各级操作都没有返回值了,这对斧头帮来说也许是好事,行事更加机密了不是?接着为斧头帮特制了一种"信号弹"类型,也就是小 i 倒霉时需要"throw"的数据:

```
struct FTBException //这里拼音英语混杂了,该帮国际化人才有待加强
```

```
{
    FTBException()
    {}
    FTBException(string const& m, int c)
        : msg(m), code(c)
    {}
    string msg;
    int code;
};
```

老 K 的行动变得更加安全了，因为它在调用大 A 的过程中，被加上了异常保护：

```
void K()
{
    cout << "-- 0 --------斧头帮专用分隔线 ------------" << endl;
    cout << "老 K 在行动!" << endl;
    cout << "老 K 调用大 A..." << endl;
    try
    {
        A();
        cout << "-- 0 -------K 调用 A 结束 ----------" << endl;
        cout << "行动成功!" << endl;
    }
    catch(FTBException const& e)
    {
        cout << "行动失败!" << endl;
        cout << "失败代号:" << e.code << ", 消息:" << e.msg << endl;
    }
}
```

catch 异常时，将所捕获的异常数据对象，声明为常量引用，这是非常地道的做法。接着是大 A 和小 a 两个家伙操作，由于在本案例中，他们基本无所事事，加上现在连向上级汇报事情结果的行为也不需要了，所以代码越发地简单：

```
void A()
{
    cout << "-- 1 --------斧头帮专用分隔线 ------------" << endl;
    cout << "大 A 在行动!" << endl;
    cout << "大 A 调用小 a..." << endl;
    a();
    cout << "-- 1 -------A 调用 a 结束 ----------" << endl;
}
void a()
{
    cout << "-- 2 --------斧头帮专用分隔线 ------------" << endl;
    cout << "小 a 在行动!" << endl;
    cout << "小 a 调用小 i..." << endl;
    i();
    cout << "-- 2 -------a 调用 i 结束 ----------" << endl;
}
```

小 i 的事还是最多的,不过这次出意外时,他的做法是迅速构造出一个信号弹,然后抛出:

```
void i()
{
    cout << "-- 3 --------斧头帮专用分隔线 ------------" << endl;
    cout << "小 i 在行动!" << endl;
    cout << "小 i 调用....噢对不起,俺是抛信号弹的命." << endl;
    srand(time(NULL)); //播随机种子
    cout << "正在准备购买羊肉串..." << endl;
    if (rand() % 2)
    {
        throw FTBException(":( 买羊肉串时,使用假钱,被肉店老板扣下!", -1);
    }
    cout << "正在路边摆摊..." << endl;
    if (rand() % 2)
    {
        throw FTBException(":( 卖羊肉串没烤熟,直接被扭送到消费者协会!", -2);
    }
    cout << "正在寻找接头人..." << endl;
    if (rand() % 2)
    {
        throw FTBException(":( 羊肉串卖得太畅销,开心得忘了接头暗号!", -3);
    }
    cout << "看到接头人了并对上暗号..." << endl;
    if (rand() % 2)
    {
        throw FTBException(":( 城管来了,没来得及跑掉!", -4);
    }
    cout << "额滴神啊,终于把事情办成功了!" << endl;
    cout << "-- 3 --------i 行动结束 ----------" << endl;
}
```

🛈 【重要】:抛出异常和返回值并不冲突!

本例刻意将各级函数的返回值改成 void,但事实上使用抛出异常,与通过返回值反馈结果,并不冲突。很多情况下,一个函数可能既需要返回值,也需要在特定时刻抛出异常。

7.15.5 异常再抛出

例中,当小 i 抛出异常,他心里清楚这个异常将会被谁捕获吗?是小 a,还是大 A,还是老 K?根据多年混江湖的经验教训,我估计小 i 是不知道的。这也正是"异常"和"错误"的典型区分:通常发生错误时,闯祸的人心里大致是知道谁将处理这个错误的;而发生异常时,倒霉的人往往只能大叫一声"吾命休矣",然后他很难估测谁来收尸。随着年纪的增长,老 K 对江湖的纠纷有了倦意,有一天他找来大 A 说:"A 啊,以后底下的事,除了碰上特殊组织的事以外,都你自己处理吧……"。这一来大 A

的工作就变复杂了,他必须也捕获异常,然后判断一下是不是老大关心的类型,如果不是,自己处理;如果是,则再次抛出,以便上层可以捕获到。于是大 A 的代码慢慢地有了老大的风范:

```cpp
void A()
{
    cout << "--1--------斧头帮专用分隔线------------" << endl;
    cout << "老 A 在行动!" << endl;
    cout << "A 调用 a..." << endl;
    try
    {
        a();
    }
    catch(FTBException const& e)
    {
        if (e.code == -4)
        {
            throw;
        }
        cout << "行动失败!" << endl;
        cout << "失败代号:" << e.code << ", 消息:" << e.msg << endl;
    }
    cout << "--1--------A 调用 a 结束----------" << endl;
}
```

注意 061 行,当大 A 判断出异常代号是 -4,通过一句"throw",实现将当前异常原原本本地再次抛出。而所有其他异常则改由大 A 处理掉,老 K 再也不用操心了。所以这次程序运行时,将十有八九看到一个矛盾的结论——大 A 说:"行动失败!"但老 K 说:"行动成功!"再深思,这并不矛盾,在大 A 看来,发生异常需要自己处理,确实行动是失败了,但在已经归隐的老大看来,异常已由下属处理,所以行动仍然算成功。如果你觉得这解释太牵强的话,可以考虑结合"返回错误"和"抛出异常"的方法处理。或者,我们再往下看。老 K 也可以和大 A 约定,非 -4 的异常转换为全新的异常类型:FTBNotify。"notify"意为"通知"。其暗含的需求是"被逮了我必须处理,其他的情况,简单知会我一下。"

```cpp
struct FTBNotify
{
    char const * what() const noexcept    //有关 noexcept,见后续"异常规格"小节
    {
        return "碰上点小麻烦,但底下已经全部处理了。";
    }
};
```

看,"Notify"非常简单,就一个"什么?"方法,然后返回一句简单的信息。现在老 K 的处理函数是:

```
void K()
{
    cout << "--0--------斧头帮专用分隔线------------" << endl;
    cout << "老 K 在行动!" << endl;
    cout << "老 K 调用 A..." << endl;

    try
    {
        A();
        cout << "--0--------老 K 调用 A 结束----------" << endl;
        cout << "行动成功!" << endl;
    }
    catch(FTBException const& e)
    {
        cout << "行动失败!" << endl;
        cout << "失败代号:" << e.code << ",消息:" << e.msg << endl;
    }
    catch(FTBNotify const& e)
    {
        cout << e.what() << endl;
    }
}
```

现在 A() 调用可能出现两类异常,所以对应的"try"之后,也新增一个 catch,用于捕获"FTBNotify"类型的异常。尽管示例中处理两种异常的代码没有什么本质上的区别,但请大家脑补一下代码:当老 K 捕获"FTBException"异常时,他烦躁不安,决定自首;而当捕获到 FTBNotify,他眼皮不抬,继续听孙子教他如何使用微信。

代码也再次演示了一个异常捕获的惯用法:待捕获的异常类型被声明为常量引用时,这样能让捕获行为具有兼容性,原汁原味,也高效。大 A 的代码现在是这样的:

```
void A()
{
    cout << "--1--------斧头帮专用分隔线------------" << endl;
    cout << "老 A 在行动!" << endl;
    cout << "A 调用 a..." << endl;
    try
    {
        a();
    }
    catch(FTBException const& e)
    {
        if (e.code == -4)
        {
            throw;
        }
        else
        {
```

```
        cout << "行动失败!" << endl;
        cout << "失败代号:" << e.code << ",消息:" << e.msg << endl;
        FTBNotify notify; //定义一个简单的数据
        throw notify;
        }
    }
    cout << "--1--------A 调用 a 结束----------" << endl;
}
```

【课堂作业】：有时候漏洞是致命的

有制度，就有人钻空子。请用代码测试，如果小 i 不遵守公司规定，抛出的不是 FTBException 或 FTBNotify，而是抛出一个字符串，比如"吾命休矣"，而其所有上级都没有去捕获这类异常的话，看看程序运行的结果。

7.15.6 捕获任意类型异常

小 i 抛出字符串却无人捕获，结果是：程序崩溃。简化例子如下，请马上动手完成：

```
void foo()
{
    throw "Wa~~"; //抛出 char const * 字符串
}
int main()
{
    try
    {
        foo();
    }
    catch(FTBException const& e)
    {
    }
    catch(FTBNotify const& e)
    {
    }
}
```

main()函数非常费心地捕获 FTBException 和 FTBNotify，但无料底层抛出的是一个字符串。默认情况下，当出现未被捕获的异常，C++ 程序调用 std::terminate()函数，作用是直接退出程序。就这么"傲娇"，没人管异常，我就摧毁全世界。

C++ 允许将任意数据作为异常信息抛出，只要有一样没捕获到，程序就崩溃！上层代码岂不防不胜防？还好，在此处 C++ 允许以三个小点"..."代表任意异常类型。前述 main()函数可改为：

```
int main()
{
```

```
try
{
    foo();
}
catch(FTBException const& e)
{
}
catch(FTBNotify const& e)
{
}
catch(...) //捕获任意类型异常信息
{
    cout << "好险,捕获到未期料的异常!" << endl;
}
}
```

"..."是最后的防范措施,C++语法规定它只能出现在异常捕获情况的最后面。并且当它被命中时,代码也只是知道有异常发生了,并且不是前面的所有情况,至于到底是什么异常,有什么信息,统统不知道了。在实际编写项目时,底层和上层代码之间应有良好的约定,不应该出现类似上例"猜测"底层将抛出什么异常的情况。

请为斧头帮的相关代码增加对任意类型异常捕获的逻辑。

7.15.7　函数异常规格

在 C++ 98/03 标准中,可以限定一个函数允不允许抛出异常,以及允许抛出哪类异常,这类限定,叫做"函数异常规格(exception specification)"。异常规格说明加在形参表之后,例如:

```
void foo() throw(int);   //新标废弃写法
```

其中,"throw(int)"即为函数规格说明,相应的,该函数的定义应为:

```
void foo() throw(int)    //新标废弃的写法
{
    //...
}
```

根据该异常规格指明,foo 函数应该、或许、大概只会抛出 int 类型的异常对象:

```
void foo() throw(int)
{
    int a,b;
    cout << "请输入被除数和除数:";
    cin >> a >> b;
    if (b == 0)
        throw (a); //抛出 int
    cout << a/b << endl;
}
```

然而 C++并不要求编译器做"异常类型"检查,所以下面的函数实现,也会如你
所愿(或不如你所愿)地通过编译:

```
void foo() throw(int)   // < - 不受推荐的异常规格声明
{
    ......
    bar();
    if (b == 0)
        throw ("~OH~OH~");
    ......
}
```

foo 抛出一行字符串,违反该函数异常规格声明,但这样的代码还是顺利地通过
出编译。只是在将来运行时,程序将因此直接调用 std::unexpected()函数(实质是
一个函数指针),默认情况下也是直接终止程序。看似非常明显的问题,编译器为什
么不作检查呢? 请看例中的 foo()中还调用了 bar()函数,而 bar()函数说不定又调
用了另外的函数,一层一层检查下去,又难又低效。

实践证明原有的函数异常规格价值不大,并且带来一些问题:

(1)难以实现在编译期完成异常合法性检查,只能额外生成更多的代码在运行
期检查,这些代码会较大地影响程序性能的优化;

(2)由于异常规格列表,需要明确列出异常的类型,造成在泛型编程中,难以写
出准确的异常列表。

在 C++ 11 中,异常规格简化了,变成两种状态:一是该函数允许抛出异常(所有
类型),二是该函数不允许抛出异常。使用新的关键字"noexcept",指明一个函数不
会抛出任何异常。比如:

```
void foo() noexcept;
```

前面 FTBNofity 的 what()成员,正是一个不会再抛出异常的函数。

为更好地支持泛型编程,noexcept 还允许带一个参数。参数必须是可以转为布
尔值的常量。不带参数的 noexcept 相当于是 noexcept(true),表示不允许抛出任何
异常。而 noexcept(false)或者 noexcept(1 > 2)等,表示允许抛出异常。声明为不允
许抛出异常的函数,运行时却抛出异常,程序将调用 std::terminate(),默认情况下
仍然是直接退出。虽然同样是运行期检查,但简化成"抛"或"不抛",运行期检查的负
担减轻了。

7.15.8　函数自我捕获异常

简化成"抛"或"不抛"的另一个好处是:比较容易做到。比如要让一个函数符合
noexcept 规格,可以简单地"吃"掉其异常就好。比如:

```
void foo() noexcept
{
    try
    {
        处理本函数的正事;
    }
    catch(异常_1)
    {
        处理异常_1;
    }
    catch(异常_2)
    {
        处理异常_2;
    }
    catch(...)
    {
        处理其他异常;
    }
}
```

不过,更能准确表达"捕获整个函数体内异常"的 C++ 语法其实是这样的:

```
void foo () noexcept
try                         //try 的位置有点怪
{                           //常规函数体开始
        处理本函数的正事;
}                           //常规函数体结束
catch(异常_1)
{
        处理异常_1;
}
catch(异常_2)
{
        处理异常_2;
}
catch(...)
{
        处理其他异常;
}
```

给个例子方便看得清楚:

```
void   abc() noexcept
try
{  //函数主体开始
    efg();
    hij();
    cout << "la~la~la~" << endl;
}  //函数主体结束
```

```
catch(int i)
{
    cout << i << endl;
}
catch(...)
{
    cout << "..." << endl;
}
```

7.15.9　构建异常"家族"

尽管语言允许各类数据信息都可以作为异常抛出，但是围绕一件事情统一异常信息类型，也大有好处。比如斧头帮上层（老 K 函数）面对统一的 FTPException，显然要比面对无穷类型的异常要轻松一些。不过事情总有两面性，如果帮主需要关心异常的原因与细节时，面对所有异常都叫 FTPException 该怎么办？有同学举手回答："老师，FTPException 结构中，有一个 int 类型的成员数据叫 code。"这位同学读书非常认真！老 K 向他投向了赞许的目光，然后写出以下代码：

```
try
{
    A();
}
catch(FTPException const & e)
{
    switch(e.code)  //开始各种 case 判断...
    {
        case -1 :
            ...
        case -2 :
            ...
    }
}
```

代码写完，老 K 却陷入了深思，眉头慢慢紧锁……正好在门口负责望风的小 a 无意中转头看了一眼，张口就叫："老大，这代码的结构好丑，谁写的？"尽管我们说过，在出错处理上，函数返回机制和异常机制可以配合使用，并且在异常结构中带有出错码的做法也很常见，但是通过捕获到异常，再根据异常中的出错码区分处理，这种做法马上散发出一股浓浓的异味。案发现场，老 K 是这么说的："行走江湖多年，什么都可以忍！但这么差劲的代码结构是不能忍的！刚才那位同学，还有小 a……"

如果斧头帮学习过"面向对象"，那么这一段代码血案也许就不会发生。根据 OO 的思路，斧头帮可以规定整套异常类系。针对各种情况制定各种异常结构：

（1）因使用假钱发生的异常："FTBCounterfeitException"；

（2）被扭送到消费者协会的异常："FTBonsumerAssociationException"；

（3）忘记接头暗号的异常："FTBForgetPasswordException"；

（4）碰上城管的异常："FTBCityAdministrationException"。

最关键的一点是，所有这些异常都派生自 FTPException。"派生（derive）"是 C++支持面向对象的一个关键方法。当我们说"D 派生 B"（或者称"D 派生自 B"），则称 B 为 D 的基类，D 为 B 的派生类。基类通常对应到生活中某种类型的通称，而派生类则是某种类型的具体分类。比如说"船"是基类，而"帆船"或"轮船"是派生类。本例中 FTPException 是基类，是通称（斧头帮异常），而 FTBCounterfeitException 是具体的异常派生类，代表"因使用假币带来的异常"。FTBException 既将成为基类，但它的定义没有丝毫改变，仍然是：

```
struct FTBException
{
    FTBException(string const& m, int c)
        : msg(m), code(c)
    {}
    string msg;
    int code;
};
```

然后需要定义派生类，语法是：

```
/* FTBCounterfeitException,派生自 FTBException */
struct FTBCounterfeitException: public FTBException
{
    FTBCounterfeitException()
        : FTBException("买羊肉串时,使用假钱,被肉店老板扣下!", -1)
    {
    }
};
```

结构定义中加粗的"：public FTBException"，表示当前定义的类型"FTB-CounterfeitExceptionire"派生自"FTBException"。新类型的定制内容只有构造函数，同样使用 OO 的方法，在构造时采用类似于"成员初始化列表"的语法，调用基类的构造函数。另外，由于已经明确知道这个类型具体代表的异常信息，所以调用基类构造时传入了具体的出错信息（"买羊肉串时……"）和出错码（-1）。

【课堂作业】：完成斧头帮的异常类系

请参考 FTBCounterfeitException 结构，完成其他异常的结构定义；并思考一个问题：为什么基类 FTBException 的构造函数被设计成需要入参，而各个具体异常类的构造过程被设计成不需要入参？

有了意义明确的各类异常，小 i 的代码应在遭遇各类情况时抛出对应的异常，示例代码如下：

```
void i()
{
```

```
    ...
    cout << "正在准备购买羊肉串..." << endl;
    if (rand() % 2)
    {
        throw FTBCounterfeitException();
    }
    ...
};
```

请读者自行完成所有异常类的替换。注意,除非纯心捣乱,否则小 i 现在不会抛出 FTBException,他总是抛出非常具体的异常。数一下共有四类。接下来上层如何处理这些异常呢?为简化起见,我写一个名为 K2 的函数,去掉中间层,让老 K 直接调用小 i 的函数并处理异常。老 K 如果觉得身为帮主,不要操心那么多细节,那么他仍然可以只关心 FTBException:

```
void K2()
{
    try
    {
        i();
    }
    catch(FTBException const& e)
    {
        cout << "行动失败!" << endl;
        cout << "失败代号:" << e.code << ",消息:" << e.msg << endl;
    }
    catch(...)
    {
        cout << "嗯?" << endl;
    }
}
```

i() 现在有可能抛出四类异常,但 K2 中明着捕获的是"FTBException"和"...",那么当异常发生时,输出的是具体的异常信息,还是"嗯?"呢? 这是某次测试结果中可以揭示迷底的关键输出内容:

```
正在准备购买羊肉串...
正在路边摆摊...
正在寻找接头人...
行动失败!
失败代号:-3, 消息:羊肉串卖得太畅销,开心得忘了接头暗号!
```

很明显本次运行抛出"FTBForgetPasswordException",而 K2 通过基类"FTBException"捕获到它。这正是面向对象中"派生"的作用之一。如果你设置的捕获类型是"船",那么无论实际抛出的是"轮船"、"帆船"还是"渔船",只要是"船"的派生类,就都可以被捕获到。

接着,如果老 K 对 FTBCityAdministrationException 这种异常特别感兴趣,那

么他可以单独加上捕获该异常的代码,而唯一的要求是,必须加在对基类异常的捕获之前:

```
void K2()
{
    try
    {
        i();
    }
    catch(FTBCityAdministrationException const& e)
    {
        cout << "不用说了,我知道发生什么了,大家还是要遵纪守法的好!" << endl;
    }
    catch(FTBException const& e)
    {
        cout << "行动失败!" << endl;
        cout << "失败代号:" << e.code << ",消息:" << e.msg << endl;
    }
    catch(...)
    {
        cout << "嗯?" << endl;
    }
}
```

根据大家的运气,反正我是连续运行了快 20 次,才出现"城管异常";但如果将捕获该类异常的代码块放在捕获基类的异常之后,你将永远看不到老 K 劝大家遵纪守法的时候(编译时倒是可以看到 g++报的警告)。这是因为捕获异常的代码,在匹配异常时,将从前往后查找,只要找到一个可匹配的类型,它就停止查找,哪怕在后面可能存在一个更加匹配的类型。

【课堂作业】:捕获同一类系的多类异常

请继续上述代码,让老 K(K2)除关心"城管来了"之外,也关心一下"假币"的异常。在此本书作者特意声明:使用假币、路边无证摆摊、混黑社会,都是违法甚至犯罪的事! 我们坚决反对以上行为。

7.15.10 标准库异常类

C++标准库的不少函数会抛出异常,并且种类很多,比如:bad_alloc(我们见过它)、bad_cast、out_of_range、range_error、under_flow_error 等等。幸好它们有一个共同的基类:std::exception。该类有三个公开的成员:构造、析构、和 what():

```
exception () noexcept;
~exception () noexcept;
const char * what () const noexcept;
```

三个函数都以程序员的人格保证:我们都不抛出异常。其中 what()函数返回一个 C 风格的字符串指针（不需要调用者释放），描述最最基本的异常信息。多数情况下，我们只需要在"exception"这个层面关心标准库抛出的异常。下面举一例子。当使用"[]"操作符访问 std::vector 对象的元素，若发生越界，程序可能直接挂掉（人品爆发时），更多情况则是看似正常地运行下去，因为 vector 提供的"[]"操作和原生数组一样，不检查下标的合法性。

【重要】：STL，帮我检查一下范围不行吗？

std::vector 或 std::array 其实提供了帮你检查下标合法性的方法，后面马上讲到。但咱一定得先说清楚了：让底层库帮我们检查索引（数组下标等）是否合法，是个错误的想法。试想一个数组有十个元素，你非要去访问它的第 11 个元素，这别说不是程序异常，连程序错误都不算。这是程序员的错误，而不是程序的错误。

作为一套程序库，STL 供天下所有 C++ 程序员使用，如果就是有不负责的程序员，在访问一个 vector（或 array）的元素之前，就是不愿意或者缺少能力保障下标是否位于合法范围内，怎么办？最常见的方法就是前面提到的"[]"方式，走 C 的风格，完全相信程序员（完全把责任交给程序员）。C++ 程序库心软一些，vector（及 array）提供 at(index) 成员方法，该方法将花额外的时间检查下标合法性，如果不合法就抛出 std::out_of_range 异常：

```cpp
#include <iostream>
#include <vector>
#include <exception>  //for exception
using namespace std;
int main()
{
    vector <int>   v5 = {1984, 11, 1, 16};
    try
    {
        //万恶的立即数，为什么是 5？
        //明明只有 4 个元素
        for (int i = 0; i < 5; ++i)
        {
            cout << v5.at(i) << endl;
        }
    }
    catch(exception const& e)
    {
        cout << "catch a std exception : " << e.what() << endl;
    }
    return 0;
}
```

程序先是很正常地输出了四个整数，接着试图输出并不存在的第 5 个元素，异常发生了！于是将看到异常对象 e.what() 的输出："vector::_M_range_check"。如果

需要更有针对性的异常捕获,则可以捕获"std::out_of_range":

```
...
#include < stdexcept > //for out_of_range
   ...
   try
   {
       ...
   }
   catch(std::out_of_range const& e)
   {
     cout << "out of range!" << e.what() << endl;
   }
...
```

说一下这段代码的故事:它来自一个"算命"程序。那程序原来关心一个人的出生年、月、日、时、分,于是程序员将变量名取为"v5"。后来发现并不需要分钟,于是去掉一个数值,可是变量名没有相应改成 v4,结果 for 循环中的那个立即数也就忘了改……

这个故事告诉我们许多:

(1) 变量名就是变量名,耍小聪明想在名称中夹点私货,以减少记忆负担,往往聪明反被聪明误;

(2) 程序逻辑发生变化,如果确实影响到变量名称的含义,那就辛苦一点改吧。留着任何名实不符的东西,都是容易发生混淆视听的"坑",包括过时的注释;

(3) for 循环中为什么要写立即数呢? vector 或 array 的 size(),string 的 length()或 size()可以很方便地得到它们的元素个数呀;

(4) 其实 C++ 11 中有"range based for"! 能用就要用,不仅仅为了图个新鲜;

(5) 最后,如果你把以上几点都做对了,咦? 我们还有必要使用 at()方法吗?

7.16 并行流程

7.16.1 多线程

"妈妈拉开被子,一边手上叠着被子,一边嘴里骂我是小猪,我只好起床了……"

这是丁小明小时候写的作文,用到了关联词"一边……一边"。无论是叠被子还是骂人,都需要通过大脑指挥,那么妈妈如何做到一边叠被子一边骂小明呢? 这个问题还真不是我能回答得清的,不过有一种解释是说:大脑一个瞬间只能处理一件事,不过多数人的大脑可以在两件事情之间高速切换,如果两件都是非常熟悉的事,看起来就是在同时进行的。

程序中有两个函数 foo1 和 foo2,能不能让计算机也向妈妈学习,同时(并行地)

调用这两个函数呢？没问题，看看你的电脑的 CPU 主频是多少？我的是 3G 赫兹，真正做到一秒之内，万千感概！哈哈，要是认计算机为妈妈，那它骂我们来要比亲娘狠上千百倍啊！事实上，现在 CPU 再强，但几颗几核的配置基本用两只手数得清。按下"Ctr＋Alt＋Del"打开"任务管理器"，光"后台进程"一项就包含了 50 多个进程在同时运行。把有限的计算资源投入处理人类无限的需求，作为 CPU，只能通过"上一纳秒处理这个任务，下一纳秒处理那个任务"的方式模拟并行处理。

在同一个进程之内，要获得并行效果，需要用到"线程（thread）"概念。比如可以在一个线程调用 foo1，在另一个线程调用 foo2，这样看起来，这两个函数就像是在同时运行了。先看看 foo1() 和 foo2() 两个函数的定义：

```cpp
#include <iostream>
using namespace std;
void foo1()
{
    for (int i = 0; i < 20; ++i)
    {
        cout << "a-" << i << endl;
    }
}
void foo2()
{
    for (int i = 0; i < 20; ++i)
    {
        cout << "b-" << i << endl;
    }
}
```

两个简单的函数：foo1 在屏幕上输出 20 行"a－N"（N 为从 0 到 19 递增的数字），foo2 在屏幕上输出 20 行"b－N"（N 同样为 0 到 19）。别急着想看"并行"，我们再看一眼我们非常熟悉的"串行"吧，main 函数一前一后地调用两个函数：

```cpp
int main()
{
    foo1();
    foo2();
    return 0;
}
```

屏幕上输出的内容，你完全可以通过脑力补充完整 。相对于采用"多线程"实现并行程序，以前写的程序都可以称为"单线程"程序。一个进程会自动创建一个线程，称为主线程，也就是执行 main 函数的线程。由于只有一个线程，所以上述代码中，要想看到 foo2 函数的输出，一定要等 foo1 函数执行完毕。若使用两个线程各自执行这两个函数，意味着程序在 foo1 函数里执行一会儿，然后暂停 foo1 函数，回到 foo2 函数中执行一会儿，接着暂停 foo2 函数，再回到 foo1……从结果上看，就像是

fool 和 foo2 抢着往控制台输出,由于控制台(cout)只有一个,于是输出内容就乱了。

C++ 11 标准库提供 std::thread 类表示线程。而线程最大的作用就是在时间线上独立执行指定动作。所以构造 thread 对象时,入参必须是指定的动作,之前我们学习的一切能实现"动作数据化"的语法在此都可以用上,如函数指针、函数对象、lambda、function 对象等等。

现在我们有两个函数,所以就用函数指针喽……请创建一个新的 C++ 控制台项目,命名为 MutiThreadFlow。main. cpp 的全部代码如下(fool 和 foo2 的实现略):

```cpp
# include <iostream>
# include <thread> //线程
using namespace std;
void fool()
{
    //...略,见前例
}
void foo2()
{
    //...略,见前例
}
int main()
{
    thread trd_1(&fool); //本次线程构造入参:一个函数地址
    thread trd_2(&foo2); //同上
    return 0;
}
```

main 函数运行在主线程上,接着主线程创建了两个后台线程,trd_1 和 trd_2,就像双胞胎,哥哥领了"执行 fool"的任务,弟弟领了"执行 foo2"的任务,如图 7 - 51 所示。

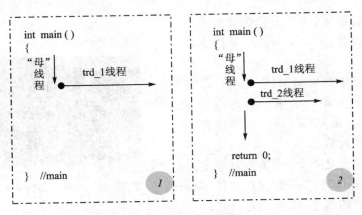

图 7 - 51 创建线程

thread 对象被赋予任务并构建完成,就会开始执行,兄弟俩谁会"跑"得比较快呢？在出生次序上"弟弟"略吃亏，但实际运行时后面创建的线程比前面创建的线程先完成任务也很常见。现在要关心的却是"母"线程（主线程），生下线程 1 和线程 2 之后，"母线程"自己的生活仍将继续，然而本例中，她的人生就是走向消亡，因为 main() 函数后续已经没有新的操作，所以"母"线程将迎来"return 0;"语句并结束主函数，于是整个程序退出……等等！她还有两个"孩子"呢！尽管执行 20 次循环对于 CPU 而言不过是电光火石的一瞬间，但挡不住主线程所在的 main 函数后续什么也不做直接退出，所以那场面就是……两个可怜的子线程。请注意 trd_1 和 trd_2 都是当前函数中的两个栈变量，它们还在辛苦地干活，突然间天崩地裂，世界毁灭（远处传来恐龙的惊恐的叫声）……请各位编译运行程序，看看世界毁灭时还有线程在运行的悲惨画面……

thread 类提供"join()"方法用于等待线程对象所代表的线程执行完毕。

【危险】：不要让线程自己等自己。

一个线程所执行的任务，不能含有等自己执行任务完毕的动作。你读一下这句话：线程 A 的任务包含一项工作，就是等线程 A 的任务执行完毕。这事情和你的双手不能举起你自己差不多。

main 函数加入等待两个线程执行完毕的完整代码为：

```
int main()
{
    thread trd_1(&foo1);
    thread trd_2(&foo2);
    trd_1.join();//等待 trd_1 所代表的线程执行完毕
    trd_2.join();//等待 trd_2 所代表的线程执行完毕
    return 0;
}
```

程序运行正常，接下来需要观察并分析屏幕输出内容，某次运行结果片段的截图，如图 7-52 所示。

第一行就能看出问题（你的输出也许不同），foo1 函数输出的第一行内容应该是"a-0"，foo2 则是"b-0"。但本次我们看到的第一行内容是"a-b-00"，第三行的"b-a-21"也是如此，函数各自输出的内容本应是 b-1"和"a-2"。这就是多线程编程最可怕的地方：多个线程共享同一

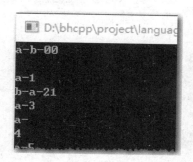

图 7-52　多线程运行输出例子

资源，容易发生资源访问冲突。例中 foo1 和 foo2 使用全局唯一的 cout 对象向屏幕输出内容，于是输出内容混乱地交织在一起。

这个例子还可以加强我们对"CPU 在多个线程间高速切换"这一客观事实的感性认识。以 foo1 为例,用于输出每一行内容的 C++语句行是:

```
cout << "a-" << i << endl;
```

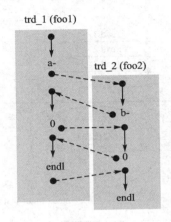

trd_1 (foo1)

trd_2 (foo2)

图 7 - 53　线程切换示例

当我们写代码时,这是一行代码,一个语句,但实际产生上百条的机器指令。通过本例至少已经看到在输出"a-"、i、endl 之间,都有可能发生线程切换。以第一和第二行为例,实际输出内容及次序是:"a-"、"b-"、"0"、"0"及两个换行符。其间的线程切换的一种可能如图 7 - 53 所示。

虚线是切换过程,实线是两个线程的执行次序。

7. 16. 2　线程同步–互斥体

前例中那样混乱的输出结果,通常不是我们想要的。通常我们希望多线程并发输出内容可以交叉,但每一次 cout 输出的内容必须保持完整。

C++ 11 提供 std::mutex(互斥体)类,可以实现多线程共享的资源,在某一时间范围内,最多只有一个线程在访问。互斥体提供"lock()(上锁)"和"unlock()(解锁)"两个方法。某个线程在执行某一段代码前,如果成功使用某互斥体对象进行 lock 操作,后续如果其他线程也想使用同一互斥体执行加锁操作,则该线程将卡在这把锁面前,直到该互斥体调用了 unlock 操作。

注意,同一个互斥体对象可以在多处代码使用,一旦一个线程在一个地方通过某互斥体进行加锁,则该互斥体在其他代码处也将形成屏障,不允许其他线程进入。下面为 foo1 和 foo2 中 cout 的使用范围加上锁:

```
# include < mutex >   //互斥体所在头文件
...
std:;mutex output_mutex;   //定义一个全局变量
void foo1()
{
    for (int i = 0; i < 20; ++ i)
    {
        output_mutex.lock();          //加锁 1
        cout << "a-" << i << endl;
        output_mutex.unlock();        //解锁 1
    }
}
void foo2()
{
    for (int i = 0; i < 20; ++ i)
```

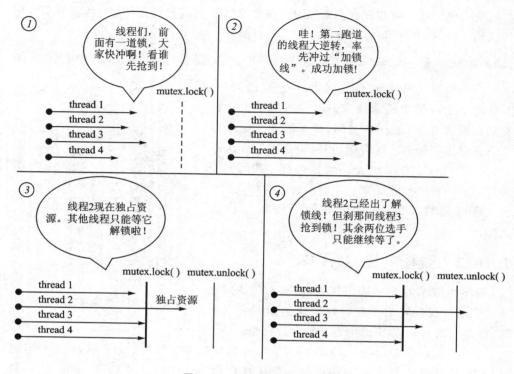

图 7 - 54　互斥体加解锁示意

```
    {
        output_mutex.lock();           //加锁 2
        cout << "b-" << i << endl;
        output_mutex.unlock();         //解锁 2
    }
}
```

同一互斥体对象（output_mutext）在两处代码加锁，保障 trd1 在执行输出"a - N"行时，trd2 只能在"加锁 2"处等待；反之如果 trd2 抢到锁，则 trd1 只能在加锁 1 处等待，最终达到一个时刻只有一个线程在输出某一行的效果，如图 7 - 55 所示。

再举一例，这次我们定义一个初始整数变量"global_I"，然后写一个函数折腾该数值 50 万次：

```
int global_I = 0; //其实全局变量会自动初始化
void make_change()
{
    for (int i = 0; i < 500000; ++i)
    {
```

图 7 - 55　加互斥锁之后的
　　　　　输出效果

```
        if (global_I % 2 != 0)
        {
            global_I--;   //是奇数减1
        }
        else
        {
            global_I++;   //是偶数减1
        }
    }
}
```

尽管每调用一次 make_change()，全局变量 global_I 都要被折腾 50 万次，但折腾的结果它还是 0。为了测试这一结论，先仅用单一线程调用：

```
int main()
{
    cout << "global_I = " << global_I << endl;
    thread trd_1(&make_change);
    // thread trd_2(&make_change);
    trd_1.join();
    //trd_2.join();
    cout << "global_I = " << global_I << endl;
    return 0;
}
```

编译后反复运行程序，global_I 应该始终是 0。接着将代码中的两行注释恢复为正常语句，再多执行几次，这下可好，global_I 一会儿是 −1，一会是 0，一会儿是 3 ……这是为什么呢？请各位自行分析。解决这一问题，仍然可以通过加互斥处理：

```
...
mutex global_I_mutex;

void make_change()
{
    for (int i = 0; i < 500000; ++i)
    {
        global_I_mutex.lock();
        if (global_I % 2 != 0)
        {
            global_I--;
        }
        else
        {
            global_I++;
        }
        global_I_mutex.unlock();
    }
}
```

再次编译、运行，可以感觉到程序运行变慢了，不过结果正确了。程序之所以变慢也很好理解：没有加锁时，两个线程同时在调用 make_chage()函数，但各跑各的；加上锁后，"加锁区"同一时刻只能有一个线程可以经过，另一个线程在一边等着。

【重要】：多线程处理一定比单线程快吗？

不一定。以前述代码为例，50 万次等待额外损耗的时间，事实上将超出判断处理 global_I 的时长。各位可以试试直接在主线程中调用两次 make_change()，其速度会远快于加锁处理后双线程各自调用一次 make_chage()函数的速度。

7.16.3　规避死锁

通过前面的例子可见，互斥体基本都是"lock()"和"unlock()"操作结对出现。如果出现光"上锁"不"解锁"的代码，被锁上的代码块就无法再访问，于是所有前来尝试的线程将死等在加锁处……可怕。

【课堂作业】：感受"死锁"

请找出一个使用 mutex 的前例，去掉其中"unlock"代码，再编译运行，观察程序运行现象。

除了忘记解锁会造成死锁之外，同一线程对同一个互斥体（在未解锁前）再次加锁，也会造成该线程陷入死锁。主要原因是当前我们学习互斥体，属于"不可重入"的互斥体类型。比如：

```
void foo1()
{
    for (int i = 0; i < 20; ++i)
    {
        output_mutex.lock();              //加锁一次
        cout << "a-" << i << endl;
        if (i % 3 == 0)
        {
            output_mutex.lock();          //加锁二次
            cout << "A" << endl;
            output_mutex.unlock();        //解锁二次
        }
        output_mutex.unlock();            //解锁一次
    }
}
```

其过程如图 7-56 所示。

图 7-56 中①的线程还没取得锁，②的线程取得第一道锁，但由于第二道锁和第一道锁是同一互斥体对象，因此当第一道锁锁上，第二道也将同时锁上，然后同线程还在前行，一旦它遇到第二道锁，它也一样要开始等待其解锁。可是这把锁就是这个线程锁上的，这个线程陷入等待，那谁来开锁呢？嗯，有个故事说的是：房间锁着，我进不去。房间钥匙在车里，车在车库里，车库钥匙在房间里。说的就是这种死锁的悲剧。

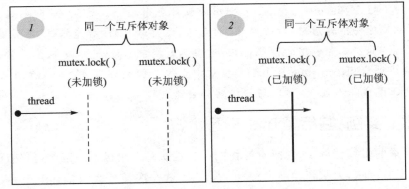

图 7 - 56　同一线程多次加同一把锁

7.16.4　使用守护锁

　　许多父母都给新生儿带上银制项圈,称为"守护圈",以期保佑宝宝健康长大。C++程序员由于饱受死锁问题的侵扰,因此通常会在入行时上淘宝订购一款守护项圈,写并发程序时挂在脖子上,据说有效果。除此之外,C++标准库也提供针对"忘记解锁"而定制的守护锁类,且型号齐全,我们先只介绍最简单也最常用的一款。

　　守护锁基本款:"std:lock_guard <T>",采用模板技术写成,适用多种互斥体;内部运用 C++之 RAII 技术中"栈对象离开代码块时,将自动释放并调用析构"这一规律,精巧地实现互斥体的智能解锁功能。下面是使用守护锁之前和之后的代码对比(为方便排版,将变量 output_mutex 改名为 m):

before	after
for (int i = 0; i < 20; ++i)	for (int i = 0; i < 20; ++i)
{	{
m.lock();	lock_guard < mutex > guard(m);
cout ≪ "a-" ≪ i ≪ endl;	cout ≪ "a-" ≪ i ≪ endl;
m.unlock();	}
}	

　　lock_guard <T> 是个类模板,其模板类型参数是互斥体类型,当前我们只学习过一种。对应地,构造守护对象的入参是互斥体对象。使用守护时,代码中丑陋、易忘、易出错的"lock"与"unlock"都不见了,就只剩下它一个守护栈对象(本例中名为guard)。它在构建时,将自动调用入参 m 的 lock 方法,而一旦当前语句块(通常这个语句块也是锁的作用范围)结束时,栈对象将自动被释放并调用析构函数,守护对象便在析构函数中调用互斥体解锁操作。

　　【小提示】: RAII

RAII 是 "resource acquisition is initialization" 的缩写,译为"资源获取即初始

化",是 C++之父 Bjarne Stroustrup 提出的设计理念之一。这里的"即初始化"重点
包含"已经帮你安排好后路,放心做吧"的意味,之前学习的"智能指针"的关键设计思
路同样是 RAII。二者适用的情况也相同:当函数提前 return,或者抛出异常,又或者
循环的某次迭代因 continue 或 break 提前中止等。曾经说过,C++程序员都是成年
人,RAII 正是成年人的"狡猾",留好退路再前进。

7.16.5 实例:并行累加 5 千万个数

前面举的多线程例子,总感觉怪怪的⋯⋯这次举一个像样一点的(虽然终究还是
"少年不识愁滋味,为赋新词强说愁"的境界)。这一次任务大致描述起来是:首先产
生 5 千万个随机整数,然后使用 5 个线程,每个线程负责累加 1 千万个整数,最后在
主线程再总计各线程的累加和。

请先创建一个新的控制台工程,命名为"ConcurrentCalc"。main.cpp 中,先将所
有需要的头文件加入:

```cpp
#include <cassert>  //断言判断函数入参准确性
#include <cstdlib>  //随机数
#include <ctime>    //用时间做随机数种子
#include <iostream>
#include <iomanip>  //设置流的输出格式
#include <list>     //存储 5 千万个整数
#include <thread>
#include <mutex>
#include <chrono>   //睡眠所需要的计时
#include <vector>   //用于记录最新产生的五个数据
#include <algorithm>  //advance 等算法
#include <memory>  //shared_ptr 智能指针
using namespace std;
```

光看要包含这么多头文件,也知程序多少有些复杂,所以使用一个结构来加以保
证组织各项主要功能。这个结构首先得有一个存储 5 千万个整数的容器,此处将使
用 list。如采用 vector 或 array 则需要 200 000 000 个字节的连续内存,这要求有
些高:

```cpp
struct Total
{
    //返回总数
    int const get_count() const
    {
        return count;
    }
private:
    int const count = 50000000; //5 千万……
    list <int> data;
};
```

　　我们把 5 千万作为一个常量定义,后续您可以根据程序在机器上运行的情况,调整该总量。Total 结构现在只提供一个 get_count() 常量成员函数,用于返回该总量。接下来需要产生这 5 千万个随机整数,为此添加 prepare_data()方法:

```
struct Total
{
    //返回总数
    int const get_count() const
    {/ * 略 * /}
    //准备 5 千万个随机整数
    void prepare_data()
    {
        std::srand(time(nullptr)); //随机种子
        for (int i = 0; i < count; ++i)
        {
            data.push_back(std::rand() % 2000); //[0,2000)
        }
    }
private:
    ...
};
```

　　怎么产生随机数已经在斧头帮里学习过,这里仅说明一点:为了保障后续统计这 5 千万个整数不发生溢出现象(整数太大,超出 unsigned int 表达范围),我们不考虑如何表达超大整数,而是厚脸皮地将每个随机整数最大值控制在 2000 以下。接着,重点来了。我们准备在后台线程中产生这 5 千万个随机数,也就是说会在主线程中创建 thread 对象,然后将 Total 某对象的 prepare_data 函数传递给它。由于这是一个成员函数,所以使用函数指针非常不方便,还好我们有 lambda。

　　创建一个 Total 对象,再创建一个新线程,在后者中调用前者的 prepare_data 方法的 main 函数(以及代码中看不到的 main 线程)来了:

```
int main()
{
    Total total;
    std::thread trd(
        [&total] ()
            {
                total.prepare_data();
            });
    trd.join(); //别忘了
}
```

　　如前所述使用了 lambda 表达式作为构造新线程的入参,注意不能就地调用 lambda,因为调用 lambda 是 trd 线程的事。再次强调:如果在构造线程对象时,已经传递任务给它,那么线程对象在完成构造时,就会发起对该任务的调用;另外一个注意项是,别忘了在 main()退出前等待后台线程执行结束。

编译并运行以上程序,屏幕什么反应也没有,漫长的等待过程好无聊啊! 第一种解决方法是在 prepare_data()方法内,加入一些信息项的输出,比如每产生 10 万项,就使用 cout 输出一行信息:"亲,又初始完 10 万项了,稍安勿躁哦!"这种事情很多程序员没少干,但是今天,我必须指出,这太没格调了! 原因如下:

(1)"业务逻辑(business logic)"应该尽量和"展现逻辑(present logic)"分开,避免无故地"绑在一起"(专业术语称为减少无谓的"耦合(coupling)")。试想,将来这个程序改为使用图形化界面(GUI)展现,可是 prepare_data()方法中有一堆 cout,那算怎么一回事?

(2)事实上要怎么展现统计过程,只有上层才能决定。比如这次我们就希望每隔一秒,展现一次进度,这个展现逻辑放在实现业务逻辑的代码中,不仅耦合,而且并不是太好实现。

(3)也是最重要的一点,这个例子的需求之一,就是要刻意展现不同线程之间如何做信息同步,要是所有逻辑统统在同一个线程中实现了,这例子不是白举了?

既然展现需求是每隔一秒查看一次进度,那么就得为 Total 类添加查询当前初始化进度的方法,内部则使用一个 int 成员记录初始化进度(当前已生成的随机数总数)。由于这个整数需要被后台线程修改,而被主线程定时读取,因此它成为多线程共享的资源,所以需要为其读写加上同一把锁。将来或许会有人告诉你:这样一读一写不加锁也不会出错啦! 听我的,那是因为他们没有为像样的服务器(比如 IBM 的小型机)写过 C++程序。

```
struct Total
{
    //返回总数
    int const get_count() const
    {/ * 略 */}
    //准备 5 千万个随机整数
    void prepare_data()
    {
        std::srand(time(nullptr));
        for (int i = 0; i < count; ++i)
        {
            data.push_back(std::rand() % 2000); //[0,2000)
            lock_guard < mutex > guard(init_mutex);
            ++ init_count;
        }
    }
    //查询当前已准备好的总数
    int get_inited_count()
    {
        lock_guard < mutex > guard(init_mutex);
        return init_count;
    }
private:
```

```
    int const count = 50000000;
    mutex init_mutex;      //用于对 init_count 操作加锁
    int init_count = 0;     //用以计数当前已经产生的随机数个数
    list < int > data;
};
```

准备数据(prepare_data)的循环过程中,加入成员"init_count"的自增逻辑,注意锁的范围并不包括往 list 中追加数据的操作,因为后者没有多线程操作的需要。新增"get_inited_count"用于返回"init_count",这个操作本应是一个常量成员函数,但实际需要修改互斥量 init_mutex 的状态(比如可能令其从未上锁切换到上锁状态),所以不能声明为常量成员,将来在学习"面向对象"篇章时,再讲解如何弥补。现在需要和初学者做一次可能是重要的问答交互:

问:例中"prepare_data()"和"get_inited_count()"都是哪个类的成员?

答:都是 Total 结构的成员。

问:那么是否因为它们同属一个类,所以它们就一定只会在同一个线程中被调用?

答:当然不是。

回答正确。一个类(哪怕是它所产生的同一个对象)的不同成员函数,当然有可能被不同的线程同时调用。在本例中,get_inited_count()就是要在主线程中被调用,更具体一点,将每隔 1 秒在主线程中被调用一次:

```
int main()
{
    Total total;
    std::thread trd(
        [&total]()
            {
                total.prepare_data();
            });
    while(true)
    {
        int count = total.get_inited_count();
        cout << "已初始化" << setw(8) << count << "个数据。" << endl;

        if (count == total.get_count())
        {
            cout << "报告,所有数据初始化就绪!" << endl;
            break;
        }
        this_thread::sleep_for(chrono::seconds(1));
    }
    trd.join();
}
```

在后台线程开始之后,join()之前,加了一段循环。循环先输出当前已初始化个数的进度信息,接着判断是不是已经完成全部,如果是则输出结论并跳出循环,否则让当前线程(主线程)休息一秒。休息函数由 C++ 11 标准库提供,本次使用名为"sleep_for(N)"的函数,作用是让当前线程"睡"上一段时间。函数声明在 std::this_thread 名字空间下。入参是一个表示时长的时间量,同样由标准库提供,位于 std::chrono 名字空间下。除本例的"seconds(秒)"之外,还有"milliseconds(毫秒)(千分之一秒)"、"microseconds(微秒)(一百万分之一秒)"、"minutes(分钟)"、"hours/小时"等可选。注意函数名均为复数,以表示这是"时长"而非"时间点"。

编译,运行程序……哇,那每秒刷新一次的律动,那精美的右对齐的天文数字……一股浓浓的科技感扑面而来。不!作为一名科技工作者,我们的科学追求是无止境的,现在就来为它加上初始进度的显示(我说过,那些负责展现的人,总是容易有各种新奇的想法)。这次干脆将展现写成一个自由函数:

```cpp
//展现初始化进度
//inited_count :已经初始化的总数
//seconds :已经用去的时间
void show_init_progress (int inited_count, int seconds)
{
    cout << "已初始化:" << setw(8) << inited_count << "个数据。";

    if (seconds > 0)
    {
        cout << "平均速度:"
            << static_cast < double > (inited_count) / seconds << "个/秒。";
    }
    cout << endl;
}
```

主函数中的 while 循环,改为 for 循环:

```cpp
int main()
{
    Total total;
    std::thread trd(
        [&total] ()
            {
                total.prepare_data();
            });
    for (int seconds = 0; true; ++ seconds)
    {
        int count = total.get_inited_count();
        show_init_progress (count, seconds);
        if (count == total.get_count())
        {
            cout << "报告,所有数据初始化就绪! 用时" << seconds << "秒。"
                                    << endl;
            break;
        }
```

```
        this_thread::sleep_for(chrono::seconds(1));
    }
    trd.join();
}
```

搞了半天,真正重要的业务逻辑——统计 5 千万个整数,还没开始涉及呢! 别
笑,你若参加实际工作,或许就会发现领导都喜欢在程序的界面上花大的精力。本书
作者虽非领导,但对程序界面效果也是有追求的人,所以读者们的作业又来了。

【课堂作业】:每次输出添加最近新产生的数据

为每秒输出内容,加上"最新数据[234 1901 10]"。即显示当前最后产生的 3 个
数字。

提示:(1) Total 可新增类似 vector < int > get_latest_numbers(int count)的
方法;(2)请注意多线程共享资源的处理。

接下来要做的工作有:

(1) 为 Total 加上统计接口。声明为:unsigned int calc(int beg, int end),累加
data 中[beg, end)区间的整数,并返回累加和;

(2) 在主线程中启动若干个线程,分别调用前述 calc 成员,以分工统计不同区间
的整数,并将各线程累加结果再做累加;

(3) 在主线程上显示多线程统计的简单进展信息。

下面给出本例完整功能的全部代码,请读者基于前面的学习成果,阅读、理解、并
动手完整个项目:

```cpp
# include <cassert> //断言判断函数入参准确性
# include <cstdlib> //随机数
# include <ctime>      //用时间做随机数种子
# include <iostream>
# include <iomanip>   //设置流的输出格式
# include <list>        //存储 5 千万个整数
# include <thread>
# include <mutex>
# include <chrono>    //睡眠所需要的计时
# include <vector>   //用于记录最新产生的五个数据
# include <algorithm> //advance 等算法
# include <memory> //shared_ptr 智能指针
using namespace std;
struct Total
{
    //返回总数
    int const get_count() const
    {
        return count;
    }
    //准备 5 千万个随机整数
```

```cpp
void prepare_data()
{
    std::srand(time(nullptr));
    for (int i = 0; i < count; ++ i)
    {
        lock_guard < mutex > guard(init_mutex);    //扩大守护区域
        data.push_back(std::rand() % 2000);    //[0,2000)
        ++ init_count;
    }
}
//查询当前已准备好的总数
int get_inited_count()
{
    lock_guard < mutex > guard(init_mutex);
    return init_count;
}
//获得最新产生的 count 个随机整数
vector <int> get_latest_numbers (int count)
{
    vector <int> latest;
    lock_guard <mutex> guard(init_mutex); data 列表此刻可能在接受 push_back()
    //取最后 count 个
    for (auto it = data.crbegin()
            ; ((count > 0) && it != data.crend()) //双重保障
            ; -- count, ++ it) //别忘了逆向迭代器前行也使用 ++
    {
        latest.push_back( * it);
    }
    return latest;
}
//累加 data 的[beg, end)区间的数
unsigned int calc(int beg, int end)
{
    //不宽容:这两条件不符合,就让程序挂掉
    assert(end > beg && beg > = 0);
    if (end > count) //宽容:如果 end 太大,就取最后一个
    {
        end = count;
    }
    auto iter_beg = data.cbegin();
    advance(iter_beg, beg);
    auto iter_end = iter_beg; //从 iter_beg 开始,比从头开始高效
    advance(iter_end, end - beg);
    unsigned int result(0);
    for(auto it = iter_beg; it != iter_end; ++ it)
    {
        result += * it;
        lock_guard < mutex > guard(calc_mutex);
        + + calculated_count;
    }
```

```cpp
            return result;
        }
        int get_calculated_count()
        {
            lock_guard < mutex > guard(calc_mutex);
            return calculated_count;
        }
private:
    int const count = 50000000;
    mutex init_mutex;
    int init_count = 0;
    list < int > data;
    mutex calc_mutex;
    int calculated_count = 0;
};
//展现初始化进度
//inited_count：已经初始化的总数
//seconds：已经用去的时间
//latest：最新产生的随机数
void show_init_progress(int inited_count, int seconds
                                , vector < int > const& latest)
{
    cout << "已初始化:" << setw(8) << inited_count << "个数据。";

    if (seconds > 0)
    {
        cout << "平均速度:"
            << static_cast < double > (inited_count) / seconds
                                << "个/秒。";
        cout << "最新数据[ ";
        for(int number : latest)
        {
            cout << number << ' ';
        }
        cout << "]。";
    }
    cout << endl;
}
//展现统计进度
//calc_count：已经统计的总数
//seconds：已经用去的时间
void show_calc_progress(int calc_count, int seconds)
{
    cout << "已统计:" << setw(8) << calc_count << "个数据。";
    if (seconds > 0)
    {
        cout << "平均速度:"
            << static_cast < double > (calc_count) / seconds << "个/秒。";
    }
    cout << endl;
```

```
}
int main()
{
    Total total;
    std::thread trd(
        [&total]()
            {
                total.prepare_data();
            });
    for (int seconds = 0; true; ++ seconds) //true 可以不写
    {
        int count = total.get_inited_count();
        show_init_progress(count, seconds
                            , total.get_latest_numbers(3));
        if (count == total.get_count())
        {
            cout << "报告,所有数据初始化就绪！用时" << seconds << "秒。"
                            << endl;
            break;
        }
        this_thread::sleep_for(chrono::seconds(1));
    }
    trd.join();
    int threads_count;
    for(;;)
    {
        cout << "请下达指令,启动几个线程以并行计算(1-10): ";
        cin >> threads_count;
        if (threads_count > 0 && threads_count <= 10)
        {
            break;
        }
        cout << "输入有误,请重新输入!" << endl;
    }
    vector <shared_ptr <thread >> trds;
    int count_per_thread = total.get_count() / threads_count;
    mutex result_mutex; //result 会被多个线程修改
    unsigned int result = 0;
    for (int i = 0; i < threads_count; ++ i)
    {
        int beg = i * count_per_thread;
        int end = (i + 1 == threads_count)
                ? total.get_count() : (beg + count_per_thread);
        shared_ptr <thread> trd (new thread(
            [&total, &result, &result_mutex, beg, end]()
            {
                unsigned int part_result = total.calc(beg, end);
                lock_guard <mutex> guard(result_mutex);
                result += part_result;
            }));
```

```
            trds.push_back(trd);
    }
    for (int seconds = 0; true; ++ seconds)
    {
        int count = total.get_calculated_count();
        show_calc_progress(count, seconds);
        if (count == total.get_count())
        {
            cout << "报告:" << threads_count << "个线程,"
                 << total.get_count() << "个整数累加完毕,结果为" << result
                 << "。用时" << seconds << "秒。" << endl;
            break;
        }
        this_thread::sleep_for(chrono::seconds(1));
    }
    //调用每个线程 join:
    for_each(trds.begin(), trds.end()
            , [](shared_ptr <thread> trd) { trd ->join(); });
}
```

运行起来,界面很酷的! 加油! 完成这个程序,你就是一个双脚一起跳过并行门槛的程序员了。

第**8**章

面向对象

从繁冗处学,向简易处用。

8.1 抽　　象

"抽象"这个词本身就很抽象。

还是讲些具体点的例子:"类型"是"数据"的一种抽象。比如,int 类型是所有整数的一种抽象,后者包括-1、0、1、2、3 等所有具体的数字,可称作"具象"。

"抽象"是描述事物的一种方法,基本思路是用某种逻辑形式(比如英语或 C++ 语言)对某类事物加以归纳描述,形成一种概念,比如"整数"这个概念就是所有具体的整数的抽象,但这样说比较绕并且不严谨。在 C++ 语言中,经常将概念归结成一种"类型"。

😊【轻松一刻】: 人类可以失去"概念"吗

离开"概念",人类的交流会很困难。"妈妈,可以帮我买一种东西吗?""什么东西?""一根直直的,顶上插着一个圆圆的……""到底什么东西?"

儿子想要的东西不在眼前,由于缺少了一个概念,所以他努力地描述这类东西的特性,但妈妈还是很不理解。

此刻我们学习"面向对象"的程序编写方法论,但显然"抽象"是人类描述事物的基本方法,并不是"面向对象"独有的概念,所有编程方法都需要支持它。"抽象"可以是动词,也可以是名词。若为动词指的是描述操作;若为名词指的是描述的结果,也就是前面提到的"概念"。

前面那位儿子要的到底是什么呢? 不同的妈妈会有不同的理解,多数人买了棒棒糖,个别人买了拨郎鼓,但李元霸的妈妈已经使唤仆人上街买了一对大锤。故事告诉我们,听者的理解能力很重要,但说者的抽象能力可能更重要。

C++程序员需要学习如何使用 C++语言描述事物,特别是其中的自定义类(class 或 struct)。但我知道有些同学在生活中已经被别人贴上这么几个标签:"话都说不清""没概念""做事没逻辑"……这几位同学还需要(适合)学习编程吗? 当然需要,并且特别需要。因为学习编程,就是锻炼、提升个人抽象能力和逻辑能力的好方法。

8.1.1　概　念

还记得《语言篇》中提到的"白马非马"那一段历史公案吗？告示上写的"马"是一个抽象概念，是对天底下所有马的概括；而公孙先生跨下的那匹白马是一个具象实体。公孙提出"白马非马"："我骑的是一个'东西'，而你写的是一个'概念'，二者不是一个东西，因何拦我？"守关士兵就此绕晕。但是五六岁的小孩就能分清楚：概念可以代表一大类实体。在程序语言中也是如此，常常用"类型"来代表实际的"数据"。比如声明一个函数的原型：

```
int gate(Dog d);
```

这是一段函数声明的代码。如果将函数名"gate"比喻成一道城门，那么函数入参列表的声明，就是一道公示："本函数只允许狗（类）可以进入"。

这么一比喻，甚至连函数的"形参"和"实参"也更加好理解了，声明中"d"并不是真实的数据，它只是用来代表将来真的那个数据。三岁小男生抬头憧憬："妈妈，我将来的老婆，要长得像妈妈你那么漂亮！"多数理解能力正常的妈妈都会乐呵呵，只有个别拎不清"形参"和"实参"的妈妈会生气地给孩子一巴掌。

事实上如果是纯函数声明的话，形参可以不必给出：

```
int gate(Dog );
```

再给个更具体点的例子：

```
bool login(std::string const& usr, std::string const& pwd);
```

登录函数只允许传入两个字符串常量数据，如果你这么调用：login(1, 2)，或者这样：login("a", "b", "c")；对于 C++语言，就会直接编译失败。

以上是使用"概念"限定特定数据的例子。还可以创建"概念"，可以定义新类型，比如我们的老朋友：

```
struct Point
{
    int x;
    int y;
};
```

这是一段类型定义的代码。类型定义本身并不产生数据实体，它只是在声明这类数据的一些特性，比如：① 这里有一个新类型；② 新类型的组成，需要两个 int 类型的数据，前者叫 x，后者叫 y。

因为在现实生活中我们都是普通人，所以很多程序员废寝忘食地写代码也不完全是因为热爱工作，而是因为他们很享受在程序的世界里当上帝，当造物者的感觉。

刚刚我们就造了一个新物种，叫 Point 类型。这个过程好像和前面提到的，先有"具体的事物"然后再归纳抽象出"概念"的过程正好相反。我们创造了一个"概念"，然后这个概念下产生的事物，都必须符合这一概念所约定的特性，比如：

```
Point p1, p2；  //p1 和 p2 的内部组成结构是一样的,符合 Point 类型的定义
```

一大波数学家不屑的目光投向程序员。我们认个错吧，"坐标点"这个概念不是我们发明的，是人家数学家发明的。我们必须在现实生活中努力学习许多知识，才能在程序代码中将它们二次"抽象"出来。

"概念/类型"的覆盖范围有大有小，比"马"大的是"动物"，比"动物"大的是"生物"，比"生物"还要大的应该是"东西"。小丁同学立即表示不满："老师，我是生物，我不是东西。""这个……你确信自己不是东西？"汉语中"东西"这词确实让人感觉怪怪的，英文用的是"Object(对象)"，没错，就是"面向对象"中的对象。当然，现在我们说的是"东西类型"：代表天下万事万物的"类型"。

许多面向对象的语言配套地提供了名为"Object"的类型，要求所有其他类型都以它为"根"类型，以"马"和"人"为例，如图 8-1 所示。

这样的类型体系，称为"单根类系"。它表明在这一门语言里，所有其他类型都衍生自这个类型，Object 成为万事万物的共同祖先。C++ 没有"万事万物必须以'Object'为宗"的规定，从 Bjarne Stroustrup 写的《The Design and Evolution of C++》中我读出的 C++ 设计哲学里包含有很重要的一点，叫"不强求"，叫"相信"，(此处省略一千字)。不管怎样，丁同学关于自己是不是一个东西的困惑可以放下了，这是令人愉悦的。

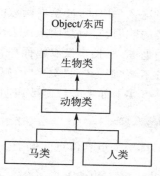

图 8-1　类型继承的概念

不过，如果在我们个人的世界里，非要有一个类用于代表世间的万事万物，该如何写呢？答案在《感受(一)》篇之"Hello Object 生死版"的代码中：

```
struct Object
{
/* 空空如也 */
};
```

心灵鸡汤说"Less is more(少即多)"；佛教名言说"色即空，空即色"。用到"抽象概念"上，那就是"越空泛的概念所能代表的实体范围越大"，想要代表万事万物，唯有使用空无一物的 Object 来定义。道家也说了嘛："无极生太极，太极生万物"。

丁小明显然对鸡汤佛学道学都没什么兴趣，只顾着在电脑上噼噼啪啪打代码：

```
Object my_dog; //我的小狗
Object my_BMW; //我的宝马
Object my_girlfriend; //我的女朋友
......
```

他的同桌二牛笑得前仰后合。我就问他："小明写的代码错在哪里？"二牛正了正脸上的肉说："众所周知，小明家是有一条狗，但他没有车没有女朋友啊！"小明生气了："我用代码，实现我想要的小康！"这下小康同学生气了，班里乱成一团粥。

真正的错误在于，"Object 类型"和"马类型"一样，都是概念，并不是实体，都是"虚"的。但在"虚"的当中，还可以分出谁比谁更虚。显然，在抽象树中越上层的概念，就越虚。Object 类型是"根"节点，所以肯定是最虚的。"虚"体现在哪里呢？体现在它不做约束（感情上称为"不作承诺"）。丁小明用 Object 类型定义一个实际对象"my_dog"，是想代表家里那条狗，但这条狗的内部结构是"空无一物"的吗？

再说说"车"，这是一个相对具体的"概念"，但如果我现在要求你在纸上画出一辆车，那么你画的要么是轿车，要么是货车，要么是客车等等，这样一比，相比某个实在的子类，"车"其实也是一个"虚"的概念。

听过"歧路亡羊"的故事吗？任何一类事物的类型似乎都可以无限细分下去的，这下子程序员也要哭了："我想定义'交通工具'，他们说得区分飞机还是汽车；我想定义'汽车'，他们说得区分客运或货运；我想定义'客运车'，他们说得区分轿车还是大客车；我想定义'轿车'他们说得区分三厢还是两厢；我想定义'三厢轿车'，他们说还得区分排量、颜色、品牌……"

我们学习"面向对象"，很重要的一部分内容，就是要处理好不同层级的类型之间的关系，并且还要掌握如何根据需要，确定哪些变化需要在"概念/类型"上进行划分，而哪些则应该放在同一类型内部，以"数据/属性"的方式加以区分。

8.1.2 难　点

二牛有狗有车也有女朋友，很是得意，有一天女朋友问他："二牛，你懂爱吗？你说到底什么是爱？"二牛傻眼了，女朋友还在继续提要求："请你用 C++语言将我们之间的爱抽象成一个类的定义，两天后交给我，不然就分手吧。"女朋友扬长而去，二牛坐在宝马车上哭成了一条狗。两天后二牛失恋了，我偷偷地打开他的电脑，看到他写的定义是：

```
struct Ai
{
    KouXiangTang kxt;    //我每天都送你口香糖
    Qunzi yf[1024];      //我曾经送给你 1024 条裙子
    Bao wo_ma_de;        //我把我娘的包转送给你了
    /* ...还有很多很多你从我这里得到的... */
};
```

我们不要笑话二牛，"爱"这种东西你说它抽象吧，它似乎很具体；你说它具体吧，它又很抽象。谁来定义都交不出一份好答案。所以,本书的作者,接下来就非常聪明地举出有关抽象的第一个例子。有些人猜到了,还是我们的老朋友"Point":

```
struct Point
{
    int x;
    int y;
};
```

这个结构定义看似天经地义、唾手可得。但是,这中间其实有不少事情可推敲,比如:

(1) 为什么没有 z 值?

(2) 为什么不使用 double 作为坐标位置的类型?

(3) 为什么不直接使用一个数组表达,比如:int xy[2]?

(4) 为什么不加入"color(颜色)"成员以及点要不要有粗细?

(5) x 和 y 为什么不设置为"private(私有)"的?

以上不少问题,都可以在明确指出"我们需要一个用于模拟数学上二维坐标的点的定义"后得到回答。这个例子也正是想说明:如果没有一个具体的应用需求,我们很难得到一个满意的类型定义。

再来一个例子:

小始慌里慌张地跑回洞里,喊:"啊! 我发现一个可怕的东西。"小原问:"会跑吗?"小始:"追着我跑,差点吃了我!"小原说:"以后再碰上会跑又吃人的东西,如果你不认识它,就称它为'野兽'。"

又一天小始边跑边叫到:"啊! 又发现一样可怕的东西!"小原:"会跑吗?"小始:"不会。"小原:"描述特性。"小始:"长地上,有茎、有叶、有花!"小原(不耐烦):"不是告诉过你了? 长地上有茎叶花的东西统一抽象为'植物'。植物有什么可怕的!"小始:"哥,植物都不可怕吗?"小原:"啰嗦!"

小始吹着口哨出门,路过刚才碰上的那个可怕的东西,大胆地过去调戏了一把,辛。小原流着泪修正了龟壳上有关植物的定义。人类史从此有了食人花的记载。

这个例子说明:如果在现实生活中有不太了解的事物,想要抽象它,很难,无论是自然语言还是编程语言。

世界这么大,我们这么年轻,当个程序员就想抽象那么多事,难。说了这么多待抽象的对象,再说说我们特定的抽象工具:C++语言。以类型系统为例,C++典型的内置的类型有:char、int、long、float、double、bool 以及各自的指针等等(加上符号区分会多一些,但并无本质改变),这就有意思了。自 C/C++被发明以来,不知多少程序员用它们表达了多少事物,最终竟然通通来自这几样基础类型的组合。

通过组合有限的基础类型以表达近乎无限的事物,这些基础类型不仅基础(简单),并且抽象程度很高,比如 int(整数)显然源于高度抽象的数学概念。怎么通过简单抽象的基础类型,构建上层复杂的业务类型呢?这类似于我们有一堆石头沙砾,该如何搭起赵州桥,如何建成罗马城?许多时候,不仅要熟悉已存在的事物,心里还要能提前"看到"那些未成之物的模样和框架。

8.1.3　要　素

不再绕弯。或许在追求 21 天从入门到精通的人看来,我们还是在绕大弯,但无论如何,让我说下编程中做好抽象所需掌握的四要素。

1. 抓侧重

同样对全校 500 名小学生进行抽象描述,学校的版本和校门口卖辣条老板的版本,肯定不一样,因为彼此关注的重点不同。写程序是为了解决具体的问题,所以总是在解决这一特定问题的大背景之下,对相关事物进行抽象。任何试图用程序完美描述真实世界的同学,都应该去关心一下笛卡尔对坐标系的追求。

【轻松一刻】:"马"代表天下所有马

刚刚在课程中写下"'马'可以代表天下所有马……"两分钟之后听到敲门声,打开一看,一只胖胖的河马和一只瘦瘦的海马,正生气地瞪着我。

2. 寻共性

以学籍管理系统为例。在办理具体事务时可能会关心:咦,一年二班 A 同学 7 岁,B 同学却 10 岁,这是怎么回事?但在做抽象工作时,我们不关心"一、二",不关心"A、B",不关心"7、10",只关心:作为"学生"这个概念,应该有年龄、年级、班级等共同的属性。它们是处理学籍管理工作所需要的有限集合。

再如,小丁同学爱吃牛筋味辣条,小红同学爱吃鸡肉丝味,但学籍管理程序通常不会关心这些个性。

3. 究本质

前面提到"年龄、年级"等,那么 Student 结构就应该包含这两个成员吗?

```
struct Student
{
    int age; //年龄
    int grade; //年级
    ...
};
```

采用这个结构,每过一年,都需要将所有学生对象的 age 值加一,当然也需要将其 grade 加一,但二者有本质的不同,重点是二者发生变化逻辑的不同。从时机条件上看,什么时候增加年级,是明确的,比如新学年开始的九月一日。但对年龄,合理的做法应该是记录同学的出生日期。特别是当体校来找体育苗子,需要有精确年龄时。

结论是应该记录学生的出生日期,而不是年龄,但是可以为外部提供一个计算当

639

前学生年龄的接口，比如：

```
struct Student
{
    int GetAge() const
    {
        int age = /* 取当前时间，然后根据出生日期计算年龄 */
        return age;
    }
    Date birthday; //出生日期 (设 Date 为已存在的日期类型)
    int grade; //年级
    ...
};
```

也就是说，在本例中"年龄"是现象，出生日期才是本质。作为对比，学籍管理通常也需要关注"入学日期"，那是不是可以因此砍掉"年级"呢？这可不严谨，总要考虑因为休学等原因造成留级以及还有个别天才生会跳级的情况啊。

4. 理关系

学校管理学生少不了"分！分！分！"，是不是可以将"分数"和"学生"一并抽象呢？

```
struct Student
{
    std::string name;              //姓名
    int grade, _class;             //年级，班级
    float yu_wen, suang_shu;       //语文成绩，算术成绩
    float GetTotal() const         //计算总分
    {
        return yu_wen + suang_shu;
    }
};
```

这个结构做得对的地方，是没有专门提供一个"总分"的抽象，但可惜它将需要关注的科目成绩，也抽象成学生的属性了。想想升入三年级时，需要新增英语科目的成绩时，该怎么办？

 【重要】：不必要的耦合

将客观世界中本来没有，或者可以没有关系的两个或更多个事物，在抽象层面变成有关系。这就是设计大忌之一：不必要的耦合。耦合的坏处是：耦合关系中的某一方发生变动，其他方也可能要跟着改动。

或许会说，"学生"和"成绩"本来就脱不了关系啊！倒也是，但我们可以在抽象层面中，将二者的"紧耦合"变为"松耦合"。

要做到松耦合，粗暴有效的做法是：在二者之间加入第三方。注意，该第三方的职责就是为了让双方保持一种相对"宽松"的关系，而不应该插手双方所处理的核心

业务。有关第三方最耳熟能详的例子就是恋爱关系中的"灯泡"。灯泡这个配角的存在,可以避免男女主角刚开始的关系过于紧张,但灯泡当然不能插手业务爱上主角……请大家对比:

"紧耦合式"谈恋爱	"松耦合式"恋爱
小丁:小红,我喜欢你! 小红:是吗? 谢谢。 小丁:晚上一起吃饭吧! 小红:(这么快? 我可不想表现得像个吃货)不好意思,晚上我们宿舍有活动,再见。	小丁:灯泡,我好喜欢小红! 灯泡:哈哈,你请吃牛排,我就帮你转达。 小丁:没问题。 灯泡:红,有位同学可能抽风了……想请客,是你最喜欢的牛排(哈哈,其实我更喜欢)。 小红:这个…… 灯泡:去吧去吧,见个面再说嘛,看他蛮有诚意的,不像坏人。就算万一是坏人,也有姐帮你挡着呢! (……浪漫的西餐厅下,小红看着坐在对面的小丁,可能是灯光的缘故,竟然越看越投缘呢……)

回到 Student 结构定义,可以请"std::vector <float>"来当灯泡,请对比:

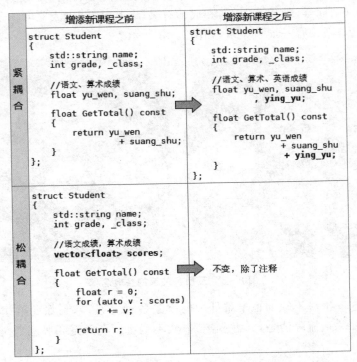

图 8 - 2 紧耦合、松耦合示例代码

松耦合版本的 Student 结构不再直接关注有哪些学科成绩需要处理,而是将它托付给一个 vector 对象（灯泡上场），将来课程是增是减是换，都交给具体的实现代码，（抽象层面的）类定义并不需要改动。

然而这个设计仍然存在问题。一是 scores 容器虽降低了耦合，却影响了直观（里面到底有哪些课程？），二是"学生"类仍然包含有"成绩"，二者仍然在内容层面存在耦合。通常更加合理的概念是："学生"是"学生"，"成绩"是"成绩"。哇！所有学生都看向教育部，看，这里有位家长说："学生是学生，成绩是成绩！"

刚从我女儿学校回来，请大家好好听一下我的本意嘛！科学看待"学生和成绩的关系"：学生负责学习，成绩用来检查教学成果，不同学生的学习水平确实会有不同，需要为二者之间的"关系"做一个单独的抽象。

现在我们需要为学生和成绩之间添加一个"灯泡"，它是什么？是成绩单。新的设计中，学生类型单纯反映学生的本质属性，成绩类型单纯反映成绩的本质属性。新增的"中间人"成绩单类型则单纯反应成绩单的本质属性。并且我们要直面学生的"苦难史"：一个学生注定要参加好多次考试，所以学生和成绩单是一对多关系，而一个成绩单又要对应多科成绩。新的设计中，学生有学号，而成绩单也有学号。如果要获取一个学生的成绩信息，只需通过学号去查找成绩单档案即可。

这就是一个关系再梳理和剥离的过程。说到关系，当你的身份是学生时，你就开始和班级、老师、同学、学校有关系，和成绩有关系，甚至和"别人家的孩子"有关系；而当你结婚之后，则又有一堆新关系，如图 8-3 所示。

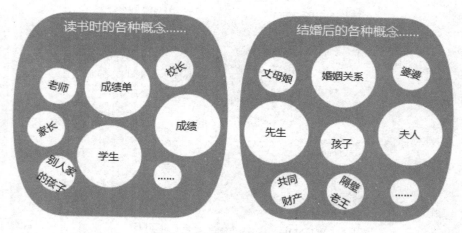

图 8-3　互相有关系的各概念

所以人这一生最不缺的也最难处理的就是各种关系，越是如此就越需要在概念层面上将各种关系梳理清楚，并做剥离，显然不能将所有关系一股脑地全部塞到"人"的结构中去。

除了和其他事物之间有关系，事物内部的组成也有各种复杂的关系。当下我们先讲宏观世界，事物内部的关系那将是"封装"小节的重点。

归纳一下,要做好抽象,就要懂得如何抓住事物的重点,如何寻找到事物的共性,如何透过现象看到事物的本质,如何抽丝剥茧般地将一团乱麻的关系梳理清楚。要提升抽象能力,需要多学知识,特别是数学。比如我们很熟悉坐标点 Point 的结构,但有时候也需要知道 Vector(矢量)的结构及它的特点:

```
struct Point                          struct Vector
{                                     {
    double x;                             double distance;
    double y;                             double angle;
};                                    };
```

💡 **【重要】: 数学为什么很重要**

因为,数学一直是抽象程度最高的自然科学。社会科学方面,学习哲学对提高抽象能力大有裨益。

如果比喻编程是在室内玩撑杆跳的话,语言是那根杆,越长越韧越好,但数学水平却是房间的天花板。但是数学一般的同学(比如我)无需着急,因为哪怕以初中的数学知识进行评估,我们现在的编程能力离天花板还有一百多米呢。要提升抽象能力,还需要特别锻炼逻辑思维能力。

八十年代末,自行车还是我国城乡广大人民群众的主要交通工具。国内某作家在某会议上突然对"双杠"自行车的设计发难:"很多产品的设计非常的铺张浪费!比如双杠自行车,为什么需要两条杠呢? 难道当自行车折断一条杠之后,老百姓会不修理它,继续骑吗?"

过了二十年,有人说:当年这位作者真有远见,你看现在市面上的双杠自行车基本销声匿迹了。

请分析以上例子中作家的话及后来人的评论中的逻辑问题,并判断二者各自缺少哪方面的知识。然后写一篇不少于 3 000 字的议论文。

8.2　封　装

思乡让李白写下《静夜思》。如果李白是个文盲,想家时只是双手扶窗,面对明月一轮深情地狼嚎几声⋯⋯叫声仍然是在表达思乡之情,但不可能流传千古。

这中间就有"抽象"和"封装"的关系。我们已经知道要讲究"侧重、共性、本质、关系",但最终必须使用特定载体和方法将抽象过程和抽象成果表达出来。"面向对象"的设计方法中,封装就是使用程序语言表达抽象的概念。完整的过程就是:从现实逻辑(具象)到概念(抽象)再到程序代码(具象)。

关于封装,需要关心的第一个问题是:封装什么? 操场上一辆宝马车披着车罩。

漂亮的封装是那个车罩吗？不，那辆宝马才是。"封装"封的是什么？装的又是什么？丁小明回答："装进去还要封起来，所以肯定是：见不得人的、隐私的、需要保护的……"呀！听起来非常有道理！如果将"见不得人的"称为"丑陋"的，那么……"老师，我懂了。"丁小明继续回答："封装丑陋的。宝马车再漂亮，但内部油箱、发动机、变速箱还是丑陋的，没法直接见人；"

"老师，我有补充！"二牛回答："封装隐私的。车其实是一个移动的私人空间，在车里可做的私事很多，所以车被设计成一个关起门来就相对隐闭的空间；"

"我也有补充！"，春丽回答："封装待保护的。车里的人需要被保护嘛，所以有安全气囊等保护模块。"

然而，大家都错了！这些正好是多数人学习面向对象的"封装"特性时，最常见的一些似是而非的理解。

曾经我们问过"什么是程序？"《启蒙》篇回答："计算机程序是一组指令（及指令参数）的组合，这组指令依据既定的逻辑控制计算机的运行。"这个问题的另一个经典回答是："程序＝算法＋数据结构。"新回答更接近人类的思维，启蒙中的回答则强调机器的特性。无论哪一种说法，"程序"总是脱离不了"动作"和"数据"。

【小提示】：复习："动作"也是一种数据

我们在语言篇中学了几种将动作数据化的方法？

对封装的解释，有一种说法就是："封装是通过类型定义，将数据和动作进行组合。"然而，这种教科书式的定义，通常都无助于学生对术语的真正理解。

我乐观估计《白话 C++》可以让我拿到 8 千元的稿酬，我将用这笔巨资在万能的某网上拼购一辆 BMW。开了十来天，发现一些小毛病：

（1）踩油门，偶尔不加速，但车身会筛糠一样地发抖；

（2）踩刹车，偶尔不减速，反倒像无缰野马冲出数十米；

（3）转方向盘，偶尔不拐弯，但是雨刷倒是跟着转了转；

（4）按喇叭，偶尔不响，但驾驶位车门神奇地自己打开了。

这完全不像是德系名车的封装啊！我认真地看了看，才发现字母 B 写得有点开，果然是不知哪来的"13MW"名车。

在公众的概念里，车就是踩油门要加速，踩刹车要减速，转方向盘要拐弯，按喇叭要叫。做到这几点，就算轮子用驴子代替，方向盘是鞭子，油料是草，排的是粪，那也可以称为车。踩油门和加速、踩刹车和减速、转方向盘和拐弯、按喇叭和鸣笛，这些叫"关系"。严格点，叫事物的内部逻辑关系。

《白话 C++》对"封装（encapsulation）"的解释由此而来：组合"数据"和"动作"不是目的而是手段。真正需要封装的不是数据也不是动作，而是关系。数据和数据的关系、数据和动作的关系、动作和动作的关系。

豪车、普通车、汽油车、柴油车,世界有很多不同汽车,车里有许多不同的配件,但只要"车"的抽象概念还没有发生革命性的变化,那么在"车"这个概念所封装的逻辑关系就基本一致。不管什么厂商,在什么流水线,用什么组件,最终封装出来的东西(对象)满足以上那些关系(踩油门加速、踩刹车减速、转方向盘拐弯、按喇叭鸣笛),不管外形有多奇怪,都可以称之为"车"。

"老师,象棋上那个车,好像没有这些关系。""你出去。"

8.2.1　不变式

"沙之为沙,人之为人",一个事物之所以属于某一类事物,那么就得满足某些特有的内部或外部关系。这就叫这类事物的"不变式"。比如我们认为人应该有良心,应该重信用,应该孝敬父母,否则社会就会批评"你还是人(类)吗"。

老朋友又该上场啦——什么是二维坐标上的一个点? 很简单呢,就是一个 x 一个 y:

```
struct Point
{
    int x, y;
};
```

看似简单,但难题呼啸而来:Point 结构中的 x 和 y 两个成员数据有什么关系?

【小提示】:简单的东西,抽象的关系

看似简单的事物,其内部不变式(关系)往往很抽象。

前述 Point 类中的 x、y 坐标的关系是:它们都是 int 类型 。有同学提出存在横坐标与纵坐标刻度单位或精度不同的情况,这里先肯定他思考问题非常全面,然后提醒大家复习四要素中的"抓侧重"。

接着,什么是二维坐标上 45 度角斜线上的点呢? 也很简单:x 和 y 值相等的点。那么,如何表达一个位于 45 度角斜线上的点? 如果继续使用 Point 结构定义,要如何表达以及维护"x 和 y 值相等"这个关系呢? 犹豫再三我决定将压箱的多年秘籍"分享"出来以"毒害"各位:

(1) 秘籍 1:把可能修改该结构的程序员叫过来开会,再三强调:无论何时、无论何处、无论谁,当代码需要修改 x,一定记得同时修改 y;同样,当需要修改 y,一定记得同时修改 x,以保证二者同值。

(2) 秘籍 2:该结构定义处加上注释:上有四老,下要二孩,冰天雪地裸身跪求各位同事定要帮忙保持 x、y 值相同。

不要低估"秘籍"的流行性。那天我认真阅读"13MW"牌汽车的说明书,就有这么类似的一段:

"本款(结构或类型的)车,踩刹车不一定就减速。因此强烈建议驾驶用户踩刹过

程中及时打开车门（注 1）伸一只脚拖行于地面。"

赶紧找到"注 1"处，果不其然写着：

"行驶过程中如需打开车门，建议长按喇叭，车门将智能打开以供驾驶员伸脚刹车或潇洒跳车。"

团队编程约定和代码注释很重要，但只有"管"和"求"并不保险。程序员更应该做好封装工作，将 x 和 y 值恒等的关系，封装成类的不变式。以下是做法之一：

```cpp
//45 角直线上的点
class PointOnAngle45
{
public:
    int GetX() const
    {
        return x;
    }
    int GetY() const
    {
        return GetX();
    }
    void SetX(int x)
    {
        this ->x = x;
    }
    void SetY(int y)
    {
        SetX(y);
    }
private:
    int x;    //只有 x 坐标
};
```

定义"45 度角直线上的点"的类型，第一眼看到的变化应该是：不用 struct，改用 class。

 【重要】："struct/结构" 和 "类/class"

从语法上讲，两者除成员开放属性不同（struct 默认"public"，class 默认"private"）之外，基本没有区别（还是有的，但不是当下重点）。不过在使用习惯上，struct 更多地用于那些内部成员间不需要维护复杂关系的数据类型，甚至通常默认为将成员数据直接开放的结构。一旦内部成员间存有需要维护的关系，则应使用 class。

接着看到，PointOnAngle45 的成员数据没有 y，只有 x 了。问题来了：只有一个成员数据哪来的内部关系呢？

请注意，本节一开始就已经提出"关系"可以存在于数据之间、动作之间以及数据和动作之间。"45 度直线上的点"，也是一个二维坐标上的"点"，所以在逻辑上它必须同时提供"横坐标"和"纵坐标"。所以该 class 成员方法既有"GetX/SetX"，也有"GetY/SetY"。

为方便说明,我们用"X、Y"表示"一个坐标点"的这个概念,逻辑上必须拥有横纵坐标值,然后用"x、y"表示我们在实现这个概念时,所具体写的类定义代码中的成员数据。那么 PointOnAngle45 类的封装特点就是:通过成员方法提供了完整的"X、Y"操作,但内部实现上仅使用"x"成员数据。

现在,你对"封装"开始有一点概念了吗? 如果没有,不是你的抽象能力有问题,就是本书的封装水平太差了。

8.2.2　原　则

封装的原则是什么?

课堂鸦雀无声。前排二牛很无聊地摆弄起 iPad、iPhone、iWatch。邻桌小红举手发言:"有些同学一边靠泡面维生,一边拥有 Apple 三件套,装成高富帅的样子,这是不是就是封装?""打肿脸充胖子"不是好的生活方式,也不是好的程序封装。好的封装满足两个原则:

(1) 内部实体简单,少冗余;

(2) 外部逻辑完整,不多余。

封装什么? 封装"不变式"。什么是"不变式"? 那些可以界定一类数据的关系。如何表达这种关系? 两种方法:用实体或者逻辑表达。内部的实体数据越简单,意味着采用实体数据表达的关系也越少。

作为对比,下面写出带完整"x、y"的"45 度角直线上的点"的封装,为方便区分,命名"PointOnAngle45_xy":

```
class PointOnAngle45_xy
{
public:
    int GetX() const
    {
        return x;
    }
    int GetY() const
    {
        return y;
    }
    void SetX(int x)
    {
        this -> x = x;
015     this -> y = x;
    }
    void SetY(int y)
    {
        this -> y = y;
021     this -> x = y;
    }
```

647

```
    private:
        int x, y;//完整 x, y 数据
    };
```

"45 度角直线上的点"意味着：首先它是一个点，要有横纵坐标值；其次这个点需在 45 度直线之上，所以横纵坐标值必须相等。类中加入完整"x、y"实体数据有利于表达第一点，却不利于第二点。请理解以下两类关系：(1)"有横纵坐标值"是一个结构关系，通常比较适合用"实体"表达；(2)"横纵坐标值必须相等"却是一个逻辑关系。

实体关系，需要时时处处、小心翼翼地维护。比如本例中的 x 和 y 两个实体（成员数据），每当其中一方被修改，程序就得记得同步另一方（详见 PointOnAngle45_xy 类定义中的 019 和 021 行）。假设 PointOnAngle45_xy 类要增加"坐标缩放"的功能，下表左边不存在 y 实体，右边存在，则相应功能各自实现如下 ，请做对比：

class PointOnAngle45
{
   ...
   void Scale(double v)
   {
      x = x * v;
   }
   ...
};
	class PointOnAngle45_xy
	{
	   ...
	   void Scale(double v)
	   {
	      x = x * v;
	      y = x;// « 不要忘记
	   }
	   ...
	};

不管是 SetX 还是 SetY，或者是新增的 Sacle，以及将来任何需要修改坐标值的操作，都必须以实际代码维护 x 和 y 两个成员等值这样一个逻辑关系。

 【危险】：所以，内部成员数据越少越好？

"内部实体简单"也不是指内部成员数据越少越好。下一小节我们会给更多例子加以说明。

"外部逻辑完整，不多余"，这是封装的第二个原则。体现在"PointOnAngle45"身上，是一种"身残志不残"的精神。虽然内部只有 x 没有 y，但在逻辑上仍然遵循一个二维坐标点的抽象，既有"SetX/GetX"也有"SetY/GetY"。假设有名为 draw_point 的函数，用于在屏幕上画出一个点。函数声明为：

```
void draw_point(int x , int y);
```

哇！这个函数设计真不错！除命名清楚外，所用入参既非特殊的"PointOnAngle45"类型，也非常见的"Point"类型；而是用赤裸裸的 X、Y 坐标值，避免该函数接口与特定的"点"类型产生关系。将来就算有 75 度或 198 度，甚至某抛物线上的点，只要遵循一个二维坐标点的抽象，本函数都能适用。以 PointOnAngle45 为例：

```
PointOnAngle45 pt;
... / * 初始化 * / ...
draw_point(pt.GetX(), pt.GetY());
```

哇! 这次函数调用代码真直观! 阅读者看到"draw_point(...)"想到"画一个点……",看到入参则想到"传入 X 轴与 Y 轴的值"。这样直观的代码基于 PointOnAngle45 的正确设计,如果它违反"外部逻辑完整不多余"中的"完整"的要求,仅仅提供对 X 的操作,那这行代码就变成:

```
draw_point(pt.GetX(), pt.GetX());   //???
```

虽然代码运行结果一样,但字面上所传递的"隐含逻辑"容易让人误判,直觉会让我们认为这是程序员写错了。

⚠️ **【危险】: 对外成员方法越丰富越好?**

"外部逻辑完整"也不是指对外提供的可调用方法越多越好。下一小节我们会给更多例子加以说明。

归纳:封装的全部责任,在于表达抽象,所以封装不应该破坏抽象。所封装的内容是事物的内部关系。这里的"内部"并非特指"私有(private)",而是指支撑"沙之为沙、人之为人"的那些内在关系,通常这些关系被称为某个类型的"不变式"。

8.2.3　"不变式"实例

"PointOnAngle45"类的关键不变式,就是"X 和 Y 恒等",这个关系非常简单。换成"抛物线上的一个点",我就得去翻中学课本了;换成"我国股市曲线上的一个点",我可能要劝老婆带着孩子早点改嫁。

 【轻松一刻】:"三高"行业

夸张一点讲,写程序是一个三高行业,高投入、高难度、高风险。原因就在于想写好某一类业务的程序,程序员就需要努力熟悉该类业务,努力挖掘该类业务的种种不变式。那么问题来了,挖掘机技术哪家强? 北京航空航天大学出版社《白话 C++》!

如果编程培训机构或课本光是教你 C++或其他语言的封装、派生、多态等等概念或具体语法,那么结论是这些机构或教材在针对"不定式"的挖掘技术都不强。

45 度角直线

前一版"PointOnAngle45"的封装思路是,将对 Y 的操作都"转嫁"到 X 身上,从而保障了内部 x 和 y 恒等的关系。但很快项目经理过来质问:"为什么是把 Y 的工作转嫁到 X 身上,而不是相反?"对这种吹毛求疵的经理,我二话不说忍住了,然后反省:确实,从本质上讲,把"45 度角直线上的点"实现为有 x 坐标没 y 坐标是不合理的。借助中学教学,当时我就画了两张图,如图 8 - 4 所示。

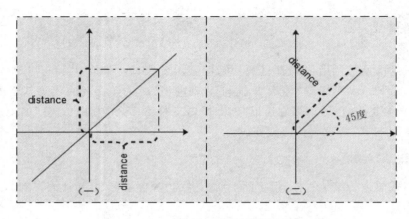

图 8-4 45 度线上的点的两种抽象

图 8-4 中(一)背后的抽象表达是:所谓"45 度线上的点",是与横纵坐标距离相等的点。图(二)背后的抽象表达更加直接:所谓"45 度线上的点",就是 45 度线上的点——直接套用"矢量"的概念。对应的封装如下表所列。

版本二 与横纵坐标距离相等的点	版本三 与横坐标轴夹角 45 度,离原点指定距离

``cpp
class PointOnAngle45
{
public:
    int GetX() const
    {
        return d;
    }
    int GetY() const
    {
        return d;
    }
    void SetX(int x)
    {
        this->d = x;
    }
    void SetY(int y)
    {
        this->d = y;
    }
private:
    int d;   //与坐标轴的距离
};
``
	``cpp
	class PointOnAngle45
	{
	public:
	    double GetAngle() const
	    {
	        return pi * 45 / 180;
	    }
	    int GetDistance() const
	    {
	        return d;
	    }
	    int SetDistance(int d)
	    {
	        this->d = d;
	    }
	private:
	    int distance; //与原点距离
	};
	``

版本二和之前的设计,就是将唯一的成员数据从 x 改名为 d。"名正"则"言顺",这里的"言"就是表达,名正是设计的第一步。

矢量版本没有提供 GetX/GetY、SetX/SetY 等接口,那是因为当以矢量的概念抽象坐标系上的一个位置时,直接在类定义中添加这些逻辑,就会违反封装的第二个原则:外部逻辑完整不多余。碰上类似"draw_point(int x, int y)"的函数怎么办?记住:独立写一个转换函数或转换类,而不是将矢量转换横纵坐标的逻辑,塞给矢量的类定义。

【重要】: 关系设计:各人自扫门前雪

做人有时候要大方点,比如管管别人家的瓦上霜。但设计类 A,就应紧密围绕类 A 的需求。以"转换"功能来说,假设整个程序中既存在 A 转换为 B 的需求,也存在 B 转换为 A 的需求。

(1) 最正确的设计:A 做 A 的事、B 做 B 的事。然后有个 A2B,做 A 转换成 B 的事;再有个 B2A,做 B 转换成 A 的事;

(2) 次一点的变通:A 有从 B 而来的转换构造或转换赋值,同时 B 有从 A 转换而来的转换构造或转换赋值;

(3) 最糟糕的封装:把双向转换全部塞入 A 或 B 中的某个。

平行线

"平行线"大家都懂,该如何封装呢?同样先做抽象工作,翻开课本一看,直线可以表达为"y=kx+b"(为简化起见,暂不关心 y 或 x 恒为 0 的情况)。

直线公式中的 k 和 b 对直线的影响是什么?一对平行线彼此的 k 和 b 有什么关系?为了能够回想起这些,请看图 8-5。

图中两条直线分别是"y=x+1"(k=1,b=1)和"y=x-1"(k=1、b=-1),二者正好平行。其中 k 决定直线的倾斜程度,b决定直线和原点间的偏移。平行线之间,k值相同,b 值不同。先定义单一直线的类:

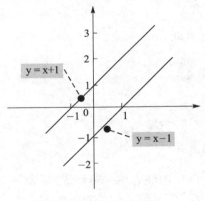

图 8-5　两条直线

```cpp
class Line
{
public:
    Line(int k, int b)
        : k(k), b(b)
    {}
    //根据 x 坐标,取得位于该直线上的点的 y 值
    int GetY(int x) const
    {
        return k * x + b;
```

```
    }
    /* 以下为对 k 读取或修改 */
    int GetK() const
    {
        return k;
    }
    void SetK(int k)
    {
        this ->k = k;
    }
    /* 以下为对 b 读取或修改 */
    int GetB() const
    {
        return b;
    }
    void SetB(int b)
    {
        this ->b = b;
    }
private:
    int k, b;
};
```

测试 Line 对象：

```
...
Line   l(1, 0); //呵呵，又见 45 度直线：y = 1 * x + 0;
int x1 = 10;
int y1 = l.GetY(x1); // 10
int x2 = -15;
int y2 = l.GetY(x2); // -15
...
```

既然能够表达一条直线，那么"一对平行线"的封装方法呼之欲出啊：就是两条 k 值一样，但 b 值不同的直线嘛！

```
class ParallelLines
{
public:
    ParallelLines(int k, int b1, int b2)
        : line1(k, b1), line2(k, b2) //按说要检查 b1 和 b2 不能相等
    {
    }
    int GetY1(int x) const
    {
        return line1.GetY(x);
    }
    int GetY2(int x) const
    {
```

```
        return line2.GetY(x);
    }
private:
    Line line1, line2;
};
```

 【课堂作业】：测试平行线类

请构造一个 ParallelLines 对象以表达前面示意图的那对平行线，然后打印出 x 值从 −5 到 5 之间，两线上的 y 值。最后看着这些值，心算验证是否正确。

作业内容可以验证 ParallelLines 类设计的正确性，但却无法验证其设计的合理性。从体现不变式的角度看，上面的设计存在隐患。先看 Line（直线类），它拥有"SetK/SetB"等函数，允许直线对象可以临时调整倾斜度或偏移，会让 Line 类更加灵活。虽然我个人并不推荐这种灵活性，但不能称之为错误。

【小提示】：直线对象可不可以修改？

现实生活中，在纸上画一条直线，除非将它涂掉重画，否则白纸黑线，这条直线就是固定的。我倾向于认为程序世界中的 Line 对象也要符合这种"不可改"的标准。一旦我们需要一条不同的直线，就应该直接再构造一个新的对象。这也是前面提到的"外部逻辑完整不多余"的极致体现。但是，电脑中的"虚拟世界"往往比真实世界来得灵活（证据：照相软件和现实照相机之对比），所以如果就是要为 Line 类提供改变角度或偏移的做法，并不过份。

现有设计中，ParallelLines 包含两个 Lines 对象——这体现了"一对平行线"这个概念中"一对线"这部分，但没有体现"平行"。为此，ParallelLines 的构造函数做出弥补。构造函数的入参需要两个 b 值，却只需要一个 k 值，这体现了之前得到的"平行线之间，k 值相同，b 值不同"这一抽象成果。如此，"平行线"对象一旦被构造，所包含的两条直线就已然平行了。但由于前面将 Line 设计成角度可被修改，这就造成了两个 Line 对象"生下来"是平行的，却有可能在后续生存的过程中被误改成不再平行。所以后续为 ParallelLines 添加任何新成员函数时，都得小心翼翼地维护 line1 和 line2 的平行关系。

情商高的读者应该看出作者在这里自导自演的一出戏：先是故意为 Line 类提供 SetK 和 SetB 方法；然后用一段"小提示"厚颜无耻地自我辩解提供这两个方法并不过份；现在呢，在平行线类的设计中，暴露了 SetK/SetB 所带来的隐患；紧接着，我当然是要借用这个隐患，来讲解有关"不变式"封装的重要方法了。

有问题就解决问题，没有问题创造问题再解决问题（唉，这是所有写教程的作者们心知肚明却秘而不宣的小秘密）。

说起来，当前的困境其实来源于我们之前没有坚持原则，没有保障"直线"不可修改。如果当初狠下心去掉 Line 类中的 SetK() 和 SetB() 的方法，那么两个 Line 对象一开始（构造时）平行，就会永远平行下去……

然而，研发经理拒绝让 Line 对象回归为不可改的要求，因为已经有太多人在使用那两个成员函数了。如果非要改，必然影响进度；影响进度，这个月奖金就没了。现实生活就是这么丑陋。还好，C++ 就是一门为了直面丑陋的现实世界而产生的语言。说起来它也许有一百种方法可以解决当前这个问题，但是今天我们还是要坚持"在源头上解决问题"的原则。虽然"直线"的定义已经不可修改，但"平行线"这个概念，我们可以重新抽象，找到一个更好的"不变式"表达。

谁说平行线就只能表达为"平面上永不相交的两条直线呢"？作为一个富有诗意的程序员，我认为平行线就是一条直线爱上了另一条直线，可是由于种种原因，他们之间隔着固定的距离。所以只需要一条直线和一个距离，也可以表达一对平行线：

```cpp
class ParallelLines
{
public:
    ParallelLines(int k, int b1, int b2)
        : line(k, b1), offset_b(b1 - b2) //按说要检查 b1 - b2 不能为 0
    {
    }
    int GetY1(int x) const
    {
        return line.GetY(x);
    }
    int GetY2(int x) const
    {
        return line.GetY(x) - offset_b;
    }
private:
    Line line;
    int offset_b;
};
```

先看构造入参：仍然传递一个 k 值和两个 b 值，后两者可计算出 offset_b。再看 GetY2() 的实现，已无 y2 的实体，所以通过 y1 和 offset_b 计算得到逻辑上的 Y2 值。

现在，无论 line 或 offset_b 如何被修改，这个类的"一对平行线"的不变式始终能保证，并且后续维护工作轻轻松松。当然，如果 offset_b 被改成 0 会造成两线重叠，但这个问题不是新设计带来的，而是在前一版的设计就已经存在的。如何解决它暂不是我们关心的内容。

水的状态

老谈数学上的线啊点啊，没意思。这节课我们讲物理："水"的状态。

不关注大气压强等其他因素，只考虑水温和水的形态二者之间的关系：

（1）在 0 度时会结冰，水为固态；

（2）达到 100 度，水成为气态；

（3）0 到 100 度间，水是液态。

三行话描述了"水"的不变式。如何封装这个不变式呢？请合上书写出你的类设计，再往下看：

```
class WaterState //"水之态"
{
public：
    /* 构造 */
    /* 方法一：得到水的形态 */
    /* 方法二：得到水的温度 */
    /* 方法三：修改水的温度 */
    /* ... */
private：
    /* 温度数据 */
};
```

关键点在于：只提供"温度"的实体数据（成员数据），"形态"数据则通过成员方法计算获得。因为一旦同时存在二者的实体，就又陷入需"时时处处"维护二者关系的困境。

物理 VS 逻辑

回忆前面几个例子：

（1）PointOnAngle45 类：既然 x 和 y 恒等，那就砍掉其中一个实际数据，只在逻辑上保留；

（2）ParallelLines 类："一对平行线"的实际数据其实只需要一条线，另一条线可以通过"与前一条线有固定距离"的关系表达；

（3）WaterState 类：根据温度可以推导出水的状态，所以不需要有"水的状态"这个实体数据。

这些例子好像都在暗示：请尽量使用"逻辑计算"来体现不变式，而不是使用实体数据，这有其正确性。就像现在出门购物，最好不要带一堆现金一样，可以带手机或卡。当然凡事也莫极端，出门身上多少带点现金也是必要的。

以汽车封装为例，少了"速度"这个属性。汽车初始速度为零，而后启动、踩油门、刹车、上坡……理论上可以通过上述数据，计算出汽车的当前速度，但这样的公式肯定很复杂，并且为了省略一个"speed"成员数据，却得给出所有可能影响速度的历史数据，效果适得其反。

8.2.4　从关系到状态

在程序世界里，多个数据量之间存在特定关系，这时我们把这些关系的总和，称为"状态"。

外部关系存在于个体之间，如果个体达到三个或更多，关系往往更复杂。比如说丁小明、何小白和王二牛。曾经前二者是恋爱关系，后来第三者夺爱，第二者态度暧昧，结果就成了一段三角关系。这三角关系竟然稳定存在，像个死结。

如果软件公司的老板是导演，程序员是编剧，那么为了收视率，老板一定会让程序员在前面十九集里死死维护前述的三角恋状态，无论剧情如何矛盾冲突，这个三角状态就是要等到第二十集才解开，于是剧终。"三角恋"是翻译成"Love_Triangle"吗？不管了，下面为它定义结构：

```
struct Love_Triangle //男 - 男 - 女 三角恋
{
    Love_Triangle(Man m1, Man m2, Woman w1);
    ...
};
```

然后针对前面的剧情，通过该结构定义一个变量，入参大家能看懂吧：

```
Love_Triangle a_triangle(DingXM, WangEN, HeXB);
...
```

结果程序运行了 48 小时，测试报告来了："老板，不知怎么搞的，'a_triangle'中的二牛和小白已决定不谈恋爱，并且都和小明成为了好朋友，他们已经相约去了新马泰。"老板拍案而起："一个类型为 LoveTriangle 的对象，内部的三个人居然可以出现只有友情的状态。怎么做的类设计？怎么做的封装！"

8.2.5 类型即封装

一个类型为 LoveTriangle 的对象，结局可不可以是，三人只有友谊呢？感情这种东西比较不好说。换点别的：

(1) 一个类型为"Pig（猪类）"的对象，程序运行着运行着，它突然长出翅膀了！雷老板只说猪站在风口会飞起来，没有说飞起来之后，猪居然长出翅膀啊？

(2) 一个类型为"Person（人类）"的对象，程序运行着运行着，突然发现这个人的出生时间为康熙年间，生存状态为 true！老板别慌，我们本来就是在拍相关电视剧啊！

(3) 一个类型为"int（整型）"的数据，程序运行着运行着，它的值变成 1.23 了！一个 C++程序员遇上这事，就像家里相伴多年的充气产品突然开口说话惊呆了一样。

(4) 一个类型为"std::vector <T>"的数据，程序运行着运行着，突然发现它的元素存储空间不连续了。天哪！七个周末都在查找问题，老婆已离家出走的程序员痛苦地将 1099 页的《C++ 标准库（第 2 版）》拍在百会穴上。

正常的"猪类"不应该带有翅膀，在风口"飞"也不过是浪漫的比喻，它其实是被龙卷风刮起来的；正常的"人类"状态，如果他活着，那他的年纪不应为数百年；一个良好的 C++代码设计中,int 类型的数据不会带小数(关于充气产品说话的事,我承认对业务了解不足,原来真有会说话的);而一个合法的 STL 中的 vector 类型,其内部存储元素的内存数据,就是会保证在内存中连续存储。

《感受篇》已经提过这句话:"类型即封装"——这基本是像 C/C++/C♯/Java 这些静态语言各种高级功能的奠基石。一个数据属于一个类型,那么它就必须具有该类型既定的功能,遵循该类既定的约束。包括在《基础篇》或《语言篇》中提到的:内存分区(栈、堆、静态)、常量或变量(接不接受修改)、尺寸(sizeof),以及可接受的操作等等;也包括前面"从关系到状态"小节所提到的,其内部数据之间必须满足某些既定关系。

接着,类型的这种状态,还可以进行叠加。还是老朋友"坐标点",技术上我们当然可以直接使用两个整数表达,不作封装:

```
int x, y;
```

但这是两个"零碎"且各自独立的整数,虽然足以表达一个坐标点,但未能直观而稳固地形成一个"坐标类型"。比如我们需要一个长方形,于是定义四个顶点八个整数:

```
int x1, y1, x2, y2, x3, y3, x4, y4;
```

这样八个数中隐藏着"长方形"类型,显然不直观,并且程序员必须记忆四个顶点的次序。

我可以先把两个整数合在一起,变成"点":

```
struct Point
{
    int x, y;
};
```

接着,既然"两点决定一条直线",那就把两个点再搞在一起,变成"线":

```
struct Line
{
    Point pt1, pt2;
};
```

或者,我们整一个四方形:

```
struct Rectangle
{
    Point left_top;
    Point right_bottom;
};
```

无论是 pt1 还是 right_bottom,两个 Point 类型中的四个整数,都还是整数,满足整数类型的基本状态,一层层支撑着最上层要表达的类型。

8.2.6　类型默认行为

前面提的"关系"也好,"状态"也好,更多的是以数据本身作例子的。下面重点谈谈类型所必须拥有的行为,即所有类型其实都应该有的行为,哪怕是一个 int。让我们好好看看:

```
int x;
```

咦? x 有什么行为吗? 当然有。如果 x 是全局变量,那么应该在出生时自动被初始化为 0;如果它是局部变量,则没有这动作。那是不是后者就没有行为了? 这事得这样看:如果存在"有为",那么作为对比,"无为"也是一种行为。

问题又来了,如果 x 被放到 Point 类型中,然后 Point 产生一个全局对象,一个局部对象,此时全局的 Point 对象中的 x 或 y,还会默认初始化为 0 吗? 局部对象中的 x 或 y 是否还是随机值? 测试代码如下:

```
#include <iostream>
using namespace std;
struct Point
{
    int x, y;
};
Point gp; //全局
int main()
{
    Point lp; //局部
    cout << gp.x << "," << gp.y << endl; //0,0
    cout << lp.x << "," << lp.y << endl; //乱乱的输出
    return 0;
}
```

答案告诉我们,哪怕看起来一个成员函数都没有的 Point 类型,也继承了某些默认行为(准则)。

有人嘲笑有人赞叹,说 C++不是完全的,纯粹的"面向对象"的语言。不过人世间的诸事,都有个开始和结束,都有生死,在这一哲学意义上,C++倒是参悟得很透彻:类型至少有"生"和"死"的行为,哪怕你程序员不显式提供。老朋友,上场!

```
struct Point
{
    int x, y;
};
```

Point 看起来只有"数据"没有"动作",但前面的例子中我们看到,事实上存在对 x,y 的默认初始化行为,并且这个行为会依据对象所在内存区域的不同,还有变化,这就是 Point 的"生"。至于"死",其实也遵循了其内部 int 类型的默认的"死"之行为:无为。如果我们给 Point 类型加上一个 std::string 类型的成员:

```
struct Point
{
    std::string name;
    int x, y;
};
```

那么 Point 的对象临终前会先让 name 向系统归还可能占用的内存。"生"在类型系统行为中,称为"构造","死"的过程称为"析构"过程。

虽然无法像贾宝玉衔玉而生,但普通人至少得带着父母的基因"构造"出来。C++中的对象可以有无入参构造函数,也可以有带入参的构造函数。比如:

```
struct Point
{
    int x, y;
    Point(): x(0),y(0) //无入参
    {
        x = y = 0;
    }
    Point (int x, int y): x(x), y(y) //带入参
    {
    }
};
```

无入参的版本中,我们将 x 和 y 值都设置为 0,如此,无论 Point 的对象是全局还是局部,它们都有明确的初值(通常人类更喜欢确定性,哪怕牺牲一点性能),这就是称作"构造定制"的一种方式。带入参版本有更好的可定制性,创建对象时可以直接指定它的某些初始化状态:

```
Point p1(30, 9);
Point p2(-30, -9);
```

如果人类也可以这样定制每一个对象的出生过程,到底是好事还是坏事?那些和我一样丑的爸爸们,会不会要求为自己的儿子定制吴彦祖的外貌基因,爱因斯坦的智商基因?这样现实的世界,想想就害怕!但这样的 C++程序世界,想想就强大啊!

"死"的过程也可以定制,请参考我们学习过的 Object 的"生"和"死",此处就不对老朋友下手了。说到"死",人类社会也许最想要的是永生、不死,这太贪婪了。能不能在我们活着的时候,将此时我们的状态,包括青春、能力、钱财(身外之物也要?)……全部复制到另一个"我"身上,如此,当第一个我挂掉之后,还有第二个甚至第三个我在生存呢?

"人类一思考,上帝就发笑",在 C++的程序世界里,我们就是上帝,哈哈!真的是可以复制对象的!并且复制的过程同样可以定制。复制又区分为两种,一种是新对象产生时复制现有对象,一种是两个都是现有对象,其中一个对象突然对自己的现有状态不满意,改为要复制另一个对象的内容。前者称为"拷贝构造"(或"复制构造"),后者称为"赋值"操作。

同样,两类复制操作都有默认行为,如果程序员没有为一个类提供定制的话:

```
struct Point
{
    int x, y;
};
int main()
{
    Point pt1;
    pt1.x = - 9, pt1.y = 30;
    Point pt2(pt1); //拷贝构造
    cout << pt2.x << "," << pt2.y << endl; // - 9, 30
    Point pt3;
    pt3.x = pt3.y = 0; //现状
    pt3 = pt2; //赋值时拷贝
    cout << pt3.x << "," << pt3.y << endl;
    return 0;
}
```

Point 的定义还是没有显式的任何行为(成员函数),但它确实可以一对一地原样复制源对象的各成员数据的值。复制完之后,源和目标各自独立。

"空构造"、"拷贝构造"、"赋值"、"析构"——这就是一个"类"的四大"基础行为"。在面向对象的语境里,它们通常是"一荣俱荣,一损俱损"。我们可以一个也不定制,统统将它丢给编译器帮助我们提供默认实现;也可以根据需要,定制其中一或多个的实现,但更通常的情况是,如果要定制一个,那就四个函数全都一起定制。

【课堂作业】:验证 Line 结构的默认行为

请写代码证明:

(1) Line 对象在构造时,会先构造 pt1 和 pt2;而在析构时,会析构 pt2 和 pt1(即:为 Point 定制构造函数和析构函数);

(2) 为 Line 类型提供定制复制行为。

8.2.7 this 指针

this 代表谁?

婴儿出生慢慢认识世界,最早认识的好像是妈妈。但我认为,其实任何一个个体,对世界的认知应该是先认"自我"。比如饿了,知道是自己饿,而不是婴儿床边上那个中年男人在饿,所以婴儿知道要哭。老朋友上场吧,我们要用这个"原理"再一次重新看一下 Point 类:

```
struct Point
{
    int x, y;
};
```

　　看起来就是两个必要的整数,但其实 Point 内心也有一个"自我",所以(不严谨地)可以认为 Point 内还有一个隐藏的数据:

```
struct Point
{
    int x, y;
    Point * this;
};
```

　　这时候就暴露了 C++之父并不是一个合格的文艺青年,居然用"this(这个)"这么没味道的词,怎么也要用"self"嘛。事实上有些语言就是用这个词的。前面为 Point 定制的带入参的构造,严谨的写法是:

```
...
    Point (int x, int y): this ->x(x),this ->y(y)
    {
    }
```

　　为什么要使用"this ->"也就清楚了:入参有 x, y,类对象本身也有 x,y 的成员数据,到底谁是谁呢? 我们用"this ->"明确而直观地表示,左值是成员,右值是入参。只不过在"成员初始化列表"中,编译器会聪明地搞清谁是谁,所以我们才忽略不写"this ->。"

　　在具体实现上,C++并不是真的为任何类型都塞一个 this 指针,这就像你的内心其实并没有一个真正的小人代表"自我"一样。this 只是一个逻辑概念,编译器在编译代码时,看到"this"就会自动地将它替换为一个对象的实际地址。下面代码揭示了这一点:

```
# include <iostream>
using namespace std;
struct Point
{
    void display_this()
    {
        cout << "this' address is : " << this << endl;
    }
    int x,y;
};
int main()
{
    Point pt;
    cout << "pt's address is : " << &pt << endl;
    pt.display_this();
    return 0;
}
```

　　在 main 函数中我们先输出了对象 pt 的地址(使用 & 取值 符),然后在 Point 的 display_this 函数输出 this 这个"伪成员"的值(不需要取址,因为本来就是指针),二者确实相等，表明至少在本例中，this 就是 &pt，而 * this 就是 pt。即，this 指向 pt。

this 是一个逻辑概念，并且它是针对当前类的逻辑概念，我们并不能在类型之外，尝试输出这个并不实际存在的伪成员，比如尝试在 main 函数增加一行：

```
cout << pt.this << endl; //不行
```

更接近编译真实过程的情况是：编译器为每个(非静态的)成员函数，都偷偷地插了一个参数。以上述的 display_this()函数为例，编译之后的结果可以视作是：

```
void display_this(Point * this)
{
    cout << "this' address is : " << this << endl;
}
```

然后在调用时，就将当前对象的地址传进去作为形参 this 的值：

```
Point pt;
...
display_this(&pt); // pt.display_this()
```

原来，"pt. xxx()"就是 "xxx(&pt)"！天啊，这不是"面向过程"的调用方式吗？难道"面向对象"就是这样一些个障眼法？

【小提示】：面向对象是一种障眼法吗？

"面向对象"的一切语法，最终都需要编译成基于函数调用的代码，这并非欺骗。我们早就知道，编译结果是给机器或底层操作系统调用的，它们通常不关注也不理解面向对象。

再者，障眼法并不简单，访问控制、派生、虚函数等机制之所以被 C++语言纳为基础机制，原因有：a. 实现难度较大，但方法相对一致；b. 统一此类机制的语法形式，有利于代码交流；c. 是其他更多机制的基础。

事实上，新的 C++标准，一直在考虑如何更直观地打通"面向过程"和"面向对象"之间的某些语法屏障。

this 指针的使用

无论是在 struct 还是 class 的成员函数内(以下简称"类内部")，都可以直接访问当前类自身的成员。无论它是私有的，还是公开的，此时，相当于通过 this 指针进行访问：

```
class Coo
{
public:
        Coo();
private:
        void Output();
        void foo();
```

```
        void DoSomething(int m);
        int m;
};
Coo::Coo()
{
        m = 0; //也可以是:this ->m = 0;
        foo(); //也可以是: this ->foo();
}
void Coo::Output()
{
        cout << this ->m; //也可以是:cout << m;
        this ->foo(); //也可以是 foo();
}
```

Coo 构造函数是 public 的,Output 函数是 private,但在它们的函数体内部,代码都可以直接访问(读或写)其私有非常量成员 m。访问时,可以直接用 m,也可以使用 this ->m。不过,如果出现外来的变量与当前类中的成员同名,除了前述的构造函数独有的"成员数据初始化列表",其余都需要借助 this 加以区分:

```
void Coo::DoSomething(int m)
{
    int a = this ->m + m;
    ...
}
```

【小提示】:如何命名类成员数据

建议将私有的成员数据,都以"_"作为名字前缀。比如 Student 例中,可以将其成员数据命名为:_age、_name 等。另外,也建议在类内部,统统使用"this ->"来访问成员。

除了用于解决"重名纠纷"之外,作为一个对象,this 当然要代表一个数据,或者说,它也是一个变量,因此可以将它传递给某个函数,也可以作为成员函数的返回值:

```
struct student;
void Foo(Student * pstu)
{
    pstu ->Display();
}
struct Student
{
    ...
    void Display();
    Student & operator = (Student const& other);
    void CallFoo();
};
Student& operator = (Student const& other)
{
    ...
```

```
    return * this; //返回当前这个对象
}
void Student::CallFoo()
{
    ...
    Foo(this); //调用 Foo 函数,同时将"自己"传递过去
}
```

8.2.8　访问控制

前面"this 指针"小节,谈到了在类内部使用其成员数据。那么,在类外部使用呢? 我们已经了解了 public 和 private 的区别,也了解了 struct 和 class 对于成员的默认访问权限有所不同,这一切在本书较前的章节已经学习过。

前述的 Point 结构,可以将它的成员数据都设成私有的,让外部无法直接访问,改为提供几个公开的成员函数去访问,这就是一个典型的类封装过程。Point 也由 struct 摇身一变,变成了 class。用 class 来封装一个(至少看起来)有些复杂的数据,这是一种习惯。请认真阅读以下代码,我们将在下一小节,针对这段代码提出一个重要问题。

```
class Point
{
public:
    Point()
        : x(0), y(0)
    {}
    Point(int x, int y)
        : x(x), y(x)
    {}
    int GetX () const {return this ->x; }
    int GetY () const { return this ->y; }
    void SetX(int x) { this ->x = x; }
    void SetY(int y) { this ->y = y; }
private:
    int x, y;
};
```

除了 public 和 private 之外,还有一个访问控制限定词:protected,我们将在"派生"小节讲解。

8.2.9　冗余保护

前例中,一个本来简单明了的 struct Point,变成一个复杂的 class Point。这有必要吗? 这个问题,并不像某些书里说的那样简单。当 Point 还是一个简单的结构时,在外部,我们是这样使用它的:

```
Point pt; //假设 Point 是前面的 struct
pt.x = 100;
pt.y = 50;
cout << pt.x << "," << pt.y << endl;
```

一旦 Point 被层层封装之后,上面的代码就编译不过去了,必须改成:

```
Point pt; //假设 Point 是前面的 class
pt.SetX(100);
pt.SetY(50);
cout << pt.GetX() << "," << pt.GetY() << endl;
```

这两段代码所起的作用一样,但显然 struct 版本更加简捷直接。算上类定义,class 版本明显要多不少代码,在调用时也必须通过函数,运行时性能也会有影响。所以,如果对 Point 的使用,永远都这样简单,那么这里的封装有点多余。

另一种可能是,程序中对 Point 的使用越来越复杂。比如说,我们利用"点",在图形界面上,描绘出某个画面,但发现总是会有一两个点,它们的位置似乎不对。怎么抓出这些不听话的点呢? 此时,我们可以临时为 GetX() 和 GetY() 添一些用于观察信息的打印语句,以 GetX() 为例:

```
int Point::GetX() const
{
    cout << x << endl;
    return x;
}
```

任何一个外部代码,要画出某个点,它都必然要调用 GetX() 和 GetY(),而这俩兄弟函数,都已经被我们"做了手脚",它们会暗地里将其时的 x,y 信息打印出来。把数据包装成私有,然后通过某个 public 出来的函数访问,这个函数就相当于是"海关",我们得以有机会对这些数据的访问与修改统一管理。

【轻松一刻】: 假设你是世界的主人

从某种角度看,"类型"就是一个边界。幻想你是某个星球的主人,星球太大不好管理,你说:要有国家。于是划分出很多国家,就有了疆界。接下来你要不要设置边界上的关卡呢? 只划边界,却不派驻兵,那就是将所有数据都设置为 public 的情况。时间一长,管理还是会混乱,你又说:要有关口。于是所有数据都变成私有! 而各自公开的成员函数,就成了关口。当然,如果你说"要修墙⋯⋯"

事情就是这个样子:创建一个类,你可以把它的所有数据都公开出去,但你也一定要意识到:一旦你把它们都公开出去了,就代表别人(你的同事)或你自己将"无拘无束"或"无法无天"地直接使用这些数据,如果有一天你后悔了⋯⋯程序员有时就像上帝,但其实他不是。但无论如何,请记住:"权力越大,责任越大,所以行为就应当越谨慎保守。"因为"从保守到开放易,从开放到保守难"。

那么,怎样做我们才不容易后悔呢?答曰:或者是英明的、有远见的决策,或者是预防性的适当的保护!这绝不仅仅是软件设计的原则,它其实通行于世间万事,大则国家管理,小则恋爱感情,莫不如此:要么超有远见,要么懂得适当的自我保护。

【重要】:效率和可控性谁重要?

需要考虑一个问题:街头的红绿灯是提高还是降低了城市通车效率?

可能是受学校里可敬的 C/C++ 老师耳提面命的影响,我们刚步入软件这一行业时,甚至会像得了洁癖一样刻意地去追求性能。结果往往是,反倒写出了公司里最差劲的代码。如果你还在"偏执",就该好好回答这个问题:你设计的城市道路需不需要红灯?

8.2.10 构造与资源初始化

"构造"与"初始化"属于封装的内容吗?答:是。

一个对象通常要在它诞生的那一刻,就开始遵守类不变式。比如之前例子中的 PointOnAngle45 类型。其对象一旦创建出来后,就遵循 x 和 y 相等的不变式;如果不是,那就是问题。

初始化列表

从《语言》章节到现在,我们已经多次对比过下表所列的两种初始化对象状态的方法:

使用构造函数的初始化列表	在构造函数中使用赋值语句

Point::Point()
　　　　: x(0), y(0)
{}
	Point::Point()
	{
	　　　x=y=0;
	}

左边的代码比右边的代码效率要好那么一点点,原因在于前者在为某个 Point 对象创建 x 和 y 的内存时,就直接初始化二者的值为 0;后者则是先申请 x 和 y,并且二者拥有某个初值(0 或随机,依据 Point 对象所处内存区域),再调用赋值指令。对于简单类型,这个性能差别完全可以忽略,但如果是复杂类型的成员,就比较明显。比如:

```
struct Score
{
    Score()
        : s1(0), s2(0), s3(0)
    {
        cout << "Score 的空构造被调用了" << endl;
    }
```

```
        Score(Score const& other)
            : s1(other.s1), s2(other.s2), s3(other.s3)
        {
            cout << "Score 的拷贝构造函数被调用了" << endl;
        }
        Score& operator = (Score const& other)
        {
            s1 = other.s1;
            s2 = other.s2;
            s3 = other.s3;
            cout << "Score 的赋值操作被调用了" << endl;
            return * this;
        }
private:
        int s1,s2,s3; //三门成绩
};
```

我们非常费心地定制了 Score 的三个行为:空构造、拷贝构造、赋值操作,目的在于通过那些个 cout 语句,来告诉我们某个行为发生了。接下来定义 Student 类:

```
class Student
{
public:
    Student(int number, string const& name, Score const& score)
        : number(number), name(name), score(score)
    {}
private:
    int number; //学号
    string name; //姓名
    Score score; //成绩
};
```

它含有一个 Score 的成员,并且在构造时,通过"初始化列表"来初始化成员,包括 score。我们在 main 函数里写一段测试函数:

```
int main()
{
    Score score;
    Student student(1, "Tom", score);
    return 0;
}
```

加上必要的 include 及 using namespace 等语句,编译并运行以上程序,屏幕输出的是:

```
Score 的空构造被调用了
Score 的拷贝构造函数被调用了
```

将 Student 的构造函数改成如下:

```
Student(int number, string const& name, Score const& score)
{
    this -> number = number;
    this -> name = name;
    this -> score = score; //调用了赋值函数
}
```

整个 Student 的初始化过程（至少）增加了一次函数调用：

```
Score 的空构造被调用了
Score 的空构造被调用了
Score 的赋值操作被调用了
```

类的成员数据，也可以是常量。此时，初始化列表的功能，变成必备功能：

```
class ScoreReport //成绩报告单
{
public:
        ScoreReport(Score const& score)
            : score(score)
        {
            //this -> score = socre; 这是违法的 :)
        }
private:
        Score const score; //学生成绩，在此处是常量成员
};
```

成绩报告单中的 score 成员是常量，哈哈，家长们一定喜欢这个功能。且慢！既然它是常量，不能修改，那我们要在构造函数里为它赋值，就不合语法了，怎么办？"幸好"有初始化列表。

既然能够在成员创建的同时立即给它初值，那么初始化列表中成员的出现次序，是不是就是这些成员的"出生"次序呢？答：不是，一个类的成员数据有兄弟关系，但这是在类定义时就决定了，而不是依据初始的次序，最简单的如前述的 Point 结构，由于我们是这样定义：

```
int x, y;
```

所以，x 将先出生，为兄；y 将后出生，为弟。如此，我们在通过初始化列表初始化二者时，就必须先初始化先生的，后初始化后生的，下面的写法就违反了这一原则，令人不安：

```
struct Point
{
    Point()
        : y(101), x(2 * y)
    {}
    int x,y;
};
```

本意或许是希望初始化 y 为 101,而 x 为 2 * y＝202,但结果呢? y 确实是 101 了,但 x 就未可知了,因为初始化列表中,先执行的是"x(2 * y)",然后才执行"y (101)"。

 【重要】:语义一致

为了说明构造过程的"初始化列表"的重要性,我们先是拿性能说事(利诱),然后拿常量成员初始化说事(算是威逼),但其实 C++ 程序员爱上初始化列表往往只需要一个理由:我们是在为某个类定制其"生"的过程,那么就应当坚持语义的一致性,坚持对这个类的内部成员,也在"生"的过程中就得到定制,而不是产生之后,再作修改,那是"赋值"操作的定制。

资源初始化

如果有指针类型的成员数据,并且希望在对象创建时,指针就拥有实体,那么在构造函数中为该指针成员分配对象实体,是常见的做法之一。

假设我们为"学生(Student)"类型,增加一个指针成员,用它指向一个"成绩单(ScoreReport)":

```
class Student
{
public:
    Student(int number, string const& name, Score const& score)
        : number(number), name(name), score(score)
    {}
private:
    int number; //学号
    string name; //姓名
    Score score; //成绩
    ScoreReport * pReport; //成绩单(指针!!)
};
```

在 Student 中,我们使用一个指针类型的 pReport 成员。Student 构造函数的参数并不需要增加,因为我们准备在内部创建一个 ScoreReport(让学生自行管理成绩单是否妥当,暂不考虑)。

```
Student::Student(int number, string const& name, Score const& score)
        : number(number), name(name), score(score)
{
        //在构造函数中,为 pReport 分配内存
        pReport = new ScoreReport(score);
}
```

可能会问,像这样的语句,是否也可以放在初始化列表中呢? 可以的:

```
Student::Student(int number, string const& name, Score const& score)
        : number(number), name(name), score(score)
        , pReport (new ScoreReport(score) )
```

```
    {
    }
```

　　甚至可以将初始化语句写成一个函数来使用,假设我们只在平均成绩超过 60 分的情况下,才创建成绩单,这似乎要写上几行语句,直接写在初始化列表中很不方便,怎么办呢?

```
class Student
{
        ...
private:
        ScoreReport *  InitScoreReport(Score const& score);
        ...
};
ScoreReport *  Student::InitScoreReport(Score const& score)
{
    int avg = (score.s1 + score.s2 + score.s3)/3;
    return ((avg > = 60)? (new ScoreReport(score) : nullptr);
}
Student::Student(int number, string const& name, Score const& score)
        : number(number), name(name), score(score)
        ,   pReport (InitScoreReport(score))
{
}
```

构造过程的异常

　　构造过程出现异常,有两点特殊之处。

　　第一个在于语意层面:假设在对象的构造过程中,抛出了异常,而我们没有在构造函数内部捕获这一异常,此时会造成 对象"构造一半"的情况。C++语言认为:构造一半的对象,不算是对象,比如:

```
struct Soo
{
    Soo()
    {
005     this ->ptr_1 = new int[100];
006     throw 1; //故意抛出一个异常
007     this ->ptr_2 = new int;
    }
    ~Soo()
    {
012     cout << "~Soo called" << endl;
        delete ptr_2;
        delete ptr_1;
    }
    int * ptr_1, * ptr_2;
};
int main()
```

```
{
    try
    {
        Soo o;
    }
    catch( int i )
    {
        cout << "catch a integer : " << i << endl;
    }
    return 0;
}
```

main 函数中定义了一个 Soo 的对象,并且是栈对象,按说当在语句域结束后,自动释放,调放析构函数~Foo 打出"~Soo called",然而这一切并不会发生,为什么?

原因是,我们在 006 行故意抛出一个异常,造成构造函数执行一半就结束了(007行没机会出场),C++规定未能完整构造的对象,不被认为是合法及安全的对象,也不会对它进行析构。

问题来了:007 行没执行,但 005 行确实执行了啊,400 个字节的内存也确实被分配出去了啊! 现在连析构都没机会调用,所以,这 400 个字节的内存,只能是泄漏掉了! 解析方法之一是,先确保初始化各指针成员为 0,然后再使用 try...catch 语句在构造过程中捕获异常并处理:

```
Soo()
    : ptr_1(0), ptr_2(0)
{
    try
    {
        this ->ptr_1 = new int[100];
        throw 1; //故意抛出一个异常
        this ->ptr_2 = new int;
    }
    catch( int i )
    {
        cout << "catch a integer : " << i << endl;
    }
}
```

异常在构造过程中被"吃"掉,所以 main 函数内,现在不会再捕获到异常,o 对象也能完整地构造,以及被析构了。析构时,也不必担心 ptr_2 其实没有被"new"出来,因为 delete 0 语句并不会出错。

我们强烈推荐不要在构造函数的初始化列表中做复杂的操作。因为,如果在初始化列表中做复杂的操作,可能发生的异常令人难以处理。先看看这些异常在语法上如何捕获。和第 7 章"捕获整个函数体抛出的异常"小节提到的语法有些类似。以前一小节的 Student 最后一版构造函数为例:

```
Student::Student(int number, string const& name, Score const& score)
    try : number(number), name(name), score(score)
    , pReport(InitScoreReport(score))
{
    /* 其他初始化动作 */
}
catch(...) //捕获您关心的异常,这里捕获全部
{
    /* 在这里处理异常 */
}
```

这个语法中,try 的范围覆盖初始化列表操作,因此可以捕获其间发后的异常(本例中此时能抛出异常的,应是"InitScoreReport()"函数)。然而,采用这种语法捕获到的异常,将被强制地继续往外扔(这里的"外"指构造函数之外),哪怕我们并没有在 catch 语句块中写上任何 throw 操作。

结果是,我们又不得不在创建这个类的对象时,包上一层 try/catch;另外,采用这种语法捕获到异常时,此时该对象仍然被看待成(事实上也是)没有构造完整,于是这个对象仍然不可能被析构。请认真实测以下构造时发生异常的例子:

```
#include <iostream>
using namespace std;
int * init()
{
    cout << "T" << endl;
    throw 999;              //粗暴地抛出异常,仅用于演示
    return nullptr; //永远执行不到
}
struct AA
{
    AA()
    try : _p(init())
    {
    }
    catch(...)
    {
        cout << "E" << endl;
    }
    void foo() { cout << "F" << endl;}
    ~AA()
    {
        cout << "~" << endl;
        delete _p;
    }
private:
    int * _p;
};
int main()
{
```

```
    //try
    //{
        AA a;
        a.foo(); //永远不会被调用
    //}
    //catch(int i)
    //{
    //    cout << i << endl;
    //}
    cout << "END" << endl;
    return 0;
}
```

上面程序限入两难：如果创建对象时不加 try/catch，万一构造过程发生异常，程序就会异常退出，可如果创建对象时都加一个 try/catch，那代码就没法看了！解决方法前面提到了：在初始化列表中仅做简单但满足该类型不变式的操作，然后在常规的函数体内尝试捕获异常。

```
AA()
    : _p(nullptr)
{
    try
    {
        _p = init();
    }
    catch(...)
    {
    }
}
```

8.2.11　析构与资源释放

应该很熟悉析构的调用时机了，在一个对象"将死"的时候。所谓"将死"，是指：对象还存在。也就是说，还占用着内存，但已经开始着手"逐一处死"其内部成员的时刻，有大厦将倾之凄凉意味。

```
struct Point
{
    ~Point()
    {
        std::cout << "~Point()" << std::endl;
    }
    int x,y;
};
struct Line
{
    ~Line()
    {
```

```
        std::cout << "~Line()" << std::endl;
    }
    Point pt1, pt2;
};
void foo()
{
    Line line_a;
}
```

line_a 在析构的过程中,首先打出自身的"~Line()"信息,然后立即处理 pt2 和 pt1(于是打出两行"~Point()")。这个过程是自动的,因为 pt1 和 pt2 事实上是作用于 line_a 对象生存期的栈变量。

析构过程相对完整的表达是:调用自身的析构函数,再按成员对象构造的逆序,调用各成员对象的析构,最后释放内存,这个过程是递归的。直到简单类型的变量时(包括指针类型),它们没有析构函数,所以只是简单地归还内存。

 【危险】:小心指针所指向的内存未被回收

当指针类型的对象,被自动释放时,它归还给系统的只是 4 个字节,而不是实际指向的那块内存。这很像一个房客退房,只是还了一把钥匙,人依然占着客房不走。

在析构过程中,收回该对象动态分配得到的资源,典型的如:在堆中得到的内存、打开的文件流,这种做法经常会用到:

```
struct XXXBuffer
{
public:
    XXXBuffer()
        : _cbuf(new char[256]), _ibuf(0)
    {}
    ~XXXBuffer()
    {
        delete [] _ibuf;
        delete [] _cbuf;
    }
    ...
private:
    char * _cbuf;
    int * _ibuf;
};
```

在构造函数中完成对资源的初始化(直接分配资源,或者明确置为"空资源"),在析构时负责释放这些资源,这是 C++ 语言的一种经典用法:RAII 惯用法。

 【重要】:RAII 惯用法

RAII:Resource Acquisition Is Initialisation。表示获得一个资源时,这个资源就是一切就绪的,有保证的(包括它已确保会在退出作用域时被释放)。

C++被称为是"多范式的编程语言",然而无论是在哪种范式中,RAII 都是一个不可或缺的设计思想;甚至是用来判别一个程序员是不是坚贞的 C++程序员的试金石。

8.2.12　复制行为定制

定制拷贝构造

简单类型,比如 int,我们不能定制它们的拷贝构造行为,但对于真正的对象,就可以像构造、析构行为一样,进行按需定制。手段也一样:自己写一个拷贝构造函数,从而取代编译器为我们默默生成的那个。一个类名为 Coo,则其标准的拷贝构造函数应声明为:

```
Coo (Coo const& other);
```

它没有声明返回值。因为它是构造函数,总是要返回一个当前类型的对象,所以编译器将这件事包办独揽了。

它的入参是另一个同类型对象,并且是常量对象。目的是要照着一个模子构造出一个新对象,通常没有理由修改那个模子对象。这个对象使用"引用"表达,而非"指针",拷贝构造一个新对象是严肃认真的事,因此在语义上,我们不希望得到一个空对象,不希望在拷贝构造时要面对一个 nullptr 指针。

下面重现为 Point 定制一个可怕的拷贝构造函数:

```
struct Point
{
    Point(Point const& other);
};
Point::Point(Point const& other)
    : x(other.y), y(other.x)
{
}
```

C++程序员总是被要求得比较多,包括人品。像这样偷偷地为 Point 定制一个拷贝构造函数,并且对调了 x,y 的行为,只会让后面使用该类的人一头雾水。这是滥用 C++强大能力的例子之一。什么才是正当的时机,需要为一个类定制拷贝构造函数呢?

"深拷贝"和"浅拷贝",或者"有深有浅"的拷贝,是定制拷贝构造时必须面对的。二者在技术上的区别是对象的指针成员如何复制。当程序员未为一个类提供拷贝构造函数,则默认行为是简单的"浅拷贝",仅仅复制指针指向的位置,并不不复制该位置上的值。"浅拷贝"经常是危险的,例如:

```
# include <iostream>
# include <sstream>
# include <stdexcept>
```

675

```
using namespace std;
class SomethingBuffer
{
public:
    //构造一个指定元素个数的缓冲区
    explicit SomethingBuffer(unsigned int count)
    {
        if (count != 0)
        {
            _count = count;
            _buf = new int[_count];
        }
        else
        {
            _count = 0;
            _buf = nullptr;
        }
    }
    //析构函数尽职尽责,会释放_buf占用的空间
    ~SomethingBuffer()
    {
        delete [] _buf;
    }
    //返回个数
    unsigned int GetCount() const
    {
        return _count;
    }
    //设置指定元素的值
    void Set(unsigned int index, int value)
    {
        RangeCheck(index);
        _buf[index] = value;
    }
    //获得指定元素的值
    int Get(unsigned int index) const
    {
        RangeCheck(index);
        return _buf[index];
    }
private:
    //下标合法范围检查,如果不合法,抛出C++标准异常 out_of_range
    void RangeCheck(unsigned int index) const
    {
        if (index >= _count)
        {
            stringstream ss;
            ss << index << " out of range : " << _count;
            std::out_of_range e(ss.str());
            throw e;
```

```
        }
    }
    unsigned int _count;
    int * _buf;
};
```

我们可这样使用该类：

```
int main(int argc, char * * argv)
{
    SomethingBuffer sb(10);
    for (unsigned int i = 0; i < sb.GetCount(); ++i)
    {
        sb.Set(i, 10 - i);
    }
    for (unsigned int i = 0; i < sb.GetCount(); ++i)
    {
        cout << sb.Get(i) << endl;
    }
}
```

看起来挺完美的，虽然我们没有使用 try/catch，但又怎样呢？我们的代码已经保证 sb 不会抛出异常。或者构造时最好判断一下 count 会不会是一个疯狂的数字？相比这些问题，SomethingBuffer 这个类还有一样问题更让人担心，那就是，这个类对"拷贝构造"的实现有大问题。

```
SomethingBuffer sb1(10);
SomethingBuffer sb2(sb1);
...
```

sb2 和 sb1 都难逃一死，它们都将调用析构函数，析构函数做了这么一件事：

```
delete [] _buf;
```

我们没有为它写 Copy Constructor，所以它使用的是编译器带来的默认行为，所以是浅拷贝，所以！sb1 和 sb2 中的指针成员_buf 其实是指向同一段内存的！同一段内存被释放两次……这是一个悲剧。

【课堂作业】：请制造内存重复释放的悲剧

写一段代码，验证前述的 sb2 和 sb1 中的_buf 确实指向同一段内存。

（顺带提示：在这样一个小程序里，内存重复释放可能不会造成程序任何运行时的问题……但其实有错误却不及时表现成故障，这才是真正的悲剧。）

"深拷贝"可以解决这里的问题。"深拷贝"对于指针成员的复制，并不是让二者指向同一地址，而是为新对象申请新的内存，然后复制源指针所指向的内容。前例原有代码不变，下面为其增加一个 Copy Constructor：

```
...
#include < algorithm >
class SomethingBuffer
{
public:
    ...
    SomethingBuffer(SomethingBuffer const& other)
    {
        _count = other._count;
        if ( _count == 0)
        {
            _buf = 0;
        }
        else
        {
            _buf = new int[_count];
            int * srcBeg = other._buf;
            int * srcEnd = other._buf + _count;
            std::copy(srcBeg, srcEnd, _buf);
        }
    }
    ...
};
```

这里应用一个 C++ 标准库的 copy 算法函数，它将 srcBeg 到 srcEnd（不含）之间的元素，复制到_buf 里。标准库算法函数通常在 < algorithm > 头文件中。如果不想使用它，可以使用 C 标准库的内存复制函数，或者自己写一个 for 循环对数组元素一一复制。

定制赋值操作

前面已经谈过赋值与拷贝构造的最大不同在于：赋值是修改一个已经存在的对象的值，而拷贝构造是赋予一个新对象初值。编译器同样会在需要时，背地里为一个类生成一些附加代码，以提供默认的"赋值操作"，这个操作的效果非常类似于"浅拷贝"，这个默认行为有时会错得更离谱，因为它只是简单地抛弃掉该对象原有的值。

以 SomethingBuffer 类为例，构造时它会为其_buf 成员申请一块内存，采用编译器默认生成的行为，为它赋值，则原来申请到的那块内存，仅仅简单地被程序丢弃，并没有释放（归还系统）。

同样，我们可以为一个类定制它的"赋值操作"的行为，但一定要牢记是在为一个"已经存在的对象"修改值。打个不太恰当的比喻，拷贝构造像是人的初婚，赋值就是二婚了。在二婚前，必须先办好离婚手续（把前任资源释放回社会），否则会有麻烦。赋值使用"="操作符，所以要定制一个类的赋值行为，我们必须为它重载赋值操作符（成员函数）。

```
class SomethingBuffer
{
```

```
public:
    ...
    SomethingBuffer& operator = (SomethingBuffer const& other)
    {
        //重要,判断一处 other 不会就是自己吧?
        if (this == &other)
            return * this;
        //释放当前占用资源
        delete [] _buf;
        _buf = 0;
        _count = other._count;
        if ( _count > 0)
        {
            _buf = new int[_count];
            int *  srcBeg = other._buf;
            int *  srcEnd = other._buf + _count;
            std::copy( srcBeg, srcEnd, _buf);
        }
        return * this; //赋值操作符,必须返回自身引用
    }
    ......
```

为什么要判断 this==&other? 假设有人写这样的代码:a=a,而我们又没有做此判断,情况将非常严重,请读者当成课堂作业进行研判。

operator=入参同样是一个常量的同类对象,但它的返回值是当前对象的引用(就 * this 自身),要理解这一点,请思考以下课堂作业。

【课堂作业】: 赋值操作表达式的返回值

请思考 a 的最终值是什么及为什么:

```
int a;
int b(10);
(a = b) += 5;
cout << a << endl;
```

自定义了赋值操作,编译器就会知趣地放弃自作主张,而我们在 Something-Buffer 对象上再次使用"="时,执行的就是我们的代码了。

```
int main(int argc, char * * argv)
{
    SomethingBuffer sb1(2);//sb1 拥有两个元素
    sb1.Set(0, 100);        //一个是 100
    sb1.Set(1, 101);        //一个是 101
    SomethingBuffer sb2(99);//哇,sb2 一开始拥有 99 个整数!
    sb2 = sb1; //sb2 释放自己的 99 个 int,改为拥有 sb1 相同值的元素
    cout << sb2.GetCount() << endl;
}
```

大家可以在 IDE 中,对 "operator=" 函数定义那一行设置断点,亲眼见证"sb2=

sb1"这一行代码所做的事。

8.2.13　特定行为定制

《语言》篇 7.10"函数"章节中,我们重点学习如何通过自由函数,实现对指定操作符作用在特定类型之上。比如:

```
struct Point
{
    int x, y;
};
//此时,"operator +"是一个自由函数
Point operator + (Point const& pt1, Point const& pt2)
{
    Point pt;
    pt. x = pt1. x + pt2. x;
    pt. y = pt1. y + pt2. y;
    return pt;
}
```

此时,"operator +"是自由函数,而非 Point 的成员,但它确确实实影响了 Point 的一些行为。这种情况其实很常见,就像一个小学生,要接受外界给他定的"小学生行为准则",其中一条规定:当两个 Point 相加时,应如何如何……其实何止小学生,任何一个人都要接受外界社会的一些行为约束。不过,总会有一些行为规则是发自我们自己内心深处的,类也可以通过自身的成员函数,针对一些常见的操作符,定义出自己想要的行为规则。

下面先把 Point 的 "+"重载,换成成员函数版。

```
struct Point
{
    int x, y;
    Point operator + (Point const& pt2);
};
Point Point::operator + (Point const& pt2)
{
    Point pt;
    pt. x = this -> x + pt2. x;
    pt. y = this -> y + pt2. y;
    return pt;
}
```

入参只有 pt2 没有 pt1 了,因为此时 pt1 就是当前对象自身,使用"this"表示。调用方法没有变化:

```
Point pt1 {20, 50};
Point pt2 {30, 0};
Point pt3 = pt1 + pt2;
```

加粗行完全看不出是一个成员函数在调用，但我们知道，它就是：

```
Point pt3 = pt1.operator + (pt2);    //这当然是一种很奇怪的写法
```

Point 的例子不需要涉及资源的分配、释放、复制等管理，因此它更适合于出现在《语言》篇章。我们继续以 SomethingBuffer 为例，关注点在于：如何做到一方面随心所欲地定制一个类的各种行为，一方面又死死地守住了这个类的内部关系不定式。那，SomethingBuffer 的不定式是什么？

这是 SomethingBufferm 内部仅用的两个实体数据：

```
class SomethingBuffer
{
public:
......
private:
    ......
    unsigned int _count;
    int *  _buf;
};
```

SomethingBuffer 最核心的不定式就是：_count 值的大小，必须就是_buf 指针所指向的内存中包含的整数的大小。这二者一旦出现不一致，该 SomethingBuffer 就会乱套。

基于 RAII，我们可以保证此类对象在创建时，以上不定式就成立，最简单和常见的做法就是将_count 初始为 0，_buf 初始化为 nullptr。我们还通过定制析构函数，保证对象死之前，_buf 被释放（此时倒是可以不理会_count 的值了）。接着，我们要开始变花样了，请时刻记得我们的任务。

重载"＋"操作

需求是合并两个 SomethingBuffer 的对象。不变式的逻辑：相加之后，_count 值是两个相加对象之和。而_buf 则指向新分配的一大块内存，并且复制两个相加对象的内容，依据次序排列（哈哈，我们不小心就违反了小学里学的加法交换定律）。

```
class SomethingBuffer
{
public:
    ...
    SomethingBuffer operator + (SomethingBuffer const& sb2)
    {
        unsigned int total = this -> _count + sb2. _count;
        //以两个对象的总个数，为 sb3 分配内存
        SomethingBuffer sb3(total);
        //先复制当前对象（作为加数 1）的元素
        if (this -> _count != 0)
        {
            std::copy(this -> _buf, (this -> _buf + this -> _count)
```

```
                              , sb3._buf);
        }
        //再复制 sb2 对象(加数 2)的元素
        if (sb2._count ! = 0)
        {
            std::copy(sb2._buf, (sb2._buf + sb2._count)
                        , (sb3._buf + this ->_count));
        }
        return sb3;  //返回"和"
    }
......
```

第一必须注意：返回值是一个 SomethingBuffer 新对象，而不是 * this 对象的引用，因为相加后的结果，将赋值给第三个对象，和两个加数没关系；并且 sb3 为函数内的临时对象，在函数结束后，或结束之后不久就释放，所以不能返回它的引用。

第二请注意两处 copy 函数的第三个入参，第一次复制到 sb3._buf 的开始位置，写入 this ->_count 个元素，所以第二次将从 sb3._buf 的 this ->_count 个元素之后的位置写入。

有了对加号操作符的重载定义，我们可以这样使用它：

```
int main(int argc, char * * argv)
{
    SomethingBuffer sb1(2);  //sb1 拥有两个元素
    sb1.Set(0, 100);            //一个是 100
    sb1.Set(1, 101);            //一个是 101
    SomethingBuffer sb2(1);  //sb2 拥有一个元素
    sb2.Set(0, 102);            //它是 102
    SomethingBuffer sb3(0);
    sb3 = sb1 + sb2;            //相加,并赋值给 sb3
    for (unsigned int i = 0; i < sb3.GetCount(); ++ i)
    {
        cout << sb3.Get(i) << ", ";
    }
}
```

重载"＋＝"操作

在"＋"的基础上，可以实现 SomethingBuffer 某个对象在自身之上加上另一个同类对象的效果。需要关注的技术非常多，也都非常重要。

```
...
//新增的成员函数:
SomethingBuffer& operator += (SomethingBuffer const& sb2)
{
    * this = * this + sb2;
    return * this;
}
...
```

加粗三行都是关键！首先注意到返回值是一个引用，就是当前对象（this）自身，因为 this 是一个指针，所以取值也使用"＊"操作符。但正因为返回值被声明为引用，所以其实并不需要复制。

期待"＋＝"操作返回自加者本身，是因为 C++语法中，简单对象的自操作就是如此，比如：

```
int a = 10;
int b = (a += 5); //b 和 a 的值都是 15
```

但这不是本章重点，我们看中间这一行：

```
* this = * this + sb2;
```

这行代码前后调用了两个操作符，一个是相加，一个是赋值，都已经在前面代码中实现过了。我们可以刻意地将它拆作两行理解：

```
SomethingBuffer tmp = * this + sb2;
* this = tmp;
```

第一行的相加操作，请大家稍向前找找，首先"＊this"作为第一个常量加数参与运算，返回一个临时对象；此时"＊this"也还没有被改动。第二行执行"赋值"操作时，"＊this"才被改变了。为保放心，再看一眼之前赋值操作重载的代码：

```
SomethingBuffer& operator = (SomethingBuffer const& other)
{
        //重要，判断一处 other 不会就是自己吧？
        if (this == &other)
                return * this;
        //释放当前占用资源
        delete [] _buf;
        _buf = 0;
        _count = other._count;
        if ( _count > 0)
        {
        } / * 略 * /
        return * this; //赋值操作符，必须返回自身引用
}
```

加粗的两行让我们放心，＊this 确实在自加时，先释放了原来占用的资源。

正是由于有之前实现的"＋"和"＝"的操作，所以"＋＝"重载在代码上很是简洁。使用起来很方便：

```
int main(int argc, char * * argv)
{
    SomethingBuffer sb1(2);
    sb1.Set(0, 100);
    sb1.Set(1, 101);
    SomethingBuffer sb2(1);
```

```
    sb2.Set(0, 102);
    sb2 += sb1;
    for (unsigned int i = 0; i < sb2.GetCount(); ++i)
    {
        cout << sb2.Get(i) << ", ";
    }
}
```

重载"( )"操作

无论是实现"＋"操作,还是"＝"操作,还是"＋＝"操作,以及相类似的"－、＊、％……"操作,由于人们对"加减乘除"是如此的熟悉,所以我们曾经说过,重载这类操作符必须凭良心,不能胡搞。比如我们就不想为 SomethingBuffer 实现乘法或除法,因为没有合适的使用场景,强硬实现一些功能,看似强大有趣,但恐怕是"反人类的"操作。事实上连字符串"abc"＋"efg"得到"abcefg"的逻辑并不完美,因为正如前面所说的,该逻辑不满足伟大的"加法交换律(a＋b 应该等于 b＋a)"。

不过,有个操作符它没有什么定律包袱,那就是"( )"操作。它只能作为类成员函数,我们的好朋友"函数对象"是也。

"( )"是一个开放的家伙,它对自己所需要的入参或返回值没有什么需要传承的包袱,下面演示无入参无返回值 "( )"操作定制,用于简单地在屏幕上输出其 _count 值:

```
...
void operator ()
{
    cout << "_count : " << this ->_count << endl;
}
```

更多地,( )还是用于和泛型操作结合,来实现将一个对象模拟成特定函数操作。

重载 "[]" 操作

STL 中的 map 容器,就重载了"[]"操作符。

```
# include <map>
using namespace std;
void demo_map()
{
    map <string, int> m;
    m["tom"] = 9;
    m["Mike"] = 10;
    cout << m["tom"] << endl;
}
```

map 容器允许使用各种类型作为下标类型,本例中使用的是字符串(实际是 string),这可比原生数组只能使用 integer(或兼容类型)作下标灵活多了还不违和,这正是操作符重载带来的好处 。

用在 SomethingBuffer 身上,[]最合适的操作就是访问通过下标定显示元素内容。这个好像前面的 Get 函数已经实现:

```
...
int Get(unsigned int index) const
{
    RangeCheck(index);
    return _buf[index];
}
...
```

Get 是一个常量成员函数,意味着在其内部以及返回的值,都不会直接修改当前对象。并且 Get 操作调用了 RangeCheck 对下标进行边界检查,如果越界将抛出异常。

我们重载"[]",将一不做越界检查,二还能允许通过返回值,直接改写当前对象的 buf 值的数据,因此返回值是 buf 中特定元素的引用。这两点都和原生的数组的"[]"操作一致。

```
...
int& operator [] (int index)
{
    return _buf[index];
}
...
```

如此使用:

```
SomethingBuffer sb(2);
sb[0] = 90;
sb[1] = 92;
//sb[2] = 93;越界,但程序可能无知觉
cout << sb[0] + sb[1] << endl;
```

更多行为

 【课堂作业】: 为 SomethingBuffer 定制"小于比较"操作

请为 SomethingBuffer 定制各种"<"操作,比如 sb1 < sb2,如果 sb1 比 sb2 小,则返回 true,否则返回 false。大小比较规则为:累计_buf 中所有整数相加值,为小者小。

针对类可重载的操作符如表 8-1 所列。

表 8-1　允许类或结构重载的操作符

+、-、*、/、%、+=、-=、/=、*=、%=、++、--	^、&、|、~、^=、&=、|=
==、! =、<、>、<=、>=、	<<、>>、<<=、>>=
->、->*、new、new[]、delete、delete[]	&&、||、[]、()

new(new[])/delete(delete[])重载可实现类在内存申请释放上的定制行为,不在本书进行讲解。

8.2.14 定制类型转换

一个类型的数据如何与指定的其他数据进行类型转换,也是类的基本行为之一,可以通过第 7 章《语言》提到的"转换构造"实现行为定制,也可以通过重载类型转换操作符实现。

转换构造和显式构造

假设我们是电子市场里的一个小老板,从后门采购 OEM 的设备,然后贴个标签,变成"自主"品牌在前门卖。假设这个品牌叫"KMachine"。

```cpp
struct OEMMachine
{
public:
    OEMMachine(double price)
        : _price(price)
    {
    }
    double GetPrice() const
    {
        return _price;
    }
private:
    double _price;
};

class KMachine
{
public:
    KMachine()
        : _price(1000)
    {
    }
    KMachine(OEMMachine const& oem)
        : _price(oem.GetPrice() * 2)
    {
    }
    double GetPrice() const
    {
        return _price;
    }
private:
    double _price;
};
```

KMachine 可以自主生产,这时它的价格固定是 1000,也可以从 OEM 直接构造

而出,这时价格是 OEM 机器的 2 倍。关于 KMachine 对象的生成,下面两种写法都是允许的:

```
OEMMachine oem(600);
KMachine km1(oem);
//或者
KMachine km2 = oem;
```

通过 A 类型的对象,构造出 B 类型的对象,我们称之为"转换构造"。

C++仅支持一对一的转换过程,所以转换构造函数的入参只有一个入参,但并不是只有一个入参的构造函数,就一定是用来做转换的,比如 SomethingBuffer 有这样一个构造函数:

```
//构造一个指定元素个数的缓冲区
explicit SomethingBuffer(unsigned int count)
{
...
}
```

我们特意加上"explicit"修饰,让其成为"精确显式"的构造,即不允许"模糊隐式"的转换过程发生,比如:

```
...
SomethingBuffer sb1(9);   //编译通过
SomethingBuffer sb2 = 9; //编译出错,因着 explicit 的修饰
...
```

"sb2=9"这样的代码,非常容易让阅读者误以为可以从一个整数转换出一个 SomethingBuffer 对象,其真实情况是:这个整数只是构造一个 SomethingBuffer 的关键参数。

重载转换操作符

我们了解内置类型在某些方向具备安全自动类型转换,比如:

```
char c = 'a';
int i = c; //安全,自动
cout << i << endl; //输出 'a' 的 ASCII 值
```

对于复杂类型,我们也可以做到这一点,并且看上去更加神奇……假设我们来到一个童话世界,这里有猫有狗有喜羊羊灰太狼和老虎,它们都很善良,这并不神奇,它们还会教我们说英语,那才叫神奇呢。先看小狗的例子:

```
struct Dog
{
    operator char const * ()const { return "dog"; }
};
```

不认真看会以为这又是在重载"()"操作符。首先,没有返回值,上来就是关键字

"operator"，函数名是"char const *"，不需要入参。这个代表如果将 Dog 对象强制转换为字符串类型，应该如何转换。本例是返回一个简单的字符串"dog"。

这就是转换操作符的重载，它的函数名称并不是什么特定的操作符，而是要转换的目标类型，比如也可以为 Dog 提供一个转换到 int 的操作（你的作业）。转换之后的类型必须和函数名称一致，因此 C++ 不允许再为它提供返回值类型（和构造函数类似）。接下来是其他动物：

```cpp
struct Cat
{
    operator char const * ()const { return "cat"; }
};
struct Sheep
{
    operator char const * ()const { return "sheep"; }
};
struct Wolf
{
    operator char const * ()const { return "wolf"; }
};
struct Tiger
{
    operator char const * ()const { return "tiger"; }
};
int main(int argc, char * * argv)
{
    Dog d;
    Cat c;
    Sheep s;
    Wolf w;
    Tiger t;
    cout << d << endl;
    cout << c << endl;
    cout << s << endl;
    cout << w << endl;
    cout << t << endl;
}
```

cout 本不认识猫猫狗狗，但它认识（知道如何输出）"char const *"，而 Dog 和 Cat 恰好都提供了一步转换到 char const * 的定制行为，二者马上对接上了。

【重要】：不要轻易进行"类型转换操作符"重载

类型转换操作符看起来很神奇，但它会和 C++ 的不少特性发生错综复杂的关系，我强烈建议初学者暂时不要使用它。以前例来说，更好的代替方案有：定义一个有着明确名字的普通函数（如"AsString()"）；或者为 ostream 和 Dog 写一个"<<"（流输出操作符）的重载。

在 C++标准库中,文件流 fstream 使用了类型转换操作符重载这一技术:

```
# include <iostream>
# include <fstream>
int main(int argc, char * * argv)
{
    std::ifstream ifs("c:\\abcdefg.hij");
    if (ifs)//注意这一行
    {
        std::cout << "OK!" << std::endl;
    }
    else
    {
        std::cout << "FAIL!" << std::endl;
    }
}
```

　　if 语句用于判断条件,最正确的条件应是一个"布尔(bool)"表达式,差一点可以是整数或指针可以方便地转换成 bool 类型。此处的条件直接写着"ifs",这是一个输入流对象,不是指针不是整数更不是 bool 值,怎么可以作为条件呢? 原来,fstream 类提供了转换到 bool 类型转换操作重载(文件流状态正常时转为 true,否则为 false),于是和 if 语句立即对接上了。

8.2.15　转移操作

　　C++ 11 标准为类型又新增了"转移"的基本行为,虽然它紧密涉及其内部资源的管理,特别是内部资源所有权从一个对象转交给另一个对象的过程,但该基本操作的提出,主要是出于性能优化的需求,和"面向对象"的编程思路关系不大,我们已经在第 7 章较为详细的描述过了。

　　请各位以 SomethingBuffer 为例,为其撰写相关转移操作的行为定制。

8.2.16　静态成员

　　语法上,在一个类定义中对其某个成员数据加上"static"修饰,则这个成员数据称为该类的"静态成员"。如:

```
//coo.h
class Coo
{
public:
        static void GetSM() {return _sm;};
        int GetI() const { return _i; }
private:
        static int _sm;
        int _i;
};
```

　　_sm 是类 Coo 的"静态成员数据",GetSM() 则是"静态成员函数",因为两者都有 static 修饰。"_i"则是熟悉的普通成员数据。"静态成员数据"的事情还没完,它通常还要在类之外做单独定义。假设有一个 coo.cpp 文件,那么可以在其内定义 Coo 的静态成员数据:

```
//coo.cpp
int Coo::_sm; //注意,此处不需也不能再加"static"
```

　　这就好像定义了一个全局变量一样,然而"Coo::"又明确地表明了 _sm 的归属。因此,静态成员数据和全局变量一样,被自动初始化(_sm 初始值为 0),然而它又接受类的访问权限的限制(此处为 private)。

　　🛈【小提示】

　　在 C++标准后,整型及其兼容类型(int、char、bool 等)的常量静态数据,可以在类中直接赋值,无需另外定义,除非代码中需要对该成员取址。比如:

```
struct S
{
    static int const a = 100;
    startc char const = 'c';
}
```

　　建议:新手统一为类的静态成员加上类外定义。

　　静态成员数据和全局变量更为相似的一点是:它在程序里只有一份,这和普通成员数据差别太大了。请看对比代码:

```
//soo.cpp
struct Soo
{
    int i;
    static int si;
};
int Soo::si;
void foo_1()
{
    Soo s1, s2;
    s1.i = 1;
    s2.i = 9;
    cout << "s1.i = " << s1.i << ",s2.i = " << s2.i << endl;
}
```

　　类 Soo 的两个对象 s1 和 s2 分别拥有自己的 i 成员。但对于静态成员 si 呢?代码:

```
void foo_2()
{
    Soo s1, s2;
```

```
    s1.si = 1;
    s2.si = 9;
    cout << "s1.si = " << s1.si << ",s2.si = " << s2.si << endl;
}
```

屏幕上输出 s1.si 和 s2.si 都是 9。一个类的静态成员数据,实体只有一份,所以该类的对象,都是共用这一份数据。

🅘 【小提示】: 成员函数永远只有一份

有些同学突然又疑惑:是不是普通成员函数和静态成员函数也存在这种差别啊? 就是普通成员函数是每个对象各拥有一份呢? 不是的,同一函数体实现永远只有一份(只是对于非静态的成员函数,每次调用时,会将当前对象作为"this"指针"偷偷"传入函数)。

一个类甚至可以不定义任何对象,也可以使用它的成员数据(事实上成员数据和全局变量一样,事先就存在着)。没有对象如何访问成员呢? 答案是像"名字空间(namespace)"一样使用"::",比如:

```
void foo_3()
{
    Soo::si = 10;
    cout << Soo::si << endl;
}
```

当然,前提条件是此处的 si 被(struct 默认的)"public"修饰。

静态成员函数采用同样的方法访问,既可以通过一个实际对象,也可以直接使用类名加"::";并且无论使用哪一种方法,静态成员函数都不能访问非静态的成员数据或成员函数(构造与析构函数除外)。

回头看本节开始处的"Coo"类,它的"GetSM()"函数只能访问"_sm",不能访问"_i"。

🅘 【小提示】: static 关键字的多种用处

(1) 静态成员(数据、函数);(2) 静态自由函数:继承自 C 语言,自由函数也可以加"static"修饰,此时表示该函数只能在当前链接单元(通常就是当前 cpp 文件里)使用,不参加外部链接;(3) 函数内部静态数据,该数据的可见区仅在函数体内,但生命周期不会随函数范围结束而结束。

以上从语法上解释了 static,更重要的是在语义上,我们为什么需要类的静态成员?

有句宣传语是"人类只有一个地球"。其实,不仅人类,狗类或老虎类也只有一个地球,不巧还和人类所拥有的是同一个地球;并且我相信它们也很关心地球环境的可持续发展。

所以太阳呀,地球啊这些在英语中需要加定冠词的事物,比较类似于程序世界中的全局变量;那么有没有什么事物,确实是只在人类圈中才是独一无二的呢? 我想了一下,竟然想到的是莎士比亚。说到莎翁,自然就想起一句话,叫"一千个观众,一千个哈姆雷特"。那意思是,虽然舞台上只有一个哈姆雷特,但每个观众都根据自己的理解,想像一个独立版本的哈姆雷特:

```
//观众
class Audience
{
    ...
    static Character hamlet;
};
Character Audience::Character hamlet;
```

再举一个更接地气的例子。某软件公司有三个部门,财务主管希望能及时知道三个部门的研发费用总计,简单的做法就是"部门"类拥有一个静态成员以记录费用总计:

```
class Department
{
public:
    Department()
            : _cost(0)
    {}
    void IncCost(int cost)
    {
        this ->_cost += cost;   //本部门的费用累加
        IncAllDeptCost(cost);   //同步累加所有部门的费用
    }
    static int GetAllDeptCost()
    {
        return _all_dept_cost;
    }
private:
    int _cost;
    static void IncAllDeptCost(int cost)
    {
        _all_dept_cost += cost;
    }
    static int _all_dept_cost;
};
//cpp file:
int Department::_all_dept_cost; //会自动初始化为 0。
```

使用时,任何一个部门增加本部门的总费用,都会同步反应到所有部门的总费用的增加。

```
Department dept1, dept2, dept3;
dept1.IncCost(10500);
dept2.IncCost(21939);
dept3.IncCost(980); //良心部门啊!
cout << Department::GetAllDeptCost() << endl;
```

几个注意点!虽然静态成员函数 GetAllDeptCost()符合常量成员的语义,但静态成员函数不能加常量成员的修饰。

【小提示】:为什么静态成员函数不能同时是"常量成员"?

事实上,常量成员函数编译之后的第一个入参是 const 版本的 this 指针,比如:int A::GetCount() const 的常量成员,会被编译为"int A::GetCount(A const * this);"函数。静态成员函数调用时不需要特定的对象,因此没有"对象自我"这一说,意味着它不会额外添加入"this"入参。

不过,如果让我来改进 C++,我会认为在语义上,一个静态的常量成员函数是可以存在并且有意义的。下面马上就会看到,"常量成员数据"就可以同时是静态成员了。

类型中静态成员的出现,让我们在维护关系上有了新的突破,现在我们偶尔也要想一想啦:咦,这个类型的所有对象实体,是不是可以(或者需要)共同拥有什么呢。

8.2.17　常量成员

类可以有"常量成员数据"和"常量成员函数"。

```
class SomethingAboutMath
{
public:
    SomethingAboutMath()
        : _pai(3.14)
    {}
    double GetPai() const { return _pai; } //常量成员函数
private:
    const double _pai;
};
```

常量成员数据必须通过"类初始化列表"获值。

刚刚学习过:静态成员函数只能访问同样是静态的成员数据或成员函数。"常量成员函数"的承诺是:在本函数执行过程中,不会去修改本类的成员数据,包括所调用的函数也不会去修改。因此常量成员函数也不能调用非常量的成员函数,因为后者没有这一承诺。常量成员函数倒是可以直接访问任何成员数据,前提是只读不改。

接下来说"常量成员数据"。首先要注意的是,常量成员数据并不是类的静态成员数据。如果以后者理解例中的"SomethingAboutMath"的_pai 成员,容易误以为所有这个类的对象,取 PAI 值为 3.14。但事实上,如果有需要,也可以设计为不同对象可以定义不同精度的 PAI 值。此时可以使用"成员初始化列表"对 const 值进行初始化：

```
...
//新增一个带入参构造,用以指定对象的 PAI 常量初值
explicit SomethingAboutMath(double pai)
            : _pai(pai)
{}
```

然后我们就可以构造带有不同常量初值的 SomethingAboutMath 的对象：

```
SomethingAboutMath sam1; //默认 3.14
SomethingAboutMath sam2(3.14159);
SomethingAboutMath sam3(3.1415926);
```

前面说过,静态成员数据也可以是常量。在语义上其实很好理解:某个类所有对象共同拥有某个数据,并且这个数据哪个对象都不能修改它。比如老板为所有部门指定一个部门年度可以招聘最多几位新人,就符合这个语义。

C++编程中有一条好的规则:凡是能用上常量的,就尽量先加上常量修饰。不管是普通的常量数据,还是类的常量成员数据或常量成员函数。会变或允许变的东西总是容易让人心乱。"常量成员"让我们事先明确标记出哪些操作、哪些数据是不会变化的,有利于我们降低关系维护的成本。

8.2.18　嵌套类

在第七章《语言》简单谈到过嵌套类。这次我们从封装的角度理解 C++的嵌套类。

如果把一个嵌套类设计为接受 private 的限定,那就代表内部类仅能在外部类的范围下使用,你甚至无法将它作为一个 public 函数的入参和返回值使用。请找出下面代码的错误之处：

```
class IntegerList
{
public:
    Node * GetHeader();
    void Append(Node const& node);
private:
    struct Node
    {
        Node * next;
        int value;
    };
    Node * _header;
};
```

语法层面,编译器会在 Append 这个成员函数身上报错。该成员公有开放,意味

着外部代码可以调用它。但 Append 的函数的入参数据，却用到了其内部私有的结构 Node。既然是私有的，就意味着在 IntegerList 类外部，没有代码认识这个 Node 类。

　　语义层面，用户想要使用一个"整数链表"，通常就只应知道"整数"和"链表"二者就好，不应去关心链表内部的节点。改进后的类设计：

```
class IntegerList
{
public:
    int GetFirst() const;
    void Append(int value);

private:
    struct Node
    {
        Node * next;
        int value;
    };
    Node * _header;
};
```

　　可见，嵌套类的第一种用处，就在于让内部类作为外部类的一个"内部细节"存在。如果将所有内部细节暴露到外面的空间，只会增加代码阅读者不必要的负担。

　　注意，C++ 中的类与类之间的包含关系，是静态的，不直接体现到对象关系。比如说 O 类包含了 I 类，并不代表 O 类的对象一定会包含 I 类的对象：

```
struct O
{
    class I {char c;};
    int a, b, c;
    std::string s;
};
O o1;
```

　　显然，o1 对象的内部组成，有三个 int 一个标准库字符串，但不会有 class I 的任何体现；除非类似于 IntegerList 一样，主动添加内部类的数据作为自身成员（_header）。

　　struct 默认的访问控制权限是 public，所以我们也可以在 O 外部用上其内部类 I：

```
void foo()
{
    O::I  i2;
}
```

　　如果我们将 I 放置在 O 的 private 部分，以上代码就会编译失败。由此可见，内部类的某些作用类似于 namespace，并且还能更好地控制其对外的可见性。

　　比如前面的 IntegerList，链表对象的一个重要操作就是"迭代"，此时有两种做法,一是在外部定义一个名为 IntegerListIterator 的类,二是在 InterList 类的 public 范围下,定义一个内部类名为 Iterator,如表 8 - 2 所列。

表 8 - 2 嵌套类有利于更清晰的命名

做法一:外部类	做法二:嵌套类

class IntegerList
{
    ...
};
 	
class IntegerListIterator
{
    ...
};
	class IntegerList
	{
	public:
	    class Iterator
	    {
	        ...
	    };
	    ...
	};

做法一无法从语法上明确地表达,IntegerListIterator 就是 IntegerList 的迭代器这一事实,尽管它的名字似乎已经说明了一切。

嵌套类是我们的又一种新武器:从类型静态关系上提供包含关系,有利于我们在写代码时,更加条理清晰且意图明确地组织类型。

8.2.19 友 元

类或结构存在访问权限控制,现在已经学习了 public 和 private,前者表示其内部属性在类外部也可访问,后者则控制只能在类内部的代码访问。

要么向所有人开放,要么仅自己独享,这会有些极端。现实生活中人会有朋友甚至闺蜜,有些私密虽然不能向所有人开放,但可以向朋友敞开……

C++语言也想到了这种关系。类的一些(私有)数据,不能向所有外部代码开放,但可以向个别类或自由函数开放。控制这一权限的关键,也正是"friend(朋友)"(华健的"朋友一生一起走"缓缓响起……);不过为了显得"技术化"一点,汉语称之为"友元"。

```cpp
class A
{
private:
    int _a;
    friend class B; // < -- 友元声明,A 说:"B 是我的朋友"
};
class B
{
public:
    void test()
    {
```

```
      A a;
      a._a = 90;
      cout << a._a << endl;
   }
private:
    int _b;
};
```

在 B 类的 test 函数里，它直接访问并修改 A 类对象的私有成员_a。这段代码可以通过编译，原因就在于上面带有"friend"的那一行声明代码，它由 A 类亲口说，B 类是我的友元类。

A 类说 B 类是他的朋友，因此 B 类可以访问 A 类的私有成员。反过来，此时 A 类可不可以访问 B 类的私有成员呢？这个其实很好推测，你登报声明说马先生是你的朋友，他可以访问你的一切，接着你就欣欣然要去支付宝公司取钱，你觉得这可能吗？这合理吗？所以，除非 B 类也主动声明 A 类是它的友元，否则访问的授权操作只能是单向的。

简单描述一下友元关系的几个注意点：

（1）有没有友元关系，由"被访问者"决定。你想和章明星套近乎，必须由她来决定你是不是她的朋友，而不是你自己说了算；

（2）友元关系是单向的，就像生活中的单相思：他爱她，但她可以不爱他；

（3）友元关系不能继承，这一点我们讲"派生"时再说，简单点的意思是：爸爸类的朋友，并不会自动成为儿子类的朋友；

（4）友元声明不受"public"、"private"等限定。通常我们建议将其放在类定义的最后面；

（5）如果有多个友元，需要分别单独声明。"friend class B, C, D;"是错误语法；

（6）类（或结构）可声明的友元，可以是另一个类（或结构），也可以是函数。

一个经常用到"友元"的地方，就是"嵌套类"的使用。方法是将内部类，声明为外部的友元，从而让内部类，可以直接访问外部类的一切成员。譬如前一小节提到的 IntegerList 内部需要定义一个 Iterator，可以这样定义：

```
class IntegerList
{
public:
    class Iterator
    {
        ...
    };
    ...
    friend class Iterator;
};
```

IntegrList::Iterator 的作用是遍历 IntegerLst（后面简称 List）的所有元素，因

此,如果让它可以直接接触 List 的私有成员,可以有效避免 List 对整个世界开放过多的函数。

【重要】: 友元是一种封装

通过对个别"特别亲密"的类开放所有权限,以避免对其他众多并不亲密的类开放过多权限,这就是"友元"会出现在"封装"这一小节的理论依据。不少人认为友元破坏封装,但我以及很多 C++ 程序员的认识正好相反:友元促成更好的封装。

除了"类"可以成为"类"的友元之外,函数(自由函数或其他类的成员函数)也可以:

```
struct Engine
{
};
class Car    //小汽车
{
public:
    Car();
    void Move();
private:
    Engine * _engine;      //私有数据,引擎
013    friend void maintain(Car * );   //声明 maintain 函数为本类的友元
};
void maintain(Car * car)
{
018     Engine * e = car -> _engine;   //直接访问
    //...
}
```

汽车的引擎通常是私有的,外界不需要直接访问,但当它进入修理或维护操作时,(例中的 maintain 函数)时,后者是汽车的友元,可以直接访问其引擎。还可以仅仅指定某个类的某个成员函数作为当前类的友元,将上例改为成员版,代码如下:

```
class Car;
class Car4S
{
public:
    Car4S();
    void maintain(Car * car);
};
struct Engine
{
};
class Car
{
public:
    Car();
```

```
    void Move();
private:
    Engine * _engine;      //私有数据
    friend void Car4S::maintain(Car * );
};
void Car4S::maintain(Car * car)
{
    Engine * e = car -> _engine; //直接访问
    //...
}
```

让类的特定成员,而非整个类都可以访问目标类的私有成员,这让"友元"的作用范围更加可控。不过在日常操作中,将"自由函数"设置成友元的情况更常见。一个典型的用例是,让一个自由函数,同时成为两个甚至更多个类的友元。

友元经常用在针对特定类的操作符重载。假设有类型 A 定义如下:

```
class A
{
    public:
        A( int i1, int i2)
            : i1(i1), i2(i2)
        {}
        int GetProduct() const { return i1 * i2; }
    private:
        int i1;
        int i2;
};
```

A 的设计思路是:我内部有两个数 i1 和 i2,我可以告诉大家它们相乘得到的积,但组织上不让我告诉外界两个数是什么。不要以为这是在生编硬造,事实上许多重要的加密验证算法,就基于这样的思路。接着,我们希望 A 对象可以和一个简单的整数进行"+"操作,如:

```
A a;
A r1 = a + 6;
A r2 = 6 + a;
```

"a+6"操作可视为 a. operator +(6)。因此需为 A 类提供入参类型是 int 的"+"操作符重载;而"6+a"操作却不能将它看作 6. operator +(a),我们无法为语言内置类型提供成员函数。于是改用自由函数实现"+"在"A 和 int"或"int 和 A"之间的操作:

```
//先支持 A + int
A  operator + (A const& a, int i)
{
    A r(a. i1 + i, a. i2 + i);
    return r;
}
```

加法的逻辑是将 i 加到 a 的 i1 和 i2 身上,这只是做法之一,不是重点。重点是在这个自由函数中,确实需要直接访问到 A 类对象的两个私有成员。再看另一个重载:

```
A  operator + (int i, A const& a)
{
    return a + i; //简单地调用前一版本,满足加法交换律啦
}
```

由于版本一的重载需要访问到 A 类的私有成员,这就需要 A 类主动声明它是友元:

```
class A
{
    ...
    friend A operator + (A const&, int);
};
```

再来个有趣点的。假设我们在写魔兽游戏,其中有"火龙兽"和"水龙兽"。它们都拥有范围在 0～50 之间的能量。然后老板说,应该还要有一种兽叫"水火混合龙"。这种兽平常不存在,必须由一只水龙和一只火龙"双龙合体",方才产生混合龙。

合体原则一是要基于双方纯洁的爱情(但本例不负责考察),二是一个 M 级火龙兽和一个 N 级水龙兽,可以产生一个拥有二分之一 M 级火能和二分之一 N 级水能的"水火龙"。

```
#include <iostream>
using namespace std;
class MixedDragon;  //前置声明
class WaterDragon;  //前置声明
struct FieryDragon  //火龙
{
public:
    FieryDragon(int power)
        : _power(power)
    {
    }
private:
    int _power;
    friend MixedDragon operator + (FieryDragon const&
                                  , WaterDragon const& );
};
struct WaterDragon //水龙
{
public:
    WaterDragon(int power)
        : _power(power)
    {
```

```
    }
private:
    int _power;
    friend MixedDragon operator + (FieryDragon const&
                                 , WaterDragon const& );
};
struct MixedDragon //混合龙
{
public:
    int GetFieryPower() const
    {
        return _fieryPower;
    }
    int GetWaterPower() const
    {
        return _waterPower;
    }
private:
    int _fieryPower, _waterPower;
    friend MixedDragon operator + (FieryDragon const&
                                 , WaterDragon const& );
};
//自由函数,牵扯三个"龙"类的友元
MixedDragon operator + (FieryDragon const& fd, WaterDragon const& wd)
{
    MixedDragon md;
    md._fieryPower = fd._power / 2;
    md._waterPower = wd._power /2;
    return md;
}
int main(int argc, char * * argv)
{
    FieryDragon fieryDragonn(32);
    WaterDragon waterDragon(26);
    //合体,并产生混合龙!
    MixedDragon mixedDragon = fieryDragon + waterDragon;
    cout << mixedDragon.GetFieryPower() << ",",
        << mixedDragon.GetWaterPower() << endl;
    return 0;
}
```

不过,把 mixedDragonn 改成"waterDragon＋fieryDragon",那行代码就会编译不过去,原因和答案我们知道了,再写一个版本的加号重载即可。注意,它并不需要成为火龙或水龙的友元。

```
MixedDragon operator + (WaterDragon const& wd, FieryDragon const& fd)
{
    return fd + wd;
}
```

8.2.20 回归 C 的封装

C/C++ 将代码分为"源文件"和"头文件",从而将"实现"与"接口"做了天然的区隔,形成一种"封装"。尽管拥有以类为基础的封装技术,但 C 语言这种以文件为单位进行封装的技巧,仍然适合在面向对象的程序设计中使用。

头文件天生是用来暴露接口的,而源文件天生用于写实现代码(尽管存在例外,但不改变事实);所以如果有一个符号我们不想将它公开,首先要考虑的问题不是如何在类设计中体现,而是考虑是不是可以将它仅仅写在源文件里? 我们曾经比喻头文件就像名片夹。事实上在生活中,并不是每个人都需要名片。不要轻易在任何层面暴露一个符号,这应该成为 C/C++ 编程生活中的一条清规戒律。至于现实生活……我们已经暴露太多了。

变量与函数

确认某个全局变量或自由函数你会在别的多个文件中使用到,否则一个全局变量,或一个自由函数你就没有必要在头文件里特意声明它们。

比如我们想对外提供一个"发工资"的函数,然而这个函数它又需要调用到"判断是否为发薪日"、"计算工资"、"发薪通知信件"、"将工资转到员工账上"等子函数,并且在"计算工资"等函数中,还用到了一个函数外部变量——一个数组,用来存储计算个人所得税所需要的一些数据。(我完全是财务盲,这例子在业务上不具备任何可信的东西,另外代码只是示意用的伪代码)。先看源文件,只需看个大概即可:

```
//salary_pay.cpp
bool is_payday(Date const& d) //判断给定日期是不是发薪日
{
    ...
}
//很神秘的一串浮点数,假装它们和计算个人所得税有关 ;)
double something_about_personal_income_tax [10] =
    { 0.23, 0.37, 0.44, 0.51, 0.60, 0.72, 0.88, 0.9, 0.92 };
//计算个人所得税
double calc_personal_income_tax(double income)
{
    //会用到 something_about_personal_income_tax
}
//计算某人某月的工资总额
double calc_salary(Employee const& e, Month m)
{
    ...
}
//发送工资通知邮件
void send_salary_notify_email(Employee * e, SalaryInfo * si)
{
}
```

```
void do_something_with_bank_business(…) //和银行有关的业务
{
    …
}
//发工资函数,真正用于发工资的函数
void salary_pay()
{
    …
}
```

看,CPP 文件里一大堆函数或数据,是否需要将所有这些都在一个对应的头文件里列上声明?答案通常是不必,上层逻辑通常不需要,也不应该去关心每一个模块中的所有细节。否则,那肯定是你设计有误。本例中,或许头文件只需如此:

```
//salary_pay.h
void salary_pay();   //只声明这个外部需要的函数
```

简洁的头文件有两个正面作用:第一是向使用者示意,请只关注这里列出的东西就好了,至于源文件里的复杂的细节实现,您就不要费心了,简洁的接口明显有利于别人理解及使用。

第二个作用是限制自我,有些程序员有暴露癖,凡是自己写的,都要"放出去"让别人看到。然而放出容易收回难,无论自己还是别人一旦用上,就使得两段代码之间建立了"耦合"——在职场上,耦合代表两处逻辑之间存在代码与人的双重责任依赖关系,如果有一天发现自己的某个函数写得并不好,需要更改它的接口,或者就改正它的一个内部错误时,就会懂得什么叫"牵一发而动全身"了。很多人已经在依赖你这个错误了。

作为一种尽量避免在头文件中声明内容的补充方法,那些仅在个别地方需要使用的函数,可以采用"就地声明"法。比如在另外一个文件中,我们确实想复用一下 salary.cpp 中的"is_payday"函数:

```
//another_one_file.cpp
void may_I_drink()
{
    extern bool is_payday(Date const& ); //就地声明
    Date d = Today();
    return is_payday(d);
}
```

声明函数并不一定需要"extern"关键字,但我推荐这样写,因为它让声明更醒目,特别是像我们这样直接在函数里声明的。

变量也可以这样"到处申明,到处使用"吗?这是受反对的。我们经常会希望某个函数或变量,就在当前文件里使用,不要往外扩散,这时需要添加"static"修饰。可称为"静态全局数据"和"静态自由函数",它们只具备,在当前文件内,从它们定义之处往后范围的可见区。当然,这个时候,建议优先使用"匿名名单空间",它更"C++"。

```
//some_data.cpp
static int abc = 100;    //定义一个文件范围内静态数据,一个整数。
static void test()
{
    std::cout << "test" << std::endl;
}
void foo()
{
    cout << abc << endl; //OK,此处可以看见 abc 变量
    test(); //OK! 此处可以看见 test 函数
}
```

然后有另外一个文件:

```
//another_one_file.cpp
void foo_2()
{
    cout << abc * 2 << endl;//编译不过,见不到 abc 定义
    test(); //编译不远,见不到 test 的定义
}
```

这段代码通不过编译,于是改成:

```
//another_one_file.cpp
void foo_2()
{
    extern int abc; //声明,假装有一个变量 abc
    extern void test(); //声明,假装有一个函数 test
    cout << abc * 2 << endl;
    test();
}
```

这段代码可以通过编译,因为 extern 声明欺骗了编译器。会有一个叫 abc 的整数,也会有一个叫 test 的函数,然而代码通不过链接。some_data.cpp 中的那个 abc 和 test()都是不作数的,因为它们都有"static"修饰。

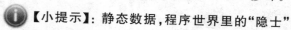 【小提示】: 静态数据,程序世界里的"隐士"

静态数据或函数,只不过是通过"static"关键字,告诉链接器,它不参加全局链接。就像古代皇帝要求在全国范围内招聘人才,但伯夷和叔齐却要隐居于山林——我只生活在这个小范围里,出了这座山,就当我不存在吧。

类定义

和类相关的代码可分为:类声明、类定义、类实现以及类使用(比如定义对象),简单说说前三者的区别,假设类的名字为 AClass:

```
//类声明
class AClass;
```

它声明了一个名字叫"AClass"的类,至于这个类长什么样子,这里不知道。此时算不出这个类的对象需要占用多少字节。

```
//类定义
class AClass
{
public:
    AClass();
    explicit AClass(int avalue);
    AClass (AClass const& other);
    ~AClass();
    int GetAValue() const { return _avalue; }
    void Update();
private:
    enum Status {unknown, working, fail, success};
    int _avalue;
    Status _status;
    std::string _message;
};
```

这是一个类定义,有了它,编译器可以知道这个类长什么样子,从而也知道了这个类的实际对象需要占用多少个字节(能够在编译时就计算出 sizeof(AClass)的大小)。

类定义中可以写出一些成员函数的实现,比如例中的 GetAValue,但更多的时候,我们需要在源文件中专门实现类的成员,这叫类实现:

```
AClass::AClass()
    : _avalue(0), _status(unknown)
{}
AClass::AClass(int avalue)
    : _avalue(avalue), _status(unknown)
{}
AClass::~AClass()
{
    ...
}
void AClass::Update()
{
    ...
}
```

如果类 A 拥有一个类 B 的成员数据,则必须在类 A 的定义处,能够看到类 B 的定义。假设有 a.h:

```
//a.h
struct B;
class A
{
    B _b;   //无法通过编译
```

```
};
struct B
{
    int a, b;
};
```

尽管特意在类 A 定义之前先放了一个类 B 的声明，然而这段代码仍然是不合法的，因为在处理类 A 定义时，编译器就必须知道它所拥有的每个成员数据的实际大小。而 C/C++ 编译器最有个性的地方就在于它很不愿意往后面查找它所需的信息，就像在本例中，只要稍稍再往前"扫瞄"一眼，就可以找到类 B 的定义，但编译器却放弃了（为了适应各类编译环境）。所以本例中，将 B 搬到 A 前面去可以解决这个问题：

```
struct B
{
    int a, b;
};
class A
{
    B _b; //OK
};
```

问题解决了，不过如果 A 和 B 互相包含，怎么办？

```
class A
{
    B _b; //A需要B
};
struct B
{
    A _a; //B也需要A
};
```

现在，谁放谁前面好呢？

 【危险】：头文件递归包含

这类问题，更隐秘难缠也更常见的表现方式是：头文件之间互相包含。比如前例中如 A 在 a.h 中定义，B 在 b.h 中定义，就会出现头文件互相引用的情况。

怎么解决这一问题？一种是从设计入手，再引入一个新的类，比如类 C，然后让 A 和 B 共同去使用 C，而 C 不使用 A 或 B；另一种做法是避免直接使用"栈对象"成员，改为使用"堆对象"成员——就是使用指针，我们先看最初的那个问题：

```
//a.h
002  struct B;
class A
{
```

```
005     B*  _b;  //通过编译！
};
struct B
{
    int a, b;
};
```

005 行改为 B 的指针，结果编译通过了。原因一是通过 002 行的声明，编译器知道符号"B"是一个类名；二是编译器需要知道 A 的所有成员的大小，_b 是一个指针，而无论指向什么类，指针的大小（在具体环境里）总是固定且预知的。

不过，既然是指针，那总会有需要 new 出具体对象的时候吧？那个时候，编译器不是还得知道类 B 的定义？没错，只不过那时候编译通常是已经看到类 B 的定义了（本例中，类 B 定义就在随后）。

由此进入本节的主题：设计上真的有必要将所有类定义，都写在头文件里吗？结合本小节说的技术，我们大可将多数类定义，干脆放到源文件中去，在将这些对外无关的类，完全封装在文件这一级。相比自由函数和全局变量，类定义放在源文件里的封装效果更彻底——除非包含（include）这个源文件，否则只能在当前源文件里为这个类创建实例。

前阵子我女儿就读的学校做学生情况调查，调查内容大致可以写成如下的类（本事例纯属虚构）：

```
//studentInfo.hpp 头文件
# ifndef _STUDENT_INFO_HPP_
# define _STUDENT_INFO_HPP_
# include <string>
struct ParentInfo
{
    bool isGovernmentOfficial; //是不是公务员
    bool isRichman; //是不是富翁
    std::string name;  //姓名
    std::string corporation; //所在公司
};
class StudentInfo
{
public:
    StudentInfo();
    void Census();
    ...
private:
    std::string _name;
    int _grade;
    int _class;
    ParentInfo dadInfo;
    ParentInfo mumInfo;
};
# endif //_STUDENT_INFO_HPP_
```

或许是家长泄漏,但不管怎样,头文件本来就意味着某种程度"公开(public)"。反正这些类的定义被曝光了,于是学校陷入了一场危机。局外人纷纷追问,为什么学校要调查一个家长"是不是公务员"以及"是不是富人"。尽管学校再三强调这些信息完全只在系统内部使用,但怀疑与不满的声音还是此起彼伏⋯⋯

这场风波最终是如何结束的,不在本书的关心范围内。结束之后,校长痛定思痛,从系统中查到一个当程序员的家长,正好是本书作者。南老师痛快地改了以上代码:

```cpp
//studentInfo.hpp 头文件
# ifndef _STUDENT_INFO_HPP_
# define _STUDENT_INFO_HPP_
# include <string>
struct ParentInfo; //仅仅声明
class StudentInfo
{
public:
    StudentInfo();
    //自定义析构,复制,赋值操作
    ~StudentInfo();
    StudentInfo(StudentInfo const & other);
    StudentInfo& operator = StudentInfo(StudentInfo const & other)
    void Census();
    ...
private:
    std::string _name;
    int _grade;
    int _class;
    ParentInfo * dadInfo; //改用指针
    ParentInfo * mumInfo;
};
# endif //_STUDENT_INFO_HPP_
```

ParentInfo 结构的成员,不在头文件中出现了,而后面使用到的地方,改为指针。真正的定义,在 CPP 文件里。从这个指针出发,大家顺便想一想我们为什么需要为 StudentInfo 自定义析构、拷贝构造、赋值行为?

```cpp
//studentInfo.cpp 源文件
# include "studentInfo.hpp"
struct ParentInfo
{
    bool isGovernmentOfficial; //是不是公务员
    bool isRichman; //是不是富翁
    std::string name;   //姓名
    std::string corporation; //所在公司
};
ParentInfo::ParentInfo()
    : isGovernmentOfficial(false), isRichman(false)
```

```
{
}
StudentInfo::StudentInfo()
    : _grade(0), _class(0)
{
    dadInfo = new ParentInfo;
    mumInfo = new ParentInfo;
}
StudentInfo::~StudentInfo()
{
    delete dadInfo;
    delete mumInfo;
}
//……
```

【课堂作业】：复习自定义的深拷贝操作

请写出 StudentInfo 的拷贝构造函数及自定义的赋值操作符，其中成员复制需采用"深拷贝"。

尽管学生信息在整套系统中，还被其他多个模块使用，但有关家长的信息，仅在个别功能模块中需要。头文件现在被大胆的公开给整个系统，但源文件则安全地掌握在个别程序员手上。

8.2.21　进阶思考

需要"冗余保护"吗？

关于"封装"，在语法与语义上一要理解的是"this"指针，知道它是编译器为各（非静态的）成员函数，偷偷加上的一个入参；二是要理解就算是一个看起来空空的类，它也会有不少默认的行为，除非去定制它们。说到空空的"类"，我们的老朋友就是：

```
struct Point
{
    int x, y;
};
```

这个结构到底有没有"封装"？有，一是把 x 和 y 和放在一个结构体中，二是给这个结构一个合理的类名。光这两件事，就为代码的阅读者有效地减轻了心智负担。能够让代码阅读者（当然包括代码作者）减轻面对代码时的心理压力，就是封装。接着，老朋友摇身一变：

```
claclass Point
{
public:
```

```
    int GetX() const { return _x; }
    int GetY() const { return _y; }
    void SetX(int x) { _x = x; }
    void SetY(int y) { _y = y; }
private:
    int _x, _y;
};
```

ss 版的 Point 是不是比 struct 版的有着更好的封装？显然不是。因为在维护 Point 的不变式方面，它并没有做得更好。不是它不够努力，而是此处的 Point 就是这么简单，简单到内部基本没有不变式。

一个类型可能有十个成员数据，但如果成员数据之间彼此没有什么关系，那么它可能在语义上就很适合被定义成一个"struct（结构）"；而如果一个类型内部只有一个数据，但是在和外部打交道的过程中，这个数据需要按照某种规律发生变化，以体现特定的状态。那么这个类应该将该数据保护起来，对外提供意义明确和逻辑正确的功能接口，以保证外部无论如何调用这些接口，类的内部状态都是正确的。

但是，我们不会忘记本篇最初谈到的抽象难点。大多数事情我们无法一开始就想得明明白白，甚至最终要使用程序的用户也可能如此；再者许多事情就算一开始想得很清楚了，但后续却仍然会发生变化。面对这种情况，应该考虑在一开始就提供冗余保护，以为后续查找错误，改变逻辑提供方便。

需要复制吗

尽管工作做不完时，我内心在祈祷自己能有分身术，但如果真有科学家要克隆一个我，我想想冰箱里我最爱的可乐和巧克力，我还是会拒绝的。世界上绝大多数对象其实都不需要（恐怕也不希望）被复制。程序世界中的多数类型的对象，也不需要被复制，你相信吗？

有人说，不需要被复制，那难道多数类型都只有一个独一无二的对象？哦，不，你混淆了"单例"和"对象不可复制"的情况了。单例是指：程序定义了"Earth（地球）"类，然后在我们的世界中，这个类从头到尾就只创建了一个实例对象：theEarth。"对象不可复制"是指：程序定义了"Star（星星）"类，然后有了满天的星星，但并没有哪一颗星星是以另外一颗星为模型复制出来（假设我的天文知识正确）。

比如常见的带图形交互的应用程序，往往会有个"关于..."菜单项，用于弹出"关于某某应用"的对话框。假设它所属的类是"AboutDialog"，它在整个程序的代码中，往往就只在下面这一出戏（两行代码）出现：

```
AboutDialog dlg;
dlg.ShowModal();
```

这个"AboutDialog"根本不需要提供"复制"操作，连编译器默认提供的版本都不需要。不仅"关于"对话框，事实上绝大多数 GUI 程序中的"窗口类"，都不需要也不应该被复制。

【小提示】：“窗口”为什么不能被复制

“窗口类”的对象的复制功能，不仅不被需要，往往也不被允许（至少不鼓励）。因为 C++的“窗口类”背后由操作系统提供特定的资源加以支撑，这些资源由操作系统管理，往往不提供（严格意义上的）复制功能。

事实上，一个类型的对象拥有外部资源，往往就需要考虑它该不该提供复制行为。比如一个文件类，实现读写磁盘上文件的功能，如图 8-6 所示。

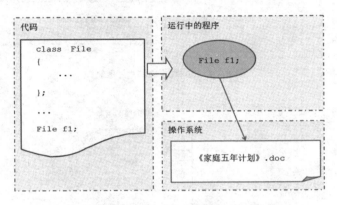

图 8-6　文件类、文件对象、文件实体

上图表示代码中的“File”类在程序运行时产生的一个对象“f1”，该对象实际关联着你电脑中的某个文件。尽管图中“File”类中的代码被略去，但是我们假设它有定制的拷贝构造和定制的赋值操作：

```
...
File(File const& other);
File& operator = (File const& other);
...
```

两个函数的实现还是没有给出，到底是怎样的定制复制呢？先看第一种可能，如图 8-7 所示。

第一种可能叫“浅复制”，File 对象多了一个（f2），可是 f1 和 f2 对应（代表/指向）的磁盘文件是同一个。

这下问题来了，一旦复制成功，f2 是不会因为自己是后来的，就觉得自己会比 f1 低一等，这正是我想到冰箱里有好吃好喝的之后，就坚决拒绝被克隆的原因。现在假设 f1 想好好地往《家庭五年计划》里写上一条“积极响应国家二胎政策，努力……”，而 f2 却对同一家庭有不同看法，非要写一句“看破红尘往事，下个月就去五台山”。我们不是学习过“并发”吗？这两行话平行地写入同一个文件，想想逻辑就不对啊！

“浅复制”会造成资源冲突，那就改成“深复制”，如图 8-8 所示。

f1 不仅复制了 C++对象 f1 的状态，还要求操作系统为之同步复制家庭计划文

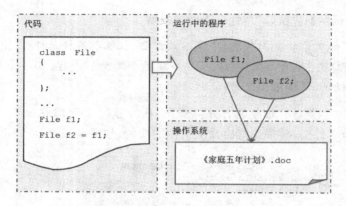

图 8-7 文件对象的"浅复制"

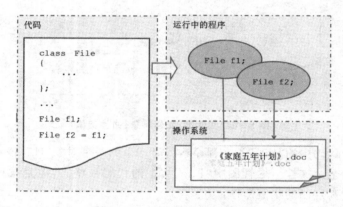

图 8-8 文件对象的"深复制"

件的复本。这下一个人准备二胎,一个人计划出家,井水不犯河水了吧?然而你想得太简单了!第一,操作系统不会允许在同一个位置存放两个完全同名的文件,所以我们必须接受 f2 的文件名(或路径)属性在复制的一瞬间就和来源不同的现实,类似的还有文件的创建时间,甚至还需要考虑文件的所有权变化等,一切都不是纯粹的内存对象复制了;第二,还有一种可能,操作系统有时候不允许我们复制一个文件(doc 文件如果正在处理中,就确实不允许复制);第三,f2 在出生时带来第二份家庭计划,后面 f2 对象生命期结束,它要不要在析构函数中负责地删除这个文件呢?从"谁创建,谁负责清理"的角度看,它应该这么做,可是如果这么做了,它折腾半天计划是为什么呢?

　　"浅"也不对,"深"也不对,事情的真相到底应该是什么?各位听我认真说一说,真相是我们根本就不应该让 File 类提供"复制"的功能!想一想你使用电脑至今,有几次是同一个文件两个人同时打开在处理的(尽管这在未来会非常普遍)?正确的做法就是"一不做二不休",示意代码如下:

```
class File
{
    public:
        File(string const& file_name);
        File(File const& ) = delete;
        File& operator = (File const& ) = delete;
    private:
        std::string file_name;
        std::time_t create_time;
        std::string owner;
        ...
};
```

还记得在《语言篇》所学的"= delete"这个由 C++ 11 带来的语法吧？它简单明了却又粗暴有效地禁用了一个类的复制功能。今天的学习重点不是"怎么禁"，而是"为什么禁"。

ⓘ【小提示】：c++ 1998 如何禁用类的默认行为？

没有"=delete"语法之前，聪明的 C++ 程序员将那两函数声明为 private，以达到禁用复制的效果，大家可以试一试。

怎样复制呢？

1. 复制那些"犯二愣"的对象

事情到此还没完。办公室法则告诉我们，一旦你开始处理一个文档，马上就会有更多看起来更着急的文档需要你同时处理。我也不是躲躲藏藏的人，给大家看看我最近在写的文档：

```
//File 还是前面那个定义：
class File
{
    public:
        ...
        File(File const& ) = delete;
        File& operator = (File const& ) = delete;
        ...
};
...
File f1("家庭五年奔小康顶层设计.doc");
File f2("一个亿小目标实现路线.doc");
File f3("双 11 家庭采购表第 17 版(希望老婆能接受).xls");
File f4("重定义下一个十年的个人电脑商业计划书.wps");
File f5("五台山出家计划(如果以上都失败了).txt");
```

文件很多是吧？重点来了，我准备了一个容器来存储：

```
std::list <File> my_files {f1, f2, f3};
my_files.push_back(f4);
my_files.push_back(f5);
```

以上全失败了(所以我要出家了吗?)。当元素存入 STL 的容器,需要将源对象复制一份,而 File 类被阉割(delete)了某些功能,造成复制失败,所以上面三行代码全都编译失败了。

这可能是大到一个超出你想象的问题。历史上许多程序员因此而抛弃 C++,头也不回地走向五台山,哦不,是走向其他语言,甚至发明了新语言。

这个问题由 C++ 的特性引发:一是允许对象在栈内存区域存在。比如以上 f1~f5 可能都是某个函数中的栈对象,出了这个函数它就得死,所以容器需要保存有一份有自己生命周期的,独立的复制品。一些语言看破红尘,割舍了栈对象自生自灭的好,规定所有对象都在堆中分配,将来由"垃圾回收"线程负责杀死它们,否则它们在程序中是永生的,这样在容器中可以简单地保存一份引用就可以了。咦,等等,把对象放在堆中,C++ 也做得到呀! 不就是指针吗?

```
...
File * pf1 = new File("AAA.doc");
File * pf2 = new File("BBB.doc");
File * pf3 = new File("CCC.xls");
File * pf4 = new File("DDD.wps");
File * pf5 = new File("XXX.txt");
//注意容器定义变了:
std::list < File * >  my_files {pf1, pf2, pf3};
my_files.push_back(pf4);
my_files.push_back(pf5);
```

代码顺利通过编译,因为现在被复制的,只是一个指向某个 File 对象的指针,一个内存地址,而不是 File 对象的内容,不需要类的复制操作。

但是 C++ 没有 GC(Garbage Collection/垃圾回收)功能,GC 是一套机制和实现,程序可以自行检查收集哪些对象在整个程序中已经"没人需要(不再使用)"了,从而自动释放它们,就好像家里请了一位负责卫生的保姆。而在 C++ 中,当我们将指针放入容器,我们还得保持"盯"着这些指针的后续使用,在必要的时候释放。

幸好,std::shared_ptr 已经从 boost 库正式进入标准。std::shared_ptr 称为"共享型智能指针",它能一方面模拟多个指针指向同一个对象(同一块内存入口),另一方面负责记录到底有几个指针指向这个对象(简称"引用记数"),一旦发现没有指针指向它了,就自动释放。std::shared_ptr 和"不可能复制的对象"因此成为最佳搭档。

```
//搞个别名,省点打字量,注意是 File,而不是"File *"
typedef std::shared_ptr < File > FileSharedPtr;

FileSharedPtr fsp1(new File("AAA.doc"));
FileSharedPtr fsp2(new File("AAA.doc"));
...
```

```
FileSharedPtr fsp5(new File("XXX.txt"));

//初始化时全部放入
std::list < FileSharedPtr > files {fsp1, fsp2, fsp3, fsp4, fsp5};
```

这应该成为新标准下 C++程序一个新的惯用法：当确定某个类型的对象不需要复制，就将它们的拷贝构造和赋值操作加以阉割；接着，要马上思考判断这些不需要复制的对象，是不是经常需要转手（作为函数出入参传递），如果是，就应该在创建时"立即马上痛快"地为对象加上 shared_ptr 的包装（不需要传递，但必须在堆里创建的可考虑使用 std::unique_ptr）。

尽管智能指针从一开始就着眼于内存辅助管理这样底层的问题，但事实上它和"面向对象"这样的上层设计紧密相关。shared_ptr 就是一个漂亮的封装（尽管不是最漂亮的），它封装的不是什么指针管理，不是什么引用记数，不是你在网上搜索它时找到的各种复杂的内存示意图，它封装的是天底下所有不愿不该不能复制的对象，可是却又要有许多分身在程序世界里到处存时，这些对象之间的生死依赖关系。

让我们继续文艺青年之脑洞大开：有一类异族人，他们在全球有许许多多的肉体分身，所有肉身都来自和共用同一个灵魂。任何地方有需要他们参与的工作，就可以从某个肉身再克隆出来一个，而一旦工作结束，这个肉身就要消逝。所有肉身在死去之时或许都在心里默默祈祷：希望我族至少还有一个肉身在工作，否则，唯一的灵魂就会被无情地摧毁。

最后，解释一下对象"犯二"的脾气：我就是独一无二的我，干嘛老想复制我？

2. 复制那些"傻白甜"的对象

回到现实。现实中还有大量的对象是可以或需要被复制的。其中又有一大部分属于自己不直接掌握的外部资源（GUI、内存、文件等），也不需要直接负责申请和释放内存，这类对象的复制就无所谓"深拷贝"或"浅拷贝"（二者一致），比如老朋友：

```
struct Point {int x, y;};
```

就两个（再多也一样）简单类型的成员数据，需要时你就尽管复制走吧。再一类虽然深入探究下去，也会动态分配内存等资源，但已经由别的类帮它完成资源管理，因此它们并不需要直接掌握资源，比如：

```
struct Goods
{
        double prive;
        std::string names;
};
Goods g1 {1999.00, "高粱手机"};
Goods g2(g1); //复制，又一把 1999 元的高粱手机。
```

其中的字符串 name 事实上需要负责申请和释放内存，但已经由 std::string 类型完成了该有的构造、拷贝、释放等操作，Goods 类无需再操心。类的使用者当然也不必操心太多，真是些可爱的对象。

3. 复制那些"心机婊"的对象

没错，最后就是那些心机重重，一不爽就要搞乱全局的对象了，我们必须小心翼翼处理它们。之前的 SomethingBuffer（以下简称 SB）就是这种人！

```
class SomethingBuffer
{
public:
private:
    unsigned int _count;
    int * _buf;
};
```

刚一看，内心也很单纯啊！一个 int 一个 int *，问题就出在后面这个指针上。这个指针由 SB 直接管理维护（创建，释放，复制等）。

为了真正领会这种类型深深的"心机"，我们得把它们的"生"、"死"和"复制"过程都再过一遍。先来最简单的的默认构造，该构造将对象置成自洽的"清零"状态：

```
...
SomethingBuffer()
    : _count(0), _buf(nullptr)
{}
```

这个状态是逻辑自洽的，亦即满足不变式：_buf 为空指针，没有实际占用内存，所以_count 也为 0。然后是要求立即分配内存的构造：

```
explicit SomethingBuffer(unsigned int count)
    : _count(count), _buf(new int[count])
{}
```

这段代码存在巨大的风险，比如_count 万一为零或为一个超大数，都有可能造成构造失败，出现异常。我们在下一小节重点讲解这一问题。

既然可以分配内存了，抓紧为该类提供一个符合 RAII 规定，自动释放内存的析构吧：

```
~SomethingBuffer()
{
    delete [] _buf;
}
```

⚖ **【重要】**：和析构紧密相关的三个重要技术细节

上面的析构函数，包含三个重要技术细节：（1）必须用 delete []；（2）空指针（nullptr）可以放心地接受 delete/delete[]处理，不会出问题；（3）此时不需要再将_count 设置为 0，也不需要在释放_buf 之后将它置为 nullptr。对象在析构过程中，不应有人再来访问(如果有,那就是上层设计出错,而如果上层设计出错,那此时置数据为零或空也解决不了问题)。

接下来就是拷贝构造和赋值操作,先看前者:

```
SomethingBuffer(SomethingBuffer const& other)
        : _count(other._count), _buf(other._buf)  /* 哇! */
{
}
```

由于分心在想冰箱里还有没有可乐,所以一不小心,我就为 SB 写了一个"浅拷贝"。这样的拷贝行为根本不需要我们费心定制,编译器默认生成版本就是这个行为。马上将它改成"深拷贝":

```
SomethingBuffer(SomethingBuffer const& other)
        :_count(0), _buf(nullptr)
{
    if (other._count > 0 && other._buf != nullptr)
    {
        _count = other._count;
        _buf = new int[_count];
        std::copy(other._buf, other._buf + _count, _buf);
    }
}
```

其间突出强调的"小心翼翼"之处是:先使用初始化列表,将两个成员都置为自洽的空状态,然后再对源对象 other 进行检查,以避免它潜入的逻辑炸弹。最后是如何定制赋值操作:

```
SomethingBuffer&  operator = (SomethingBuffer const& other)
{
    if (this == &other)
        return *this;
    ...
}
```

看,第一件要小心的事就是:不要真的自己赋值自己。第二件是需要返回自己的引用:

```
if (other._count > 0 && other._buf != nullptr)
{
    _count = other._count;
    delete[] _buf;
    _buf = new int[_count];
    std::copy(other._buf, other._buf + _count, _buf);
}
return *this;
```

后面代码类似拷贝构造,但需要特别注意释放原有的_buf。

如何愉快地创建对象？

本章继续讲那些有"心机"的对象，这次从构造讲起。前面提到 SomethingBuffer 的这个构造函数存在风险：

```
//版本 0：不闻不问型（不会有异常！不会有异常！）
explicit SomethingBuffer(unsigned int count)
        : _count(count), _buf(new int[count])
{}
```

风险在于 count 可能太大，会造成 new 操作失败，而 new 操作失败默认是抛出异常（std::bad_alloc）。抛出异常我们可以捕获它呀，有同学说。

```
//版本 1：高深无效型（哇，这语法好有型啊！）
explicit SomethingBuffer(unsigned int count)
        try : _count(count), _buf(new int[count])
{}
catch(..)
{}
```

这样的写法带来的问题，我们在本章"构造过程的异常"小节说过了，今天再给它一个缺点：好丑。还是遵循原则，不在初始化列表中做复杂操作（为什么连一个最基本的"new"操作，都成了复杂操作呢……作者也想不通）。

```
//版本 2：半桶水晃荡型（大家好，我就是传说中来坑你们的猪队友！）
explicit SomethingBuffer(unsigned int count)
        : _count(count), _buf(nullptr)
{
    try
    {
        _buf = new int[count];
    }
    catch(...)
    {}
}
```

这段代码有严重的潜在问题，你看出来了吗？

一旦"new int[count]"操作失败，_buf 会是一个安全的 nullptr，但 _count 却可能不为零！此时这个类的"不定式"就被破坏了，简称状态"不自洽"，所以干脆让 _count 一开始也为零吧！

```
//版本 3：沉默无辜型（该做的我都做了，再出错就不关我的事了……）
explicit SomethingBuffer(unsigned int count)
        : _count(0), _buf(nullptr)
{
    try
    {
        _buf = new int[count];
```

```
        count = _count;   //放在_buf 成功之后
   }
   catch(...)
   {}
}
```

沉默无辜型的程序员做事严谨。比如准确地把改变 count 的语句放在_buf 创建成功之后。现在,该抓的异常抓了,该维护的状态也逻辑自洽了,没有什么问题了,所以他内心一片祥和地回家了;另一个沉默无辜型的程序员出场,不过今天导演让他扮演的是"一脸懵逼型"。他就写一行代码,用以创建该类对象:

```
SomethingBuffer sb(10 * 1024 * 1024 * 1024);
```

运行……sb 创建出来了!"哇……"他满心惊喜,"没想到我的电脑这么强劲,居然可以轻轻松松地在栈上分配出 10G。但是不对呀,小气的老板只给我的电脑配置了 2G 的内存! 平常浏览器多打开几个页面都会卡死的说……"这个程序员现在脸上的表情,导演给了满分。

这就叫"对象的行为"和操作对象的人的内心期待不一致。创建对象的人以为它应该成功占领了一块 10G 的内存,并且_count 的值也是 10G。但其实它是_count 为 0,_buf 为空。虽然这仍然是自洽的,但却让调用者感到意外了。

那,还是抛出异常吧? 他要是再敢传入"10 * 1024 * 1024 * 1024",就出异常,他就会懂的! 可是这就回到版本 0,调用者不想为创建对象来回写 try/catch 呀! 哇真真个又要马儿跑,又要马儿不吃草,到底还能不能愉快地创建对象啊! 方法还是有几个的,先看方法一:

```
#include < cassert >
...
//版权 4:冷血无情型(在原则面前我铁面无私!)
explicit SomethingBuffer(unsigned int)
{
   assert (count > 0 && count <(100 * 1024 * 1024));
   try
   {
      _buf = new int[count];
      count = _count; //放在_buf 成功之后
   }
   catch(std::bad_alloc const& )
   {
      /*实际系统会在这里做点善后处理 */
      throw;//内存不足,我也没办法,继续抛出吧..
   }
   catch(...)
   {
      assert (false && "构造 SomethingBuffer 对象出现 bad_alloc 之外的异常!");
   }
}
```

这个版本先是对 count 做了合法判断,示例中要求不能为 0 并且小于 100 兆。如果不符合条件,构造过程不是抛出异常,也不是返回错误(构造函数本就没办法直观地返回错误),而是无情地以"断言"的方式了断了程序运行,但是在控制台上可以看到类似以下的输出:

```
File: C:\cpp\Projects\test\main.cpp, Line 19
Expression: count > 0 && count < 100 * 1024 * 1024
```

这是一个讲原则的做法。事实上调用该构造函数的代码,应该负责地在构造之前,就对 count 的大小做合法检查,然后以正常途径(不会让程序退出)给出反馈,如果不做这样的检查,这不是异常,这是程序员的错误,应该早早地让这个程序退出,这里提"早"通常是指在各种测试阶段,并且此时的程序是调试版。

接着,程序尝试捕获异常,并且优先判断是不是因为内存不足等原因造成的"分配失败(bad_alloc)"异常。如果是,当前做法是直接再抛出,等于这里白捕获了。这样处理基于如下原因:当程序发现内存不足时,通常已经是无可奈何了。要知道,内存不足并不一定是我们当下这个程序造成的,很可能是别的程序吃光了内存。代码中注释处写着,通常会做一些简单但关键的处理,比如尝试将失败原因写到磁盘上的日志文件,然后还是退出吧。

再往下看,"catch(...)"将捕获所有异常,除了之前的 bad_alloc,但是只要看一眼"try"块内两行代码,我就会做出判断:不可能有其他类型的异常发生。这个判断仍然是程序员的判断,当代码再复杂一点,判断就可能是错的,那怎么办,基于"是程序员的错,就应该让程序早早挂掉"的原则,还是主动 assert 掉吧。为了让程序的死前语言有利于我们排查问题,我们利用了"逻辑短路"原理,硬是让表达式带上了一句可读的字符串,并且结果肯定为 false(从而肯定可以触发 assert)。

 【危险】: assert 并不永远在替我们拦事

如果项目中定义了"NDEBUG"宏,那么 assert 就会失效,什么也不做。所以一定要做足测试。

"两段式"构造

生活中并不是所有人都喜欢铁面无私的别人,出于实际项目特别是项目团队的复杂性,为了能够愉快地创建对象,很多经验丰富的人,包括 Google 公司提出第二个方法,叫"两段式"构造。

第一段,我们先用构造函数构造一个"空对象",注意,虽然为空,但其内部状态必须逻辑自洽。

```
//默认构造出一个空对象
SomethingBuffer()
    : _count(0), _buf(nullptr)
{}
```

咦？不能提供入参要求构造一个有指定内容的对象吗？不，我们不在构造时做复杂的事。这是"不在初始化列表中做复杂的事"原则的升级版。复杂的事，放在第二段构造过程中。但事实上 C++语法没有什么"第二段构造"之说，所以我们只是用特定普通函数来模拟，名字一般叫做"Create"、"Init"或者"New"等等。我选择"InitOnce"：

```
bool InitOnce(unsigned int count, std::string& error_msg)
{
    ...
}
```

先看函数的声明：返回类型是 bool，true 表示构造成功，false 表示构造失败。具体失败的原因见额外参数 error_msg。如果你偏喜欢 C 的风格，也可以将返回值改为 int 类型，0 表示无错，其他值是出错码，如此 error_msg 可以省略，但最好提供一个全局的出错消息表。

```
bool InitOnce(unsigned int count, std::string& error_msg)
{
    //重要的 assert 检查，后文说明
004     assert(_count == 0 && _buf == nullptr);
        assert((count > 0 && count < (100 * 1024 * 1024))
                            && "入参不合理啦!");
009     try
    {
        _buf = new int[count];
        _count = count;
    }
    catch(std::bad_alloc & e)
    {
        //确保状态自洽
        _buf = nullptr;
        _count = 0;
        //组织出错字符串，这又要分配内存，有可能会再次失败...
        error_msg = std::string("内存不足") + e.what() + "。";
        return false;
    }
    return true;
}
```

我们将"InitOnece"当作是对象构造的一部分，也就是说在逻辑上，一个对象在构造之后，最多调用一次 InitOnece()操作。如果调用第二次，那就又是程序员的错了。判断方法是检查_count 和_buf 都处于新鲜的状态。

不该有的重复调用（也称重入）不是异常，入参不合法也不是异常，009 行的 try 才真正在处理异常，我们熟悉的 bad_alloc。

【小提示】："内存不足"不是个好例子

一直以 bad_alloc 说事，确实不是很好的例子。一来它并不常见。从现在的机器配置来看，如果出现内存不足，要么是我们的程序，要么是别人的程序出现内存泄露了，说起来还是程序员的错。二来出现内存不足，一般的程序基本只能处于等死的状态。如果是其他类型的异常，比如想连接一个网络服务，可能网线松了，可能服务方退出了，就是连接不上，此时程序确实还可以做点处理，比如休息 5 秒，再重试一下？再比如给用户一些反馈等等。

两段式构造提出，主要是为了避免为构造函数处理异常。但对于经常要使用 STL 容器的我们，这个问题并不能通过两段式构造得到彻底的解决。原因还是在复制。拷贝构造也是一种构造，在拷贝构造的过程中，也可能抛出异常。能不能模拟 InitOnce 给出一个"CopyOnce"从而可以不提供拷贝构造呢？很难。因为 STL 中的容器，或者类似的代码，都需要复制对象，它们无法事先知道这个类有一个 "CopyOnce"的复制函数，这是两段式构造的一个硬伤。不过别忘了有一类"犯二愣"的对象，它们的构造可能很复杂，但它们却从不需要真正地复制对象内容。两段式构造用到这类对象身上特合适。

除了避免为构造函数处理异常之外，两段式构造还有一个作用，叫"延迟"绑定。事实上就算不是严格遵循两段式构造，许多类型也应支持一开始只是一个空对象，实际需要了再绑定具体的资源，比如标准库中的 std::ofstream，有两种形式的构造：

```
//以下仅为示意代码,ofstream 的实际构造函数要比此复杂些
ofstream::ofstream(char const * filename); //形式 1
ofstream::ofstream(); //形式 2
```

形式 1 的构造函数要求传入一个文件名，于是构造过程会立即尝试打开该文件。形式 2 的构造函数则没有实际打开任何文件。实际需要时，我们再调用它的 open 函数：

```
ofstream::open(char const * filename);
```

open 函数是不是也挺像一个第二段构造的函数？

许多图形界面库中的图形元素，比如"窗口"，也采用两段式构造。示例：

```
class Window
{
public:
    Window();
    bool Create(int x, int y, std::string const& caption
                , unsigned int style);
    ...
};
```

如果让我们来设计，还应该为 Window 阉割掉一些什么，你想起来了吗？

　　两段式构造还有一种"升华"版的做法：干脆将对象的日常功能，和对象的创建，直接拆分成两个类，事实上这更符合现实世界的通则。没有哪种生物可以自己把自己生出来，在生出来之后，如果没有外部力量的哺养，通常也很难真正地生存下来。"老师，单细胞生物不就是自己把自己'生'出来的吗？"。"小明，出去！ 自个儿复习抽象的四要素去！"

"工厂式"构造

　　除了一些低级生物之外（我狠狠地瞪了小明一眼），其实对象都是由外部创建出来的。一个类型提供"构造函数"，不管是"一段式"还是"两段式"，从 C++ 的语法来看，也仍是由外部创建出来的，比如：

```
class Coo() { Coo() {} };
Coo coo1;
Coo * coo2 = new Coo();
```

　　看，coo1 写在那里就创建出来了，字面上没有出现构造函数。coo2 用到了构造函数，但其实是 new 操作在调用，而不是由 coo2 来调用，因为字面上并不是"coo2 -> Coo()"。事实上真有一些语言，比如 ObjectPascal 就是采用（其实还没有创建出来的）对象调用构造函数的写法，（至少我）感觉好奇怪。

　　但是本节将追求一种更"升华"的做法，我们希望一个类的对象，在语义上就明确由外部环境来创建。暂以之前提到的 Window 类为例，大意是这样的：

```
//有个 Window 类：
class Window()
{...};
//有个外部函数：
Window * CreateWindow()
{
    ...
}
...
//有个 Window 对象，由那个函数创建出来
Window * wnd = CreateWindow();
```

　　看！ wnd 就是一个自由函数创建出来的。它是一个指针，所以严格的表述应该是"wnd 指向了一个自由函数创建出来的一个 wnd 对象"。当然也可以让函数返回对象自身，但前提得是这类对象能够被正常地复制，以老朋友为例：

```
Struct Point {int x,y;};
Point CreatePoint()
{
    Point pt {0, 0};
    return pt;
}
Point pt = CreatePoint();
```

世间有条道理,叫"事情一旦具体化下来,就容易暴露问题"。上面的代码可以编译通过,但也让人好生奇怪:干嘛非要搞个 CreatePoint 的函数?在它的内部第一行,不也是规规矩矩地采用了常规对象创建语法?

其实为师就是在用这个例子,再次提醒大家:"不管学习什么知识点,一定要首先发问,为什么要有这个知识?"大家做得挺好的。

为什么要用外部的东西来创建一个对象?答:因为许多时候,一个对象的产生,本来就需要大量的外部资源!典型的事,比如这世界上如果要多出一个"人",通常需要有一家条件良好的医院,为生产过程提供必要的专业人士和专业服务;光有医院仍不足以达成宝宝诞生的充分条件,还得有一位怀孕的女士;再往前推还得有一位男士;考虑到伦理,女士和男士之间还得有爱情;考虑到法律,他们应该持有结婚证。这还只是截止宝宝出生前的事,事实上孩子出生并未"成人",想要让他成人,还得有基本的生活保障、良好的教育等等。

试想一下,把医院、爸妈、爸妈间的爱情、结婚证、温暖家庭、良好教育这些都放到"人"类的构造函数上出现一番,合理吗?同样的关系,有另一个例子,叫"工厂"和"产品"的关系。产品是由工厂创建出来的,工厂可以也需要了解产品的不少信息,但产品不应该了解太多工厂的信息。

Point 例子过于无病呻吟,"人"的例子又过于夸张,我们举个手机生产的例子。首先规定"手机/Phone"由"屏幕/Screen"、"壳/Shell"、"电路板/Board","存储/Storage"组成(其余忽略)。考虑到这个行业中货源不足已是常态,所以屏幕又可以分为"A 家屏幕/ScreenA"和"B 家屏幕/ScreenB"。考虑到用户的喜好,壳子也可以分成"金属壳/ShellM"和"木壳/ShellW"两种;存储则有 16G、32G 和 64G 之分,但出于简化生产,规定两条 16G 组装成一条 32G,4 条 16G 组成一条 64G。

尽管只是一个做了各种简化的教学例子,但大家应该感觉到了,要构建一个手机对象,应该挺复杂的。光说成品种类就有 12(2 * 2 * 3)种。当要生产出一部指定规格的手机时,一步都不能错。

在写以上文字的时候,我坐着一把从网上买的旋转椅,这把椅子第一次发货过来时,有一个关键零件发错规格,无法组装。看,不说生产,一个看似简单的发货过程,都有可能出错。

我们得出此类对象需要外部构建的三个重要理由:

(1) 该类对象的构造过程需要涉及许多外部资源,此时从访问方向讲,通常是外部资源需要访问到待创建的对象,而不是待创建的对象访问这些外部资源,因此应该将构造过程外部化,既符合访问方向,也容易控制访问权限。

(2) 该类对象的构造过程相当复杂,需求变化多,此时构造某个对象的过程成为程序中需要管控的一部分,因此需要将它从类的内部独立出来,成为一个独立的受控对象。通常是一个函数,甚至是一个新的类。比如,如果所有屏幕都供货不足,那么手机将无法再生产。

（3）该类的对象的构造过程可能发生变化，甚至同时就有多种不同的构造过程，同第二点，此时有必要将该过程独立出来，以应对不同的变化。

了解"为什么"之后，现在学习技术细节。

既然我们为创建某个类的对象提供专门的外部方法，那就应该要求这些类的用户，都使用这个外部方法，不允许他们绕过去又使用传统的方法创建对象。

根据我们之前的经验，是不是干脆将这个类的构造函数，加上"＝delete"呢？

```cpp
//版本 0:
class Phone
{
    public:
        Phone () = delete;
    ...
};
```

这样一来谁都创建不出手机了，包括工厂。我们需要回到老路子上去，将构造函数声明在私有域，然后声明工厂是 Phone 的友元。假设工厂是一个普通的自由函数：

```cpp
//版本 1:
class Phone
{
    public:
private:
    Phone()
    {
        ...
    }
    friend Phone * CreatePhone();
};
```

如果有人看着一部苹果手机，很快就造出了一模一样的一部，这可能要比生产过程管理还让苹果公司关注，所以本例应该把拷贝构造和复制都禁用：

```cpp
//版本 2:
class Phone
{
public:
        Phone(Phone const& ) = delete;
        Phone& operator = (Phone const& ) = delete;
private:
        Phone()
        {
            ...
        }
        friend Phone * CreatePhone();
};
```

由于不允许复制,所以 CreatePhone() 函数返回的只能是指针。不允许复制却需要被传递,应该考虑让 Phone 对象生来就是一个智能指针:

```
//版本 3:
class Phone
{
public:
        typedef std::shared_ptr < Phone > SharedPtr;
        Phone(Phone const& ) = delete;
        Phone& operator = (Phone const& ) = delete;
private:
        Phone()
        {
            ...
        }
        friend SharedPtr CreatePhone();
};
```

这就顺带解决了,谁来记得删除 CreatePhone() 返回的指针的问题。没错,我们就是这么轻描淡写地解决一件事关内存管理的大事。

【重要】: 新的 C++ 程序员,不用太操心内存管理

相信你已理解并记住:把一类对象包装成智能指针,更多的是基于这类事物特定的行为特性而做出的一个封装操作。至于内存管理,谁在乎呢?因为:如果这类事物没有这些行为特性,那它们就很可能是"像白甜"的简单事物,它们就可以随意地在栈内存中创建,可以随意地被复制一份带走,可以随意地就地消亡……要内存管理做什么?

作为"智能指针"是一种封装的更好体现,这次我们将类型别名定义在 Phone 内部的 public 区域。下面给出负责生产手机的工厂方法的完整示例代码:

```
//main.cpp
# include <iostream>
# include <string>
# include <sstream>
# include <vector>
# include <list>
# include <utility> //for std::pair
# include <memory> //shared_ptr
# include <cassert>
# include <algorithm> //for_each
using namespace std;
struct ScreenA
{
    std::string Type() const
    {
        return "Screen";
```

```
    }
    std::string Value() const
    {
        return "A 屏";
    }
};
struct ScreenB
{
    std::string Type() const
    {
        return "Screen";
    }
    std::string Value() const
    {
        return "B 屏";
    }
};
struct ShellM
{
    std::string Type() const
    {
        return "Shell";
    }
    std::string Value() const
    {
        return "金属壳";
    }
};
struct ShellW
{
    std::string Type() const
    {
        return "Shell";
    }
    std::string Value() const
    {
        return "木质壳";
    }
};
struct Storage
{
    int Size_GByte() const
    {
        return 16;
    }
};
class Phone
{
public:
    typedef std::shared_ptr <Phone> SharedPtr;    //也可以用 using
```

```
public:
    Phone(Phone const& ) = delete;
    Phone& operator = (Phone const& ) = delete;
    std::string GetConfig() const
    {
        std::stringstream ss;
        for (auto part : _data)
        {
            ss << part.first << " : " << part.second << "\n";
        }
        return ss.str();
    }
private:
    template < typename T >
    void Put(T const& t)
    {
        _data.push_back(std::make_pair(t.Type(), t.Value()));
    }
    void Put(Storage const& storage, int count)
    {
        assert((count != 1 && count != 2 && count != 4)
                    || "存储规格配置仅支持1条、2条、4条。");
        std::stringstream ss;
        ss << (storage.Size_GByte() * count) << "G";
        _data.push_back(std::make_pair("Storage", ss.str()));
    }
private:
    Phone()
    {
    }
    typedef std::pair < std::string, std::string > Part;

    std::vector < Part > _data;
    friend SharedPtr CreatePhone(int& error_code
                                , std::string& error_msg);
};
//工厂中各元器件当前总件数
int CountOfScreenA = 5;
int CountOfScreenB = 3;
int CountOfShellM = 4;
int CountOfShellW = 2;
int CountOfStorage = 11;
//成品列表和次品列表
typedef std::list <Phone::SharedPtr> PhoneList;
PhoneList GoodsList;
PhoneList BadsList;
bool CheckCountOf(int CurrentCount, char const * name
                                , std::string& error_msg)
{
    if (CurrentCount <= 0)
```

```
    {
        std::stringstream ss;
        ss << name << "库存不足。";
        error_msg = ss.str();
        return false;
    }
    if (CurrentCount == 1)
    {
        cout << "注意,本生产线上," << name << "库存即将不足。" << endl;
    }
    return true;
}
Phone::SharedPtr CreatePhone(int& error_code
                                  , std::string& error_msg)
{
    error_code = 0;
    Phone::SharedPtr phone(new Phone);
    int sel;
    cout << "选屏：1)A 屏、2)B 屏 : ";
    cin.sync();
    cin >> sel;
    if (sel == 1)
    {
        if (!CheckCountOf(CountOfScreenA, "A 屏", error_msg))
        {
            error_code = 11;
            return phone;
        }
        ScreenA scr;
        phone ->Put(scr);
        -- CountOfScreenA;
    }
    else if (sel == 2)
    {
        if (!CheckCountOf(CountOfScreenB, "B 屏", error_msg))
        {
            error_code = 12;
            return phone;
        }
        ScreenB scr;
        phone ->Put(scr);
        -- CountOfScreenB;
    }
    else
    {
        error_code = 1;
        error_msg = "选错屏。";
        return phone;
    }
    cout << "选壳:1)金属、2)木质 : ";
```

```cpp
    cin.sync();
    cin >> sel;
    if (sel == 1)
    {
        if (!CheckCountOf(CountOfShellM, "金属壳", error_msg))
        {
            error_code = 21;
            return phone;
        }
        ShellM shell;
        phone->Put(shell);
        --CountOfShellM;
    }
    else if (sel == 2)
    {
        if (!CheckCountOf(CountOfShellW, "本质壳", error_msg))
        {
            error_code = 22;
            return phone;
        }
        ShellW sell;
        phone->Put(sell);
        --CountOfShellW;
    }
    else
    {
        error_code = 2;
        error_msg = "选错壳。";
        return phone;
    }
    cout << "选存储:1)16G、2)32G、3)64G ;";
    cin.sync();
    cin >> sel;
    int storage_count_set[] = {1, 2, 4};
    if (sel < 1 || sel > 3)
    {
        error_code = 3;
        error_msg = "选错存储规格。";
        return phone;
    }
    int storage_count = storage_count_set[sel - 1];
    if (CountOfStorage - storage_count < 0)
    {
        error_code = 31;
        std::stringstream ss;
        ss << "存储的库存不足所需的" << storage_count << "件。";
        error_msg = ss.str();
        return phone;
    }
    Storage storage;
```

```
        phone ->Put(storage, storage_count);
        CountOfStorage - = storage_count;
        if (CountOfStorage < 4)
        {
            cout << "注意,本生产线上存储库存剩余"
                << CountOfStorage << "件。" << endl;
        }
        return phone;
}
void ShowCountOf()
{
        cout << "当前 A 屏件数:" << CountOfScreenA << endl;
        cout << "当前 B 屏件数:" << CountOfScreenB << endl;
        cout << "当前金属壳件数:" << CountOfShellM << endl;
        cout << "当前木质壳件数:" << CountOfShellW << endl;
        cout << "当前存储件数:" << CountOfStorage << endl;
}
void ListPhone(PhoneList const& lst)
{
        int index = 0;
        for_each(lst.begin(), lst.end()
            , [&index](Phone::SharedPtr phone)
                {
                    cout << ++ index << ")\n";
                    cout << phone ->GetConfig();
                    cout << "----------\n";
                });
}
void CreatePhone()
{
        int error_code = 0;
        std::string error_msg;
        Phone::SharedPtr phone = CreatePhone(error_code, error_msg);
        cout << "\n 本次生产报告\n";
        if (error_code ! = 0)
        {
            cout << "悲催,生产错误。\n";
            cout << "错误编号是" << error_code << "。\n";
            cout << "错误信息是" << error_msg << endl;
            cout << "生产错误造成的残次品手机浪费配置如下\n";
            cout << phone ->GetConfig() << endl;
            BadsList.push_back(phone);
        }
        else
        {
            cout << "恭喜,成功生产一把新手机,配置如下\n";
            cout << phone ->GetConfig() << endl;
            GoodsList.push_back(phone);
        }
}
```

731

```
void Action()
{
    bool quit;
    do
    {
        cout << "\n 请选择：\n"
            "1)组装新手机；\n"
            " ==================\n"
            "2)显示成品手机；\n"
            "3)显示次品手机；\n"
            "4)显示元件余量；\n"
            " ==================\n"
            "5)退出 \n"
            << endl;
        int sel = 0;
        cin.sync();
        cin >> sel;
        quit = false;
        switch(sel)
        {
            case 1 :
                cout << "\n 开始组装新手机" << endl;
                CreatePhone();
                break;
            case 2 :
                cout << "\n 已经制作的成品手机清单" << endl;
                ListPhone(GoodsList);
                break;
            case 3 :
                cout << "\n 已经造成的次品手机清单" << endl;
                ListPhone(BadsList);
                break;
            case 4 :
                cout << "\n 各元器件余量" << endl;
                ShowCountOf();
                break;
            case 5 :
                quit = true;
                cout << "\n 再见" << endl;
                break;
            default :
                cout << "\n 功能选择错误，请重选。" << endl;
        }
    }
    while(! quit);
}
int main()
{
    cout << "欢迎来到 XX 手机工厂\n" << endl;
    cout << "安全第一、提高效率；\n 以人为本、稳抓质量！\n";
```

```
    cout << "\t\t-- XX 厂（宣）2016\n\n";
    ShowCountOf();
    Action();
    return 0;
}
```

 【课堂作业】：封装手机生产工厂类

以"面向对象"的眼光看，例子代码写得不太好。原因之一是"面对对象"还没学完；之二是没有将涉及手机生产的一堆元器件变量、操作函数封装成类。请大家马上完成这件工作，类名就叫"PhoneFactory"吧，要求将该类作为 Phone 类的唯一友元。

单例构造

世界上只有一个太阳，难道不是吗？那么要怎么避免程序员不小心构造出一堆太阳引来后羿呢？

```
//版本 1:
class Sun
{
    public:
        void Foo() { cout << "我是太阳" << endl; };
    public:
        Sun(Sun const& ) = delete;
        Sun& operator(Sun const &) = delete;
    private:
        //普通人无法创建太阳:
        Sun() { cout << "这世界有了太阳!" << endl; };
        ~Sun()    {};//普通人无法释放太阳(后羿??) //第二
        friend  Sun& TheSun();   //第三
};
Sun& TheSun()
{
    static Sun theSun; //第一
     return theSun;
}
int main()
{
    TheSun().Foo();
    TheSun().Foo();
}
```

这里延续了"工厂式"构造的思路，将构造函数私有化，再通过友元函数以实现在特定场合创建出唯一的并且不允许复制的对象。但也有重要变化：

（1）请注意"TheSun()"函数中的静态数据："staitc Sun theSun;"。复习一下：函数内部的普通栈变量，会在其所在代码块（最迟是函数）结束时"死"，等到下一次函数被调用时"重生"，但函数内部的静态变量，仅在函数第一次调用时"生"，然后就不死了（自然也不会重复"生"）。所以请大家跟踪代码，在 Sun()构造函数处设置断点，认真观察它在什么时候被执行以及是否真的只执行一次。一个程序中某个对象最多只能有一个，就叫"单例构造"。

（2）请注意析构函数"～Sun()"现在也是私有的。这是因为本例中，我们不需要关心太阳如何陨落，所以我们干脆不允许代码释放 theSun。既然不需要释放，所以也不需要 shared_ptr 的封装。

（3）由于不需要释放，所以"TheSun()"函数的返回值干脆采用对静态变量 the-Sun 的引用，而非指针。如果返回后者，一个负责任的使用者内心难免纠结一下要不要 delete 这个指针。

上面的第一点，我还要再强调一次：在"TheSun()"被第一次调用之前，函数静态数据"theSun"不会被构建（构造函数不会被调用）；而它一旦被构建出来，将一直存在，以后"TheSun()"函数被调用多次，它也不会被重复构建。既然"第一次"这么重要，那我们自然会担心，如果是多线程程序，许多线程同时（并发地）调用"TheSun()"，能分得清谁是第一次吗？这在之前还真是个问题，但是 C++ 11 新标规定：函数内部静态数据的构造过程必须线程安全。但就算如此，也强烈建议在主线程中主动调用单例以让它生成。

单例构造有许多变体实现。变体之一是将负责唯一构造的函数，变成类的静态函数：

```
//版本 2:
class Sun
{
    public:
        void Foo() { cout << "我是太阳" << endl; };
    public:
        Sun(Sun const& ) = delete;
        Sun& operator(Sun const &) = delete;
    private:
        //普通人无法创建太阳:
        Sun() { cout << "这世界有了太阳!" << endl; };
        ～Sun()    {}; //普通人无法释放太阳(后羿??)
    public:
        static Sun& TheOne()
        {
            static theSun;
            return theSun;
        }
};
```

名字也被我们改成"TheOne()"，friend 换成 static。"TheOne()"的开放权限必须是"public"。"TheOne"现在不是 Sun 类的友元，它已经是"自己人"了。下面是使用示例：

```
Sun::TheOne().Foo();
Sun::TheOne().Foo();
```

运行效果和版本 1 一致。使用上用户从"Sun"类出发,就可以找到该类唯一对象的构造方法,会更方便;因此这是我们推荐的版本。

再往下变化下去,有人会将"theSun"对象函数提取出来,变成 Sun 类的一个私有静态成员数据。其效果上也发生了微妙变化,因为类的静态成员数据一定被构造,不管你有没有访问到它。

8.3 派 生

封装主要关心对象概念背后的内部关系,包括对象生死复制等基本行为。派生则重点关心两类之间,是不是存在某种延续关系。来做一道语文分类题。

请依照(1)和(2)中三个词语的关系,从 A、B、C、D 中选一个合适的词填在以下划线处:

(1)人类、白种人、黄种人;(2)交通工具、小汽车、飞机;(3)电脑、台式机、_____;

备选答案:A)樟脑;B)硬盘;C)拖拉机;D)笔记本电脑。

答案是"笔记本电脑"。

这中间就有"派生"的基本概念。某种类型可能是另一种类的一个特定分类。比如:"白种人是一种特定的人类",或者"飞机是一种特定的交通工具"。此时我们就称那个特定的分类是"派生类",另一个类是"基类"。通常表达为"A 类派生 B 类"、"B 类继承 A 类"等。请看图 8-9 所示的关系图。

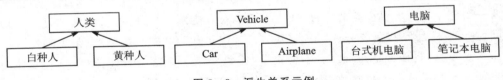

图 8-9 派生关系示例

(注意箭头的方向:由派生类指向基类,这是当下流行的图示方法。)表达派生关系的 C++的语法如下:

```
class Vehicle    //交通工具类
{
    ...
};
class Car : public Vehicle //小汽车是交通工具的派生类
{
    ...
};
class Airplane : public Vehicle //飞机是交通工具的派生类
{
};
```

先不必太关心语法，只要能看出上面有三个 class 的定义即可。但有读者马上要问了：真的需要把"Car"和"Airplane"全部设计为 class 吗？为什么它们不可以就是"交通工具"这个类的两个变量呢？示意为如下代码：

```
class Vehicle   //交通工具类
{
    ...
};
Vehicle  aCar; //一辆小汽车
Vehicle  aPlane; //一架飞机
```

如果"小汽车"和"飞机"对象可以共享一个类，那这个"交通工具类"必然会是一个超强的类。要同时具备小汽车和飞机应有的功能，并且如有需要，我们希望它是小汽车时它就是小汽车，希望它是飞机时它就是飞机。曾有一年我坐某航空公司的飞机降落机场时找不到停机位，于是庞大的铁鸟在首都机场上四处乱逛，那个时候我确实有一种坐在长翅膀的超级大巴士上的……错觉！现实中要设计并生产出这样的物种，去美国找变形金钢吧。

世界上没有相同的两片叶子，但显然我们不会为每片叶子都定义一个类。如果对象和对象之间所拥有的属性基本相同，只是各属性的值会有变化，那么这两类对象可以考虑设计成同一个类。比如这个人和那个人都归"人类"，都有"姓名、性别、身高"等属性项，只是每个对象的属性值各不同；但如果突然在街上看到一个长翅膀的"人"，那他应该属于"鸟人"类。

正式开始学习"派生"之前，我们要先学会经常问自己一个重要问题：此处真的需要一个派生类吗？现在就来练习：现实生活中有真皮做的足球，有塑胶做的足球。请问，在 C++ 设计中，需要分成"足球（基类）"、"皮足球"和"塑胶足球"三个类吗？

复习时间：什么是"封装"、"不变式"、"四要素"。对了，后者好像举过例子，证明封装一定要考虑类的使用者是谁。如果此处"足球"的使用者是体育用品店或者买家。练习的答案是：应该不需要设计"皮足球类"和"塑胶足球类"。"皮"或"塑胶"只是足球的原材料属性，简单用枚举法就可以区分啦：

```
class Football//一个为买卖设计的足球类
{
public:
        enum class Material { leather, plastic};
        Football(Meterial m, double price);
        Meterial GetMeterial () const { return _meterial; }
        double GetPrice() const { return _price; }
        void SetPrice(double price);
private:
        Meterial _meterial;
        double _price;
};
```

　　一个足球成品一旦构造完成,就不能改变它材料的属性(黑心商店除外)。我们的设计很好地体现了这一点。

　　如果用户是足球的生产厂家呢? 工厂需要关心足球的生产过程,所以可能会为该类添加"制作"、"质检"等生产操作。此时,材料是"皮"还是"塑胶",对这些操作可能会有重大影响。这时候拆成三个类,就是一种自然而然的好选择啦:

```
class Football
{
public:
    Football();
    void Make();
    void QualityTest();   //在某些情况下,它也许应该是"虚/virtual"的
};
class LeatherFootball : public Football
{
public:
    LeatherFootball();
    void Make(); //皮足球有自己的"制作"过程
    void QualityTest(); //皮足球有自己的"质检"过程
};
class PlasticFootball : public Football
{
public:
    PlasticFootball();
    void Make(); //塑胶足球有自己的"制作"过程
    void QualityTest(); //塑胶足球有自己的"质检"函数
};
```

　　这是重点和难点:"飞机"和"小汽车"不能合成一个类,随便在大街上抓一个驾驶员问,他们会回答:"交通规则都不一样啊,怎么可以共用一个类?"随便在大街上抓一个球迷追问"真皮足球"和"塑胶足球"的类设计问题,那家伙却超不耐烦:"这跟冲出亚洲有关系吗?"

　　⚠ 【危险】:"变形金刚"只是年少时的梦

　　每个 C++ 程序员懂得"类"是要设计的……于是乎有些人设计设计再设计,代码里就出现了一个"变形金刚"。原因就是把各种各样的逻辑全揉入一个函数或一个类。于是必然有各种各样的开关和判断……

　　真正的好设计是以做减法的方式做加法。简称"拆分"。派生是拆分的方法之一。

　　练习题还在继续。不同足球的尺寸通常也是通过同一个类属性加以体现的,请问在什么情况下,我们需要为不同的尺寸的足球专门设计类呢?

8.3.1　语法基础

派生类定义的基本语法：

```
class Derived: public Base
{
    /* ... */
};
```

在派生类名称之后加上一个":"，然后加上派生方式（本例的"public"）修饰字。再后是基类名称。

派生方式可以是：public、protected、private 这三者之一。如果不写，对于 class 默认为 private，对于 struct 默认为 public。"public"派生方式常见常用，称为"公开派生"或"公有派生"。三者具体区别暂不讲解。

定义派生类时，基类必须是已定义的（特定模板语法下比较微妙，暂不考虑）。

派生类"继承"了基类的成员，意思是基类的成员派生类都会拥有一份（包括私有成员），就像富一代给了富二代一切，财富、压力、名望、……阳光的、阴暗的……然而，派生类仍然不能访问基类私有成员。

```
class Base
{
public:
    Base()
        : _bi(0)
    {}
    int GetBI() const { return _bi; }
    void SetBI(int i) { _bi = i; }
private:
    int _bi;
};
class Derived : public Base
{
public:
    Derived()
        : _di(0)
    {}
    int GetDI() const { return _di; }
    void SetDI(int i) { _di = i; }
private:
    int _di;
};
```

直接看派生类 Derived，光看它时会觉得它就只有一个成员数据"_di"和两个成员函数，但其实（不考虑构造及编译器生成的默认操作）它拥有两个成员数据和四个成员函数，大家来数一数：

```
int GetBI() const;      //从基类继承而来
int SetBI(int );        //从基数继承而来
int _bi;                //从基数继承而来
int GetDI() const;      //自身定义
void SetDI() const;     //自身定义
int _di;                //自身定义
```

如前所述,派生类 Derived 拥有了来自基类的私有成员"_di",但是它却不能直接访问这个成员:

```
Derived::Derived()
{
    _bi = 0; //编译出错,因为_bi 是基类的私有数据
}
```

那怎么证明 Derived 拥有该成员呢? 可以尝试用 sizeof() 来查看一下该类对象的尺寸,更直观有效的方法是:调用同样派生自基类的"SetBI()"和"GetDI()",你就会知道在 Derived 的对象身体内部,真的拥有数据"_bi"。

【重要】:"面向对象",然而许多规则是"面对类型"而言

仍有学员"脑洞大开":"会不会派生类的对象由两部分组成,一部分是基类对象的身体,一部分是派生类自己的。二者可能是分离的,只是派生类对象有一个类似'指针'的数据,指向基类身体呢?"确实有些语言是这么实现的,但是 C++ 语言,派生类对象就是一个完整而独立的对象。只是对于简单的继承,如果你在派生类对象的"身体/内存"的某个位置切一刀再往上看,这上半部分还真可以将它视作一个基类对象。

和我们说"访问权限"的规则是基于"类"做了限制一样,"派生/继承"关系同样是基于类型之上的规则描述。定义某个类派生于另一个类,更像是在为这个类型定义一套"继承法"。

下面就以"Derived"这个派生类为例,看看如何使用它:

```
void foo()
{
    Derived d;
    int bi = d.GetBI ();
    int di = d.GetDI();
    d.SetBI (100);
    d.SetDI(101);
}
```

看上面这段代码,大家第一个任务是,找一找代码中有出现基类"Base"的字眼吗? 显然没有,有用基类定义出某个"基类对象"吗? 更加没有。那难道"Base"类的存在就是为了当人家的派生类吗? 当然不是,比如在本例中,基类那段代码如果有"知觉"的话,它不知道也不在意自己被抓去当别人家的基类。再者,它也是一个地地

道道的类，比如：

```
...
Base b;
int i = b.GetBI();
b.SetBI(i * 2);
```

现在，认真看一下新加代码中的"GetBI()/SetBI()"和再上一段代码中的"GetBI()/SetBI()"。我们必须问的"为什么要有派生呢"这个问题，一个朴素的念头可能产生了：程序员只是在基类声明和实现了一次"GetBI()/SetBI()"，但却可以同时供基类和派生类的对象使用，节省代码啊！大家可以不让"Derived"派生自"Base"，然后看看要实现上面两段代码的同样效果，是不是要多敲好多行代码？

【轻松一刻】：干嘛要搞派生呢！

"老师，其实不用派生，就可以实现同样的效果！"

"那你就要把 GetBI/SetBI 的实现写两遍，包括 _bi 的定义也要定义两次。"

"老师你好笨，用 Ctrl＋C/Ctrl＋V 好方便的，干嘛要搞派生呢！"

就像当初引入函数的一个朴素的愿望一样，派生关系可以让某个类中的某些代码，不用在别的类中重复定义，就可以直接使用。自然避免了使用"拷贝/粘贴"大法到处复制代码。想一想如果有一天这些相同但到处存在的代码逻辑有变动时，到处翻找代码那该有多酸爽。

然而，避免"重复代码"是面向对象中，有关"派生"的关系设计中，最不起眼的作用，甚至只是"副作用"，我们先把话撂在这里。至于理由，要现在说吗？当前标题是"语法基础"呢！说点别的基础。一个基类可以有多个派生：

```
class Derived2 : public Base
{
public:
    Derived2()
        : _di2(0)
    {}
    int GetDI2() const { return _di2; }
    void SetDI2(int i) { _di2 = i; }
private:
    int _di2;
};
```

此时 Derived 和 Derived2 可以称作"兄弟类"或"姐妹类"。派生关系还可以多级递推，A←B←C，无穷尽也。

```
class Derived3 : public Derived2
{
public:
    Derived3()
        : _di3(0)
```

```
    {}
    int GetDI3() const { return _di3; }
    void SetDI3(int i) { _di3 = i; }
private:
    int _di3;
};
```

 【课堂作业】：派生关系梳理

（1）一张图画出 Base、Derived、Derived2、Derived3 之间的关系。

（2）写出 Derived3 对象拥有的成员数据和成员函数。

派生？组合？

因为"派生"可以省去重复写基类的这个好处浅显易见，所以程序员有时候就会本末倒置，为了"复用代码"而派生。比如先写了一个"拖拉机"类，有个"刹车"方法。后来突然代码里也要有"轿车"，显然也要支持"刹车"，于是干脆让"轿车"类派生自"拖拉机"类，这种错误太低级了嘛！正确的做法应该是抽象出一个"燃油类机动车"作为基类，然后把"拖拉机"和"轿车"相似的逻辑，放到基类中去。

再一种常见的错误：先写了一个"引擎"类，然后需要实现"汽车"类，感觉汽车需要用到"引擎"的诸多功能嘛，于是干脆让"汽车"类派生自"引擎"类；但其实"引擎"是"汽车"的一个组成部分，"汽车"不是一种"引擎"，因此二者不存在合理的派生关系。正确做法应该采用组合：

```
struct Engine
{
    ...
};
struct Car
{
    ...
    Engine _engine;
    ...
};
```

这种表达方式是不是非常自然？在 Car 类中，包含了一个 Engine 类的对象作为组成。

不过，遇上 C++ 这种航空母舰级的语言，许多话还真不能说绝对了。在 C++ 的某个角落中还真藏着一种特殊的派生语法可用于实现"组合"关系。再往后就会讲到。

8.3.2 受保护的

结合最新学习的知识，回顾类成员访问权限修饰符"private"和"public"的区别：

（1）private：私有成员。只允许在类内部（典型的如类的成员函数内）访问。

（2）public：公开成员。允许在类内或类外，包括派生类的代码中访问该成员。

之所以规定基类的私有成员连派生类都不能直接访问，是为了让基类的某些重要不定式的维护工作，完全控制在基类的代码范围内。反过来推理得出一个重要的结论：派生类肯定也要遵循基类所要求的一些不定式。如果我们在代码中定义"尊老爱幼"是"人类"的不定式，从它派生出来的"男人类"和"女人类"也必须遵循该不定式。前面我们图简单（也可能是作者用心良苦）搞了一堆 Set/Get 成员，没看出有什么不定式；从而也就被错误地（也可能是有意）引导出"派生类可以复用基类代码"这样一个并不重要的枝节。

把"private"的权限放宽一点，仍然不允许基类外部访问，但允许派生类（包括派生类的派生类……）访问，那就是关键字"protected"提供的访问权限。

比如 A 类有访问权限为"protected"的成员数据 a 和成员方法 foo()，那么派生自 A 类的 B 类，就不仅拥有这两个成员，而且可以直接访问或调用它们。请大家马上用代码测试。

据说 C++ 之父有些后悔让 protected 可以作用在成员数据上，意思是应该只有成员函数可以不对外公开，却允许派生类使用。确实，将类的成员数据这么直接地开放给子孙万代，真的容易失控。

😀【轻松一刻】：关于"protected/private"的错误设计之历史案例剖析……

秦二世而亡。我与一位平时兼职编程赚外快的史学家讨论，双方一致认为是始皇把所有权力都放到了"protected"范围内才造成的悲剧。

下面是"日期（Date）"类的设计，示例带"protected"的派生：

```cpp
#include <iostream>
#include <sstream>  //std::stringstream
using namespace std;
class Date
{
public:
    Date()
        : _m(1), _d(1)
    {
    }
    void Set(int month, int day)
    {
        _m = month;
        _d = day;
    }
    void Output()
    {
        cout << this->AsString() << endl;
    }
```

```
protected:
    string AsString()
    {
        stringstream ss;
        ss << _m << "月/" << _d << "日";
        return ss.str();
    }
private:
    int _m;
    int _d;
};
```

本设计中,Date 有它的独立"类格",无需依赖未来的派生类就可以做自己的事情。从代码上猜,就是可以将设置好的日期,以特定的格式输出到屏幕上,不过它做了一件看起来很有远见的事:将"得到特定格式的字符串"这个功能,剥离成一个"protected"的成员函数:"AsString()"。该类的作者(就是我)为什么这么有"远见"呢? 无非是两种可能:一是在写 Date 类时,就已经知道待会儿就要写另一个类了,恰好可以复用"日期格式化"这块功能;二是作者已经养成将功能拆分至合适颗粒度的编程习惯。以本例看,主要是第一个原因。所以,"Birthday"类马上来了,它派生自 Date,然后增加一个功能用于产生"生日祝福语"。祝福语中会夹着一个格式化的日期,正是来自基类的"AsString()"成员函数。

```
class Birthday : public Date
{
public:
    string BestWishes(string const& recipient   //接受者姓名
                     , string const& sender      //发送者姓名
                     , string const& message)
    {
        stringstream ss;
        ss << "亲爱的" << recipient << ":\r\n\r\n";
        ss << "今天是你的生日,衷心祝福你:\r\n\r\n";
        ss << "\t" << message << "\r\n\r\n";
        ss << "\t\t\t 你的:" << sender << "\r\n";
        ss << "\t\t\t" << this ->AsString() << "\r\n";
        return ss.str();
    }
};
int main(int argc, char * * argv)
{
    Birthday bd;
    bd.Set(4, 21);
    cout << bd.BestWishes("棒棒", "爸爸", "健康、美丽! 开心成长!!")
         << endl;
    return 0;
}
```

8.3.3　派生方式

前面提的例子都采用常见的"公有派生/公有继承"。我们看到,假设基类有一个公有的 SetBI()方法,那么采用公有派生之后,派生类也相当于有了一个公有的 Set-BI()函数。外部代码可以通过派生类的对象调用 SetBI()。那么有没有可能有一种派生类,为人比基类要"低调"很多,它从基类继承了 SetBI()等成员,却只是想自己使用,再也不对外开放呢?

意思是,多数"继承"或"派生",是子承父业。比如父亲是开饭馆的,一手好厨艺;我继承了他老人家的手艺,可是我并不想为别人做饭做菜,从此只在家里下厨。并且还立下家规,南老师家从此代代都不允许开饭馆——这就叫"私有继承"。

主流语言中似乎只有 C++提供"私有继承"的概念和相关语法支持。私有继承所表达的基类和派生类之间关系,和公有继承大相径庭。私有继承下,派生类虽然不会破坏基类所要维护的内部状态,但对外而言,基类原来具备的特定功能(不包括构造、析构等),派生类都不对外提供了,所以在外部看来,派生类已经不再是基类的一种功能扩展,倒有可能是功能减化。假如爸爸所属类是"饭店大厨",我继承其厨艺却不再开饭店,所以在外人看来,我已然不归"厨师"类。

那我是谁? 外人的眼里我是一名程序员,他们不知道,眼前其实是一位精通厨艺的程序员:

```cpp
class Cook
{
    public:
        void Cooking() { cout << "做了一桌满汉全席" << endl;};
};
class CoderLikeCooking : private Cook
{
    public:
        void Coding()
        {
            cout << "写了一万行代码" << endl;
        };
};
```

赶紧测试一下 CoderLikeCooking:

```cpp
void test()
{
    CoderLikeCooking nanyu;
    nanyu.Coding();  //成功! 你可以让我写代码
    nanyu.Cooking();//编译失败,拒绝提供此私密功能
}
```

只提供写代码的服务,那从基类那里继承的做满汉全席功能有什么用? 别急,作为隐藏的招数,通常剧情的发展,是由"CoderLikeCooking"根据自己的心情,决定是

否在编码的过程,用上隐藏功能。让我们改动一下这类特殊程序员的编码功能吧:

```
...
void Coding()
{
    cout << "写了一万行代码" << endl;
    int r;
    cout << "大家饿了吗?";
    cin >> r;
    if (r == 'y' || r == 'Y')
    {
        this->Cooking();  //一言不合就做了一桌满汉全席
    }
}
```

就这样写了十年代码,在同事的推荐及领导的错爱下,我当 CTO 了。可见,跨界真的很重要啊! 私有继承是让对象拥有跨界能力的好助手。还有一种基于 protected 的派生方式,通常需具备 CEO 潜质的人方知其妙,我决定藏私,不细讲了。三种派生方式的对比如表 8-3 所列。

表 8-3　派生方式对比表

派生方式	语　法	基　类	派生类	备　注
公开派生	class D : public B {...};	public	public	从基类所得成员的访问权限,在派生类中保持不变。
		protected	protected	
		private	private	
受保护派生	class D : protected B {...};	public	protected	基类原有的"公开"成员,在派生类变成"受保护"的成员。其余不变。
		protected	protected	
		private	private	
私有派生	class D : private B {...};	public	private	基类所有成员,在派生类中都变成"私有"。
		protected	private	
		private	private	

🛈 【小提示】:访问权限变化:从严不从宽

认真看表 8-3,可以发现:访问权限从基类到派生类,采用的是"从严"原则。允许从 public 变成 protected 或 private,倒过来的"从宽"处理是不行的。想一想这样规定有什么好处?

当派生类是"class",如果不写派生方式,默认为"private";如果派生类是"struct",则默认"public"。

8.3.4　派生类的构造

又到了谈"生"与"死"的时候了,这一回和派生有关。

派生类对象的内部结构,可认为是基类的成员数据加上派生类的自身的成员数据组成的,图 8-10 仅用于示意,不代表其真实的内存结构。

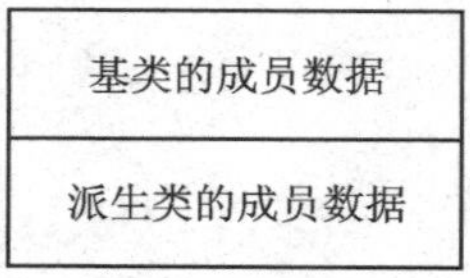

基类的成员数据
派生类的成员数据

图 8-10　派生类内部结构示意

构造函数通常负责初始化对象的成员数据,那么派生类的构造函数如何完成这一项工作呢?假设有一个基类叫 XY,其下派生 XYZ 类:

```
struct XY    /* 老朋友换个马甲出场 */
{
    XY()
        : x(0), y(0)
    {}
    int x, y;
};
struct XYZ : public XY
{
    XYZ();
    int z;
};
```

XYZ 的构造函数该如何写?请看以下两个错误答案,如表 8-4 所列。

表 8-4　派生类构造过程思路对比

	代　码	评　论

错误答案 1:
采用初始化列表
	XYZ::XYZ()
	　　: x(0), y(0), z(0)
	{
	}
		思路正确,但编译出错。
		语法上初始化列表不允许直接访问基类数据。

错误答案 2:
构造过程中赋值
	XYZ::XYZ()
	{
	　　z=y=x=0;
	}
		编译通过,但思路有错。
		如果 x、y 是基类的私有数据,也编译不过。

正确的做法是:

```
XYZ::XYZ()
        : XY(), z(0)
{
}
```

派生类的构造初始化列表中,首先主动调用基类的构造函数,然后再初始化自身数据。这其中隐含了两个原则:一是基类的事情基类做,二是构造时先把基类搞定了,再搞派生类。

派生类包含基类的数据和自身的数据,其中基类那一部分,应当由基类负责,方法是调用基类合适的构造函数。如果需要的是基类的无入参的默认构造,那也可以省略。比如:

```
XYZ::XYZ()
        :/ * XY(),*/ z(0)
{
}
```

故意注释掉对基类默认构造的调用,但 XY()仍然会被调用。如果构造时需要入参,就仍然需要手工匹配:

```
struct XY
{
    XY()
            : x(0), y(0)
    {}
    XY(int x, int y)   //新增带入参构造
        : x(x), y(y)
    {}
    int x, y;
};
struct XYZ : public XY
{
    XYZ();
    XYZ(int x, int y, int z);   //新增带入参构造
    int z;
};
XYZ::XYZ()
    : z(0)
{}
XYZ::XYZ(int x, int y, int z)
    : XY(x, y), z(0) //x 和 y 交给基类
{
}
```

XY 和 XYZ 都各自增加了带入参的构造方法,其中后者将初始化 x 和 y 的工作,明确地委托给基类处理,如果不明确写出,编译器还是会调用 XY()这个无入参的基类构造。

（i）【小提示】:委托构造

C++ 11 新标中,同一个类的不同构造函数,也可以进行"委托":

```
class UserInfo
{
public:
    UserInfo(std::string const& name, int age, int tall, int weight)
        : name(name), age(age), tall(tall), weight(weight)
    {}
    UserInfo(std::string const& name, int age, int tall)
        : UserInfo(name, age, tall, 0)
    {}
    UserInfo(std::string const& name, int age)
        : UserInfo(name, age, 0, 0)
    {}
    UserInfo(std::string const& name)
        : UserInfo(name, 0, 0 ,0)
    {}
    UserInfo()
        : UserInfo("匿名", 0, 0, 0)
    {}
private:
    std::string name;
    int age;
    int tall;
    int weight;
};
```

思路简单得像"直男癌"：先写一个可定制最多数据的构造函数，后面需要定制较少数据的版本，就全调用这个版本就好。当然，也可以"更精致"一点，实现逐级调用，比如二入参版带三入参版，三入参版调用四入参版……

派生类相比基类，通常是需要定制、扩展或新增一些功能的，典型的如 XYZ 类比 XY 类多了一个成员数据 z，构造需要相应地对新增的成员数据进行初始化。不过也有派生类只是新增一些功能接口，并不增加数据的情况，这种情况下，会出现一个需求：派生类懒得增加新的构造方法。

```
//可缩放的 XYZ
struct XYZ_Zoomable : public XYZ
{
    void Zoom(int p)
    {
        x *= p; y *= p; z *= p;
    }
};
```

派生类继承了基类的许多功能（这句话有玄机），然后根据最新需要，加一个缩放功能的方法，呀，不到一分钟就搞定了！派生真是好用呀……但接下去就哭了：

```
...
XYZ_Zoomable xyz2(5, 20, -5);
xyz2.Zoom(2);
```

猜是哪一行编译失败？居然是构造那一行。编译器埋怨说："no matching function for call to 'XYZ_Zoomable::XYZ_Zoomable(int，int，int)'"，意思是没有匹配的构造函数。等等！基类有三个入参(x，y，z)的构造方法呀？派生类向基类怒吼："你为什么没有把它给我！"次日微博专家发文：《千金易传，一技难教！富二代学不会祖宗的构造法是谁的错？》；朋友圈疯传：《好文！你所不知道的 C++豪门家族遗传法背后的惊天秘密！》；知乎网站：《人类进步史上，有哪些技能已经断层？》……

在 C++ 11 之前，通常做法就是为派生类手工码构造函数：

```
//为派生类添加必要的构造函数：
 XYZ_Zoomable(int x, int y, int x)
     : XYZ(x,y,z)
{}
```

手工码半天，就干一件事：将实际构造过程委托给基类对应的构造。这让人郁闷，所以 C++ 11 改进为可以使用"using"语句，获得基类的所有构造方法(该方法叫"继承构造"，天，一个构造怎么这么多术语！)：

```
struct XYZ_Zoomable : public XYZ
{
    using XYZ::XYZ;   //第一个 XYZ 是基类名,第二个构造名,所以长这样
    ...
};
```

下面给出从 XY 到 XYZ_Zoomable 的全新的完整定义：

```
struct XY
{
    XY()
        :XY(0,0) //刻意使用同类"委托构造"
    {}
    XY(int x, int y)
        : x(x), y(y)
    {}
    int x,y;
};
struct XYZ : public XY
{
    XYZ()
        : z(0) //会自动委托基类的 XY(),以初始化 x,y
    {}
    XYZ(int z)
        : z(z) //会自动委托基类的 XY(),以初始化 x,y
    {}
    XYZ(int x, int y, int z)
        : XY(x, y),z(z) //必须手工委托
    {}
    int z;
```

```
};
class XYZ_Zoomable : public XYZ
{
public:
    using XYZ::XYZ;   //获得 XYZ 的所有构造方法!
    void Zoom(int p)
    {
        x *= p; y *= p; z *= p;
    }
};
```

作业:请大家测试以上三个类。在测试过程中,XYZ_Zoomable 类创建对象时,应注意观察这样一个过程:为了构造 XYZ_Zoomable,代码会先进入其直接基类 XYZ 尝试构造出 XYZ 的部分,而为了构造 XYZ,又不得不先构造 XY 的那一部分 ……某种时候,程序像一个蠢萌的建筑师,"我们要建一个三层的小楼,直接从三楼盖起吧……好像不行?那盖二楼吧……还是不行,盖一楼,成了,盖二楼,成了,终于三层楼全盖好了……"

8.3.5 派生类的析构

楼盖得再好,终究要拆。能不能直接把一楼拆掉?二楼以上的住房不同意啊。所以蠢萌的建筑师先拆三楼,不影响一二楼;再拆二楼,最后拆一楼。(地基呢?这个比喻里没有地基什么事!)

 【危险】:类派生关系的层次问题

拿楼房比喻类派生关系,此时楼房的低层是"基类",高层是"派生类",因为后者依赖前者。划类的派生关系时,为了顺手,基类在上,派生类在下。但若从依赖关系来看,我们认为派生在上层,基类在下层。当然,在完整学习"面向对象"之后,会有另一个视角:从抽象程度定义类的层次,此时基类代表"抽象概念",在上层;派生类代表"具体实现",在下层。

拆楼,啊不……析构不需要"委托",会自动"拆"完派生类,再"拆"直接基类,如果还有基类就继续"拆"下去。原因也很好理解:类的析构函数只会有一个,并且总是没有入参,所以编译器可以放心地帮助逐级传递下去。

```
#include <iostream>
using namespace std;
struct S1
{
    S1()
    {
        cout << "S1 - construct" << endl;
    }
    ~S1()
```

```
    {
        cout << "S1 - destruct" << endl;
    }
};
struct S2 : public S1
{
    S2()
    {
        cout << "\tS2 - construct" << endl;
    }
    ~S2()
    {
        cout << "\tS2 - destruct" << endl;
    }
};
struct S3 : public S2
{
    S3()
    {
        cout << "\t\tS3 - construct" << endl;
    }
    ~S3()
    {
        cout << "\t\tS3 - destruct" << endl;
    }
};
int main()
{
    {
        S3 s3;
    }
}
```

8.3.6 多重派生

"听过双节棍吗?""听过!"

"唱过《双节棍》吗?""唱过!"

"玩过双节棍吗?"

双节棍这东西像棍又像鞭,如果玩不精非常容易先把自己打死,这应该就是去年我还看到好多同学在玩它,现在却无人回答的原因吧?

C++的弹药库中有很多类似双节棍这样容易让习武之人自伤的武器。多重派生就是其一。本书将多重派生进行分解,放在多处讲解。这里先讲它的基础部分。

明年今日,当我问"有玩过'多重派生'的吗?"希望能听到大家生机勃勃的声音哦!

【轻松一刻】:妖是妖它妈生的……

什么叫多重派生?其实也很简单啦,有句名言说的是:"人是人他妈生的,妖是妖他妈生的。"其实只说了一半,完整版是:"人是人他妈和他爸生的,妖是妖他妈和他爸生的。"哪个孩子不是同时继承了爹和妈的特点呢?

融合、组合

一个类派生有多个直接基类,这就叫做"多重派生"或"多重继承(multiple inheritance)"(后者为常用术语)。示例语法:

```
class Baby : private Daddy, private Mammy //女权主义者皱眉了...
{
};
```

注意语法:每个基类都要指定派生方式,多个基类之间用逗号分隔。实际排名次序会有微妙的影响(但本例真的没有在宣扬"男人在女人之前"这种思想糟粕)。

再请注意:本例我们使用"私有派生"。为的是让 Baby 可按自我的意愿成长。Baby 可能继承了爸爸的优点、妈妈的优点、爸爸的缺点和妈妈的缺点;但反正是私有派生,也让 Baby 类可以自我控制,将哪些缺点继续"隐藏"起来,将哪些优点开放出来等等。

这正是之前我们提到的,C++中也可以使用"派生"的语法表达某种"组合"的关系,迷底揭开了,正是"私有派生",通常还需要加上"多重派生"。但是,80%的情况下的组合,还是应该采用之前提到的方法,将组成部分作为最终产品的内部对象。20%的情况下的组合,它不是纯粹的"组合"。比如:"哇!宝宝组合了爸爸和妈妈两位的优点呢!你看,妈妈的大眼睛,爸爸的直鼻子……"我们不能说宝宝是由妈妈和爸爸的优点组成。或者回到前面的例子。一个拥有厨艺的程序员,你真觉得他的身体里住着一位厨师吗?为了更好地区别,本书称这类组合为"融合"。

下面给出"组合"与"融合"的对比。先是两类组件的定义,Part1 和 Part2:

```
struct Part1
{
    std::string AAA() { return "AAA"; }
};
struct Part2
{
    std::string BBB() { return "BBB"; }
};
```

　　然后,下表中左边是 Part1 和 Part2 组合成的 CObject 代码,右边是 Part1 和 Part2 融合成的 CObject 代码:

组　合	融　合
```class CObject { private: Part1 part1; Part2 part2; }; ```	```class CObject ： Part1, Part2 { }; ```

　　接着,我们需要为 CObject 添加一个新功能,该功能集 Part1 和 Part2 之力,在屏幕上输出"AAA – BBB",如下表所列。

组　合	融　合
```class CObject { public: void OutputAAABBB() { cout ≪ part1.AAA() ≪ '-' ≪ part2.BBB() ≪ endl; } private: Part1 part1; Part2 part2; }; ```	```class CObject : Part1, Part2 { public: void OutputAAABBB() { cout ≪ this ->AAA() ≪ '-' ≪ this ->BBB() ≪ endl; } }; ```

　　加粗部分的内容,显示了"组合"和"融合"的微妙差异:两个目标类都拥有来自 Part1 和 Part2(开放的)功能;但在组合之后,目标类中拥有独立的部件对象,再通过这些部件调用相关功能,比如"part1. AAA()"。"融合"则直接让部件类的功能看起来是融入目标类身体的功能,比如"this -> AAA()"。

　　"关公要大刀"是组合功能。关公是主体,内部拥有"武器"成员,多数情况下是大刀,偶尔换成别的武器也可以。"蜘蛛侠"就适合"融合"。显然,"蜘蛛侠"是人不是蜘蛛,同样显然,蜘蛛侠应该是血液里融有蜘蛛能量的人,而不是在肚子组成中真有一只萌萌的蜘蛛忙着吐丝。

　　对比一下"蜘蛛侠"和《西游记》里的"蜘蛛精"类定义,如下表所列。

蜘蛛侠	蜘蛛精
/* 说明：是人，不小心融入蜘蛛的能力 */	/* 说明：是蜘蛛，经修炼可以幻化出女人形 */

class Spider_Man :
 public Man, **private** Spider
 {
 ...
 };
	class Spider_Woman :
	 public Spider, **private** Worman
	 {
	 ...
	 };

二者都采用了多重派生，同时一个采用公有派生，一个采用私有派生，除了性别之外，请认真思考二者的本质区别。如果不认真，为师诅咒今晚有蜘蛛精来咬你一口，让你变成蜘蛛侠。然后请写出自己身份的类定义。

类的设计有时候没有标准答案，比如回到开题的"双节棍"。双节棍是棍不是棍？双节棍是一种特殊的鞭子吗？作为一个习武多年的老程序员，告诉大家：用棍法耍，伤头；用鞭法耍，伤身。请各位采用多重派生，自由组合一下吧！

【课堂作业】：战斗机

请为"武器（Armament）"、"飞机（Airplane）"、"战斗机（AirArmament）"三者提供合理的类设计。要求武器类有"攻击（Attack）"成员函数，飞机类有"飞行（Aviate）"成员函数，均为 public 成员；并让 AirArmament 类对外只提供一个在飞行中攻击的功能。

多重派生构造与析构

多重派生同样遵循在派生过程中，基类与派生类之间的构造与析构次序，但它有多个基类，构造时哪个基类先构造？析构时哪个基类先析构？答：以基类的声明次序，构造时从左到右，即先声明的先构造；析构时从右到左，即后声明的先析构。完整测试代码如下：

```cpp
# include <iostream>
using namespace std;
struct A
{
    A()
    {
        cout << "A::A()" << endl;
    }
    ~A()
    {
        cout << "A::~A()" << endl;
    }
};
struct B
```

```
{
    B()
    {
        cout << "B::B()" << endl;
    }
    ~B()
    {
        cout << "B::~B()" << endl;
    }
};
struct AB : public A, public B
{
    AB()
    {
        cout << "AB::AB()" << endl;
    }
    ~AB()
    {
        cout << "AB::~AB()" << endl;
    }
};
int main()
{
    {
        AB ab;
    }
    return 0;
}
```

8.3.7　派生类与作用域

　　问题:假设基类 B 有一个成员函数名为 foo,然后 B 的派生类 D 也定义了一个同名的 foo 函数,事情会怎样?

```
class B
{
public:
    void foo() { cout << "B::foo" << endl; }
};
class D : public B
{
public:
    void foo() { cout << "D::foo" << endl; }
};
```

　　注意,D::foo 和 B::foo 同名,并且它们都是类的公开成员。如果我们写这样的代码:

```
void test()
{
    D d;
    d.foo(); //←这里调用的是哪个类的 foo?
}
```

答:调用的是 D::foo 成员函数。如果你忘了,那你得从《感受篇》重新学起了!哈哈,为师在笑声中流下了眼泪。记得在《感受篇一》中"美人类(Beauty)"派生自"普通人类(Person)",然后可以拥有美人特有的"自我介绍函数(Introduction)"的方法。

这里的逻辑自然而然:基类有个旧的,派生类写个新的。在外部调用时,实际对象又确实是派生类对象,所以自然就调用了派生类的版本嘛! 那如果派生类的那个版本被变成"私有"的呢? 我的意思是:变成外部调不到的私有的呢?

```
class D : public B
{
private:   //←注意这里,foo 在派生类里变成私有的
    void foo() { cout << "D::foo" << endl; }
};
```

"老师,那基类里,foo 还是 public 的吗?""当然是,基类一切不变。""那肯定是调用基类的嘛! 因为派生类调不着了,所以基类的就起作用了!"接下来请听老师的咆哮:"不要猜! 上代码!! 开测!!!"

结果并不是调用基类那个公开的 foo,竟是编译失败。新问题随之而来。

请选择编译失败的原因:

(1) foo 在基类是'public'的,派生类不能将人家改成'private'的;

(2) foo 在派生类里是'private'的了,所以不允许被调用。

正确答案是(2)。成员函数选择的优先级判定,类层次优先于访问范围控制。

例子还见证了一个事实:基类的成员,有可能在派生类中因为重新定义而降低其可访问范围。比如从公有变成私有。请问,基类的成员,在派生类中重新定义,并且将其访问权限放宽,比如将私有的放宽成公开,可否?

"不要猜! 上代码!! 开测!!!"全国读者异地同声,除了个别人。

结论是:可以。你不信? 呵呵,你就是刚才的个别人。

直觉有点怪,但请大家再试试,在基类里定义一个变量"int mm;",在派生类里也定义一个变量"int mm;",是不是也允许? 改变它的访问权限,还是合法的。事实上,分处基类和派生类的两个同名变量(或两个同名函数),虽然重名但其实是同时存在的两个实体,对应不同的两段内存。也就是说,派生类里的 mm 和基类里的 mm,是两个"妹妹"呀! 既然是两个主体,那一个"私有"一点,一个"开放"一点,有什么不行呢?

张同学:"但老师之前不是说,派生类的对象其实是一个主体,来自基类的成员和派生类自己的成员,不是都放在同一段内存里了吗? 为什么这段内存里允许有数据

重名呢?"

　　李同学:"你看,这样定义就不行:int mm＝1,mm＝2;"

　　我们学习过《原理》篇,知道所谓的"名字"对机器来说都是浮云。机器眼里只有内存的地址和内存里的内容。既然已经知道基类的成员和派生类的成员哪怕重名,其实也是对应到真真切切的两块内存,那同名的问题就好办了。编译器可以根据变量所在区域的不同,背着程序员,偷偷为它们改个名就好了。不同文件里的同名变量如此处理,不同 namespace 里的同名变量如此处理,不同函数里的同名变量也如此处理,不同 class 或 struct 里的同名变量也如此处理,难道基类和派生类不是两个不同的类吗?

　　事情没有变得更复杂:很早很早以前,我们就学习过"不同 class 或 struct 里的同名变量可以重名",C++ 11 里连"enum"都有自带符号作用范围的升级版了。这里是C++,不是 C。名字冲突这种低级问题,只要编译器想出手都能解决,哪怕是"int mm＝1,mm＝2;"的情况。编译器表示:"不是我想不想出手的问题,是 C++ 的语言标准如何规定的问题。"

　　最终问题是"为什么 C++ 标准要允许派生类中可以定义基类(以及其基类的基类)中存在同名的成员呢?"是为了方便广大 C++ 程序员,想想如果取个名字需要向上查祖宗十八代是否有人同名的……想想就一头包。

　　梳理一下,程序员要方便给变量取名→允许派生类成员和基类存在同名成员→派生类和基类同名成员其实是两个实体→两个实体当然可以有各自的访问权限→结论:所谓基类的某个成员被派生修改了访问权限是个伪命题。

　　至此,有关派生类中成员名称的作用域问题,事情真的没有变得更复杂,把派生类当成和基类没有关系就可以了。

　　再继续,派生类的成员和基类重名了,那在派生类中想访问基类的那个成员,怎么办? 事情仍然没有变得更复杂:之前就说过了,需要跨域访问某个名字时,加上那个域的名称以及":: "就可以呀,而类或结构天生具备名字域的功能:

```cpp
class dA
{
public:
    int a = 8848;
    int foo()
    {
        return a;
    }
};
class dB : public dA
{
private:
    int a = 0;
    void foo(int v)
```

```
    {
        cout << v << endl;
    }
public:
    void zzz()
    {
        //在派生类访问基类同名成员:
        cout << "dA::a = " << dA::a << endl;
        cout << "dA::foo() = " << dA::foo() << endl;
        //或者,如果喜欢:
        cout << "this->dA::foo() = " << this->dA::foo() << endl;
    }
};
```

"this->dA::foo()"这一写法描述了一个事实:有些东西名义上是基类的,但实体还是当前这个(this)类的。

拆、拆、拆

编程世界里 95%(和本书的多数百分比一样,这些数都缺少科学考证)的情况下,代码拆分总是比把一大坨代码揉在一起要值得推荐。基类和派生类也不过是一种代码拆分方法。许多时候类和类之间其实就是没有什么关系,只是有相近甚至重复逻辑存在。此时也可以将代码剥离出来,变成另一个新的类(这个类和刚才那两个类也没有派生关系)。如果有可能,拆开后将功能写成一个个自由函数(而不是类),那是做梦都能笑出声来的。

借派生类这一节的宝地,说一说基于我们当前学习到的知识,做情景模拟,看看平常写代码的过程,如何贯彻"拆"字诀:

(1)有一天我写了一个类叫 A;

(2)过了半个月,我想写另一个类,叫 B;

(3)B 类我写着写着……感觉怎么有些代码我那么熟悉?

(4)于是我找了找,发现有些相似的事情曾经在 A 类干过;

(5)于是我分析了一个 B 和 A 的关系,并且特别看了看那些重复的代码……

这下情况复杂了:

(1)情况 1:我发现 B 和 A 风牛马不相及,但就是有些代码会相似。于是我将相似的代码从类里剥离出来,变成一个或数个自由函数,或者变成另一个工具性的类。我把这类代码都放到一个有着合适名字的 namespace 中去。比如"common"、"Toolset"、"Utilities"等。晚上,想到这些代码将来会在更多的类里用上,我在睡梦中笑了。

(2)情况 2:我发现 B 和 A 应该是兄弟类,于是我将这些相似的代码逻辑剥离出来,放到一个新的类里,新类作为 A 和 B 共同的基类。我手上写着代码,脑海里浮现出这三个类和谐的关系,一丝微笑在我的嘴角。

(3)情况 3:我发现 B 应该是 A 的一种扩展类,或者倒过来,我费了点周折,终于写完了一个"公有派生"。

（4）情况 4：我发现 A 应该是 B 的一个组成部分，于是我在 B 类里添加了 A 类的相关对象。

（5）情况 5：我猛拍大腿，哇！居然撞上南老师说的"融合关系"！我发出魔性的笑声……

（6）情况 6：我搞不懂……我在想是不是换一本书，别看《白话 C++》了。

（7）情况 7：我正在研究……研发大厅喇叭突然传来项目经理的咆哮："明天就要给用户演示了，那个谁谁谁怎么还在发呆！！！"我全身一哆嗦，低下头紧张地寻找 Ctrl＋C 键的位置。

8.4　基于对象例程

C++支持多种编程范式：面向过程、基于对象、面向对象、泛型编程。

不同编程范式解决同一个问题时，切入点不同，对事物的抽象方法不同，抽象的程度也不同，最后在代码的组织上也会不同。

在实际编程中，不同编程范式之间，倒也不是你死我活的关系，相反，往往是你中有我，我中有你。

本节所讲的"基于对象"和本篇主题"面向对象"，有那么点像小学的算术和初中的代数之间的关系。你不能说二者之间具有非常好的延续关系。我女儿读小学时，某些数学题让我帮忙时，我总是第一时间想到"设该值为 x，那么就有……"我女儿就急了。

👀【轻松一刻】：小学算术题

不许用到初中代数（设未知数）的方法，大家娱乐一下：

有一个水池，它分别有一个排水管道和一个进水管道。当打开进水管道时需要三个小时才能放满一池子的水，当打开排水管道时需要六个小时才能放掉一池子的水。请问，当同时打开两个管道时，需要多少个小时可以放满一池子的水？

梳理一下，当我们还没有学习任何"对象技术"时，要用程序映射现实事物，主要手段有：

（1）通过定义 struct，将数据结构化表示。有利于归组数据项，减少变量个数，减少符号重名，减轻程序员心智负担。

（2）通过将动作映射为函数（或称为过程），再通过函数逐级拆解，模拟现实问题解决步骤由大化小的过程。

（3）通过以函数为单位实现逻辑区隔，避免把过多的逻辑耦合在一起造成混乱并且失去灵活度，同时直观地实现代码复用。

在学习"封装"与"派生"基础知识后，则可以采用"基于对象"的技术进行编程：

（1）语法层面直接支持"数据"与"操作"统一，更自然地模拟事物的数据与操作同属某一类别或实体的客观现实。包括"构造"、"析构"等行为。

（2）通过封装技术，过程划分不仅可以从调用关系去考虑，还可以首先以类为归属进行划分。私有访问权限可以控制函数或数据的作用范围，过程和过程之间的信息传递，可借助成员数据实现，避免完全使用人参。二者都能进一步减轻程序员心智负担。

（3）通过派生技术，可以让派生类复用基类的实现，这是基于对象思路一个朴素的副作用。

下面我们以 INI 文件操作为例，先以"面向过程"的方式演示如何编程，再以"基于对象"的方式完整实现一遍。

8.4.1　INI 文件简介

以下是一个 INI 例子文件的内容：

```
[DISPLAY_SETTING]
#是否显示启动窗口：
will_show_splash_window = yes
default_title = welcome...
[NETWORK_SETTING]
svc_host = www.d2school.com
svc_port = 80
```

带中括号的行代表一个"配置段（section）"的开始，该段所含内容直到碰上下一段或文件结束。段下的内容是注释或配置项，注释以 # 开始。配置项一行为一项，使用"="分成左边的"Key（键）"和右边的"Value（值）"。例子中有两个配置段：[DISPLAY_SETTING]和[NETWORK_SETTING]，正好每个配置段又有两行配置项。

程序需实现读指定段、指定键的配置值，比如指定"NETWORK_SETTING"和"svc_host"，得到"www.d2school.com"。还需实现对指定段、指定键的配置值的修改，并写回 INI 文件。如果指定段或指定键不存在，则自动添加一项。本例所示并非标准的 INT 语法，几点格式要求会影响程序的实现，特别说明如下：

（1）所有段名、键名、值的内容，均区分大小写；

（2）键名称不能以"#"开头；

（3）配置项的"键"和"值"，前后可以存在空格，实际操作时将被忽略。如"svc_port=80"，程序将自动去除等号前后的空格；

（4）"段"名称则指[]的所有内容，不作去空格处理。意思是[ABC]和[ABC]是不同的两个段。不过所在行首、行末的空格同样会被去除；

（5）注释应独占一行或多行，不能和配置项同行；

（6）修改配置项并回写到文件后，原有注释内容应能保留，同时确保原文件各行次序不被改变。

8.4.2　面向过程的设计

"读"和"写"分别是两个独立的过程,采用函数表示是:

```
//读 INI 文件指定段,指定键的值,value 以 string 类型返回
//如果指定配置项不存在,则返回 default_value
string ReadINIValue(string const& filename
                  , string const& section
                  , string const& key
                  , string const& default_value);
//写 INI 文件指定段,指定键的值,value 以 string 类型传入
//返回是否写成功。
bool WriteINIValue(string const& filename
                  , string const& section
                  , string const& key
                  , string const& value);
```

ReadINIValue()实现过程又可分解为:打开文件,然后在文件中前进到指定"段(section)",再在该段内,找到指定"键(key)",找到则读出其值,否则返回"默认值(default_value)"。前进到指定"段"的函数命名为"GotoSection()";查找指定"键"的函数命名为"FindValue()":

```
string ReadINIValue(string const& filename
                  , string const& section
                  , string const& key
                  , string const& default_value)
{
    assert(!key.empty() && !section.empty());
    //打开配置文件
    ifstream file(filename);
    if(!file)
    {
        return default_value; //配置文件不存在? 也返回默认值
    }
    //在"文件/file"中前进到指定"段/section":
    if(!GotoSection(file, section))
    {
        return default_value;
    }
    string value;
    //在"文件/file"中读取指定"键/key"的"值/value"
    if(!FindValue(file, key, value))
    {
        return default_value; //找不到指定"键",返回默认值
    }
    return value;
}
```

"前进到指定段(GotoSection)"子过程的实现很简单:循环读取文件的每一行,

761

然后和加了中括号的段名称比较,相等就是找到了:

```
bool GotoSection (ifstream& file, string const& section)
{
    //比如待找的段是"NETWORK_SETTING",则参与比较的应是
    //"[NETWORK_SETTING]"
    string section_line = "[" + section + "]";
    while(!file.eof()) //文件未结束..
    {
        string line;
        getline(file, line); //从文件中读出新的一行
        Trim(line);   //读出后,去除前后可能有的空格
        if (line == section_line)
        {
            //找到了。
            //注意! 此时ifstream 的位置在段名的下一行
            return true;
        }
    }
    return false;  //没找到
}
```

我们使用"Trim"函数将入参的字符串去除其前后的空格(' '、'\t'),避免配置文件中某一行前后有意无意地有个空格,造成找不到。Trim 函数也由我们手工打造:

```
void Trim (string& str)
{
    str.erase(0, str.find_first_not_of("\t "));   //注意"\t"后有一空格
    str.erase(str.find_last_not_of("\t ") + 1);   //同上
}
```

再来考虑"FindValue"的实现。刚才"GotoSection()"返回本段第一行的位置,FindValue 就在本段中找有指定"键"的行。在"本段中"的意思是:只要碰上有新的一段就结束查找。那么查找指定键呢? 我们暂时将该操作命名为"SplitKeyValue()",则"FindValue()"的实现如下:

```
bool FindValue (ifstream& file, string const& key, string& value)
{
    while(!file.eof())  //文件未结束
    {
        string line;
        getline(file, line);  //从文件中读出一行
        Trim(line);  //去除行首行尾空格
        if (line.empty())
        {
            continue;  //空行? 跳过...
        }
        if (line[0] == '[')  //碰上新一段了呀,放弃查找
        {
            break;
```

```
        }
        //按"="拆成左键右值:
        KeyValue kv = SplitKeyValue(line);
        if(kv.key == key)   //是要找的键…
        {
            value = kv.value;
            return true;  //找到啦
        }
    }
    return false;   //找不到
}
```

"SplitKeyValue()"的逻辑是:查找给定字符串中,包含有第一个"="符号的位置,再以该位置将字符串拆成两段,分别去除前后空格,就得到 key 和 value。KeyValue 是一个结构,二者定义如下:

```
struct KeyValue
{
    string key;
    string value;
};
KeyValue SplitKeyValue(string const& str)
{
    KeyValue result;
    string::size_type pos = str.find("=");   //提醒:= 前后并无空格
    if(pos == string::npos)
    {
        return result;
    }
    result.key = str.substr(0, pos);     //取子串:从位置 0 开始,长度 pos
    result.value = str.substr(pos + 1);  //取子串:从位置 pos + 1 到结束
    Trim(result.key);
    Trim(result.value);
    return result;
}
```

有关"ReadINIValue()"操作的所有子过程都实现了。将以上代码按正确的依赖次序,组织到同一文件中,比如 keyValue 的结构定义,显然要放在 FindValue()函数前面,就可以进行读 INI 文件的测试了:

```
#include <iostream>
#include <fstream>
#include <string>
#include <cassert>
.../ * 以上代码略 */

int main(int argc, char * * argv)
{
    string const& filename = "demo.ini";
```

```
        string value = ReadINIValue(filename
                                      , "NETWORK_SETTING"   //section
                                      , "svc_host"          //key
                                      , "127.0.0.1"         //default_value
                                  );
        cout << value << endl; //www.d2shool.com
        return 0;
}
```

接下来实现 "WriteINIValue()" 操作。是否只需把 "ifstream" 换成 "ofstream"，再改改一些小逻辑就能解决？常规的文件改写操作，并不能直接在文件流上处理。假设某文件中有一行内容：abcdefg，然后要将其中的 'c' 改成 "CCC"，并不能先定位到 'c' 的位置，然后直接写上 "CCC" 了事，那样后面的内容会丢失。正确的做法是将全部内容读入，然后在程序中（内存中）将 "abcdefg" 替换成 "abcCCCdefg"，再整串输出到原文件中。所以，变化很大：我们会将文件所有内容读入一个 list 再做处理。

下面增加了修改操作所需添加的代码，请大家将它们加入之前的代码中：

```
...
#include <list>
...
//去除字符串前后空白,但并不是在原字符串身上操作
//而是使用一个复制品,在复制品上去除,并返回该复制品:
string TrimCopy(string const & str)
{
    string str_copy = str;
    Trim(str_copy);
    return str_copy;
}
//又一个 GotoSection,但这个是在 list < string > 上操作,
//返回迭代器位置,也是指向指定 section 的下一行:
list < string > ::iterator
GotoSection(list < string > & lines, string const& section)
{
    string section_line = "[" + section + "]";
    for(auto it = lines.begin(); it != lines.end(); ++ it)
    {
        //去除空格只为了比较,并不会真正修改原有内容
        string line = TrimCopy( * it);
        if (line == section_line)
        {
            ++ it;   //前进到下一行
            return it;
        }
    }
    //没找到指定段,添加之
    lines.push_back(section_line);
    return (lines.end());
}
```

```
//beg 是之前 GotoSection()返回的位置,在这个位置开始,向后查找
//含有指定键的行。如果找不到会在本段结束位置插入一行。
void ChangeValue (list < string > ::iterator beg
                , list < string > & lines
                , string const& key
                , string const& value
                )
{
    auto it = beg;
    for(; it ! = lines.end();  ++ it)
    {
        string line_trim = TrimCopy( * it);
        if (line_trim.empty())
        {
            continue;
        }
        if (line_trim[0] == '[') //碰到下一段了?放弃查找,跳出循环...
        {
            break;
        }
        KeyValue kv = SplitKeyValue(line_trim);
        if (kv.key == key)
        {
            if(kv.value ! = value) //值不相等才改:
            {
                string line_with_new_value = (key + " = " + value);
                * it = line_with_new_value;  //在 list 中改掉该行内容
            }
            return;
        }
    }
    string new_line = (key + " = " + value);
    lines.insert(it, new_line);
}
//把文件所有行,读入到内存中的 list:
list < string > ReadLines (ifstream& ifs)
{
    list < string > lines;
    while(!ifs.eof())
    {
        string line;
        getline(ifs, line);
        lines.push_back(line);
    }
    return lines;
}
//对应 ReadLines,将 list 中所有行,写入文件
void WriteLines (ofstream& ofs, list < string > const& lines)
{
    for (auto it = lines.begin(); it ! = lines.end();  ++ it)
```

```
        {
            ofs << * it;
            if( it != -- lines.end()) //避免每次写,都多产生一个空行
            {
                ofs << endl;
            }
        }
}
//修改指定 INI 文件,指定段,指定配置项的值
bool WriteINIValue (string const& filename
                    , string const& section
                    , string const& key
                    , string const& value)
{
    assert(!key.empty() && !section.empty());
    list < string > lines;
    //打开指定 INI 文件
    //注意,如果原文件不存在也不要紧,后面 ofstream 会创建它
    ifstream ifs(filename);
    if (ifs.is_open()) //如果打开成功,就读入原文件所有行
    {
        lines = ReadLines (ifs);
        ifs.close();
    }
    //尝试找指定 section 在 list 中的位置(返回该位置下一行)
    list < string > ::iterator it = GotoSection (lines, section);
    //在指定段中修改指定配置项的值
    ChangeValue (it, lines, key, value);
    //输出:
    ofstream ofs(filename);
    if(!ofs)
    {
        return false; //输出文件打不开,只能返回错误
    }
    WriteLines (ofs, lines);
    return true;
}
```

以下是完整的读写 INI 测试的代码:

```
int main(int argc, char * * argv)
{
    //新文件,第一次运行时不存在:
    string const& filename = "demo_new.ini";
    string value = ReadINIValue (filename
                                , "NETWORK_SETTING", "svc_host"
                                , "127.0.0.1");
    cout << value << endl; //127.0.0.1
    value = "www.d2school.com";
    WriteINIValue (filename, "NETWORK_SETTING", "svc_host", value);
```

```
    WriteINIValue(filename, "USER_INFO", "name", "Tom");
    return 0;
}
```

　　基于"面向过程"的思路的 INI 文件读写操作，全部完成。由于"读"和"写"是两个平行的操作，所以当我们思考"读"操作如何拆分时，基本不去想"写"的过程。造成最终代码感觉有些遗憾：尽管读操作和写操作有类似的过程，但最终实现成一个对"文件流（ifstream）"直接操作，一个对"列表（list ＜string＞）"操作。

　　虽有遗憾，但读写 INI 这样一件并不复杂的事情，通过"面向过程"思路，先确定大过程，再逐级实现小过程，整个过程很顺利，最终接口用起来也很方便。这两个函数也很快地在公司的许多项目中实际用起来了，直到有一天……

　　这一天公司接了个名为"Fishing"的项目，出于机密要求，我绝对不会告诉大家它是一个军事项目，更是打死也不会说出这个项目最终将实现一个使用 C++程序支撑的机器人登录某海岛，在那边自个儿钓鱼……这样复杂的项目，当然会有配置文件。

　　项目领导（大墨镜加口罩，没看出是谁）阅读了上面的代码之后，说："写得不错！但是，Fishing 是一个关键项目，对配置内容的完整性应该有严谨的检测和审计。现有实现上，什么'文件打不开啦'、'指定段找不到啦'等问题，不能轻易地放过，必须全部记录在案！对了，千万不要搞个'西奥特'什么的直接输出，机密！"。

　　"领导，您也懂 cout?""略懂，西奥特哈喽卧特嘛！"说完这话，领导脸色一变，我知道我不能再问了。

　　新需求很明确了：在保留现有功能的同时，要求采集操作过程中的出错信息。在现有代码基础上要扩展此功能，简单粗暴的做法是为函数再增一个列表参数，以读为例：

```
string ReadINIValue(string const& filename
                  , string const& section
                  , string const& key
                  , string const& default_value
                  , list < string > & warning_list
                  );
```

　　但我们不玩面向过程了，这就切换到"基于对象"的车道上。

8.4.3　基于对象的设计

　　"面向过程"时，我们常常在想"干什么"、"做什么、"、"处理什么"……"基于对象"时，我们开始想：这家伙它"是什么"。INI 文件的对象，这家伙是什么呢？

　　磁盘上有一个 INI 格式的文件，我们的程序要把它"抓"出来处理，因此，首先 INI 文件对象它得含有对应文件的原汁原味的内容。所以从实体上看，先把 list ＜string＞放进来吧：

```
class INI
{
private:
    list < string > _lines;
};
```

"_lines"的内容从何处来？何时来？一是构造时可以指定文件名，从而在构造过程中读入，二是先空构造，后面再使用类似两段式构造的方法，提供一个 Load 方法，顺便，我们把此 INI 的文件名也保存下来：

```
class INI
{
public:
    INI () = default;
    INI (string const& filename);
    bool Load (string const& filename);
private:
    list <string> _lines;
    string _filename;
};
```

_line 和_filename 都是支持"傻白甜"方式的复制，因此 INI 类的拷贝、复制等都可以延用默认的行为。尽管实际项目中，几乎不存在复制一个 INI 对象的应用情景。

正确读入文件，则_lines 就有该文件的内容，而_filename 记录文件名称；无法正确读入文件，则_lines 应为空，但文件名应保留。这就是 INI 类当前的不变式。能读还能要写，再新增一个函数用于保存 INI 文件：

```
class INI
{
public:
    INI () = default;
    INI (string const& filename);
    bool Load(string const& filename);
    bool Save (string const& filename);
private:
    list < string > _lines;
    string _filename;
};
```

等一下！INI 已经保留原来的文件名，所以"保存(Save)"函数应该不再需要传入"filename"才对呀，需要提供新文件名的那个版本，根据我们多年的 Windows 各类软件的操作经验，那应该叫"另存为(SaveAs)"才对：

```
class INI
{
public:
    INI() = default;
    INI(string const& filename);
    bool Load(string const& filename);
```

```
    bool Save()
    {
        assert(!this->filename.empty());
        SaveAs(this->filename);
    }
    bool SaveAs(string const& filename);
private:
    list < string > _lines;
    string _filename;
};
```

因为要关心并记录处理过程中存在的隐患,再为该类增加几个成员:

```
class INI
{
public:
    INI() = default;
    INI(string const& filename);
    bool Load(string const& filename);
    bool Save()
    {
        assert(!this->_filename.empty());
        SaveAs(this->_filename);
    }
    bool SaveAs(string const& filename);
    list < string > const& GetWarningList() const
    {
        return _warning_list;
    }
private:
    list < string > _lines;
    string _filename;
    list < string > _warning_list;
};
```

唛,INI 类看起来功能已经远超"面向过程"版本的两个函数了,既有警告和出错信息,还可以有另存功能! 太强悍了!"面向过程"听着乐了:"不吹牛会死吗? 你们还没干正事呢,规定动作"读"和"写"一个都没实现啊!"

⚠ 【危险】:小心得"对象十全大补综合症"!

"基于对象"或"面向对象"程序设计时,一定要谨记:"简单而完整!"坚决避免:一、脱离实际使用需求,完全按现实中对象的功能设计类型;二、沉迷于"功能适用性"、"功能可扩展性"、"功能灵活配置"等乱加的功能。

是呀,该考虑"读 INI 中指定段指定键的值"和"写 INI 中指定段指定键的值"这两件本份事了。这事情我们不是刚做过一遍?"面向过程"中的许多推理仍然有用,唯一且重要的区别是:现在我们是面向或基于"INI"类,进行设计。下面给出 INI 类

完整实现和测试代码（Trim( )、TrimCopy( )、SplitKeyValue( )函数定义、KeyValue
结构定义以及头文件包括，见前一小节）。请新建项目测试：

```cpp
class INI
{
public:
    INI() = default;
    INI(string const& filename);
    bool Load(string const& filename);
    bool Save()
    {
        assert(!this ->_filename.empty());
        return SaveAs(this ->_filename);
    }
    bool SaveAs(string const& filename)
    {
        this ->_filename = filename;
        return DoSave();
    }
    list < string > const& GetWarningList() const
    {
        return _warning_list;
    }
    string ReadValue(string const& section, string const& key
                        , string const& default_value);
    void WriteValue(string const& section, string const& key
                        , string const& value);
private:
    bool DoLoad();
    bool DoSave();
    list < string > ::iterator GotoSection(string const& section);
    bool FindValue(list < string > ::const_iterator beg
                        , string const& key, string& value);
    void ChangeValue(list < string > ::iterator beg
                        , string const& section, string const& key
                        , string const& value);
private:
    list < string > _lines;
    string _filename;
    list < string > _warning_list;
};
INI::INI(string const& filename)
    : _filename(filename)
{
    DoLoad();
}
bool INI::Load(string const& filename)
{
    _filename = filename;
    return DoLoad();
```

```
}
bool INI::DoLoad()
{
    assert(!_filename.empty());
    _warning_list.clear();
    ifstream ifs(_filename);
    if (!ifs)
    {
        string warning = "严重警告:无法加载配置文件{"
                            + _filename + "}。";
        _warning_list.push_back(warning);
        return false;
    }
    while(!ifs.eof())
    {
        string line;
        getline(ifs, line);
        _lines.push_back(line);
    }
    return true;
}
bool INI::DoSave()
{
    assert(!_filename.empty());
    ofstream ofs(_filename);
    if (!ofs)
    {
        string warning = "严重警告:保存时无法打开文件{"
                            + _filename + "}。";
        _warning_list.push_back(warning);
        return false;
    }
    for (auto it = _lines.begin(); it != _lines.end(); ++ it)
    {
        ofs << * it;
        if (it != -- _lines.end())
        {
            ofs << endl;
        }
    }
    ofs.close();
    return true;
}
string INI::ReadValue(string const& section, string const& key
                            , string const& default_value)
{
    assert(!_filename.empty());
    if (_lines.empty())
    {
        string warning = "读取[" + section + "]{" + key
```

```
                  + "}的值,空的 INI 原内容,返回默认值(" + default_value + ")。";
            _warning_list.push_back(warning);
            return default_value;
    }
    list < string > ::const_iterator it = GotoSection(section);
    if (it == _lines.end())
    {
        string warning = "读取[" + section + "]{" + key
            + "}的值,找不到指定段,返回默认值(" + default_value + ")。";
        _warning_list.push_back(warning);
        return default_value;
    }
    string value;
    if(!FindValue(it, key, value))
    {
        string warning = "读取[" + section + "]{" + key
            + "}的值,找不到指定键,返回默认值(" + default_value + ")。";
        _warning_list.push_back(warning);
        return default_value;
    }
    return value;
}
list < string > ::iterator INI::GotoSection(string const& section)
{
    string section_line = "[" + section + "]";
    for (auto it = _lines.begin(); it != _lines.end(); ++ it)
    {
        if (TrimCopy( * it) == section_line)
        {
            return ++ it;
        }
    }
    return _lines.end();
}
bool INI::FindValue(list < string > ::const_iterator beg
                                , string const& key, string& value)
{
    for(auto it = beg; it != _lines.end(); ++ it)
    {
        string line = TrimCopy( * it);
        KeyValue kv = SplitKeyValue(line);
        if (kv.key == key)
        {
            value = kv.value;
            return true;
        }
    }
    return false;
}
void INI::ChangeValue(list < string > ::iterator beg
```

```
                         , string const& section, string const& key
                         , string const& value)
{
    list < string > ::iterator it = beg;
    for (; it ! = _lines.end(); ++ it)
    {
        string line = TrimCopy( * it);
        if (line.empty())
        {
            continue;
        }
        if (line[0] == '[')
        {
            break;
        }
        KeyValue kv = SplitKeyValue(line);
        if (kv.key == key)
        {
            if (value ! = kv.value)
            {
                string line_with_new_value = key + " = " + value;
                * it = line_with_new_value;
            }
            return;
        }
    }
    string warning = "修改[" + section + "]{" + key + "}的值("
                    + value
                    + ")时,找不到指定键。将直接新增该配置项。";
    _warning_list.push_back(warning);
    string new_line = (key + " = " + value);
    _lines.insert(it, new_line);
}
void INI::WriteValue(string const& section, string const& key
                                , string const& value)
{
    list < string > ::iterator it = GotoSection(section);
    if (it == _lines.end())
    {
        string warning = "修改[" + section + "]{" + key + "}的值("
                        + value
                        + ")时,找不到指定段。将直接新增该段。";
        _lines.push_back("[" + section + "]");
        it = _lines.end();
    }
    ChangeValue(it, section, key, value);
}
struct FishingProject //神秘项目,独立类设计,而非生硬"揉入"INI 类
{
    FishingProject() = default;
```

```
    void CopyINI(INI const& ini)
    {
        _ini = ini;
    }

    void WatchINIWarning()
    {
        cout << "\n\n\t[重要机密]Fishing 计划配置操作警告记录\n";
        list < string > const& lst = _ini.GetWarningList();
        for (auto it = lst.begin(); it != lst.end(); ++ it)
        {
            cout << * it << endl;
        }
    }
private:
    INI _ini;
};
int main()
{
    INI ini("fishing.ini");
    string sec = "指令设置";
    ini.WriteValue(sec, "通信暗语", "西奥特哈喽卧特");
    ini.WriteValue(sec, "单一攻击", "鱼儿已上钩");
    ini.WriteValue(sec, "混合攻击", "四海龙王东游");
    sec = "配置信息";
    ini.WriteValue(sec, "固件版本", "1.0");
    ini.WriteValue(sec, "软件版本", "1.1");
    cout << ini.ReadValue(sec, "固件版本", "0") << endl;
    string key = "第一责任人";
    string author = ini.ReadValue(sec, key, "");
    if (author.empty())
    {
        ini.WriteValue(sec, key, "丁小明");
    }
    cout << ini.ReadValue(sec, key, "") << endl;
    ini.Save();
    FishingProject fishing;
    fishing.CopyINI(ini);
    fishing.WatchINIWarning();
    return 0;
}
```

第一次执行(fishing.ini 不存在)时，屏幕输出如图 8 - 11 所示。

我知道许多读者至此内心都有些焦虑，一是担忧自己是不是知道的太多了，再就是觉得这个 INI 类还有些遗憾：

（1）不管外部调用者需不需要，都会记录警告日志；

（2）更新完指定项的值之后，需要手工调用 Save() 以保存，这种效果并非没用，但如果能够控制就更好了。

C:\cpp\Projects\inifile_2\bin\Debug\inifile_2.exe

```
1.0    。○
丁小明

          [重要机密]Fishing计划配置操作警告记录
严重警告：无法加载配置文件{fishing.ini}。
修改[指令设置]{通信暗语}的值(西奥特哈喽卧特)时，找不到指定键。将直接新增该配置项。
修改[指令设置]{单一攻击}的值(鱼儿已上钩)时，找不到指定键。将直接新增该配置项。
修改[混合攻击]{混合攻击}的值(四海龙王东游)时，找不到指定键。将直接新增该配置项。
修改[配置信息]{固件版本}的值(1.0)时，找不到指定键。将直接新增该配置项。
修改[配置信息]{软件版本}的值(1.1)时，找不到指定键。将直接新增该配置项。
读取[配置信息]{第一责任人}的值，找不到指定键，返回默认值()。
修改[配置信息]{第一责任人}的值(丁小明)时，找不到指定键。将直接新增该配置项。
```

图 8 - 11 "基于对象"版 INI 读写测试输出

【课堂作业】：为 INI 操作增加可选设置

（1）请在"面向过程"的代码上，完成可以记录操作警告的功能；

（2）请在"基于对象"的代码上，为 INI 类增加两个 bool 类型成员：_log_warning 和 _auto_save 及配套的 Get/Set 操作。前者用于控制是否记录警告信息，后者用于控制，是否在修改好指定项的值之后，随即保存到文件中；

（3）请在"面向过程"的代码上，完成第 2 题的相应功能。

8.4.4 复用实现的派生

"INI 的事情还没完"，这天大墨镜领导又来了。这次的要求听起来更合理：现版的 INI 读出的值，全部使用字符串解释，但许多时候那些配置项值应该是 bool 类型、int 类型或 double 类型，比如：

```
[NETWORK_SETTING]
connect_timeout = 10
auto_switch_server = true
```

希望的操作是：

```
int timeout
  = ini.ReadInteger("NETWORK_SETTING", "connection_timeout", 20);
bool auto_switch
  = ini.ReadBoolean("NETWORK_SETTING", "auto_switch_server", false);
```

看起来很方便，不过，由于 INI 文件中存储的始终是字符串，这就有可能发生错误数据无法正常执行类型转换的问题。我问："万一被敌方黑客入侵我方服务器，并在文件里将'connect_timeout'配置项的值篡改成'abc'，该怎么办？"

大墨镜陷入深深的思考，最后说："这是一种异常，不过，转换失败取默认值的方法，应该保留。"出门前又突然转身："那个警告信息列表功能做得不错，不过我们多数时间仅关注最后一条警告。"

考虑到原 INI 类已经被广泛使用，这次我们派生一个类：

```cpp
class INIWithType : public INI
{
public:
    class TypeConvertException : public std::exception
    {
    public:
        ~TypeConvertException() noexcept
        {}
        virtual const char * what() const noexcept
        {
            return "TypeConvertException";
        }
    };
public:
    using INI::INI;
    int ReadInteger(string const& section, string const& key);
    int ReadInteger(string const& section, string const& key
                                , int default_value);
    void WriteInteger(string const& section, string const& key
                                , int value);
    bool ReadBoolean(string const& section, string const& key);
    bool ReadBoolean(string const& section, string const& key
                                , bool default_value);
    void WriteBoolean(string const& section, string const& key
                                , bool value);
    double ReadDouble(string const& section, string const& key);
    double ReadDouble(string const& section, string const& key
                                , double default_value);
    void WriteDouble(string const& section, string const& key
                                , double value);
    string GetLastWarning() const
    {
        list < string > const& lst = this ->GetWarningList();
        return (lst.empty())? "" : * ( -- lst.end());
    }
};
```

"Integer（整型）"、"Boolean（布尔）"和"Double（双精度）"共三组，一组三个函数。每组都有两个 ReadXXX() 版本，不带默认值的版本有可能在类型转换时抛出异常，异常类为嵌套类"TypeConvertException"，派生自标准库的异常，严格遵守其有关"noexcept"的约定（C++ 11）。

"GetLastWarning()"的意思是得到当前最新的，也就是 list 中的最后一条信息。可能为空。

当发现转换失败时，有必要添加一条警告，但基类 INI 没有开放添加警告的操作，所以不得不为基类添加一个操作，这是应对本次需求变动我们对基类唯一的变

动,并且该改动本质上是添加新代码,而非修改原有代码:

```
class INI
{
    ...
    protected:
        void AppendWarning(string const& warning)
        {
            this -> _warning_list.push_back(warning);
        }
    ...
};
```

注意,这个功能仅开放给派生类使用。

为了能实现字符串到整数、布尔值、和双精度数的转换,并能检查出转换是否正确,需要一个函数模板:

```
template <typename TDst, typename TSrc>
TDst cast_from(TSrc const& src, bool& success)
{
    TDst dst;
    success = false;
    stringstream ss;
    ss << src;
    ss >> dst;
    success = (ss >> std::ws).eof();
    return dst;
}
```

success 返回本次转换是否成功。方法是判断流 ss 是否有非空白残留内容。具体操作请大家上网查询 std::ws 的 stringstream 的 eof()方法说明。

下面是和整数值、布尔值操作相关的六个函数:

```
int INIWithType::ReadInteger(string const& section
                              , string const& key)
{
    string value = this ->ReadValue(section, key, "");
    bool success = false;
    int result = cast_from < int > (value, success);
    if(!success)
    {
        string warning = "读取[" + section + "]{" + key
                        + "}的整数值(" + value + "),出现转换异常,将抛出。";
        AppendWarning(warning);
        throw TypeConvertException();
    }
    return result;
}
int INIWithType::ReadInteger(string const& section
                              , string const& key, int default_value)
{
```

```cpp
    stringstream ss;
    ss << default_value;
    string value = this->ReadValue(section, key, ss.str());
    bool success = false;
    int result = cast_from < int > (value, success);
    if(!success)
    {
        string warning = "读取[" + section + "]{" + key
                    + "}的整数值(" + value + ")，出现转换异常,使用默认值("
                    +  ss.str() + ")。";
        this->AppendWarning(warning);
        return default_values;
    }
    return result;
}
void INIWithType::WriteInteger(string const& section
                                , string const& key, int value)
{
    stringstream ss;
    ss << value;
    this->WriteValue(section, key, ss.str());
}
bool INIWithType::ReadBoolean(string const& section
                                , string const& key)
{
    string value = this->ReadValue(section, key, "");
    if (value == "true")
        value = "1";
    else   if (value == "false")
        value = "0";
    bool success = false;
    int result = cast_from < int > (value, success);
    if(!success)
    {
        string warning = "读取[" + section + "]{" + key
                    + "}的布尔值(" + value + ")，出现转换异常,将抛出。";
        AppendWarning(warning);
        throw TypeConvertException();
    }
    return (result != 0);
}
bool INIWithType::ReadBoolean(string const& section
                                , string const& key, bool default_value)
{
    stringstream ss;
    ss << default_value;
    string value = this->ReadValue(section, key, ss.str());
    bool success = false;
    int result = cast_from < int > (value, success);
    if(!success)
```

```
        {
            string warning = "读取[" + section + "]{" + key
                    + "}的布尔值(" + value + ")，出现转换异常,使用默认值("
                    +   ss.str() + ")。";
            AppendWarning(warning);
            return default_value;
        }
    return (result ! = 0);
}
void INIWithType::WriteBoolean(string const& section
                                    , string const& key, bool value)
{
    stringstream ss;
    ss << std::boolalpha << value;
    this ->WriteValue(section, key, ss.str());
}
```

请参考"Integer"类型,完成"Double"组的三个函数的实现,并自行编写测试实例,注意包括捕获异常的测试。

8.5　多　态

8.5.1　"什么"和"为什么"

曾经我们说过抽象的四要素:"抓侧重""寻共性""究本质"和"理关系"。现在我们做一道题:"请问鸭子和飞机有什么共性?"全班同学迷之安静十分钟,老师只好提示一下:我说的"鸭子"是一种家禽,说的"飞机"是天上飞的那种。这下大家恍然大悟:"都会飞!"

接着让问题有侧重点。假设我们是在写一个射击游戏,鸭子和飞机作为射击飞行物目标,这二者又有什么共同点? 热烈讨论后,有如下答案:

(1) 都要挨枪子;

(2) 被射中要害时,都要掉落;

(3) 挨枪但没打着,或只是受轻伤时,都会逃逸;

(4) 发现有人要射击它们时,都会尝试保命躲闪。

最后,"鸭子和飞机是什么关系?"

现实中鸭子和飞机真没有关系,但在程序中,具体到这个虚拟的射击游戏中,我们需要为二者抽象出一个共同的基类,让鸭子和飞机成为"兄弟类"的关系,比如这样一个基类:

```
class FlyableTarget   //会飞的目标(靶子)
{
public:
```

```
        void Fly();//飞行
        bool HitTest(Bullet const& bullet); //是否命中?
        void TryEscape(Bullet const & bullet); //尝试逃离子弹的动作
        void OnShot(Bullet const & bullet); //被击中时的动作
        void OnEscaped(Bullet const & bullet); //逃命成功后的动作
};
```

为什么需要这样一个基类?

一个类,用于定义并实现一些功能,向它的使用者提供服务,因此我们可以将它称为"服务方",将使用它的代码,称为"客户方"。比如前一节学习的"INI"类,它提供读写 INI 配置文件的服务。在本例中,同为"射击的目标",鸭子类和飞机类,它们提供共同的服务:被打;它们会有共同的"客户方",比如"射击者"。

鸭子飞过屏幕的路线,可能是高低起伏的,而飞机却飞得笔直;鸭子中弹受伤后,可能让电脑音箱发出"嘎嘎"的声音,而飞机却需在屏幕上拖出烟雾。"鸭子类"和"飞机类"有许多天差地别的行为或动作,但作为客户,"射击者"期望二者对外有相同的一整套行为(函数声明,也称接口),因为它们都是"会飞的靶子",至于这些行为的差别,那是每个服务方自行实现的。

一个客户需要调用多种服务方,并且希望将这些服务方视为某个共同的概念,统一调用服务;至于不同服务方的不同行为展现,则由服务方自行实现。此间的同与异,可视为同一概念的不同类型的实体的不同行为,这就叫"多态行为",简称"多态"。

"射击者"希望:你们在概念上都是"靶子",我负责瞄准、发射子弹,至于如何判断是否中弹、是否命中要害、命中后怎么表现,没命中怎么逃跑等等,鸭子、飞机、热气球、甚至 UFO,只要玩家喜欢,你们就都得实现作为一个"靶子"应有的功能集。

既然提到"概念",而且是可以"代表"不同具体类型的"概念",自然就少不了"抽象"。"FlyableTarget"就是在飞行物射击游戏的需求下,采用"基于生活,又高于生活"的方法抽象而得。

多态(多个类型可被视为同一概念,却又有不同的实际行为)为编程带来的好处至少有两点:一是代码简洁;二是扩展新类型不影响客户方的代码。以"会飞的靶子"这个概念为例,伪代码演示如下:

```
 //1) 某个"会飞的靶子",是飞机还是鸭子?不知道
FlyableTarget target;
//2)正在飞……
target.Fly();
//3) 突然,有子弹飞过来了……
Bullet bullet;
/* 此处应用五毛动画效果,让子弹飞一会儿…… */
//4)让"会飞的靶子"自行判断是不是被子弹击中:
if ( target.HitTest(bullet) )
{
    //4.1) 糟,命中了! 让"会飞的靶子"自行表现
    //如何垂死挣扎:
```

```
        target.OnShot(bullet);
    }
    else
    {
        //4.2）真幸运！让"会飞的靶子"展现如何逃跑
        //是惊慌，是得瑟，由服务方自行决定
        target.OnEscaped(bullet);
    }
```

如果不遵循"多态"，第一种情况是，几个类虽然愿意归属同一个概念，但坚决要用自己的接口，比如鸭子有中国情结，认为"飞行"的接口应该叫"Fei"，中弹测试应该叫"ZDCS"等等，那么代码看起来是这样的：

```
//1) 某个"会飞的靶子"
FlyableTarget target;
//2)正在飞：
if( target is  Duck) //是鸭子
{
    target.Fei();
}
else  if (taget is Airplane) //是飞机
{
    target.Fly();
}
//3) 突然，有子弹飞过来了……
Bullet bullet;
if( target is Duck) //是鸭子
{
    // 4) 鸭子类的中弹测试
    if (target.ZDCS(bullet))
    {
    }
}
else if (target is Airplane) //是飞机
{
    //4)飞机类的中弹测试
    if(target.HitTest(bullet))
    {
    }
}
```

到处是测试当前对象是鸭子还是飞机的代码分支……闻到代码的臭味了吗？

第二种情况是，虽然鸭子和飞机有相同的接口，但却有"不共戴天"之仇，就是不愿意团结在同一个概念之下……如果不采用"模板/泛型"的"黑科技"，代码一开始就要有个大分支：

```
if( 当前出场的是 鸭子 )
{
```

```
    Duck duck;//鸭子对象
    duck.fly();
...
}
else is（当前出场的是飞机）
{
    Airplane plane;        //飞机对象
    plane.fly();
    ...
}
```

C++是同时拥有"面向对象"和"泛型"编程范式的语言。在第二种情况,类的接口相同,但不归属同一概念,可以通过"模板"以避免手工为不同类型写相同的处理过程。不过这不是本章的重点。

多态当然并不仅仅为了减少我们写重复代码,而是让代码有更合理的结构。使用了不同的服务方的客户方代码,可以不关心当前服务方具体是哪一个类型,那就意味着将来如果有更多新种类的服务方出现,这里的客户方代码基本不用修改。大家现在假想"FlyableTarget"概念下又新增了"UFO"类,然后看以上三处代码,显然只有基于多态的,那一份代码可以不必修改。

具体的"多态"语法是什么呢?

8.5.2　接口约定

鸭子和飞机(以及 UFO 等)在现实中不会是"兄弟类"关系,在代码中却被高度抽象出共同的基类。

```
class FlyableTarget    //会飞的目标(靶子)
{
public:
        void Fly();//飞行
        bool HitTest(Bullet const& bullet); //是否命中?
        void TryEscape(Bullet const & bullet); //尝试逃离子弹的动作
        void OnShot(Bullet const & bullet); //被击中时的动作
        void OnEscaped(Bullet const & bullet); //逃命成功后的动作
};
```

那么这个基类的各个行为,应该有什么样的实现呢? 这真要努力来挖掘了,感觉就像要在鸭子、飞机和 UFO 等之间求出最大公约数一样……这个公约数有可能存在,也可能不存在。

作为高度抽象的结果,确实许多类型之间的最大"公约数",就是:"你们都要有这些行为入口,哪怕你们的行为没有一处相同……"意思是,公共基类可能就用于约定不同的类共同需要一堆接口,公共基类可以不实现这些接口。C++语法中,标明一些函数"本类不予实现"的方法是,在该方法后面加上"＝0"。

```
class FlyableTarget    //会飞的目标(靶子)
{
public:
        void Fly() = 0;
        bool HitTest(Bullet const& bullet) = 0;
        void TryEscape(Bullet const & bullet) = 0;
        void OnShot(Bullet const & bullet) = 0;
        void OnEscaped(Bullet const & bullet) = 0;
};
```

不过,以上类定义无法通过编译。因为加上"＝0"表示本类不实现这些函数,那谁来实现呢? 咦! 这不是秃子头上找虱子,明摆着的吗? 肯定是由派生类(或派生类的派生类)来实现呀。这个问题后面我们再一点点地解释,先看标准答案:C++必须在那些可能需要支持"多态"的成员函数前,加上"virtual"关键字:

```
class FlyableTarget    //会飞的目标(靶子)
{
public:
        virtual void Fly() = 0;
        virtual bool HitTest(Bullet const& bullet) = 0;
        virtual void TryEscape(Bullet const & bullet) = 0;
        virtual void OnShot(Bullet const & bullet) = 0;
        virtual void OnEscaped(Bullet const & bullet) = 0;
};
```

现在,FlyableTarget 这个类的语义和语法都很正确:我只管提供约束大家的接口声明,至于怎么实现,鸭子、飞机和 UFO 类们,看你们的了……

不过,如何"生"如何"死",这个还是可以由基类自己来实现的,哪怕是默认的实现,依据C++ 11 的最新语法,代码是:

```
class FlyableTarget    //会飞的目标(靶子)
{
public:
        FlyableTarget() = default ;
        virtual ~FlyableTarget() = default ;
        virtual void Fly() = 0;
        virtual bool HitTest(Bullet const& bullet) = 0;
        virtual void TryEscape(Bullet const & bullet) = 0;
        virtual void OnShot(Bullet const & bullet) = 0;
        virtual void OnEscaped(Bullet const & bullet) = 0;
};
```

为什么构造函数不加"virtual",构造函数派生类不是也会重新实现吗? 而为什么析构函数要加"virtual"呢?

C++在创建对象时,必须明确指出它真正的具体类。意思是如果你要创建"鸭子"对象,就得明确用"鸭子"类的构造函数,要创建"飞机"对象就得明确用"飞机"类的构造函数。所以,构建对象这个动作无法做到前面我们说的"可以不关心它具体是什么派生类",因此创建对象在 C++中无法支持"多态",所以构造函数不能加"virtual"。

至于"析构",此处不加"virtual"也能通过编译,但却有可能逃不过你 C++同事的老拳。在"多态"的生态圈里,当一个类摆明自己要当基类,却不为自己的析构函数加上"virtual"修饰,就可能带来资源泄漏。因为析构函数是对象释放自身占用资源的最后时机,派生类可能占用更多的资源(至少相当,因为它继承了基类所有),所以当我们释放一个"概念/基类"时,最终一定要让当前这个对象的真实类型负责释放。

"virtual"放在普通函数上,比如放在"Fly()"身上,意思是:如果你是鸭子,请按鸭子的方式飞,如果你是飞机,请按飞机的方式飞。"virtual"放在析构函数身上的语义也一样:如果你是鸭子,请按鸭子的方式"死"(记得鸭毛要留下,我们要回收给收废品的),如果你是飞机,请按飞机的方式"死"。(哇,这个资源回收太有价值了)之所以强调带"virtual"的析构函数很重要,只是因为析构函数责任重大,却只在对象临死前才悄悄出场,容易让人忘了。

"virtual"在此处译作"虚拟",它修饰的函数就叫"虚拟函数",简称"虚函数";而一个加了"= 0"修饰的函数,则称为"纯虚函数"。

既然有声称"纯"的虚函数,那就意味着有"不那么纯"的虚函数喽?猜对了! 加上"=0"的,代表本类完全不实现该虚函数,因此叫"纯虚";如果不加"=0",就意味着本类必须为该函数提供一个基本的实现,将来如果派生类仅在基类的实现不能满足它的需求时,才需要重新实现。

一个类如果除构造或析构之外,所有成员函数都是虚的,并且该类不含有任何成员数据,如果该类有基类,则其基类也符合以上条件,这样的类就叫"纯虚类",也可称为"纯接口类"(偶尔也不那么严格地简称为"接口(Interface)")。

FlyableTarget 就是一个纯虚类。FlyableTarget 的定义就摆在那里,它无形中向所有具体的派生类提出约定:你们必须实现这些纯虚函数,否则你们就生不出对象……

【重要】: 具体类、抽象类、纯虚类

曾经我们使用"具象"描述变量、对象,然后说所有类型都是一种"抽象";而今,在类型的内部,也要区分谁抽象一些,谁具体一些。不过,原则却都是一致的:那些"抽象"的类,通常就是用来限制"具体"的类应该长什么样子的。

"鸭子"、"飞机"这些生活中赤裸裸存在的类型,当然是"具体"的类。"UFO"这样在现实中迷一样存在或不存在的类型,在代码中它也是"具体"的类,因为"射击者"想要创建出一个 UFO 对象在屏幕上飞……对应的,如果存在来自自身或基类(或基类的基类)的纯虚函数,那它就是"抽象类(Abstract Type)","纯虚类"是最抽象的"抽象类"。

在类型当中开始区分谁抽象一些,谁具体一些,这正是"基于对象"和"面向对象"两块地盘之间的分界线。

8.5.3　虚函数

重新实现

下面提供"鸭子类"对基类的接口实现的例子,仍然是伪代码:

```
class Duck : public FlyableTarget
{
public:
        virtual void Fly(); //可以继续写virtual
        bool HitTest(Bullet const& bullet); //也可以不写virtual 了
        void TryEscape(Bullet const & bullet)override; //也可以加上重写标志(推荐)
        void OnShot(Bullet const & bullet);
        void OnEscaped(Bullet const & bullet);
};
//鸭子如何逃逸
void Duck::TryEscape(Bullet const &)
{
        惊叫两声;
        拍打翅膀;
        四处乱窜;
}
```

Duck 类的 TryEscape()实现(或称重新定义)了基类的特定接口。关键点之一,我们需要在语义上(只能在语义上,语法是一致的)理解此处派生的目的:派生类将实现基类的某些或全部接口,称为"实现接口的派生",这类派生通常采用"公用派生"。

😊【轻松一刻】:"复用实现的派生"和"实现接口的派生"

之前在"基于对象"讲解中提到"复用实现的派生",这好比基类是亿万富翁,派生类说:"爸,我要继承和复用你的万贯家财。"现在提到的"实现接口的派生",场景变了,基类说:"我应该是亿万富翁!"派生类说:"爸,我来帮你实现。"非说复用的话,那就只是复用了接口。

这里提到的"重新实现",即"重写",是对基类中的"虚函数"而言,即派生类重新实现了基类的某个虚函数;如果是定义了和基类的某个非"虚函数"同名函数,那叫"覆盖",即派生类覆盖了基类的某些函数。术语不重要,二者的区别将在后面实例中再作对比。

关键点二,派生类要实现(或重新实现)基类中的特定虚函数,要小心翼翼地写对该虚函数的声明:函数返回类型、函数名称、入参列表(类型和次序)、是否常量成员以及 异常声明(比如 noexcept)等,一旦有一点不符合基类的原有声明,结果将是在派生类中产生了一个新函数,而不是重新实现基类的虚函数。

override

为了避免"关键点二"提及的错误,在 C++ 11 新标准下,我们可以更加明确地告

诉编译器,派生类中的这个函数是对基类中同名虚函数的重新实现,方法是在函数之后加上关键字"override":

```
class Duck :public FlyableTarget
{
public:
        void Fly() override;
        bool HitTest(Bullet const& bullet) override;
        void TryEscape(Bullet const & bullet) override;
        void OnShot(Bullet const & bullet) override;
        void OnEscaped(Bullet const & bullet) override;
};
```

编译器将检查中标"override"的成员函数声明,是否满足和其基类(或基类的基类)中的某个虚函数一致,找不到则报错。比如在派生类中不小心让 Fly() 多了入参,而 OnEscaped() 丢了入参:

```
class Duck :public FlyableTarget
{
public:
        void Fly(Bullet const& bullet) override; //报错
        bool HitTest(Bullet const& bullet) override;
        void TryEscape(Bullet const & bullet) override;
        void OnShot(Bullet const & bullet) override;
        void OnEscaped() override; //报错
};
```

override 以及 virtual 都只能在类内部,成员函数的声明位置处添加。如果成员函数在类外实现,则实现处的代码不能再添加二者。

override 还可以纠出另一种错误,即因为只能针对虚函数提供"重新实现",所以如果一个函数在基类中是非虚的,而派生类却为同名函数加上"override"声明,编译也会报错。避免我们本意要"重新实现",实际却做了"覆盖基类普通函数"的工作。

【重要】:覆盖(掩盖)和重新实现

所谓"覆盖",更好的说法应该是"名字掩盖",即基类中有一个(或多个)函数叫"小明",而派生类中正好也有个函数叫"小明";此时两个"小明"之间的关系不大。基于虚函数的"重新实现",首先它也是一种"名字掩盖"的关系,但这时两个小明有着更加微妙的关系,是亲?是敌?后面再说。

8.5.4 "多态"实例

先定义一个"接口类":

```
struct MyInterface
{
    MyInterface() = default;
```

```
    virtual ~MyInterface() = default;
    virtual void SayHelloWorld () const = 0;
    virtual string DoSomething() = 0;
};
```

然后定义一个派生类，但暂不实现基类的接口：

```
class MyImplementationA : public MyInterface
{
};
```

写一测试函数：

```
void test()
{
    MyImplementationA impA; //无法编译通过！
}
```

编译失败是因为该类还存在（来自基类的）未实现的虚函数。加上实现：

```
class MyImplementationA : public MyInterface
{
public:
    virtual void SayHelloWorld() const override;
    virtual string DoSomething () override;
private:
    int i = 0;
};
```

具体实现细节可不关心：

```
void MyImplementationA::SayHelloWorld() const
{
    cout << "Hello world, I'm Implementaion A." << endl;
}
string MyImplementationA::DoSomething ()
{
    stringstream ss;
    ss << i++;
    return "A" + ss.str();
}
```

重点看测试，请自行在 main() 函数中调用：

```
void test()
{
    MyImplementationA impA;
    impA.SayHelloWorld();
    cout << impA.DoSomething() << endl;
}
```

impA 是派生类，所以执行的是派生类的 SayHelloWorld() 和 DoSomething()，

一切符合直觉，没什么惊喜。再定义一个派生类：

```
class MyImplementationB : public MyInterface
{
public:
    virtual void SayHelloWorld() const override;
    virtual string DoSomething() override;
private:
    int i = 0;
};
```

同样，具体实现细节可不关心：

```
void MyImplementationB::SayHelloWorld() const
{
    cout << "Hello world, I'm Implementaion B." << endl;
}
string MyImplementationB::DoSomething()
{
    stringstream ss;
    ss << i++;
    return "B" + ss.str();
}
```

然后合并到测试函数：

```
void test()
{
    MyImplementationA impA;
    impA.SayHelloWorld();
    cout << impA.DoSomething() << endl;
    MyImplementationB impB;
    impB.SayHelloWorld();
    cout << impB.DoSomething() << endl;
}
```

impA 做 MyImplementationA 的事，impB 做 MyImplementationB 的事，一切符合直觉，没什么惊喜。在平淡无奇中，我们复习一下多态："多个类型可被视为同一概念，却又有不同的实际行为"。以上代码只实现后半句："有不同的实际行为"，前半句"可被视为同一概念"，要如何体现呢？

"被视为"这三个字隐约透露了关键点：从外部视角看。这里的"外部"通常指对象的使用者，即类的"客户方"。在本例中，MyImplementationA 和它的兄弟类代表"不同类型"，而共同基类"MyInterface"代表"概念"，这些我们都懂，问题是怎么让前二者"被视为"后者呢？绞尽脑汁，我想了一个办法：

```
//1) 定义两个类型的对象：
MyImplementationA impA;
MyImplementationB impB;
//2) 搞一个基类（概念）的指针：
```

```
MyInterface *   pImp;
//3.1 先让 pImp "代表" 派生类 A
pImp = &impA;
pImp -> SayHelloWorld();
pImp -> DoSomething();
//3.2 再让 pImp "代表" 派生类 B
pImp = &impB;
pImp -> SayHelloWorld();
pImp -> DoSomething();
```

　　pImp 是一个 MyInterface 的类型,它先是指向 impA,然后改为指向 impB,这说明了一点:基类的指针,可以指向(不同)派生类的对象。再看两次调用 SayHelloWorld() 和 DoSomething(),也都一切正常,指向 impA,执行派生类 A 的操作;指向 impB,执行派生类 B 的操作,好像也是理所当然的事,没什么好惊喜的。另外,这和"虚函数"、"重新实现接口"、"多态"有关吗?

　　那就做个对比测试,先在基类里,加一个非虚函数:

```
struct MyInterface
{
    MyInterface() = default;
    virtual ~MyInterface() = default;
    virtual void SayHelloWorld ()const = 0;
    virtual string DoSomething() = 0;
    //加一个普通函数
    void foo()
    {
        cout << "Base::foo()" << endl;
    }
};
```

　　然后以 MyImplementationA 为例,在派生类覆盖基类的 foo() 成员:

```
class MyImplementationA : public MyInterface
{
public:
    virtual voidSayHelloWorld() const override;
    virtual stringDoSomething() override;
    //覆盖基类foo()
    void foo()
    {
        cout << " ImpA::foo()" << endl;
    }
private:
    int i = 0;
};
```

　　为了更好地对比,MyImplementationB 类不做以上操作。现在测试如下:

```
void test_foo()
{
    MyImplementationA impA;
    MyImplementationB impB;
006 impA.foo();  //输出什么?
007 impB.foo();  //输出什么?
    MyInterface *  pImp = &impA;
010 pImp ->foo();  //输出什么?
    pImp = & impB;
013 pImp ->foo(); //输出什么?
}
```

四行代码,各自输出及分析如表 8-5 所列。

表 8-5　覆盖基类函数行为对比分析

行　号	代　码	输　出	分　析
006	impA.foo();	ImpA::foo()	调用了派生类自己版本的 foo
007	impB.foo();	Base::foo()	派生类没覆盖,所以调用基类 foo
010	pImp=&impA; pImp ->foo();	Base::foo();	pImp 虽然实际指向派生类 A,但 pImp 被声明为指向基类对象,而且 foo()不是虚函数,所以仍然调用基类版本的 foo()
013	pImp=&impB; pImp ->foo();	Base::foo();	类上

010 是关键:pImp 虽然明明指向一个派生类,并且这个派生类也明明拥有一个合适的 foo()操作,但仍然调用了基类的 foo()。原因就在于这个 foo()成员在基类没有声明为虚函数。接着,让我们把 foo()在基类里加上"virtual":

```
struct MyInterface
{
    MyInterface() = default;
    virtual ~MyInterface() = default;
    virtual void SayHelloWorld ()const = 0;
    virtual string DoSomething() = 0;
    //变虚:
    virtual void foo()
    {
        cout << "Base::foo()" << endl;
    }
};
```

其他派生类和测试代码保持不变,这一次,010 行调用的是派生类 A 的 foo()版本。

归结一句话:对象调用"非虚函数",看对象声明类型;对象调用"虚函数",看对象的实际类型。比如 pImp 声明类型为基类的指针,则调用非虚函数 foo(),始终走基类的版本。调用虚函数 SaveHelloWorld()和 DoSomething(),则调用其实际指向的类型的版本。

如果对象的声明类型和实际类型一致,比如 impA 或 impB 都不是指针,不存在声明类型和实际指向(或引用)类型不一致的情况,则"virtual"无作用,不符合多态语义,客户端不需将它们视为同一概念。

回到"射击游戏",进一步简化它。"会飞的靶子"有"飞机(Airplan)"、"鸭子(Duck)"和"飞碟(UFO)"三类;它们有两个共同的接口:"飞(Fly)"和"中弹(On-Shot)";当然还有各自定制的构造和析构。

这三类射击物,都会被"会飞的靶子"这个概念所覆盖。意思是我们会用声明为基类的指针来创建这三类对象,比如:

```
//例:
FlyableTarget * p1 = new Duck();
FlyableTarget * p2 = new UFO();
```

p1 和 p2 在"概念"上都是"FlyableTarget",但实体上却一个是鸭子,一个是不明飞行物。

不过,因为采用指针指向堆对象,就有了内存管理问题,为此我们在基类定义使用 shared_ptr 包装的别名。FlyableTarget 定义如下:

```
struct FlyableTarget
{
    typedef shared_ptr <FlyableTarget> SharedPtr;
    FlyableTarget() = default;
    virtual ~FlyableTarget() = default;
    virtual void Fly() = 0;
    virtual void OnShot() = 0;
};
```

Duck 类定义如下:

```
struct Duck : public FlyableTarget
{
    Duck()
    {
        cout << "一只鸭子出生。" << endl;
    }
    ~Duck() override
    {
        cout << "再见,一只鸭子。" << endl;
    }
    void Fly() override
    {
        cout << "我是一只小野鸭,我快乐地飞啊飞。" << endl;
    }
}
```

```
    void OnShot() override
    {
        cout << "我中弹了,我想我会被猎人煮了吃。" << endl;
    }
};
```

其余 Airplane 和 UFO,大家自行定义。测试函数(这也敢号称是"游戏"?)如下:

```
void testFlyableTarget()
{
    FlyableTarget::SharedPtr ft1(new UFO());
    FlyableTarget::SharedPtr ft2(new Duck());
    FlyableTarget::SharedPtr ft3(new Airplane());
    FlyableTarget::SharedPtr ft4(new Duck());
    FlyableTarget::SharedPtr ft5(new Duck());
    FlyableTarget::SharedPtr ft6(new Airplane());
    list <FlyableTarget::SharedPtr> lst{ft1,ft2,ft3,ft4,ft5,ft6};
    for (auto ptr: lst)
    {
        ptr ->Fly();
        ptr ->OnShot();
    }
}
```

list 中所存储的元素,在概念上全部被视为"FlyableTarget"(实际上是加了 shared_ptr 包装的指针),它们指向相同或不同类型的实际类型。循环遍历了 list 中的所有的"会飞的靶子",于是它们轮流飞,轮流中弹。最后在退出时,又由 shared_ptr 负责析构。

这真是一个很有哲思的游戏啊,我写完之后忍不住运行了好几遍。

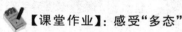

【课堂作业】: 感受"多态"

动物园里好多鸟,有"麻雀(Sparrow)"、"鹦鹉(Parrot)"、"百灵(Lark)"。请以"鸟(Bird)"为它们的基类,并通过"Bird"类实现鸟类听话的功能 Listen()。然后采用多态方式实现各鸟类的叫唤功能"Tweet()",要求叫唤时和之前听到的内容,建立某种关联,并且每一种鸟类均有不同逻辑。

8.6　OO 设计原则

8.6.1　is-a 关系

不考虑"私有派生"所代表的"融合"关系下,一个派生类对象也应当是一个基类对象。这是 OO 设计中的一个基本规则,简称"is-a"关系,存在的细微变化有:

(1) 派生类复用基类功能,并进行功能扩展或定制;

(2) 派生类实现基类接口,体现派生类自身的特点;

(3) 混合以上两点。

所以"is-a"关系很好理解。比如美人只是多了几分美,但肯定也是人;再如鸭子肯定是一种(is-a)"会飞的东西"。

初学者可能因此提醒自己:"这么说,设计派生类一定要小心,一定要确保派生类的对象同时也是一个基类对象"。这么想不太对,因为,说到"设计",我们关注的往往不是如何设计派生类,而是如何设计基类,换句话说,当你在写一个派生类时,你已经在接受基类的设计结果了。假设那个基类设计得非常不对头,那派生类的设计与实现都会非常别扭。事实上,比较依赖凡事要"想在前头",或者说"设计感过程",是"面向对象"的最大缺点。

举个例子,如果在设计"会飞的东西"这一基类,不经细想地加上了"拍打翅膀"这一接口,那么在设计"飞机"这个派生类时会有点别扭,因为飞机有翅膀但不能拍动;而在处理 UFO 这个派生类时,事情就更糟糕了——拍着翅膀的 UFO? 太蠢萌了。

当然,任何程序,都是在一个既定范围的要求内展开设计的,比如前述的"会飞的东西",就是限定在一个"射击游戏"范围内做出的约定,而不是一个哲学层面上的定义。但程序员确实需要一种"感觉"。比如在本例中,一个优秀的程序员,可能事先也并不一定就能想到外星人会加入战局,但他却能直觉地判断,在当前游戏中,"会飞的东西"基类,不应该和"翅膀"发生绑定。

"is-a"关系设计中,有一个又困难又有趣的事情,那就是生活中的规则,在程序设计里不能简单地套用。有两种典型的情况,以下举两个例子加以说明:

(1) 企鹅是一种鸟吗?

第一种情况来自业务范畴。比如"企鹅是一种鸟吗",在生物学上或许是,可是如果我们要写一个陆对空鸟类射击游戏,那应该将基类命名并实际约定为"会飞的鸟",从而直接把企鹅拒之门外。更精确地思考程序当前与将来的需求,尽量精确地约定好基类的范畴,一个类的设计,并不是越灵活、越有弹性就越好。

(2) 正方型是一种长方形吗?

第二种情况是逻辑问题。比如"正方形是一种长方形吗",数学上当然是,然而在程序设计中,通常"正方形"不是一种"长方形"。

先问:"正方形是长方形的一种扩展吗?"答:不是。正方形其实是对长方形做了一种"缩减",而不是"扩展"。再问:"正方形是长方形的一种实现吗?"这就更不是了,在现实中都说不通。二者都是具体的事物。

因此,如果强行将正方形设计为长方形的派生,会带来使用上的混乱,试看具体代码,为简单起见,不提供构造函数:

```
class Rectangle //长方形
{
```

```
public：
    virtual int GetWidth() const
    {
        return _width;
    }
    virtual int GetHeight() const
    {
        return _height;
    }
    virtual void SetWidth(int width)
    {
        this -> _width = width;
    }
    virtual void SetHeight(int height)
    {
        this -> _height = height;
    }
private：
    int _width, _height;
};
```

因为长与宽(英文里是宽与高)是长方形两个重要的、完全独立的数据，对应的、对外分别提供了两套 get/set 函数。如果正方形一定要派生自它，代码会很丑，请对比下表所列的两种方案：

方案一：不采用派生	方案二：采用派生

`class Square`
`{`
`public：`
    `int GetSide() const`
    `{`
        `return _side;`
    `}`
    `void SetSide(int side)`
    `{`
        `_side = side;`
    `}`
`private：`
    `int _side;`
`};`
	`class Square : public Rectangle`
	`{`
	`public：`
	    `typedef Rectangle base;`
	    `int GetSide() const`
	    `{`
	        `return base::GetWidth();`
	    `}`
	    `void SetSide(int side)`
	    `{`
	      `base::SetWidth(side);`
	      `base::SetHeight(side);`
	    `}`
	    `void SetWidth(int width)`
	    `{`
	      `SetSide(width);`
	    `}`
	    `void SetHeight(int height)`
	    `{`
	      `SetSide(height);`
	    `}`
	`};`

方案一的接口和实现都简洁明了。方案二额外提供了对正方形长和宽操作的函数,在内部实现上,不得不维护完全冗余的长和宽(其 SetSide 实现非常丑陋);对外接口也违背了人们对正方形的常识,如果不看内部实现,或许你会问:"正方形的长或宽需要分别设置吗?"这样的问题。

8.6.2　抽象、抽象、再抽象

抽象类总是被用作基类以表达某种概念,而如果一个用来表达概念的基类设计得不对头,就会让派生类的设计变得格外的困难。上梁不正下梁歪,被逼的。

设计一个程序,总是要实现一些功能。划分到设计一个"类系"时,这些"功能"与"实现",要么落在基类身上,要么落在派生类上,怎么做决定呢? 只要你能意识到一个类可能既是基类,又是派生类,就会知道这类问题没有必定的答案。

基本目标是:基类应该少一些具体的实现,而表现得"抽象"一些。为了实现这个目标,方法上要求:

(1)每当要为基类增加一个接口约定,都要认真地考虑这个接口真的是所有派生类都必须实现的吗? 要避免在基类中作出不必要的约定。比如,前面提过的,在设计"会飞的射击目标"基类时,如果我们提供了一个"拍打翅膀"的纯虚函数,那么"鸭子"是通过了,"飞机"也勉强通过了,但"UFO"很受伤。

(2)每当要在基类里添加一些具体实现时,更要认真考虑这个实现对于当前乃至未来可能的派生类,都是不变的吗? 基类应该只提供"不变"的实现,避免让基类出现(在派生类会有)"变化"的部分。比如写一个程序,用于输出电影演员表。自然需要定义"角色"这个类。直接反应的是它需要两个名字,一是演员的名字,一是角色在剧情中的名字。

```
struct Role
{
    std::string character; //所演的角色
    std::string portrayer; //扮演者的名字
    virtual void Print()
    {
        cout << character << "---" << portrayer << "\r\n";
    }
};
```

接着有一人扮演两个角色的情况出现,我们称为"双料演员(DoubleRole)",另外还有"临时演员(TempRole)",剧情中不需要关心角色的名字,只需在出字幕时,按出场次序称为"路人甲、路人乙……"。

可能有读者真正懂得拍电影的事,此处的提法只是示意:如果要把 Role 作为基类,那么它拥有"character"这个成员,事实上这个实现细节,给后续派生类带来了干扰。因此更合适的设计是在基类里将某些实现,改成一个接口约定:

```
struct IRole
{
    IRole(string const& portrayer)
            : _portrayer(portrayer)
    {}
    virtual void Print() const = 0;
    virtual ~IRole() {}
protected:
    string _portrayer; //扮演者的名字
};
```

IRole 现在变成了"半虚半实"。留了"扮演者"这一个固定的实现细节,而"角色名称"由于变化较多,我们将它交由派生类处理,对外公开的 Print 函数变成了一个纯虚函数。

原先直观想到的角色,其实不适合做基类,相反,它是 IRole 的一个实现:

```
class NormalRole : public IRole //普通演员
{
public:
    NormalRole(string const& portrayer
        , string const& character)
        : IRole(portrayer), _character(character)
    {}
    virtual void Print() const
    {
        cout << _character << "---" << _portrayer << endl;
    }
private:
    string _character; //普通演员有单一、固定的扮演者名字
};
```

双料演员在内部实现,提供了两个角色名,这样的设计,远比从基类继承得到一个角色名后再自行扩展一个,来得直观合理:

```
struct DoubleRole : public IRole //"双料"演员
{
public:
    DoubleRole(string const& portrayer
            , string characterA
            , string const& characterB)
    : IRole(portrayer) //调用基类构造
            , _characterA(characterA)
            , _characterB(characterB)
    {}
    void Print() const override
    {
        cout << _characterA << "," << _characterB
            << "---" << _portrayer << endl;
    }
```

```
private:
    string _characterA, _characterB;//直观,合理,也可以干脆是一个 vector <string>
};
```

"临时演员"现在也不用背基类的包袱,干干净净,没有用不上的数据成员:

```
struct TempRole : public IRole
{
public:
    TempRole(string const& portrayer, int index)
        : IRole(portrayer), _index(index) //出场次序
    {}
    void Print() const override
    {
        char * tmp[] = {"甲","乙","丙","丁","略"};
        int const sz = sizeof(tmp)/sizeof(tmp[0]); //5
        cout << "路人" << tmp[(_index < sz)? _index : sz-1]
                    << "---" << _portrayer << endl;
    }
private:
    int _index;
};
```

8.6.3　高内聚低耦合

接下讲,类之间的关系有什么准则呢? 这就有了新的一个很粗颗粒度的设计原则:高内聚、低耦合。

基本概念

即:一个类要埋头干好自己的事,少去掺乎别的类的事。更常听到的说法是:类设计要讲究高内聚,低耦合(High Cohesion,Low Coupling)。

假设你是一家 IT 公司的老板,一手设计出来的公司部门间的关系是这样的:销售部经常对研发部指手划脚,研发部经常对人力资源部吆三喝四,人力资源部经常对销售部呼来唤去……你是不是会疯掉? 作为一个设计者,应该分清每一个类的"职责",让类与类之间的交叉依赖关系保持在低并且合理的水平上,这通常称为"低耦合"。

理清了部门间的关系,接下来关注各个部门内部的工作状态。如果你发现研发部门有 6 个副部门经理,每一位程序员都配了 4 位漂亮的女秘书……就算你不是一个程序设计师,你也会懂得部门内部组织松垮、人浮于事不是一件好事,类设计也如此。同样设计一个类,用于实现同样的功能,人家用了两三个内部成员,你用了两三百个内部成员;人家对外提供了五个公开的成员函数,你却得提供五百个……人家的类是"高内聚",你的类那叫一个"高松垮"。

"高内聚"和"低耦合"之间没有必然的关系,但通常一个高内聚的类,会有利于我们构建低耦合的类际关系;反过来,一个类如果处处需要调用大量外部的类,除非它

就是"管理展现"层次中的某个负责"类际关系协调"的类,否则它的内部实现就称不上"高内聚"。结合更早前课程提到的类的"三个层次"划分,可以细分出如下区别:

(1) 管理展现层:合理控制对业务模块层的调用,也可以直接调用基础设施层;

(2) 业务模块层:可以互相调用,减少需要调用管理展现层的类功能;

(3) 基础设施层:合理控制相互间的调用,避免调用以上两层。

高内聚和低耦合原则,同样适用于基类与派生类的分工原则。已经了解过,基类(特别是接口性质的基类)应尽量保持抽象性,避免将派生类(具体类)所要做的事揽在基类身上。

 【重要】:"高内聚、低耦合"是原则,不是目标

程序设计目标是解决问题,"高内聚、低耦合"是类设计的一种指导原则,绝不是类设计的目标。很明显,设计了一堆完全互不相关的类,每个类都只用了一个成员甚至不需要成员数据,不见得这就是最好的设计。事情的关键是:业务问题解决了吗?

要实践"高内聚、低耦合"原则,牵涉到的 C++ 编程知识点非常多,本书之前的内容,诸如"抽象"、"渐进式"、"多态"、"派生"、"封装",乃至再往前的面向过程的编程知识,都和这一原则有关。对于初学者,可先将重点放在对"耦合"的认识上。

显式耦合与隐式耦合

C/C++ 初学者多数从"面向过程"开始学习编程,因此容易将"动作"作为程序细分的基本单位,但在"面向对象"的编程思路下,耦合的第一发生处,往往是数据。比如,以"面向过程"的思想,初学者把某一事情划分为三个函数,每个函数表达一个"操作过程",但如果这三个函数都围绕着某个全局变量施展各自操作,耦合就来了,如图 8-12 所示。

现实生活中,物体与物体之间的耦合度,可以称为一堆物体之间的混乱程度。物体之间的混乱程度有一个有趣的现象:混乱既可以

图 8-12　全局变量造成数据层面耦合

是多个物体之间有实际的接触关系,也可以没有实际接触,仅仅是因为排列不整齐就造成混乱。前者如纠结在一起的一团头发,后者如小孩子打翻了跳棋之后,一地散乱的玻璃珠……

程序用于解决问题。而为了解决问题,必须弄清数据之间的关系,而要弄清数据之间的关系,最好的办法是让数据之间尽量没有关系。好的程序尽量让数据之间的关系很轻,甚至零关系。坏的程序呢?有两种,正好对应了图 8-13 中的线与珠。

第一种,本来三条线是可以没有关系就解决问题的,但坏的程序设计却要求它们必须纠结在一起,才能解决问题。这可以称为程序的"显式耦合"。

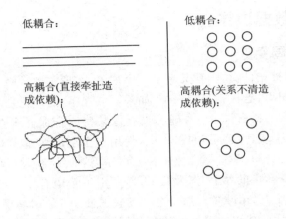

图 8 - 13　耦合的两种由来

第二种,九颗珠本来是没有关系的,在程序里也确实没有关系,但坏的程序组织与实现,却把它们搞得好像很有关系,一个词,叫"暧昧"。说得再白一点:写程序的人心里也知道这些数据没有关系,但他写出的程序非常混乱,造成看程序的人无法清晰明了地断定这些数据之间有没有关系? 如果有,那会是什么关系? 这叫"隐式耦合"。

第一种耦合很好理解,但实际上初学者程序中最容易出现的还是第二种耦合。以全局变量为例,无论是以面向过程还是面向对象为指导,都会苦口婆心地要求程序员减少使用全局变量,但初学者心里不服:"我是用了全局变量,但是我只在这里,这里,还有这里,总共三处用它啊,你们怕什么怕嘛?"这个初学者甚至为此加了一段注释:

```
//我,以一个持证上岗的程序员发誓:
//在我的代码中,将仅仅在 foo1 函数,以及 coo2 类中的 foo2,
//以及 main 函数里这三个地方,使用到 gSomething。
//至于你们信不信,反正我是信了。
int gSomething;
```

相信? 不不不,这世间海誓山盟都不一定靠得住,你小子在程序中搞一段注释就想让大家放心?

全局变量的糟糕之处不在于它实际上造成了多少耦合,而在于它"看起来"会造成多少耦合。基本上,每个类,每个函数,每一处代码,都可以方便地访问全局变量,全局变量的(潜在)影响力,是无边无界的。记住:"看起来有关系",但到底"有没有关系"所带来的不确定性最让人心烦。

类似这样的隐式耦合,如何避开它们,是 C++程序员必知必会的基础知识,我们列举一些方法,为了避免本小节结构性肥胖,我们新开两个小节来讲述如何降低隐式耦合。

8.6.4　明确数据边界

减少使用全局变量

之前的发誓不被相信,初学者又举了一个理由:在现实逻辑中,确实存在"全局变量"啊。比如在公司里,老板就只有一个,如果写成程序,他不就是全局变量吗?

没错,作为务实的语言,C/C++确实没有像某些语言那样剥夺你使用全局变量的权力。在一个用来表达"公司"的程序中,使用一个全局变量来对应真实世界中的"Boss",确实是可接受的,并且是合理的;然而,你仍然要控制,控制,再控制。

第一,我相信在真实世界中,作为员工,你一定不希望有太多的老板;(最好就一个或者干脆没有?)第二,请减少对这个全局变量的使用。公司马桶堵了,清洁工掏出手机拨通老板的电话? 代码中某处的注释,是用"//"好呢还是用"/ * */"好? 程序员忧心忡忡地敲开了老板的办公室? 事事都找老板的员工,不是好员工,事事都要管的老板,不是好老板。

进一步,为全局变量增加一个隔离层,也是合适的。解释一下,仍以老板比喻,公司应该制定一个找老板的流程,最简单的,比如为老板配一个秘书,确有需要时,请通过秘书找到老板。设计模式中,常用到"单态模式"就是这一思路的体现。

一个全局变量扔在那里,真有那么一点怂恿:用我吧……唉,这可能要涉及人类心理的某种阴暗面了:公用的东西,不用白不用啊……更糟糕的由于用起来是那么的直接那么的爽,所以事后想查一查到底有哪些代码用到某个全局变量,也非常的困难。

就近定义

一个数据其作用范围越大、生存期越长,它和其他数据发生耦合的可能性就越高,前述的全局变量就是典型的例子。把目光换到局部变量身上,则显然我们要做的,就是让局部变量"越局部"越好。

就近定义数据就是这个意思,仅当你确实需要一个数据时,再定义(生成)这个数据(对应地,一旦不需要这个数据,就及时释放它)。

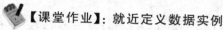【课堂作业】:就近定义数据实例

以下是一段示意代码(无法真实通过编译),大致过程是用户登录,查询回数据,并保存成文件。请根据"就近定义数据"的原则进行改写。

```
bool Login()
{
    string username, password;
    bool ok = false;
    int i;
    DBConnection connection;
    DBQuery query(connection);
```

```
    int key;
    Result result;
    ofstream ofs;
    for (i = 0; ! ok; ++i)
    {
        cout << "用户名 : ";
        getline(cin, username);
        cout << "密码 : ";
        getline(cin, password);
        ok = connection.Login(username, password);
        if (!ok)
        {
            if (i == 2)
            {
                cout << "连续出错三次!" << endl;
                return false;
            }
            cout << "用户名或密码有误,请重新登录。" << endl;
        }
    }
    cout << "请输入密钥值:";
    cin >> key;
    if (!query.Search(result))
        return false;
    ofs.open("result.dat");
    ofs << result;
    return true;
}
```

本小节的结论是:仅在你需要时,才定义这个数据。甚至这可以成为一个通用原则:就近定义数据、就近定义宏、就近定义函数、就近定义类型;还有就近处理错误、就近返回结果、就近写上你的注释。

传值,而非传址

假设在 A 函数中,将 d 数据传递给 B 函数,就可以认为 A 和 B 在共用 d 数据,此时耦合就发生了,但还需进一步分析 A 和 B 是如何"共用"这个数据的:如果 B 将会,或者看起来将会修改数据 d,则耦合加大了。

如果 A 需要关心 B 对 d 的修改,那么这种耦合是显式的,需要从设计上解决;但如果 A 其实完全不关心 B 对 d 的修改(换句话说:B 对 d 的修改结果,对 A 正确执行无任何影响),则应从语法消除这类隐式耦合。

【轻松一刻】: 蚯蚓带来的矛盾

话说大宝和二宝是一对兄弟,他们最近都迷上了一种宠物——蚯蚓!为什么会有这种诡异的爱好我们不去研究,说关键:两兄弟只有一条蚯蚓,于是乎两兄弟约定单日蚯蚓归大宝玩,双日归二宝玩;再于是乎同一条蚯蚓就在两兄弟间每日传来传去……最终的结果是两兄弟打起架来了,为什么?

答,双宝共用一条蚯蚓,结果可能你嫌我喂得太胖,我嫌你将它洗得太白,总之就是耦合的坏处……双宝的爸爸一生气,把蚯蚓切成两截,很快两个半截都长成完整的一条蚯蚓,分发给两兄弟,于是两兄弟之间有关蚯蚓的耦合被解除了,他们又过起了和睦的生活。

真不幸,你和你弟弟养的宠物是一只萌萌的喵星人……并不是所有的宠物都可以"一刀两段"的,还好在 C++程序的世界里,多数数据允许被"克隆",也就是值复制。要想降低一个函数和它的调用者之间的耦合关系,使用"传值"显然比"传址"要解除得彻底。

传址的方式通常是指针或引用,指针有可能指向同一数据,引用也可能引用了同一数据。两个模块表面上在操作两个不同的指针(或引用),但实际上操作的同一份数据,耦合就建立了。如果指针指向的是堆数据,则模块间还要约定好谁负责释放,最终为图省事,可能干脆走 shared_ptr 实现共享。

通过"值"传递对象,传递的是对象的"复制品";通过"地址"传对象,传的是对象的真身。试想你去应聘,一家公司要求你把身份证、毕业证原件给它,另一家只要求复印件。前者的目的是什么呢?估计就是要和你建立一种紧耦合(这种耦合对你的坏处,你懂的)。

当然,能否只传递值,和业务有关,如果业务上就是要求两个模块对同一份数据进行不同加工,则传址行为无可厚非。另外一件事情要考虑的是,传值由于需求复制数据,所以效率较差。有没有两全齐美的办法呢?

使用常量传址

如果双宝的爸爸强行规定:大宝负责养育蚯蚓,二宝则只有"观赏"权。嗯,现在这业务更加明确了,既然二宝不允许修改这条蚯蚓,我们就可以使用常量传址的方法来避免那一刀。假设二宝的函数名为"er_bao(...)",入参的基础类型肯定是"earthworm",请对比这三种函数声明。

(1) 方式一:

```
er_bao(earthworm& ew);
//传址,er_bao 可能会修改 ew,也可能不会,到底会不会? 只能详细看代码,
//隐式耦合发生了
```

(2) 方式二:

```
er_bao(earthworm  ew);
//传值,er_bao 可能会修改 ew,也可能不会,但不管会与不会,反正他修改的
//是自己的那段蚯蚓,不存在耦合,问题是复制一条蚯蚓需要时间
```

(3) 方式三:

```
er_bao(earthworm const& ew);
//传址,但限定了 ew 的内容不允许被 er_bao 这个函数修改,完美
```

【重要】：分析数据、理顺关系

事实上，一份数据被多个函数、类共同使用，几乎是无可避免的事。C++程序员一定要学习的事是不断分析数据的使用场合。哪些类及函数会修改该数据，哪些则只是要读取这些数据……再细分，哪个负责创建（生成）该数据，哪个负责初始化？哪个将释放这些数据？别觉得心累——这世上还有使用 kust 语言的程序员。

8.6.5 强化数据不变性

函数入参采用常量传址，被我们划入"数据边界"范畴，其实它是通过定义数据"不变性"，来明确数据的职责边界，这样的方法，在 C/C++ 的语法规定中多处可见。

能用常量，就用常量

只要你能用常量，就不要把数据定义成变量：

```
int const full_marks = 100; //数据出生时就是常量
char const * p1 = "hello"; //const 修饰 char：p1 指向的内容不允许修改
p1[0] = 'H'; //ERROR!
char * const p2 = "hello"; //const 修饰 char *：指针本身不允许修改
p2 = p1; //ERROR!
char const * const p3 = "hello"; //指针和指针指向的内容，全是常量
```

命令式编程中，数据允许被修改（变量的基本含义），是程序中许许多多错综复杂的关系的根源。还好，C++提供了常量的概念，分清一个数据是常量还是变量，这是 C/C++ 程序员的基本素养。

复杂数据也可以是常量，比如有个 Student 类，然后你希望在班级里定一个"楷模"或"成绩标准"，意思是，可以定义一个常量"学生"，它不是真的学生，它是要求"活"在同学们心中的一个榜样：

```
struct Student
{
    string name;
    int yw, yy, sx; //语数英的成绩
};
Student MakeAExample(char const * name, int yw, int yy, int sx)
{
    Student s;
    s.name = name;
    s.yw = yw;
    s.yy = yy;
    s.sx = sx;
    return s;
}
Student const best_example
        = MakeAExample("best example", 100, 100, 100);
Student const pass_example
        = MakeAExample("pass example", 60, 60, 60);
```

例中, best_example 和 pass_example 分别是班级最佳成绩和及格成绩的"标准"模子, 它们无需也不许被修改。虽然它们是全局的, 但却是常量, 因此所有过程对它们的操作都是只读的, 由此减轻了全局耦合。

常量入参

常量入参结合引用作为函数的入参, 用来明示: 这个入参不会被处理它的函数修改。这已经在上一小节详谈过。

常量成员数据

类的成员数据也可以是常量, 关键要懂得如何为它赋初值。

```cpp
class Coo
{
public:
        Coo(int v)
                    :_i(v) //构造时初始化
        {}
private:
        int const _i;
};
```

类中的常量, 可以在每个对象创建时, 进行初始化, 而后在这个对象的生存期间, 对象的常量成员都是只读不变的。常量成员降低了该数据与类的其他成员之间的耦合关系, 类的设计者喜欢定义常量成员。

常量成员函数

常量成员函数是在明示: 这个成员函数中, 将不会修改该类(当前对象)的成员数据。类的实现者自然喜欢定义常量成员函数, 因为至少在写函数时, 每当他一不小心要修改类的内容(严格讲是未来某个对象的数据)时, const 修饰会在编译时指出这一错误。然而更喜欢常量成员函数的人, 是类的使用者。让我们来定义一个"Girl(女生)"类:

```cpp
class Girl
{
public:
    void Love(Boy * boy)
    {
        this -> _boy_friend = boy; //修改了_boy_friend 成员
    }
    void Meet(Boy * boy);
    ...
};
```

Love()实现将某男生设置为当前女生的男友, 我们给出的伪代码一目了然, 唯一需要您注意的是这里不允许单相思。现在关键是 Meet 函数, 它的入参也是一个 Boy, 表示女生具备和某男生相遇的功能, 相遇之后代码……女生不让我们看, 但整件事情听说是这样的：

```
Girl Mary;
Boy Mike, Tom;
Mary.Love(&Mike); //曾经,玛丽爱上麦克
...
Mary.Love(&Tom); //后来,她却爱上汤姆,麦克已成旧爱
...
Mary.Meet(&Mike); //再后来的一天,她和旧爱邂逅……
```

Mary 和 Mike 重逢了……事情会怎样,假设 Tom 就是这段代码的撰写者,也许他写那一行 M. M(M)的代码时,会有些不自信……这无可厚非,因为他不知道 Meet 函数会不会改变 Mary 内心深处的某些东西。让我们猜测 Meet 函数是这样写的：

```
void Gril::Meet(Boy * boy)
{
    ...
    if (this ->life_is_troublesome() //生活有些苦恼
        && love_each_other_ever(this, boy) //曾经相爱过
        && boy ->love_still(this)   //那男生还在爱着我
        && ……   //世间没有谁是圣人
    {
        this ->Love(boy); //完了,旧情复燃
    }
    ...
}
```

这当然只是我们的猜测(并且有些小人之心),但不管怎样,这个 Meet()不是一个常量成员函数,所以我们很难判断执行完 Meet 之后,Mary 对象的成员数据,会不会发生变化;如果 Gril 的设计者明确告诉我们,Meet 是一个常量成员函数：

```
class Girl
{
public:
    ……
    void Meet(Boy * boy) const; //Meet 成为一个常量成员函数
    ……
}
```

Meet 函数当然由"女生"类(Girl)来决定其行为,有句话叫"女孩的心事你猜不透",所以 Meet 函数该如何实现,也许真没那个精力去读懂,但现在的 Meet 函数有了 const 的修饰,所以我们知道,任何一个 Gril 类的对象,都不会因为该函数而修改其内在的状态——太好了,汤哥可以放心了。

⚠ 【重要】：相爱没那么简单

C++编程难吗？难。比 C++编程还要难的是什么？是感情的维护,是信任的坚持。在厚厚的一本技术书里,这里是唯一用来提醒各位技术人却和技术无关的一段

文字：爱情没有 const 可依赖，只有信任、信任、再信任。

函数返回常量

通常情况下，我们会用一个变量，来"接住"函数的返回值，比如：

```cpp
int add(int a, int b)
{
    return a + b;
}
void foo()
{
    int c = add(1, 2);
    ...
}
```

对于返回一个临时变量（或其复制品）的函数，它的返回值没有必要去限定它是否有 const。比如限定上述的 add 函数返回 const int：

```cpp
int const add(int a, int b)
{
    return a + b;
}
void foo()
{
    int c = add(1, 2); //返回的常量，被赋值（复制）给另一个非常量 int
    ...
    c = 999;
}
```

需要限定函数返回值的情况，发生在两个条件同时成立时：一是一个成员函数；二是函数返回一个对象的引用或指针。成员数据返回对象的内部数据，并且是以传址方式返回时，调用者就有机会修改这个内部数据，哪怕这个数据是私有的：

```cpp
class Person
{
public:
    std::string& GetName() { return this->_name; };
private:
    std::string _name;
};
void test()
{
    Person p;
    p.GetName() = "Tom";
    std::cout << p.GetName() << std::endl;
}
```

由于 GetName()返回 _name 的引用，而不是一个临时复制品，所以我们可以修改 GetName()的返回值，并且效果等同于直接修改 p._name。

【课堂作业】：如何处理返回的引用

还是上面的 GetName 函数，以下代码运行结果是什么？

```
Person p;
std::string& n1 = p.GetName();
n1 = "Tom";
std::string n2 = p.GetName();
n2 = "Mike";
std::cout << p.GetName() << std::endl;
```

先要回答一个问题：为什么我们要返回一个成员数据的引用？答，在上例的情况下，主要是为了程序的运行效率。返回一个引用（或指针）远快于复制一个 std::string 再返回复制品。既然是为了运行效率，那么课堂作业中，n2 的做法就显得有些"二"了：GetName()返回引用是为了避免"复制"，可调用者不领这份情，非要再定义一个 std::string 的对象去复制 GetName()的返回值。看来 n1 的作法（n1 只是一个引用，并不是一个真正的 std::string 对象实体）才是高效的，但它也有小问题，那就是如果修改了它的值，事实上是修改了 p._name。通常这不是程序编写者的本意，通常是你写着写着，后面忘了 n1 是一个引用，结果误改了 n1。解决方法之一是把 n1 定义成为常量引用：

```
std::string const& n1 = p.GetName();
n1 = "Tom"; //编译出错,提醒我们不要乱改 n1
```

把注意事项抛给使用者，从来不是一种好的方法，所以更加负责任的方法，是将 GetName 的返回值，定义为常量引用：

```
...
    std::string const& GetName()
    {
        return this->_name;
    }
...
    std::string& n1 = p.GetName(); //编译出错,提醒 n1 必须是 const
    std::string& const n2 = p.GetName(); //OK
    std::string n3 = p.GetName(); //有时确实需要复制,也 OK
```

还没完，别忘了前面提到的"常量成员函数"，像 GetName 这样目的在于查询某个成员数据的函数，显然不应该，也不会修改那些成员数据，所以，一个 C++编程惯用法出笼了：

```
... //惯用法:常量成员函数,返回成员数据的常量引用
    std::string const& GetName() const
    {
        return this->_name;
    }
```

小结：变与不变

老话说得好："这世上唯一不变的，就是变化"，所以我们打小也被教育要敢于迎接变化，拥抱变化。

写程序时，我们被要求程序要写得灵活，要有弹性，要能广泛适应变化的需求。怎样才能做到这一点呢？很复杂，这本书已经够厚了，无法再展开，在此围绕变和不变说个三言两语：

(1) 先别急着想如何表达变化的部分，要多想想有哪些不变的；

(2) 事情刚开始看起来都在变，要找出其中不变的先做处理，最后再处理那些会变的；

(3) 从变到不变是困难的，从不变到变才是简单的；

(4) 整个程序，是由"不变"串起来的，不变的越多，一环环就扣得越紧，程序整体就越内聚。

8.6.6　层次与模块

程序界设计新人？这可不是一个好的头衔，如何快速成长为别人眼中的有两三年设计经验的软件设计师？有"窍门"，就是马上懂得"层次与模块"。

面向对象的程序设计中，当然少不了要设计出大量的类（class 或 struct）。如何为这些"类"分门别类呢？最粗，也最通用的分法是：分层次、分模块。而前者最典型的粗分法是三层：

(1) 基础设施类：也称为"工具类"，不和业务直接相关，它们提供一些编程必须的基础功能，通用于多种应用，可以理解为用户在 C/C++提供的标准库之外，自己为自己准备的代码库；

(2) 业务模块类：应用所要解决业务问题的分解。将一个大问题，层层拆分，各个模块可能互有关系（横向或纵向），但相对独立；

(3) 管理展现类：调用各个业务模块的功能，对内组织、协调多个模块的功能，对外提供用户需要的接口。与前者相比，管理展现层更多的工作是"组织"以及对外"展现"，通常并不具体去做业务。

有点不直观？以奥运会开幕式的准备工作为例：

张艺谋等人组成的导演团是"管理展现类"。他们在项目内部要负责推进、协调众多子模块，对外则要对公众、上级领导提供准备工作的进度情况。

接下来，各个节目模块、场地修建模块、灯光电子设备模块，也都需要有负责人，并且每个模块都可以继续细分下去。这些模块相对独立，但也会有关系，比如节目排练，可能就需要了解场地的修建进度等等，按照解决思路的不同，可以有很多不同的组织形式，但都属于"业务模块类"。最后，还需有各类的艺人、匠人、工人，他们属于"基础设施类"。很明显他们今天服务奥运，明天可以服务世博，所做的工作具有很强的可复用性。

在切分层次和划分模块时，很多时候需要发挥"面向过程"的作用。"面向过程"始终是编程的重要基础，主要表现在两方面：其一是在最顶层设计，我们仍然需要一步步分析整个问题的解决过程，否则如何推出需要有哪些类，以及这些类之间的关系呢？其二是在最底层实现，每个函数必然就是一个"过程"。面向对象或基于对象，设计重点在于中间业务模块中的类定义、类关系及对象关系。

补充几点：一是管理展现层并非限定只能有一个类存在；二是层次与模块是人安排出来的，哪个模块归哪一层，并非一定有一个像算术题一样明确的答案，我们所做的工作是找出最合适的那个；三是要懂得分层设计和模块设计，以及二者的结合，只不过是懂了程序设计的三板斧，没什么好骄傲，但也没什么好自卑。

8.6.7　框架型基类

在"抽象、抽象、再抽象"等小节中，提到在面向对象的设计中，基类基本不做具体的事务。作为对比，在"基于对象"的编程中，基类有可能存在较多的基础功能。这一节讲"框架型"的基类设计，它属于"面向对象"的设计方法，但要求基类做很多很多……

框架型 vs. 组件式

先从什么叫"框架（framework）"说起。

盖房子时，有一种叫"框架房"，房子的主要结构都已经决定了，你能做的就是看看用什么隔墙，什么门窗，内饰如何做，这个例子用来说明"框架"处于主体地位，是程序的基本结构。

大学毕业了，进入一家公司，公司行政领导要求你几点上班，几点下班；工作部门领导要求你什么时间要做什么事，你桌上有电话，公司其他人可以随时一个电话过来打断你手头上的工作……此时，对你而言，公司这一些有形无形的制度，也是一种框架。

一拿公司做比喻，有同学恍然大悟："那不是'框架'！那是'束缚、束缚、束缚'！"确实，框架有这样几个特点：第一，框架是一种既定的结构，你必须在这个结构下发挥个人专长；第二，框架是一种主动运转的结构，作为公司框架中的一位员工，你连续三天不上班，公司也不会因此就直接停摆，因为"框架"在按既定的大方向上，主动推进事情的发展。

束缚是难免的，但框架是一种成熟的结构，它的作用也是明显的，它实现了主体不变的逻辑，它保障了事情发展的基本方向不会轻易变化。它的存在，使得它的使用者，只需关心那些和具体逻辑有关的、个性化的变动即可，如果是代码，那么程序员在某个成熟框架的基础上，寥寥几段代码，就可以完成一件本来相当复杂的工作。

再说说"组件式"。组件式编程最直觉的比喻是"搭积木"。各个函数、类、对象、模块是一个程序的基本元件，再根据你所需要的上层业务逻辑组装。如果用公司经营比喻，组件式编程更像是一家保姆式公司孵化组织，它给你办公场所、帮你招人、为你宣传，提供了许多资源……最后公司经营得是好是坏，得看你如何使用这些资源了。

🛈 【小提示】：框架型编程和组件式编程

"爱效率，爱组织，我按照既定的轨迹前行，我不中意拼凑的生活；我希望你遵循我的思想,我知道我有些霸道,但我是为你好,我不是你爹你娘,我是框架式编程。"

"爱自由,爱想象,我爱生活的无限可能性,我提供基本的单元,我习惯被动,我要像七巧板一样每一天都组装出不一样的人生,我不是变形金刚,我是组件式编程。"

框架式编程和组件式编程各有各的适用场景,两者不算是竞争关系。在一个大框架之下,内部许多模块的组合采用组件式编程是很常见的。

现实中适用"框架"式的组织结构,不少。比如肯德基,事先制定一套近乎统一的店面框架,供货、销售、收银、后厨,哪怕就是一杯豆浆,也采用统一的方式调制出来。再如一套电视综艺节目,比如《某某勿扰》,也是既定的框架,男嘉宾出场时摆一堆个性化的姿式,主持人喊停,他就得现出原形——别冤屈,节目的程序是既定的,主持人也没有多大自由。

框架型基类实例

在我们能接触到的程序中,"图形用户界面(GUI)"库,还有网络服务端程序,是适用框架型设计的好例子,以后我们会碰上,这里且略过,我们先用一个更容易理解的小例子来说明。

假设我们给甲、乙、丙三家工厂写一个工资计算的程序。三家公司的工资计算的基本过程是一样的,都是针对每一个员工,做以下事情,如表 8-6 所列。

表 8-6 例子:薪水计算需求表

步 骤	主要工作内容	三厂差异说明
一	得到该工人的保底薪水	甲乙两厂的工人的底薪是常年不变的,丙厂工人首月底薪为 0,以后每月递增 30 元
二	得到该工人本月计件工作量	如何得到工人本月计件工作量?甲厂通过人工输入,乙丙两厂从文件读入(但读的内容略有区别,请注意第四步)
三	根据计件工作量,计算应发的计件薪水	三家的计算公式都不同: 甲厂:每件 0.5 毛钱; 乙厂:前 100 件每件 8 元;101~500 件每件 10 元;第 501 起每件 11 元; 丙厂:6 月份(含)以前,每件 1 元,6 月以后每件 1.2 元
四	得到该工人本月的出勤数据	如何得到出勤数据?甲厂还是靠人工输入;乙厂在第二步读入计件工作量时一并得到;丙厂需要从另外一个文件读入
五	根据考勤数据,计算该员工出勤奖惩金额	甲厂:全勤奖 100 元; 乙厂:女工全勤奖 220 元,男工全勤奖 190 元。不管男女,一天不出勤,扣 2 元钱。 丙厂:全勤奖 200 元,每月出勤不满 10 天的,扣 50 元(扣光为止)
六	计算实发薪水 = 保底 + 计件薪水 + 出勤奖惩金额	

　　还需要补充一条逻辑：如果一个工人有出勤，但是他什么活儿也没做（计件工作量为 0），那还要发工资甚至奖金给他吗？我个人认为是要的，但三家工厂的老板一致认为一毛钱不给发，其中乙厂老板"大方"的表示在这种情况下，就不倒扣钱了。

　　首先定义"工人类"，三个工厂对工人需要提供什么信息，略有不同，所以我们分别定义三个 Worker：

```cpp
struct Worker    //工人基类
{
    unsigned int number;   //工号
    std::string name;   //姓名
};
struct J_Worker : public Worker //甲厂工人
{
    double base_salary; //保底月薪
};
struct Y_Worker : public Worker //乙厂工人
{
    bool gender; //性别，false 为女，true 为男
};
struct B_Worker : public Worker //丙厂工人
{
    time_t on_board_date; //入职日期
};
```

　　后面为了简便起见，工人的信息，我们设定都是从文件中读入。接下来就是计算月薪的基类了：

```cpp
class SalaryCalculator
{
public:
    //构造月薪计算器，入参是：工厂名，当前月份
    SalaryCalculator(std::string const& factory_name
        , int current_month)
        : _factory_name(factory_name)
        , _current_month(current_month)
    {}
    virtual ~SalaryCalculator() {}
    //计算工资的"框架"过程：
    void Calcute();
private:
    //初始化工人信息
    virtual bool Init() = 0;
    //以下函数用于遍历所有工人：首先 GoFirst 到达第一位工人，
    //然后每次调用 GoNext()前进到下一步，直到 IsEof()返回真
    virtual void GoFirst() = 0;
    virtual void GoNext() = 0;
    virtual bool IsEof() = 0;
    //得到员工保底月薪
```

```
    virtual double GetCurrentWorkerBaseSalary() = 0;
    //得到当前工人的计件工作量
    virtual int GetCurrentWorkerPiecework() = 0;
    //计算当前工人的计件工资
    virtual double CalcCurrentWorkerPieceworkSalary(int) = 0;
    //得到当前工人出勤数据
    virtual int GetCurrentWorkerAttendance() = 0;
    //计算当前工人的出勤奖惩
    virtual double CalcCurrentWorkerAttendanceSalary(int) = 0;
};
```

看到大量的"纯虚成员函数",显然这些是要留待派生类实现的,不过不管这些操作如何实现,计算工资的整体框架却是固定的:

```
void SalaryCalculator::Calcute()
{
    cout << _factory_name << ", "
        << _current_month << "月工人工资计算" << endl;
    cout << "初始化工人基本信息..." << endl;
    if (!Init())
    {
        cout << "初始化工人信息失败！请找人事部门算账." << endl;
        return; //出始化出错
    }
    for(GoFirst(); ! IsEof(); GoNext())
    {
        //保底:
        double base_salary = GetCurrentWorkerBaseSalary();
        //计件:
        int piecework = GetCurrentWorkerPiecework();
        //附加逻辑:如果一件都没做,则不发钱
        if (piecework < = 0)
        {
            cout << "该员工出工不出活,不发工资!" << endl;
            continue;
        }
        double piecework_salary
            = CalcCurrentWorkerPieceworkSalary(piecework);
        //考勤工资:
        int attendance = GetCurrentWorkerAttendance();
        double attendance_salary
            = CalcCurrentWorkerAttendanceSalary(attendance);

        //最终工资:
        double total_saraly = base_salary
            + piecework_salary + attendance_salary;
        cout << "基本工资:" << piecework_salary << endl;
        cout << "计件工资:" << attendance_salary << endl;
        cout << "考勤工资:" << attendance_salary << endl;
```

```
        cout << "本月工资:" << total_saraly << endl;
    }
    cout << "计算完毕!" << endl;
}
```

👀 【很不轻松的一刻】: 程序与现实之间

"做一件事,总有一个总体的目标,需要一些基本不变的操作步骤,被称为'框架型'的工作,把这些交给(顶层的)基类实现;而在具体实现中,每一个步骤会有差异,把这些交给(下层的)派生类去定制,基类制定政策,派生类实行政策,这就叫做框架型基类设计。"

为师我嘴角挂着唾沫星子,高瞻远瞩地做完以上总结,内心颇有些小得意……但满屋子的学员都脸色沉重一语不发。下课后在个别学员的桌面上我看到那用小刀深深刻着的字:"如果顶层框架是可依赖的,那为什么学生的书包还那么沉呢?"

生活总是比程序复杂,政策的落实……还是说点简单的吧! 基类中的虚函数,最好是 protected 甚至是 private 的,不要直接 public 出来。更简单一点的,在基类中公开出来的函数,最好是固定的,哪怕它就是一个"空政策":

```
class CentralizedPolicy  //中央政策
{
public:
    bool Control()
    {
        return this ->DoControl();
    }
protected:
    virtual bool DoControl() = 0;
};
//地方政策
class LocalPolicy : public CentralizedPolicy
{
protected:
    virtual bool DoControl()
    {
        ... //执行地方政策
    }
};
```

中央政策可以抽象、基础一些,地方政策可以具体一些,但每一个地方政策,都不应该违反中央政策所表达的基本原则,因此,每一部地方政策都可以视为中央政策的一个实现,这是前者派生自后者的设计依据(当然,还可以有更好的设计)。从普通百姓的角度看,平常只需认为自己是在和中央政策打交道就好,无需关心形形色色的各地法律。比如我是福建人,我要关心的政策大致是:

```
CentralizedPolicy * policy = new FuJian_Policy;
...
```

了解这层派生关系之后，要问：一，中央政策公开出来的 Control 函数为什么不是虚函数？二，Control 函数其实就是直接调用了虚的 DoControl 函数，为什么要这样啰嗦而不是直接就把 DoControl 开放出来？

两个问题的答案其实一样，这样设计是为了既保证"民主"，又保证"集中"——民主集中制是也。"DoControl"函数是 virtual 的，是可定制的，是灵活的，如果直接将它设置为 public，那相当于中央完全放权：

```cpp
class CentralizedPolicy  //中央政策
{
public:
    virtual bool Control() = 0;
};
class DongBei_Policy : public CentralizedPolicy
{
public:
    virtual bool Control()
    {
        我吃猪肉粉条；
        我生嚼大蒜；
        我再跳个二人转；
        ...
    }
};
class CongQing_Policy : public CentralizedPolicy
{
public:
    virtual bool Control()
    {
        我吃辣子鸡；
        我光着膀子吃火锅；
        我还要...；
        ...
    }
};
```

看，东北人和重庆人吃饭过程大相径庭。问题来了，为了全国人民的身体健康，中央制定政策，饭前要洗手，饭后必须吃水果……这下很难执行啊，各个地方的 Control 一个个改去？此时，之前那个版本的好处体现出来了：

```cpp
class CentralizedPolicy
{
public:
    bool Control()
    {
        饭前洗手；
        if (this->DoControl())
        {
            吃水果；
```

```
        }
    }
};
```

请将上例的伪代码,改用有效代码实现,并对两个版本进行上述改动再加以对比……

嗯,许多同学听完后无动于衷,对吃饭洗手的事没兴趣?好吧,还是来谈工资的事,甲乙丙三厂如何计算工资的派生类实现,将留到"面向对象练习"的小节作为练习,此时,大家要不还是先试试实现甲工厂的派生类?

8.7　综合练习

8.7.1　工资发放练习

请完成"框架型基类"小节中甲、乙、丙厂发放工资的例子。

8.7.2　射击游戏的需求

写一个射击模拟游戏,逻辑如下:

1. 射击对象类型

可供射击的对象有:鸭子、热气球、无人机、轰炸机。

2. 初始化状态

程序一开始分别生成若干数目的射击目标,并在屏幕上提示用户,诸如:"本次游戏开始,共有 4 只鸭子、4 只热气球、5 只无人机、2 只轰炸机"等;

子弹的个数,一开始也是固定的、有限的,比如 20 发,屏幕输出提示;

射击对象生成后,建议乱序地存储在一个队列结构中(称为队伍)。

3. 命中率与射击逻辑

程序每次从 list 头取出一个射击对象,但先不告诉用户是什么,只是询问用户要一次性发射几颗子弹;

用户回答发几颗后,程序开始模拟射击对象中弹的情况。

如果是鸭子:有 50% 的射中机率,如果射中,则一颗子弹即死,其他子弹称作"浪费";如果没射中,则受惊的鸭子窜入队伍靠头第三个位置(不足三个,则在队伍尾部)。

如果是热气球:100% 的射中率,但必须一次连发两颗子弹才能击破其外壳使其落下,否则将毫发无损地飘入队伍中靠头的第五个位置(不足五个,则在队伍尾部)。

如果是无人机:70% 的射中率,如射中,并且该机累计中三发子弹,该机将坠落;有中枪,但不足三颗子弹称为"负伤"状态;如果无人机未被击落,并且不处于受伤状态,则将在归队前,对我方弹药库发起攻击,攻击结果是我方固定额外多损失一颗子弹;无人机归队的位置是随机的。

如果是轰炸机:50%的射中率,如射中,需要累计中五发子弹才能坠落。未坠落的轰炸机归队的位置和它身中几弹有关:中 0 到 2 颗弹的,属于轻伤,轰炸机会稳当当地固定泊入队尾;中弹超过 2 颗,则随机插队;在归队前,轰炸机会攻击我方弹药库,攻击结果是我方损失(5-N)颗子弹,其中 N 指该轰炸机当前身上已经累计中多少颗子弹,如果大于或等于五,则我方无损失;轰炸机坠毁时,会补充我方弹药库,补充子弹个数是 2 * (5-N),其中 N 是该机在本次射中前,身上已经累计中的多少颗子弹。比如该机之前完好无损(N=0),则用户或获得 10 颗子弹,如果用户本次射出 5 颗子弹,则用户除打落一架轰炸机以外,还赚回 5 颗子弹。

4. 自救逻辑

每种射击对象都有不同的自救本领。

鸭子:连续两次没有中弹,则生出一只新鸭子,自动排在队列尾部。

热气球:热气球是 100%的中弹率,但必须一次性中两发,才会坠落,否则已中的子弹只能算是浪费掉。

无人机:如果出现一次未中弹,则之前无人机所受的枪伤,会自动修复,修复结果是之前所中的子弹归零。如果连续两次未中弹,则会复制出一架新的无人机,自动排在队列尾部。

轰炸机:如果连续两次未中弹,则之前轰炸机所受的枪伤,会自动修复,修复结果是之前所中子弹数减一,如果连续三次未中弹,将产生一架新轰炸机,自动排在队列尾部。

5. 屏幕提示

需要提示每种类型的对象还有几只,但不能提示当前队列中的射击对象的次序。

需要提示当前剩余子弹,每次射击是否命中,未坠落的射击对象归队时的位置,自救的结果等,比如:"您本次没有射中无人机,该机已经自动修复。"

屏幕提示在每次发射并处理完结果后刷新。注意提示信息清晰可读。

6. 输赢规则

所有射击对象被消灭后,用户获胜;还有射击对象,但子弹告罄,电脑获胜。

7. 编程提示

队伍可以采用 std::list 容器;

控制既定概率的命中,可以使用随机函数;

用户输入后,处理回车键,可以参考第三章中 cin.sync 的使用,避免死循环;

8. 游戏可玩度提示

最终完成后,请认真试玩,测试其可玩度(太难或太简单都不好玩),然后根据需要调节相关逻辑中的参数。

8.7.3　小小进销存的需求

丁小明隔壁来了一位新邻居，叫应小妮，大学毕业后自主创业，开了家"放心母婴用品店"。卖的东西有六大类：婴儿食品类、母亲食品类、婴儿衣物类、母亲衣物类、婴儿日常用品类、婴儿开智玩具类。生意还不错，特别是小妮隆重推出"无大头、非三聚、不致癌、零掺尿，放心奶粉"以后，生意忙得不可开交。

在一个周末的傍晚，小妮敲开了小明的家门……半小时之后小妮走了，小明桌子上有了一段对话记录：

妮："我开店的事，你是知道的，帮我设计一个管理软件。"

明："管什么？"

妮："进货啊，盘货呀，客户退货啊"……

明："噢，那就是进销存了。退货只是客人这个方向吗？你向供货商进货，可不可以退？"

妮："要的，我货是从网上订的，退货是原价的，但还要额外支付一些费用，比如运费，这些费用的多少，软件也要帮我统计哦。对了，还要有'销货'功能，就是某些积压在我店里太久，过了退货期，或者货都坏了，我就只好扔掉，自认亏了。一年下来这也要亏掉一些……对了，你搞 IT 的这么瘦，其实有些奶粉稍微过期不打紧的，我都忘了给你送几包过来……"

明："盘货要做些什么？"

妮："嗯～我想想……简单点，你就帮我把账面上应该还有的存货的数量，列在屏幕上就行。如果能让我输入个天数，比如 30，然后就列出最近 30 天我卖出各类货品多少件，每件多少钱，总共多少钱，啊，对了，还有赚了多少钱就可以了。"

明："这好像超出了常见的'盘货'功能，像是在统计……另外，你还要知道赚了多少钱，那就得知道每件货的进价及成本，比如快递费？有些复杂啊，比如你今天进了一批货，有奶粉 10 包，米粉 10 包，衣服 20 套。然后运费是 50 元，这样这 50 元还要摊到前面那些商品的身上呀？"

妮："嗯～我想想……不用，那些奶粉还按原来进价算就好了，盘货时就按卖价减去进价来算各件赚的毛利。至于运费等，你多做一个功能，用来录入这些费用，年底可以统计出来我心里有个数就可以了，怎样，简单吧？"

明："哦，懂了，还得有个'其他支出成本录入'的功能，有没有'其他收入录入'的需要呢？"

妮："其他收入？捡到钱吗？这个不用记，我都交给警察叔叔的。"

明："就这些功能吗？我理了一下，肯定要有：1 采购录入，2 采购退货、3 销售录入，4 销售退货、5 其他支出录入（各类运费、销货等）、6 库存货物盘点、7 阶段性营业统计与明细（包括其他支出的显示）。"

妮："我看看……你把'销货'当成其他支出的一种类型了是吧？好可以的。然后多了个 7,是从我说的盘点里拆分出来的? 嗯,很好啊。"

明:"那还有什么功能吗?"

妮:"好像没有了也。"

明:"嗯,卖东西没有折扣价吗?"

妮:"哎呀,你这一提,我想起来了。我增加 200 元研发预算,然后多个功能,就是给客户分类,比如分成四类:首先是普通未办卡客户,购物不打折,其他从低到高的等级分别是白银 VIP,黄金 VIP 和白金 VIP。VIP 客户都有个卡号。我希望他们来买东西时,我录入这个号,屏幕就显示客户的资料信息,比如客户姓名、卡号、VIP 类型、过往消费了多少钱,积分多少等。"

明:"怎么计算积分呢?"

妮:"这个我也没想好,你帮我设计一套购物积分制吧? 基本目标就是越短时间内,消费越多,积分就越高喽。然后积分可以用于升级 VIP。"

明:"好,这个积分我帮你想一个,到时再和你沟通。另外,VIP 等级如何设计?"

妮:"只要填写资料,就可以办白银卡。然后累计 5000 积分(要确保消费总额累计不低于两千元),晋级黄金卡;累计 15000 积分(要确保消费总额累计不低于一万元),晋级黄金卡,以后只累计,不升级。等到购物时,设计一个打折的制度,这个你也帮我想一下,千万别让我破产就行。"

明:"加了 VIP 卡的 事,我们就得至少有个'开卡功能'。销售录入时,我们固定录入卡号为六个 0 表示无卡客户。有卡的用户,程序会自动查出他的卡信息,包括当前有多少积分,然后根据 VIP 等级高低,给一个折扣的比率。比如白银客户可以打9.5 折,黄金和白金则是 9 折和 8.5 折。"

妮:"白金用户也打 9 折吧,8.5 折我会亏的……为了强调我们对客户的诚意,客户当前消费的金额(未打折前),可以先用来换积分,如果换完以后他正好升级了,就用新的等级折扣率。"

明:"好,我记下这个细节。不过,白金用户和黄金用户折扣率一样,那白金卡用户的积分拿来做什么?"

妮:"拿来换礼物! 对,只有最高等级的白金 VIP 用户,可以拿积分换一些价格不超过 50 元的礼物,一旦换完以后,剩余积分低于 15000,那本次兑换被拒绝。"

明:"好,还有什么?"

妮:"所有因为这些 VIP 卡消费折扣带来的金额,以及送出去的礼物的金额,也需要在'其他费用支出'这个功能里输出。"

明:"我为什么要多嘴!"

假设你就是丁小明,请分析以上需求,并完成设计,作为提示,以下要求必须实现:

(1) 应该有个功能,用来录入新商品的信息,每个商品应该有唯一的编号;

(2) 商品信息中的价格一旦录入,就永远不能再改变了,这是为了方便计算阶段利润；

　　（3）信息要有存盘和读取功能；

　　（4）这是一个以"基于对象"设计为主，"面向对象"为辅的程序；

　　（5）可能会有一些信息，你还需要找小妮交流。

【重要】：需求分析

　　可以埋怨本书作者搞这么一段啰嗦的对话上来，有充字数赚稿费之嫌。不过，千万别笑话文中小妮说的话不专业，有朝一日当你面对真正的客户、整理真实项目的需求时……你会怀念这个小妮的。现在我们要练习的，就是需求分析。

　　还有个别读者一直来信追问那半个小时里，程序员和客户到底还发生了什么，他们就是在谈需求！没有比这更重要的事了。

第 9 章

泛　型

让 C++如此 C++。

9.1　泛型概念

"类型"在面向对象的编程思想中，非常重要，但今天，我们要换一个角度看世界，这个角度叫"泛型"；在这个新的角度里，事物"类型"的重要性下降了，对事物的操作则上升为最主要的关注对象。

说件有趣的事吧。

😊【轻松一刻】：白菜还是萝卜

小学一年级教室，老师出了一道计算题："妈妈在市场买了 7 斤白菜，送给阿姨和姑姑各 2 斤，剩下几斤白菜?"小明陷入深深的思考。老师把题目重念了一遍。只听小明长嘘一口气说："我说为什么我一直算不明白，原来我一直以为妈妈买的是萝卜。"

泛型的思想，显然更接近数学家对世界的思索，他们更注重处理数据的算法，而不是数据的类型。

9.2　基础回顾

建议先复习第 7 章"7.14 模板"的知识。

首先，我们知道函数（代表动作），结构（代表数据结构），还有"类"（代表数据＋动作），都可以有"模板"。或者反过来说，我们可以定义不同的模板，然后通过模板（在编译过程中）自动产生一个函数、一个结构或者一个类（类与结构后续不作区分）。

9.2.1　函数模板

函数模板示例：

```
//函数模板：
template < typename T >
```

```
T my_max(T const& t1, T const& t2)
{
    return (t1 > t2)? t1 : t2;
}
//使用:
void foo()
{
    /*
        编译到下一行代码时,编译器将自动地(偷偷地),根据前面的模板定义,产生:
        int my_max(int const& t1, int const& t2) 的函数定义。
    */
    int i = my_max(10, 11);
    /*
        编译到下一行代码时,编译器将自动地(偷偷地),根据前面的模板定义,产生:
        double my_max(double const& t1, double const& t2) 的函数定义。
    */
    cout << my_max(10.9, 11.0) << endl;
}
```

为什么要用 const&,可以回"面向对象"章节里找答案。真正的重点是:只要将
"T"换成所要的类型,就可以得到真正的函数;不对,这也不是重点,重点是,这个替
换过程是谁做的? 答:编译器。

只要我们给出一个函数的"模板",编译器就会帮我们在调用时,自动用所需的类
型替换掉那个"T"标志,从而得到真实的函数。所以,有了上面泛型版的 my_max 函
数定义,我们可以一劳永逸地这样使用它:

```
int a = my_max(10, 11);    //用在 int 上
double d = my_max(10.99, 11.0); //用在 double 上
Birthday bd1, bd2; //Birthday 是我们为"生日"定义的一结构
...                            //为 bd1 和 bd2 的年、月、日赋值
Birthday bd_max = my_max(bd1, bd2); //用在 Birthday 上
```

以一挡三? 不,还可以挡四:

```
std::string name1 = "Tom", name2 = "Mike";
std::string name_max = my_max(name1, name2);
```

事实上,一个类,只要它能够使用大于号" > "对其对象进行比较,就可以用这个
my_max 函数。让我们来看"生日"的结构应该是什么:

```
struct Birthday
{
    short year;
    short month;
    short date;
};
```

由于 my_max 模板中,使用" > "比较两个对象,所以,必须为"Birthday"重载该
操作符:

```
bool operator > (Birthday const& a, Birthday const& b)
{
    //数字越大的人,出生得越晚,年纪越小。
    //但先严重声明:这里比的是出生日期中的数字纯粹大小
    //本函数返回真,表示 a 比 b 晚出生(精确到日)。
    if (a.year > b.year)
        return true;
    if (a.year < b.year)
        return false;
    /* 现在,a 和 b 是同年生 */
    if (a.month > b.month)
        return true;
    if (a.month < b.month)
        return false;
    /* 现在,a 和 b 同年同月出生 */
    return (a.date > b.date); //最后比日期
}
```

在“挡四”时,my_max 还用来比较标准库的字符串对象,由于标准库已经为 std::string 类重载了比较操作符,所以我们不必为之重载。

是时候对“函数模板”和“模板函数”做一下严格的名词解释了。通常我们乐意混淆这两者,但在确实有必要时,做这样的理解:“函数模板”生成“模板函数”。

“函数模板”是模板。“模板函数”是函数。用一个“函数模板”,可以生成多个真实的函数。通过函数模板生成的函数,就叫“模板函数”。

多数情况下,我们是对着“函数模板”说话的,因为它是程序员写出来的代码,能在代码中看到,而所谓的“模板函数”,由编译器帮我们生成,存在编译后不可读的文件中,我们看不到。你只需知道它们存在,并且往往有多份存在。

【课堂作业】:两值交换的函数模板

请写个 my_swap(...) 的函数模板,它传入类型相同的两个参数 a 和 b,返回 void。执行后,a 和 b 的值被对调。

9.2.2　类模板

类模板典型的例子,可以回忆“坐标点结构”的定义啦,有时我们需要 int 精度的,有时我们需要 double 或 float 精度的,于是乎:

```
template < typename T >
struct MyPoint
{
    MyPoint(T const& x, T const& y)
        : x(x), y(y)
    {}
    T x, y;
};
```

```
void bar()
{
    /*编译到下一行代码时,编译器将自动地(偷偷地),根据前面的类模板定义,产生如下一个
      类:(注:编译器可以不接受语法限制,因此可以生成带 ' < > '字符的类名)
      struct MyPoint <int>
      {
          int x,y;
      }
    */
    MyPoint <int> i_pt(5, 10);
    /*略,请读者自己说一遍*/
    MyPoint < float > f_pt(45.5, 100.0);
}
```

接着,假设我们要用前面的 my_max 函数,取两个 MyPoint <T> 对象的较大值,该怎么处理呢? 首先得为 MyPoint <T> 类型重载 operator > 操作不是? 可是,My-Point 这家伙是个模子而已,不是一个真实的类型呀,这样写吗:

```
bool operator > (MyPoint <T> const& a, MyPoint <T> const& b);
```

不行,那两个 T 该从哪来? 考虑一下,由于 MyPoint <T> 是一个类模板,随着 T 的类型不同,它可以产生多个真实的类型,难道我们要为这多个真实的类型,分别重载"operator >"吗? 解决的方法是"以毒攻毒",用函数模板,为一个类模板提供它所需要的操作符重载:

```
template <typename T>
bool operator > (MyPoint <T> const& a, MyPoint <T> const& b)
{
    //两个坐标点,谁大谁小? 这有什么标准算法吗?
    //通常以谁离原点远,谁就比较大来处理,这里进一步简化。
    T da = (a.x * a.x) + (a.y * a.y);
    T db = (b.x * b.x) + (b.y * b.y);
    return (da > db); //因为只是要求大小,我们就不开平方了。
                      //另外 da 或 db 有大小"溢出"的可能,也先不处理了
}
```

很明显,T 本身还需要支持"大于比较"及"相乘"的操作。所以哪怕我们已经为 MyPoint <T> 定义了" > "的重载操作,但针对 MyPoint <std::string> 这种类型突兀的对象,它还是无法被 my_max()函数接受为入参。这类问题有些高级了,"泛型特化"中再来处理。

9.2.3　成员函数模板

在第 7 章,我们还知道了成员函数也可以是模板。

假设我们有一个程序用于处理各类数据,出于调试的目的,想了解它每一次处理的数据类型,并最终统计各类数据出现的次数。

C++提供 type_id()操作符,它接受一个数据,或一个类型,返回一个 type_info 的常量引用(const type_info&)。而 type_info 类存在一个 name 成员函数,用于提供类的名称,比如:

```
# include <typeinfo>
...
type_info const& ti = type_id(int);
cout << ti.name() << endl; //输出 int 类型的内部名称
cout << typeid(1.23).name() << endl; //输出 double 类型的内部名称
```

我们用一个 std::map <string,int> 对象存储每个类型出现的次数。map 的 key 是标准库字符串,存的是各个类型的内置名称,value(int 类型)存的是次数:

```
# include <typeinfo>
# include <map>
# include <string>
using namespace std;
class DataInspector
{
public:
    void WatchInteger(int value)
    {
        string name = typeid(value).name();
        cout << "type name : " << name << '\n';
        cout << value << '\n';
        _counter[name] ++ ;
        cout << "count : " << _counter[name] << endl;
    }
    void WatchDouble(double value)
    {
        string name = type_id(value).name();
        cout << "type name : " << name << '\n';
        cout << value << '\n';
        _counter[name] ++ ;
        cout << "count : " << _counter[name] << endl;
    }
private:
    map <string, int> _counter;
};
```

如果还要观察 char,或者 Birthday,需要不断增加 WatchXXX 函数,好烦。还好,用函数模板可以优雅地解决问题:

```
class DataInspector //“类”本身不是模板
{
public:
    template <typename T>
    void Watch(T const& value) //但类的某个成员函数,是模板
    {
```

```
        string name = type_id(T).name();
        cout << "type name : " << name << '\n';
        cout << value << '\n';
        _counter[name] ++ ;
        cout << "count : " << _counter[name] << endl;
    }
private:
    ...
}
```

虚函数与模板

模板函数和虚函数不能两得,示例:

```
class Coo
{
private:
    template <typename T> virtual foo(T const& t);    //错误!
};
```

😀【轻松一刻】:当 **virtual** 爱上了 **template**……

为什么? 为什么要拆散虚函数和模板函数相爱的可能? 答:也没为什么,就是不想那么复杂。尽管 C++ 已经是一门相当复杂的语言,但它还是很克制的。

虚函数是"面向对象"的核心,函数模板则是"泛型思想"的基础。这两者直接结合? 我稍微推理了一下,其混乱效果不亚于他变性成了她,她穿越了,她遇见了他,而他爱上了她……我的天啊!

9.3 模板实例化

从一个模板,产生一个函数、一个类或结构,这个过程称为模板的实例化过程。

9.3.1 只帮一次忙

模板实例化过程中,第一件要解决的事,是如何为模板中使用到的"类型占位符"匹配出实际类型或值。

让我们先绕远一点……在学习《面向对象》中的"转换构造"时,我们提过,在同一个环节中,C++ 只允许一次隐式转换,并称之为"只帮一次忙"的原则。

```
int I = 'A';
char C = 256;
```

编译第一行代码,C++ 编译器很"聪明"地帮我们做了类型转换:将一个字符(类型为 char,值为 'A')安全地转换成一个整数。第二行代码,编译器一脸不放心地将 256 这个整数,转换成一个字符。这个过程可就危险了,但编译器一边给出警告,一边还是帮了忙。

【课堂作业】：再次验证"只帮一次忙"原则

请写两个类：Color/颜色和 Pen/笔。为 Color 提供一个从 int 到 Color 对象的转换构造函数，即根据整数值，构造出一个"颜色"对象。再为 Pen 提供一个从 Color 到 Pen 的转换构造函数，即根据"颜色"，可以构造出一个"笔"对象。然后验证是否能够直接从整数，构造出"笔"。

例子中，C++ 编译器遵循一个原则，那就是"只帮一次忙"，也就是说，在一件事上，这类"帮助"行为，只做一次。为什么？因为聪明过头的行为容易把人搞胡涂。到了模板参数匹配这边，C++ 编译器更加谨守"只帮一次忙"的原则。请对比，普通函数的参数匹配时，可以隐式转换：

```
void foo( int i) { ... }
```

调用 foo 函数时，要么规规矩矩的传入一个整数，要么传入那些仅需通过一次类型转换就能变成 int 类型的变量，比如一个 short 或一个 char。

```
short int a_short_integer = 90;
foo(a_short_integer); //OK
foo('A'); //OK
```

接着将 foo 改写成模板版本 foo_templ：

```
template <typename T> void foo_templ(T const& t) { ... }
```

现在，待定的东西变成两样：一个是 T，代表未确定的类型；一个是 t，代表未确定的值；但是，一旦我们真实调用，只需一个参数，这两个未知因素，编译器一下子都知道了：

```
short int a_short_integer = 90;
foo_templ(a_short_integer);
```

T 被落实为"short int"，而 t 的值，是 90。这过程没有违反"只帮一次忙"的原则，因为 a_short_integer 的值是 90，明晃晃写在代码上，编译器不需要"自作聪明"。这过程中，编译器真正聪明的地方，是根据"a_short_integer"的类型，帮我们自动生成一个函数：void foo_templ(short int const& t) { ... }。再来看一个复杂一点的：

```
//函数模板：
template <typename T> T my_max(T const& t1, T const& t2)
{
    return (t1 > t2)? t1 : t2;
}
```

t1 和 t2 的类型都是 T，一个待定的类型，但这中间也有已经确定的事实：那就是 t1 和 t2 使用相同的模板占位符："T"，所以 t1 和 t2 必须是同一种类型：

```
int m = my_max(100, 102); //合法的
std::string s = my_max(100, "102"); //不合法了
```

从模板语法看,第二次调用中,my_max 接受的 100 和"102",类型不同,无法归结为同一个"T",所以不能匹配。

从 my_max 的具体实现看,由于不存在可用于整数和字符串的">"操作符重载(正常的编译器也不允许你这么重载),所以哪怕强行当作匹配成功,后面还是会失败。下一小节"潜在匹配条件"将展开本点。

从语义上看,怎么可以比较一个整数和一个字符串呢?这是风牛马不相关的事,作为一个 C++ 程序员,我们不能接受在不相关的两个类型中求大值。但是,如果我告诉你,当前这个版本的 my_max 函数,无法处理在一个整数和一个浮点数之间求出一个最大值,你可能不信,但我做了测试:

```
double d = my_max(10, 10.1); //无法编译
```

这又为什么呢?编译器为什么不自动将 10 转变为 10.0,然后生成 double 版本的 my_max 呢?听起来很美好,实现似乎也不复杂……但是,不行!

可能你会善意地认为,因为有浮点数,编译器怕精度出什么问题?再看一例:

```
short int s = 2;
my_max(1024, s); //编译出错
```

s 是一个短整数,尽管存在一个 C++ 语言内置的类型转换过程,能将 s 安全直接地转换成一个 int,但是,编译器仍然会报告说,无法找到一个类型为"my_max(int, short)"的函数。

以 short int 这次调用为例,编译器是这样干活的:首先,它将根据 1024 和 s,"聪明"地推理出,主人现在需要一个"my_max(int, short)"的函数,然后它就到处找长这个样子的函数,没找到,不过还好找到一个函数模板,但是这个模板它明确要求,两个入参必须类型相同,这下怎么办?聪明的仆人本可以再做一件事,将 s 隐式转换成一个整数……但,前面说过,他不应该这样"太聪明"。

仆人一旦显得太聪明,主人就可能被蒙蔽。这件事还是交给程序员自己处理吧,你需要向编译器发出明确的意图:

```
my_max(1024, (int)s); //OK
```

要解决这类问题,可以采用不同的类型占位符作为模板参数,代表这些参数的类型可以不同(当然,相同也允许):

```
//多个类型参数的模板例子:
template <typename T, typename U>    //读者请注意:一个是 T,一个是 U
unsigned int my_max_sizeof(T const& t, U const& u)
{
```

```
    unsigned int sizeOfT = sizeof(t);
    unsigned int sizeOfU = sizeof(u);
    return (sizeOfT > sizeOfU)? sizeOfT : sizeOfU;
}
```

给 my_max_sizeof 两个数据，它可以求出类型占用空间较大的对象的尺寸：

```
cout << my_max_sizeof('a', 10) << endl; //输出 4
cout << my_max_sizeof(10, 10.0) << endl; //输出 8
```

请大家说说，在这两次调用中，my_max_sizeof 中的 t 和 u，分别是什么类型？

9.3.2 潜在匹配条件

模板参数匹配，一旦通过字面上的检查之后，就算匹配成功，编译器不再找第二家了，这和婚姻一样，很多时候编译器认定一个模板了，但从模板步入实际代码生活，还需要面对许多问题，让编译器最终哀号："她不适合我，我挑错了……"

到了类模板，这类条件就潜伏得更深了，请看这个简化版的 MyPoint 的定义：

```
template MyPoint <typename T>
{
    T x,y;
};
```

看起来，某个类型只要能够定义变量，它就合格了……假设我们有一个变量叫 Money：

```
struct Money {}; //钱~~~
MyPoint < Money > pnt;
```

这几行代码完全可以通过编译，可是 MyPoint <Money> 在逻辑上想表达什么？用钱来当一个坐标点的 X、Y？哦，明白了，这是某电视相亲节目中的某位待嫁女生写的程序，她需要用钱的坐标，来衡量人生的意义——我觉得我有些文艺了。不要嘲笑任何人，有时我们自己也会掉进钱眼，不小心就设计出了这样一个坐标系，然后，那些潜在的限制，在实际使用中开始浮现，比如后面有这样的代码：

```
pnt.x = pnt.y * 2;
```

好极了，编译器提出了它对金钱的看法：Money 类型需要支持和整数之间的乘法操作。接下来到底要不要去重载一个"operator * （Money const&，int)"，关系到您的生活品味和人生信仰。

> ⓘ 【小提示】：概念/concept
>
> "隐性的，潜在的"的模板类型限制，严重降低 C++模板的易用性。C++未来的标准应会增加"concept（概念）"用于实现对模板类型参数的"显式限制"。

做个小结：

在 C++语言中，和普通的函数、类一样，函数模板、类模板，也有"头"和"身体"之分。函数的头就是它的声明，身体就是它的函数体实现。类的"头"是它的定义，类的"身体"是它的成员的实现。

编译器在匹配一个模板时，就像在茫茫人海中找一个人，为了效率（它非常冲动），它只认人的"头脸"，它说它没时间扒光路人来检查是不是它想要的那位。于是乎，仅仅通过"面部识别"判断为匹配，它就从代码中揪出那个函数或类模板，并照着这个模板产生一段代码，再到这段代码被使用时，才发现错了，此时一切已晚，它再也不回头重新找了，它只能宣告本次编译失败，需要程序员订正代码。

函数的"身体"是天然封闭的，但类的"身体"，就得依赖程序员严格地运行"private"或"protected"来保障，一旦造成有许多代码在直接使用类模板的"身体"，这个匹配过程将会更加复杂。

9.3.3 显式指定类型

不负责的程序员，肯定喜欢编译器的热情帮忙。万一程序有错造成严重后果，就尽可以地将责任推给在国外辛苦编写开源编译器的临时工同行。就这么理解吧，出于明哲保身的态度，编译器决定凡事只帮一次忙，在有些情况下，它甚至连一次忙都不帮。

前面我们提到的，可以通过指定不同的"类型占位符"，来实现对诸如整数和浮点之间的取大值，比如 my_max(10, 10.01)，我们希望得到 10.01，而 my_max(9.7, 2 * 4)，我们希望得到 9.7，这就涉及到 my_max 的返回值的类型应该是什么的问题。为了确保精度，应该是 double。如果被用在 int 和 short 上，则应该返回 int 类型，再如果是 short 和 char 之间……总之，是要返回精度高的那个类型。

现在的问题是，T 和 U，哪个是高精度的那个？谁也不知道！或许你想提出一个规定：唉，伙计，帮个忙，你能不能永远把高精度的那个数，作为第一个参数传入？

```
template < typename T, typename U >
T my_max(T const& t, U const& u)   //T 作为返回值的类型
{
    T r = (t > u)? t : u;
    return r;
}
```

我要是 my_max() 的用户，因为人到中年，所以肯定无法牢记这样的约束，于是调用 my_max(10, 10.01)，居然返回的是"10"。你可以嘲笑，但我还是要诚恳地告诉你，处理这类问题的原则：如果你没办法给出一个足够智能的解决方案，那就给出一个足够笨的方法。此处的正确方法就是，请想一办法，逼着用户主动指定返回类型。

增加一个类型占位符 R，用来表示函数返回值的类型：

```
template < typename R, typename T, typename U >
R my_max(T const& t, U const& u)
{
    R result = (t > u)? t : u;
    return result;
}
```

然后，是这样用吗？

```
double result = my_max(10.02, 9);
```

我明确地指定了 my_max 的返回结果，要用一个双精度浮点数来存储，所以编译器会自动用"double"来代替"R"吗？不，这一次，编译器连一次忙都不想帮，必须由程序员明确指定函数模板的类型，其方法是：

```
                          R      T      U
                          ↓      ↓      ↓
double result = my_max <double, double, int > (10.02, 9);
```

在函数名之后，紧接一对"< >"，然后按模板原定的次序一一指定类型。不过，对于编译器愿意帮你自动推导的类型，我们可以省略，但和函数默认参数有些类似，只能从靠后（右边）的参数开始省略，一旦有一个参数无法省略，往前（左）的参数就都必须明确指定。本例中，U、T 这两个模板类型可以省略：

```
double result = my_max < double > (10.02, 9);
```

许多人都抱怨，那既然我都已经明确指定 my_max 模板参数中的的返回类型了，可还是要为那个 result 指定类型，有点烦呀。还好，C++ 11 标准允许我们使用 auto：

```
auto result = my_max < double > (10.02, 9);
```

【课堂作业】：模板类型匹配

请写出 test( )函数执行后的输出内容。

```
template <typename ResultType, typename T1, typename T2 >
ResultType get_average_value(T1 const& v1, T2 const& v2)
{
    ResultType av = (v1 + v2) / 2;
    return av;
}
void test()
{
    double a = get_average_value <int > (1.0, 2.0);
    int b = get_average_value <int > (1.0, 2.0);
    auto c = get_average_value <double > (1.0, 2.0);
    auto d = get_average_value <double, int, int > (1.0, 2.0);
    cout << a << "," << b << "," << c << "," << d << endl;
}
```

接下来,我们解释一下编译器为什么在"函数返回值"类型匹配上,连一次忙都不帮的原因。回想讲到函数重载时,同名的函数可以通过入参的不同构成函数重载,但返回值却不能用作区分两个函数的"特征码":

```
int get_value();
double get_value();   //不合法,同名函数仅返回值类型不同
```

不过,有了模板,这事情可以"暗渡陈仓":

```
template < typename R >   R get_value();
```

通过这个模板,编译器会根据我们的需要,帮助生成多个署名为"get_value"的函数,它们之间仅是返回值类型不同。原来,编译器还是帮了我们一次忙。但接下来,要怎么确定具体某一段代码中的某一次调用,你想要的是"int get_value()"还是"double get_value()",或者是"Student get_value()",编译器不敢自作聪明了(谁让它只是临时工呢),还是让持证上岗的程序员来显式指定吧。

上面说的都是函数模板的事。类模板实例化出真实的类定义,是怎么匹配参数类型的?倒是很简单。由于函数可以重载(名字相同,但入参存在不同),但类却不能重载,所以不能要求编译器:哎,这里有两个同名的类,不过它们的内部成员有些不同,你帮我判断一下现在该哪个类出场……所以,类模板实例化出真实的类定义的过程,只能显式指定类型。

请往前翻翻书,看看"MyPoint < ... >"等类模板如何产生一个真实的类。

9.3.4 类模板实例化

前面提过,类模板实例化真实的类定义时,需要显式指明模板参数。比如:

```
template < typename T >
struct MyPoint
{
    MyPoint(T const& x, T const& y)
        : x(x), y(y)
    {}
    T getX() const { return x; }
    T getY() const { return y; }
    void setX(T const& x) { this ->x = x; }
    void setY(T const& y) { this ->y = y; }
private:
    T x, y;
};
```

尝试这样产生两个 MyPoint < > 的实例:

```
MyPoint a_int_point(10, 20);
MyPoint a_double_point(10.0, 20.1);
```

如果允许这样的代码,那你说,这 a_int_point 和 a_double_point 算不算同一个类型? 从字面上看,都是一个叫"MyPoint"的类,但实际分析时,它们内部的 x,y 的类型不一样……为了避免这种模糊,类不允许重载,上例的正确写法是:

```
MyPoint <int> a_int_point(10, 20);
MyPoint <double> a_double_point(10.0, 20.1);
```

可以这样表达:a_int_point 的类型是"MyPoint <int>",a_double_point 的类型则是"MyPoint <double>"。同样,MyPoint <int> 和 MyPoint <double> 除了是同一个模板产生之外,二者没有任何关系。

【重要】:模板的实例化

从一个模板产生实际代码,这是编译器的工作。一个模板可能被多处代码使用,编译时,编译器必须能够"看到"模板的定义代码,所以模板代码通常需要直接写在头文件中(而不是 cpp 源文件)。

上述过程,也解释了一个现象:使用模板写程序时,看起来写的 C++ 代码减少了,但编译出来的目标文件却不小。

我们注意到,"setX"和"setY"两个函数,都用到了"T",但是,它们都没有新的 template 修饰,因此它们只是普通的成员函数,而不是"成员函数模板"。在实际调用时,语义上不需要,语法上也不能够为两个函数显式指定 T 的实际类型:

```
MyPoint <int> pt(0, 0);
pt.setX(10); //不能,也没必要写成 pt.SetX <int>(10);
pt.setY(20); //...
```

建议和 9.2 小节中的"成员函数模板"做个对比。

9.3.5 模板内符号身份确定

下面这段代码,编译器会发出报怨:

```
template <typename T>
class BlackHole: private std::list <T>
{
public:
    void Append(T const& t)
    {
007     push_back(t);
    }
};
void test()
{
013     BlackHole <int> bh;
    bh.Append(10);
}
```

暂不管出错信息，先看"BlackHole（黑洞）"的设计：它私有继承标准库的 std::list，这说明它不想成为一个新的列表类型，它只是出于实现上的方便，需要拥有一个列表实体。再看它的实现，果然，这是什么列表嘛，居然只进不出。（黑洞，吞噬一切？）

再看 gcc 的报怨："error：'push_back' was not declared in this scope，and no declarations were found by argument - dependent lookup at the point of instantiation [－fpermissive]|"（这个报错是因为继承引起的，但无关乎私有或公有）。主要是在说："在当前的上下文中，找不到 push_back 的声明……"

由于模板定义存在不确定的类型信息，并且，模板通常在需要碰上实际调用代码时，才能形成真正的代码，这正是模板的强大和神奇之处——根据不同的上下文语境，生成不同的代码。但强大过头了，就容易误伤。

以 007 行代码为例，看起来 C++ 编译模板的功能还点弱：BlackHole 派生自 std::list，而后者就有一个公开的"push_back"。这事情众人皆知，编译器为什么突然装傻，不直接用上这个 push_back 呢？首先，哪怕要直接用，也是在编译到第 013 行，需要实例化出一个 BlackHole <int> 类型时，才能真正敲定一切（包括确定 push_back 就是 std::list <int> ::push_back）。

现在，代码很少，人和机器，看着 013 行代码，都认定 007 行的 push_back 应该来自 list 模板的定义。非常好，人和机器意见统一。但马上就会有人和机器意见不统一的时刻。让我们在 BlackHole 类之前，加一个函数，不巧的是，这个函数也叫 push_back，并且入参正是 int 类型：

```
void push_back( int a)
{
    std::cout << "hehe " << a << std::endl;
}
template <typename T>
class BlackHole : public std::list <T>
{
    ...
}
```

现在有两个 push_back，一个是全局的，一个是来自基类的 list，你希望用哪一个？我不知道，但编译器会根据 C++ 的语法规则，使用新添加的这个版本。

例中为了测试方便，直接添加了 push_back 的函数定义，但其实只要在那样一个地方，有那样一个函数声明，编译器会坚定地依法办事。而在 C++ 里，要引入一个新声明是非常简单的事。可能在不经意之间，我们 include 某个头文件，而这个头文件又会 include 一打头文件，最终可能引入上千个函数声明，于是乎，原本 007 行的代码，到底调用了什么，居然和你所引入上千个函数的名字有关……这就是灾难，在 C++ 编程活动中，它被叫做"不确定性"。

还好，这一切只是恶意猜测，现实中的 C++ 编译器，都会及时报怨。而《白话

C++》也是负责任的,再次强调当你在定义一个类模板时,最好是养成明确限定域的习惯,比如前例:

```
template <typename T>
class BlackHole : public std::list <T>
{
public:
    void Append(T const& t)
    {
        ::push_back(t);   //OK,当然这下你只能处理 T 为 int 的情况了!
        this ->push_back(t);   //OK,基类的公开成员也是派生类的成员
        std::list < T >::push_back(t);   //OK,明确指定它来自基类
    }
}
```

由于类型模板的签名往往很长,所以我们也经常使用 typedef 或 using 大法,让代码又短又直观,比如将 std::list <T> 取一个别名为"base",后面我们就这么做。

模板定义的不确定性,不仅会让编译器对一个具名符号的出处感到为难,有时还会让它对一个符号到底是某个"类型"的名字,还是某个成员数据(包括静态成员)感到困惑,所以,下面这段代码,编译器又报错了:

```
template <typename T>
class BlackHole : public std::list <T>
{
    using base = std::list <T> ;
public:
    void Print()
    {
008    for(base::const_iterator it = base::begin();
            it != base::end(); ++ it)
        {
            std::cout << * it << std::endl;
        }
    }
}
```

008 行我们已经告诉编译器,const_iterator 这个符号来自基类,但它还是报怨了一大堆内容:"error: **need 'typename' before** BlackHole < T > :: base:: const_iterator' **because** 'BlackHole <T> :: base' is a dependent scope..."

编译器说它搞不清"const_iterator"到底是什么。分析一下,它无非可能是 std::list 的数据或其内部的一个类型名称——事实上它是一个类型名。爱装糊涂的编译器说了一通因为所以,然后给出建议:"在 BlackHole::base::const_iterator 之前,需要加上'typename'……"这也正是关键字**typename**的第二大用武之地:

```
for (typename base::const_iterator it = ....)
```

9.3.6　非类型模板参数

一直以来我们在说到"模板参数"时,都是在指一个"类型占位符",现在来一个不一样的:

```
template <int N>    //没有 typename ?
struct Array
{
    static int getSize() { return N; }
};
```

template 的入参,不是一个类型,而是一个整数:'N',而结构模板 Array 的 getSize 函数(注意,是一个静态成员函数)返回 N 的值。这个 N 从哪来? 答:就是模板"入参"中的那个 N;再问,那 N 的值是什么以及在什么时候确定呢? 答:在需要真正产生一个 Array 的结构时,程序代码必须指明 N 的值是多大,比如:

```
Array < 10 >   a_1, a_2;
```

a_1 和 a_2 都是变量,它们的类型都是"Array <10 >",此时 N 的值是 10,由于 getSize 是静态成员函数,所以可以直接调用其 getSize()函数:

```
cout << Array <10 >::getSize() << endl;
```

思考:Array <10 > 和 Array <100 > 有什么关系? 答:它们是同一个模板实例出来的两个不同的类,它们没有什么关系。非类型模板参数,经常被用作设置数组的固定大小,比如:

```
template <int N>
struct Array
{
    static int getSize() { return N; }
private:
006     int arr[N]; //N在这里也用上
};
```

006 行,并不是定义了一个可变大小的"动态数组",N 的大小同样在真正产生一个结构时必须被明确定义,比如:

```
Array <10> a10;   //arr 含有 10 个元素
Array <100> a100;   //arr 含有 100 个元素
```

如前所述,Array <10 > 和 Array <100 > 是两个没有关系的类,不过它们有非常相似的行为,因为事实上它们来自同一个"类模板":

```
template <int N>
struct Array
{
    static int getSize() { return N; }
```

```
    Array() //构造过程中的初始化行为
    {
        for(int i = 0; i < N; ++i)
            arr[i] = i * 2;
    }
    //输出
    void Output()
    {
        for(int i = 0; i < N; ++i)
            cout << "(" << i << ") = > " << arr[i] << endl;
    }
private:
    int arr[N];
};
```

要达到类似的效果,不采用该模板技术,难以做到:

```
struct Array
{
private:
    int arr[N];    //N 从哪来的?
};
```

这自然不行,编译器会说 N 没有定义(除非 N 正好是一个此处可见的全局整型常量或宏定义)。在结构里先行定义一个变量 N,也不行:

```
struct Array
{
    Array(int size)
        :N(size)
    {}
private:
    int N;
    int arr[N];    //也不行! N 的大小必须在编译器定下来
};
```

解决办法一是将 N 定义成一个"static const int",并且给出初值,或者将 N 定义为一个枚举值,以后者为例:

```
struct Array
{
    enum {N = 10};
    int arr[N]; //OK!
}
```

不过,这种情况下,N 的值是固定的……咦,既然我们要一个动态大小,为什么不考虑用 new 来动态分配内存呢?

```
struct DynaArray    //动态分派数组大小的示意结构
{
```

```
    DynaArray(int n)
        : N(n), arr(NULL)
    {
        try
        {
            arr = new int[n];
        }
        catch(std::exception const& e)
        {
            N = 0;
            arr = NULL;
            cout << e.what() << endl;
        }
    }
    ~DynaArray()
    {
        delete [] arr;
    }
    int N;
    int * arr;    //变量定义为一个指针
};
```

现在,我们要一个有 10 个或 100 个元素大小的数组:

```
DynaArray da10(10), da100(100);
```

DynaArray 和 Array <int N> 的最大不同,除了前堆中后者在栈中产生数组外,还在于 DynaArray 在运行期产生不同对象,不同对象如果构造时入参不一样,则内部 arr 数据大小不一样;而 Array <int N> 在编译期,根据指定的 N 值不同,产生多个"类定义",不同类定义中 arr 的大小不一样。从灵活度来说,DynaArray 更灵活些,因为它可以在运行期间动态决定大小,而我们无法这样产生一个 Array <int N> 类:

```
int N;
cout << "请输入 N 的大小:";
cin >> N;
Array <N> an; //错误,N 值不定
```

更干脆一些,下面的代码也是不允许的:

```
int N = 10;
Array < N > an;
```

定义并且初始化 N 为 10 的操作,看起来简单,但为 N 赋值的过程仍然是在运行期完成的,无法满足 Array <N> 要在编译期就确定 N 值大小的要求。

【课堂作业】:两种"动态"数组的区别

请思考什么情况下,适合使用 Array <int N> 代表的技术,什么情况下适合使用 DyanArray 代表的技术?

非类型模板参数在日常编程中，并不常用，另外它也存在一些重要限制，比如所能使用的非类型模板参数，只能是整型（包括无符号整型）或是可以安全转换成这两者的类型，包括字符（包括 unsigned char）、枚举、指针（包括函数指针）。float 和 double 等浮点数都不被允许。

9.3.7　模板参数默认值

和函数参数可以有默认值有些类似，类模板的参数也可以有默认值，并且参数默认值也必须从最后一个开始。假设我们需要自行实现一个运行期大小固定的堆栈：

```
template < typename T, unsigned int size = 1024 >
class Stack
{
    ...
private:
    T storage[size];
};
```

产生一个实际的 Stack 类时，如果不指定 size，那么就默认最大可存储 1024 个元素。如果你想让堆栈默认用来存储整数，可以为 T 也设置一个默认类型：

```
template < typename T = int, unsigned int size = 1024 >
class Stack
{
    ...
private:
    T storage[size];
};
```

不过注意哦，当所有模板参数都使用默认值时，定义一个对象还是要带着那对尖括号的：

```
Stack < > s;   //s 中存储的元素为 int 类型，并且最大能存储 1024 个
```

 【重要】：不要轻易使用默认参数

就像建议不要轻易使用函数默认参数一样，不要轻易使用模板参数默认值。就以上面的 Stack < > 为例，它就是一个不好的例子。如果你是这段代码的用户，看着"Stack < >"怎么猜出它是存 int 类型元素的？又怎么猜出它的元素上限是 1K？再往后面学习模板的特化时，默认参数更是会让我们抓狂。

9.4　泛型应用实例

9.4.1　C - Style 类型转换模板

还记得 static_cast、const_cast、dynamic_cast、reinterpret_cast 这 4 个"外形丑

陋"的 C++类型强制转换符吗？学习完"模板参数匹配"，现在我们对它们的实现有了新的认识：暂时可以理解为它们就是四个函数模板。

有时候，我们就是想要 C 风格 100%一致的强制转换，可是又想让这种危险转换在代码中显眼一点，让我们定义一个也有着丑陋名字的函数模板吧，名字就叫"c_style_cast"：

```
template < typename T, typename U >
T c_style_cast(U const& sou)
{
    T dst(sou);    //简单包装了 C 语言的强制转换
    return dst;
}
```

c_style_cast 第一个类型参数 T 被用作函数的返回值类型，因此在调用时，必须显式指定，而第二个类型入参 U，则可依靠实参推导：

```
int i = c_style_cast < int >(1.234);
bool b1 = c_style_cast < bool >(0.1234);
bool b2 = c_style_cast < bool, int >(0.1234);
```

请问：i、b1 和 b2 的值分别是什么？

9.4.2 Pair

经常会有从一个函数返回两个值的需要。比如有一个函数，原本其返回值是int，返回 0 表示函数执行一切 OK，返回非零值，则表示出错，至于出错原因，可以另外准备一张出错信息表。这样实现非常具有 C 语言 API 的风格，不过有时候一项很简单的操作，我们希望这函数就直接组装一个完整的出错信息返回就好了，这种情况下我们定义一个结构：

```
struct ErrorMessage
{
    int code; //出错编号
    string msg; //出错消息
};
ErrorMessage do_something()
{
    ErrorMessge em;
    ...
    em.code = 1;
    em.msg = "open file fail!";
    return em;
}
```

类似的情况很多，都可以通过定义一个类似的结构，用于承载返回的多个信息。但有时会觉得定义结构挺烦人的，于是想到用引用或指针类型的入参：

```
//返回值:0 为无错,非零为出错码
//入参:error_msg 在返回值非零时,该值被赋值为出错消息
int do_something(string& error_msg)
{
    ...
}
//用起来是这样:
void foo()
{
    string err_msg;
    if (int err = do_something(err_msg))
    {
        cout << "error code : " << err << " : " << err_msg;
    }
}
```

这样做挺实用,也流行,只是参数所表达的意义不太直观。此时可以考虑使用结构模板:

```
template < typename T1, typename T2 >
struct Pair
{
    T1 first;   //第一个成员
    T2 second;  //第二个成员
};
```

我们定义了一个名为"Pair"的结构模板,它需要两个类型参数,T1 和 T2。分别作为两个结构成员的类型。有了它,前面的例子,我们可以这样使用:

```
typedef Pair < int, string > ErrorMessage;
ErrorMessage do_something()
{
    ErrorMessge em;
    ...
    em.first = 1; //first 是出错编号
    em.second = "open file fail!"; //second 是出错信息
    return em;
}
```

再来看一个例子:假设我们有一个数组,里面从小到大存着不连续的 10 个整数。然后我们想从中间找到大于或等于 10,但小于 21 的元素的区间,如图 9-1 所示。

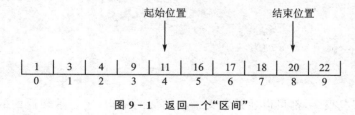

图 9-1 返回一个"区间"

查找过程写成一个函数,返回值是"起始位置"和"结束位置"两个数,图中的例子结果是 4 和 8 。这种情况下,需要返回两个数字,一种方法是使用数组,一种方法则可以使用 Pair:

```
//a :要查找的数组,比如上面定义的 rang
//c : a 的元素个数
//from~to :要找的范围从 from(包含)到 to(不包含)
//返回值:一对 int,表示范围
Pair < int, int > find_range(int a[], size_t c, int from, int to)
{
    ...
}
```

Pair 有意思的地方,就是它不仅可以返回一对,还可以返回 3 个,4 个,5 个……因为 Pair 的成员,还可以是 Pair,也就是说,Pair 可以"级联"。以需要存储三个 int 为例:

```
Pair < int, Pair < int, int >> trio;
trio.first = 1;
trio.second.first = 2;
trio.second.second = 3;
```

可见 Pair 的结构挺灵活的,但缺点也明显:不直观。

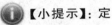【小提示】: 定制 Pair 成员的名称

宏很丑陋,但是如果您确实需要分清楚 first 和 second 分别是什么,采用宏是一个简单的方法:

```
#define CUSTOM_BUILD_PAIR(PAIR_NAME, FIRST_ITEM_TYPE, \
FIRST_ITEM_NAME, SECOND_ITEM_TYPE, SECOND_ITEM_NAME) \
struct PAIR_NAME \
    : private Pair <FIRST_ITEM_TYPE, SECOND_ITEM_TYPE > \
{\
    PAIR_NAME() \
        : FIRST_ITEM_NAME(first), SECOND_ITEM_NAME(second) {} \
    FIRST_ITEM_TYPE& FIRST_ITEM_NAME; \
    SECOND_ITEM_TYPE& SECOND_ITEM_NAME; \
};
//例子:
CUSTOM_BUILD_PAIR(ErrorMsg, int, code, std::string, msg);
ErrorMsg foo()
{
    ErrorMsg em;
    em.code = 0;
    em.msg = "success";
    return em;
}
```

9.4.3　AutoPtr

请深吸一口气,并集中精神,我们即将开始一段 C++学习的惊险之旅。

源　起

C++编程中,最容易出的问题之一,是内存泄漏,而 new 一个对象,却忘了 de-lete 它,则是造成内存泄漏的主要原因之一。有没有办法完全杜绝内在泄漏?肯定不可能,哪怕使用的是像 Java 这样拥有傻瓜式、全功能"内存垃圾回收"的语言编程,只要程序员疏忽大意,内存资源泄漏也是大把大把的。

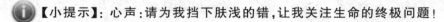【小提示】：心声：请为我挡下肤浅的错,让我关注生命的终极问题!

别以为这只是程序员爱装那个什么。C++程序员要包管对象的从生到死,确实挺费心神的。说到生死,就说一只蜜蜂吧,蜜蜂的诞生基本上可以确定是在蜂房里。但它会死在哪里?在晚风摇曳的花心长眠?还是清晨出发的路途突然坠落?或是那昏昏沉沉的子夜梦里……没有哪个养蜂人能够关心这么多。

举两个常见例子,例一:

```
void foo()
{
    XXXObject * xo = new XXXObject;
    if (!xo ->DoSomething()) //do something 出错了...
        return; //返回(可是,糟糕,忘了 delete xo 呢)
    try
    {
        xo ->DoAnotherThing();
    }
    catch(...) //出异常了...
    {
        return false; //又忘了 delete xo 了。
    }
    delete xo;
    return;
}
```

函数最后是释放了 xo,可是在 DoSomething 和 DoAnotherThing 不成功后,疲倦的程序员忘了要释放 xo,就直接 return 了。例二:

```
XXXObject *  CreateXXXFromFile(char const * filename)
{
    std::ifstream ifs(filename);
    int i;
    std::string s;
    ifs >> i;
    std::getline(ifs, s);
    XXXObject * xo = new XXXObject(i, s);
```

```
    xo -> init();
    return xo;
}
```

C++编程箴言之一："谁创建,谁释放",这话当然没错,但就像"早睡早起身体好"是养生箴言偏有一众人做不到一样,我们是 CreateXXXFromFile()函数的作者,而调用这个函数的家伙(可能就是坐在我们边上办公椅上的那位),很快就忘了要从该函数返回值得到 XXXObject 对象。难道要我们每天上班都冲他吼一首堆"对象不是你不用,不用就不用"吗?

从命名规范上,"CreateXXX"是一个非常不错的名字,其名字本身提醒了调用者,你得到的对象是"新创建出来的",假设这个函数改叫"GetXXXFromFile",那一定要挨项目经理批了。"CreateXXX"这类函数,经常被称为"工厂函数"。在特定的业务逻辑下,创建一个对象,需要像车间流水线一样先准备一些零件(例中的 i 和 s),最后再调用构造函数产生一个对象,"工厂函数"的做法,是常见的。问题还是出在使用者身上:

```
void foo()
{
    XXXObject * xo = CreateXXXFromFile("d:\\material\\1.dat");
    xo ->DoSomething();
    return;
}
```

更有甚者:

```
void foo()
{
    //调用者根本没有处理 CreateXXXFromFile()返回的指针,
    //放任它占用内存不释放
    //(当然,这样使用函数,通常逻辑上也有错误)
    CreateXXXFromFile("d:\\material\\1.dat");
};
```

作为 CreateXXXFromFile 的作者,有没有办法既能够返回一个 new 出来的对象,又能够在调用者忘记释放它的返回值(哪怕是干脆没有提供变量用以"hold"住返回值)时,自动干掉函数内部创建的那个对象呢? 我们已经知道,可以使用 shared_ptr<T>,但如果假装不知道呢?

基本解决思路

回忆一下 C++的两个特性:一是内存占用至少分成两种:栈内存和堆内存,堆内存需要手工释放,栈内存却能在其作用域结构之后,自动释放;二是 C++对象会在释放时,调用析构函数。

结合这两个特性,可以将"堆"内存(new 出来的内存是堆内存的一种)在生命周期管理行为,模拟成"栈"内存方式。先看第一个版本,用作原理演示:

```
struct AutoPtr
{
    AutoPtr()
    {
        this ->_ptr = new int;
    }
    ~AutoPtr()
    {
        delete this ->_ptr;
    }
    int * _ptr;
};
```

AutoPtr 在构造时,创建一个整数指针,在析构时,删除它。就这一原理,它已经可以投入使用,作个对比,如下表所列。

原始版本(裸指针)	AutoPtr 版本一

void foo_1()
{
    int * ptr = new int;
    * ptr = 100;
    cout ≪ * ptr ≪ endl;
    delete ptr; //手工释放
}
	void foo_2()
	{
	    AutoPtr ap;
	    * (ap._ptr) = 100;
	    cout ≪ * (ap._ptr) ≪ endl;
	}

foo_2 函数一结束,栈变量 ap 就会自动释放,释放时调用析构,析构函数负责释放 _ptr。

AutoPtr 第一个缺陷,它固定只用于 int 指针。这问题好解决,上模板呀:

```
template <typename T>
struct AutoPtr
{
    AutoPtr()
    {
        this ->_ptr = new T;
    }
    ~AutoPtr()
    {
        delete this ->_ptr;
    }
    T * _ptr;
};
```

【课堂作业】:AutoPtr 模板版本应用

请使用模板版本的 AutoPtr,分别对 T 为 char、double、Student(需自定义)等类型时,编写具体的应用代码。

模仿裸指针

模板版本的 AutoPtr，许多地方让我们不舒服，主要是它的使用形式和普通的指针不一样，例如：

```
struct S
{
    int a, b, c;
};
AutoPtr <S> sap;
sap._ptr ->a = 100;    //需要通过 sap._ptr 来处理指针
S s2 = * (sap._ptr);    //同上
S * tmp = sap._ptr;
...
delete tmp; //这里删除了 tmp，可是 tmp 就是 sap._ptr，一会儿将再死一次
```

指针最常见的操作，是成员访问操作和取值操作，分别由" ->"和" * "表达。我们希望用 AutoPtr 模板来模拟指针，就是希望上面的代码中 sap 可以尽量和一个普通 S * 指针用法一致，如下表所列。

//裸指针的用法	//当前自动指针的用法	//期望自动指针的用法
S * sap = new S;	AutoPtr <S> sap;	AutoPtr <S> sap;
sap ->a = 10;	sap._ptr ->a = 10;	sap ->a = 10;
S sap2 = * sap;	S sap1 = * (sap._ptr);	S sap2 = * sap;

" ->"和" * "都是 C++语言的操作符，既然是操作符，我们就可以为指定的类型重载它们的行为，让这个类的对象，看起来像是拥有了指针的某些特性：

```
template <typename T>
struct AutoPtr
{
    AutoPtr() { this ->_ptr = new T; }
    ~AutoPtr() { delete this ->_ptr; }
    T * operator ->()
    {
        return _ptr;
    }

    T operator * ()
    {
        return * _ptr;
    }

private:
    T * _ptr;
};
```

使用样例：

```
void test()
{
    AutoPtr <S> sap;
    sap ->a = 10;
    ( * sap).b = 11;
    S s2 = * sap;
}
```

先重点看"sap ->a＝10"这一句。" ->"现在是 AutoPtr 的一个函数（请参看操作符重载，复习《语言》和《面向对象》中的操作符重载）。所以"sap ->"相当于是通过 sap 调用了一个叫"operator ->（）"的函数，依据我们的定义，这个函数，返回的是 _ptr。

C++在调用这重载" ->"的函数时，有特殊处理，会将" ->"之后的内容，作为" ->"返回的对象的成员处理，所以 sap ->a，会被解释为:_ptr ->a。这样一来，魔术就被揭穿了：

```
sap ->a = 10;
/ * 推导过程:
首先:"sap ->"被解释为: sap.operator(),它返回 _ptr;
其次:"sap ->a"被解释为: _ptr ->a;(完整是 sap._ptr ->a)。
最后:"sap ->a = 10",就被解释为:_ptr.a = 10;(完整是:sap._ptr ->a = 10)。
* /
```

取值操作符" * "的解释过程类似，请读者推导 (* sap). b＝11 和 s2＝ * sap 的揭秘过程。

考虑常量下的使用

使用 C++语言，一定要念念不忘 const 这个关键字，上面的 AutoPtr，在下面的代码中，编译失败：

```
001   AutoPtr <S> const c_sap;
002   c_sap ->a = 10; //编译不过
003   cout ≪ c_sap ->a ≪ endl; //编译不过
```

002 行代码编译不过，在意料之中，因为 c_sap 是一个常量。

003 行代码，只是要读取 c_sap 成员 a 的值，为什么也编译不过去呢？请读者结合下面的解决方法思索其中的原因。解决方法是为 AutoPtr 类，增加"常量成员函数"版本的" ->"和" * "的重载：

```
template < typename T >
struct AutoPtr
{
    //构造与析构,略
    T * operator ->() { return _ptr; }
```

```
    T operator * () { return * _ptr; }
    //新增加的:
    T const * operator ->() const { return _ptr; }
    T const operator * () const { return * _ptr; }
private:
    T * _ptr;
};
```

注意,由于对外开放了取指针和取值的接口,所以成员_ptr 已经变成私有的,进一步保护了裸指针。

允许从外部指针构造

这个版本的 AutoPtr 仍然还有很多不完美的地方,比如它在构造函数中,一定要 new 出一个对象,因此无法表达一个"空指针",也无法"接管"一个已经存在的外部指针,另外,两个(同质的)AutoPtr <T> 对象之间,如何赋值,拷贝也未实现。

要设计一个考虑周到的智能指针确实需要点功力,哪怕是 C++ 标准库最早的 std::auto_ptr,都被各种嫌弃。但是,我们此次要完成的 AutoPtr,将有意模拟它的老套路。现在要实现的功能是:让它可以托管外来的指针,暂时只要修改它的构造函数即可:

```
template < typename T >
struct AutoPtr
{
    AutoPtr()    //默认的构造过程...
        : _ptr(nullptr)   //_ptr 将是一个空指针
    {
    }
    explicit AutoPtr(T * ptr) //构造时,接管一个外部的指针
        : _ptr(ptr)
    {
    }
    ... //析构及其他原有操作不变
};
```

现在,我们可以这样使用 AutoPtr <T> 了:

```
001   AutoPtr <S>  sap;
002   sap -> a = 10; //哎哟,不要这样,会死的,因为 sap._ptr 当前是 NULL.
003   S * s = new S; //用普通的方式,创建了 s 指针
004   AutoPtr <S> sap2(s);   //把 s 交给 sap2 管
005   AutoPtr <S> sap3(new S); //也可以直接接管一个匿名的指针
006   AutoPtr <S> sap4 = new S; //编译不通过,关键字 explicit 起的作用
007   S s2; //s2 这家伙来自栈,将自动释放
008   AutoPtr <S> sap5(&s2); //编译通过,但后果自负
```

001 行构造 sap 时,调用的是默认构造函数(无入参),sap 的 _ptr 成员被初始化为 nullptr,因此,调用 sap -> a 相当于执行"0 ->a"。执行结果看你的人品,人品好,则

程序直接当掉。

003 在外部创建一个 S 的"堆对象"，通过 sap2 对它进行拖管，因此我们在后面的代码中，千万不能 delete s。005 行是个好做法，只要有可能，就争取在创建自动指针的同时创建外部指针，并且令其成为一个匿名的对象（没有变量承载），避免引入重复删除一个对象的问题。

006 行的 sap4 构造失败，原因是"explicit"关键字起了作用。尽管我们所模仿的 auto_ptr 允许此类操作，但这里不考虑将一个 T * 对象直接赋值给 AutoPtr <T> 对象功能（那会引入许多更复杂的要求）。007 行的 s2 是一个"栈对象"，所以它总是会被自动释放内存，将它托付给一个只晓得"我一定要负责干掉它"的所谓的"智能指针"，会酿成大错。

允许改变指向

歌词唱到："相爱总是简单，相处总是很难"，当 AutoPtr 持有一个指针之后，两者就这样相依相偎白头至死……可是，如果它们不再相爱了，那该怎么办？

【重要】："设计"为"需求"服务

某 IT 公司的某项目组周会上，正在进行一场辩论，辩题是"要不要赋予智能指针和它所持有的裸指针分手的权利？"

正方从"天地洪荒、宇宙玄黄"谈到"强扭的瓜不甜"，最后旗帜鲜明地指出"没有爱情的婚姻是可耻的！没有爱情又不允许离婚的制度是僵硬的；同样，无法灵活更换底层指针的 Smart Ptr 其实是 Stupid Ptr，是必然无法满足上层多变的需求的……"

反方则从当下流行的婚介节目中的"物质女"现象谈起，接着痛心疾首地提到现代社会人心不古四处乱象，结尾时的呼喊更加令世人振聋发聩："物欲横流的社会，纯洁的爱已然远走。一切是为什么？因为生活太复杂！难道我们一手打造的代码，也要把逻辑搞得这么复杂?！记住，软件设计，简单就是美！简单就是好！简单就是真理……"

主持会议的项目经理拍案而起："都给我回去解决 BUG！另外我再次提醒各位，咱们的项目是用 JAVA 写的！"

在一个为进度焦头烂额的软件项目经理来看，以上正方反方都在闲瞎扯。AutoPtr 是不是要坚持和它的结发夫人白首一生，这完全看观众的需求。通常讲，如果是憧憬拥有简单生活的程序员，那么他在做设计时，也会追求代码中的对象关系简单，这时，一旦绑定一个裸指针，就不离不弃的 AutoPtr 设计，就是正确的、足够的。

不扯了，我们的任务是学习，先来为 AutoPtr 增加一个离婚的手续，函数名叫"release"。

```
template < typename T >
T * AutoPtr < T >::release()  //放手
{
```

```
    T *  you_are_free_now = _ptr;
    _ptr = nullptr;
    return you_are_free_now;
}
```

注意,所谓"放手",是将 AutoPtr 原来拥有的_ptr"归还(return)"回去,这样可以方便"离婚"后的_ptr 独立存在:

```
AutoPtr < int > ap(new int); //结合
int *  tmp = ap.release(); //分手,曾经的_ptr 现在是陌生的"tmp"。
```

接下来,是再婚手续,为了合法,我们会强制先离婚:

```
template < typename T >
T * AutoPtr < T > ::reset(T * new_ptr)
{
    T * = old_ptr = release();
    _ptr = new_ptr;   //由来只闻新人笑
    return old_ptr;    //有谁听过旧人哭,旧人回娘家。
}
```

设计一个完整的智能指针,所需要考虑的事情远不止以上那些,比如:如何判断智能指针是一个空指针? 如何比较两个智能指针? 如何在智能指针之间赋值?

【课堂作业】:AutoPtr 的实现

(1) 根据以上代码,整理出一份相对完整、实际可用的 AutoPtr,并写出配套的试用例子。

(2) 考虑所写的 AutoPtr 是否支持处理数组指针,比如" AutoPtr < int > ap(new int [5])",如果要支持,应如何改进?

9.4.4　RangeArray

记得 Pascal 语言的数组下标,从 1 开始,不过 C、C++、Java、C♯等语言的数组下标,全从 0 开始——这已经是一种语言文化了。生活中,当然还是习惯把 1 作为起始,比如每个月的第一天,叫 1 号,而不是 0 号。有些时候,甚至还会有变化更大的需求,比如对外卖服务的评分项是−5 到+5 范围,此时也许你会想要这样的代码:

```
for (int i = −5; i <= 5; ++i)
{
    cout << i << ':' << S[i] << endl;
}
```

如果我们是纯 C 的程序员,那提出这样的想法会被鄙视,那些 C 老人会教育:"别捣乱,一致性很重要!"言下之意是说,今天你拿−5 作数组的下标起始,明天就会有一个二维数组,分别用 9 和 18 作为起始下标……不一致,最终只会害到程序员。他们的意见是对的,简单地做一下加法或减法就能让这段代码更清晰:

```
int S[11];
......
for (int i = 0; i < 11; ++i)
{
    cout << i-5 << ':' << S[i] << endl;
}
```

但是,我们是 C++程序员,尽管仍然推崇 C 的这种朴实。只是 C++非常放任程序员的个性,想要采用非 0 开始的数组下标,C++有三大功能来支持我们。一是"class",用于支持封装模拟数组的类型所需要的功能和数据;二是"操作符重载",用于支持自定义的"[]"行为;三是"模板",支持广泛的数组的元素类型。

非模板版本

我们先用只支持 int 类型的例子,搞明白基本原理。看类定义:

```
# include <iostream>
# include <stdexcept>    //要用到异常
# include <cassert>      //使用到 assert

class RangeArray
{
public:
    RangeArray()
009         : _arr(nullptr), _low(0), _high(0)
        {

        }
013    RangeArray(int low, int high);
    ~RangeArray()
        {
017         delete [] _arr;
        }

020    int Low() const { return _low; }
021    int High() const { return _high; }

023    int const& operator[](int index) const;
024    int& operator[](int index);

027    RangeArray(RangeArray const& other) = delete; //不允许拷贝
028    RangeArray& operator = (RangeArray const& other) = delete; //和赋值

private:
031    int * _arr;
032    int _low, _high; //下标范围
};
```

先看 RangeArray 的私有数据,031 行有一个 int 指针 _arr。应能猜到,我们用它动态分配出一块连续的内存,作为数组,它当然是从 0 开始访问元素的;但在 032

行,我们记录了用户期望的数组上下标的范围:[_low,_high],在实际访问时,利用二者(主要是_low),计算出偏移。请读者理清以下关系,必要时可画一张图辅助理解:

(1) 用户期望的数组下标范围是:[_low, _high](要求:_low≤_high);

(2) 实际数组的元素个数为:_high-_low+1(范围包括_low 和_high);

(3) 数组的实际索引值,假设是 k_index,则:0≤k_index≤(_high-_low),

(4) 用户给出的访问索引是 index,(_low ≤ index ≤ _high);

(5) 结论是:k_index=index-_low。

接下来看 009 行,在默认构造的情况下,_arr 被设置为空指针,因此,通过默认构造出来的 RangeArray 对象,无法访问(严格地讲:可以访问,但会出错)。一个有效的构造,上述代码 013 行只给出函数声明,它的实现是:

```
RangeArray::RangeArray(int low, int high)
{
    if (low > high)
        throw range_error("RangeArray range error : low > high");
    _low = low;
    _high = high;
    size_t size = _high - _low + 1;
    if (size > 0)
046         _arr = new int[size];
}
```

计算出实际需要的元素个数(size),然后在 046 行处,使用 new [] 申请得到一段连续内存。构造时,会严格检查 low 必须小于等于 high,否则抛出一个标准库的 range_error 异常。以此对应,析构函数必须记得释放_arr 占用的内存,代码 017 行保证了这件事。

020 行和 021 行两个函数,让外部有机会访问到这个数组的访问范围上下标,如果你觉得有必要,完全可以再加一个 Size()函数。

023 行和 024 行两个重载[]操作符的函数,如果你奇怪为什么要两个版本,那肯定是你没认真学习好上一小节的"智能指针",这次我们要发问的是:为什么返回值是一个引用? 原因为我们需修改它,试看例子:

```
RangeArray ra(0,5);
ra[0] = 10;   //相当于: ra.operator[](0) = 10;
```

我们要让 ra[0]的值,变成 10,如果 ra[0]返回的不是引用(传址),而是一个复制器(传值),那被修改的只是复制品。事实上编译器不允许一行代码把一个"值"赋值给另一个值(比如:5=1)。

这两个函数,除了声明长得不一样,实现倒是完全相同,我们就只给非常量的那个版本的代码吧:

```
int& RangeArray::operator[](int index)
{
```

```
    if (index < _low)
        throw out_of_range("RangeArray out of range : index < low");
    if (index > _high)
        throw out_of_range("RangeArray out of range : index > high");
    assert(_arr);
    return _arr[index - _low];
}
```

这个函数实质工作的就最后一行 return。前面三段全在做检查。其中前两段做的是异常检查，就查判断索引是否合法，如否，则抛出一个标准库的 out_of_range 异常。

assert 通常仅在调试版程序有效，帮我们检查是不是有人在饶有兴趣地对一个空数组瞎搞，一旦编译成发行版本还有人在犯错，那就让程序和程序员都抽风去吧……最后，给一段使用的例子：

```
int main()
{
    RangeArray ra(-5, 5);
    for (int i = -5; i <= 5; ++i)
    {
        ra[i] = i * 2;
    }
    for (int i = ra.High(); i >= ra.Low(); --i)
    {
        cout << i << ':' << ra[i] << endl;
    }
    return 0;
}
```

模板版本

为什么要在"泛型编程实例"里讲一大段和模板无关的代码？这有关 C++ 语言学习和实战的一个重要原则。来一段可能是本书最长的插语。

【重要】：现在一定很完美，如果我们没有过去也没有将来

尽管所有编程课程都会教育你不要追求一步到位，但当使用 C++，这一点就尤其重要。了解 C++ 语言发展过程的人，就会知道 C++ 一开始就认定自己所置身的世界，过去不是，现在不是，将来也不可能是完美和纯粹的，比如要它兼容 C 语言，比如它认为无法要求所有的类必须有一个共同的祖先等。事实上，只要有"过去"和"未来"，"现在"就永远不可能完美。使用 C++ 编程，千万记住，不要一开始就期望自己或要求别人设计出一个完美的结果。

是会有一些看上去很美好的编程语言，它们总在有意无意地暗示你可以这么做，这其中可能因为这类语言看上去很美、很纯粹、很简单，所以它们忍不住也这么要求你的；另一个原因，也正是因为这些语言太美、太纯粹、太简单，所以一旦程序员发现自己的过去有错,或者虽然你确实是对的,但未来的需求羞辱了你当下的设计……此时美好的语言就帮不了你什么了。你大概只能将以前的设计全部推翻,就像一场暴力革命,虽然打着创造新世界的迷人口号。而 C++ 呢?它一直就是温和的改良派,你可以说它是犬儒学派,也可以笑它是实用主义,但如果你听到有人骂它是学院派,报以他一个呵呵吧)。

编程世界并不完美,现实世界也一样。一是过去的种种,造成当前的现实是不完美的,二是未来终归变化,现在的东西再好,到了未来可能还是不完美的。事实上,即将在未来发生变化的,不仅仅是身外的三千世界,也包括你自己,今天你觉得写得很好的东西,大半年过去后一看,不管渐悟顿悟,每个人都会觉得原来的代码有点傻。没错,你在进步。

C++ 是一门入世的语言(你想说 C 语言入世?噢,它不能参加评比,因为 C 语言就是"世界")。C++ 没有另外构建一个"世界",它与 C 语言所构建出来的操作系统、库环境、编译环境等融合,接受"世界"的美好,也直面"世界"的不完美。

C++ 语言很注重兼容过去的丑陋和傻气,注重适应未来的变化和尴尬(这两点其实是同一点)。而一些"聪明"的语言,它们的设计目标是:帮你远离丑陋、傻气、变化和尴尬,让你做出的框架表现得高端、大气。C++ 是一门笨的语言,它的设计目标是:当你不需要改变时,那就这样,而一旦当你需要改变时,C++ 的形象就开始伟岸了。它身怀各类绝技,虽鸡鸣狗盗,救孟尝君于关键时刻。

C++ 的设计原则是:你的要求简单,它简单;你要求复杂,它就能复杂。大量强大而复杂的 C++ 语言特性,这些特性在这三种情况下你不需要:你是幼儿,你觉得世界很简单,你不需要;你是少年,你觉得人生很美好,你不需要;你是青年,你发现社会险恶,凡事需推倒重来时,你也不需要。仅仅,当你是中年人,是这个社会真正的建设、改造、推动以及承担的力量时,你懂得哪些事必改,哪些事需要时间,哪些地方有哪些风险时……你成熟了,然后你会发现和你一样成熟的,还有 C++,恰如一个成熟自信的诗人,才会说"相看两不厌,唯有敬亭山"。

写这本书,有个问题一定要回答,太多初学者在问。为什么有些牛人讨厌 C++?我来回答,许多人很讨厌 C++,是因为他们经历丰富,技术超人,牛到某种境界之后,开始有能力准备从零建设或大刀阔斧改建出一个尽善尽美的世界时……然后有一天不知怎么了,他们用了 C++ 语言,发现这门语言上不上,下不下时,他们生气了。

最后,就是今天要做的推论:第一,反正就算我们是比尔盖茨,也没办法在设计 Win3.1 时,就把 Win10 长什么样也想清楚了;第二,反正 C++ 有各种强大的兼容性和适应性的保障,我们何苦在一开始,就非要搞出一个如何完美,如何有弹性,如何有扩展性、如何高性能的设计方案呢?

所以,当应用"面向对象"的思想设计时,不要动不动就设计一大堆复杂的类呀、接口呀、虚函数呀、派生呀、虚拟派生呀、私有派生呀,搞了一堆复杂的关系出来。而当应用"泛型"写程序时,其实最应该做的,是先写一个不泛型的版本,确实需要,再将它泛化。把 RangeArray 重构成模板版本，再简单不过了，全部代码如下：

```cpp
# include <iostream>
# include <stdexcept>
# include <cassert>
using namespace std;
template <typename T>
class RangeArray
{
public:
    RangeArray()
        : _arr(NULL), _low(0), _high(0)
    {
    }
    RangeArray(int low, int high);
    ~RangeArray()
    {
        delete [] _arr;
    }
    int Low() const { return _low; }
    int High() const { return _high; }
    T const& operator[](int index) const;
    T& operator[](int index);
    RangeArray(RangeArray const& other) = delete; //不允许拷贝
    RangeArray& operator = (RangeArray const& other) = delete; //和赋值操作
private:
    T * _arr;
    int _low, _high; //下标范围
};
template < typename T >
RangeArray < T > ::RangeArray(int low, int high)
{
    if (low > high)
        throw range_error("RangeArray range error : low > high");
    _low = low;
    _high = high;
    size_t size = _high - _low + 1; //既含_low,也含 high,所以加 1
    if (size > 0)
        _arr = new T[size];
}
template < typename T >
T const& RangeArray < T > ::operator[](int index) const
{
    if (index < _low)
        throw out_of_range("RangeArray out of range : index < low");
    if (index > _high)
        throw out_of_range("RangeArray out of range : index > high");
    assert(_arr ! = NULL);
    return _arr[index - _low];
}
```

```
template < typename T >
T& RangeArray < T > ::operator[](int index)
{
    / * 同上一函数 ,略 * /
}
int main()
{
    RangeArray < double > ra( - 5, 5); //改成 double
    / * 此间后面代码和非模板版本一致,略 * /
    return 0;
}
```

StaticRangeArray 版本

　　C++原生数组的大小,按要求必须在编译期就知道大小(不过有些编译器做了扩展)。前面的 RangeArray 是在运行期(构造对象时),指定数组的大小的。我们可以使用泛型编程中,非类型模板参数,来更为真实的模仿一个"笨笨的"原生数组特性。同样,我们首先看类定义(模板定义):

```
template < typename T, int L, int H >
class StaticRangeArray
{
public：
    static int Low() { return L; }
    static int High() { return H; }
    T const& operator[](int index) const;
    T& operator[](int index);
private：
    static size_t const S = H - L + 1;
    T _arr[S];
};
```

　　原来的私有成员数据:_low 和_high 都没有了,现在它们通过模板的参数传入,变成在编译的时候就确定下来的数值。更为重要的是,_arr 变成一个静态数组(而不是指针),它占用的内存,也将在编译期间就固定下来。为了方便,我们用一个"静态常量"成员 S 记下数组的大小。构造函数和析构函数,全都不需要了。_arr 的内存不再由 new 申请所得,是一个栈里的数据,所以会自动释放。

　　原来被故意"delete"的拷贝构造和赋值操作,现在都去除了,这表明,所产生的对象之间,可以使用 C++的默认方式(所有内存值复制)进行复制。Low 和 High 函数,变成静态的,因为,当我们用这个类模板产生一个类时,Low 和 High 就是这个类的特性,所有这个类所产生的对象,它们的下标范围都是相同的。给出[]的重载,没有多大变化,同样,我们只给一个版本:

```
template <typename T, int L, int H>
T& StaticRangeArray <T, L, H> ::operator[](int index)
{
```

```
    if（index ＜ L）
        throw out_of_range("RangeArray out of range : index ＜ low");
    if（index ＞ H）
        throw out_of_range("RangeArray out of range : index ＞ high");
    assert(_arr ! = NULL);
    return _arr[index - L];
}
```

有空的话,应该让抛出的异常的消息里,明确打印出 index、low、high 的值,其他的都没有什么变化。最后是使用例子:

```
int main()
{
    StaticRangeArray ＜ int, - 5, 5 ＞ ra;
    / * 此间后面代码和 RangeArray 版本一致,略 * /
    StaticRangeArray ＜ int, - 5, 5 ＞ ra2 = ra;    //可以直接拷贝
    //...后面测试代码自行考虑
    return 0;
}
```

9.4.5 链表结构

数组中所有存储的元素,占用连续的内存空间。也就是说,它们是紧挨的邻居,所以知道第一个元素的地址,并且知道每个元素占用多少空间,就可以计算出第 N 个元素的地址。

链表上的元素,各自的内存地址不连续,东一个西一个,怎么定位它们呢? 方法是每一个元素,都记个小纸条,纸条上写着下一个元素的地址,没错,我们曾经用"纸条"来比喻过指针,所以这里每个元素都要额外记录一个指向下一个元素的指针。

C - Style 链表

```
struct Node
{
    int value;
    Node * pnext;   //小纸条
};
```

首先,我们仍然先使用简单的 int 作为元素的类型,而不去考虑泛型,另一个成员,pnext,用来准备指向下一个节点。假设现在有三个节点,n1、n2、n3(指针变量),以下代码则让 n1、n2、n3 串起来,即 n2 成为 n1 的下一个节点,n3 成为 n2 的下一个节点:

```
n1 -> pnext = n2;
n2 -> pnext = n3;
```

为了明确表示 n3 就是当前链表的尾巴(即没有下一个节点),我们可以让 n3 的下一个节点为 nullptr:

```
n3 -> pnext = nullptr;
```

链表中的元素,有可能很多,比如有1千个,并且会增增删删,所以我们不想去记住所有节点,只想记住第一个节点 n1。由于有"小纸条",所以我们可以从 n1 出发,访问到后面的所有节点。假设我们想为每一个节点中的 value 赋值:

```
Node *  iter = n1; //定义 iter,用以迭代链表中所有节点
int v = 0;
while( iter)
{
    iter -> value = v ++ ;
    iter = iter -> pnext; //前进到下一个节点
}
```

下面给出一个类似 C 风格的链表的完整实现。这里的"C 风格",是指链表的数据结构,在语法表达上,我们用了成员函数。另外为了节省版面,也直接实现了泛型版本:

```cpp
# include <cassert>
# include <iostream>
using namespace std;
template <typename T>
struct Node
{
    Node()
        : value(T()), pnext(nullptr)   //"T()" 是调用 T 的默认构造
    {
    }
    T value;
    Node *  pnext;
};
template <typename T>
class CStyleList //类 C 风格的链表
{
public:
    typedef Node <T> NodeType; //为节点类型取个名字,后续书写简短些
private:
    NodeType *  first; //第一个节点
    NodeType *  iter;   //迭代用的节点
public:
    CStyleList()
        : first(NULL), iter(NULL)
    {
    }
    ~CStyleList()
    {
        GoFirst();
        Clear();   //将释放所有节点
    }
```

```
        //返回第一个节点,并不改变当前节点
        NodeType * First() { return first; }
        //返回当前节点
        NodeType * Current() {return iter;}
        //前往第一个节点
        NodeType * GoFirst()
        {
            iter = first;
            return iter;
        }
        //前往下一个节点
        NodeType * GoNext()
        {
            if (iter ->pnext == nullptr)
                return nullptr; //注意,如果已经是最后节点,将返回空
            iter = iter ->pnext; //前进到下一个节点
            return iter;
        }
        //前进到最后一个节点
        NodeType * GoLast()
        {
            if (IsEmpty())
                return nullptr;
            while(iter ->pnext) //从当前位置开始,并不需要回归到 first
            {
                iter = iter ->pnext;
            }
            return iter;
        }
        //前进到指定的节点,返回是否成功
        //如果不成功,原来的 iter 不会改变
        bool Goto(NodeType const * pnode)
        {
            if(pnode == nullptr || IsEmpty())
                return false;
            NodeType * tmp_iter = first;
            do
            {
                if (tmp_iter == pnode) //找到了
                {
                    iter = tmp_iter; //仅当找到了,才修改 iter
                    return true;
                }
                tmp_iter = tmp_iter ->pnext;
            }
            while(tmp_iter);
            return false;
        }
        //判断当前链表是不是空链表
        bool IsEmpty() const
```

```
{
    return first == nullptr;
}
//判断当前节点是不是已经是最后一个节点
bool IsLast() const
{
    //要特别注意空链表的情况
    return (iter == nullptr || iter ->pnext == nullptr);
}
//在链表最尾部，添加一个节点，并设置元素值
void Append(T const& value)
{
    NodeType *  node = new NodeType;
    node ->value = value;
    if(IsEmpty())
    {
        first = node;
    }
    else
    {
        NodeType *  last = GoLast();
        assert(last); //请思考为什么敢断言 last 不为空
        last ->pnext = node;
    }
    iter = node; //让 iter 指向最后一个节点
}
//在当前位置之前插入一个节点
void Insert(T const& value)
{
    if (first == nullptr) //空链表
    {
        first = new NodeType; //直接生成一个新节点即可
        first ->value = value;
        iter = first;
        return;
    }
    NodeType *  prev = FindPrevNode(iter); //找到 iter 的上一个节点
    NodeType *  new_node = new NodeType;
    new_node ->value = value;
    new_node ->pnext = iter;
    if (prev == nullptr) //如果没有"前一个节点"
    {
        //说明我们是在第一个节点的位置之前，插入一个新节点
        //所以需要更新 first 的位置
        first = new_node;
    }
    else
    {
        //否则，前一个节点的下一个节点，指向新节点
        prev ->pnext = new_node;
```

```
        }
        //不管如何,当前节点都要改为指向新节点
        iter = new_node;
    }
    //删除掉当前节点,返回是否有执行删除
    bool Delete()
    {
        if (iter == nullptr)
            return false;
        //如果当前节点是第一个节点
        if (iter == first)
        {
            iter = first -> pnext;
            delete first; //删除掉第一个节点
            first = iter; //第一个节点重新定位
            return true;
        }
        NodeType * prev = FindPrevNode(iter); //找到 iter 的上一个节点
        NodeType * next = iter -> pnext; //iter 的下一个节点
        if (!prev) //找不到前一个节点? 可能 pnode 已不在链表中
            return false;
        //让上一个节点的下一个节点,指向 iter 的下一个节点,
        //这样做,刚好跳过 iter
        //示意,原来是:prev -> iter -> next,执行之后是 prev -> next,
        //实现 iter "掉出" 链表:
        prev -> pnext = next;
        delete iter;
        //删除之后,位置应为下一个,除非下一个为空
        iter = (next ? next : prev);
        return true;
    }
    //清除全部节点
    void Clear()
    {
        while(!IsEmpty())
        {
            Delete();
        }
    }
private:
    //找到指定节点的前一个节点
    NodeType * FindPrevNode(NodeType * pnode)
    {
        assert(pnode ! = nullptr); //不应该给一个空节点
        if (first == nullptr) //链表为空
            return nullptr;
        if (pnode == first) //pnode 已经是第一个节点
            return nullptr;
        NodeType * prev = first;
        while(prev -> pnext)
```

```
        {
            if (prev -> pnext == pnode) //找到了
            {
                return prev;
            }
            prev = prev -> pnext;
        }
        return nullptr; //找不到
    }
};
template < typename T >
void PrintList(CStyleList < T > & lst)
{
    cout << "(BEG)";
    if(!lst.IsEmpty())
    {
        lst.GoFirst();
        do
        {
            Node < T > * cur = lst.Current();
            cout << "(" << cur -> value << ")";
            if (lst.IsLast())
                break;
            lst.GoNext();
        }
        while(true);
    }
    cout << "(END)" << endl;
}
int main()
{
    CStyleList < int > lst;
    for (int i = 0; i < 9; ++i)
    {
        lst.Append(i * 2);
    }
    PrintList(lst);
    lst.GoFirst();
    for(int i = 0; i < 8; ++i)
    {
        lst.GoNext();
        lst.Insert(i * 2 + 1);
        lst.GoNext();
    }
    PrintList(lst);
    lst.GoFirst();
    lst.Delete();
    for(int i = 1; i < 9; ++i)
    {
        lst.GoNext();
```

```
        lst.Delete();
    }
    PrintList(lst);
    lst.Clear();
    PrintList(lst);
    return 0;
}
```

【课堂作业】：C 风格的双向链表

以上代码，只允许从链表的第一个节点向前遍历所有节点，所以代码会有一个名为"FindPrevNode()"的函数，用于帮助定位到指定节点的"前一节点"。它每次都费事地从第一节点开始找起。如果节点有另一张"小纸条"用于指向前一个节点，就可以实现一个双向链表。请在现有代码的基础上完成，并注意：

（1）不要求链表中有一个"last"指针记录最后一个节点的位置；

（2）iter 指针必须可以后退，对外需要提供"GoPrev()"的函数；

（3）重点是插入和删除节点函数，需要相应改动。

剥离迭代器

C 风格的双向链表这道作业，看似简单，但估计让不少读者做得满头包。假设我们创建了一个双向链表对象，并且往里面添加了一些整数元素，结果如图 9-2 所示。

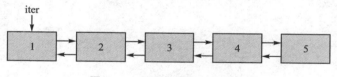

图 9-2 链表上一个迭代指针

接下来我们要求，从链表头，到链表尾，交叉向前，输出链表中的元素，即输出第一个元素，再输出最后一个元素，直到两个方向相遇时停止，结果应为：1、5、2、4、3。

使用 CStyleList 单向版本的话，要倒退着输出挺困难的，就算改成使用 CStyleList 的双向版本，这件事也不简单，因为尽管可以双向，但链表内部的迭代指针（iter 成员）只有一个，为了输出"1、5、2、4、3"，我们不得不来回地调用 GoFirst()、GoNext()、GoLast()、GoPrev()……太累，请大家动手试试。如果我们有两个迭代指针，情况会怎样呢？

如图 9-3 所示，我们有两个迭代的指针，各走各的方向，前述的要求就容易实现了，下面是一段伪代码：

```
iter_1 = lst.First();
iter_2 = lst.Last();
while(iter1 != iter_2) //测试是否相遇的实际逻辑,会复杂一些
{
    cout << * iter_1 << "," << * iter_2;
```

```
    iter_1.GoNext(); //iter_1 往前
    iter_2.GoPrev(); //iter_2 往后
}
cout << * iter_1;
```

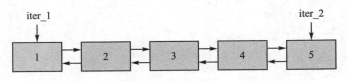

图 9 - 3 同一链表上同时有两个迭代指针

这就说明 CStyleList 的设计存在问题：不应该由链表兼职集成迭代功能，无论是 GoLast 还是 GoFirst 或者是 GoNext 和 GoPrev。进一步说，所有"容器"都不应该负责提供迭代功能。"容器"，顾名思义，只要负责以某种我们所需要的结构来存储数据就可以了，至于要以什么方向迭代，应该设计专门的类来完成。

这样，也就同时解决了另一个问题，一个容器，你可以有任意多个迭代器来访问它，每个迭代器负责维护自己当前"迭代"的状态。多个迭代器，可以同时访问同一个容器。

【小提示】：公园、路径、游客的关系

设计一座公园，那么必然也就要同时设计它内部的路径，公园可以比喻做容器，而路径则可以比作容器支持的迭代路径和方式（比如单向或双向），但是，在一座公园被造出来的时候，坚持认为它内部应该有一个游客这种设计，就奇怪了。

既然我们把迭代器比喻成"游客"，那就不得不提一种特殊的游客了，这类游客进了公园之后，不仅到处写"XXX 到此一游"，而且还到处堵路刨坑。这样的游客，可以称作"破坏者"，他没办法与其他游客同时浏览同一个公园，为什么？

要正确浏览公园，每个游客都必须有一份独立的游行状态的记忆，否则会迷路，并且还需要一个前提，那就是和他同时浏览公园的游客中，不存在"破坏者"，因为后者会造成普通游客有关于公园的记忆失效。比如，明明这里有一座小桥，但当你调用 GoBack 时，这桥已经被拆了。

在本例中，我们将有可能修改容器的操作，仍然归为容器的功能，比如：插入新节点，删除原有节点等等。下面，我们将一步步完成修改，首先看一个架子：

```
template <typename T>
class CPPStyleList
{
private:
    struct Node
    {
        Node()
            : value(T()), pnext(nullptr), pprev(nullptr)
```

```
        {}
        explicit Node(T const& t)
            : value(t), pnext(nullptr), pprev(nullptr)
        {}
        T value;
        Node * pnext, * pprev;
    };
public:
    CPPStyleList()
        : _first(nullptr)
    {
    }
    ~CPPStyleList();
private:
    Node * _first;
};
```

首先注意到类名变了,然后应该发现 Node 结构,嵌套到链表类内部了,并且居然是"private"修饰,这表明了设计者的决心:以 C++封装的思想指导,我们认为,一个链表内部节点长什么样子,用户是不应该去关心的。嵌套类还带来一个好处,现在 Node 可以直接复用 CppStyleList 的模板参数 T,Node 自身不再需要是一个类模板。最后请注意 Node 的成员数据,既有 pnext,也有 pprev,可以看出我们准备支持双向迭代。

再看 CppStyleList 的私有数据,只有一个 first,对于双向链表,快速定位到链表尾部,再提供一个 last 成员是一个可选设计,但这里为了最简化处理,我们只存储链表的第一个元素。

只有一个链表头数据,也印证了前面提到的容器最本质的功能:存储。添加和删除数据,都是为存储服务。至于对链表中元素的"遍历"、"迭代"、"访问",将完全被挪到另外一个类来实现,这个类叫"Iter",它也是 CppStyleList 的一个嵌套类:

```
template <typename T>
class CPPStyleList
{
private:
    struct Node
    {
        /* 略 */
        T value;
        Node * pnext, * pprev;
    };
public:
    struct Iter
    {
        //直接从 node 构造出 Iter
        explicit Iter(Node * node)
            : _node(node)
```

```
        {}
        //可以通过 iter 读取 _node->alue
        //同样分常量版和非常量版
        T const& GetValue() const;
        T& GetValue();
        void SetValue(T const& v); //设值
        bool IsNull() const; //判断是否已经拥有一个 Node
        bool IsLast() const; //判断是否为链表的最后一个节点
        bool IsFirst() const; //判断是否为链表的第一个节点
        void GoNext(); //前进到下一个节点
        void GoPrev(); //后退到前一个节点
        void GoFirst(); //后退到第一个节点
        void GoLast(); //前进到最后一个节点
        //判断是不是指向同一个节点
        bool IsSameNode(Iter const& other);
    private:
        Node * _node; //当前节点
        friend class CPPStyleList;
    };
public:
    CPPStyleList()
        : _first(nullptr)
    {
    }
    ~CPPStyleList();
    Iter GetFirstIter(); //返回第一个节点的迭代器
    bool IsEmpty() const; //判断是否空链表
    //在尾部增加一个节点,返回该节点的迭代器
    Iter Append(T const& value);
    //在指定位置(迭代器)插入一个节点,并返回插入后得到的新位置
    Iter Insert(Iter& iter, T const& value);
    //删除指定位置上的节点,返回删除之后的位置
    Iter Delete(Iter& iter);
    void Clear(); //删除所有节点
private:
    Node * _first;
};
```

对照 CStyleList,会发现许多原来链表直接提供的功能,被移到 Iter 类中。Iter 被 public 修饰,因为外面世界需使用它来访问链表。有意思的是它的构造函数的设计,请看下面的推导过程:

(1) Iter 是一个公开的嵌套类,在 CPPStyleList 之外,可以访问这个类,以及访问这个类产生的对象;

(2) 但是,Iter 没有提供默认构造函数,必须通过一个 Node *,才能构造出一个 Iter;

(3) 可是,Node 是 CPPStyleList 私有的嵌套类,所以在 CPPStyleList 之外,我

们访问不到,更创建不出一个 Node * 对象;

（4）结论：我们只能在 CPPStyleList 类之内构造 Iter,但可以在 CPPStyleList 类之外使用 Iter。

这种设计,叫"类工厂"设计,在程序设计中,会有许多类型的"对象（Object）",它们用起来很简单,但生产过程却非常复杂,或者有需要特别注意的事项,必须交由另一个类来专门负责构造。现实生活中有大量这样的例子,比如汽车,公众可用,但不允许你自己制造一辆。

再接着看 Iter 类最后一行声明了友元类"friend class CPPStyleList",这下就好理解了,CPPStyleList 是 Iter 的"工厂",允许工厂能够直接访问流水线上的产品的内部零件,这是合情合理的要求。还以汽车为例,在生产过程中,车厂肯定可以处理车的引擎,但普通车主直接撬开发动机,在车的说明书里,明令禁止。在本例中,Iter 只拥有一个_node 私有成员,请读者认真阅读往下的 CPPStyleList 实现,关注在哪些地方直接访问它。

接下来看 CPPStyleList 自身的成员,成员数据仍然只有_first,成员函数列出添加、插入、删除、全清等。重要的是"GetFirstIter()",这就是用来对外提供生产 Iter 的成员函数,从它的名字可以猜出,它生产出来的迭代器,默认是指向链表的第一个节点的。

下面是完整的 CPPStyleList 的代码,请理解 Iter 和 List 的功能设计。

```cpp
# include <cassert>
# include <iostream>
using namespace std;
template <typename T>
class CPPStyleList
{
private:
    struct Node
    {
        Node()
            : value(T()), pnext(nullptr), pprev(nullptr)
        {}
        explicit Node(T const& t)
            : value(t), pnext(nullptr), pprev(nullptr)
        {}
        T value;
        Node * pnext, * pprev;
    };
public:
    struct Iter
    {
        explicit Iter(Node * node)
            : _node(node)
        {}
```

```cpp
T const& GetValue() const
{
    assert(_node);
    return _node -> value;
}
T& GetValue()
{
    assert(_node);
    return _node -> value;
}
void SetValue(T const& v)
{
    assert(_node);
    _node -> value = v;
}
bool IsNull() const
{
    return _node == nullptr;
}
bool IsLast() const
{
    assert(_node);
    return _node -> pnext == nullptr;
}
bool IsFirst() const
{
    assert(_node);
    return _node -> pprev == nullptr;
}
void GoNext()
{
    assert(_node);
    if (_node -> pnext)
        _node = _node -> pnext;
}
void GoPrev()
{
    assert(_node);
    if (_node -> pprev)
        _node = _node -> pprev;
}
void GoFirst()
{
    assert(_node);
    while(!IsFirst())
        GoPrev();
}
void GoLast()
{
    assert(_node);
```

```
            while(!IsLast())
                GoNext();
        }
        //判断是不是指向同一个节点
        bool IsSameNode(Iter const& other)
        {
            return this -> _node == other._node;
        }
    private:
        Node * _node;
    friend class CPPStyleList; //List 中的代码,需要访问 Iter 的_node
    }; //class Iter
public:
    CPPStyleList()
        : _first(nullptr)
    {

    }
    ~CPPStyleList()
    {
        this ->Clear();
    }
    Iter GetFirstIter()
    {
        Iter iter(_first);
        return iter;
    }
    bool IsEmpty() const
    {
        return _first == nullptr;
    }
    //在尾部增加一个节点,返回该节点的迭代器
    Iter Append(T const& value)
    {
        if (_first == nullptr)
        {
            _first = new Node(value);
            return Iter(_first);
        }
        Node * it = _first;
        while(it ->pnext) //前进到最后一个节点
            it = it ->pnext;
        Node * new_node = new Node(value);
        //建立双向关系
        it ->pnext = new_node;
        new_node ->pprev = it;
        return Iter(new_node);
    }
    //在 iter 的位置上,插入新节点
    //返回插入后得到的新位置
    Iter Insert(Iter& iter, T const& value)
```

```
{
    if (iter.IsNull())
    {
        return Append(value);
    }
    Node * new_node = new Node(value);
    Node * prev = iter._node->pprev;
    if (prev)
    {
        prev->pnext = new_node;
        new_node->pprev = prev;
    }
    else //当前节点没有"前面节点",说明它是该链表的第一个节点
    {
        //此时,新节点插入后,变成链表的第一个节点
        this->_first = new_node; //需要确保 _first 指向第一个节点
    }
    new_node->pnext = iter._node;
    iter._node->pprev = new_node;
    return Iter(new_node);
}
//删除指定位置上的节点,返回删除之后的位置
Iter Delete(Iter& iter)
{
    if (iter.IsNull())
        return iter;
    Node * prev = iter._node->pprev;
    Node * next = iter._node->pnext;
    if (prev)
    {
        prev->pnext = next;
    }
    else //当前节点没有"前面节点",说明我们要删除的第一个节点
    {
        this->_first = next; //调整链表第一个节点的指向
    }
    if (next)
    {
        next->pprev = prev;
    }
    delete iter._node;
    iter._node = nullptr;
    if (next)
    {
        return Iter(next);
    }
    //被删除的节点没有"下一个节点",说明我们正好删掉了链表
    //的最后一个节点,返回的位置,只好是前一个节点位置
    return Iter(prev);
}
```

```
        void Clear()
        {
            if (_first)
            {
                Iter iter(_first);
                while(!iter.IsNull())
                    iter = this->Delete(iter);
            }
        }
private:
    Node * _first;
};
template <typename T>
void PrintList(CPPStyleList <T> & lst)
{
    cout << "(BEG)";
    if(!lst.IsEmpty())
    {
        //为了让编译器明确知道 Iter 是一个类型，而不是
        //CPPStyleList 的静态成员，所以加 typename 修饰
        typename CPPStyleList < T > ::Iter iter = lst.GetFirstIter();
        do
        {
            cout << "(" << iter.GetValue() << ")";
            if (iter.IsLast())
                break;
            iter.GoNext();
        }
        while(true);
    }
    cout << "(END)" << endl;
}
int main()
{
    CPPStyleList <int> lst;
    typedef CPPStyleList <int> ::Iter IterType;
    for (int i = 0; i < 9; ++i)
        lst.Append(i * 2);
    PrintList(lst);
    IterType iter = lst.GetFirstIter();
    for(int i = 0; i < 8; ++i)
    {
        iter.GoNext();
        iter = lst.Insert(iter, i * 2 + 1);
        iter.GoNext();
    }
    PrintList(lst);
    iter.GoFirst();
    iter = lst.Delete(iter);
    for(int i = 1; i < 9; ++i)
```

```
{
        iter.GoNext();
        iter = lst.Delete(iter);
    }
    PrintList(lst);
    /////////////////下面是向前和向后交叉打印的测试/////////////
    IterType iter_1 = lst.GetFirstIter();
    IterType iter_2 = lst.GetFirstIter();
    iter_2.GoLast();
    for(;;)
    {
        cout << "(" << iter_1.GetValue() << ")("
             << iter_2.GetValue() << ")";
        iter_1.GoNext();
        //链表元素个数可能是奇数或偶数,相遇判断逻辑会啰嗦一些
        if (iter_1.IsSameNode(iter_2))
        {
            cout << endl;
            break;
        }
        iter_2.GoPrev();
        if (iter_1.IsSameNode(iter_2))
        {
            cout << "(" << iter_1.GetValue() << ")" << endl;
            break;
        }
    }
    /////////////////////////////////////////////////////////////
    lst.Clear();
    PrintList(lst);
    return 0;
}
```

⚠️ 【危险】: **CPPStyleList 和 std::list 的区别**

我们用过 std::list 等 C++标准库容器的迭代器,它们的前进使用"＋＋"操作,后退使用"－－"操作;所以如果要进一步对得起名字中的 CPPStyle,我们应该将 Node 中的 GoNext 改为"＋＋"的重载,将 GoFirst 改为"－－"的重载,再重载一个"＝＝",以替换掉 IsSameNode()函数。但是! 哪怕是这么做完,这里的 CPPStyleList 还是和 C++标准库中的 list 有较大的差距。远没有 std::list 以及它的迭代器设计得合理、高效、自然。

特别注意:std::list(以及许多标准库容器),提供了 begin()以返回第一个迭代器,这一点在 CPPStyleList 中有 GetFirstIter()对应。但 std::list 还提供了 end(),返回一个表示链表结束的迭代器。CPPStyleList 没有做这个设计(它的 GoLast(),得到的是链表中真实的最后一个元素,而不是代表结束的那个位置)。由于缺乏一个 end(),所以遍历 CPPStyleList(之前的 CStyleList 也一样)时很是别扭,请阅读

PrintList 函数中那个 while 循环。

9.5 泛型特化

"泛化"和"特化"是一对反义词。如果还不理解,不防把"化"改成"爱"来理解。"泛爱"就是不管什么类型,你都爱,"特爱"就是某种类型或某个特定对象,你才钟爱。对了,"特化"的英文表达,就叫"specialization"。

9.5.1 函数模板特化

比如,一开始,我们写一个比较两个整数大小的函数,第一个数大于第二数时返回 1,小于返回 -1,相等返回 0:

```
int MyCompare(int i1, int i2)
{
    return (i1 > i2)? 1 : ((i1 < i2)? -1 : 0);
}
```

接下来我们觉得应该支持各种类型变量的大小比较,我们删除前面代码,重写一个模板版本:

```
template < typename T >
int MyCompare(T const& t1, T const& t2)
{
    return (t1 > t2)? 1 : ((t1 < t2)? -1 : 0);
}
```

从第一个版本(仅适用整型),到第二个版本,这个过程就叫"泛化"过程。有了泛化版本比较函数,我们可以比较两个整数,两个字符,两个指针……

```
# include <iostream>
using namespace std;
template <typename T>
int MyCompare(T const& t1, T const& t2)
{
    return (t1 > t2)? 1 : ((t1 < t2)? -1 : 0);
}
int main()
{
    cout << MyCompare(1, 9) << endl;
    cout << MyCompare(9.0, 8.9) << endl;
    cout << MyCompare('A', 'a') << endl;
    char const * pabc = "A001";
    char const * pxyz = "A000";
    cout << MyCompare(pabc, pxyz) << endl;
    return 0;
}
```

代码中有两个字面常量字符,"A001"和"A000",程序运行时,这两个字符串必然存在于各自的某块内存里,而内存必然有地址。pabc 和 pxyz 分别存储了这两个地址,当比较 pabc 和 pxyz 时,实质上比较的是这两个地址的大小。我测试时,结果是"A001"小于"A000"。这从语法上说,是正确的,我们说过,指针就像门牌号,所以比较它们,在语法上就是要比较两个门牌号的大小,指针就像存折帐号的号码,比较它们,在语法上就是要比较两个存折帐号的大小,而不是存款额的大小。

 【危险】: 比较两个指针

没错,我们遇上了一个 C/C++ 新手非常容易犯的错误:

```
if ("abc" > "xyz")
{
    ...
}
//或者
char const * pstr1 = "56";
...
if (pstr1 > "60")
{
    ...
}
```

十有九成,写以上代码的程序员心里想的是比较两个字符串的内容的大小,而不是比较它们所在内存地址的大小。

这个错误多多少少要埋怨下 C 语言始终没有一个真正的"字符串"类型。还好,在 C++ 中,std::string 已经较好地解决了这个问题。不考虑使用 std::string,我们就是要让 MyCompare,如果碰上字符串,就让它们以字符串内容进行比较,应该如何实现呢? 直觉的做法,可能会想在 MyCompare 里做点手脚:

```
template <typename T>
int MyCompare(T const& t1, T const& t2)
{
    if (t 是一个 char const *) then
        ....
    else
        cout << typeid(t).name() << ":" << t << endl;
}
```

要判断 T 是不是字符串指针,这就累了,并且存在"品味"问题,因为 C++ 的两大编程思想——OO 和泛型都一直在谆谆善导我们:"不要写直接依赖于类型信息的代码",并且这也是一种"运行期"做的判断,会影响性能。

正确的思路是:如果我们有一个泛化的版本,比如一个函数模板,那么我们另外独立写一个"特化"的版本。这思路有点像函数重载,区别在于"特化"版本之前,那个"泛化"版本一定要事先存在,你不能上来就搞特殊化。请注意特化版本的语法格式:

```
template < > //< - 注意这里,没有任何模板参数
int MyCompare(char const * const& s1, char const * const& s2) //参数则回归具体类型
{
    /* 下面这三坨不是这里的重点,但是你需要知道为什么要有它们 */
    if (s1 != nullptr && s2 == nullptr)
        return 1;
    if (s1 == nullptr && s2 != nullptr)
        return - 1;
    if (s1 == nullptr && s2 == nullptr)
        return 0;
    return strcmp(s1, s2); //调用 C 库函数,直接比较两个字符串
}
```

请注意,特化版本的入参类型是"char const * const&"。因为特化版本必须依赖于某个泛化版本而存在。本例中,泛化版本的参数类型声明为"T const&",特化为 char const *,相当于把 T 替换成后者,于是就有了"char const * const&"。必须如此,如果参数形式不一致,编译器会抱怨找不到一个合适的泛化版本作为依赖。

真够烦的,既然完全没用到模板参数,我们不能直接写一个完全针对 char const * 的 MyCompare 吗? 答案是:当然可以,函数重载嘛。

```
int MyCompare(char const * s1, char const * s2)
{
    ...和之前特化版本的代码一致...
}
```

这三个版本可以同时存在,编译器匹配时,优先级是:完全独立的版本最优化,然后是特化版本,最后是泛化版本。这样一来,仿佛看到"特化"版本一脸尴尬,它有什么用吗? 确实,对于函数,"特化"和"重载",基本可以理解为一件事情在不同场景下的两个概念。重载是平等的:A 重载 B,B 也就重载了 A,比如下面两个函数:

```
void foo(int a) { ... }
void foo(char a) { ... }
```

你先有一个 int 类型入参版本的 foo 函数,后来你又想写一个另一个类型的同名函数,写出来之后,这两个函数就互为重载了。而函数特化是指,你原来有一个模板,但你想针对某种特定类型的参数,另写一个同名函数,这就叫特化了。

多数情况下,当我们需要特化一个函数,那干脆一点,直接写一个普通函数就好了。如果你非要弄明白那个"特化"版本的价值,那么,第一我表示看好你的认真劲儿,第二请回忆一下本章前面提及的"只帮一次忙"的原则,当编译器要匹配代码中的一处名为"foo"的函数调用时,它首先要找到所有名为"foo"的函数和模板。如果是普通函数,那就直接进入匹配过程,如果是模板,编译器皱了皱眉头说:"这家伙是模板呀,好吧,我得帮程序员先把模板变成一个函数。"

特化的模板,尽管完全可以将它当成一个普通函数(根本不需要编译器,人肉编译就可以轻松得到一个函数),但在语言法律上,它也还是一个模板,所以编译器认为

它已经帮了你一次忙,你不能再要求它帮第二次类型转换的忙了。

结果是,特化版本的函数,在参数匹配上,相比于普通的函数,更加严格,因为编译器不会再帮你做函数参数的自动转换和匹配了。看例子:

```
template < typename T >
T MyMax(T const& a, T const& b)
{
    return (a > b)? a : b;
}
template < >
int MyMax(int const& a, int const& b)
{
    return (a > b)? a : b;
}
int main()
{
    MyMax(5, 'a');  //编译出错
    return 0;
}
```

例中对 MyMax 的模板,定义了一个针对整型的特化版本。然后在调用时,传入的参数一个是整型,另一个确实是字符型。编译出错了! 因为编译器决不肯帮我们把'a'转换为它的整数值。而下面的例子:

```
template < typename T >
T MyMax(T const& a, T const& b)
{
    return (a > b)? a : b;
}
int MyMax(int const& a, int const& b)
{
    return (a > b)? a : b;
}
int main()
{
    MyMax(5, 'a'); //编译通过
    return 0;
}
```

说起来只是删一行代码,但其实是将一个特化模板,变成一个普通的函数,于是乎,编译通过了,因为编译器现在觉得:“第一个参数怎么是字符呀? 没关系,字符转换成整数很安全,出手相帮吧!”

入参类型自动转换常见也可控,但事无绝对,有一天当你特别敏感这类偷偷的自动转换行为时,就使用特化吧。这么一说,函数模板特化,也是有它的存在价值的。

扯这么久,都是模板和函数的事;模板之间,能不能重载呢? 考虑一下重载是什么? 重载不就是名字相同,但参数列表不同吗? 参数列表的不同,既可以是参数类型

不同,更可以连参数个数都不相同。模板想刻意地抹去参数的类型差异,但参数个数的差别,是无法抹去的。

```cpp
template < typename T >
T MyMax(T const& a, T const& b) //两参
{
    return (a > b)? a : b;
}
template < typename T >
T MyMax(T const& a, T const& b, T const& c) //三参
{
    return MyMax(MyMax(a, b), c);
}
```

存在两个 MyMax 的同名函数模板,它们之间的关系,是重载;由二者分别再实例化出来的函数之间是什么关系呢? 作为一个典型的 C++程序员,我表示我累了。

9.5.2 类模板特化基础

在实际使用中,特化主要用在类模板上。比如说,标准库中的容器,可以用来存储指针,但它不会在析构时,负责 delete 那些遗留在容器中的指针:

```cpp
struct S
{
    ~S() { std::cout << "~S" << std::endl; }
};
void foo()
{
    {
        std::list <S> lstA;
        S s1;
        S s2;
        lstA.push_back(s1);
        lstA.push_back(s2);
    }
    std::cout << "\n----------------\n" << std::endl;
    {
        std::list < S * > lstB;
        S * s1 = new S;
        S * s2 = new S;
        lstB.push_back(s1);
        lstB.push_back(s2);
    }
}
```

调用 foo 函数,屏幕上只会输出四个"~S",全部在分割线之前,其中两个来自于代码中的 s1 和 s2,另外两个来自存储在 lstA 中的复制品。

【危险】: STL 容器为什么不负责 delete 所存储的指针

STL 容器在析构时,会自动释放容物所占用的内存,但如果容物是指针,它只释放指针自身所占用的数个字节,不会 delete 的这一设计是合理的。有太多的情况,不允许一个容器多事地释放容器中的指针。比如说,同一个指针可能同时存在于两个容器里,再比如说,虽然是以一个指针形式存在于容器里,但其实它只是某个栈对象的地址而已。

在解决实际某个具体问题时,要求容器在析构时帮忙释放还存储在容器中的指针对象,倒也不少见,标准答案当然是结合智能指针。但是,现在我们想设计一个容器,这个容器如果存储的是非指针对象,那就外甥打灯笼,照旧;但如果存储的是指针,容器在自身析构时,将主动释放这些指针所指向的内存。

这就要解决一个问题了,一个类模板,它是怎么认出它所要存储的对象是指针类型?一个做法就是让写代码的人来告诉它,示意代码如下:

```
template < typename T >
class MyList : private std::list < T >
{
public:
    MyList(bool isPtr)
        : _isPtr(isPtr)
    {
    }
    ~MyList()
    {
        if (_isPtr) //通过一个变量标记是否指针类型
        {
            //...在这里释放指针容物
        }
    }
    //...
private:
    bool _isPtr;
    //...
};
```

这是在运行期间判断的做法,可称为"动态识别法"。不能说这种方法就一无是处,但除非特定需要,否则,对付这类问题,C++的程序文化,总是更偏向于另一种做法,可称为"静态识别"。程序员需要为"非指针"容物提供一份 MyList 模板,然后再为"指针"容物特化一个版本。最终由编译器在编译过程,识别出具体代码需要使用的容器版本。为了让例子更贴近真实代码,我们为 MyList 提供了一个 Append 函数用作示例:

```
//泛化版本:
template <typename T>
```

```
class MyList : private std::list <T>
{
    typedef  std::list <T> base;
public:
    void Append(T const& t)
    {
        base::push_back(t);
    }
};
```

(咦,这代码似曾相识啊,没错,从前我们一起看星星的时候,它还叫黑洞。)接下来,需要一个针对 T 是指针的特化版本。C++规定,这时候请使用"T *":

```
//针对指针的特化版本
001   template <typename T>
002   class MyList <T *> : private std::list <T *> //注意 MyList 后面的< >及其内容
{
    typedef  std::list <T *> base;
public:
    void Append(T * const t)
    {
        base::push_back(t);
    }
    ~MyList()
    {
        for (typename base::const_iterator it = base::begin();
             it != base::end(); ++ it)
        {
            delete * it;
        }
    }
};
```

对比前面纯泛化的 MyList 版本,当前针对指针类型进行特化的 MyList,仍然需要以"template <typename T>"开始(001 行),关键是要在类名称之后,加上特化的类型限制,我们将之称为"类型特化列表"。即位于 002 行,MyList 之后的 <T *>。

注意:后面用到"T"的地方,也都变成"T *"了,完全是在处理指针,包括析构时那个 delete 处理,它就要求 * it 是一个指针。

9.5.3 局部特化的花样

MyList 的例子,将"T"特化为"T *",这个特化不彻底。"T *"仍然有很大的泛型意义:它泛指所有类型的指针。这样的特化过程,术语叫"Partial specialization",它至少有三个中文名称。咱现在这个"局部特化"是文艺青年专属,"部分特化"则是普通群众耳熟能详的称呼,还有个白话版叫它"偏特化"。

除名字外,局部特化还有好多花样。我们给出例子请大家了解。例子代码来自

C++模板经典书籍《C++ Templates：The Complete Guide》。在那本书里，这些例子是学习的基础，在我们这本书里，它是"局部特化"的结束了。(注释被翻译为中文，另有部分代码格式有调整。)同样先是纯泛化版本：

```
template < typename T1, typename T2 >
class MyClass  {...};  //版本零
```

有以下几种局部特化的可能：

(1) T1 和 T2 可以是相同类，产生一种特化：

```
//针对参数的类型相同这种特定情况,进行特化
template < typename T >
class MyClass < T, T >   {...};  //版本一
```

在这一特化版本里，我们可以根据两个类型是明确一致的情况，进行特殊处理。典型的如优化一些比较操作，简化一些转型操作等等。注意，由于两个类型相同，所以在模板类型参数列表中，只需要一个 T，而在特化列表中，将两个类型参数，同样指定为"T"。

(2) 将部分类型参数确定下来：

本例中有两个类型参数，下面演示将第二个类型参数变成具体类型：

```
//确定部分类型参数
template < typename T >
class MyClass < T, int >   {...};  //版本二
```

(3) 我们也可以将两个 T，都特化为"T ＊"

```
//确定部分类型参数
template < typename T1, typename T2 >
class MyClass < T1 ＊, T2 ＊ >   {...};   //版本三
```

实例化时，如果 T1 和 T2 都是指针，编译器就会采纳这一版本，但如果恰好 T1 和 T2 又是同一类型，编译器就不懂该挑版本一或版本三了。

(4) 双重特化：T1，T2 是同一类型的指针：

```
//同一类型,并且都是指针
template < typename T >
class MyClass < T ＊, T ＊ > {...};  //版本四
```

 【课堂作业】：局部模板特化

结合上文 MyClass 的各个特化版本，请指出以下 MyClass 实例化时的版本：

```
MyClass < int, float > mif;
MClass < float, float > mff;
MyClass < float, int > mfi;
MyClass < int ＊, float ＊ > mpipf;
MyClass < int ＊, int ＊ > mpipi;
```

9.5.4　全特化

如果需要针对之前定义的"struct S"类型,对 MyClass 实施完完全全的特化,代码会有一些变化:

```
template < > // < -- 变化在这里
class MyClass < S, S > { ... }; //版本五 , S是一个 struct
```

增加这个版本,则 MyClass <S, S> 实例化采用版本五,而不是版本一。

再以 MyList 为例。前面我们实现了当存储的容物是指针类型时,容器会在自身析构时,主动释放这些指针指向的内容。但现在我们又有些反悔了,我们需要用 MyList 存储和处理公司的打印机对象(Printer)。打印机固定为五台,并且必须一直存在,不能让某个 MyList 对象释放。显然,"如果容物是指针对象需要自动释放"是一种特化,而"如果容物是指针对象,但又正好是 Printer 对象,那不自动释放",是对特化的继续特化,并且是全特化。

全特化类模板定义,和之前的函数模板特化语法一致,类型参数表变空了,全部在类型名之后指明实际类型。

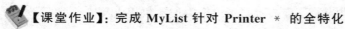【课堂作业】:完成 MyList 针对 Printer * 的全特化

在前面代码的基础上,写出 MyList 全特化版本,要求是:当容物是 Printer * 类型时,MyList 析构不释放容物指针指向的内存。

在《白话 C++之练武》的头一章《STL 和 boost》,我们将接触更多的泛型模型的相关知识和更多的泛型实用技术。

参考文献

[1] Bjarne Stroustrup. C++程序设计语言(特别版)[M]. 裴宗燕,译. 北京：机械工业出版社,2010.

[2] Bjarne Stroustrup. C++语言的设计和演化(影印版)[M]. 北京：机械工业出版社,2002.

[3] Stanley B. Lippman,Josée Lajoie,Barbara E. Moo. C++ Primer 中文版[M]. 4 版. 李师贤,蒋爱军,梅晓勇,林瑛,译. 北京：人民邮电出版社,2006.

[4] Nicolai M. Josuttis. C++标准程序库[M]. 侯捷,孟岩,译. 武汉：华中科技大学出版社,2002.

[5] Nicolai M. Josuttis. C++标准库[M]. 2 版. 侯捷,译. 北京：电子工业出版社,2015.

[6] Michael Wong,IBM XL 编译器中国开发团队. 深入理解 C++11[M]. 北京：机械工业出版社,2013.

[7] Scott M. Effective Modern C++（影印版）[M]. 南京：东南大学出版社,2015.

[8] Scott M. Effective C++中文版[M]. 2 版. 侯捷,译. 武汉：华中科技大学出版社,2001.

[9] Scott M. More Effective C++ 中文版[M]. 侯捷,译. 北京：中国电力出版社,2003.

[10] Matthew W. Imperfect C++ 中文版[M]. 荣耀,刘未鹏,译. 北京：人民邮电出版社,2006.

[11] 罗剑锋. Boost 程序库完全开发指南[M]. 北京：电子工业出版社,2013.

[12] F. Alexander Allain. C++程序设计现代方法[M]. 赵守彬,陈园军,马兴旺,译. 北京：人民邮电出版社,2014.

[13] Steve M. 代码大全[M]. 2 版. 金戈,汤凌,陈硕,张菲,译. 北京：电子工业出版社,2006.

[14] 唐峻,李淳. C/C++常用算法手册[M]. 北京：中国铁道出版社,2014.

[15] David V,Nicolaj M J,Douglas G. C++ Templates：The Complete Guide [M]. 2 版. 美国：Addison-Wesley Professional,2007.

[16] Scott M. Effective Modern C++ 中文版[M]. 高博,译. 北京：中国电力出版社,2018.